“十三五”国家重点出版物出版规划项目

伯克利物理学教程（SI 版）

Berkeley Physics Course

第 1 卷

力学（翻译版·原书第 2 版）

Mechanics

C. 基特尔（Charles Kittel）（*University of California*，*Berkeley*）
［美］W. D. 奈特（Walter D. Knight）（*University of California*，*Berkeley*） 著
M. A. 鲁德尔曼（Malvin A. Ruderman）（*New York University*）

［美］A. C. 亥姆霍兹（A. Carl Helmholz）（*University of California*，*Berkeley*） 修订
B. J. 莫耶（Burton J. Moyer）（*University of Oregon*，*Eugene*）

北京大学　陈秉乾　等译
孟　策　补正

机 械 工 业 出 版 社

本书为“十三五”国家重点出版物出版规划项目（世界名校名家基础教育系列）. 全书除了介绍传统力学课程的内容外，还专用一章较详细地论述了参考系及伽利略变换，用最后五章介绍了狭义相对论. 全书强调力学在研究工作中的应用，特别提到了在核物理和天文学中的应用实例.

本书由北京大学几位教师共同翻译：郭敦仁译正文前内容；黄畇译第1、3、13章；沈克琦译第2章；林纯镇译第4章；楚珏辉译第5章；陈秉乾译第6、7、8章；林宗涵译第9、10章；俞允强译第11、12、14章. 陈秉乾负责校订和整理全部译稿. 孟策对SI版做了补译和更正.

本书可作为高等院校物理学、应用物理学专业或其他理工科专业的教材或参考书，也可供相关科技人员参考.

Charles Kittel

Mechanics, Berkeley Physics Course-Volume 1

ISBN 978-0-07-004880-5

北京市版权局著作权合同登记　图字：01-2013-4785 号.

中译本再版前言

“伯克利物理学教程”的中译本自20世纪70年代在我国印行以来已过去三十多年. 在此期间, 国内陆续出版了许多大学理工科基础物理教材, 也翻译出版了多套国外基础物理教程. 这在相当大的程度上对大学基础物理教学, 特别是新世纪理工科基础物理教学的改革发挥了积极作用.

然而, 即便如此, 时至今日, 国内高校从事物理教学的教师和选修基础物理课程的学生乃至研究生仍然感觉, 无论是对基础物理的教、学还是应用, 以及对从事相关的研究工作而言, “伯克利物理学教程”依旧不失为一套极有阅读和参考价值的优秀教程. 令人遗憾的是, 由于诸多历史原因, 曾经风靡一时的“伯克利物理学教程”如今在市面上已难觅其踪影, 加之原版本以英制单位为主, 使其进一步的普及受到一定制约. 而近几年, 国外陆续推出了该套教程的最新版本——SI版(国际单位制版). 在此背景下, 机械工业出版社决定重新正式引进本套教程, 并再次委托复旦大学、北京大学和南开大学的教授承担翻译修订工作.

新版中译本“伯克利物理学教程”仍为一套5卷.《电磁学》卷因新版本内容更新较大, 基本上是抛开原译文的重译;《量子物理学》卷和《统计物理学》卷也做了相当部分内容的重译;《力学》卷和《波动学》卷则修正了少量原译文欠妥之处, 其余改动不多. 除此之外, 本套教程统一做的工作有: 用SI单位全部替换原英制单位; 按照《英汉物理学词汇》(赵凯华主编, 北京大学出版社, 2002年7月) 更换、调整了部分物理学名词的汉译; 增补了原译文未收入的部分物理学家的照片和传略; 此外, 增译全部各卷索引, 以便给读者更为切实的帮助.

复旦大学　蒋平

“伯克利物理学教程”序

赵凯华　陆　果

20世纪是科学技术空前迅猛发展的世纪，人类社会在科技进步上经历了一个又一个划时代的变革．继19世纪的物理学把人类社会带进“电气化时代”以后，20世纪40年代物理学又使人类掌握了核能的奥秘，把人类社会带进“原子时代”．今天核技术的应用远不止于为社会提供长久可靠的能源，放射性与核磁共振在医学上的诊断和治疗作用，已几乎家喻户晓．20世纪五六十年代物理学家又发明了激光，现在激光已广泛应用于尖端科学研究、工业、农业、医学、通信、计算、军事和家庭生活．20世纪科学技术给人类社会所带来的最大冲击，莫过于以现代计算机为基础发展起来的电子信息技术，号称“信息时代”的到来，被誉为“第三次产业革命”．的确，计算机给人类社会带来如此深刻的变化，是二三十年前任何有远见的科学家都不可能预见到的．现代计算机的硬件基础是半导体集成电路，PN结是核心．1947年晶体管的发明，标志着信息时代的发端．所有上述一切，无不建立在量子物理的基础上，或是在量子物理的概念中衍生出来的．此外，众多交叉学科的领域，像量子化学、量子生物学、量子宇宙学，也都立足于量子物理这块奠基石上．我们可以毫不夸大地说，没有量子物理，就没有我们今天的生活方式．

普朗克量子论的诞生已经有114年了，从1925年或1926年算起量子力学的建立也已经将近90年了．像量子物理这样重要的内容，在基础物理课程中理应占有重要的地位．然而时至今日，我们的基础物理课程中量子物理的内容在许多地方只是一带而过，人们所说的“近代物理”早已不“近代”了．

美国的一些重点大学，为了解决基础物理教材内容与现代科学技术蓬勃发展的要求不相适应的矛盾，早在20世纪五六十年代起就开始对大学基础物理课程试行改革．20世纪60年代出版的“伯克利物理学教程”就是这种尝试之一，它一共包括5卷：《力学》《电磁学》《波动学》《量子物理学》《统计物理学》．该教程编写的意图，是尽可能地反映近百年来物理学的巨大进展，按照当前物理学工作者在各个前沿领域所使用的方式来介绍物理学．该教程引入狭义相对论、量子物理学和统计物理学的概念，从较新的统一的观点来阐明物理学的基本原理，以适应现代科学技术发展对物理教学提出的要求．

当年“伯克利物理学教程”的作者们以巨大的勇气和扎实深厚的学识做出了杰出的工作，直到今天，回顾“伯克利物理学教程”，我们仍然可以从中得到许多非常有益的启示．

首先，这5卷的安排就很好地体现了现代科学技术发展对物理教学提出的要求，其次各卷作者对具体内容也都做出了精心的选择和安排. 特别是，第4卷《量子物理学》的作者威切曼（Eyvind H. Wichmann）早在半个世纪前就提出：“我不相信学习量子物理学比学习物理学其他分科在实质上会更困难. ……当然，确曾有一个时期，所有量子现象被认为是非常神秘和错综复杂的. 在最初探索这个领域的时期，物理学工作者确曾遇到一些非常实际的心理上的困难，这些困难一部分来自可以理解的偏爱对世界的经典观点的成见，另一部分则来自于实验图像的不连续性. 但是，对于今天的初学者，没有理由一定要重新制造这些同样的困难.” 我们不能不为他的勇气和真知灼见所折服. 第5卷《统计物理学》的作者瑞夫（F. Reif）提出：“我所遵循的方法，既不是按照这些学科进展的历史顺序，也不是沿袭传统的方式. 我的目标是宁可采用现代的观点，用尽可能系统和简洁的方法阐明：原子论的基本概念如何导致明晰的理论框架，能够描述和预言宏观体系的性质. ……我选择的叙述次序就是要对这样的读者有启发作用，他打算自己去发现如何获得宏观体系的知识.” 的确，他的《统计物理学》以其深刻而清晰的物理分析，令人回味无穷.

感谢机械工业出版社，正是由于他们的辛勤工作，才为广大教师和学生提供了这套优秀的教材和参考书.

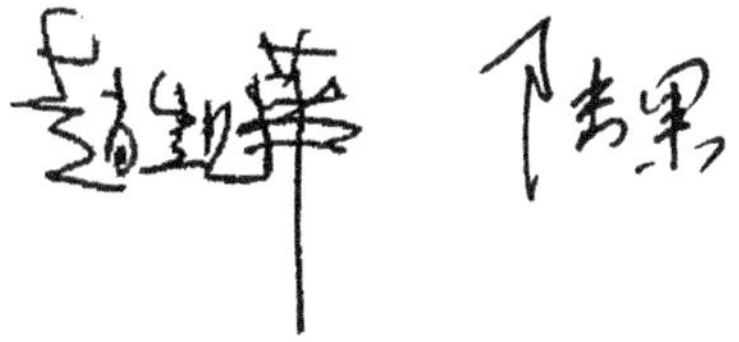

于北京大学

“伯克利物理学教程”原序（一）

本教程为一套两年期的初等大学物理教程，对象为主修科学和工程的学生．我们想尽可能以在领域前沿工作的物理学家所应用的方式介绍初等物理．我们旨在编写一套严格强调物理学基础的教材．我们更特别想将狭义相对论、量子物理和统计物理的思想有机地引入初等物理课程．

选修本课程的学生都应在高中学过物理．而且，在修读本课程的同时还应修读包括微积分在内的数学课．

现在美国另外有好几套大学物理的新教材在编写．由于受科技进步和中、小学日益强调科学这两方面需要的影响，不少物理学家都有编写新教材的想法．我们这套教材发端于 1961 年末康奈尔大学的 Philip Morrison 和 C. Kittel 两人之间的一次交谈．我们还受到国家科学基金会的 John Mays 和他的同事们的鼓励，也受到时任大学物理委员会主席的 Walter C. Michels 的支持．我们在开始阶段成立了一个非正式委员会来指导本教程．委员会一开始由 Luis Alvarez、William B. Fretter、Charles Kittel、Walter D. Knight、Philip Morrison、Edward M. Purcell、Malvin A. Ruderman 和 Jerrold R. Zacharias 组成．1962 年 5 月委员会第一次在伯克利开会，会上确定了一套全新的物理教程的临时大纲．因为有几位委员工作繁忙，1964 年 1 月委员会调整了部分成员，而现在的成员就是在本序言末签名的各位．其他人的贡献则在各分卷的前言中致谢．

临时大纲及其体现的精神对最终编成的教程内容有重大影响．大纲全面涵盖了我们认为既应该又可能教给刚进大学主修科学与工程的学生的具体内容以及应有的学习态度．我们从未设想编一套专门面向优等生、尖子生的教材．但我们着意以独具创新性的、统一的观点表达物理原理，因而教材的许多部分不仅对学生，恐怕对老师来说都一样是新的．

根据计划 5 卷教程包括：

Ⅰ．力学（Kittel，Knight，Ruderman）

Ⅱ．电磁学（Purcell）

Ⅲ．波动学（Crawford）

Ⅳ．量子物理学（Wichmann）

Ⅴ．统计物理学（Reif）

每一卷都由作者自行选择以最适合其本人分支学科的风格和方法写作．

因为教材本身强调物理原理，令有的老师觉得实验物理不足．使用教材初期的教学活动促使 Alan M. Portis 提出组建基础物理实验室，这就是现在所熟知的伯克利物理实验室. 这所实验室里重要的实验相当完善，而且设计得与教材很匹配，相辅相成.

编写教材的财政资助来自国家科学基金会，加州大学也给予了巨大的间接支持. 财务由教育服务公司（ESI）管理，这是一家非营利性组织，专门管理各项课程改进项目. 我们特别感谢 Gilbert Oakley、James Aldrich 和 William Jones 积极而贴心的支持，他们全部来自 ESI. ESI 在伯克利设立了一个办公室以协助教材编写和实验室建设，办公室由 Mary R. Maloney 夫人负责，她极其称职. 加州大学同我们的教材项目虽无正式的联系，但却在很多重要的方面帮助了我们. 在这一方面我们特别感谢相继两任物理系主任 August C. Helmholz 和 Bulton J. Moyer、系里的全体教职员工、Donald Coney 以及大学里的许多其他人. 在前期的许多组织工作中，Abraham Olshen 也给了我们许多帮助.

欢迎各位提出更正和建议.

Eugene D. Commins　　Edward M. Purcell
Frank S. Crawford, Jr.　　Frederick Reif
Walter D. Knight　　Malvin A. Ruderman
Philip Morrison　　Eyvind H. Wichmann
Alan M. Portis　　Charles Kittel，主席

1965 年 1 月
伯克利，加利福尼亚

“伯克利物理学教程”原序（二）

本科生教学是综合性大学现在所面临的紧迫问题之一. 随着研究工作对教师越来越具有吸引力，“教学过程的隐晦贬损”（摘引自哲学家悉尼 · 胡克 Sidney Hook）已太过常见了. 此外，在许多领域中，研究的进展所导致的知识内容和结构的日益变化使得课程修订的需求变得格外迫切. 自然，这对物理科学尤为真实.

因此，我很高兴为这套“伯克利物理学教程”作序，这是一项旨在反映过去百年来物理学巨大变革的本科阶段课程改革的大项目. 这套教程得益于许多在前沿研究领域工作的物理学家的努力，也有幸得到了国家科学基金会（National Science Foundation）通过对教育服务公司（Educational Services Incorporated）拨款的形式给予的资助. 这套教程已经在加州大学伯克利分校的低年级物理课上成功试用了好几个学期，它象征着教育方面的显著进展，我希望今后能被极广泛地采用.

加州大学乐于成为负责编写这套新教程和建立实验室的校际合作组的东道主，也很高兴有许多伯克利分校的学生志愿协助试用这套教程. 非常感谢国家科学基金会的资助以及教育服务公司的合作. 但也许最让人满意的是大量参与课程改革项目的加州大学的教职员工所表现出来的对本科生教学的盎然的兴趣. 学者型教师的传统是古老的，也是光荣的；而致力于这部新教程和实验室的工作也正展示了这一传统依旧在加州大学发扬光大.

克拉克 · 克尔（Clark Kerr）

注：Clark Kerr 系加州大学伯克利分校前校长.

出 版 说 明

为何要采用 SI（国际单位制）？

在印度次大陆所有的使用者都认为 SI（Système International）单位更方便，也更受欢迎. 因此，为使这套经典的伯克利教材对读者更适用，有必要将原著中的单位改用 SI 单位.

致谢

我们要对承担将伯克利教材单位制更改为 SI 单位这一工作的德里大学圣斯蒂芬学院（新德里）的退休副教授 D. L. Katyal 表示诚挚的谢忱.

同样必须提及的是巴罗达 M. S. 大学（古吉拉特邦瓦多达拉市）物理系的副教授 Surjit Mukherjee 的精准校核.

征求反馈和建议

Tata McGraw-Hill 公司欢迎读者的评论、建议和反馈. 请将邮件发送至 tmh. sciencemathsfeedback@gmail. com，并请举报和侵权、盗版相关的问题.

第2版前言

《力学》卷自成书以来已经使用了将近七年，几年前就已感到应该考虑修订了．那时我们每人都已在伯克利使用这本书讲授过好几遍了．我们根据自己的教学经验以及与本校和其他学院同行们的讨论，逐渐提出和考虑了一些修改意见，以使这本书作为理工科学生的入门课程更适合教学目标．

我们力图保持整套“伯克利物理学教程”的特色，不改变它所开创的新的教学方式——这就是引用研究实验工作中的例子，并介绍一些过去认为对入门课程太深但十分有意义的课题．我们还从第1版中删去了一些“高级课题”，并把原来第15章“近代物理学中的粒子”全部删去．我们认为，那些内容在目前水平的课程中并不是经常用到的．最重大的修改是完全重新改写了关于刚体运动的第8章．这一章现在无疑是更通俗化了，因此它更适合学生目前的程度．各课题编排的顺序基本未变，只是把第3章和第4章对调了一下，这是希望使学生先熟悉一下牛顿运动定律的一些普通应用，以便有助于更好地理解较深一些的伽利略变换的概念．最后，鉴于学生在数学，特别是在微分方程方面曾遇到很大困难，为此我们增补了一些“数学附录”．

后面的“教学说明”，就教师应该怎样使用本书作为教材做了比较详细的说明．作为能够在一个季度或一个学期恰当使用的教材来说，新版中的材料仍然过多．任课教师应有意识地选择讲授的内容．近年来，伯克利改为季度制，使得实验课无法与第一季度的力学内容相配合．入门性质的基础课程应该同实验课密切结合．波提斯（Alan Portis）和杨（Hugh Young）修订的《伯克利物理学实验》一书，编写有同任何力学入门课程相配合的有价值的实验．

许多同事为我们提供了帮助，并提出了有益的建议和意见．在这里，我们特别感谢米里亚姆·梅利斯（Miriam Mechlis）女士在本版编写中给予的帮助．

A. C. 亥姆霍兹

B. J. 莫耶

教学说明

本书显然是作为教科书而编写的. 对学生程度的要求是假定他们已学过一些微积分，目前还在继续学习，而且已学完了高中物理课程. 在伯克利的加州大学，理工科学生是在一年级第一季度开始学习微积分，而在第二季度一面学习本课程，一面继续学习微积分. 他们开始上物理课时已经学过微分，至少在这一季度中间开始接触到积分. 教学计划安排得如此紧密，这就要求与数学课教师密切配合. 当然，这时学生还没有学过微分方程，所以在第3章和第7章末的数学附录中有一些介绍几种简单微分方程解法的材料. 在像现在这样的力学课程中，需要求解的微分方程类型并不多，我们相信，学生全部可以学会.

教师们会发现，教学影片列表已经由分散地放在每章的末尾，改为集中地放在整部书的最后. 大学物理委员会资源快报（The Commission on College Physics Resource Letter）是一个非常全的教学影片列表，其中一些特别适合力学主题教学的影片已经被从中选出. 近几年来，大量的影片被制作完成. 对于简短地演示及说明某些课题，其中的许多影片是非常有帮助的，每位教师也当然可以通过自身使用的经验来找到适合于他本人教学的影片.

这次修订中增添了一些习题，尽管它们大多数要比删掉的那些容易些，但是我们并没有把非常简单的习题和填空题加进来. 新增加的这些习题，有一些对帮助学生增强学习的信心是有价值的. 不过，我们认为，每位教师可以自编一些习题，或者至少从别的书中找出一些. 没有两位教师愿意以完全相同的方式讲授力学课，因此，按照需要选用一些专用习题，就会使教师有机会发挥自己的特长. 还有一些有用的习题集，其中的几本连同这一层次的一些力学教科书列在了书后的附录中.

当然，使用本书作为教材可以有好几种方式，其中有一种方式显然在本书第1版时很少有人采用过. 然而，我们认为，它也许是使用本书的一种非常好的方式，这就是把本书用作上过一学年不用微积分的力学课之后的力学教材，例如在那些较小的学院中，由于没有力量同时既开设用微积分的课程又开设不用微积分的课程，常常就可以这样安排. 对大学二年级或者三年级学生开设的这样一门力学课，由于有许多课题可以以不太高深的形式放在第一学年内讲授，因此，可以把本书内容都按时讲完.

本书作为普通物理课程的正式入门教材，内容可能过多，为此，我们建议教师不必一字不漏地全讲. 有许多这样的入门课程，是不包括狭义相对论的，所以，前九章是对经典力学的系统介绍. 可是，即使是这些内容，如果全都讲到，对于在只有九周或十周时间的一个季度的课程或者一个学期通常只有部分时间讲授力学来说，仍然太多了．因此，我们在下面提出了一些建议，说明各章的最低要求．有时人们不希望在一门入门课程中包括电学或磁学问题．我们相信，这本教材可以按这种方式来使用，尽管会有许多学生对电学问题有浓厚兴趣．许多教师对于大量删减材料也感到为难．根据我们的经验，与其泛泛地讲很多内容，还不如努力讲好其中一部分内容．书中较深的一些章节和高级课题是供优秀学生阅读的，这些可以发挥他们的才能；这些部分也可供学生在以后继续学习物理学时作为参考材料．

做完以上说明，我们现在详细地介绍一下本书各章．

第1章　和本书第1版中一样，本章对学习力学来说并不是必不可少的．不过，它可以为兴趣较广的学生提供有趣的阅读材料．如教师希望给学生指定阅读材料，这一章可以提供很好的材料来说明“数量级”的概念．

第2章　引进矢量，使学生掌握物理学中非常有用的一种语言．如在这一章里指出的，可以暂时略去矢量积部分，以及关于 $\boldsymbol{v}$ 和 $\boldsymbol{B}$ 不垂直时的磁力例子．教师可以不用矢量积讲到第6章，到那时再回头讲它．标量积是求物理量数值时常常用到的．第5章讲功和能时更是如此．因此有必要在这里引入它．此外，求解很多有趣的习题也要用标量积作为工具．矢量微商一节也很有用，不过讨论单位矢量 $\hat{\boldsymbol{r}}$ 和 $\hat{\boldsymbol{\theta}}$ 的内容可以略去，移到很后面再介绍．我们希望，这一章关于圆周运动的内容是以后学习动力学的一个很好入门．

第3章　这一章较长，并介绍了比较多的应用．我们以通常惯用的形式引进了牛顿定律，接着就介绍第二定律的一些应用．如果课时较少，或者不打算讲电学和磁学方面的应用，有关的那一节可以全部略去，或者只就速度与磁场垂直的特例来讲述磁场．此后通过牛顿第三定律引入动量守恒．在碰撞问题中提到了动能，尽管要到第5章才引入这个概念．大多数学生在高中时就学过动能概念，在这里不会感到任何困难，不过也可以略去．

第4章　正如在本章中指出的，这一章不是用传统的方式写的．许多物理学家都要求引入伽利略变换，对打算进一步学习狭义相对论的读者来说，这一章对坐标变换提供了很好的准备知识．可是，对于非物理专业学生和时间有限的读者来说，这一章无异过于“锦上添花”，应当略去．讲一点加速参考系和虚设力的知识，也许是必要的，但是，可以从本章头几页中选用材料．

第5章　这一章引入功和动能，首先讲一维情形，然后讲三维情形．这里必须用到标量积，但可以避开使用线积分．这一章详细地介绍了势能．如果课时不多，关于电势的讨论和关于保守场的讨论都不妨略去．然而，这是很重要的一章，讲授时不应草率从事．

第6章　这一章再次介绍碰撞问题，并引入了质心参考系概念．质心是刚体中的一个重要概念，虽然广泛采用质心系，但如力学课课时不多，也可以删去这些内容．引入角动量和力矩概念时需要用到矢量积，不过，这时学生已具备了掌握和运用矢量积的知识，如果在前面略去未讲，可以在这里讲授．角动量守恒对许多学生来说是一个有吸引力的课题．

第7章 在这里，如果学生对运用微分方程有困难，应该先学习“数学附录”. 弹簧振子和单摆是为讲授振动这一重要课题而引入的两个简明例子. 如果课时不够，关于动能和势能的平均值、阻尼运动以及受迫振动的几节，全都可以删去. 实验课还可以提供这种运动的一些非常好的实例. 对于那些程度较高的学生，关于非谐振子和受迫振子的“高级课题”是会有吸引力的.

第8章 我们认为，对刚体做一入门介绍，对于所有学生都是有益的. 绕固定轴的力矩和角加速度这两个概念并不难懂，它们能使学生得到同周围现实世界的联系. 本章对陀螺仪的简单分析也是有价值的，但是，介绍主轴、惯性积和转动坐标系的那些内容，在大多数力学课中恐怕应当删去.

第9章 有心力问题是非常重要的. 有些教师也许不愿在计算球体内外引力势方面花那么多时间，这些当然可以略去. 他们可能还感到积分求解 r 的运动方程太费事了，如果是这样，也可以删去它. 他们对本章中的“高级课题”应该感到满意. 尽管这一章中有不少材料必要时可以删去，但是，花点工夫掌握它们还是很有好处的. 两体问题和约化质量的概念也是很有用的，不过，如果课时不够也可以删去.

第10章 这一章介绍了几种测定光速的方法，对于力学课来说，这些材料并非是必不可少的，不过我们相信学生会对它感兴趣，也可以把它指定为课外阅读材料；接着介绍了迈克耳逊-莫雷实验，在这样的力学课中，它是用来说明伽利略变换需要加以改变的最令人信服的证据；还介绍了多普勒效应，这是因为退离的多普勒效应为遥远星体的高速运动提供了证据；本章结尾用一节讨论了光速是物体的极限速度问题，以及牛顿动能公式的失效. 对只能花不多时间学习狭义相对论的学生，浏览一下本章也许就够了.

第11章 这一章里推导出了洛伦兹变换式，并把它们用于通常最说明狭义相对论的特征的现象，即长度收缩和时间膨胀. 本章介绍了速度变换，并举出了一些例子. 这一章是学习以后各章的基础，应当花足够时间认真学习.

第12章 这一章利用第11章的结果证明需要改变动量和相对论性能量的定义，最后证明了 $E=mc^2$ 的来源，讲授时应当着重介绍与高能粒子实验以及与高能核物理学的关系. 在这个阶段，学生们也许（譬如说）对核物理学只有一些模糊的认识，然而，这些例子在今天已如此普遍，讲授起来不会有任何困难. 最后，关于静止质量为零的粒子的讨论，将能够回答许多机敏学生的疑问.

第13章 本章进一步深入论述了前一章提出的许多例子. 引入了质心系，指出了它的优点. 课时不多时，这些都可以略去. 学得好的学生对这些内容会感到有兴趣，可以在学习其他物理课程涉及狭义相对论时作为课外阅读材料.

第14章 近年来，学习广义相对论已经相当普遍，这一章就是为学习广义相对论做准备的. 当然，就通常意义说，这一章内容对于狭义相对论并不是重要的. 但是，有许多学生可能对于引力质量与惯性质量的差别感兴趣，而且，几乎每个人都听说过关于广义相对论的验证问题.

致　学　生

大学物理课的头一年一向是最困难的．在第一年里，学生要接受的新思想、新概念和新方法，要比在高年级或研究院课程中还要多得多．一个学生如果清楚地理解了力学中所阐述的基本物理内容，即使他还不能在复杂情况下运用自如，他也已经克服了学习物理学的大部分的真正困难了．

一个学生，如果对理解本书的某些部分感到困难，或者在解习题上遇到困难，甚至在把课文反复阅读过后也仍然如此，那他应当怎么办呢？首先，他应当回头重读高中物理课本的有关部分．这其中特别值得推荐的是《PSSC 物理学》，《哈佛物理学》（*Harvard Project Physics*）也很不错．然后，他应当选一本大学入门水平的物理书作参考和阅读．这些书中有很多都没有用微积分，因而由于数学方面引起的困难便可以大大减少．习题，特别是看那些已做出的例题，可能是很有帮助的．最后，当他已经理解了这些较浅的书之后，他还可以找一些与本书水平相当的书来阅读．当然，他应当记住，找教师答疑解惑总是最好的办法．

许多学生总是在数学方面感到困难．因此，除了正规学习的微积分教材外，也可以阅读一些小册子．作为一本自学手册，Daniel Kleppner 和 Norman Ramsey 编写的 *Quick Calculus*（John Wiley & Sons, Inc., New York, 1965）是一部关于微积分要点的非常出色的综述．

记号与约定

单位

科学技术中的每一成熟领域，对于其中经常出现的量都有它自己的特定单位. 对于美国西部的水利工程师、牧场主或是律师而言，英亩-英尺（acre-ft）是体积的一个自然单位. MeV 即**兆电子伏特**是核物理学家使用的一个自然能量单位，**千卡**是化学家的能量单位，而**千瓦时**是动力工程师的能量单位. 理论物理学家常常爱简单地说：选择单位使光速等于 1. 一位从事实际工作的科学工作者不会把很多时间花在单位换算上，他对于计算中碰到的因子（如 2）和正、负号倒会特别留意. 他也不会花很多时间去讨论单位制，因为好的科学从来就不会从单位制讨论得出来.

物理学中主要采用的是高斯厘米-克-秒制（CGS）单位和国际单位制（SI）单位. 任何一个科学家或工程师要想顺利地阅读物理学文献，都必须熟悉这两种单位制.

物理常数

本书文后印有物理常数和一些有用的物理量近似值. 更为精确的物理常数值可参阅最新出版的有关刊物.

记号和符号

一般说来，我们总是让本书中的符号和单位缩写与物理学文献中所使用的一致，它们大多是与国际习惯相符合的.

我们这里把本书采用的几种记号总列如下：

$=$ 等于	$\approx$ 近似地等于；粗略地等于
$\cong$ 差不多等于	$\sim$ 数量级为
$\equiv$ 恒等于	$\propto$ 正比于

$\approx$，$\cong$，$\sim$ 这几种记号的用法还没有标准化，不过我们上面给出的定义是多数物理学家都采用的. 美国物理学会极力提倡在那些可能会有人用 $\approx$ 或 $\cong$ 的地方，最好一律都采用 $\approx$.

记号 $\sum\limits_{j=1}^{N}$ 或 $\sum\limits_{j}^{N}$ 表示对 $\sum$ 右方的东西从 $j=1$ 到 $j=N$ 求和. 符号 $\sum\limits_{i,j}$ 表示对两

个指标 i 和 j 的双重求和. 符号 $\sum_{i,j}{}'$ 或 $\sum_{\substack{i,j\\i\neq j}}$ 表示除去 $i=j$ 的双重求和.

数量级

数量级通常理解为“出入不到 10 倍”. 大致地去估计一下一个量的数量级，是物理学家工作和说话方式的特征. 这是一种非常有价值的职业习惯，尽管这常常使初学者感到极为困惑. 比如我们说数字 5500 和 25 000 的数量级都是 10^4. 在厘米-克-秒制中，电子质量的数量级是 10^{-27}g，而精确值是 $(0.910\ 954\pm0.000\ 005)\times10^{-27}$g.

有时我们说一个解含有（准确到）量级为 x^2 或 E 的项，而不管这个量是什么. 这句话也常写作 $O(x^2)$ 或 $O(E)$. 它的意思是：在精确解中所含的这个量的更高次幂项（如 x^3 或 E^2）与近似解中所保留的项相比，对于某些目的，可以忽略不计.

词头

下面是一些常用的词首缩写及其数值含义：

10^{12}	T	太（tera-）	10^{-3}	m	毫（milli-）
10^{9}	G	吉（giga-）	10^{-6}	μ	微（micro-）
10^{6}	M	兆（mega-）	10^{-9}	n	纳（nano-）
10^{3}	k	千（kilo-）	10^{-12}	p	皮（pico-）

简 明 目 录

目　　录

第 1 章　绪　　论

第1章　绪　　论

1.1　自然界

谁都会感到自然界似乎是无比巨大和异常复杂的，它像是一个包罗万象、变化万千的大舞台．我们大致估计一下关于自然界的一些重要量值的数量级，就可以证实这种印象．现在我们不必去讨论这些数值是如何测得的，如何推断出来的．对这些量最重要的是，我们毕竟已经知道了这些数字，至于其中有一些只是近似值，那倒不是十分重要的了．

宇宙是无比巨大的．根据天文观测，我们已推断出一个关于宇宙的特征长度，它的数值是 10^{26}m 或者说 10^{10}光年，我们含糊地把它叫作宇宙半径．这个数字可能会有两三倍的出入．作为比较，地球距太阳的距离是 1.5×10^{11}m，地球半径是 6.4×10^{6}m．

宇宙中的原子数目非常巨大．宇宙中，质子和中子的总数是 10^{80}左右，这个数字的不确定程度可能为 100 倍．太阳中的质子和中子数为1×10^{57}；在地球中为 4×10^{51}．宇宙中的全部质子和中子可以形成10^{23}个（即 $10^{80}/10^{57}$）与太阳质量相等的恒星．(作为比较，一摩尔原子中所含的原子数是 6×10^{23}——阿伏伽德罗常量．) 一般认为，宇宙质量的绝大部分是在恒星中，而所有已知恒星的质量都在太阳质量的 0.01 到 100 倍之间．

生命是宇宙中最为复杂的现象．人是较为复杂的生命形式之一，它由大约 10^{16}个细胞组成．细胞是一个基本的生理学单位，含有大约$10^{12}\sim10^{14}$个原子．据了解，各种生物的每一个细胞至少含有一个 DNA（脱氧核糖核酸）或它的近亲 RNA（核糖核酸）的长分子链．细胞中的 DNA 链保存着构成一个完整的人、鸟等所必需的全部化学指令或遗传信息．一个 DNA 分子可能由 $10^{8}\sim10^{10}$个原子组成，其中原子的精确排列对于不同的生物个体可能不同，而在种㊀与种之间这种排列则肯定是不同的，在我们地球上，已经被描述和定名的“种”有 10^{6} 个以上．

无机物也表现出多种形式．质子、中子和电子结合成一百多种不同的化学元素和大约 10^{3} 种已经证认的同位素．这些元素又以各种比例组成 10^{6} 种以上已鉴定为彼此不同的化合物．此外，还要加上大量成分不同的具有各种物理性质的液体、固

㊀ “种”这个术语的粗略定义是：如果两个群体之间具有可以加以描述的差异，而且它们不会互相自然杂交，这两个群体就是两个不同的“种”．

体以及合金等混合物.

通过实验科学，我们已经了解到自然界所有上述这些事实；能够将星体分类，并估计它们的质量、成分、距离和速度；能够将生命的种进行分类并揭开它们的遗传关系；能够合成各种无机晶体、生化药剂和新的化学元素；能够测定频率从100 ~ 10^{20} Hz 的原子和分子的发射谱线；并且能在实验室产生出新的基本粒子.

实验科学的巨大成就是由各种不同类型的人完成的. 他们有的兢兢业业，有的坚持不渝，有的富有直观洞察力，有的善于创造，有的精力充沛，有的老成持重，有的机智灵巧，有的细致周密，也有的人具有灵巧的双手. 有些人喜欢只使用简单的设备，而另一些人则发明或制作了许多极为精细的、大型的或者复杂的仪器. 他们中的绝大多数人具有的共同点是：他们是诚实的，真正作了他们记录上写的那些观测；他们发表自己的工作结果使得其他人有可能重复这些实验或观测。

1.2 理论的作用

上面我们所做的关于自然界异常巨大和非常复杂的描述，并不是事情的全部，因为理论上的理解使得自然界图像的好些部分看起来更为简单. 对于宇宙中一些主要的和重要的方面，我们已经有了很好的了解. 我们认为已经了解了的那些领域（即下面概述的），加上相对论及统计力学，构成了人类智慧的伟大成就的一部分.

(1) 经典力学定律和引力定律（力学卷）使我们能以惊人的精确性预言太阳系内好些部分（包括彗星和小行星）的运动，正是依据这些规律，才预言和发现了新的行星，这些规律还使人们提出了恒星和星系形成的可能机制；再借助辐射定律，对于观测到的恒星质量与光度之间的关系做出了很好的说明. 经典力学定律虽然在天文上应用得最好，但它并不是成功地应用这些定律的唯一领域. 在日常生活和工程技术中，我们经常在应用这些规律. 当代的宇宙航行和人造地球卫星的使用，也是靠严密地应用经典力学定律和引力定律才得以实现的.

(2) 量子力学规律（量子物理学卷）对原子现象做出了非常好的说明. 对于一些简单原子，量子力学做出的预言同实验结果十分符合，相差不到十万分之一甚至更小. 在应用到地球及天体这些大尺度事件上时，量子力学规律做出的预言和经典力学规律做出的预言两者没有区别. 原则上说，量子力学为全部化学和冶金学以及为大部分物理学提供了一个严格的理论基础；可是，对于其中的方程，现有的或将会有的计算机常常是无法处理的. 在有些领域里，几乎所有的问题在理论上都很难根据基本原理去直接解决.

(3) 经典电动力学规律对原子尺度以外的所有电和磁的效应都做出了完善的

说明，这些规律还是电力工程和通信工程的基础．原子尺度内的电磁效应要用量子电动力学的理论才能精确地描述，经典电动力学是本教程内《电磁学》和《波动学》的主要内容．量子电动力学的某些方面在《量子物理学》里论述，不过对这方面问题的全面论述，必须摆到以后的课程中去．

（4）在另一个比较狭窄的范围内，人们对于遗传密码的作用原理，特别是对于遗传信息的储存机制已经有所了解．我们发现，简单有机体的一个细胞所储存的信息量就超过了目前最好的市售计算机，在我们地球上的几乎一切生命体中，遗传信息全都编码在 DNA 分子中；DNA 分子仅由四种不同的分子团组成，它们排列成双线序列（按有机体的不同，这个序列可以有 $10^6 \sim 10^9$ 项），而且由一些特定的简单规则决定着双线序列中各分子团的配对方式（见图 1.1）．这些内容属于分子生物学．

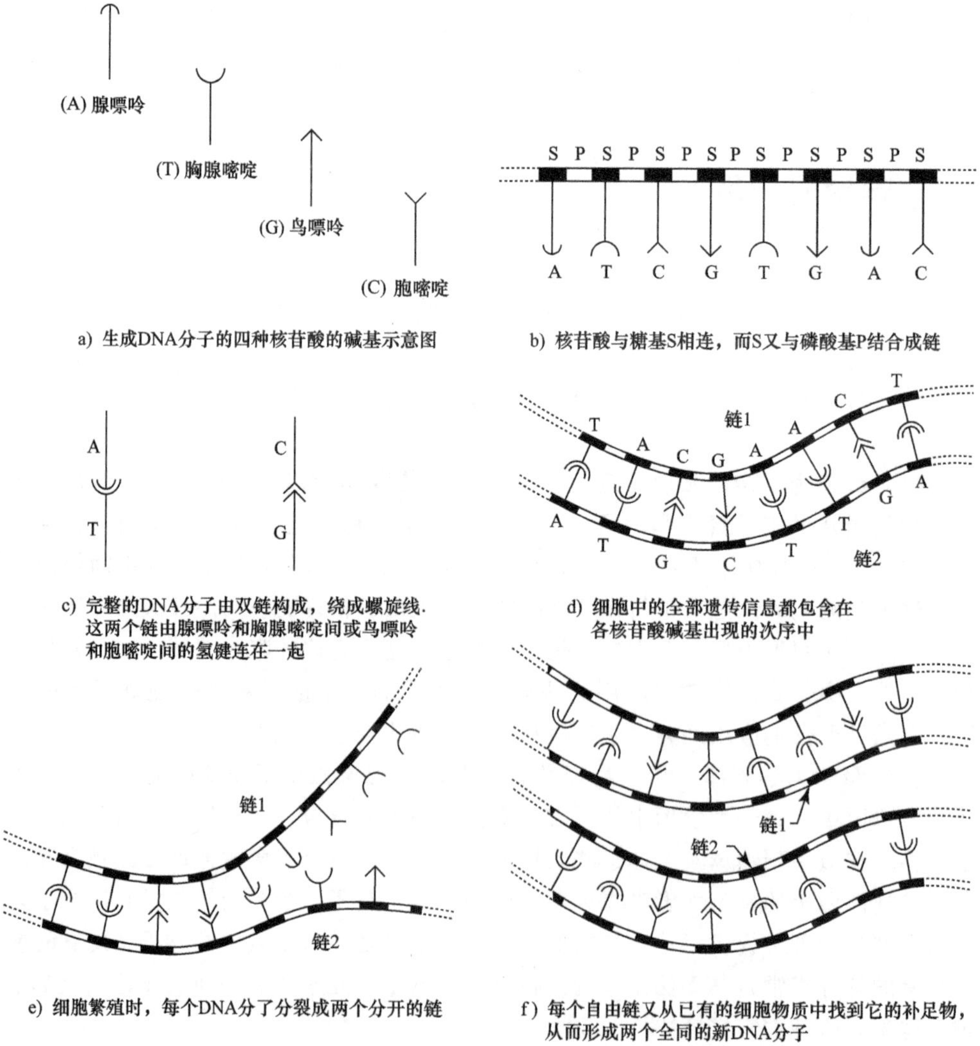

a）生成DNA分子的四种核苷酸的碱基示意图

b）核苷酸与糖基S相连，而S又与磷酸基P结合成链

c）完整的DNA分子由双链构成，绕成螺旋线．这两个链由腺嘌呤和胸腺嘧啶间或鸟嘌呤和胞嘧啶间的氢键连在一起

d）细胞中的全部遗传信息都包含在各核苷酸碱基出现的次序中

e）细胞繁殖时，每个DNA分了分裂成两个分开的链

f）每个自由链又从已有的细胞物质中找到它的补足物，从而形成两个全同的新DNA分子

图 1.1

上面概述的那些物理规律和理论知识具有同实验观测的直接结果不同的特点. 这些规律概括了大量观测的主要部分，能使我们成功地做出一定形式的预言，尽管这些预言实际上要受到所讨论系统的复杂性的限制. 这些物理规律常常还会提出一些新的和不寻常的实验来. 虽然这些规律通常能表述成简洁的形式[㊀]，但它们在应用时有时候却需要做冗长的数学分析和计算.

物理学的基本规律还有一个特点，这就是，我们已经知道的那些规律全都是十分简洁和优美的[㊁]. 这当然不是说不要去做实验，因为一般说来，物理规律都是通过辛苦的和巧妙的实验发现的. 上面那句话的意思是，如果未来的物理理论被表述得十分别扭和笨拙的话，我们是会感到非常奇怪的. 已发现的物理规律这样优美，这就使我们对于还不知道的规律先入为主地有了一个轮廓. 一个假说如果十分简洁和优美，从而在大量已想到的理论中显得突出的话，我们就倾向于把它说成是值得注意的假说.

在本课程中，我们将着重强调物理规律的简洁和优美的特点，并这样去叙述一些物理规律. 这就要求我们采用一定的数学表述方式，考虑到本课程的水平，用到的数学手段不会超出初等微积分的范围. 随着课程的进行，我们还将介绍一些卓越的物理实验，以引起兴趣；当然，在一本教科书中要做到这一点是非常难的. 对于实验物理来说，实验室才是理所当然的训练场所.

1.3　几何学与物理学

数学是物理学的语言，它使我们在表达物理规律及其推论时大为简洁. 但是数学是一种具有特殊规则的语言，只要遵守这些规则，就一定能够做出正确的判断：例如，2 的平方根是 1.414…；或者 $\sin 2a = 2\sin a\cos a$.

我们必须注意，不要把这种真实性与关于物理世界的确切表达相混淆. 一个物理的圆，它的周长与直径之比的测量值是否真是 3.141 59…，这是一个要用实验来解决的问题，而不是思考所能解决的. 几何测量对于物理学来说带有根本性，但是在我们着手用欧几里得几何或任何别的几何来描述自然界之前，必须要先解决这一类问题. 这里当然有一个涉及宇宙的问题：对于物理测量，我们能否假定欧几里得公理和定理是真实的?

㊀　一本平装本小书的第一句话写着："这个系列讲座将会涵盖所有的物理学．"［R. Feynman，"Theory of Fundamental Processes." W. A. Benjamin，Inc.，New York，1961］.

㊁　"看起来似乎是这样的，当一个人基于使自己的方程变得更加优美的想法进行研究，而且他真正具有明智的洞察力，那么他一定会行进在研究进展的正确道路上．"［P. A. M. Dirac，*Scientific American*，**208**（5）：45-53（1963）］但是大多数物理学家觉得现实世界太过复杂微妙，以至于狄拉克的研究方法显得有些无畏和莽撞，除非是对于那些各个时代的具有最伟大头脑的科学家，如爱因斯坦、狄拉克以及其他不过十数位的天才人物. 对于数以千计的其他科学家而言，这种研究方法的适用性会大打折扣，这是因为并不是所有人都适用于"具有明智的洞察力"的称谓.

要想不涉及深奥的数学，我们对于空间的实验特性只能很简单地说一点．全部数学中最著名的定理是毕达哥拉斯定理：一个直角三角形的斜边的平方等于二邻边的平方和（见图1.2）．这个基于欧几里得几何的正确性而作出的数学命题是否也适用于物理世界呢？还会有别的情形吗？回答这个问题光靠思考是不够的，我们还必须进行实验．我们下面就来进行论证，不过由于这里不能使用弯曲的三维空间的数学，所以我们的论证会有些不完全．

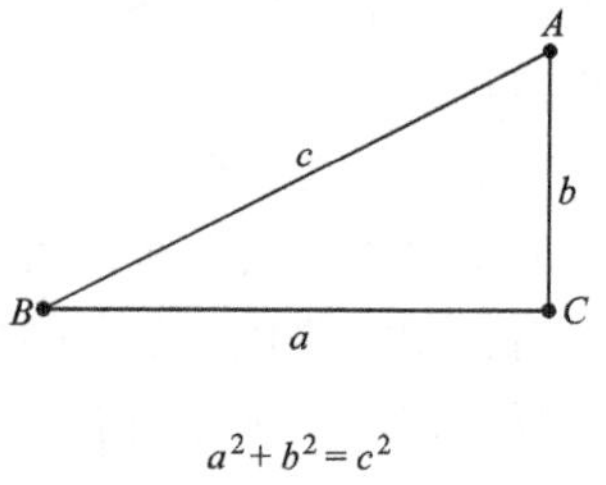

图 1.2　毕达哥拉斯定理是欧几里得几何公理的逻辑结果；但欧几里得几何公理是否能精确地描述物理世界，则只能由实验决定

先设想一些生活在球面宇宙中的二维人的情况．他们的数学家向他们描述了三维或更高维空间的性质，但他们要对这些事情获得直观的感觉，其困难就像我们在描绘四维空间时一样．他们怎样才能确定自己是否居住在一个曲面上呢？一个办法是用实验的方法去证实欧几里得几何的某些定理以检验平面几何的公理．他们可以画出一条直线作为球面上任意两点 B 和 C 之间的最短路径；而我们则把这样的路径描述为一个大圆，如图1.3所示．他们可以接着作三角形，并检验毕达哥拉斯定理，对于各边都比球半径小得多的小三角形，该定理是非常好地成立的，但并不完全精确地成立．对于大三角形，就会出现明显的偏差（见图1.4～图1.6）．

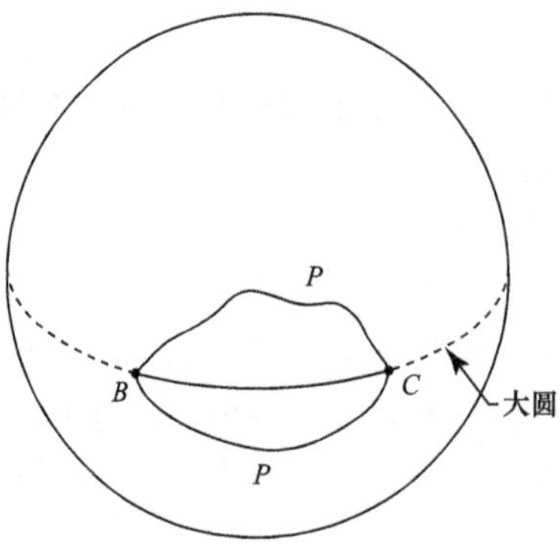

图 1.3　球面上 B，C 两点间的最短“直线”距离是在通过这两点的大圆上，而不是在任何其他路线 P 上

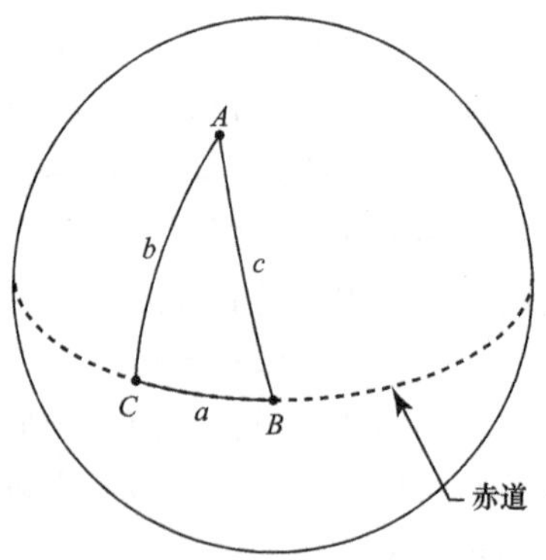

图 1.4　给定三点 ABC，二维人可以作出以“直线”为边的三角形 ABC．他们会发现，对于小直角三角形 $a^2+b^2\approx c^2$，但三角形三角之和稍大于180°

如果 B 和 C 是球面赤道上的两点，则连接它们的“直线”是赤道上从 B 到 C 的一段．从赤道上的 C 到北极 A 之间的最短路径是经度固定的线，它与赤道上的 BC 垂直相交．从 A 到 B 的最短路径也是经度固定的线，它与赤道上的 BC 也垂直

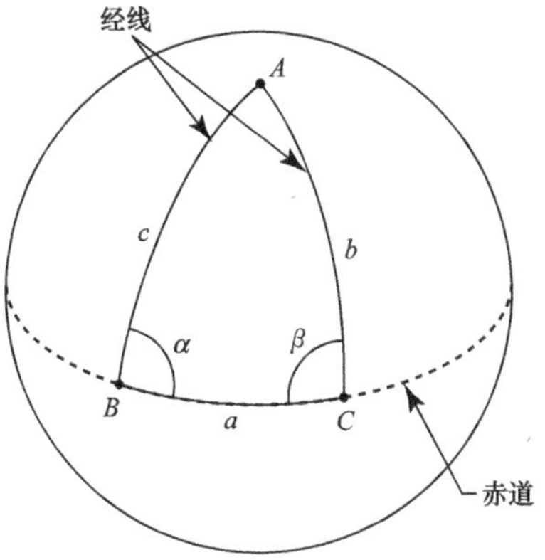

图 1.5　如果他们采用更大的三角形，则三角之和就越来越大于 180°. 这里，因 B 和 C 在赤道上，而 A 在极点上，所以 α 和 β 都是直角. 显然，$a^2+b^2\neq c^2$，因为 $b=c$

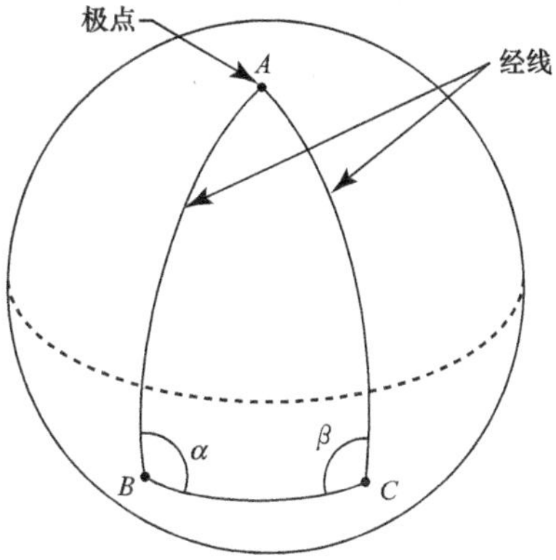

图 1.6　对于 B 和 C 在赤道之下的这个三角形，$\alpha+\beta>180°$，只有球面的二维“空间”是弯曲的才有可能出现这种情况，类似的论断适用于三维空间. 图示的二维空间的曲率半径就是球的半径

相交. 于是，我们就得到一个 $b=c$ 的直角三角形. 毕达哥拉斯定理显然不适用于球面，因为现在 c^2 不可能等于 b^2+a^2；而且这个三角形 ABC 的内角之和总是大于 180°的. 曲面上的二维居民们在它上面所做的测量使他们能够证实这表面确实是弯曲的.

这些二维居民们总还可以说：平面几何的规律是适用于描述他们的世界的，问题出在用以测量最短路径从而定义直线的米尺上. 这些居民们可以说：米尺的长度不是不变的，当它移动到表面上的不同地点时，它会伸长或缩短，只有当他们用不同的方法持续地进行测量都得到相同的结果时，欧几里得几何之所以失效是由于表面弯曲这一最简单的说明才成为显而易见的.

在这个弯曲的二维世界中，平面几何的公理并不是不证自明的真理，而且它们根本就不是真理. 由此可见，宇宙的真正几何必须用实验来探求，它是物理学的一个分支. 习惯上我们并不怀疑用欧几里得几何去描述我们所在的三维世界中所做测量的正确性，这是因为欧几里得几何是宇宙几何的极好近似，以致在实际测量中任何与它偏离之处都不表现出来. 这当然不是说欧几里得几何的适用性是不证自明的，或者甚至是完全正确的. 19 世纪的大数学家高斯就提出过：三维空间的欧几里得平直性应当通过测量一个大三角形的三内角之和来加以检验. 他认识到，如果三维空间是弯曲的，一个足够大的三角形的三内角之和就可能明显地不是 180°.

高斯㊀利用测量仪器（1821—1823）精确地测量了德国境内三个山顶所构成

㊀ C. F. Gauss. “Werke,” vol. 9, B. G. Teubner, Leipzig, 1903；特别是参看第 299、第 300、第 314 和第 319 页. [R. Feynman, “Theory of Fundamental Processes.” W. A. Benjamin, Inc., New York, 1961]. 高斯文集是一个可以用来说明天赋异禀的人在一生中可以完成多少工作的显著实例.

的三角形（见图 1.7）．这个三角形最长的边约为 100km．他测得的三个内角分别是

$$86°13'58.366''$$
$$53°6'45.642''$$
$$40°39'30.165''$$
$$总和\ 180°00'14.173''$$

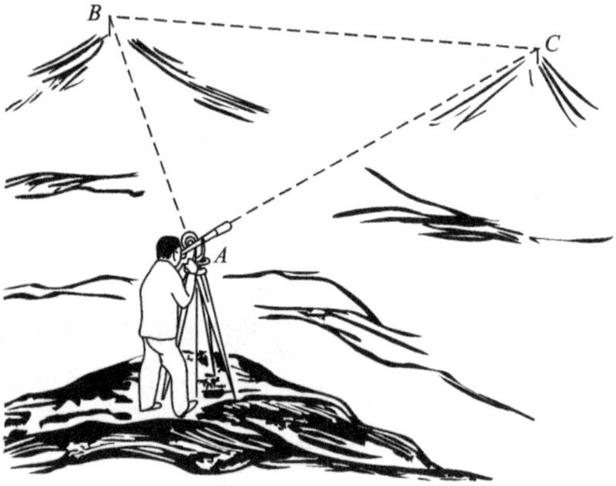

图 1.7　把三个山顶作为三角形的三个顶点，高斯测量了内角和．在他的测量精度范围内没有发现与 180°的偏离

（我们没有找到估计这些数值的精确性的说明，最后两位小数很可能没有意义．）由于在所有三个顶点上测量仪器都按当地的水平面安放，所以这三个水平面并不平行．必须从上面的总和中减去一个称为球面角盈的计算改正量，其值为 14.853″（角秒）．这样改正后的三内角之和是

$$179°59'59.320'',$$

它与 180°只相差 0.680″．高斯相信这个差数是在观测误差范围内的，因而他做出结论：在这次测量的精度内，空间是欧几里得的．

在前面的例子中我们看到了欧几里得几何适用于描述二维球面上的小三角形，但当三角形增大时，偏离就愈益明显．要搞清楚我们所在的空间是否确实平直，就需要去测量一些很大的三角形，这些三角形要以地球和遥远的恒星甚至星系作为它们的顶点．但是我们面临着一个问题：我们的位置为地球所固定，因而我们还不能带着仪器自由地漫游于太空，从而去测量天文三角形．我们怎样才能去检验欧几里得几何在描述空间测量中的正确性呢？

空间曲率的估计

行星预测　在太阳系范围内所做的天文观测的一致性暗示出，宇宙曲率半径的下限约为 5×10^{15}m．例如，海王星和冥王星的位置在用望远镜观测证实它们的存在以前就由计算推断出来了．由已知行星轨道的微小摄动，导致在与计算位置非常

接近的地方发现了海王星和冥王星．我们可以很容易地相信，只要几何学规律有微小误差，这种吻合便会遭到破坏．冥王星轨道的平均半径是 6×10^{12}m；预测的位置与观测到的位置高度吻合，暗示空间的曲率半径至少是 5×10^{15}m．说空间曲率半径无限大（平直空间），也并不与事实相矛盾．在这里去讨论如何得出估计值 5×10^{15}m 的数值的细节，或者去精确地说明三维空间的曲率半径的含义，那会离题太远．在这种情况下，我们只好求助于球面上的二维类比，作为一种辅助手段．

三角视差　施瓦兹希德（K. Schwarzschild）[⊖] 提出过另一种论证方法．在相隔六个月的两次观测中，地球相对太阳的位置改变了 3×10^{11}m，即地球轨道的直径．设在这两个时刻我们观测一颗恒星，并测出图 1.8 中的角 α 和 β．如果空间是平直的，则两角之和 $\alpha+\beta$ 总是小于 180°，而且当恒星无穷远时，两角之和接近于 180°．180°与 $\alpha+\beta$ 之差的一半称为视差．但是，在弯曲空间中，$\alpha+\beta$ 总是小于 180°这一点就不一定正确了．图 1.6 中所示的就是一个例子．

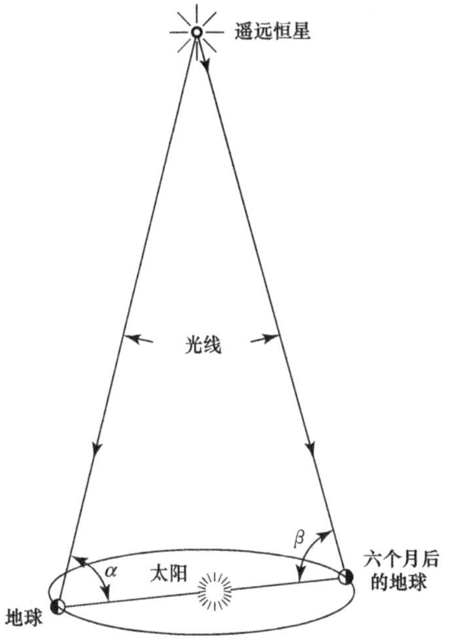

图 1.8　施瓦兹希德的证明：在平直面上 $\alpha+\beta<180°$．恒星的视差定义为 $(180°-\alpha-\beta)/2$

现在我们再回到假想的生活在球面上的二维天文学家的情形，看一看他们是怎样由测量和数 $\alpha+\beta$ 去发现他们的空间是弯曲的．从前面对三角形 *ABC* 的讨论我们看到，当恒星距离为四分之一周长时，$\alpha+\beta=180°$；当恒星比这近时，$\alpha+\beta<180°$；当恒星比这远时，$\alpha+\beta>180°$．二维天文学家只需要去观测越来越远的恒星并测出 $\alpha+\beta$，看这个和数在什么时候开始超过 180°．同样的论证对于我们的三维

⊖ K. Schwarzschild, *Vierteljahrsschrift der astronomischen Ges.*, **35**: 337 (1900).

空间也是有效的.

在对太阳相对于银河系中心的运动做适当改正之后，没有观测证据表明天文学家测出的 $\alpha+\beta$ 曾大于 180°. 小于 180°的 $\alpha+\beta$ 值被人们用来确定较近恒星的距离（三角测量法）. 直到大约 3×10^{18}m 仍能观测到小于 180°的值㊀，这个距离已是现代望远镜角度测量的分辨极限. 由这个论证还不能直接推断出空间的曲率半径就一定大于 3×10^{18}m，对于某些类型的弯曲空间还需要其他的论证. 最后得出的答案是，曲率半径（用三角测量确定的）一定大于 6×10^{17}m.

在本章开始时我们说过，已经推断出一个与宇宙相关联的特征长度是 10^{26}m 即 10^{10}光年的数量级. 这个数值，比方说，就相当于在等于宇宙年龄的这段时间内光所行进的距离；这个结果是由观测推得的，在这里去叙述这方面的内容会显得太冗长了㊁. 对这个长度的最初浅的解释，是把它称为宇宙半径；另一种可能的解释，是把它称为空间的曲率半径. 究竟是哪一个？这是一个宇宙学问题. [关于宇宙学作为思辨科学的介绍，可以参见本章后面“拓展读物”中所列举的 H. 邦迪（H. Bondi）的书] 概括说来，我们关于空间曲率的看法是：它不会小于 10^{26}m，我们也不知道空间在大尺度范围内不是平直的.

上述看法只说到了空间的平均曲率半径，并没有涉及那些局部的鼓包，而在紧靠着各个恒星的地方显然是存在着这种鼓包的. 恒星使本来完全平直的或只是稍微有点弯曲的空间在局部区域变得凹凸不平. 有关这个问题的实验数据是非常难于获得的，即使对于太阳邻近的区域也是如此. 人们在发生日食时去对那些靠近太阳边缘处的看得见的恒星做仔细而艰难的观测，已经断定光线在经过太阳边缘附近时稍有弯曲. 从而，人们推断，当光线接近任何质量很大的类似的恒星时，也都会出现这样的情况（见图 1.9 和图 1.10）. 掠射（刚刚擦边而过）光线的弯曲角度非常小，只有 1.75″. 因此，在太阳行经天空时，如果我们能在白昼看见恒星的话，那么，那些几乎要被蚀掉的恒星看起来就会从它们的正常位置向外散开一点点. 上述观测事实只能说明在太阳附近光线沿弯曲路径运动，还不能把它唯一地解释为是由于太阳周围的空间是弯曲的. 只有靠用各种仪器在太阳表面附近做一系列精确测量，我们才能直接地肯定一个弯曲的空间是最有效的和最自然的描绘. 还有一种观测，也涉及弯曲空间的可能性. 离太阳最近的行星水星，它的轨道与应用牛顿引力定律和运动定律所预言的轨道有极微小的差异（见图 14.9）. 这会是太阳附近空间弯曲的效应吗？要回答这样一个问题，我们就必须知道，一个可能有的曲率会如何影响水星的运动方程，而这就不仅仅是几何学的问题了. [这些论题在第 14 章里将做进一步的（尽管是简短的）讨论.]

爱因斯坦在一系列不平凡的、优美的论文中 [A. 爱因斯坦，*Berl. Ber.*，778，

㊀ 距离测量本身假定了欧几里得几何是适用的，对这一点可以持异议. 然而，还有一些估计距离的其他方法，它们在近代的天文学教科书中都有讨论.

㊁ 在第 10 章中提到了这方面的一个证据.

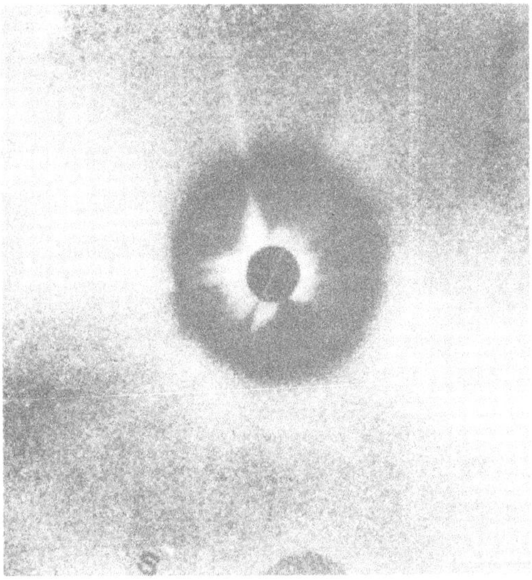

图 1.9　1970 年 3 月 7 日日食时用近红外线拍摄的日冕照片，它摄下了宝瓶座 ϕ 星——一颗四等 M 星——的影像（刚好在 S 的右上方），它到太阳的距离大约是太阳半径的 11 倍. 顶部和底部的半圆是压板的痕迹. 在原来遮掩太阳的黑影中插入了一张日食照片，用来定这张照片的方位（承蒙 Carl Lilliequist 和 Ed Schmahl 提供本照片——部分实验经费支持来自于科罗拉多大学的天文地球物理系）

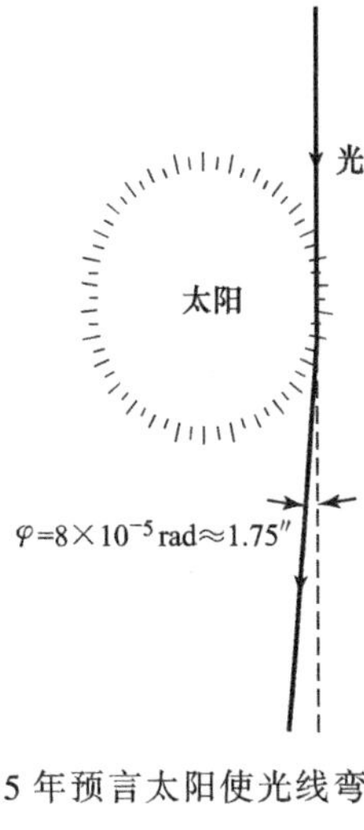

图 1.10　爱因斯坦在 1915 年预言太阳使光线弯曲，随后不久为实验所证实

799，844（1915）；*Ann. d. Phys.*，**49**，769（1961）］描述了一种引力和几何的理论，即广义相对论. 这个理论预言过上述的两个效应，在定量上与观测结果相符. 对于这个理论的几何预言，有关证据至今仍然很少. 然而，尽管证据不足，由于这个普遍理论本质上的简单性，它仍然被广泛地接受了，近年来，在这个领域又有了相当多的研究（见 14 章）.

小尺度的几何学　根据天文观测，我们断定欧几里得几何对于长度、面积和角度的测量都提供了非常好的描述，至少一直到数量级为 10^{26}m 那样大的长度范围内是如此．但是，到目前为止，还没有谈到关于用欧几里得几何来描述大小可与原子的 10^{-10}m 或原子核的 10^{-15}m 相比拟的非常小的形体的问题．有关欧几里得几何正确性的问题最终必须表述如下：当我们假定欧几里得几何正确时，我们用于亚原子世界能不能讲得通，我们能不能创造一个成功的物理理论去描述亚原子世界？如果能，那么，我们现在就没有理由怀疑欧几里得几何是一个成功的近似．我们在量子力学卷中将会看到，原子和亚原子现象的理论似乎并没有导致任何阻碍我们今天对这些现象理解的矛盾．还有许多事实没有理解，但是，看来没有哪件事引起了矛盾．在这个意义上，欧几里得几何至少在尺度小到 10^{-15}m 时经受住了实验的检验．

1.4　不变性

现在我们要概述一下表明欧几里得几何对于空的空间在实验上的正确性的一些结果．欧几里得空间的均匀性和各向同性可以用两个不变性原理来表述，它们也就意味着两个基本的守恒原理．

平移不变性　这个原理的意思是，空间是均匀的，即从一点到另一点没有什么区别．如果把图形无旋转地从一个位置移动到另一位置，它的大小和几何性质都不变．我们还假定，当物体只是移动到空的空间的另一区域时，它的物理性质不变，譬如说，物体的惯性或组成物体各粒子间的力都不发生变化．因此，一个音叉的固有频率或一个原子的特征谱线在做这种位移时不会改变．

转动不变性　由实验知道，空的空间是异常精确地各向同性的，因此所有的方向都是等价的．一个物体在空的空间内改变取向时，它的几何性质与物理性质均不变．可以设想一个非各向同性的空间，例如，在某一方向的光速会大于与此方向垂直的另一方向上的光速．在自由空间中没有这类效应的任何证据，不过，在晶体内遇到了许多类各向异性的效应．在质量很大的恒星和其他强引力源附近的空间中，也能够观察到可以解释成对于空间的均匀性及各向同性有微小的偏离的一些效应．（在上节中我们已经提到了两个这样的效应，另外还有一些．）

平移不变性导致动量守恒；转动不变性导致角动量守恒．这两个守恒原理将放在第 4 章和第 6 章中去讨论，不变性的概念将在第 2 章和第 4 章中去讨论．

前面关于几何学与物理学的冗长讨论只是物理学家对于我们宇宙的基本特性必定会提出来的各类问题的一个例子．不过，在现有学习水平上，我们不打算去进一步讨论这些事情．

习　　题

1. **已知的宇宙．** 利用课文中的知识，估计出下列数值：

(a) 宇宙的总质量.（答：$\approx 10^{53}$kg.）

(b) 宇宙中物质的平均密度.（答：$\sim 10^{-26}$kg/m^3，相当于 10 个氢原子/m^3.）

(c) 已知的宇宙半径与质子半径之比，取质子半径为 1×10^{-15}m，质子质量为 1.7×10^{-27}kg.

2. 横过质子的信号. 试估计一个以光速行进的信号通过一个质子直径的距离所需要的时间. 质子的直径取为 2×10^{-15}m.（在基本粒子和核物理中，这个时间是一个方便的参照时间.）

3. 天狼星的距离. 一恒星对地球绕太阳公转轨道两端张角的一半称为该恒星的视差. 天狼星的视差是 0.371″. 求出天狼星的距离，分别用米、光年和秒差距表示. 一秒差距就是恒星的视差为 1″ 时恒星的距离.（参看书后的数值表）（答：8.3×10^{16}m，8.8 光年，2.7 秒差距.）

4. 原子的大小. 用本书数值表中给出的阿伏伽德罗常量和你对普通固体平均密度的估计，粗略估计一下一个普通原子的直径，也就是一个原子所占立体空间的大小.

5. 月球所张的角. 找一根有毫米刻度的标尺，在观测条件有利时试做下列实验：把标尺保持在离眼约一臂远的地方，先测量月球的直径，再测量从标尺到眼睛的距离.（月球轨道的半径是 3.8×10^{8}m，月球本身的半径是 1.7×10^{6}m.）

(a) 如果你进行了上述测量，结果是什么？

(b) 如果上述测量不能进行，请由上面给出的数据算出月球对地球的张角.（答：9.3×10^{-3}rad.）

(c) 月球对地球的张角是多少？（见第 2 章数学附录.）（答：3.3×10^{-2}rad.）

6. 宇宙的寿命. 设宇宙半径为 10^{26}m，假定一个现处于宇宙半径上的恒星自宇宙开始之时起就以 $0.6c=1.8\times10^{8}$m/s 的恒定速度（c = 自由空间中的光速）从宇宙中心向外运动，求宇宙的寿命.（答：$\approx 2\times10^{10}$年.）

7. 球面三角形上的角度. 求出图 1.5 中所示的球面三角形的内角和. 设 A 在极点，a = 球半径. 为求出角 A，应考虑使此角成为 90°时 a 值应是多少.

拓展读物

下面列出的前两个文献是高中水平的物理教材，它们极好地对物理概念进行了说明和评述. 此外，第二本教材还包含有大量的相关历史和哲学的材料.

物理科学学习委员会（Physical Science Study Committee，PSSC）编著，“Physics”，chaps. 1-4，D. C. Heath and Company，Boston，1965，Second edition.

F. J. Rutherford，G. Holton，and F. J.　Watson，“Project Physics Course，” Holt，Rinehart and Winston，Inc.，New York，1970. 哈佛规划物理（Harvard Project Physics，HPP）的一个产品.

O. Struve, B. Lynds, and H. Pillans, “Elementary Astronomy,” Oxford University Press, New York, 1959. 重点强调了与宇宙学有关的主要的物理思想，这是一本极好的书.

“Larousse Encyclopedia of Astronomy,” Prometheus Press, New York, 1962. 这是一本美妙的且内容丰富的书.

H. Bondi, “Cosmology,” 2d ed., Cambridge University Press, New York, 1960. 该书简洁明了，记述权威，并且强调了观测证据，但对于一些近期的重要进展，叙述得不够充分.

D. W. Sciama, “Modern Cosmology,” Cambridge University Press, New York, 1971. 这篇记述涵盖了大量的近期进展.

Robert H. Haynes and Philip C. Hanawalt, “The Molecular Basis of Life,” W. H. Freeman and Company, San Francisco, 1968. 这是一部《科学美国人》(*Scientific American*) 杂志的论文集及相关的文字说明.

Gunther S. Stent, “Molecular Genetics,” W. H. Freeman and Company, San Francisco, 1971. 一篇介绍性的记述.

Ann Roe, “The Making of a Scientist,” Dodd, Mead & Company, New York, 1953; Apollo reprint, 1961. 这是一篇关于1940年代末期一群顶尖美国科学家的卓越的社会学研究报告. 这本书初版于1953年，从那之后科学家的数量便可能发生了显著的改变.

Bernice T. Eiduson, “Scientists: Their Psychological World,” Basic Books, Inc., Publishers, New York, 1962.

A. Einstein, autobiographical notes in “Albert Einstein: Philosopher - Scientist,” P. A. Schilpp (ed.), Library of Living Philosophers, Evanston, 1949. 这是一篇简短精湛的自传. 令人略感遗憾的是，为杰出科学家所作的真正令人满意的传记——像恩斯特·琼斯 (Ernest Jones) 为弗洛伊德 (Freud) 写的那样——实在是少之又少，而且就深入性和翔实性而言也很难比得上那些优秀的文学性传记，如理查德·艾尔曼 (Richard Ellman) 所著的《乔伊斯传》(James Joyce). 当然，查尔斯·达尔文的自传是一个显著的例外. 科学家传记的著作者看起来过度惊恐于爱因斯坦的那句名言：“严格意义上来说，一个像我这样的人的本质在于他思考些什么并如何思考，而不在于他做过什么或承受过什么.”

L. P Wheeler, “Josiah Willard Gibbs; The History of a Great Mind,” Yale University Press, New Haven, Conn., 1962.

E. Segrè, “Enrico Fermi, Physicist,” The University of Chicago Press, Chicago, 1971.

物理学的实验仪器. 下面几页上的图片展示出一些仪器和机器，它们对物理科学的发展正在做出积极的贡献.

一个研究化学结构的核磁共振
实验室（ASUC 供图）

核磁共振谱的研究：图上是一个在电磁铁
两极间快速旋转的样品，
为的是平均掉磁场的变化
（Esso 研究供图）

在一个核磁共振实验室里，操作者正在
把探针里的样品放入温度可调的
控制器，样品在控制器内旋转
（Esso 研究供图）

澳大利亚的巨大射电望远镜，抛物面天
线的直径是 64m. 它矗立在悉尼以西 320km
的一个宁静山谷中. 在这个偏僻的地方
电干扰极少（澳大利亚新闻信息局供图）

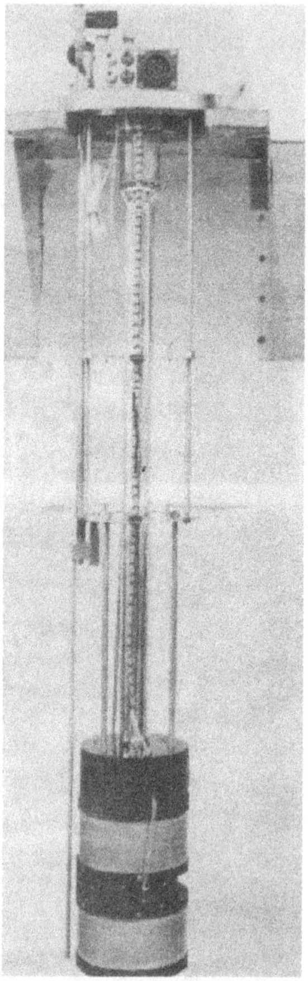

用超导线做成的在低温下工作的一个磁铁．所示线圈可产生 54 000Gs（$1\text{Gs}=10^{-4}\text{T}$）的磁场．这样的装置是现代低温实验室的主要设备（Varian 联合公司供图）

一台高能粒子加速器．这是伯克利的高能质子同步稳相加速器，质子从右下方注入（伯克利劳伦斯实验室供图）．至此时为止，已有许多能量更高的加速器正在运转，它们分别安装在长岛的布鲁克海文实验室、日内瓦的欧洲联合核子研究中心、前苏联的谢普科夫和芝加哥附近的美国海军实验室

指向天顶的5m海耳望远镜（从南面拍摄）（承蒙海耳天文台供图）

海耳望远镜的5m反射镜镜面，可看到主焦笼中的观测者（承蒙海耳天文台供图）

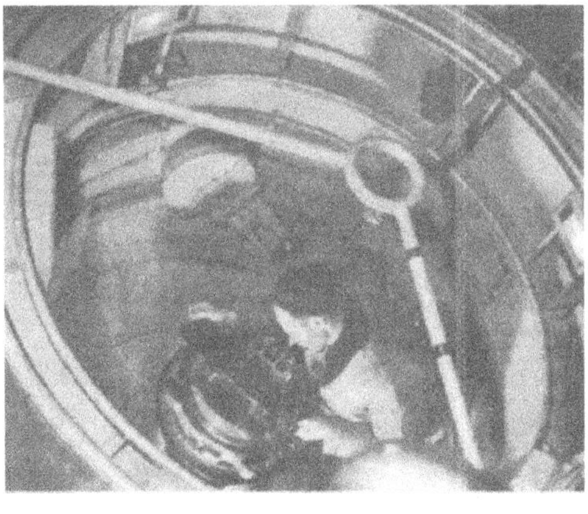

5m海耳望远镜主焦笼中的观测者正在更换底片（承蒙海耳天文台供图）

侧面看到的室女座 NGC 4594 旋涡星系，用 5m 望远镜拍摄
（承蒙海耳天文台供图）

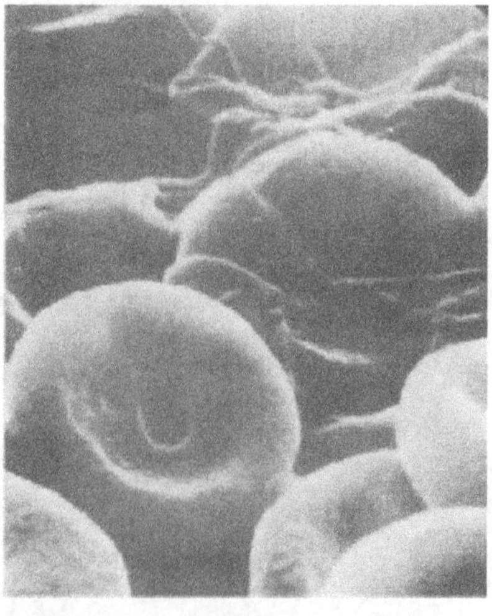

用扫描电子显微镜看到的人的红血球细胞，放大 15000 倍，盘状物是红血球细胞，它们被网状的纤维蛋白连接在一起，注意图片具有真实的立体感（承蒙伯克利劳伦斯实验室的 Thomas L. Hayes 博士供图）

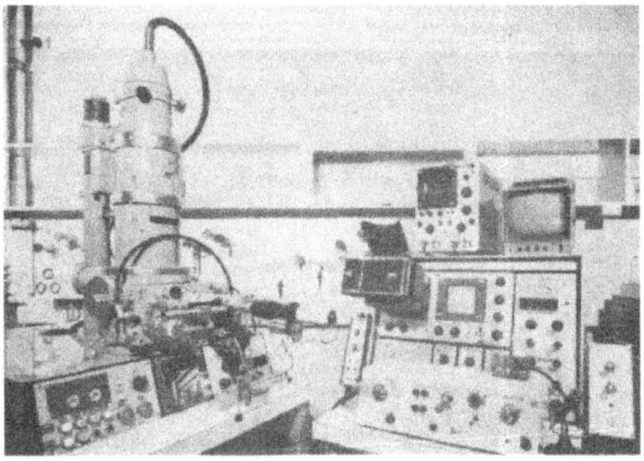

扫描电子显微镜，左边是产生探测电子束的电子光学系统，右边是包含有同步阴极射线束的显示控制台．辅助设备包括：光学系统内的压电微控制器、电视的帧速率显示和录像带、即显胶片照相机和信号监视器

(承蒙伯克利劳伦斯实验室的 Thomas L. Hayes 博士供图)

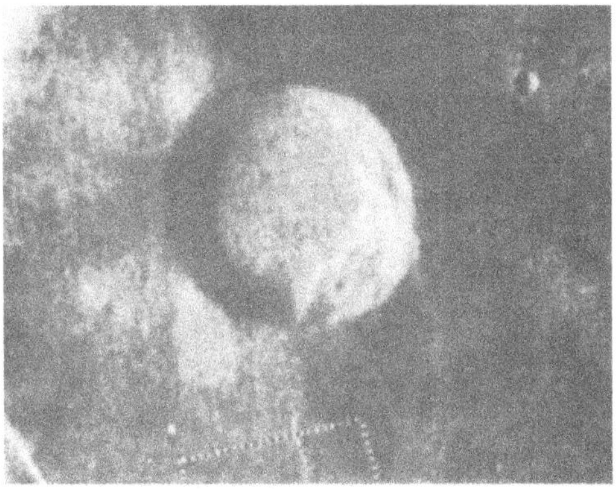

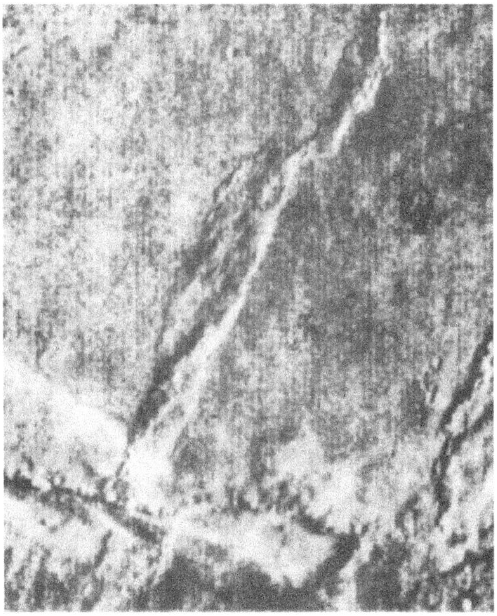

“水手 9 号”于 1971 年 12 月 16 日拍摄的一座宽 69km 的火星环形山照片（左图），太阳从右边照射，右图即为左图中白色虚线所围的矩形区域，它是“水手号”的高分辨率相机于 12 月 22 日拍摄的．类似于月海山脊的那些山脊，可以断定是火星硬壳的断裂，沿着这些断裂出现挤出的熔岩．这两张图片都曾经计算机处理而得到改进

(承蒙加州理工及 NASA 的喷气推进实验室供图)

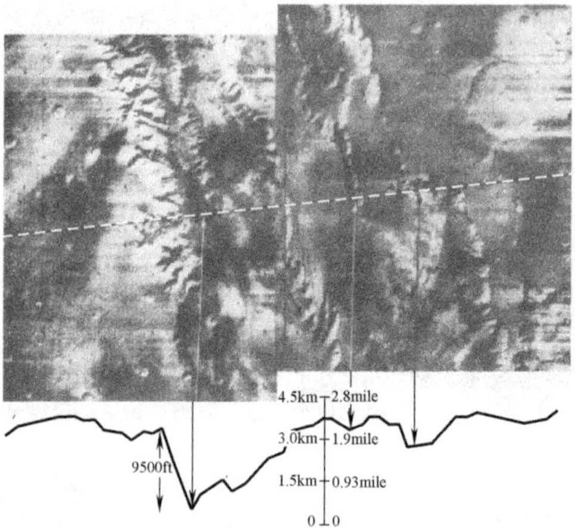

这是“水手9号”宇宙飞船拍摄的火星特洛伊（Tithonius）湖地区的两张照片所拼成的图片．把这两张照片同宇宙飞船上用紫外光谱仪实验进行的压力测量结果相比较，揭示出一个比亚利桑那大峡谷深一倍的峡谷．图上箭头指出根据紫外光谱仪的压力测量所推得的深度和照片中与之相对应的地形．虚线是光谱仪的扫描路径．照片是在1712km的高度拍摄的，覆盖面积直径达640km（承蒙加州理工及NASA的喷气推进实验室供图）

第2章 矢 量

第2章　矢　　量

2.1　语言和概念：矢量

语言是抽象思维的主要成分之一. 对于一些复杂而抽象的概念，如果语言中没有与它们相应的词，就难于清晰而方便地对它们进行思考. 为了表达某些新的科学概念，人们创造了一些新词加到语言中去. 这些新词中有许多是用古希腊文或拉丁文的词根拼起来的. 一个新词如果符合科学界的需要，它就会在多种现代语言中被采用. 例如“矢量”，在英语中是“vector”，在法语中是“vecteur”，在德语中是“Vektor”，在俄语中是“вектор”（读作“vector”）.

矢量这个词描述的是既有方向又有数值的量，而且矢量和矢量的组合遵从特殊的运算法则㊀. 在整个力学中（以及在其他物理学分支中），我们将遇到许多兼有数值和方向的量（速度、力、电场、磁偶极矩等），因此，发展一种处理这些量的语言和方法是很重要的. 尽管矢量分析常常被列为数学的一个分支，但由于它在物理学中价值很大，很值得在此作一介绍.

矢量符号　因为符号是数学语言的组成部分，所以恰当地使用符号的技巧也就成为数学分析方法的重要部分. 矢量符号具有两个重要性质：

(1) 物理定律的矢量表述与坐标轴的选择无关. 矢量符号提供了一种语言，使物理定律的表述无须引入坐标系而具有物理内容.

(2) 矢量符号是简洁的. 许多物理定律都具有简单、明了的形式，而把它们在某一特定坐标系中写出时，这一点就看不出来.

尽管在解决具体问题时我们可能要在特殊坐标系下进行运算，但是在陈述物理定律时，我们还是尽可能采用矢量形式. 有些更复杂的定律，它们无法用矢量形式表示，就可能要用张量表示，张量是矢量的推广，而矢量是它的一个特例. 我们今天关于矢量分析的知识大部分是吉布斯（J，W. Gibbs）和亥维赛（O. Heaviside）在十九世纪末所做工作的结果.

我们采用的矢量符号如下：在黑板上，为了表示 A 是矢量，在 A 字下面画一波纹号（$\underset{\sim}{A}$）或在 A 字上面画一箭头.（$\vec{A}$）. 在印刷物中，矢量总是排成黑斜体字. 矢量的数值印作斜体字：A 是 $\boldsymbol{A}$ 的数值；A 也可写作 $|\boldsymbol{A}|$. 单位矢量是具有单

㊀ “矢量”这个词的含义是其早期用法的自然引申，它最早被用于天文学，表示做椭圆运动的行星与椭圆焦点之间虚拟的连线.

位长度的矢量；在 $\boldsymbol{A}$ 方向的单位矢量写作带有脱字符号 ∧ 的 $\hat{A}$，读作“A 帽”．矢量符号可总结为下列恒等式：

$$\boldsymbol{A} \equiv \hat{\boldsymbol{A}} A \equiv A \hat{\boldsymbol{A}}.$$

图 2.1 ~ 图 2.4 表示的分别是某个矢量、它的负矢量、它和一个标量的乘积以及它的单位矢量．

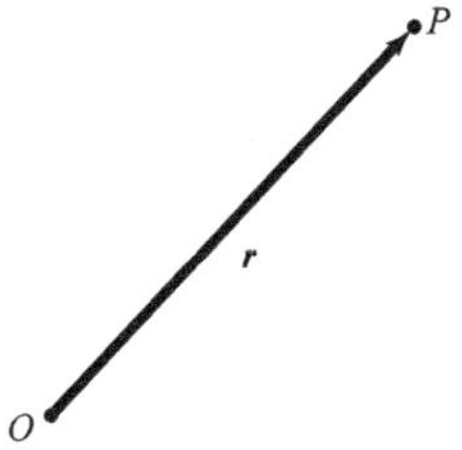

图 2.1　矢量 $\boldsymbol{r}$ 代表 P 点相对于另一点 O（原点）的位置

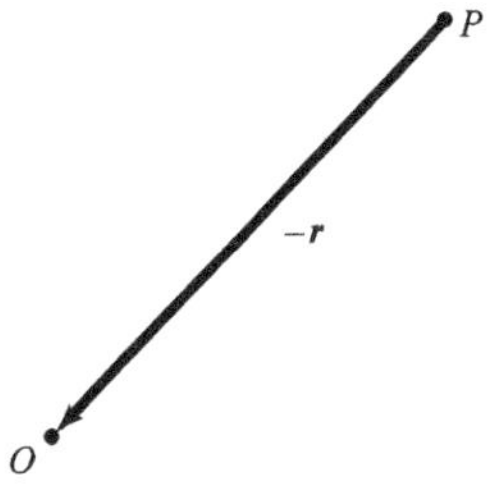

图 2.2　矢量 $-\boldsymbol{r}$ 与 $\boldsymbol{r}$ 数值相等，但方向相反

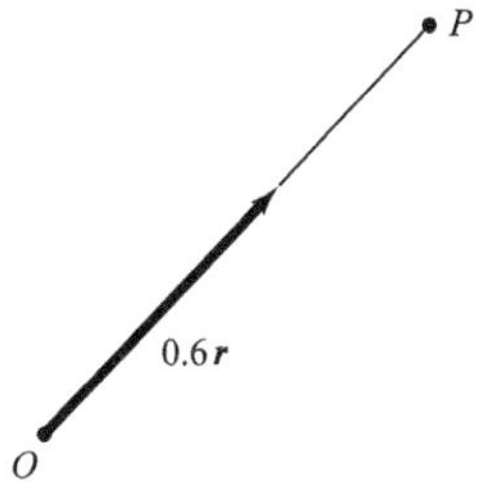

图 2.3　矢量 $0.6\boldsymbol{r}$ 与 $\boldsymbol{r}$ 同方向，数值为 $0.6r$

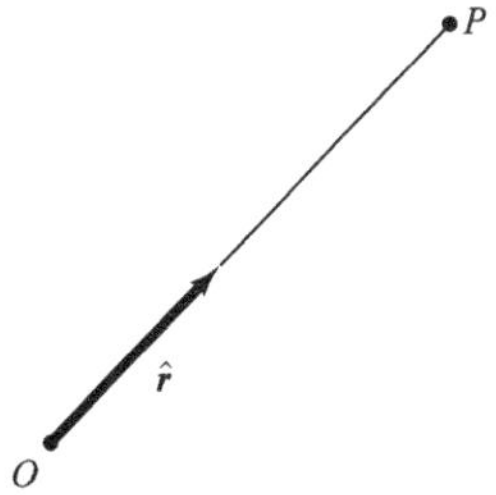

图 2.4　矢量 $\hat{\boldsymbol{r}}$ 是 $\boldsymbol{r}$ 方向上的单位矢量．注意 $\boldsymbol{r} = r\hat{\boldsymbol{r}}$

矢量在物理学问题中之所以有用和适用，这主要是欧几里得几何的缘故．用矢量形式来陈述一个定律通常都附带有欧几里得几何的假定．如果有关的几何不是欧几里得的，也许就不可能用简单、明确的方法把两个矢量相加．对于弯曲空间，有一种更普遍的语言即度规微分几何学，它是广义相对论的语言．在广义相对论这个物理学领域中，欧几里得几何不再是足够精确的了．

我们所考虑的矢量是一个既有方向又有数值的量，而方向和数值都绝不涉及特殊的坐标系，尽管我们要用一个参照物（例如实验室或恒星等）才能确定方向，可是我们将会看到，有些量虽然具有数值与方向，但它们却不是矢量，例如有限的转动（见图 2.8）就是这样．有数值而无方向的量是标量．一个矢量的数值就是标量．温度是标量，质量也是标量．另一方面，速度 $\boldsymbol{v}$ 是矢量，力 $\boldsymbol{F}$ 也是矢量．

矢量相等　有了符号，下面我们来讨论几种矢量运算：加法、减法和乘法，两个表示同一物理量（如力）的矢量 $\boldsymbol{A}$ 和 $\boldsymbol{B}$，如果它们的数值和方向都一样，就定义为相等；写作 $\boldsymbol{A}=\boldsymbol{B}$，虽然一个矢量可以指的是由某一特定点所确定的量，但矢量却是无须限定位置的．即使两个矢量所量度的是在不同时间和不同空间位置的一个物理量，它们仍是可以比较的．如果我们不能根据实验来确信我们可以把空间看成是平直的，也就是欧几里得的空间（极远处可能除外），那么我们就不可能那样肯定地去把在不同点处的两个矢量加以比较．

2.2　矢量加法

一个矢量在几何上可用一条有方向的直线段即箭矢来表示，其长度（按照选定的尺度单位）等于矢量的数值．矢量 $\boldsymbol{A}$ 与 $\boldsymbol{B}$ 的和是由图 2.5a ~ 图 2.5c 所示的几何作图法定义的．这种作图法常被称为矢量相加的平行四边形法则．将 $\boldsymbol{B}$ 平行移动使 $\boldsymbol{B}$ 的尾端与 $\boldsymbol{A}$ 的首端重合，然后从 $\boldsymbol{A}$ 的尾端到 $\boldsymbol{B}$ 的首端画一矢量，它就是 $\boldsymbol{A}$ 与 $\boldsymbol{B}$ 的和 $\boldsymbol{A}+\boldsymbol{B}$．由图 2.5d 可知 $\boldsymbol{A}+\boldsymbol{B}=\boldsymbol{B}+\boldsymbol{A}$，所以矢量加法遵从交换律，根据由 $\boldsymbol{B}+(-\boldsymbol{B})=0$ 所定义的负矢量（见图 2.6a），矢量减法的定义如图 2.6b 所示．

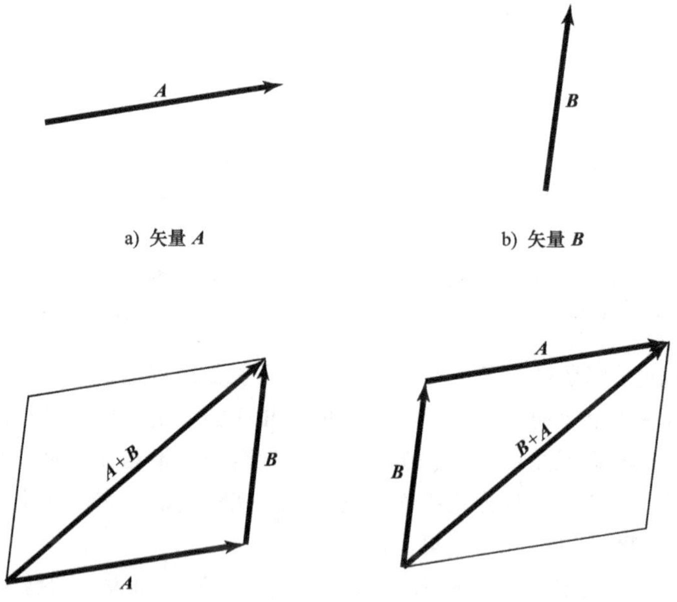

a) 矢量 $\boldsymbol{A}$　　b) 矢量 $\boldsymbol{B}$

c) 矢量和 $\boldsymbol{A}+\boldsymbol{B}$　　d) 矢量和 $\boldsymbol{B}+\boldsymbol{A}$ 等于 $\boldsymbol{A}+\boldsymbol{B}$

图 2.5

矢量加法满足关系式 $\boldsymbol{A}+(\boldsymbol{B}+\boldsymbol{C})=(\boldsymbol{A}+\boldsymbol{B})+\boldsymbol{C}$，所以它遵从结合律（见图 2.7）．有限个矢量的和与它们相加的先后次序无关．如果 $\boldsymbol{A}-\boldsymbol{B}=\boldsymbol{C}$，两边都加上 $\boldsymbol{B}$，即得 $\boldsymbol{A}=\boldsymbol{B}+\boldsymbol{C}$．如果 k 是个标量，则

$$k(\boldsymbol{A}+\boldsymbol{B})=k\boldsymbol{A}+k\boldsymbol{B}. \tag{2.1}$$

所以标量乘矢量的乘法遵从分配律．

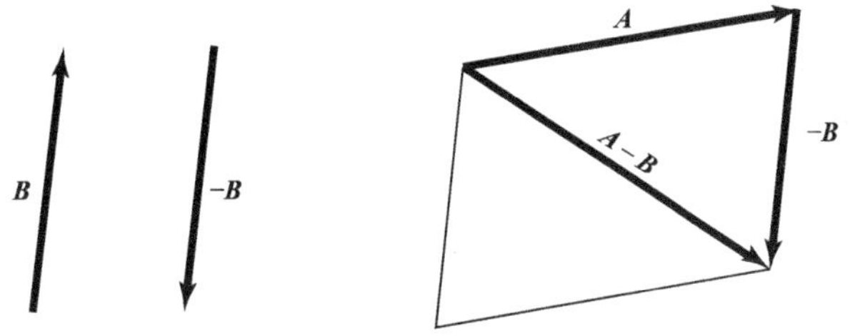

a) 矢量$\boldsymbol{B}$与$-\boldsymbol{B}$　　b) 作出$\boldsymbol{A}-\boldsymbol{B}$，矢量相减

图 2.6

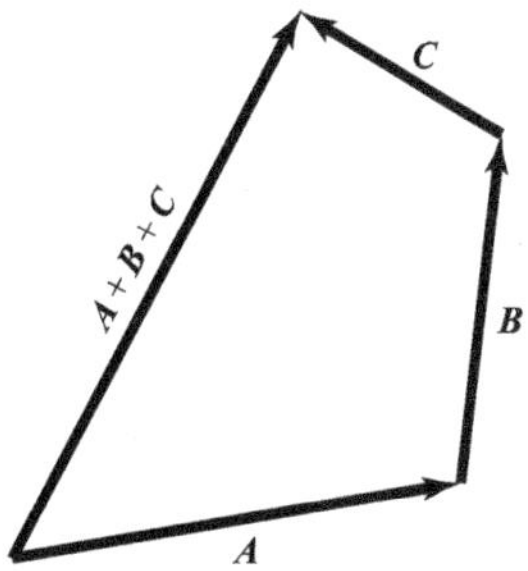

图 2.7　三矢量之和 $\boldsymbol{A}+\boldsymbol{B}+\boldsymbol{C}$. 请读者自证此和等于 $\boldsymbol{B}+\boldsymbol{A}+\boldsymbol{C}$

在什么情况下可以把一个物理量用矢量表示？位移是个矢量，因为它既描述了从起始位置到最终位置的直线的方向，又描述了此线段的长度，当上述矢量加法应用于欧几里得空间中的位移时，就容易理解了. 除了位移，另外还有一些物理量也具有与位移同样的合成规律和不变性特征. 这些量也可用矢量表示. 一个量要是矢量，它必须满足两个条件：

(1) 它必须满足加法的平行四边形法则.

(2) 它必须具有与坐标系的选择无关的一个数值和一个方向.

有限（角）转动不是矢量　并非一切具有数值和方向的量都必定是矢量，例如，刚体绕空间某一特定固定轴的转动就具有数值（转角）和方向（轴的方向），但是这样的两个转动不能按照矢量加法规律组合起来，除非转角是无穷小量⊖，当两轴互相垂直且转角都是 $\pi/2$ 弧度（90°）时，这一点是显而易见的. 考察如图 2.8a 所示的物体（一本书）. 转动（1）使之变到图 2.8b 所示的位置，接着绕另一轴转动（2），使之变到图 2.8c 的位置. 但是，如果我们让原来取向的书（见图 2.8d）先作转动（2）（见图 2.8e），然后再作转动（1），最后这本书就停止在图 2.8f 所示的位置. 图 2.8f 中的取向与图 2.8c 的不一样. 显然，这些转动不遵从加法交换律. 由此可见，尽管有限（角）转动具有数值和方向，但是它们却不能用

⊖ 有限（角）转动不是矢量，但角速度却是矢量.

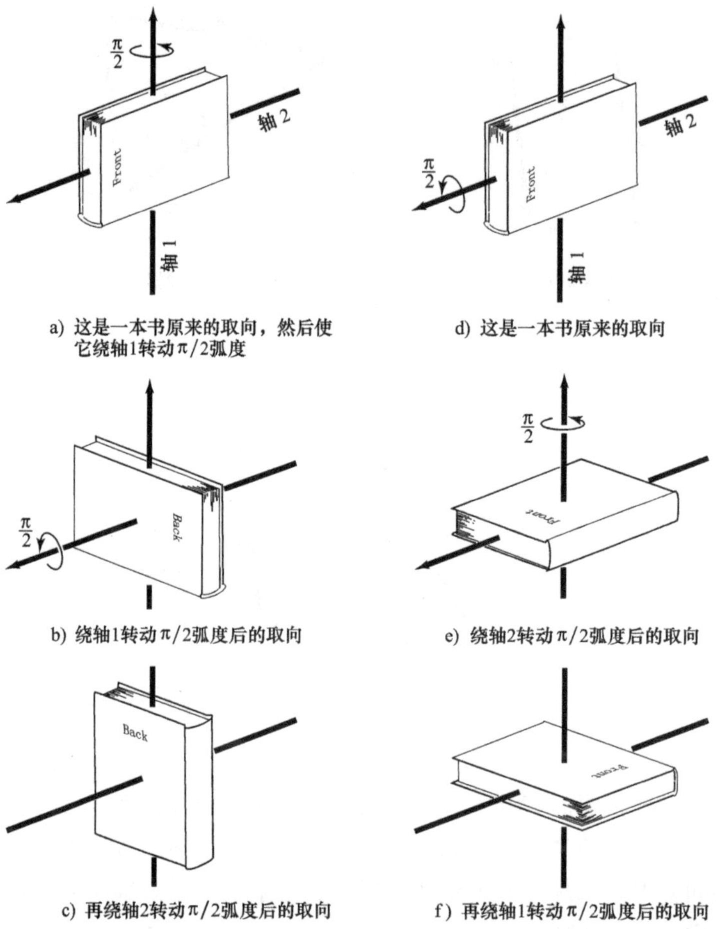

a) 这是一本书原来的取向，然后使它绕轴1转动π/2弧度

b) 绕轴1转动π/2弧度后的取向

c) 再绕轴2转动π/2弧度后的取向

d) 这是一本书原来的取向

e) 绕轴2转动π/2弧度后的取向

f) 再绕轴1转动π/2弧度后的取向

图 2.8

矢量来表示.

2.3　矢量的乘积

虽然问两个矢量的和是标量还是矢量是毫无道理的，但这个问题对于两个矢量的乘积却很有意义. 关于两个矢量的乘积，这里有两种特别有用的定义方式. 这两种乘积都满足乘法分配律：$\boldsymbol{A}$ 和 $\boldsymbol{B}+\boldsymbol{C}$ 的乘积等于 $\boldsymbol{A}$ 和 $\boldsymbol{B}$ 的乘积加上 $\boldsymbol{A}$ 和 $\boldsymbol{C}$ 的乘积. 其中一种乘积是标量，另一种在很多场合下是矢量. 两种乘积在物理学中都是有用的. 除此以外，其他可能的乘积定义都是没有用处的：为什么 AB 不是两个矢量乘积的一种有用的定义呢？因为 AB 的意思就是 $\boldsymbol{A}$ 和 $\boldsymbol{B}$ 的数值的普通乘积 $|\boldsymbol{A}|\ |\boldsymbol{B}|$. 我们知道，如果 $\boldsymbol{D}=\boldsymbol{B}+\boldsymbol{C}$，一般说来，$AD\neq AB+BC$. 由于这种乘法不遵从分配律，所以，把 AB 作为 $\boldsymbol{A}$ 和 $\boldsymbol{B}$ 的乘积是没有什么用的.

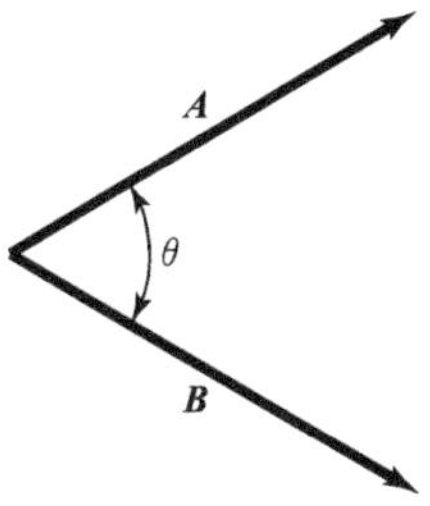

a) 作$\boldsymbol{A}\cdot\boldsymbol{B}$时，把矢量$\boldsymbol{A}$和$\boldsymbol{B}$移至同一原点

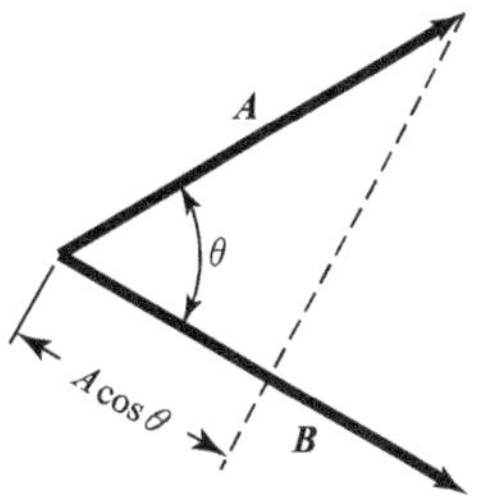

b) $B(A\cos\theta)=\boldsymbol{A}\cdot\boldsymbol{B}$

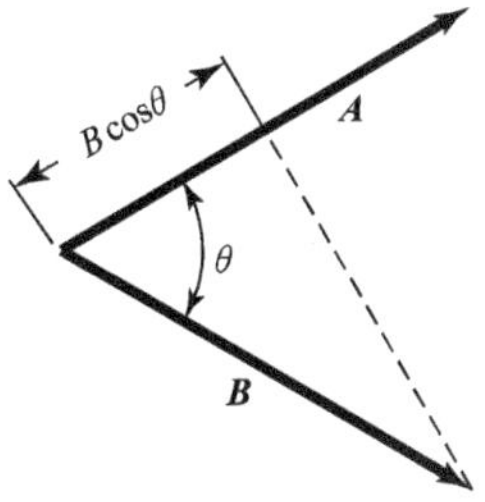

c) $A(B\cos\theta)=\boldsymbol{A}\cdot\boldsymbol{B}$. 这里，希腊字母$\theta$表示$\boldsymbol{A}$和$\boldsymbol{B}$的夹角

图 2.9

标量积　$\boldsymbol{A}$ 和 $\boldsymbol{B}$ 的标量积被定义为一个数，它是 $\boldsymbol{A}$ 的数值乘以 $\boldsymbol{B}$ 的数值，再乘以两者夹角的余弦（见图 2.9a ~ 图 2.9c）. 标量积是标量. 因为我们用符号 $\boldsymbol{A}\cdot\boldsymbol{B}$ 表示标量积，所以它常被称为点积.

$$\boxed{\boldsymbol{A}\cdot\boldsymbol{B}\equiv AB\cos(\boldsymbol{A},\boldsymbol{B}).} \tag{2.2}$$

式中，$\cos(\boldsymbol{A},\boldsymbol{B})$ 表示 $\boldsymbol{A}$ 和 $\boldsymbol{B}$ 夹角的余弦，我们看到，在标量积的定义中毫不涉及坐标系. 我们还注意到 $\cos(\boldsymbol{A},\boldsymbol{B})=\cos(\boldsymbol{B},\boldsymbol{A})$，所以标量积是可交换的：

$$\boldsymbol{A}\cdot\boldsymbol{B}=\boldsymbol{B}\cdot\boldsymbol{A}. \tag{2.3}$$

我们将 $\boldsymbol{A}\cdot\boldsymbol{B}$ 读作 "$\boldsymbol{A}$ 点乘 $\boldsymbol{B}$".

如果 $\boldsymbol{A}$ 和 $\boldsymbol{B}$ 的夹角在 $\pi/2$ 和 $3\pi/2$ 之间，则 $\cos(\boldsymbol{A},\boldsymbol{B})$ 和 $\boldsymbol{A}\cdot\boldsymbol{B}$ 为负数. 如果 $\boldsymbol{A}=\boldsymbol{B}$，则 $\cos(\boldsymbol{A},\boldsymbol{B})=1$，从而

$$\boldsymbol{A}\cdot\boldsymbol{B}=A^2=|\boldsymbol{A}|^2.$$

如果 $\boldsymbol{A}\cdot\boldsymbol{B}=0$ 且 $A\neq0$，$B\neq0$，我们称 $\boldsymbol{A}$ 和 $\boldsymbol{B}$ 正交或 $\boldsymbol{A}$ 和 $\boldsymbol{B}$ 垂直. 可以看出，$\cos(\boldsymbol{A},\boldsymbol{B})=\hat{\boldsymbol{A}}\cdot\hat{\boldsymbol{B}}$，所以两个单位矢量的标量积刚好就是两者夹角的余弦. $\boldsymbol{B}$ 在 $\boldsymbol{A}$ 方向投影的数值为

$$B\cos(\boldsymbol{A},\boldsymbol{B})=B\hat{\boldsymbol{A}}\cdot\hat{\boldsymbol{B}}=\boldsymbol{B}\cdot\hat{\boldsymbol{A}},$$

式中，$\hat{\boldsymbol{A}}$ 是 $\boldsymbol{A}$ 方向的单位矢量，$\boldsymbol{A}$ 在 $\boldsymbol{B}$ 方向投影的数值为

$$A\cos(\boldsymbol{A},\boldsymbol{B})=\boldsymbol{A}\cdot\hat{\boldsymbol{B}}.$$

标量积乘法没有逆运算：如果 $\boldsymbol{A}\cdot\boldsymbol{X}=b$，$\boldsymbol{X}$ 没有唯一的解. 被一个矢量除是一

种无意义的、不确定的运算.

分量，数值和方向余弦　设 $\hat{\boldsymbol{x}}$，$\hat{\boldsymbol{y}}$，$\hat{\boldsymbol{z}}$ 为确定一直角坐标系的三个正交[㊀]单位矢量，如图 2.10a 所示. 一个任意矢量 $\boldsymbol{A}$ 可写作

$$\boldsymbol{A}=A_x\hat{\boldsymbol{x}}+A_y\hat{\boldsymbol{y}}+A_z\hat{\boldsymbol{z}}; \tag{2.4}$$

式中，A_x，A_y 和 A_z 称为 $\boldsymbol{A}$ 的分量，如图 2.10b 所示. 容易看出，$A_x=\boldsymbol{A}\cdot\hat{\boldsymbol{x}}$；因为

$$\boldsymbol{A}\cdot\hat{\boldsymbol{x}}=A_x\hat{\boldsymbol{x}}\cdot\hat{\boldsymbol{x}}+A_y\hat{\boldsymbol{y}}\cdot\hat{\boldsymbol{x}}+A_z\hat{\boldsymbol{z}}\cdot\hat{\boldsymbol{x}}=A_x,$$

而

$$\hat{\boldsymbol{y}}\cdot\hat{\boldsymbol{x}}=0=\hat{\boldsymbol{z}}\cdot\hat{\boldsymbol{x}},$$
$$\hat{\boldsymbol{x}}\cdot\hat{\boldsymbol{x}}=1.$$

用 A_x，A_y，A_z 这些分量表示，$\boldsymbol{A}$ 的数值为

$$\begin{aligned}A&=\sqrt{\boldsymbol{A}\cdot\boldsymbol{A}}\\&=\sqrt{(A_x\hat{\boldsymbol{x}}+A_y\hat{\boldsymbol{y}}+A_z\hat{\boldsymbol{z}})\cdot(A_x\hat{\boldsymbol{x}}+A_y\hat{\boldsymbol{y}}+A_z\hat{\boldsymbol{z}})}\\&=\sqrt{A_x^2+A_y^2+A_z^2}.\end{aligned} \tag{2.5}$$

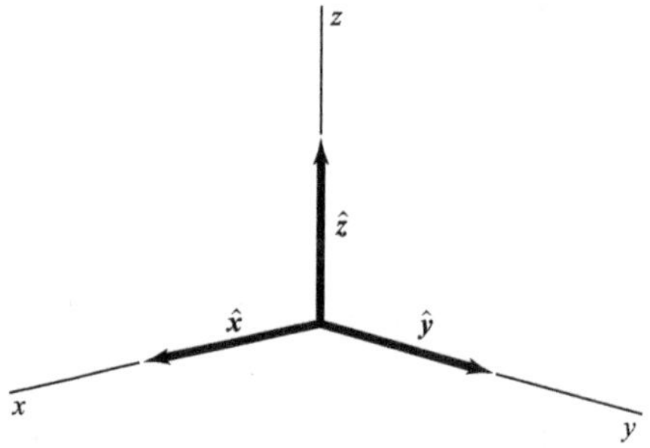

a) 直角坐标系正交单位矢量 $\hat{\boldsymbol{x}},\hat{\boldsymbol{z}},\hat{\boldsymbol{y}}$

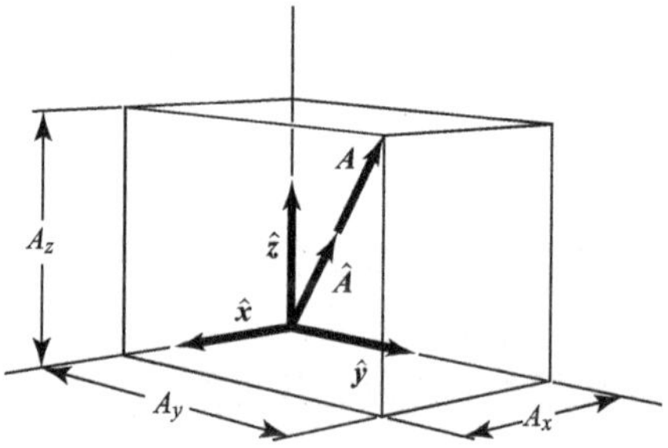

b) $\boldsymbol{A}=\hat{\boldsymbol{x}}A_x+\hat{\boldsymbol{y}}A_y+\hat{\boldsymbol{z}}A_z$

图 2.10

如果写出单位矢量 $\hat{\boldsymbol{A}}$ 的表达式（见图 2.10b），那么我们可以看到，

$$\begin{aligned}\hat{\boldsymbol{A}}&=\hat{\boldsymbol{x}}\frac{\hat{\boldsymbol{x}}\cdot\boldsymbol{A}}{A}+\hat{\boldsymbol{y}}\frac{\hat{\boldsymbol{y}}\cdot\boldsymbol{A}}{A}+\hat{\boldsymbol{z}}\frac{\hat{\boldsymbol{z}}\cdot\boldsymbol{A}}{A}\\&=\hat{\boldsymbol{x}}\frac{A_x}{A}+\hat{\boldsymbol{y}}\frac{A_y}{A}+\hat{\boldsymbol{z}}\frac{A_z}{A}\end{aligned} \tag{2.6}$$

就是这样的一个表达式. 从图 2.11 和式（2.6）我们导出，$\boldsymbol{A}$ 和 x，y，z 轴的夹角的余弦分别为 A_x/A，A_y/A 和 A_z/A，或 $\hat{\boldsymbol{x}}\cdot\hat{\boldsymbol{A}}$，$\hat{\boldsymbol{y}}\cdot\hat{\boldsymbol{A}}$ 和 $\hat{\boldsymbol{z}}\cdot\hat{\boldsymbol{A}}$. 它们称为方向余弦，而且具有这样的性质：三个方向余弦的平方之和等于 1. 借助于式（2.5），这是很容易看出来的.

用分量表示两个矢量 $\boldsymbol{A}$ 和 $\boldsymbol{B}$ 的标量积十分便于记忆：

㊀ 这里“正交”的意思是互相垂直.

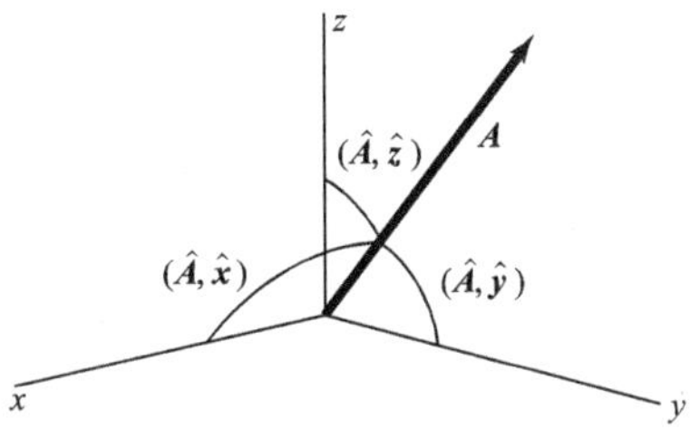

图 2.11　方向余弦与图中所示诸角相联系

$$\boxed{A \cdot B = A_x B_x + A_y B_y + A_z B_z.}$$ (2.7)

标量积的应用　我们现在来讨论标量积的几种应用.

1. 余弦定律

令 $A - B = C$，然后将此式两边自身点乘，得

$$(A - B) \cdot (A - B) = C \cdot C,$$

或

$$A^2 + B^2 - 2A \cdot B = C^2.$$

这正好是有名的三角关系式

$$A^2 + B^2 - 2AB\cos(A,B) = C^2.$$ (2.8)

因为根据式（2.2），两个矢量夹角的余弦是

$$\cos(A,B) = \cos\theta_{AB} = \frac{A \cdot B}{AB}$$

［参看图 2.12a 和图 2.12b］.

a) $C \cdot C = C^2 = (A-B) \cdot (A-B)$
$= A^2 + B^2 - 2A \cdot B$
$= A^2 + B^2 - 2AB\cos\theta$

b) $D \cdot D = D^2 = (A+B) \cdot (A+B)$
$= A^2 + B^2 + 2AB\cos\theta$

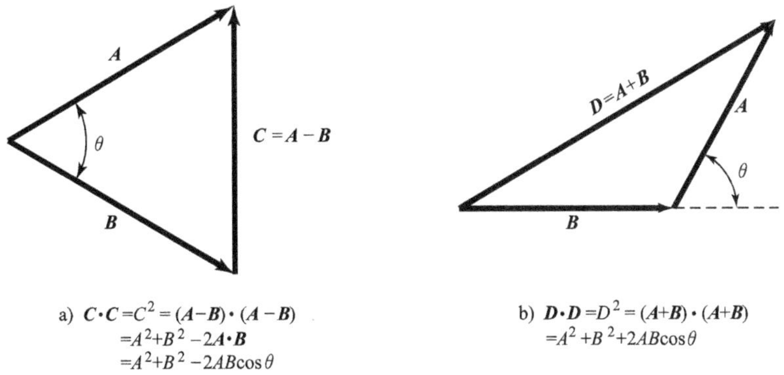

图 2.12

2. 平面的方程（见图 2.13）

设 N 为从平面外的一个原点 O 向所考虑的一个平面作的法线. 设 r 为从原点 O 到平面上任意点 P 的任意矢量. r 在 N 上的投影必定等于 N 的数值，所以这个平面用下式描述：

$$\boldsymbol{r}\cdot\boldsymbol{N}=N^2. \tag{2.9}$$

为了确定这个简洁的表达式和解析几何中常用的平面方程的表达式

$$ax+by+cz=1$$

是一致的，我们把 $\boldsymbol{N}$ 和 $\boldsymbol{r}$ 用它们的分量 N_x，N_y，N_z 和 x，y，z 表示出来．于是，式（2.9）就有下面的形式：

$$(x\hat{\boldsymbol{x}}+y\hat{\boldsymbol{y}}+z\hat{\boldsymbol{z}})\cdot(N_x\hat{\boldsymbol{x}}+N_y\hat{\boldsymbol{y}}+N_z\hat{\boldsymbol{z}})=N^2,$$

此式简化后成为

$$x\frac{N_x}{N^2}+y\frac{N_y}{N^2}+z\frac{N_z}{N^2}=1.$$

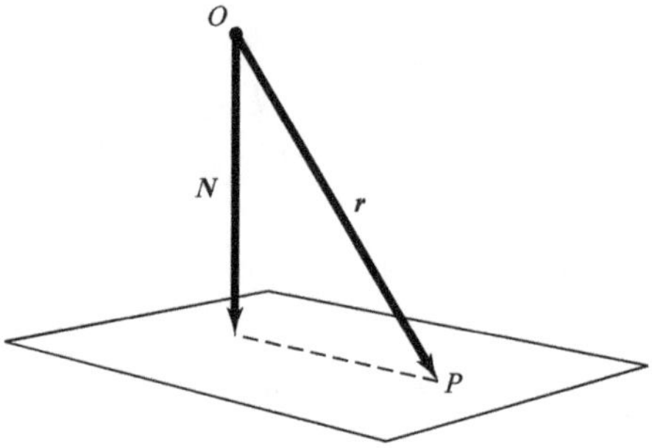

图 2.13　平面的方程．$\boldsymbol{N}$ 为从原点 O 到平面的法线，平面的方程为 $\boldsymbol{N}\cdot\boldsymbol{r}=N^2$

3. 电磁波中的电矢量和磁矢量

如果 $\hat{\boldsymbol{k}}$ 是一平面电磁波在自由空间中传播方向上的单位矢量（见图 2.14），则电场强度矢量 $\boldsymbol{E}$ 和磁感应强度矢量 $\boldsymbol{B}$ 一定位于与 $\hat{\boldsymbol{k}}$ 垂直的平面内，而且互相垂直（在第二卷和第三卷中将看到这一点）．我们可以用下列关系来表示这个几何条件：

$$\hat{\boldsymbol{k}}\cdot\boldsymbol{E}=0,\ \hat{\boldsymbol{k}}\cdot\boldsymbol{B}=0,\ \boldsymbol{E}\cdot\boldsymbol{B}=0.$$

4. 功率

在初等物理学中（可参阅第 5 章）我们知道，力 $\boldsymbol{F}$ 对以速度 $\boldsymbol{v}$ 运动着的质点做功的功率等于 $Fv\cos(\boldsymbol{F},\ \boldsymbol{v})$．可以认出，此表达式正好就是标量积

$$\boldsymbol{F}\cdot\boldsymbol{v}.$$

如果我们将微商 $\mathrm{d}W/\mathrm{d}t$ 作为功率的符号，则（见图 2.15）

$$\frac{\mathrm{d}W}{\mathrm{d}t}=\boldsymbol{F}\cdot\boldsymbol{v}. \tag{2.10}$$

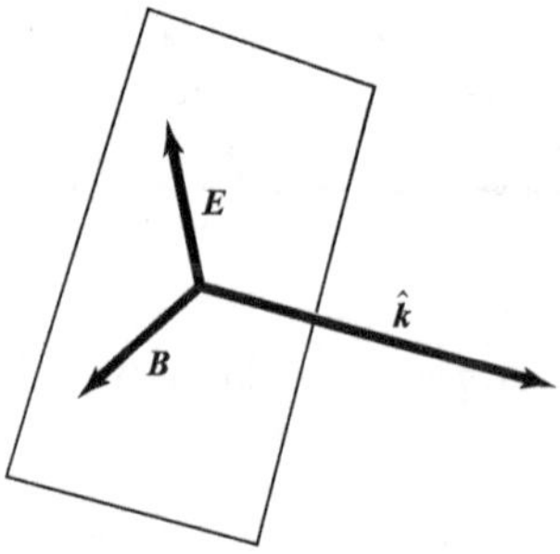

图 2.14　自由空间中平面电磁波的电场和磁场垂直于传播方向 $\hat{\boldsymbol{k}}$．因此 $\hat{\boldsymbol{k}}\cdot\boldsymbol{E}=\hat{\boldsymbol{k}}\cdot\boldsymbol{B}=0$；$\boldsymbol{E}\cdot\boldsymbol{B}=0$

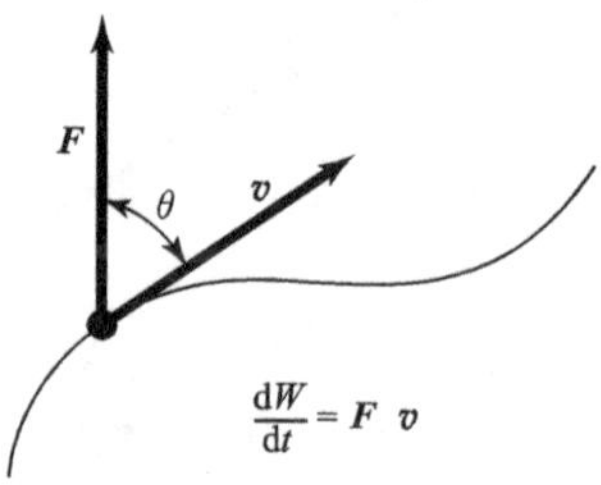

图 2.15　力 $\boldsymbol{F}$ 对运动速度为 $\boldsymbol{v}$ 的质点做功的功率

5. 单位时间内扫过的体积

设 $\boldsymbol{S}$ 是垂直于某一平面的矢量，它的数值就等于该平面的面积，同时令此平面的运动速度是 $\boldsymbol{v}$. 那么，此面积 S 在单位时间内通过的体积是一个底面积为 S，斜高为 $\boldsymbol{v}$ 的圆柱体，即等于 $\boldsymbol{S}\cdot\boldsymbol{v}$（见图 2.16）. 所以，被运动的面扫过的体积的变化率是

$$\frac{\mathrm{d}V}{\mathrm{d}t}=\boldsymbol{S}\cdot\boldsymbol{v}. \tag{2.11}$$

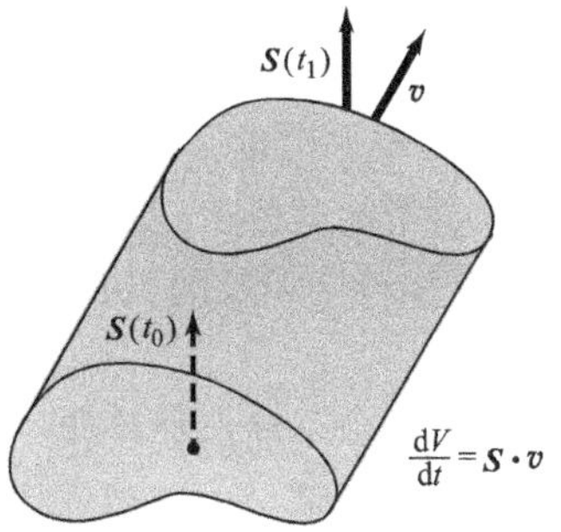

图 2.16 以速度 $\boldsymbol{v}$ 运动的面积 $\boldsymbol{S}$ 所扫过的体积的时间变化率 $\mathrm{d}V/\mathrm{d}t$

矢量积[㊀] 两个矢量的第二种乘积在物理学中也有广泛应用. 这种乘积就性质来说不是标量，而是矢量，但它是在某种限定意义下的矢量. 矢量积 $\boldsymbol{A}\times\boldsymbol{B}$ 定义为一个矢量，这个矢量的方向垂直于包含 $\boldsymbol{A}$ 和 $\boldsymbol{B}$ 的平面，而数值为 $AB\,|\sin(\boldsymbol{A},\boldsymbol{B})|$（如图 2.17a 所示）：

$$\boxed{\boldsymbol{C}=\boldsymbol{A}\times\boldsymbol{B}=\hat{\boldsymbol{C}}AB\,|\sin(\boldsymbol{A},\boldsymbol{B})|.} \tag{2.12}$$

$\boldsymbol{A}\times\boldsymbol{B}$ 读作“$\boldsymbol{A}$ 叉乘 $\boldsymbol{B}$”. $\boldsymbol{C}$ 的指向约定为由右手螺旋法则确定：转动矢量积中前一个矢量 $\boldsymbol{A}$，使之转过一最小角度与 $\boldsymbol{B}$ 的方向重合. $\boldsymbol{C}$ 的指向就是像 $\boldsymbol{A}$ 一样转动的右旋螺钉旋进的方向，如图 2.17b 所示.

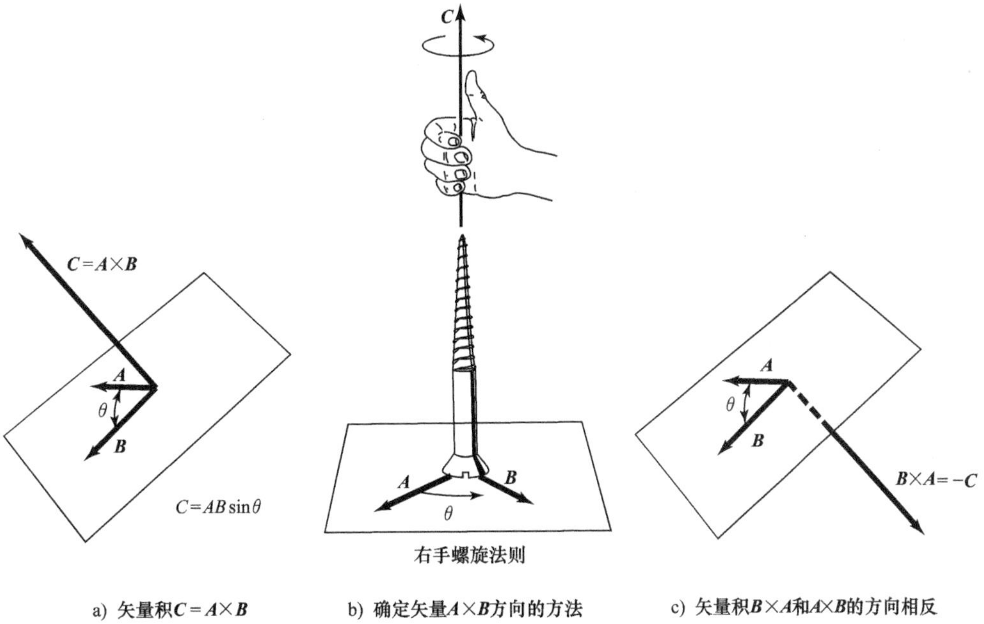

a) 矢量积 $\boldsymbol{C}=\boldsymbol{A}\times\boldsymbol{B}$　b) 确定矢量 $\boldsymbol{A}\times\boldsymbol{B}$ 方向的方法　c) 矢量积 $\boldsymbol{B}\times\boldsymbol{A}$ 和 $\boldsymbol{A}\times\boldsymbol{B}$ 的方向相反

图 2.17

㊀ 这一段暂时可以略去不讲. 第 3 章中虽用到了矢量积，但也可以不用. 只是从第 6 章开始，它才是必不可少的.

确定 $\boldsymbol{C}$ 的方向的法则可改用另一种说法：先使 $\boldsymbol{A}$ 和 $\boldsymbol{B}$ 的尾端重合，这就确定了一个平面，矢量 $\boldsymbol{C}$ 和此平面垂直；就是说，矢量积 $\boldsymbol{A}\times\boldsymbol{B}$ 与 $\boldsymbol{A}$ 和 $\boldsymbol{B}$ 都垂直. $\boldsymbol{A}$ 和 $\boldsymbol{B}$ 间有两个夹角，使 $\boldsymbol{A}$ 经过较小的角转到 $\boldsymbol{B}$，按 $\boldsymbol{A}$ 转动的方向蜷曲右手四指，大拇指所指的就是 $\boldsymbol{C}=\boldsymbol{A}\times\boldsymbol{B}$ 的方向. 由此可见，由于这种符号规定，$\boldsymbol{B}\times\boldsymbol{A}$ 是一个与$\boldsymbol{A}\times\boldsymbol{B}$ 符号相反的矢量（见图 2. 17c）：

$$\boldsymbol{B}\times\boldsymbol{A}=-\boldsymbol{A}\times\boldsymbol{B}. \tag{2.13}$$

因此，矢量积不满足交换律. 由式（2. 12）可得 $\boldsymbol{A}\times\boldsymbol{A}=0$，所以一个矢量和它自身的矢量积是零. 矢量积遵从分配律：

$$\boldsymbol{A}\times(\boldsymbol{B}+\boldsymbol{C})=\boldsymbol{A}\times\boldsymbol{B}+\boldsymbol{A}\times\boldsymbol{C}.$$

这一点证明起来有些冗长，其证明在任何关于矢量分析的书中都能找到. ㊀

用直角坐标分量表示的矢量积　正如我们在式（2. 6）中求出矢量 $\boldsymbol{A}$ 的方向余弦一样，我们也可以用这种方式求出 $\boldsymbol{A}$ 与直角坐标轴夹角的正弦. 但这是不方便的，可以从余弦更加容易地去求出正弦. 可是，用两个矢量的分量来表示它们的矢量积却往往很有用：

$$\begin{aligned}\boldsymbol{A}\times\boldsymbol{B}&=(A_x\hat{\boldsymbol{x}}+A_y\hat{\boldsymbol{y}}+A_z\hat{\boldsymbol{z}})\times(B_x\hat{\boldsymbol{x}}+B_y\hat{\boldsymbol{y}}+B_z\hat{\boldsymbol{z}})\\&=(\hat{\boldsymbol{x}}\times\hat{\boldsymbol{y}})A_xB_y+(\hat{\boldsymbol{x}}\times\hat{\boldsymbol{z}})A_xB_z+(\hat{\boldsymbol{y}}\times\hat{\boldsymbol{z}})A_yB_z+\\&\quad(\hat{\boldsymbol{y}}\times\hat{\boldsymbol{x}})A_yB_x+(\hat{\boldsymbol{z}}\times\hat{\boldsymbol{x}})A_zB_x+(\hat{\boldsymbol{z}}\times\hat{\boldsymbol{y}})A_zB_y.\end{aligned}$$

这里用到了 $\hat{\boldsymbol{x}}\times\hat{\boldsymbol{x}}=\hat{\boldsymbol{y}}\times\hat{\boldsymbol{y}}=\hat{\boldsymbol{z}}\times\hat{\boldsymbol{z}}=0$ 的结果. 问题在于，$\hat{\boldsymbol{x}}\times\hat{\boldsymbol{y}}$ 是什么？它是 $\hat{\boldsymbol{z}}$ 还是 $-\hat{\boldsymbol{z}}$？我们选择 $\hat{\boldsymbol{x}}\times\hat{\boldsymbol{y}}=\hat{\boldsymbol{z}}$，并按这种选择来确定坐标轴的方向. 这叫作右手坐标系㊁，在物理学中习惯上应用的就是这种右手坐标系. 我们约定只采用如图 2. 10a 和图 2. 10b 所示的那种右手坐标系.

由 $\hat{\boldsymbol{x}}\times\hat{\boldsymbol{z}}=-\hat{\boldsymbol{y}}$，$\hat{\boldsymbol{y}}\times\hat{\boldsymbol{z}}=\hat{\boldsymbol{x}}$ 等，我们得到

$$\boldsymbol{A}\times\boldsymbol{B}=\hat{\boldsymbol{x}}(A_yB_z-A_zB_y)+\hat{\boldsymbol{y}}(A_zB_x-A_xB_z)+\hat{\boldsymbol{z}}(A_xB_y-A_yB_x). \tag{2.14}$$

请注意，当矢量积中某项的下标是按 xyz 的顺序循环时，该项就取正号，否则要取负号. 读者如果熟悉行列式，你就容易确信，表达式

㊀ 可参考 C. E. Weatherburn，“Elementary Vector Analysis，” p. 57. G. Bell & Sons，Ltd.，London，1928；J. G. Coffin. “Vector Analysis，” p. 35. John Wiley & Sons，Inc.，New York，1911.

㊁ 我们怎样才能把我们关于右手坐标系的定义通知给我们银河系中另一太阳系上的人们呢？可以利用圆偏振的无线电波来做到这一点，无线电信号带去的信息可以告诉远方的观察者，按我们的规定，这电波的偏振是左旋的还是右旋的. 远方观察者将制造两个接收器，一个取正确的取向，另一个取不正确的取向，他们可以靠信号的强度判别出来. 任何实验方法都需要对此有明确的说明. 例如，塞曼效应的发现者最初分析光谱的塞曼效应时，由于弄错了圆偏振辐射的转动方向，因而错误地认为原子中的振动电荷带的是正电，[参见 P. Zeeman，*Philosophical Magazine*，(5) **43**：55 and 226（1897）. 类似地，1962 年 7 月 11 日在第一次电视卫星通信中，英国的接收就很差，因为他们“把输入信号的一个小分量的方向搞反了，这是由于无线电波旋转方向的公认定义中当时还有模糊不清之处.” Times（London，July 13，1962，P. 11.）]

$$
\boxed{A \times B = \begin{vmatrix} \hat{x} & \hat{y} & \hat{z} \\ A_x & A_y & A_z \\ B_x & B_y & B_z \end{vmatrix}.} \qquad (2.15)
$$

和式 (2.14) 是等价的，而且更容易记忆一些.

矢量积的应用　下面我们讨论矢量积的几个应用.

1. 平行四边形的面积

矢量积 $\boldsymbol{A}\times\boldsymbol{B}$ 的数值

$$|\boldsymbol{A}\times\boldsymbol{B}| = AB|\sin(\boldsymbol{A},\boldsymbol{B})|$$

是以 $\boldsymbol{A}$ 和 $\boldsymbol{B}$ 为边的平行四边形的面积（或以 $\boldsymbol{A}$ 和 $\boldsymbol{B}$ 为边的三角形的面积的两倍）（见图 2.18a）. $\boldsymbol{A}\times\boldsymbol{B}$ 的方向是平行四边形所在平面的法线方向，因此我们可以把 $\boldsymbol{A}\times\boldsymbol{B}$ 设想为平行四边形的面积矢量. 因为我们给边 $\boldsymbol{A}$ 和 $\boldsymbol{B}$ 确定了正负号，面积矢量从而也赋有方向. 在一些物理应用中，能够给面积以一个方向是比较方便的 [见式 (2.11)].

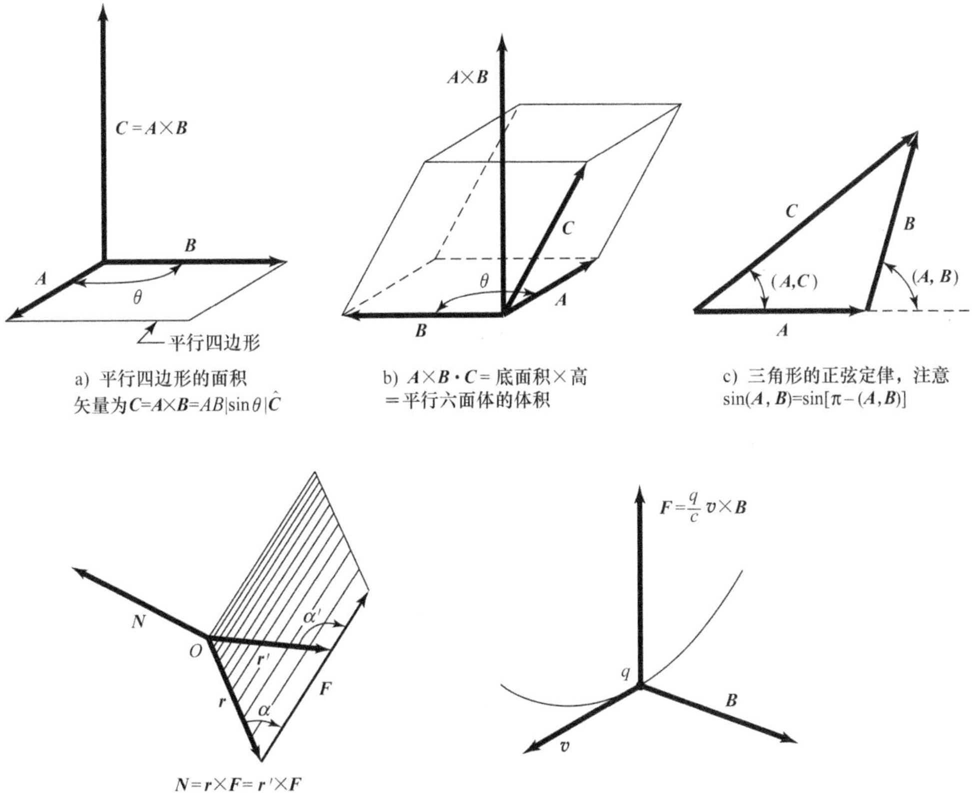

a) 平行四边形的面积 矢量为 $\boldsymbol{C}=\boldsymbol{A}\times\boldsymbol{B}=AB|\sin\theta|\hat{\boldsymbol{C}}$

b) $\boldsymbol{A}\times\boldsymbol{B}\cdot\boldsymbol{C}$ = 底面积×高 = 平行六面体的体积

c) 三角形的正弦定律，注意 $\sin(\boldsymbol{A},\boldsymbol{B})=\sin[\pi-(\boldsymbol{A},\boldsymbol{B})]$

d) 力矩是一个矢量积

e) 在磁场中运动的正电荷所受的力

图 2.18

2. 平形六面体的体积

标量

$$|(\boldsymbol{A}\times\boldsymbol{B})\cdot\boldsymbol{C}|=V$$

是底面积为 $\boldsymbol{A}\times\boldsymbol{B}$，斜高或边为 $\boldsymbol{C}$ 的平行六面体的体积（见图 2.18b）．如果三个矢量 $\boldsymbol{A}$，$\boldsymbol{B}$ 和 $\boldsymbol{C}$ 在同一平面内，体积将等于零；所以，当且仅当 $(\boldsymbol{A}\times\boldsymbol{B})\cdot\boldsymbol{C}=0$ 时三矢量才共面．

审察图 2.18b，我们发现

$$\boldsymbol{A}\cdot(\boldsymbol{B}\times\boldsymbol{C})=(\boldsymbol{A}\times\boldsymbol{B})\cdot\boldsymbol{C}.$$

这就是：标量三重积中的点乘和叉乘可以互相对换而乘积的数值不变．可是

$$\boldsymbol{A}\cdot(\boldsymbol{B}\times\boldsymbol{C})=-\boldsymbol{A}\cdot(\boldsymbol{C}\times\boldsymbol{B}).$$

在一个标量三重积中，如果循环地置换三个矢量的顺序，三重积不变；但如果循环的顺序改变了，三重积将改变符号．（与 ABC 循环顺序相同的置换是 BCA 和 CAB，与 ABC 循环顺序不同的置换为 BAC，ACB 和 CBA）．

3. 正弦定律

考虑一个由 $\boldsymbol{C}=\boldsymbol{A}+\boldsymbol{B}$ 确定的三角形（见图 2.18c），把此等式两端与 $\boldsymbol{A}$ 构成矢量积：

$$\boldsymbol{A}\times\boldsymbol{C}=\boldsymbol{A}\times\boldsymbol{A}+\boldsymbol{A}\times\boldsymbol{B}.$$

既然 $\boldsymbol{A}\times\boldsymbol{A}=0$，而等式两端的数值又必须相等，所以

$$AC\sin(\boldsymbol{A},\boldsymbol{C})=AB\sin(\boldsymbol{A},\boldsymbol{B}),$$

或

$$\frac{\sin(\boldsymbol{A},\boldsymbol{C})}{B}=\frac{\sin(\boldsymbol{A},\boldsymbol{B})}{C}\tag{2.16}$$

这就是三角形的正弦定律．

4. 力矩

读者从初等物理学课程中已经熟悉了力矩的概念．这个概念对于第 8 章中讨论的刚体运动特别重要．力矩是对某一点讲的，可以方便地用矢量来表示：

$$\boldsymbol{N}=\boldsymbol{r}\times\boldsymbol{F}.\tag{2.17}$$

式中，$\boldsymbol{r}$ 是从这一点到矢量 $\boldsymbol{F}$ 的矢量．从图 2.18d 可以看出，力矩的方向与 $\boldsymbol{r}$ 及 $\boldsymbol{F}$ 都垂直．注意到 $\boldsymbol{N}$ 的数值是 $rF\sin\alpha$，而 $r\sin\alpha$ 是从这一点（图中的 O）到 $\boldsymbol{F}$ 的垂线的长度．图中 $r'\sin\alpha'=r\sin\alpha$，所以力矩的方向和数值与画 $\boldsymbol{r}$ 时画到 $\boldsymbol{F}$ 上哪一点没有关系．

5. 磁场中带电粒子所受的力

在磁场 $\boldsymbol{B}$ 中以速度 $\boldsymbol{v}$ 运动的点电荷所受的力与 v 同 $\boldsymbol{B}$ 的垂直于 $\boldsymbol{v}$ 的分量的乘积成正比，用矢量积来表示（见图 2.18e）就是

$$\boldsymbol{F}=\frac{q}{c}\boldsymbol{v}\times\boldsymbol{B}\text{（高斯单位制）},\boldsymbol{F}=q\boldsymbol{v}\times\boldsymbol{B}\text{（mks 单位制）}.\tag{2.18}$$

式中，q 是粒子所带电荷；c 是光速．这个受力定律将在本教程电磁学卷中详细加以阐述，在本书第 3 章中也要用到．

2.4　矢量微商

质点的速度 $\boldsymbol{v}$ 是矢量，它的加速度 $\boldsymbol{a}$ 也是矢量．速度是质点位置随时间的变化率．质点在任何时刻 t 的位置可用从固定点 O 到该质点的矢量 $\boldsymbol{r}(t)$ 来表示（见图 2.19a）．随着时间的推移，运动质点的位置矢量的方向和数值都在改变（见图 2.19b）．$\boldsymbol{r}(t_2)$ 和 $\boldsymbol{r}(t_1)$ 之差也是一个矢量（见图 2.19c）：

$$\Delta\boldsymbol{r}=\boldsymbol{r}(t_2)-\boldsymbol{r}(t_1).$$

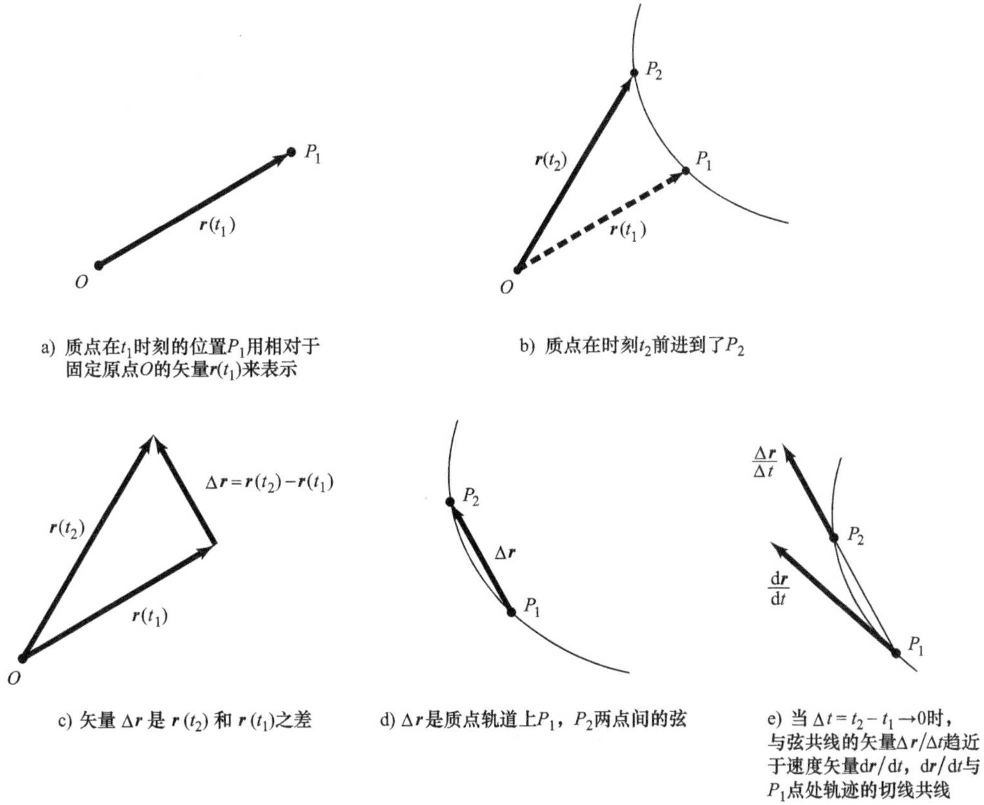

a) 质点在 t_1 时刻的位置 P_1 用相对于固定原点 O 的矢量 $\boldsymbol{r}(t_1)$ 来表示

b) 质点在时刻 t_2 前进到了 P_2

c) 矢量 $\Delta\boldsymbol{r}$ 是 $\boldsymbol{r}(t_2)$ 和 $\boldsymbol{r}(t_1)$ 之差

d) $\Delta\boldsymbol{r}$ 是质点轨道上 P_1，P_2 两点间的弦

e) 当 $\Delta t=t_2-t_1\to 0$ 时，与弦共线的矢量 $\Delta\boldsymbol{r}/\Delta t$ 趋近于速度矢量 $\mathrm{d}\boldsymbol{r}/\mathrm{d}t$，$\mathrm{d}\boldsymbol{r}/\mathrm{d}t$ 与 P_1 点处轨迹的切线共线

图 2.19

如果矢量 $\boldsymbol{r}$ 能看作是标量 t 这一个变量的函数（矢量函数），则当 t_1 和 t_2 的值已知时，$\Delta\boldsymbol{r}$ 的值就完全确定了．在图 2.19d 中，$\Delta\boldsymbol{r}$ 就是弦 P_1P_2．比值

$$\frac{\Delta\boldsymbol{r}}{\Delta t}$$

是一个与弦 P_1P_2 共线的矢量，只是数值为 P_1P_2 的 $1/\Delta t$．随着 Δt 趋近于零，P_2 趋

近于 P_1，弦 P_1P_2 趋近于 P_1 处的切线. 这时矢量

$$\frac{\Delta \boldsymbol{r}}{\Delta t} \text{ 将趋近于 } \frac{\mathrm{d}\boldsymbol{r}}{\mathrm{d}t},$$

后者是一个与 P_1 处曲线相切的矢量，它指向变量 t 增加时质点在曲线上的走向（见图 2.19e）.

速度　矢量

$$\frac{\mathrm{d}\boldsymbol{r}}{\mathrm{d}t} = \lim_{\Delta t \to 0} \frac{\Delta \boldsymbol{r}}{\Delta t}$$

称为 $\boldsymbol{r}$ 的时间微商. 根据定义，速度是

$$\boldsymbol{v}(t) \equiv \frac{\mathrm{d}\boldsymbol{r}}{\mathrm{d}t}. \tag{2.19}$$

速度的数值 $v = |\boldsymbol{v}|$ 称为质点的速率. 速率是标量. 用分量表示，$\boldsymbol{r}$ 可写为

$$\boldsymbol{r}(t) = x(t)\hat{\boldsymbol{x}} + y(t)\hat{\boldsymbol{y}} + z(t)\hat{\boldsymbol{z}}, \tag{2.20}$$

于是

$$\boxed{\begin{aligned} \frac{\mathrm{d}\boldsymbol{r}}{\mathrm{d}t} = \boldsymbol{v} &= \frac{\mathrm{d}x}{\mathrm{d}t}\hat{\boldsymbol{x}} + \frac{\mathrm{d}y}{\mathrm{d}t}\hat{\boldsymbol{y}} + \frac{\mathrm{d}z}{\mathrm{d}t}\hat{\boldsymbol{z}} \\ &= v_x\hat{\boldsymbol{x}} + v_y\hat{\boldsymbol{y}} + v_z\hat{\boldsymbol{z}}. \end{aligned}} \tag{2.21}$$

$$v = |\boldsymbol{v}| = \sqrt{v_x^2 + v_y^2 + v_z^2}.$$

这里我们已假定了式中那些单位矢量不随时间改变，所以

$$\frac{\mathrm{d}\hat{\boldsymbol{x}}}{\mathrm{d}t} = \frac{\mathrm{d}\hat{\boldsymbol{y}}}{\mathrm{d}t} = \frac{\mathrm{d}\hat{\boldsymbol{z}}}{\mathrm{d}t} = 0.$$

通常，我们可以不像式（2.20）那样用分量来表示 $\boldsymbol{r}$，而将 $\boldsymbol{r}$ 写成

$$\boldsymbol{r}(t) = r(t)\hat{\boldsymbol{r}}(t).$$

式中，标量 $r(t)$ 是矢量的长度；$\hat{\boldsymbol{r}}(t)$ 是 $\boldsymbol{r}$ 方向的单位矢量. $\boldsymbol{r}(t)$ 的微商定义为

$$\begin{aligned} \frac{\mathrm{d}\boldsymbol{r}}{\mathrm{d}t} &= \frac{\mathrm{d}}{\mathrm{d}t}[r(t)\hat{\boldsymbol{r}}(t)] \\ &= \lim_{\Delta t \to 0} \frac{r(t+\Delta t)\hat{\boldsymbol{r}}(t+\Delta t) - r(t)\hat{\boldsymbol{r}}(t)}{\Delta t}. \end{aligned} \tag{2.22}$$

将 $r(t+\Delta t)$ 和 $\hat{\boldsymbol{r}}(t+\Delta t)$ 作级数展开㊀，分别只保留头两项，于是分子部分变为

$$\left[r(t) + \frac{\mathrm{d}r}{\mathrm{d}t}\Delta t\right]\left[\hat{\boldsymbol{r}}(t) + \frac{\mathrm{d}\hat{\boldsymbol{r}}}{\mathrm{d}t}\Delta t\right] - r(t)\hat{\boldsymbol{r}}(t) = \Delta t\left(\frac{\mathrm{d}r}{\mathrm{d}t}\hat{\boldsymbol{r}} + r\frac{\mathrm{d}\hat{\boldsymbol{r}}}{\mathrm{d}t}\right) + (\Delta t)^2\frac{\mathrm{d}r}{\mathrm{d}t}\frac{\mathrm{d}\hat{\boldsymbol{r}}}{\mathrm{d}t}.$$

㊀ 关于级数展开请参阅本章末数学附录.

将此式代入式（2.22），当 $\Delta t \to 0$ 时分子的第二项趋于零，从而得到

$$\boldsymbol{v} = \frac{\mathrm{d}\boldsymbol{r}}{\mathrm{d}t} = \frac{\mathrm{d}r}{\mathrm{d}t}\hat{\boldsymbol{r}} + r\frac{\mathrm{d}\hat{\boldsymbol{r}}}{\mathrm{d}t}. \tag{2.23}$$

式中，$\mathrm{d}\hat{\boldsymbol{r}}/\mathrm{d}t$ 表示单位矢量方向的变化率. 这个式子是取标量 $a(t)$ 和矢量 $\boldsymbol{b}(t)$ 的乘积的微商所依从的普遍法则

$$\frac{\mathrm{d}}{\mathrm{d}t}a\boldsymbol{b} = \frac{\mathrm{d}a}{\mathrm{d}t}\boldsymbol{b} + a\frac{\mathrm{d}\boldsymbol{b}}{\mathrm{d}t} \tag{2.24}$$

的一个实例. 在式（2.23）中，对速度的贡献之一来自 $\hat{\boldsymbol{r}}$ 方向的改变，另一项贡献来自长度 r 的变化.

因为我们以后要用到 $\boldsymbol{v}$ 的式（2.23）的形式（特别是在第 9 章研究平面上的运动时），所以在这里我们再推导出这种形式的 $\mathrm{d}\boldsymbol{r}/\mathrm{d}t$ 的另一种表达式，其中利用的是径向单位矢量 $\hat{\boldsymbol{r}}$ 和垂直于它的称为 $\hat{\boldsymbol{\theta}}$ 的单位矢量.

为了弄清这些单位矢量以及它们的微商的意义，我们来考虑一个质点的圆周运动. 在这种情况下，单位矢量 $\hat{\boldsymbol{r}}$ 在时间间隔 Δt 内将改变一个矢量增量 $\Delta\hat{\boldsymbol{r}}$ 而变为 $\hat{\boldsymbol{r}} + \Delta\hat{\boldsymbol{r}}$（见图 2.20a）. 假如选择的 Δt 足够小，以至于趋近于零，则 $\Delta\hat{\boldsymbol{r}}$ 的方向就是法向单位矢量 $\hat{\boldsymbol{\theta}}$ 的方向（见图 2.20b）.

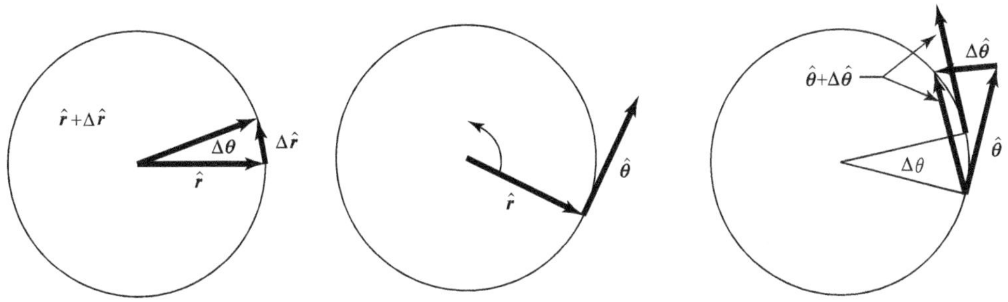

a) $\Delta\hat{\boldsymbol{r}}$ 是单位矢量 $\hat{\boldsymbol{r}}$ 的改变量　　b) 单位矢量 $\hat{\boldsymbol{\theta}}$ 与 $\hat{\boldsymbol{r}}$ 垂直，并在 θ 增加的方向上　　c) $\Delta\hat{\boldsymbol{\theta}}$ 是单位矢量 $\hat{\boldsymbol{\theta}}$ 的改变量

图 2.20

此外，随着 Δt 趋于零从而 $\Delta\theta$ 也相应地趋近于零，$\Delta\hat{\boldsymbol{r}}$ 的数值就变为

$$|\Delta\hat{\boldsymbol{r}}| = |\hat{\boldsymbol{r}}|\Delta\theta = \Delta\theta$$

（因为 $|\hat{\boldsymbol{r}}| = 1$）；于是矢量 $\Delta\hat{\boldsymbol{r}}$ 和比值 $\Delta\hat{\boldsymbol{r}}/\Delta t$ 各自变为

$$\Delta\hat{\boldsymbol{r}} = \Delta\theta\hat{\boldsymbol{\theta}},\ \frac{\Delta\hat{\boldsymbol{r}}}{\Delta t} = \frac{\Delta\theta}{\Delta t}\hat{\boldsymbol{\theta}}.$$

取 $\Delta t \to 0$ 的极限，我们得到单位矢量 $\hat{\boldsymbol{r}}$ 的时间微商：

$$\frac{\mathrm{d}\hat{\boldsymbol{r}}}{\mathrm{d}t} = \frac{\mathrm{d}\theta}{\mathrm{d}t}\hat{\boldsymbol{\theta}}. \tag{2.25}$$

利用图 2.20c 作类似的论证，不难证明 $\hat{\boldsymbol{\theta}}$ 的时间微商为

$$\frac{\mathrm{d}\hat{\boldsymbol{\theta}}}{\mathrm{d}t}=-\frac{\mathrm{d}\theta}{\mathrm{d}t}\hat{\boldsymbol{r}}. \tag{2.26}$$

现在再考虑平面上沿任何路径运动的一个质点，如图 2.21 所示. 我们看到，在任一时刻，速度 $\boldsymbol{v}$ 都由径向分矢量 $\frac{\mathrm{d}r}{\mathrm{d}t}\hat{\boldsymbol{r}}$ 和法向分矢量 $r\frac{\mathrm{d}\hat{\boldsymbol{r}}}{\mathrm{d}t}=r\frac{\mathrm{d}\theta}{\mathrm{d}t}\hat{\boldsymbol{\theta}}$ 两部分组成. 这后一项利用了式 (2.25). 于是，式 (2.23) 形式的 $\boldsymbol{v}$ 的表达式变为

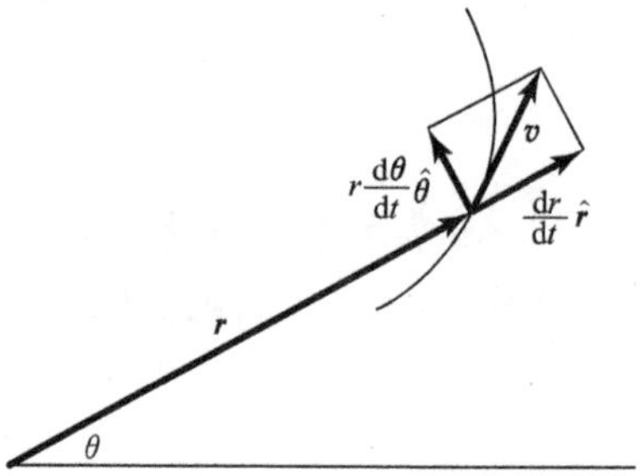

图 2.21　用 $\hat{\boldsymbol{r}}$ 和 $\hat{\theta}$ 表示的速度的分量

$$\boxed{\boldsymbol{v}=\frac{\mathrm{d}\boldsymbol{r}}{\mathrm{d}t}=\frac{\mathrm{d}r}{\mathrm{d}t}\hat{\boldsymbol{r}}+r\frac{\mathrm{d}\theta}{\mathrm{d}t}\hat{\boldsymbol{\theta}}.} \tag{2.27}$$

加速度　加速度也是一个矢量，它和 $\boldsymbol{v}$ 的关系正如 $\boldsymbol{v}$ 和 $\boldsymbol{r}$ 的关系. 加速度的定义是

$$\boldsymbol{a}\equiv\frac{\mathrm{d}\boldsymbol{v}}{\mathrm{d}t}=\frac{\mathrm{d}^2\boldsymbol{r}}{\mathrm{d}t^2}. \tag{2.28}$$

用式 (2.21)，我们得到用直角坐标分量表示的加速度：

$$\boxed{\boldsymbol{a}=\frac{\mathrm{d}\boldsymbol{v}}{\mathrm{d}t}=\frac{\mathrm{d}^2x}{\mathrm{d}t^2}\hat{\boldsymbol{x}}+\frac{\mathrm{d}^2y}{\mathrm{d}t^2}\hat{\boldsymbol{y}}+\frac{\mathrm{d}^2z}{\mathrm{d}t^2}\hat{\boldsymbol{z}}.} \tag{2.29}$$

为了以后（第 9 章）的应用，我们也需要用 r 和 θ 来表示 $\boldsymbol{a}$. 由式 (2.27)，得

$$\frac{\mathrm{d}\boldsymbol{v}}{\mathrm{d}t}=\frac{\mathrm{d}^2r}{\mathrm{d}t^2}\hat{\boldsymbol{r}}+\frac{\mathrm{d}r}{\mathrm{d}t}\frac{\mathrm{d}\hat{\boldsymbol{r}}}{\mathrm{d}t}+\frac{\mathrm{d}r}{\mathrm{d}t}\frac{\mathrm{d}\theta}{\mathrm{d}t}\hat{\boldsymbol{\theta}}+r\frac{\mathrm{d}^2\theta}{\mathrm{d}t^2}\hat{\boldsymbol{\theta}}+r\frac{\mathrm{d}\theta}{\mathrm{d}t}\frac{\mathrm{d}\hat{\boldsymbol{\theta}}}{\mathrm{d}t}.$$

根据式 (2.25) 和式 (2.26)，把 $\mathrm{d}\hat{\boldsymbol{r}}/\mathrm{d}t$ 和 $\mathrm{d}\hat{\boldsymbol{\theta}}/\mathrm{d}t$ 代入上式，得

$$\boldsymbol{a}=\frac{\mathrm{d}\boldsymbol{v}}{\mathrm{d}t}=\frac{\mathrm{d}^2r}{\mathrm{d}t^2}\hat{\boldsymbol{r}}+\frac{\mathrm{d}r}{\mathrm{d}t}\frac{\mathrm{d}\theta}{\mathrm{d}t}\hat{\boldsymbol{\theta}}+\frac{\mathrm{d}r}{\mathrm{d}t}\frac{\mathrm{d}\theta}{\mathrm{d}t}\hat{\boldsymbol{\theta}}+r\frac{\mathrm{d}^2\theta}{\mathrm{d}t^2}\hat{\boldsymbol{\theta}}-r\left(\frac{\mathrm{d}\theta}{\mathrm{d}t^2}\right)^2\hat{\boldsymbol{r}}.$$

然后合并同类项并稍做整理，此式可写作常用的形式：

$$\boxed{\boldsymbol{a}=\left[\frac{\mathrm{d}^2r}{\mathrm{d}t^2}-r\left(\frac{\mathrm{d}\theta}{\mathrm{d}t}\right)^2\right]\hat{\boldsymbol{r}}+\frac{1}{r}\left[\frac{\mathrm{d}}{\mathrm{d}t}\left(r^2\frac{\mathrm{d}\theta}{\mathrm{d}t}\right)\right]\hat{\boldsymbol{\theta}}.} \tag{2.30}$$

这个表达式对于研究圆周运动（见下面例题），特别是对于研究质点绕力心的运动（在第 9 章讨论）十分有用.

【例】

圆周运动　这个例题（见图 2.22）特别重要，因为在物理学和天文学中有许多圆周运动的实例. 我们要求解的是一质点在半径为 r 的圆形轨道上以恒定速率运动时的速度和加速度的简洁表达式. 圆形轨道可用下式描述：

$$\boldsymbol{r}(t)=r\hat{\boldsymbol{r}}(t). \tag{2.31}$$

式中，r 是恒量；单位矢量$\hat{\boldsymbol{r}}$以恒定速率转动.

这个问题可用下面两种方法来处理：利用以 r 和 θ 表示的表达式，即式（2.27）和式（2.30）；或者利用固定在空间的$\hat{\boldsymbol{x}}$轴和$\hat{\boldsymbol{y}}$轴以及式（2.21）和式（2.29）.

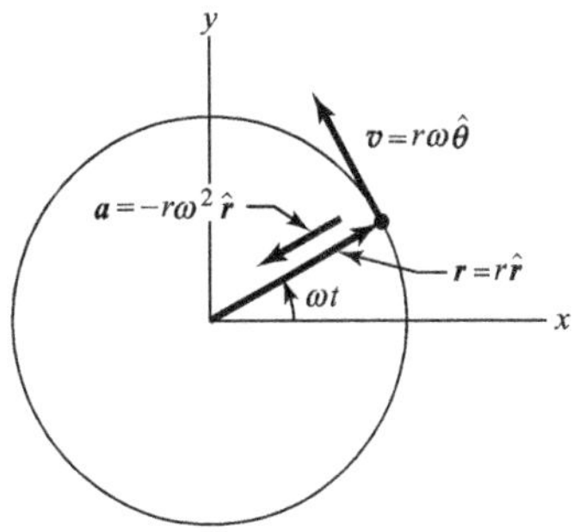

图 2.22　质点在半径为 r 的圆周上做匀速运动. ω 是恒定角速度. 图中示出由式（2.32）和式（2.33）得出的速度和加速度

方法Ⅰ. 因为 r 是恒量，式（2.27）直接就给出 $\boldsymbol{v}=r\mathrm{d}\theta/\mathrm{d}t\,\hat{\boldsymbol{\theta}}$，按照习惯，角速度 $\mathrm{d}\theta/\mathrm{d}t$ 用希腊字母 ω 来表示，单位是弧度/秒[⊖]，在我们现在讨论的问题中它是恒量. 所以 $\boldsymbol{v}=r\omega\hat{\boldsymbol{\theta}}$，质点的恒定速率为

$$v=\omega r. \tag{2.32}$$

为了求解加速度，我们利用式（2.30）. 当 r 和 $\mathrm{d}\theta/\mathrm{d}t=\omega$ 不变时，此式变为

$$\boxed{\boldsymbol{a}=-r\omega^2\hat{\boldsymbol{r}}.} \tag{2.33}$$

所以加速度的数值不变，方向指向圆心.

方法Ⅱ. 我们用直角坐标分量按式（2.20）写出做圆周运动的质点在任一时刻 t 的位置矢量：

$$\hat{\boldsymbol{r}}(t)=r\cos\omega t\,\hat{\boldsymbol{x}}+r\sin\omega t\,\hat{\boldsymbol{y}}. \tag{2.34}$$

于是，根据式（2.21）得出 r 不变时的速度矢量：

$$\boldsymbol{v}=\mathrm{d}\boldsymbol{r}/\mathrm{d}t=-\omega r\sin\omega t\,\hat{\boldsymbol{x}}+\omega r\cos\omega t\,\hat{\boldsymbol{y}}. \tag{2.35}$$

速率 v 是速度矢量的数值：

$$v=\sqrt{\boldsymbol{v}\cdot\boldsymbol{v}}=\omega r\sqrt{\sin^2\omega t+\cos^2\omega t}=\omega r. \tag{2.36}$$

这与式（2.32）一样. 由于 $\boldsymbol{v}$ 与 $\boldsymbol{r}$ 的标量积等于零，可以看出它们互相垂直.

根据式（2.29），我们来求解作为 $\boldsymbol{v}$ 的时间微商的加速度矢量，取式（2.35）的微商得

$$\begin{aligned}\boldsymbol{a}&=\frac{\mathrm{d}\boldsymbol{v}}{\mathrm{d}t}=-\omega^2r\cos\omega t\,\hat{\boldsymbol{x}}-\omega^2r\sin\omega t\,\hat{\boldsymbol{y}}\\&=-\omega^2(r\cos\omega t\,\hat{\boldsymbol{x}}+r\sin\omega t\,\hat{\boldsymbol{y}})\\&=-\omega^2\boldsymbol{r}=-\omega^2r\hat{\boldsymbol{r}}.\end{aligned} \tag{2.37}$$

这又与由方法Ⅰ得到的结果式（2.33）完全一样. 加速度有恒定的数值 $a=\omega^2r$，方向沿 $-\boldsymbol{r}$，即指向圆心. 由式（2.36）或式（2.32）得知 $v=\omega r$，加速度的数值可以写成

⊖　弧度的解释见本章末数学附录.

$$a=\frac{v^2}{r}. \tag{2.38}$$

这叫作向心加速度，读者在高中物理课中对它已很熟悉.

角速度 ω 和通常的频率 f 之间有一个简单的关系. 式（2.34）中的矢量 $\boldsymbol{r}$ 在单位时间内扫过 ω 弧度，所以 ω 代表单位时间内扫过的弧度. 但率频 f 的定义是单位时间内的转动周数. 因为一周有 2π 弧度，所以必然有

$$2\pi f=\omega.$$

运动周期 T 的定义是转动一周所花的时间. 由式（2.34）可以看出，在时间 T 内转动一周就应有 $\omega T=2\pi$，或者说

$$T=\frac{2\pi}{\omega}=\frac{1}{f}.$$

为了有个数字概念，假定频率 f 为每秒60转或60周（60Hz），那么周期

$$T=\frac{1}{f}=\frac{1}{60}\approx 0.017\text{s},$$

而角速度

$$\omega=2\pi f\approx 377\text{rad/s}.$$

如果圆轨道的半径为0.1m，则速度为

$$v=\omega r\approx 377\times 0.1\text{m}\approx 38\text{m/s}.$$

在轨道上任意点的加速度为

$$a=\omega^2 r\approx 377^2\times 0.1\text{m}\approx 1.42\times 10^4\text{m/s}.$$

在第4章中给出的一个数字例题表明，由于地球的自转，地球表面赤道上一固定点的加速度约为 0.034m/s^2.

2.5　不变量

前面提到过，与坐标轴的选择无关这一性质是物理学定律的一个重要方面，同时又是采用矢量符号的一个重要理由. 由2.23所示的是两个不同的坐标系，它们有公共的原点，只是彼此有相对转动. 我们试考查同一矢量在这两个坐标系中的数值. 在这两个坐标系中，显然有

$$\boldsymbol{A}=A_x\hat{\boldsymbol{x}}+A_y\hat{\boldsymbol{y}}+A_z\hat{\boldsymbol{z}}$$

和

$$\boldsymbol{A}=A'_{x'}\hat{\boldsymbol{x}}'+A'_{y'}\hat{\boldsymbol{y}}'+A'_{z'}\hat{\boldsymbol{z}}'.$$

由于 $\boldsymbol{A}$ 并未改变，A^2 必须相同，所以

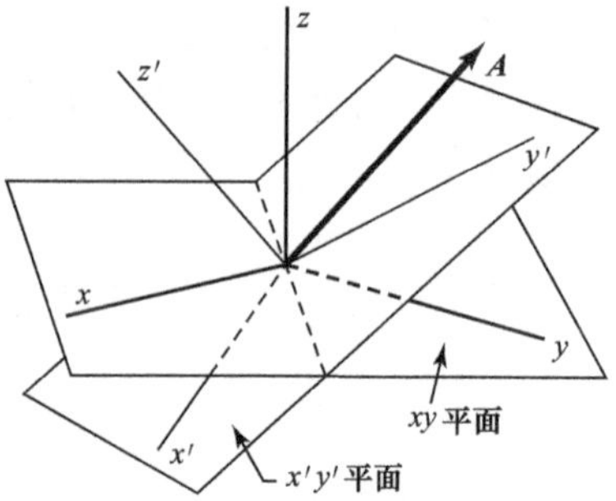

图2.23　矢量 $\boldsymbol{A}$ 可以用坐标 xyz 或坐标 $x'y'z$ 描述，$x'y'z'$是由 xyz 作一任意转动而得到的. 对这种转动来说，A^2 是形式不变量，就是说有

$$A_x^2+A_y^2+A_z^2=A_{x'}^{'2}+A_{y'}^{'2}+A_{z'}^{'2}$$

$$A_x^2 + A_y^2 + A_z^2 = A'^2_{x'} + A'^2_{y'} + A'^2_{z'}.$$

换句话说，在一切只是由于坐标轴作一刚性转动而不同的那些直角坐标系中，一个矢量的数值是相同的. 这种量称为形式不变量. 本章末的习题 20 提供了一个证明矢量数值是不变量的方法. 根据不变量的定义，显然，由式（2.7）表示的标量积是一个形式不变量，矢量积的数值也是一个形式不变量. 这里我们假定了尺度没有改变，例如，代表一个单位的长度并不因转动而改变.

我们有时把位置的标量函数——譬如说空间各点(x, y, z) 的温度 $T(x, y, z)$，称为标量场. 同样，一个其方向和数值为位置的函数的矢量，譬如一质点在各点 (x, y, z) 的速度 $\boldsymbol{v}(x, y, z)$ 被称为矢量场. 矢量分析中有许多内容都是讨论标量场、矢量场和讨论对矢量的微分运算的，这些将在本教程电磁学卷中予以充分讨论.

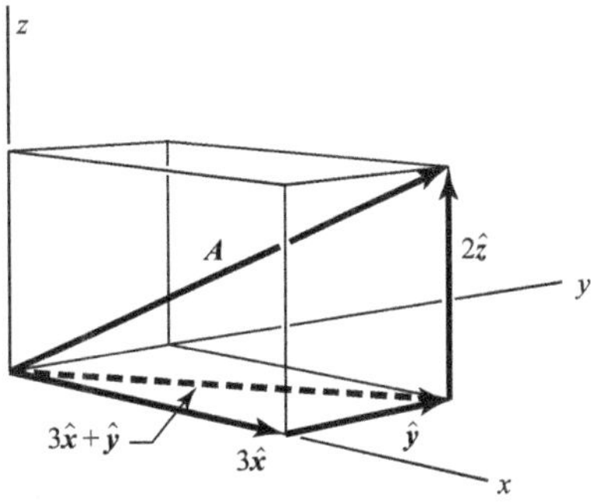

图 2.24　矢量 $\boldsymbol{A} = 3\hat{\boldsymbol{x}} + \hat{\boldsymbol{y}} + 2\hat{\boldsymbol{z}}$ 及其在 xy 平面上的投影

各种基本矢量运算的例子　考虑图 2.24 的矢量

$$\boldsymbol{A} = 3\hat{\boldsymbol{x}} + \hat{\boldsymbol{y}} + 2\hat{\boldsymbol{z}}.$$

（1）求 $\boldsymbol{A}$ 的长度. 作 A^2：

$$\boldsymbol{A}^2 = \boldsymbol{A} \cdot \boldsymbol{A} = 3^2 + 1^2 + 2^2 = 14,$$

所以 $A = \sqrt{14}$是 $\boldsymbol{A}$ 的长度.

（2）$\boldsymbol{A}$ 在 xy 平面上的投影的长度是多少？$\boldsymbol{A}$ 在 xy 平面上的投影是矢量 $3\hat{\boldsymbol{x}} + \hat{\boldsymbol{y}}$，它的长度的平方是 $3^2 + 1^2 = 10$.

（3）在 xy 平面内作一与 $\boldsymbol{A}$ 垂直的矢量. 我们所求的矢量应具有

$$\boldsymbol{B} = B_x\hat{\boldsymbol{x}} + B_y\hat{\boldsymbol{y}}$$

的形式并具有 $\boldsymbol{A} \cdot \boldsymbol{B} = 0$ 的性质，即

$$(3\hat{\boldsymbol{x}} + \hat{\boldsymbol{y}} + 2\hat{\boldsymbol{z}}) \cdot (B_x\hat{\boldsymbol{x}} + B_y\hat{\boldsymbol{y}}) = 0.$$

求出此标量积，得

$$3B_x + B_y = 0$$

或

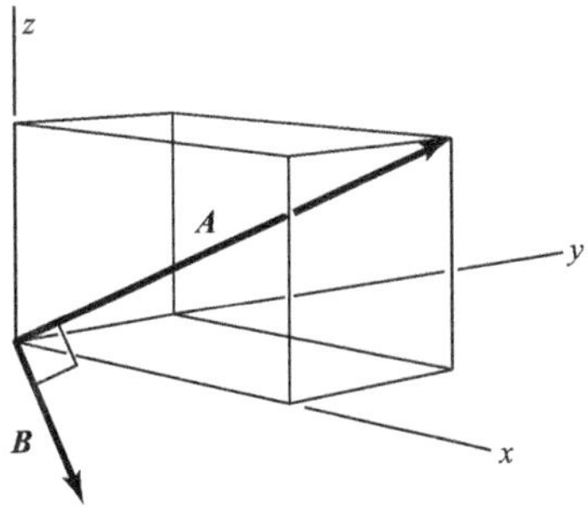

图 2.25　矢量 $\boldsymbol{B}$ 在 xy 平面内，并与 $\boldsymbol{A}$ 垂直

$$\frac{B_y}{B_x} = -3.$$

矢量 $\boldsymbol{B}$ 的长度无法由此题所给条件确定（见图 2.25）.

（4）作单位矢量$\hat{\boldsymbol{B}}$. 它必须满足$\hat{B}_x^2 + \hat{B}_y^2 = 1$，或

$$\hat{B}_x^2(1^2+3^2)=10\,\hat{B}_x^2=1.$$

于是　$$\hat{\boldsymbol{B}}=\sqrt{\frac{1}{10}}\hat{\boldsymbol{x}}-\sqrt{\frac{9}{10}}\hat{\boldsymbol{y}}=\frac{\hat{\boldsymbol{x}}-3\,\hat{\boldsymbol{y}}}{\sqrt{10}}.$$

（5）求 $\boldsymbol{A}$ 与矢量 $\boldsymbol{C}=2\,\hat{\boldsymbol{x}}$ 的标量积（见图 2.26）. 可以直接看出这是 $2\times3=6$.

（6）将参考系绕 z 轴顺时针转动 $\pi/2$ 角（沿正 z 轴方向观察），求 $\boldsymbol{A}$ 和 $\boldsymbol{C}$ 在新参考系中的表达式（见图 2.27）. 新的单位矢量 $\hat{\boldsymbol{x}}'$，$\hat{\boldsymbol{y}}'$，$\hat{\boldsymbol{z}}'$ 与原来的单位矢量 $\hat{\boldsymbol{x}}$，$\hat{\boldsymbol{y}}$，$\hat{\boldsymbol{z}}$ 的关系是

$$\hat{\boldsymbol{x}}=\hat{\boldsymbol{y}},\ \hat{\boldsymbol{y}}'=-\hat{\boldsymbol{x}},\ \hat{\boldsymbol{z}}'=\hat{\boldsymbol{z}}.$$

于是，出现 $\hat{\boldsymbol{x}}$ 的地方现在变为 $-\hat{\boldsymbol{y}}'$，出现 $\hat{\boldsymbol{y}}$ 的地方现在变为 $\hat{\boldsymbol{x}}'$，从而

$$\boldsymbol{A}=\hat{\boldsymbol{x}}'-3\,\hat{\boldsymbol{y}}'+2\,\hat{\boldsymbol{z}}',\boldsymbol{C}=-2\,\hat{\boldsymbol{y}}'.$$

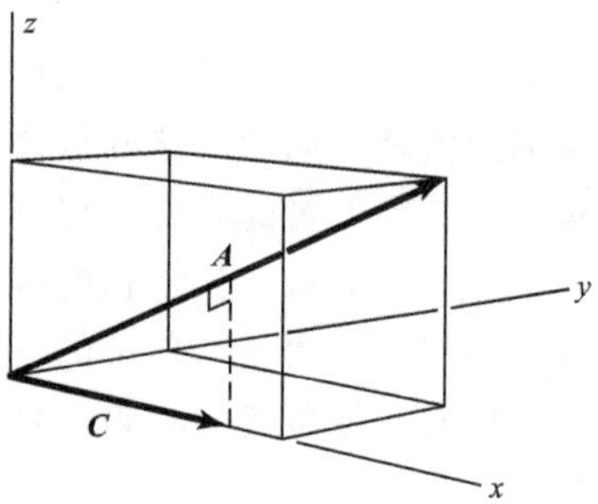

图 2.26　矢量 $\boldsymbol{C}=2\,\hat{\boldsymbol{x}}$ 在 $\boldsymbol{A}$ 上的投影. $\boldsymbol{A}\cdot\boldsymbol{C}=\boldsymbol{C}$ 在 A 上的投影乘以 $\boldsymbol{A}$

（7）求出在带撇的坐标系中的标量积 $\boldsymbol{A}\cdot\boldsymbol{C}$. 根据（6）的结果，我们得到 $(-3)(-2)=6$，这与在不带撇的坐标系中完全一样.

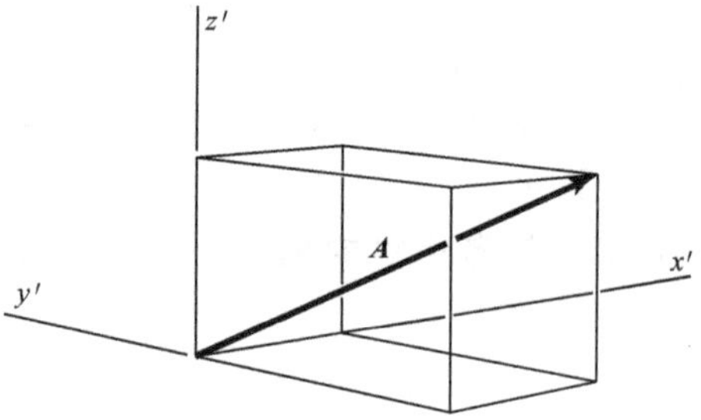

图 2.27　带撇的参考系 x'，y'，z' 是由不带撇的参考系 x，y，z 绕 z 轴转动 $+\pi/2$ 角得到的

（8）求矢量积 $\boldsymbol{A}\times\boldsymbol{C}$. 在不带撇的坐标系中，它是

$$\begin{vmatrix}\hat{\boldsymbol{x}} & \hat{\boldsymbol{y}} & \hat{\boldsymbol{z}}\\ 3 & 1 & 2\\ 2 & 0 & 0\end{vmatrix}=4\,\hat{\boldsymbol{y}}-2\,\hat{\boldsymbol{z}}.$$

通过取它与 $\boldsymbol{A}$ 和 $\boldsymbol{C}$ 的标量积，可以肯定这个矢量与 $\boldsymbol{A}$ 和 $\boldsymbol{C}$ 都垂直.

（9）作矢量 $\boldsymbol{A}-\boldsymbol{C}$. 我们得到（见图 2.28）

$$\boldsymbol{A}-\boldsymbol{C}=(3-2)\hat{\boldsymbol{x}}+\hat{\boldsymbol{y}}+2\,\hat{\boldsymbol{z}}$$
$$=\hat{\boldsymbol{x}}+\hat{\boldsymbol{y}}+2\,\hat{\boldsymbol{z}}.$$

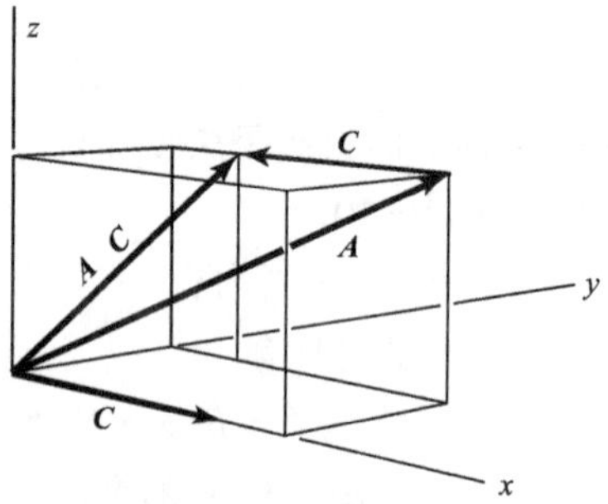

图 2.28　矢量 $\boldsymbol{A}-\boldsymbol{C}$

习　　题

1. 位置矢量. 设向东为 x 轴，向北为 y 轴，向上为 z 轴，求出表示下列各点的矢量：

（a）向东北 10km，向上 2km.

（b）向东南 5m，向下 5m.

（c）向西北 1m，向上 6m.

求出上面每个矢量的数值和该方向单位矢量的表达式.

2. 矢量的分量. 用习题 1 中的坐标轴，求：

（a） 从原点到位于水平面内东南方向、距离 5.0m 处一点的位置矢量的分量.

（b） 从原点到距离原点 15m 某点的位置矢量的分量，该矢量与铅直线的夹角为 45°，水平分量的方向为北 60°西㊀.

3. 矢量的相加. 画出下列矢量相加的结果：

（a） 向东 2cm 的矢量与向西北 3cm 的矢量相加.

（b） 向东 8cm 的矢量与向西北 12cm 的矢量相加.

（c） 比较上面（a）和（b）的结果，并总结出当一对矢量为另一对矢量的倍数时，这对矢量相加所遵从的定理.

4. 矢量乘标量. 令 $\boldsymbol{A}=2.0\mathrm{cm}$，方向为北 70°东；又 $\boldsymbol{B}=3.5\mathrm{cm}$，方向为北 130°东. 解题时用量角器或极坐标纸.

（a） 画出上面两个矢量以及为它们 2.5 倍的另两个矢量.

（b） $\boldsymbol{A}$ 乘以 -2，$\boldsymbol{B}$ 乘以 $+3$，再求它们的矢量和.（答：9.2cm，152°.）

（c） 从原点到原点正北 10cm 的一点画一矢量. 求出分别为 $\boldsymbol{A}$，$\boldsymbol{B}$ 倍数的两个矢量，要求它们之和等于上述矢量.

（d） 用解析方法求解（b），（c）.

5. 二矢量的标量积和矢量积. 已知两个矢量 $\boldsymbol{a}=3\hat{\boldsymbol{x}}+4\hat{\boldsymbol{y}}-5\hat{\boldsymbol{z}}$ 和 $\boldsymbol{b}=-\hat{\boldsymbol{x}}+2\hat{\boldsymbol{y}}+6\hat{\boldsymbol{z}}$，用矢量法计算：

（a） 各矢量的长度.（答：$a=\sqrt{50}$，$b=\sqrt{41}$.）

（b） 标量积 $\boldsymbol{a}\cdot\boldsymbol{b}$.（答：$-25$.）

（c） 它们之间的夹角.（答：123.5°.）

（d） 各矢量的方向余弦.

（e） 矢量和 $\boldsymbol{a}+\boldsymbol{b}$ 与矢量差 $\boldsymbol{a}-\boldsymbol{b}$.（答：$\boldsymbol{a}+\boldsymbol{b}=2\hat{\boldsymbol{x}}+6\hat{\boldsymbol{y}}+\hat{\boldsymbol{z}}$.）

（f） 矢量积 $\boldsymbol{a}\times\boldsymbol{b}$.（答：$34\hat{\boldsymbol{x}}-13\hat{\boldsymbol{y}}+10\hat{\boldsymbol{z}}$.）

6. 矢量代数. 已知两矢量，它们的和及差分别为 $\boldsymbol{a}+\boldsymbol{b}=11\hat{\boldsymbol{x}}-\hat{\boldsymbol{y}}+5\hat{\boldsymbol{z}}$ 及 $\boldsymbol{a}-\boldsymbol{b}=-5\hat{\boldsymbol{x}}+11\hat{\boldsymbol{y}}+9\hat{\boldsymbol{z}}$.

（a） 求 $\boldsymbol{a}$ 及 $\boldsymbol{b}$.

（b） 用矢量法求 $\boldsymbol{a}$ 和 $\boldsymbol{a}+\boldsymbol{b}$ 间的夹角.

7. 速度的矢量加法. 某人在静水中划船，船速能达 2.5m/s.

（a） 如果他径直划向河对岸，水的流速为 1m/s 时，他实际沿何方向前进？速度是多少？

（b） 他必须朝哪个方向划船才能沿与水流垂直的方向前进？速率为多少？

8. 速度的合成. 一位飞机驾驶员希望由他所在的位置飞往东方 200km 处，当时从西北方向吹来有 30km/h 的风. 如果他的计划要求他在 40min 内到达目的地，请算出他相对于流动空气的速度矢量.（答：$\boldsymbol{v}=279\hat{\boldsymbol{x}}+21\hat{\boldsymbol{y}}\mathrm{km/h}$；$\hat{\boldsymbol{x}}=$ 东，

㊀ 这是测量学上的名词，即以北为基准，向西转动 60°. ——译者注

$\hat{y}$ = 北．）

9. 矢量运算，相对位置矢量． 两个粒子从同一个源发射出来，在某一时刻它们的位移分别为

$$\boldsymbol{r}_1 = 4\hat{x} + 3\hat{y} + 8\hat{z}, \boldsymbol{r}_2 = 2\hat{x} + 10\hat{y} + 5\hat{z}.$$

（a）画出这两个粒子的位置，并写出粒子2相对于粒子1的位移 $\boldsymbol{r}$ 的表达式．

（b）利用标量积求出每个矢量的数值．（答：$r_1 = 9.4$，$r_2 = 11.4$，$r = 7.9$．）

（c）算出这三个矢量中所有可能有的矢量对的夹角．

（d）计算 $\boldsymbol{r}$ 在 $\boldsymbol{r}_1$ 上的投影．（答：-1.2．）

（e）计算矢量积 $\boldsymbol{r}_1 \times \boldsymbol{r}_2$．（答：$-65\hat{x} - 4\hat{y} + 34\hat{z}$．）

10. 两个质点最接近的情况． 两个质点1和2分别沿 x 轴和 y 轴以下列速度运动：$\boldsymbol{v}_1 = 2\hat{x}$cm/s 和 $\boldsymbol{v}_2 = 3\hat{y}$cm/s．在 $t = 0$ 时它们分别位于

$$x_1 = -3\text{cm}, y_1 = 0; x_2 = 0, y_2 = -3\text{cm}.$$

（a）求表示2相对1的位置矢量 $\boldsymbol{r}_1 - r_2$（为时间的函数）．（答：$\boldsymbol{r} = [(3-2t)\hat{x} + (3t-3)\hat{y}]$ cm．）

（b）何时、何地这两个质点最为接近？（答：$t = 1.15$s．）

11. 立方体的体对角线． 立方体两条交叉的体对角线间的夹角是多少？（体对角线连接立方体的两个角点并穿过立方体内部．面对角线连接两个角点并位于立方体的一个表面内．）（答：arccos1/3．）

12. $\boldsymbol{a} \perp \boldsymbol{b}$ 的条件． 试证明：若 $|\boldsymbol{a}+\boldsymbol{b}| = |\boldsymbol{a}-\boldsymbol{b}|$，则 $\boldsymbol{a}$ 垂直于 $\boldsymbol{b}$．

13. 平行矢量和垂直矢量． 求出使 $\boldsymbol{B} = x\hat{x} + 3\hat{y}$ 和 $\boldsymbol{C} = 2\hat{x} + y\hat{y}$ 各自都与 $\boldsymbol{A} = 5\hat{x} + 6\hat{y}$ 垂直的 x 和 y 的数值．然后证明 $\boldsymbol{B}$ 和 $\boldsymbol{C}$ 相互平行．在三维空间中与第三个矢量垂直的两个矢量是否也必然相互平行？

14. 平行六面体的体积． 一平行六面体，其边由起点在原点的三个矢量 $\hat{x} + 2\hat{y}$，$4\hat{y}$ 和 $\hat{y} + 3\hat{z}$ 描述，求它的体积．

15. 力的平衡． 三个力 $\boldsymbol{F}_1$，$\boldsymbol{F}_2$，$\boldsymbol{F}_3$ 同时作用在一个质点上，它们的合力 F_R 就是这些力的矢量和．如果 $\boldsymbol{F}_R = 0$，就说这个质点处于平衡状态．

（a）试证明：若 $\boldsymbol{F}_R = 0$，则表示此三力的矢量必构成一个三角形．

（b）若 $\boldsymbol{F}_R = 0$，三矢量中能否有一个矢量位于其余两个矢量所确定的平面之外？

（c）一质点悬挂在与铅直方向成0.1rad的绳子下端，绳子张力为15N．由于这个质点还受到10N的铅直向下的力，所以它不能平衡．试求为使此质点保持平衡而必须施加的第三个力．

16. 力所做的功． 在两个恒力 $\boldsymbol{F}_1 = \hat{x} + 2\hat{y} + 3\hat{z}$（N）和 $\boldsymbol{F}_2 = 4\hat{x} - 5\hat{y} - 2\hat{z}$（N）的同时作用下，一质点由 A 点（20，15，0）（cm）移动到 B 点（0，0，7）（cm）．

（a）对质点做的功是多少？功等于 $\boldsymbol{F} \cdot \boldsymbol{r}$（见第5章），这里 $\boldsymbol{F}$ 为合力（此外 $\boldsymbol{F} = \boldsymbol{F}_1 + \boldsymbol{F}_2$），$\boldsymbol{r}$ 为位移．（答：-0.48J．）

（b）分别计算 $\boldsymbol{F}_1$ 和 $\boldsymbol{F}_2$ 所做的功.

（c）假设作用力一样，但位移是从 B 到 A，这种情况下对质点所做的功是多少？

17. 绕一点的力矩. 一力绕一给定点的力矩（或称转矩）$\boldsymbol{N}$ 是 $\boldsymbol{r}\times F$，这里 $\boldsymbol{r}$ 是从给定点至 $\boldsymbol{F}$ 作用点的矢量. 考察一个力 $\boldsymbol{F}=(-3\hat{\boldsymbol{x}}+\hat{\boldsymbol{y}}+5\hat{\boldsymbol{z}})\mathrm{N}$，它作用在位置是 $(7\hat{\boldsymbol{x}}+3\hat{\boldsymbol{y}}+\hat{\boldsymbol{z}})\mathrm{m}$ 的点上. 请记住 $\boldsymbol{F}\times\boldsymbol{r}=-\boldsymbol{r}\times\boldsymbol{F}$.

（a）绕原点的力矩是多少？（将所得的 $\boldsymbol{N}$ 写成 $\hat{\boldsymbol{x}}$，$\hat{\boldsymbol{y}}$，$\hat{\boldsymbol{z}}$ 的线性组合即可.）［答：$(14\hat{\boldsymbol{x}}-38\hat{\boldsymbol{y}}+16\hat{\boldsymbol{z}})\mathrm{N\cdot m}$.］

（b）绕（0，10，0）点的力矩是多少？［答：$(-36\hat{\boldsymbol{x}}-38\hat{\boldsymbol{y}}-14\hat{\boldsymbol{z}})\mathrm{N\cdot m}$.］

18. 速度和加速度，矢量的微商. 求下列位置矢量（t 为时间，单位为 s）所描述的点的速度和加速度：

（a）$\boldsymbol{r}=16t\hat{\boldsymbol{x}}+25t^2\hat{\boldsymbol{y}}+33\hat{\boldsymbol{z}}$（m）.

（b）$\boldsymbol{r}=10\sin 15t\hat{\boldsymbol{x}}+35t\hat{\boldsymbol{y}}+\mathrm{e}^{6t}\hat{\boldsymbol{z}}$（m）.

（关于微商，见本章末的数学附录.）

19. 随机运动. 一粒子在空间连续运动，其径迹由 N 个等长的线段相应，每一段的长为 s. 各线段在空间的方向是完全杂乱无章的，任何两段之间没有任何关系（或关联）. 粒子的总位移是

$$\boldsymbol{s}=\sum_{i=1}^{N}\boldsymbol{s}_i.$$

试证明，最终位置相对于起始位置的均方位移为 $\langle s^2\rangle=Ns^2$，其中 $\langle\ \rangle$ 表示平均值.［提示：每一线段的方向与任何其他线段的方向无关的假设意味着，对于所有的 i 和 j，$\langle\boldsymbol{s}_i,\boldsymbol{s}_j\rangle=0$（除 $i=j$ 外）.］

20. 不变性. 考虑在单位矢量为 $\hat{\boldsymbol{x}}$，$\hat{\boldsymbol{y}}$，$\hat{\boldsymbol{z}}$ 的直角坐标系中的一个矢量 $\boldsymbol{A}$，现在把坐标系绕 $\hat{\boldsymbol{z}}$ 轴旋转 θ 角.

（a）用 $\hat{\boldsymbol{x}}$，$\hat{\boldsymbol{y}}$ 和 θ 来表示新单位矢量 $\hat{\boldsymbol{x}}'$，$\hat{\boldsymbol{y}}'$；$\hat{\boldsymbol{z}}'=\hat{\boldsymbol{z}}$.

（b）用 $A'_{x'}$，$A'_{y'}$，$A'_{z'}$ 和 $\hat{\boldsymbol{x}}'$，$\hat{\boldsymbol{y}}'$，$\hat{\boldsymbol{z}}'$ 来表示 $\boldsymbol{A}$；把此表达式变换到 $\hat{\boldsymbol{x}}$，$\hat{\boldsymbol{y}}$，$\hat{\boldsymbol{z}}$，从而求出 $A'_{x'}$，$A'_{y'}$，$A'_{z'}$ 和 A_x，A_y，A_z 的关系.

（c）证明 $A_x^2+A_y^2+A_z^2=A'^2_{x'}+A'^2_{y'}+A'^2_{z'}$.

（当在三维空间作任意转动时，这个问题就很复杂了. 有一个方法是利用九个方向余弦，它们之间有六个关系式，其中三个来自 $\hat{\boldsymbol{x}}'$，$\hat{\boldsymbol{y}}'$，$\hat{\boldsymbol{z}}'$ 的相互正交性，另三个来自每组方向余弦的平方和等于 1.）

数学附录

对时间的微商，速度和加速度　动力学要涉及质点和物体的运动，因而也就涉

及在时间中的演变；这就是说，描述质点或物体的某些物理量将随时间不断变化．我们在描述物理系统时常常使用的是坐标 x，y 和 z．在本附录末还将介绍另外两种重要的坐标系，即球极坐标和柱极坐标．

给出质点坐标 x，y，z 对于时间的函数，这就是运动的动力学描述．图 2.29 画出的 x 对于时间 t 的函数曲线就代表了这种描述．对于了解 x 如何变化来说，曲线的斜率是很重要的特性．在 A 和 B 之间，x 均匀增长，斜率——曲线与 t 轴夹角的正切——保持不变．在 B 和 C 之间，曲线与 t 轴平行，斜率为零；可以看出，这时 x 不变，所以斜率反映了速度的 x 分量．在 C 和 D 之间，斜率变为负值，角的正切是负的，即 x 在减小．在 D 点，斜率变为零，然后增加．在式（2.21）中，我们把 dx/dt 定义为 x 方向上的速度，这自然也是斜率的定义．在任何一个特定的方向上，速度的数值可以是正的，也可以是负的——记住这一点是很重要的．

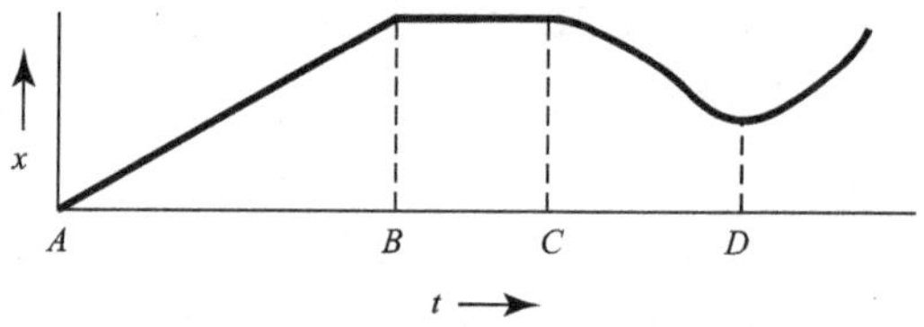

图 2.29　$x-t$ 图

如果我们每次去描述一个运动都必得作一张图，那真是太浪费时间和纸张了．我们通常是给出坐标 x，y，z 对于时间 t 的函数关系来代替这种做法．$x=vt$ 就是这样一种关系．因为 $dx/dt=v$，由此可以看出在这里速度是一个恒量 v．另一个例子是 $x=\frac{1}{2}gt^2$，在这种场合下 $dx/dt=at=v$．这样，我们就可以画出 v 作为 t 的函数了．那么，这条曲线的斜率是什么呢？我们已经讨论过它［见式（2.28）］，而且知道它就是 x 方向的加速度；于是 $d^2x/dt^2=dv/dt=a$．在以后几章中我们将要常常涉及并用到加速度．

这里要提一下，速度的单位是距离被时间除．当然，会有许多距离单位和许多时间单位．在第1章中曾提到，我们通常分别用米和秒作为距离和时间的单位，所以我们的速度单位是米/秒．然而，英里每小时（英里/时）、英寸每世纪（英寸/世纪）或千米每微秒（千米/微秒）这些单位也完全是可以用的．［在国际单位制（mks 制）中，速度的单位是米每秒（米/秒）．］

在做微分运算时，一定要记住变量乘积的微商公式．积的微商等于第一个因子的微商乘其余因子，加上第二个因子的微商乘所有其余因子，再加上第三个因子的微商乘所有其余因子，如此等等．

求下列各情形下在 x，y，z 方向的速度和加速度：

$$x=35t,\ x=5\cos 8t,\ x=t^2\sin 6t;$$

$$y=\frac{1}{2}At^2,\ y^2=25t,\ y=t^{\frac{1}{2}}\tan 5t;$$

$$z=\frac{1}{2}Ct^4+\frac{1}{4}Dt^3,\ z=7e^{-t},\ z=A\ln t.$$

如果你不熟悉正弦或余弦的微商，请看下面微商公式的推导：

$$\begin{aligned}\frac{\mathrm{d}}{\mathrm{d}t}\sin t &= \lim_{\Delta t\to 0}\frac{\sin(t+\Delta t)-\sin t}{\Delta t}\\ &= \lim_{\Delta t\to 0}\frac{\sin t\cos\Delta t+\cos t\sin\Delta t-\sin t}{\Delta t}\\ &= \lim_{\Delta t\to 0}\frac{\sin t+\cos t\Delta t-\sin t}{\Delta t}=\cos t.\end{aligned}\tag{2.39}$$

其中对 $\sin\Delta t$ 和 $\cos\Delta t$ 的处理，请参考式（2.44）和式（2.45）. 类似地，

$$\frac{\mathrm{d}}{\mathrm{d}t}\cos t=-\sin t.\tag{2.40}$$

如果要求 $\sin\omega t$ 的微商，令 $\omega t=z$，于是

$$\frac{\mathrm{d}}{\mathrm{d}t}\sin\omega t=\frac{\mathrm{d}}{\mathrm{d}z}(\sin z)\frac{\mathrm{d}z}{\mathrm{d}t}=\omega\cos z=\omega\cos\omega t.\tag{2.41}$$

可以证明，

$$\frac{\mathrm{d}}{\mathrm{d}t}\tan t=\frac{\mathrm{d}}{\mathrm{d}t}\frac{\sin t}{\cos t}=\frac{\cos t}{\cos t}+\frac{\sin t\sin t}{\cos^2 t}=\frac{1}{\cos^2 t}=\sec^2 t.$$

角度　在像圆周运动那样的运动中，描述质点的位置常常用到角度这个参量. 角速度是角度对时间的微商，它的矢量方向与转动轴平行. 在整个物理学中，要用到量度角度的一种自然单位，这就是弧度. 一弧度就是长度刚好等于半径的一段圆弧所对的圆心角. 因为圆周长等于半径乘以 2π，所以整个一周的角度 360°正好是 2π 弧度. 360°除以 2π，得 57.3°，这是一弧度的度数. 角速度用弧度/秒量度. 知道了角速度，如果半径是恒量的话，我们只要把角速度乘以半径就可以很容易地求得线速度［见式（2.32）］. 请注意弧度的量纲为一，因为它是一个长度除以另一个长度，即弧长除以半径.

下面是关于角度计算的几个练习：

（1）求 90°，240°和 315°角的弧度值.

（2）如果 $\theta=\frac{1}{5}t$，求角速度. 设 θ 的单位是弧度，角速度为多少度每秒（°/s）？

（3）一质点在半径为 15m 的圆周上以 5×10^{-2} m/s 的速率运动，求它的角速度.

函数 $\mathbf{e}^x$　从数学观点看，有一个问题是很有趣的：什么样的函数，其微商与函数本身相等？如果设想这个函数能用无穷级数表示，那么可以猜到这样的级数：

$$1+x+\frac{x^2}{2!}+\frac{x^3}{3!}+\frac{x^4}{4!}+\frac{x^5}{5!}+\frac{x^6}{6!}+\frac{x^7}{7!}+\cdots+\frac{x^n}{n!}+\cdots.$$

如果把它对 x 求微商，可以看出第一项的结果是零，但第二项是 1，下一项是 x，

再下一项是 $x^2/2!$，等等．这样，我们就恰好仍得到起初的那个函数．我们把这个函数定义为 e^x．e 是什么？令 $x=1$，我们得到 $e^1=e$；所以 $e=1+1+1/2+1/3!+1/4!+1.5!+\cdots=2.7183\cdots$．你还可以校验一下，$e^{x+y}=e^x e^y$．我们可能会感到奇怪，为什么 10^x 不可以是这样的一个函数呢？换句话说，e 这个数是从哪里来的呢？我们来计算 $d(10^x)/dx$：

$$\begin{aligned}\lim_{\Delta x\to 0}\frac{10^{x+\Delta x}-10^x}{\Delta x}&=\lim_{\Delta x\to 0}\frac{10^x 10^{\Delta x}-10^x}{\Delta x}\\&=\lim_{\Delta x\to 0}\frac{10^x(10^{\Delta x}-1)}{\Delta x}\\&=10^x\times 2.30\cdots=2.30\cdots\times 10^x\end{aligned}$$ ㊀

由此我们看出，e 正是这样的一个量，它满足

$$\frac{de^x}{dx}=e^x. \tag{2.42}$$

这个量在物理学中十分重要，缘由之一是，我们常常会遇到 $dy/dx=ky$ 这种方程，即 y 的微商等于 y 乘以一个常数．我们可以把这个方程写为 $dy/(k\,dx)=y$；如果以 kx 为自变量 z，则有 $dy/dz=y$．想到式（2.42），我们可知 $y=e^z=e^{kx}$ 是满足我们方程的函数．于是，我们对于方程 $dy/dx=ky$"求得了一个解"．

e^x 的一些性质是：$e^0=1$；$e^{-\infty}=0$；$e^1=e$；当 α 很小时，$e^\alpha\approx 1+\alpha$．这里我们还注意到，e^x 的级数与正弦、余弦的级数有点相像，只是在正弦、余弦级数中各项交替变号，而且分别只有 x 的奇次幂或偶次幂．熟悉数学的人都知道，$\sqrt{-1}=i$ 随着幂次的递增交替变号．让我们看一下 $e^{i\theta}$ 是什么样子：

$$\begin{aligned}e^{i\theta}&=1+i\theta+\frac{(i\theta)^2}{2!}+\frac{(i\theta)^3}{3!}+\frac{(i\theta)^4}{4!}+\frac{(i\theta)^5}{5!}+\cdots\\&=1-\frac{\theta^2}{2!}+\frac{\theta^4}{4!}-\frac{\theta^6}{6!}+i\theta-\frac{i\theta^3}{3!}+\frac{i\theta^5}{5!}-\frac{i\theta^7}{7!}+\cdots,\end{aligned} \tag{2.43}$$

它正好是 $\cos\theta+i\sin\theta$．关系式

$$e^{i\theta}=\cos\theta+i\sin\theta$$

叫作德莫弗（De Moivre）定理㊁，在第7章数学附录中我们将有机会用到它．

在式（2.39）的推导中，我们曾用到 $\sin(\theta+\Delta\theta)=\sin\theta\cos\Delta\theta+\cos\theta\sin\Delta\theta\approx\sin\theta+\cos\theta\Delta\theta$，其中 $\Delta\theta$ 是一个小量．或者说，$\sin\Delta\theta\approx\Delta\theta$，$\cos\Delta\theta\approx 1$；这里 $\Delta\theta$ 是一个小角．必须记住，角度的单位是弧度．读者只要查一下正弦和余弦表，自己就

㊀ 因子2.30…是10的自然对数．令 $10^{\Delta x}=1+a$，此处 Δx 和 a 都是小量，既然

$$\log_e 10^{\Delta x}=2.30\cdots\log_{10}10^{\Delta x}=2.30\cdots\Delta x,$$

$$\log_e(1+a)=a$$

因此 $a=2.30\cdots\Delta x$．你可以用对数表检验这个结果．

㊁ 一般称欧勒公式．——译者注

能证明这一点．它们正好是下列正弦级数和余弦级数的第一项：

$$\sin\theta = \theta - \frac{\theta^3}{3!} + \frac{\theta^5}{5!} - \frac{\theta^7}{7!} + \cdots, \tag{2.44}$$

$$\cos\theta = 1 - \frac{\theta^2}{2!} + \frac{\theta^4}{4!} - \frac{\theta^6}{6!} + \cdots. \tag{2.45}$$

可以看出，如果 θ 是小量，譬如说 0.10，那么正弦级数的第二项就是 $\theta^3/6 = 1/6000$，只有第一项的 1/600．所以，略去第二项引起的误差是很小的．在 θ 趋近于零的极限情形下，这个近似就是严格准确的了．

级数展开　在物理学中，知道一个函数在某点的值，如能计算这个函数在邻近点的值，那常常是很有意义的．为此目的，作泰勒展开是很适宜的，在点 x_0 附近，函数 $f(x)$ 的数值由下式给出：

$$f(x) = f(x_0) + (x - x_0)\left[\frac{\mathrm{d}f(x)}{\mathrm{d}x}\right]_{x=x_0} + \frac{1}{2}(x - x_0)^2\left[\frac{\mathrm{d}^2 f(x)}{\mathrm{d}x^2}\right]_{x=x_0} + \cdots. \tag{2.46}$$

第三项与第二项之比为

$$\frac{\frac{1}{2}(x - x_0)^2\left[\frac{\mathrm{d}^2 f(x)}{\mathrm{d}x^2}\right]_{x=x_0}}{(x - x_0)\left[\frac{\mathrm{d}f(x)}{\mathrm{d}x}\right]_{x=x_0}} \approx (x - x_0),$$

除非这些微商的性质异常．所以，如果 $x - x_0$ 比 1 小得多，我们可以用下式作为 $f(x)$ 的近似，而带来的误差较小（至少可以算出误差）：

$$f(x) = f(x_0) + (x - x_0)\left(\frac{\mathrm{d}f}{\mathrm{d}x}\right)_{x=x_0}. \tag{2.47}$$

例如，设 $y = Ax^5$，而且已知 $y_0 = Ax_0^5$，我们要计算在 $x = x_0 + \Delta x$ 处的 y．这时

$$\left(\frac{\mathrm{d}y}{\mathrm{d}x}\right)_{x_0} = 5Ax_0^4,\ (x - x_0)\left(\frac{\mathrm{d}y}{\mathrm{d}x}\right)_{x_0} = \Delta x 5Ax_0^4;$$

所以

$$y = Ax_0^5 + 5Ax_0^4\Delta x + \cdots. \tag{2.48}$$

对于含有幂次的式子，我们可以写出下列方程：

$$(a + bx)^n = a^n\left(1 + \frac{bx}{a}\right)^n;$$

利用二项式展开，得

$$a^n\left(1 + \frac{bx}{a}\right)^n = a^n\left[1 + n\left(\frac{bx}{a}\right) + \frac{n(n-1)}{2!}\left(\frac{bx}{a}\right)^2 + \frac{n(n-1)(n-2)}{3!}\left(\frac{bx}{a}\right)^3 + \cdots\right]. \tag{2.49}$$

如果 bx/a 比 1 小得多，略去 nbx/a 以后的各项就得到一个较好的近似式．将

此式应用于上题，我们得到

$$y=A(x_0+\Delta x)^5=Ax_0^5\left(1+\frac{\Delta x}{x_0}\right)^5=Ax_0^5\left(1+5\frac{\Delta x}{x_0}+\cdots\right)=Ax_0^5+5Ax_0^4\Delta x+\cdots,$$

这与式（2.48）一致.

当 x 比 1 小很多时，请证明下列近似式：

$$\frac{1}{\sqrt{1-x}}=1+\frac{1}{2}x+\cdots,\ \sqrt[3]{1+x}=1+\frac{1}{3}x+\cdots,$$

$$\sqrt{1+x}=1+\frac{1}{2}x+\cdots,\ \frac{1}{\sqrt[3]{1+x}}=1-\frac{1}{3}x+\cdots,$$

$$\sqrt{1-x}=1-\frac{1}{2}x+\cdots.$$

矢量与球极坐标 在球极坐标中，质点的位置用 r，θ，φ 表示. 在这里，r 是从原点到质点的矢量 $\boldsymbol{r}$ 的数值，θ 是 $\boldsymbol{r}$ 与极轴 z 间的夹角，φ 是 r 在赤道面即 xy 平面上的投影与 x 轴间的夹角. 我们取 $0\leqslant\theta\leqslant\pi$. $\boldsymbol{r}$ 在 xy 平面上的投影的数值是 $r\sin\theta$. 由图 2.30 可以看出，用直角坐标表示的位置是

$$x=r\sin\theta\cos\varphi,y=r\sin\theta\sin\varphi,z=r\cos\theta. \tag{2.50}$$

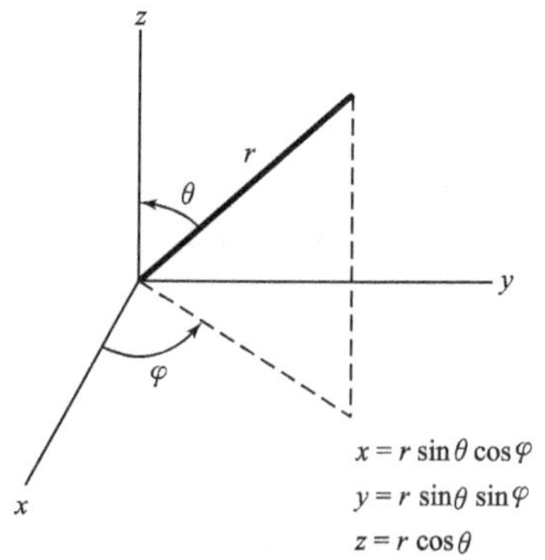

图 2.30 球极坐标

（1）设第一个质点位于 $\boldsymbol{r}_1\equiv(r_1,\theta_1,\varphi_1)$，第二个质点位于 $\boldsymbol{r}_2\equiv(r_2,\theta_2,\varphi_2)$，令 θ_{12} 为 $\boldsymbol{r}_1$ 和 $\boldsymbol{r}_2$ 间的夹角. 请用 $\hat{\boldsymbol{x}}$，$\hat{\boldsymbol{y}}$，$\hat{\boldsymbol{z}}$ 表示标量积 $\hat{\boldsymbol{r}}_1\cdot\hat{\boldsymbol{r}}_2=\cos\theta_{12}$，从而证明

$$\cos\theta_{12}=\sin\theta_1\sin\theta_2\cos(\varphi_1-\varphi_2)+\cos\theta_1\cos\theta_2. \tag{2.51}$$

证明中要用到三角恒等式

$$\cos(\varphi_1-\varphi_2)=\cos\varphi_1\cos\varphi_2+\sin\varphi_1\sin\varphi_2. \tag{2.52}$$

这是说明矢量法优越性的一个很好的例子. 如果不信，你用别的方法去求这个结果［式（2.51）］试试！

（2）类似地，请通过作矢量积 $\hat{\boldsymbol{r}}_1\times\hat{\boldsymbol{r}}_2$ 去求出 $\sin\theta_{12}$ 的相应的关系式.

柱极坐标 ρ，φ，z 是一组正交坐标，它们的定义是 $x=\rho\cos\varphi$，$y=\rho\sin\varphi$，$z=z$；如图 2.31 所示. 用于二维空间时，柱极坐标简化为只有 ρ 和 φ. 不过，这时我们常用 r 和 θ 代替 ρ 和 φ.（例如，下列公式就是这样.）

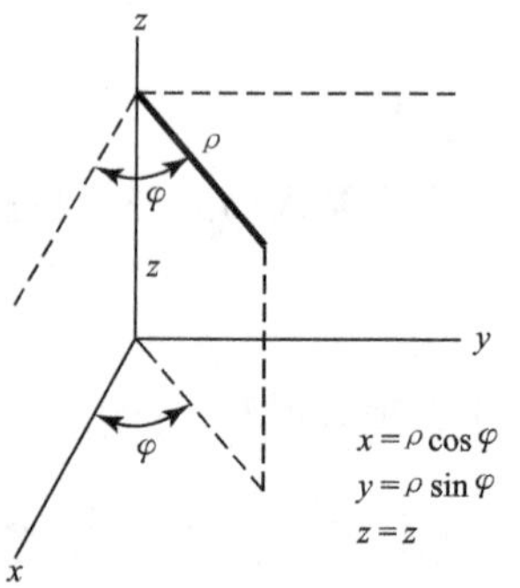

图 2.31 柱极坐标

解析几何公式

xy 平面中的直线 $ax + by = 1$

xy 平面中经过原点的直线 $y = ax$

平面 $ax + by + cz = 1$

通过原点的平面 $ax + by + cz = 0$

	直角坐标	极坐标
圆（圆心在原点）	$x^2 + y^2 = r_0^2$	$r = r_0$
椭圆	$\frac{x^2}{a^2} + \frac{y^2}{b^2} = 1$（中心在原点）	$\frac{1}{r} = \frac{1 - e\cos\theta}{a}$（$e < 1$；原点在焦点上）
抛物线	$y^2 = mx$（顶点在原点）	$\frac{1}{r} = \frac{1 - \cos\theta}{a}$（原点在焦点上）
双曲线	$\frac{x^2}{a^2} - \frac{y^2}{b^2} = 1$（中心在原点）	$\frac{1}{r} = \frac{1 - e\cos\theta}{a}$（$e > 1$；原点在焦点上）

有用的矢量恒等式

$$\boldsymbol{A} \cdot \boldsymbol{B} = A_x B_x + A_y B_y + A_z B_z. \tag{2.53}$$

$$\boldsymbol{A} \times \boldsymbol{B} = \hat{\boldsymbol{x}}(A_y B_z - A_z B_y) + \hat{\boldsymbol{y}}(A_z B_x - A_x B_z) + \hat{\boldsymbol{z}}(A_x B_y - A_y B_x). \tag{2.54}$$

$$(\boldsymbol{A} \times \boldsymbol{B}) \times \boldsymbol{C} = (\boldsymbol{A} \cdot \boldsymbol{C})\boldsymbol{B} - (\boldsymbol{B} \cdot \boldsymbol{C})\boldsymbol{A}. \tag{2.55}$$

$$\boldsymbol{A} \times (\boldsymbol{B} \times \boldsymbol{C}) = (\boldsymbol{A} \cdot \boldsymbol{C})\boldsymbol{B} - (\boldsymbol{A} \cdot \boldsymbol{B})\boldsymbol{C}. \tag{2.56}$$

$$(\boldsymbol{A} \times \boldsymbol{B}) \cdot (\boldsymbol{C} \times \boldsymbol{D}) = (\boldsymbol{A} \cdot \boldsymbol{C})(\boldsymbol{B} \cdot \boldsymbol{D}) - (\boldsymbol{A} \cdot \boldsymbol{D})(\boldsymbol{B} \cdot \boldsymbol{C}). \tag{2.57}$$

$$(\boldsymbol{A} \times \boldsymbol{B}) \times (\boldsymbol{C} \times \boldsymbol{D}) = [\boldsymbol{A} \cdot (\boldsymbol{B} \times \boldsymbol{D})]\boldsymbol{C} - [\boldsymbol{A} \cdot (\boldsymbol{B} \times \boldsymbol{C})]\boldsymbol{D}. \tag{2.58}$$

$$\boldsymbol{A} \times [\boldsymbol{B} \times (\boldsymbol{C} \times \boldsymbol{D})] = (\boldsymbol{A} \times \boldsymbol{C})(\boldsymbol{B} \cdot \boldsymbol{D}) - (\boldsymbol{A} \times \boldsymbol{D})(\boldsymbol{B} \cdot \boldsymbol{C}). \tag{2.59}$$

拓 展 读 物

PSSC, "Physics," chap. 6, D. C. Heath and Company, Boston, 1965.

Banesh Hoffmann, "About Vectors," Prentice-Hall, Inc., Engle-wood Cliffs N. J., 1966. 这虽然不是一本教科书，但具有一定矢量知识后再阅读本书会得到发人深省的效果.

G. E. Hay. "Vector and Tensor Analysis," Dover Publications, Inc, New York, 1953.

D. E. Rutherford, "Vector Methods," Oliver & Boyd Ltd., Edinburgh, or Interscience Publishers, Inc., New York, 1949.

H. B. Phillips, "Vector Analysis," John Wiley & Sons, Inc., New York, 1933. 这是一本老书，在那一代学生中被广泛应用.

第 3 章　牛顿运动定律

第3章　牛顿运动定律

3.1　牛顿运动定律

这一章主要讨论牛顿运动定律. 我们首先按这些定律的传统形式给出它们的表述, 然后介绍这些定律的一些应用, 以使读者在运用它们时心里有底. 与参考系的选择和伽利略变换有关的一些问题, 留待第4章论述. 虽然第4章的内容放在本章之前讨论也是可以的, 可是, 有了一些直接应用牛顿定律的经验以后, 肯定有助于深入体会第4章中比较难懂的那些方面.

牛顿第一定律: 当无外力作用于物体上时, 物体保持静止或保持恒定速度 (加速度为零) 不变, 即

$$\text{当}\ \boldsymbol{F}=0\ \text{时},\quad \boldsymbol{a}=0.$$

(有关第一定律内容的哲学讨论, 例如, 第一定律的内容是否已经全部包含在第二定律中, 不在这里论述[⊖].)

牛顿第二定律: 物体动量的变化率与作用在物体上的力成正比. 动量定义为 $M\boldsymbol{v}$, 这里 M 是质量, $\boldsymbol{v}$ 是速度矢量, 因此

$$\boldsymbol{F}=K\frac{\mathrm{d}}{\mathrm{d}t}(M\boldsymbol{v})=KM\frac{\mathrm{d}\boldsymbol{v}}{\mathrm{d}t}=KM\boldsymbol{a}.$$

式中, 我们已假定第三、第四两式中的 M 是一个恒量. 选择单位使 $K=1$. M 以克 (g) 为单位, $\boldsymbol{a}$ 以厘米每二次方秒 ($\mathrm{cm/s^2}$) 为单位, $\boldsymbol{F}$ 就以达因 (dyn) 为单位. 这样, 1dyn 就是使 1g 质量的物体具有 $1\mathrm{cm/s^2}$ 加速度的力. 在国际单位制中, M 以千克为单位, $\boldsymbol{a}$ 以米每二次方秒 (米/秒^2) 为单位, $\boldsymbol{F}$ 以牛顿为单位. 1N 就是使 1kg 质量的物体具有 $1\mathrm{m/s^2}$ 加速度的力.

$$1\mathrm{N}=10^3\mathrm{g}\times100\mathrm{cm/s^2}=10^5\mathrm{dyn}.$$

于是我们可以写出

$$\boxed{\boldsymbol{F}=\frac{\mathrm{d}}{\mathrm{d}t}M\boldsymbol{v};}\tag{3.1}$$

如果 $\dfrac{\mathrm{d}M}{\mathrm{d}t}=0$, 则

⊖ E. Mach, "The science of Mechanics," 6th ed., p 302ff., The Open Court Publishing Company, La Salle, Ⅲ., 1960.

$$\boxed{\boldsymbol{F} = M\boldsymbol{a}.} \tag{3.2}$$

假定 M 是恒量，这就自动地使我们限定于处理 $v \ll c$ 的非相对论性问题. 我们将在第 10 章和第 14 章讨论狭义相对论，在第 12 章讨论质量随 $\boldsymbol{v}$ 的变化. M 是恒量还使我们在考虑火箭和落链这些有趣的问题时受到了限制（我们在第 6 章将要讨论几个这类课题). 然而，在许许多多问题中，都可以假定 M 是恒量.

牛顿第三定律：只要有两个物体相互作用，物体 1 作用在物体 2 上的力 $\boldsymbol{F}_{21}$㊀与物体 2 作用在物体 1 上的力 $\boldsymbol{F}_{12}$ 总是大小相等而方向相反.

$$\boxed{\boldsymbol{F}_{12} = -\boldsymbol{F}_{21}.} \tag{3.3}$$

我们将看到，这个定律是动量守恒定律的基础. 传递力的速度有限这一点（狭义相对论）使得这个定律应用起来有些困难，这些我们将在第 4 章中提到.

值得在这里强调的是，这两个力 $\boldsymbol{F}_{12}$ 和 $\boldsymbol{F}_{21}$ 是作用在不同物体上的，在把牛顿第二定律应用于某一特定物体时，需要考虑的只是作用在该物体上的力. 与这个力大小相等而方向相反的反作用力只会影响另一个物体的运动.（参看本章末习题 1.）

我们现在举几个应用牛顿运动定律的例子. 不熟悉微分方程的解的读者应该结合下面的内容阅读一下本章末的数学附录.

$\boldsymbol{F}=0$ 时的运动　这种简单情况正是牛顿第一定律的情况. 由

$$M\frac{\mathrm{d}\boldsymbol{v}}{\mathrm{d}t} = \boldsymbol{F} = 0 \tag{3.4}$$

立即可以看出，$\boldsymbol{v}$ 一定是一个恒量. 这里，$\boldsymbol{v}$ 的矢量特征是很重要的，因为 $\boldsymbol{v}$ 的数值和方向都应该不变. 例如，一个以恒定速率在圆周上运动的质点不断地改变着速度的方向，但是在 $\boldsymbol{F}=0$ 时不可能有在这样路径上的运动.

如果恒定的速度 $\boldsymbol{v}$ 为零，则质点 M 保持静止. 如果 $\boldsymbol{v}$ 不为零，而是

$$\boldsymbol{v} = \frac{\mathrm{d}\boldsymbol{r}}{\mathrm{d}t} = \boldsymbol{v}_0, \tag{3.5}$$

对此式积分得到

$$\boldsymbol{r} = \boldsymbol{v}_0 t + \boldsymbol{r}_0. \tag{3.6}$$

式中，$\boldsymbol{r}_0$ 是 $\boldsymbol{r}$ 在 $t=0$ 时的值. 当然，这些方程都可以表示为直角坐标的形式.

3.2　力和运动方程

实际上，更加重要的是 $\boldsymbol{F}$ 不等于零的情况. 在净力 $\boldsymbol{F}$ 的作用下，一个质量不变的质点，将按照牛顿第二定律得到加速度：

㊀ 按照惯例，这里 F_{ij} 为物体 j 作用在物体 i 上的力.

$$F = Ma = M\frac{d^2r}{dt^2}. \tag{3.7}$$

这个数学表达式就是运动方程，运动方程的意义是，把这个微分方程逐次积分，就得到这个质点的速度和位置的作为时间的函数的表达式.

为了解出这个方程，我们必须知道力 $\boldsymbol{F}$，包括它对质点的位置和速度的依赖关系以及它对时间的依赖关系（如果力和时间有直接关系的话），显然，如果力与这些变量的关系很复杂，求解这个微分方程就很困难. 然而幸好，在许多重要而有启发性的情况中，力不随时间而改变，也与速度无关.

在物理学中已知有几类重要的力：引力、静电力、磁力以及很强的短程核力等其他力. 即使质点在空间相隔一定距离，由于这些力的缘故，它们之间仍有相互作用. 如果一个质点由于和其他质点或物体有引力相互作用而受到一个合力，那么我们就可以说它处在那些物体所产生的引力场中. 当一个带电粒子受到的合力是由于它附近其他粒子或物体的电荷分布而引起的，那么我们就认为它处在一个电场中.

在力学的许多应用问题中，我们常常要谈到接触力，例如挂摆锤的绳子的拉力和平面对于置于其上的物体的压力就是这种力. 常见的情况是场力和接触力都存在，例如，一个用线的拉力拉住的摆锤在重力场内的摆动就是这种情形. 其实，分析起来一切接触力归根到底都是场力，因为它们是由原子之间的电磁相互作用而产生的. 不过，在我们目前讨论的问题中，只考虑接触力，往往是十分方便的，在处理原子级粒子的力学时，显然我们只涉及场力. 在原子范围，我们不能按通常的简单含义来理解接触这个词.

单位　在这一节中，我们暂时离开牛顿运动定律来讨论一下单位问题. 在本章后面介绍了电磁力之后，我们还要讨论用于电荷和电磁场的那些单位. 这里，我们只涉及力学的单位.

为了反映出运动的情况，肯定要有长度和时间的标准. 幸而有一个在世界范围一致公认的时间标准：秒. 最初，1s 被定义为一年的一个确定部分，而年是根据天文观测确定的. 可是，在运用这个定义时遇到了实际困难，所以现在的秒是用一个原子系统（铯元素）所特有的一个振荡数来确定的. 秒的严格的定义是：铯原子中振荡 9 192 631 770 次所花的时间为 1s，撇开实验方法不谈，上述定义与在老式钟中把 1s 说成是完成若干次摆动所需的时间是完全一样的.

至于长度单位，缺乏一个世界范围一致的标准，因为说英语的国家使用着一种单位制，而世界其他国家又使用着另一种单位制. 科学家们发现后一种长度单位使用起来比英制单位更加简便，于是就采用了它. 说英语的国家可能也会迅速采用这种单位制. 这种单位制有一个长度标准：厘米或者米，还包括了正好是上述标准乘以 10 的整数幂的一些导出标准. 长度的原始标准是保存在巴黎的一根棒上的两个刻痕之间的距离，它被定义为 100cm 或 1m. 这个长度标准用起来有实际困难，例如，两条刻痕各自都有一定的宽度. 因此，现在采用的是更好的标准，即 Kr^{86} 的红光的波长：1m 等于 1 650 763.73 个这种波长[一]. 究竟是采用米还是采用厘米作为基本长度，关系不大，因为换算因子正好是 100. 在本书中，我们采用厘米，不过也会提到米[二]. 在许多教科书中，也有把米作为长度单位的. 英制单位的困难，在于各种不同的长度单位之间没有简单的关系，例如：1ft（英尺）是 12in（英寸），1yd（码）是 3ft，而 1mile（英里）是 1760yd.

牛顿第二定律还包含另外两个量：质量和力. 我们是否也要对这两个量各自都定个标准呢？不必这样. 我们可以只给其中一个量规定标准，而利用牛顿第二定律来给另一个量确定标准. 在历史上是只规定质量的单位，而由此导出力的单位. 质量的单位是克或千克. 千克的标准原器也保存在巴黎. 比较质量十分容易，因此没有必要去采用某种原子的质量来作为标准.

在英制单位中，由于盎司、磅和英吨之间没有简单的关系，各单位之间也是很复杂的. 因此，我们将分别采用米、秒和千克来作为长度、时间和质量的基本单位，并采用由它们导出的力、动量、能量和功率等相应的单位. 这种单位制叫作国际单位制（SI），用厘米和克代替米和千克的厘米-克-秒制（CGS）也是常常使用的. 由于引入电学量和磁学量而产生的单位问题将放在《电磁学》卷中讨论，光速的引入可在本章关于磁场的那一节中找到.

量纲 在经过复杂的计算之后，十分重要的是要保证所得方程两端的单位相同. 例如，在计算物体移动的距离时，如果答案的单位是克，就可以肯定有错. 这种分析通常称为量纲分析. 做量纲分析时，我们无须标出所用的单位，而是像下面那样只标出质量、长度和时间的量纲就可以了.

力的量纲是什么？由式（3.7）可以看出，力是质量乘上加速度，而加速度是速度被时间除，速度又是距离被时间除. 因此，如果用 M，L 和 T 来分别表示质量、长度和时间，我们就得到

$$\text{力} = [\mathrm{M}][\text{加速度}] = [\mathrm{M}][\mathrm{L}][\mathrm{T}]^{-2},$$

$$\text{加速度} = \frac{[\mathrm{L}]}{[\mathrm{T}][\mathrm{T}]} = [\mathrm{L}][\mathrm{T}]^{-2},$$

$$\text{速度} = \frac{[\mathrm{L}]}{[\mathrm{T}]} = [\mathrm{L}][\mathrm{T}]^{-1}.$$

作为一个运用量纲分析的例子，我们假设得到了一个方程：力 $=\frac{3}{5}\rho v^2$，其中 ρ 是单位体积的质量，亦即密度，而 v 是速率或速度. 量纲分析绝不会告诉我们因子 $\frac{3}{5}$ 是否正确，因为它的量纲为一，是一个纯粹的数. 可是让我们看一看 ρv^2：

$$\rho = [\mathrm{M}][\mathrm{L}]^{-3}, v^2 = [\mathrm{L}]^2[\mathrm{T}]^{-2};$$

[一] 此为 1983 年之前的非光速标准. ——译者注

[二] 本书后面已做了单位制的修定. ——译者注

从而 $\rho v^2=[\mathrm{M}][\mathrm{L}]^{-3}[\mathrm{L}]^2[\mathrm{T}]^{-2}=[\mathrm{M}][\mathrm{L}]^{-1}[\mathrm{T}]^{-2}$. 但是，我们已知力的量纲是 $[\mathrm{M}][\mathrm{L}][\mathrm{T}]^{-2}$. 因此，我们在导出这个原来的方程时一定犯了错误. 熟悉压强概念的读者（压强是单位面积上的力）可以看出，ρv^2 具有压强的量纲.

3.3　粒子在均匀重力场中的运动

现在我们讨论牛顿第二定律的一些应用. 如果我们只限于讨论实验室这个范围，它与地球的大小相比是很小的，于是我们在极好的近似下可以认为作用于粒子的重力处处都是向下的，而且是恒量. 重力所产生的向下的加速度由重力加速度 g[⊖] 在当地的值给出，所以作用在粒子上的力的数值足 mg.

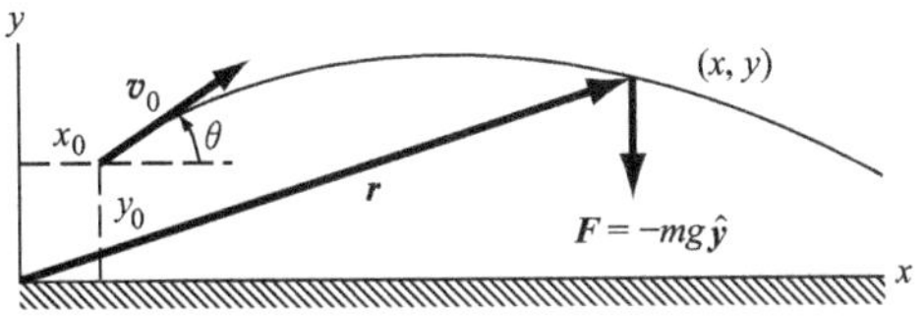

图 3.1　一个从（x_0，y_0）点以仰角 θ、速率 v_0 射出的自由粒子在均匀重力场作用下的运动. 图上画出了瞬时的位置矢量 $\boldsymbol{r}=\hat{\boldsymbol{x}}x+\hat{\boldsymbol{y}}y$. 加速度矢量是 $\frac{\mathrm{d}^2\boldsymbol{r}}{\mathrm{d}t^2}=\frac{\mathrm{d}^2x}{\mathrm{d}t^2}\hat{\boldsymbol{x}}+\frac{\mathrm{d}^2y}{\mathrm{d}t^2}\hat{\boldsymbol{y}}=-g\hat{\boldsymbol{y}}$

这个力是一个矢量，可写成 $\boldsymbol{F}=-mg\hat{\boldsymbol{y}}$，其中 x 轴和 y 轴的选择如图 3.1 所示.

如果可以略去摩擦力等其他作用力，按牛顿第二定律［式（3.7）］，重力作用下的运动方程就是

$$m\left[\hat{\boldsymbol{x}}\frac{\mathrm{d}^2x}{\mathrm{d}t^2}+\hat{\boldsymbol{y}}\frac{\mathrm{d}^2y}{\mathrm{d}t^2}\right]=-mg\hat{\boldsymbol{y}}.$$

因为两个分量的方向是正交的，我们可以把它分成两个分量方程，这样就不再需要保留单位矢量的因子了. 于是，

$$\frac{\mathrm{d}^2y}{\mathrm{d}t^2}=-g,\quad \frac{\mathrm{d}^2x}{\mathrm{d}t^2}=0. \tag{3.8}$$

怎样对这两个方程积分以得到 x 和 y 作为 t 的函数，请见本章末的数学附录. 利用图 3.1 所示的初始条件，在 x 和 y 方向的初始速度分量分别是 $v_0\cos\theta$ 和 $v_0\sin\theta$，于是得到解：

$$x=x_0+(v_0\cos\theta)t,$$

$$y=y_0+(v_0\sin\theta)t-\frac{1}{2}gt^2. \tag{3.9}$$

各种各样的特殊情况——例如从初始高度 h 处静止下落的粒子，都可以通过选择相应的初始位置和初始速度来加以考察，而且会导致熟知的结果. 在习题 2 ~ 习题 4 中给出了一些实例.

⊖ g 通常取为 $9.8\mathrm{m/s^2}$. 地球表面各处 g 的数值将在表 4.1 中给出.

熟悉解析几何的读者会认出，式（3.9）就是以 t 为参量的抛物线的参量方程. 从两个方程中消去 t 就可以清楚地看出这一点，这时我们有

$$y-\left(y_0+\frac{v_0^2\sin^2\theta}{2g}\right)=-\frac{g}{2v_0^2\cos^2\theta}\left[x-\left(x_0+\frac{v_0^2\sin\theta\cos\theta}{g}\right)\right]^2.$$

这是顶点在

$$x_1=x_0+\frac{v_0^2\sin\theta\cos\theta}{g},$$

$$y_1=y_0+\frac{v_0^2\sin^2\theta}{2g}$$

的一条抛物线的标准形式，它的开口向下，对称轴是铅垂线. 如果略去空气阻力，这个解析式正确地描绘了一个抛物体的运动. 事实上，它也是质量相当大的一个物体在有限长度的轨道上做低速运动的一种很好的近似描绘（见习题20）.

从上述以（x_1，y_1）为顶点的抛物线的表达式，可以直接得到物体发射后上升的最大高度为

$$h=y_1-y_0=\frac{v_0^2\sin^2\theta}{2g}.$$

抛物体的水平射程，即从发射点到它返回与发射点同一高度那一点的距离是

$$R=2(x_1-x_0)=\frac{2v_0^2\sin\theta\cos\theta}{g}=\frac{v_0^2\sin2\theta}{g}. \tag{3.10}$$

【例】

最大射程　为了使 R 达到极大值，物体应该以什么角度发射呢？我们在计算以前就很容易看出，$R(\theta)$ 会有一个极大值. 因为，如果 θ 角太小，抛物体不能飞行足够长的时间来到达远处；而如果 θ 角太大，那么抛物体只是上升和下降，水平距离也不会远. 为了用解析法解出这个问题，我们只需利用 $\mathrm{d}R/\mathrm{d}\theta=0$ 时 R 为极大值这一事实. 由式（3.10）得

$$\frac{\mathrm{d}R}{\mathrm{d}\theta}=\frac{v_0^2}{g}2\cos2\theta=0,\quad 2\theta=\frac{\pi}{2},\quad \theta=\frac{\pi}{4}=45°.$$

3.4　牛顿万有引力定律

在上节中，我们讨论的是恒定引力场的情况. 如果互相以引力作用的两物体之间的距离比它们本身的尺度大很多的话，那么会发生什么情况呢？牛顿万有引力定律说：

在宇宙中，一个质量为 M_1 的粒子吸引着任何一个质量为 M_2 的另外的粒子，吸引力为

$$\boxed{\boldsymbol{F}=-\frac{GM_1M_2}{r^2}\hat{\boldsymbol{r}}.} \tag{3.11}$$

式中，$\hat{r}$是由 M_1 指向 M_2 的单位矢量；G 是一个常量，其数值按实验测定为

$$6.67\times10^{-11}\mathrm{N\cdot m^2/kg^2}.$$

必须注意，这个力是作用在 M_2 上的. 负号表示力是吸引力，它趋向于使 r 减小.

万有引力是一个有心力（辏力）：力的方向沿着两粒子间的连线. G 值的测定通常是在高中教科书中讨论，它的经典实验是卡文迪许实验，我们在以后（第 9 章）还将看到，由于这个作用力与距离的二次方成反比，所以一个球对称的物体，其引力作用就像是一个粒子，它具有这个物体的全部质量，并位于该物体中心.

牛顿本人并不知道 G 的数值，可是他知道——事实上是他发现的——引力的定律是二次方反比律，而且他知道在地球表面上有（因为地球基本上是球形的）

$$mg=\frac{GmM_e}{R_e^2}. \tag{3.12}$$

式中，M_e 是地球质量；R_e 是地球半径. 因此，他能够求出 GM_e，并能利用下式求出地球对于在任意距离 r 处物体的引力㊀：

$$F=\frac{GmM_e}{r^2}=\frac{GmM_e}{R_e^2}\cdot\frac{R_e^2}{r^2}=mg\left(\frac{R_e}{r}\right)^2.$$

此外，从精确度很高的实验还知道，物体的引力质量和惯性质量相等（这将在第 14 章讨论）. 这意味着，对于同一物体，上述万有引力方程中所采用的质量 m 的数值与在牛顿第二定律 $\boldsymbol{F}=m\boldsymbol{a}$ 中所采用的质量的数值是相等的. 万有引力方程中的质量称为引力质量，牛顿第二定律中的质量称为惯性质量，证明这两种质量相等的经典实验是厄阜（Eötvös）做的. 关于近代的更加精确的实验则请看狄克（Dicke）等人的描述㊁. 厄阜的实验将在第 14 章中介绍，在式（3.12）中我们已经假定两种质量相等.

【例】

在圆轨道上的卫星　假定有一个卫星的轨道是一个与地球赤道同心共面的圆，试问：当卫星轨道半径 r 为多大时，从固定在地球上的观察者看来卫星才是保持不动的？我们假定卫星在轨道上运行的方向与地球的自转方向相同.

在圆轨道上，万有引力等于质量乘向心加速度：

$$\frac{GM_eM_s}{r^2}=M_s\omega^2r, \tag{3.13}$$

式中，M_s 是卫星的质量，将式（3.13）重新安排一下得

$$r^3=\frac{GM_e}{\omega^2}=\frac{GM_eT^2}{(2\pi)^2}, \tag{3.14}$$

㊀ 此式只有当 $r\geqslant R_e$ 时才成立. ——译者注

㊁ *Scientific American*, 205, 84 (1961) 和 *Ann. Phy.* (N. Y.), 26, 442 (1964).

式中，T 是周期．我们要求的是卫星轨道运动的 ω 应与地球自转的角频率 ω_e 相等，只有这样卫星看起来才是不动的．地球的角频率是

$$\omega_e=\frac{2\pi}{1\text{天}}=\frac{2\pi}{8.64\times10^4}\text{s}^{-1}=7.3\times10^{-5}\text{s}^{-1},$$

令式（3.14）中 $\omega=\omega_e$，得

$$r^3\approx\frac{(6.67\times10^{-11})(5.98\times10^{24})}{(7.3\times10^{-5})^2}\text{m}^3\approx75\times10^{21}\text{m}^3,$$

于是

$$r\approx4.2\times10^7\text{m}.$$

地球的半径是 6.38×10^6m，这个距离大约相当于地球到月球距离的十分之一，约为地球半径的6.6倍．

3.5　作用在带电粒子上的电力和磁力　单位

在本节中，我们要讨论涉及作用在带电粒子上的电力和磁力的问题．大多数读者将来都会在实验室工作中去观察和测量这些力对粒子运动的影响，这个课题在《电磁学》卷中还将详细加以论述．在这里，我们要简略地介绍一下电学量和磁学量单位的定义，以便能够处理在力学的这个重要分支中出现的那些力．

读者大概记得，同号电荷会互相排斥，斥力的反向沿着连接它们的直线．斥力的大小与两电荷间距离的二次方成反比，而与两电荷量的乘积成正比，这就是库仑定律，它可以表示为

$$\boxed{\boldsymbol{F}=\frac{q_1q_2}{r^3}\boldsymbol{r}=\frac{q_1q_2}{r^2}\hat{\boldsymbol{r}}.}\qquad(3.15)$$

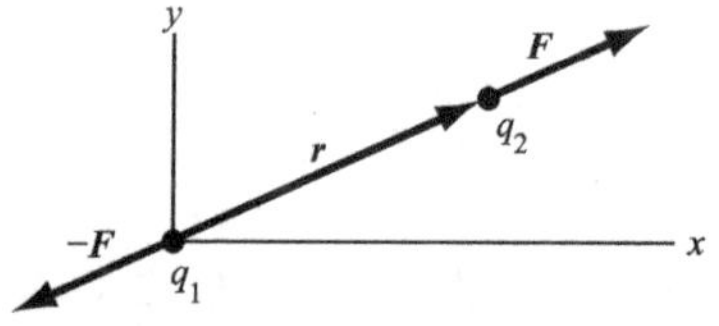

图3.2　库仑定律的图示

$$\boldsymbol{F}=\frac{1}{4\pi\varepsilon_0}(q_1q_2/r^2)\hat{\boldsymbol{r}}=\frac{1}{4\pi\varepsilon_0}(q_1q_2/r^3)\boldsymbol{r}$$

式中，$\boldsymbol{r}$ 是从位于原点的点电荷 q_1 到点电荷 q_2 的矢量；$\boldsymbol{F}$ 是 q_1 对 q_2 的作用力．其中单位矢量 $\hat{\boldsymbol{r}}$ 自然是等于 $\boldsymbol{r}/r$．图3.2示出了这种情况，并使我们想到，如果有 $\boldsymbol{F}$ 作用在 q_2 上，则有 $-\boldsymbol{F}$ 作用在 q_1 上．

式（3.15）是在高斯静电制下表述的库仑定律．在这种单位制中，电荷量 q 的单位定义如下：两个相等的点电荷，当它们相隔1cm而以1dyn的力互相排斥时，它们各自的电荷就是1高斯单位电荷．它们各自具有的电荷量叫作1静电单位，或叫作1静电库仑，由式（3.15）可以看出电荷的“量纲”是

$$[q]=[\text{力}]^{\frac{1}{2}}[\text{距离}]=[\text{M}]^{\frac{1}{2}}[\text{L}]^{\frac{3}{2}}[\text{T}]^{-1}.$$

于是，把这些量用厘米-克-秒制表示，就得出高斯静电制中电荷的单位：

$$[q]=\text{g}^{\frac{1}{2}}\cdot\text{cm}^{\frac{3}{2}}\cdot\text{s}^{-1}.$$

显然，采用静电单位或静电库仑的名称要比每次都去写出这一套组合方便些.

前面已经提到，在国际单位制中是用米来表示距离，用牛顿来表示力. 国际单位制不是根据库仑定律来定义单位电荷的，而是借助于电流即安培来定义单位电荷的. 1C 的电荷量 = 1A · s. 这样，库仑定律就应该写成

$$\boxed{F = k\frac{q_1 q_2}{r^2},\quad \boldsymbol{F} = \frac{1}{4\pi\varepsilon_0}\frac{q_1 q_2}{r^2}\hat{\boldsymbol{r}}.} \tag{3.15a}$$

式中，k 的量纲为

$$[\text{力}][L]^2[\text{电荷}]^{-2},$$

而 ε_0 的量纲是 k 的倒数. 在静电学中有许多运算会涉及因子 4π，所以在式 (3.15a) 的分母中放上一个 4π，以便在这类运算中使之消去，k 的数值是

$$k = \frac{1}{4\pi\varepsilon_0} = 8.988\times10^9\,\text{N}\cdot\text{m}^2/\text{C}^2.$$

质子所带的电荷 q_p 是一个基元电荷，差不多总是用符号 e 来表示. 采用国际单位制，它的数值是

$$e = +1.602\,10\times10^{-19}\,\text{C}.\ (1\text{C} = 2.997\,9\times10^9\ \text{静电单位})$$

一个电子的电荷等于 $-e$. 相距 10^{-14}m 的两个质子之间的斥力的数值是

$$F = k\frac{e^2}{r^2} \approx 9.0\times10^9\times\frac{(1.6\times10^{-19})^2}{(10^{-14})^2}\,\text{N} \approx 2.3\,\text{N}.$$

质子与电子之间的作用力是吸引力，因为它们的电荷为异号.

电场　当一个带电粒子处在有电力作用于它的状态下时，我们就说它处于电场中. 这个电场和作用在我们所考虑的那个粒子上的相应的力是由附近的另一个电荷或电荷的分布引起的. 电场强度 $\boldsymbol{E}$ 由下列关系定义：

$$\boldsymbol{F} = q\boldsymbol{E}. \tag{3.16}$$

式中，q 是“检验电荷”的电荷量；$\boldsymbol{F}$ 是作用在 q 上的力. 因此，电场强度矢量 $\boldsymbol{E}$ 就是检验电荷所在位置上一个单位正电荷所受的作用力矢量.

图 3.3 所示与图 3.2 相同，只是在这里我们采用了不同的观点，即作用在 q_2 上的力 $\boldsymbol{F}$ 是位于原点的电荷 q_1 所产生的电场强度 $\boldsymbol{E}$ 而引起的. 在这种情况下，$\boldsymbol{E}$ 矢量由下述表达式给出

$$\boldsymbol{E} = \frac{q_1}{r^2}\hat{\boldsymbol{r}}, \tag{3.17}$$

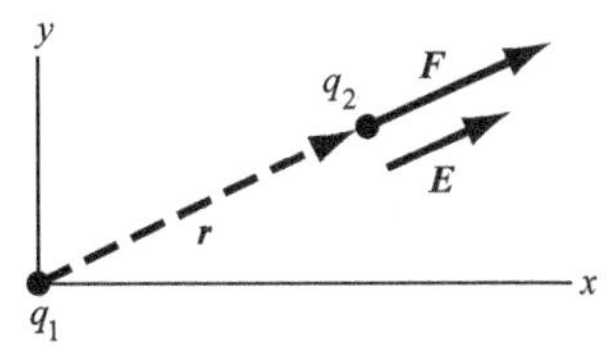

图 3.3　关于电场强度 ($\boldsymbol{E}$) 概念的图示. $\boldsymbol{E} = (q_1/r^2)\hat{\boldsymbol{r}}$，$\boldsymbol{F} = q_2\boldsymbol{E} = (q_1 q_2/r^2)\hat{\boldsymbol{r}}$

而力 $\boldsymbol{F} = q_2\boldsymbol{E}$ 则与式 (3.15) 所表示的相同. 场的观点的重要性将在学习电学时表现出来. 当我们必须讨论由带电球或带电平板这类分布电荷电场以及由《电磁学》卷中将予以说明的随时间变化的磁场所产生的作用于带电粒子的电力时，场的观点就显得特别有用了.

电场强度的量纲显然是单位正电荷所受的力，所以它的单位可表示为 1dyn/静电单位．以后还会说明，电场强度也可以表示为静电伏特每厘米（静电伏特/cm）．这两种表示方法完全相同：

$$1\text{dyn}/\text{静电单位} = 1\ \text{静电伏特}/\text{cm}.$$

后者强调的是在电场中将一单位电荷移动一单位距离时所涉及的功，而前者强调的是作用在单位电荷上的力．

在国际单位制中，也是由式（3.16）来定义电场 $\boldsymbol{E}$ 的，不过 $\boldsymbol{E}$ 将以牛顿每库仑（N/C）为单位．对于由电荷 q_1 产生的电场，这时代替式（3.17）而有

$$\boldsymbol{E} = k\frac{q_1}{r^2}\hat{\boldsymbol{r}}. \tag{3.17a}$$

与在厘米-克-秒制中一样，E 可以用伏特每米（V/m）来表示，即

$$1\text{N/C} = 1\text{V/m}.$$

静电伏特每厘米与伏特每米之间的换算因子是

$$2.997\,9\times10^4\text{V/m} = 1\ \text{静电伏特}/\text{cm},$$

$$1\text{V/m} = \frac{1}{2.997\,9\times10^4}\text{静电伏特}/\text{cm} \approx \frac{1}{3\times10^4}\text{静电伏特}/\text{cm}.$$

磁场与洛伦兹力　直到现在，我们考虑的仍只是静止状态，即带电粒子相互之间或者它们相对于观察者都是不运动的．我们把作用在电荷为 q 的粒子上的静电力写作 $\boldsymbol{F}_{电} = q\boldsymbol{E}$．但是，如果 q 相对于观察者是运动的，实验事实则表明，在垂直于它速度的方向上可能会出现一个附加的力，这就是磁力．存在这种与速度有关的力的那个区域就说成是具有磁场．根据实验我们知道，可以把磁感应强度矢量 $\boldsymbol{B}$ 与磁力用下列关系联系起来⊖：

$$\boxed{\boldsymbol{F}_{磁} = \frac{q}{c}\boldsymbol{v}\times\boldsymbol{B}} \tag{3.18}$$

式中，c 是真空中的光速；$\boldsymbol{v}$ 是带电粒子的速度；式中各量均采用厘米-克-秒单位制的高斯静电制．上式的矢量积指出 $\boldsymbol{F}_{磁}$ 与 $\boldsymbol{v}$ 正交，符合实验的要求；它所定义的磁感应强度矢量 $\boldsymbol{B}$ 也与 $\boldsymbol{F}_{磁}$ 垂直．图 3.4 示出了 $\boldsymbol{v}$ 和 $\boldsymbol{B}$ 互成 90°情况下的这种关系．如果以一根载流导线代替沿着 $\boldsymbol{v}$ 方向运动的电荷，作用在导线上的力的方向也与图 3.4 所示的一样．

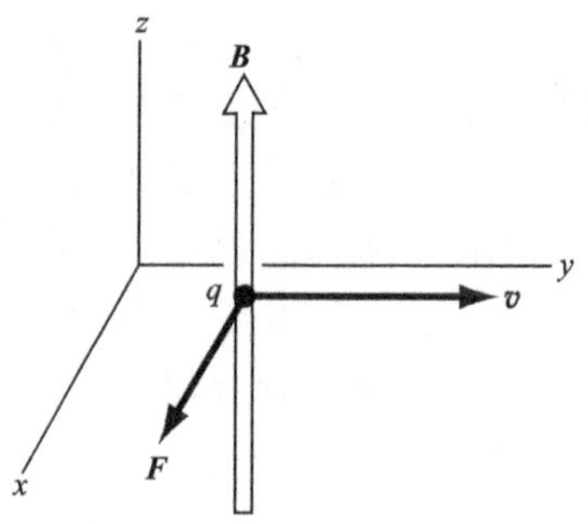

图 3.4　磁力 $\boldsymbol{F} = \frac{q}{c}\boldsymbol{v}\times\boldsymbol{B}$

这里所定义的 $\boldsymbol{B}$ 的量纲与 $\boldsymbol{E}$ 相同，因为比率 v/c 的量纲为一．当 $\boldsymbol{F}$ 用达因，q 用静电单位时，$\boldsymbol{B}$ 的单位叫作高斯（Gs）．因此，如果有一个电子以 1/10 光速垂直于磁感应强度为 10 000Gs 的磁场运动，作用在它上面的磁力的大小应为

⊖ 如果在第 2 章中删去了矢量积，这一节中可以只讨论限于 $\boldsymbol{v}$ 和 $\boldsymbol{B}$ 垂直的情况．

$$F = 4.8\times10^{-10}\text{静电单位}\times\frac{1}{10}\times10^{4}\,\text{Gs}$$
$$= 4.8\times10^{-7}\,\text{dyn}.$$

如果用国际制单位，

$$\boxed{\boldsymbol{F}_{磁} = q\boldsymbol{v}\times\boldsymbol{B}} \tag{3.18a}$$

式中，q 的单位用库仑；v 用米/秒；F 用牛顿．这个方程规定了 B 的量纲为［牛顿］［秒］［库仑］$^{-1}$［米］$^{-1}$．近年来，这个单位有了一个专门名称——特斯拉(T)，在以前它是用韦伯/米^2 来表示的㊀．幸好有

$$1\text{T} = 10^4\,\text{Gs}$$

的关系；不过必须记住，高斯和特斯拉的量纲并不相同，确切地说，1T 只是和 10^4Gs 相当.

在用国际制单位时，在我们上面提到的例子中 $B = 1\text{T}$，$v = 3\times10^7\,\text{m/s}$，$q = e = 1.6\times10^{-19}\,\text{C}$，从而

$$F = 1.6\times10^{-19}\times3\times10^{7}\times1.0\,\text{N} = 4.8\times10^{-12}\,\text{N}.$$

作用在运动的带电粒子上的合力是静电力和磁力的矢量和，它称为**洛伦兹力**(这个名称有时也专指磁力)．由式（3.16）和式（3.18)，得到在高斯静电制中的洛伦兹力表达式是

$$\boxed{\boldsymbol{F} = q\boldsymbol{E} + \frac{q}{c}\boldsymbol{v}\times\boldsymbol{B},} \tag{3.19}$$

在国际单位制中是

$$\boxed{\boldsymbol{F} = q\boldsymbol{E} + q\boldsymbol{v}\times\boldsymbol{B}.} \tag{3.19a}$$

结合式（3.19）从牛顿第二定律 $\boldsymbol{F} = m\boldsymbol{a}$ 引出了大量物理结构．为建立这些方程而做的努力，无疑是物理学史的一个重要组成部分．［这里我们把式（3.19）作为一个实验事实写出来，这样做并没有排除我们有必要在《电磁学》卷中对它进行深入讨论.］

在本章中，我们将要用到下列数值：

光速：

$$c = 2.9979\times10^{10}\,\text{cm/s} = 2.9979\times10^{8}\,\text{m/s};$$

电子质量 m：

$$m = 0.9108\times10^{-27}\,\text{g} = 0.9108\times10^{-30}\,\text{kg};$$

质子质量 M_p：

$$M_\text{p} = 1.6724\times10^{-24}\,\text{g} = 1.6724\times10^{-27}\,\text{kg}.$$

在厘米-克-秒高斯静电制中处理洛伦兹力［式（3.19)］时，F 的单位是达

㊀ 韦伯（W. E. Weber，1807—1891）是一位德国物理学家，特斯拉（N. Tesla，1856—1943）是一位美国发明家.

因，E 的单位是静电伏特/厘米，v 和 c 的单位是厘米/秒，B 的单位是高斯，以及 q 的单位是静电单位. 在国际单位制中要用式（3.19a），F 的单位是牛顿，E 的单位是伏特/米，v 的单位是米/秒，B 的单位是特斯拉以及 q 的单位是库仑. 这里把前面已经提到过的换算因子（在《电磁学》卷中导出）汇集如下：

$$1\text{m/s} = 100\text{cm/s},$$

$$1\ \text{静电伏特/cm} = 3.0 \times 10^4\ \text{V/m}^{㊀},$$

$$1\text{C} = 3.0 \times 10^9\ \text{静电库仑或静电单位},$$

$$1\text{T} = 1 \times 10^4\ \text{Gs}.$$

带电粒子在均匀恒定电场中的运动　在不随时间改变的均匀电场 $\boldsymbol{E}$ 中，一个电荷量为 q、质量为 M 的粒子受到的作用力的方程是［式（3.16）］

$$\boldsymbol{F} = M\boldsymbol{a} = q\boldsymbol{E}. \tag{3.20}$$

因而

$$\boldsymbol{a} = \frac{\mathrm{d}^2\boldsymbol{r}}{\mathrm{d}t^2} = \frac{q}{M}\boldsymbol{E}$$

就是该带电粒子的加速度方程. 这个结果与质点在地球表面均匀重力场 $\boldsymbol{F} = -Mg\hat{\boldsymbol{y}}$ 中的运动十分相似，这里 $\hat{\boldsymbol{y}}$ 是由地心向外的单位矢量. 对于重力问题，运动方程是 $M\boldsymbol{a} = -Mg\hat{\boldsymbol{y}}$，或者 $\boldsymbol{a} = -g\hat{\boldsymbol{y}}$.

用尝试法或直接积分可以得到式（3.20）的通解为

$$\boldsymbol{r}(t) = \frac{q\boldsymbol{E}}{2M}t^2 + \boldsymbol{v}_0 t + \boldsymbol{r}_0. \tag{3.21}$$

式中，$\boldsymbol{r}_0$ 是 $t=0$ 时粒子的位置矢量；$\boldsymbol{v}_0$ 是初始时刻的速度.

求式（3.21）的微商，就是到任意时刻的速度表达式：

$$\boldsymbol{v}(t) = \frac{\mathrm{d}\boldsymbol{r}}{\mathrm{d}t} = \frac{q\boldsymbol{E}}{M}t + \boldsymbol{v}_0. \tag{3.22}$$

由此容易看出，初速（$t=0$ 时）的确是 $\boldsymbol{v}_0$.

【例】

质子的纵向加速　一个质子被电场 $E_x = 3 \times 10^4\ \text{V/m}$ 由静止开始加速，经过 $1 \times 10^{-9}\text{s}$ 后它的末速是多少（见图 3.5）？

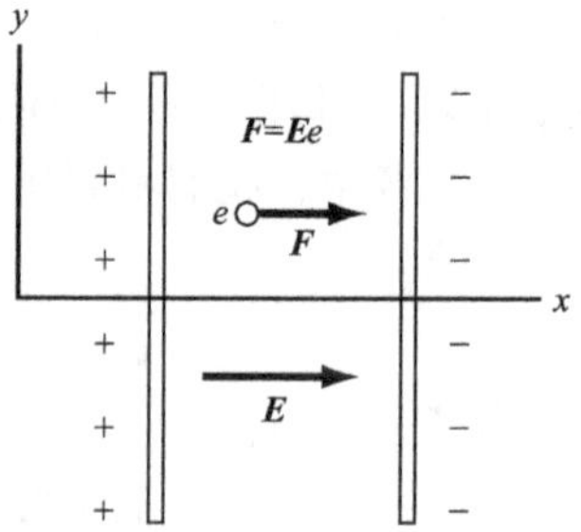

图 3.5　质子在两个带电金属板间的电场内被纵向加速

由式（3.22），速度是

$$\frac{\mathrm{d}\boldsymbol{r}}{\mathrm{d}t} = \frac{e}{M}\boldsymbol{E}t + \boldsymbol{v}_0.$$

对于我们的问题，这个方程㊁简化为

㊀ 第二和第三关系式中的精确值前面已经给出过，对于我们所讨论的问题，这里的数值已足够精确了.

㊁ 这是一个矢量方程，在 $\boldsymbol{E} = (E_x, 0, 0)$ 和 $\boldsymbol{v}_0 = 0$ 的情况下，它简化为三个分量方程：

$$\frac{\mathrm{d}x}{\mathrm{d}t} = \frac{e}{M}E_x t,\quad \frac{\mathrm{d}y}{\mathrm{d}t} = 0,\quad \frac{\mathrm{d}z}{\mathrm{d}t} = 0.$$

$$v_x(t)=\frac{e}{M}E_xt,\quad v_y=v_z=0,$$

因为我们已经规定 $t=0$ 时 $\boldsymbol{v}=0$.

我们取 2×10^{-27}kg 作为质子的质量. 在国际单位制中,

$$E_x=3.0\times10^4\text{V/m},$$

$$v_x=\frac{1.6\times10^{-19}\text{C}\times3.0\times10^4\text{V/m}\times1\times10^{-9}\text{s}}{2\times10^{-27}\text{kg}}$$

$$\approx2.4\times10^3\text{m/s}.$$

【例】

电子的纵向加速　一个起初静止的电子在一个沿 x 轴负方向的电场（$E_x=3\times10^4$V/m）中加速，移动 0.01m 后它的末速是多少？

对于电荷为 $-e$，质量为 m 的电子，我们由式（3.22）得出

$$v_x(t)=-\frac{e}{m}E_xt,\quad x(t)=-\frac{e}{2m}E_xt^2.$$

下面我们来消去 t，以解出用 x 表示的 v_x，取 v_x^2，重新整理各因子，不难得出

$$v_x^2=\left(\frac{e}{m}E_xt\right)^2=\left(\frac{2e}{m}E_x\right)\left(\frac{e}{2m}E_xt^2\right)$$

$$=-\frac{2e}{m}E_xx$$

$$\approx\frac{-2\times1.6\times10^{-19}}{9.1\times10^{-31}}\times(-3\times10^4)\times10^{-2}\text{m}^2/\text{s}^2$$

$$\approx10^{14}\text{m}^2/\text{s}^2.$$

因此，末速近似为

$$|v_x|\approx10^7\text{m/s}.$$

这是光速的 1/30，还是足够小的，因而不需要考虑相对论的效应（0.1% 的精确度）.

【例】

电子的横向加速　设电子束在离开上例的加速电场 E_x 之后进入一长度 $L=1$cm 的区域，其中有一横向偏转电场 $E_y=-3\times10^3$V/m（见图 3.6）. 电子束在离开偏转区时与 x 轴的夹角是多少？我们注意到，这个问题同在地球重力场中水平抛射一个物体十分相似.

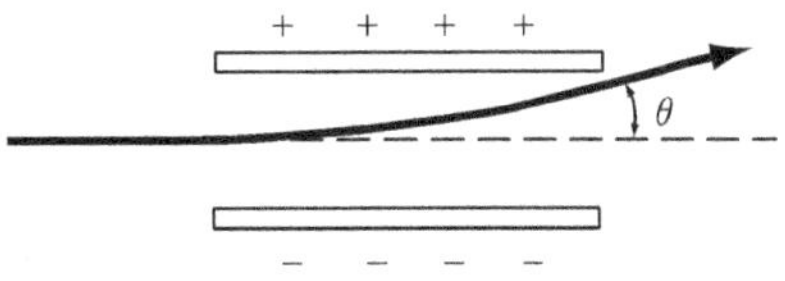

图 3.6　电子束在横向电场中偏转. 图中 θ 角比例题中的数值大得多

本例题中电场没有 x 分量，所以速度的 x 分量应保持不变. 电子通过偏转区所花的时间 τ 由下式给出：

$$v_x\tau = L.$$

既然 $v_x = 10^7\text{m/s}$，那么

$$\tau = \frac{L}{v_x} = \frac{10^{-2}}{10^7}\text{s} = 10^{-9}\text{s}.$$

在这段时间内，电子所达到的横向速度为

$$v_y = -\frac{e}{m}E_y\tau \approx \frac{-1.6\times10^{-19}}{9.1\times10^{-31}}\times(-3\times10^3)\times10^{-9}\text{m/s}\approx 5\times10^5\text{m/s}.$$

末速度矢量与 x 轴间的夹角 θ 由 $\tan\theta = v_y/v_x$ 给出，因此

$$\theta = \arctan\frac{v_y}{v_x}\approx \arctan\frac{5\times10^5}{10^7} = \arctan 0.05.$$

对于小角度，我们可以取近似

$$\theta\approx\arctan\theta,$$

式中，θ 用弧度表示．由此可知 $\theta\approx0.05\text{rad}$，约 3°．

估计一下 $\arctan\theta$ 的级数展开式中的下一项，我们可以检验出采用这个近似带来的误差．在一般数学手册中都能找到三角函数的级数展开式，我们知道

$$\arctan x = x - \frac{x^3}{3} + \frac{x^5}{5} - \frac{x^7}{7} + \cdots(\text{当 } x^2 < 1 \text{ 时}).$$

对于 $x = 0.05$，第二项 $x^3/3$ 与第一项 x 之比为 $x^2/3 = (0.05)^2/3 \approx 10^{-3}$ 或 0.1%，如果这个误差比测量 θ 角时的实验误差还小，就可以忽略．同样，当角度很小时，我们有 $\sin\theta\approx\theta$ 和 $\cos\theta\approx 1-\frac{1}{2}\theta^2$．

带电粒子在均匀恒定磁场中的运动㊀　一个质量为 M、电荷量为 q 的带电粒子在恒定磁场 $\boldsymbol{B}$ 中的运动方程根据式（3.18）为

$$M\frac{\mathrm{d}^2\boldsymbol{r}}{\mathrm{d}t^2} = M\frac{\mathrm{d}\boldsymbol{v}}{\mathrm{d}t} = \frac{q}{c}\boldsymbol{v}\times\boldsymbol{B}. \tag{3.23}$$

令磁场方向沿 z 轴：

$$\boldsymbol{B} = B\hat{z}.$$

这样，根据矢量积公式

$$[\boldsymbol{v}\times\boldsymbol{B}]_x = \boldsymbol{v}_y\boldsymbol{B},\quad [\boldsymbol{v}\times\boldsymbol{B}]_y = -v_xB,\quad [\boldsymbol{v}\times\boldsymbol{B}]_z = 0.$$

由式（3.23）我们有㊁

$$\dot{v}_x = \frac{q}{Mc}v_yB,\quad \dot{v}_y = -\frac{q}{Mc}v_xB,\quad \dot{v}_z = 0. \tag{3.24}$$

由此可见，沿磁场方向（z 轴）的速度分量是一个恒量．

㊀　如果在第2章中没有讲矢量积，这一节可以只限于讨论 $\boldsymbol{v}$ 和 $\boldsymbol{B}$ 垂直的情况．

㊁　这里我们采用了物理学中的惯例，字母上加一点表示对时间的微商．因此 $\dot{\boldsymbol{r}} = \mathrm{d}\boldsymbol{r}/\mathrm{d}t$，$\dot{\boldsymbol{A}} = \mathrm{d}\boldsymbol{A}/\mathrm{d}t$．同样，$\ddot{\boldsymbol{r}} = \mathrm{d}^2\boldsymbol{r}/\mathrm{d}t^2$，$\ddot{\boldsymbol{A}} = \mathrm{d}^2\boldsymbol{A}/\mathrm{d}t^2$．

我们还可以直接看出这种运动的另一个特点，也就是动能

$$K=\frac{1}{2}Mv^2=\frac{1}{2}M\boldsymbol{v}\cdot\boldsymbol{v}$$

是恒量，这是因为 $\boldsymbol{v}\times\boldsymbol{B}$ 与 $\boldsymbol{v}$ 垂直，有

$$\begin{aligned}\frac{\mathrm{d}K}{\mathrm{d}t}&=\frac{1}{2}M(\dot{\boldsymbol{v}}\cdot\boldsymbol{v}+\boldsymbol{v}\cdot\dot{\boldsymbol{v}})=M\boldsymbol{v}\cdot\dot{\boldsymbol{v}}\\&=M\boldsymbol{v}\cdot\left(\frac{q}{Mc}\boldsymbol{v}\times\boldsymbol{B}\right)\equiv 0.\end{aligned}\tag{3.25}$$

由此可见，磁场不改变自由粒子的动能.

现在让我们去寻找运动方程的下列形式的解⊖：

$$v_x(t)=v_1\sin\omega t,\quad v_y(t)=v_1\cos\omega t,\quad v_z=\text{恒量}.\tag{3.26}$$

这种运动在 xy 平面上的投影是一个圆，它的半径将在下面计算出来. 求式（3.26）中 v_x 和 v_y 的微商：

$$\frac{\mathrm{d}v_x}{\mathrm{d}t}=\omega v_1\cos\omega t,\quad \frac{\mathrm{d}v_y}{\mathrm{d}t}=-\omega v_1\sin\omega t.$$

于是式（3.24）变为

$$\omega v_1\cos\omega t=\frac{qB}{Mc}v_1\cos\omega t,\quad -\omega v_1\sin\omega t=-\frac{qB}{Mc}v_1\sin\omega t.$$

上面两个方程要成立，只有

$$\omega=\frac{qB}{Mc}\equiv\omega_{\mathrm{c}}.\tag{3.27}$$

这个关系式定义了回转频率（或回旋频率）ω_{c}，它就是粒子在磁场中做圆周运动的频率. 任何 v_1 值都能满足前面两个方程，不过我们将看到，v_1 确定了圆轨道的半径.

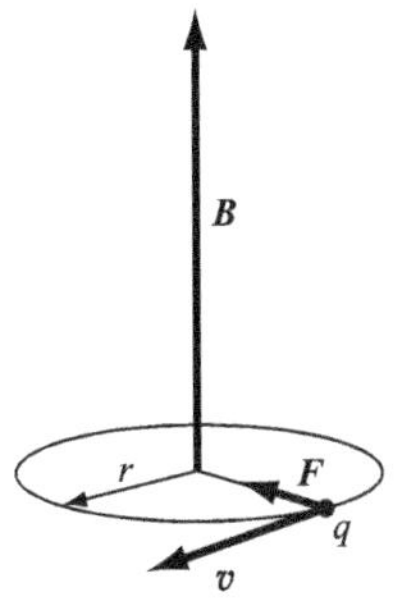

图 3.7　初始速度 $\boldsymbol{v}$ 垂直于均匀磁场 $\boldsymbol{B}$ 的正电荷 q 以恒定速率 v_1 描出一个圆，它的半径 $r=cMv_1/qB$

回转频率也可以通过浅显的论证导出来. 向内的磁力 qBv_1 提供了粒子做圆周运动所必有的向心（向内）加速度. 向心加速度的大小是 v_1^2/r，亦即 ω_{c}^2r（因为 $\omega_{\mathrm{c}}r=v_1$）. 于是

$$\frac{qBv_1}{c}=M\omega_{\mathrm{c}}^2r=M\omega_{\mathrm{c}}v_1;$$

由此得到 $\omega_{\mathrm{c}}=qB/Mc$，以及圆半径 $r=Mcv_1/qB$（见图 3.7）.

⊖ 式（3.25）告诉我们 K 是一个恒量，因此我们断定 $|\boldsymbol{v}|$ 也是恒量. 这个结果启发我们可以尝试用匀速圆周运动来表示方程的解，即速度的 x，y 分量是具有 $\pi/2$ 相位差的正弦函数. 我们可以把 qB/Mc 表示为一个量纲为时间倒数［从式（3.24）很容易看出这一点］的恒量，这样我们就能料到在涉及转动的那种解中角频率 ω 与恒量 qB/Mc 有关.

粒子的完整轨迹是什么呢？我们已经看到，就 x，y 方向上的运动来说，粒子的轨迹是圆形；而在 z 方向，由于没有分力，它将以恒定速度 v_z（当然 v_z 可以是零）径直前进．求式（3.26）的积分，并令 $\omega=\omega_c$，得到带电粒子的轨迹：

$$x=x_0+\frac{v_1}{\omega_c}-\frac{v_1}{\omega_c}\cos\omega_c t,$$

$$y=y_0+\frac{v_1}{\omega_c}\sin\omega_c t,$$

$$z=z_0+v_z t. \tag{3.28}$$

在上面各方程中，我们把积分常量分别写作 $x_0+\frac{v_1}{\omega_c}$，y_0 和 z_0．

式（3.28）描绘出磁场内一个带电粒子的轨迹是：它在 xy 平面上的投影是圆心位于 $\left(x_0+\frac{v_1}{\omega_c},\ y_0\right)$、半径为

$$r_c=\frac{v_1}{\omega_c}=\frac{Mcv_1}{qB} \tag{3.29}$$

的一个圆．在这个匀速圆周运动上还叠加了一个当 $t=0$ 时从 $z=z_0$ 处开始的以速率 v_z 沿着 z 方向的移动．因此，完整的运动是一条螺旋线，它的轴与磁场矢量 $\boldsymbol{B}$ 平行，在我们讨论的场合也就是沿着 z 轴．图3.8画出了这种轨迹．半径 r_c 常常称为回转半径或回旋半径．

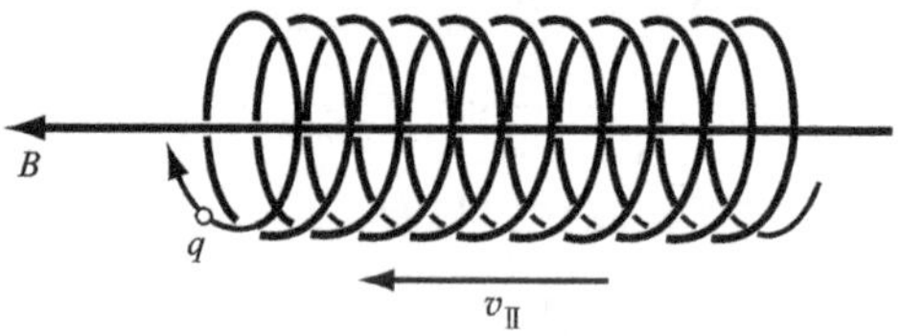

图3.8　正电荷 q 在均匀磁场 $\boldsymbol{B}$ 中描出一条等螺距的螺旋线．如果 $\boldsymbol{B}=B_z\hat{z}$，$v_{\parallel}=v_z$，则平行于 B 的速度分量 $v_{\parallel}$ 是一个恒量

我们应该注意到，磁感应强度与轨道半径的乘积为

$$Br_c=\frac{Mv_1c}{q}. \tag{3.30}$$

这是一个重要的关系式．在以后的章节中我们将会看到，如果把这里出现的动量 Mv_1 改成动量的相对论性表达式，这个关系式在相对论性范围也是成立的．无论粒子是高速还是低速，都可以用这个关系式去确定带电粒子的动量（见图3.9）．

检查量纲　得到最后方程以后检查一下方程两端的量纲是否相同，这应当养成习惯．这是一种察觉重大错误的简便方法．在式（3.30）的右端，我们有

$$\left[\frac{cMv_1}{q}\right]=\left[\frac{\mathrm{L}}{\mathrm{T}}\right][\mathrm{M}]\left[\frac{\mathrm{L}}{\mathrm{T}}\right]\left[\frac{1}{q}\right]=\left[\frac{\mathrm{ML}^2}{q\mathrm{T}^2}\right]. \tag{3.31}$$

式中，我们采用的是3.2节的量纲符号，但保留了 q，没有写出它的量纲．式

(3.30) 左端的量纲是

$$[Br_c]=\left[\frac{F}{q}\right][L]=\left[\frac{ML^2}{qT^2}\right]. \tag{3.32}$$

这是因为，根据洛伦兹力的方程式 (3.18)，B 的量纲在高斯静电制中是力被电荷除. 由此可见，式 (3.31) 的量纲与式 (3.32) 的量纲是相同的.

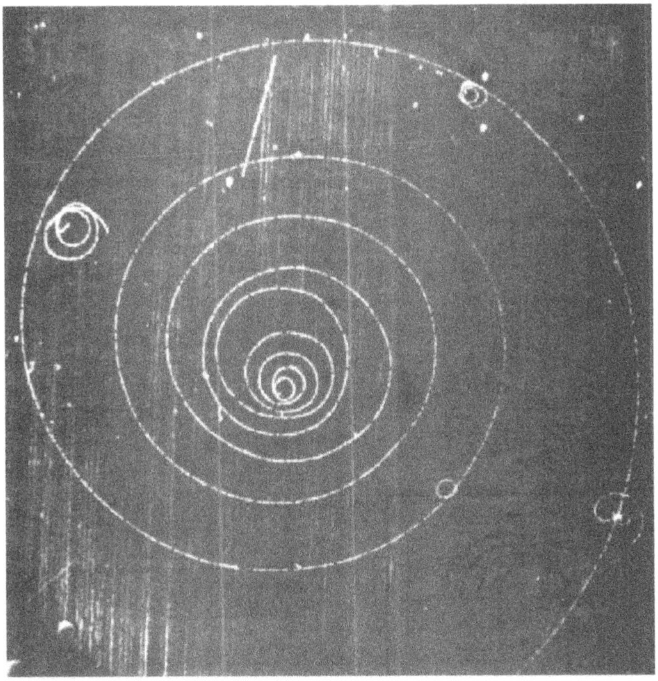

图 3.9　一个快电子在磁场中的径迹的氢气气泡室照片. 电子从右下方进入. 电子由于使氢分子电离（从而损失能量）而被显示出来. 随着电子运动的减慢，它在磁场中的曲率半径逐步减小，因此轨道是螺旋线（伯克利劳伦斯实验室供图）

在国际单位制中，力是 $q\boldsymbol{v}\times\boldsymbol{B}$ 而不是$\frac{q}{c}\boldsymbol{v}\times\boldsymbol{B}$，这时我们有

$$\omega=\frac{qB}{M}=\omega_c, \tag{3.27a}$$

$$r_c=\frac{v_1}{\omega_c}=\frac{Mv_1}{qB}, \tag{3.29a}$$

以及

$$Br_c=\frac{Mv_1}{q}.$$

检查此方程两端的量纲，得

$$[Br_c]=[M][L][T]^{-2}[q]^{-1}[L]^{-1}[T][L]=[M][L][T]^{-1}[q]^{-1},$$

和

$$\left[\frac{Mv_1}{q}\right]=[\mathrm{M}][\mathrm{L}][\mathrm{T}]^{-1}[q]^{-1}.$$

【例】

回转频率 处于1T磁场中的一个电子的回转频率是多少？（一般实验室中铁心电磁铁的磁场是1～1.5T.）

我们由式（3.27a）得到

$$\omega_c=\frac{eB}{m}\approx\frac{1.6\times10^{-19}\times1.0}{10^{-30}}\mathrm{s}^{-1}\approx1.6\times10^{11}\mathrm{s}^{-1}.$$

相应的频率用 ν_c 表示，为

$$\nu_c=\frac{\omega_c}{2\pi}\approx3\times10^{10}\mathrm{Hz}.$$

这个频率与自由空间波长为

$$\lambda_c=\frac{c}{\nu_c}\approx\frac{3\times10^8}{3\times10^{10}}\mathrm{m}\approx0.01\mathrm{m}$$

的电磁波的频率相等.

在同样的磁场中，质子的回转频率 $\omega_c(\mathrm{p})$ 比电子的回转频率 $\omega_c(\mathrm{e})$ 要小，比率是1∶1836；这就是电子质量与质子质量之比．对于1T磁场中的一个质子，其回转频率为

$$\omega_c(\mathrm{p})=\frac{m}{M}\omega_c(\mathrm{e})\approx\frac{1.6\times10^{11}}{1.8\times10^3}\mathrm{s}^{-1}\approx10^8\mathrm{s}^{-1}.$$

由于电子与质子所带电荷符号相反，所以电子的回转方向与质子的相反.

【例】

回转半径 在一个1T磁场中，一个速度为 $10^6\mathrm{m/s}$ 并与 B 垂直的运动电子的回转半径是多少？

应用式（3.29a），回转半径为

$$r_c=\frac{v_1}{\omega_c}\approx\frac{10^6}{1.6\times10^{11}}\mathrm{m}\approx6\times10^{-6}\mathrm{m}.$$

具有同样速度的一个质子，它的回转半径比电子的要大，比率是 $\frac{M}{m}$：

$$r_c\approx6\times10^{-6}\times1.8\times10^3\mathrm{m}\approx0.01\mathrm{m}.$$

180°磁聚焦 让一束具有各种质量和各种速度的带电粒子进入一个与粒子束垂直的均匀磁场 $\boldsymbol{B}$ 中．其中每个粒子都将按关系式 $B\rho=\frac{c}{q}Mv_t$ 确定的曲率半径 ρ 偏转，关系式中的 v_t 是在垂直于 $\boldsymbol{B}$ 平面上的速度分量．如果在偏转（譬如说）180°后再在某处来研究这束粒子，我们就会发现粒子束在其运动平面内散开了（见图

3.10)．这是因为，具有不同质量和不同速度的各粒子具有不同的曲率半径．安装一个出射狭缝，上述装置就可以作为一个动量选择器．如果全部粒子都具有相同的电荷 q，那么，用这个设备就能得到一束动量差不多完全相等的粒子．采用 180°偏转的一个好处是，动量数值相等但通过入射狭缝的角度稍有不同的那些粒子，它们在偏转 180°以后都近似地会聚在一个共同的焦点上．

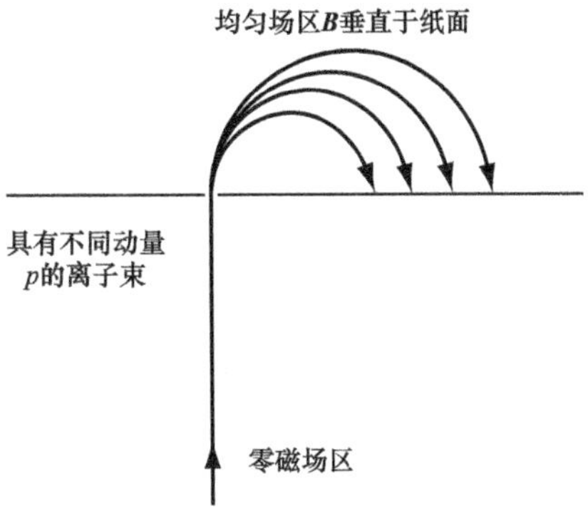

图 3.10　用磁场来分选动量

估计聚焦的精确度，这纯粹是一个几何学问题，如图 3.11a、b 所示．考虑与那条理想轨道有初始夹角 θ 的一条轨道．沿这条轨道击中靶面的那一点与入射缝的距离由半径为 ρ 的圆上的弦长 C 确定．圆的直径与弦长之差等于

$$2\rho - C = 2\rho(1 - \cos\theta) \approx \rho\theta^2.$$

上式中由于已假定角度 θ 很小，我们只取了余弦的幂级数展开式

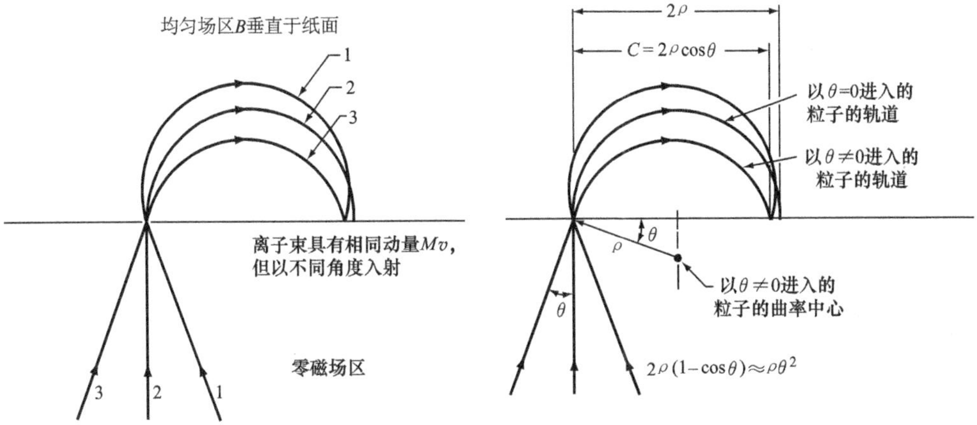

a) 在磁场中的180° 聚焦.动量的数值相等但方向不同的各离子几乎都被聚焦在一处

b) 180° 聚焦的速度选择器的详细图示

图 3.11

$$\cos\theta = 1 - \frac{\theta^2}{2!} + \frac{\theta^4}{4!} - \cdots$$

的头两项．如果我们用

$$\frac{2\rho - C}{2\rho} \approx \frac{1}{2}\theta^2$$

来量度角聚焦本领，那么在 $\theta = 0.1\mathrm{rad}$ 时有

$$\frac{2\rho - C}{2\rho} \approx 5 \times 10^{-3}.$$

由这个实例可以看出聚焦的作用.

回旋加速器的加速原理　在一台标准的回旋加速器中，带电粒子在恒定磁场中沿着近似于螺旋线的轨道运动，如图3.12所示. 这在本章末的历史注记中也有描述. 这些粒子每隔半个周期（π弧度）被振荡电场加速一次. 为了实现周期性的加速，要求电场频率与粒子的回转频率一致.

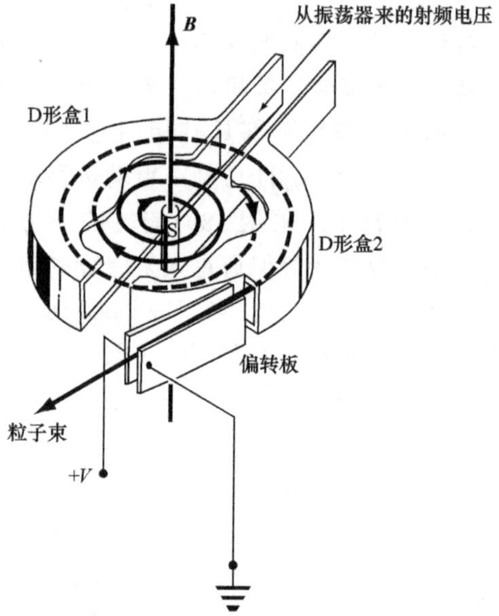

图3.12　由离子源S、空心加速电极（D形盒1，D形盒2）和偏转板构成的一台普通的低能回旋加速器的剖视图. 全部设备置于竖直向上的均匀磁场 **B** 中，粒子的轨道平面是水平的，并与D形盒的中央平面重合. 用于加速的射频电场局限在两个D形盒之间的间隙内

在1T磁场中，质子的回转频率在前面例题中已指出是 $1 \times 10^{8}\mathrm{s}^{-1}$，或者 $\nu_c = \dfrac{\omega_c}{2\pi} \approx 10^7\mathrm{Hz} \approx 10^4\mathrm{s}^{-1}$. 只要粒子的速度是非相对论性的，也就是说比光速小得多，这个频率就与该粒子的能量无关. 波长 $\dfrac{c}{\nu}$ 与 B 的关系如图3.13所示.

粒子每运转一周都从振荡电场获取新的能量. 由于前面已指出，

$$r_c = \frac{v}{\omega_c} = \frac{\sqrt{2E/M_p}}{\omega_c}$$

（式中，E 表示能量），所以随着粒子动能的增加，它的轨道的有效半径也随之加大. 一个非相对论性质子在恒定磁场中的能量完全取决于回旋加速器的外半径：当 $\omega_c = 1 \times 10^8\mathrm{s}^{-1}$ 和 $r_c = 0.5\mathrm{m}$ 时，速率 $v = \omega_c r_c \approx 5 \times 10^7\mathrm{m/s}$，从而

$$E = \frac{1}{2}M_p v^2 \approx 10^{-27}(5 \times 10^7)^2\mathrm{J}$$

$$\approx 2.5 \times 10^{-12}\mathrm{J}.$$

实际上，这个速度就普通的回旋加速器的运转来说，完全可以看成是非相对论性的.

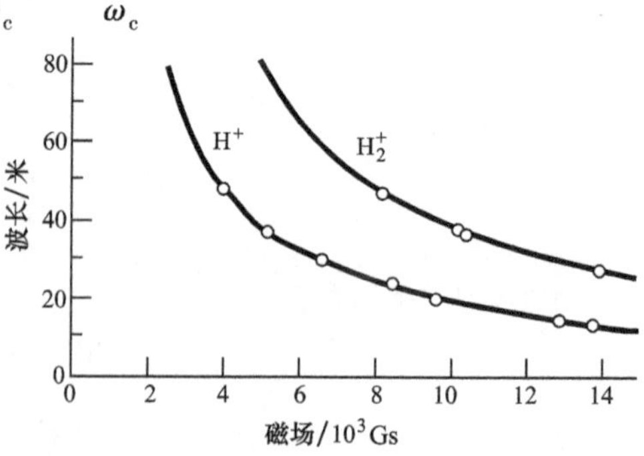

图3.13　第一台回旋加速器（直径11in）中的共振条件. 纵轴是供给加速电极（D形盒）动力的射频电源在自由空间的波长. 两条曲线各表示 H^+ 和 H_2^+ 离子的理论结果，小圈是实验观测结果［Lawrence and Livingston, *Phys. Rev*, **40**: 19 (1932)］

3.6 动量守恒

读者学过高中物理大概就已熟悉了动量守恒定律. 它在碰撞问题中的重要性，无论怎样强调也不算过分. 这里我们先根据牛顿第三定律推导出这个定律，在第 4 章中还要讨论它的另一种推导方法. 动量守恒定律表述为

一个孤立体系，如果只有内力（体系内各成员之间的作用力）的作用，它的总动量是恒量，不随时间而改变. 众所周知，动量守恒定律适用于两质点的碰撞，这时它可表述为：只要是在没有外力作用的区域发生碰撞，碰撞后的动量之和等于碰撞前的动量之和，即

$$\boldsymbol{p}_1(\text{碰撞前})+\boldsymbol{p}_2(\text{碰撞前})=\boldsymbol{p}_1'(\text{碰撞后})+\boldsymbol{p}_2'(\text{碰撞后}). \tag{3.33}$$

式中，动量 $\boldsymbol{p}$ 定义为

$$\boldsymbol{p}=M\boldsymbol{v}, \tag{3.34}$$

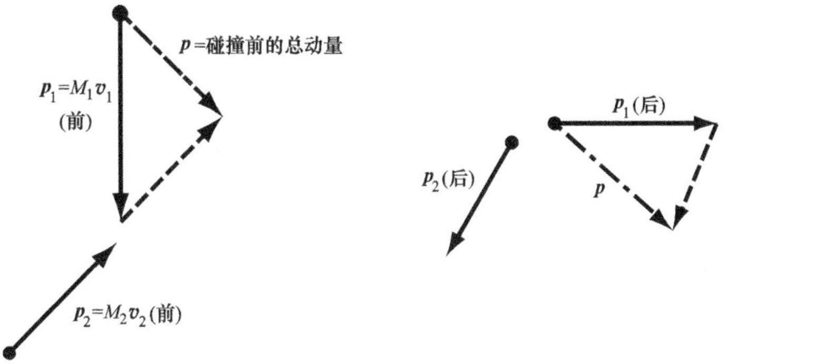

a) 碰撞前，动量P_1(前)和P_2(前)合成为P　　b) 碰撞后，动量P_1(后)和P_2(后)合成为相同的P

图 3.14

带撇的符号（$\boldsymbol{p}'$）表示碰撞后的数值. 图 3.14 画出的是动量矢量，图 3.15 画出的是粒子的轨道. 所谈的碰撞可以是弹性的，也可以是非弹性的. 做弹性碰撞时，入射各质点的动能在碰撞后全部以动能形式重现，只是在质点间的分配通常有所不同. 在通常的非弹性碰撞中，入射各质点的动能有一部分在碰撞后会表现为一个或多个质点的某种形式的内部激发能（如热能）. 必须记住，动量守恒甚至对于非弹性碰撞也是成立的，尽管这时动能已不守恒.

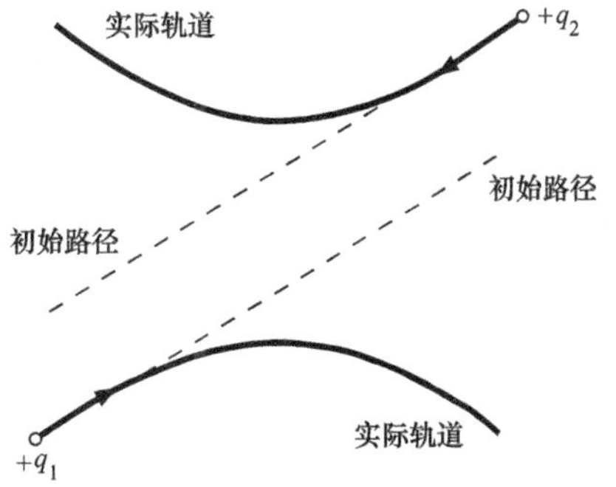

图 3.15 如果两个运动着的点电荷 q_1 和 q_2 相互交错通过，它们的轨道将偏离原来的直线路径

用牛顿第三定律导出动量守恒　设物体遵从牛顿第三定律［式（3.3)］. 对于物体1，有

$$F_{12}=\frac{\mathrm{d}\boldsymbol{p}_1}{\mathrm{d}t}=\frac{\mathrm{d}}{\mathrm{d}t}(M_1\boldsymbol{v}_1)\,; \tag{3.35}$$

对于物体2，有

$$F_{21}=\frac{\mathrm{d}\boldsymbol{p}_2}{\mathrm{d}t}=\frac{\mathrm{d}}{\mathrm{d}t}(M_2\boldsymbol{v}_2). \tag{3.36}$$

两式相加，得

$$\boldsymbol{F}_{12}+\boldsymbol{F}_{21}=0=\frac{\mathrm{d}\boldsymbol{p}_1}{\mathrm{d}t}+\frac{\mathrm{d}\boldsymbol{p}_2}{\mathrm{d}t}=\frac{\mathrm{d}}{\mathrm{d}t}(\boldsymbol{p}_1+\boldsymbol{p}_2)=\frac{\mathrm{d}}{\mathrm{d}t}(M_1\boldsymbol{v}_1+M_2\boldsymbol{v}_2).$$

由此可知

$$\begin{aligned}\boldsymbol{p}_1+\boldsymbol{p}_2&=M_1\boldsymbol{v}_1+M_2\boldsymbol{v}_2=\text{恒量}\\&=\boldsymbol{p}_1'+\boldsymbol{p}_2'=M_1\boldsymbol{v}_1'+M_2\boldsymbol{v}_2'\,;\end{aligned} \tag{3.37}$$

式中，带撇的符号也是表示碰撞后的数值. 如果物体有两个以上，可以用同样方法得到相同的结果；实际上，这个结果适用于孤立体系内任何数量的物体.

在下面的例子中，我们要讨论这个定律的一些应用. 这里必须强调两点：

1）这是一个矢量定律，因此，在两质点碰撞的问题中，它们原来的动量矢量加起来确定的是一条线，碰撞后的动量加起来确定的仍将是同一条线.

2）单独使用这个原理并不能使我们唯一地求解碰撞问题.

作为说明上面第二点的一个实例，我们考虑等质量的两个物体的碰撞问题，其中有一个物体原来是静止的. 从下面两种场合可以看出，只有在获得更多的信息之后，我们才能够得到唯一的解答.

(a) 假设碰撞后两个等质量的粒子粘在一起了，那么它们的速度是多少？令运动的那个物体原来的速度沿 x 轴，则有

$$\boldsymbol{p}_1=M_1v_1\hat{\boldsymbol{x}},\ \boldsymbol{p}_2=0\,;$$

$$(\boldsymbol{p}_1'+\boldsymbol{p}_2')=(M_1+M_2)\boldsymbol{v}'=2M_1\boldsymbol{v}'=\boldsymbol{p}_1=M_1v_1\hat{\boldsymbol{x}},$$

$$\boldsymbol{v}'=\frac{v_1}{2}\hat{\boldsymbol{x}}.$$

(b) 假设碰撞后第一个粒子变为静止，那么第二个粒子的速度是多少？

$$\boldsymbol{p}_1'+\boldsymbol{p}_2'=0+M_2\boldsymbol{v}_2'=M_1v_1\hat{\boldsymbol{x}},$$

$$\boldsymbol{v}_1'=v_1\hat{\boldsymbol{x}}.$$

为了唯一地解出碰撞问题，我们需要在动量守恒定律之上添加别的信息，就像在(a)或(b)中那种的假设一样，或者是别的假设. 附加信息也可以是弹性碰撞或能量守恒这类条件.

【例】

两个等质量质点的弹性碰撞（其中之一碰前静止）　我们要证明在这种情况下

碰撞后两动量及两速度矢量之间的夹角为 90°，我们有

$$\boldsymbol{p}_1+\boldsymbol{p}_2=M_1\boldsymbol{v}_1+0=M_1\boldsymbol{v}'_1+M_2\boldsymbol{v}'_2.$$

因为 $M_1=M_2$ 以及 M_2 原来静止，所以

$$\boldsymbol{v}_1=\boldsymbol{v}'_1+\boldsymbol{v}'_2.$$

碰撞加上限制词弹性，这意味着动能$\left(\frac{1}{2}Mv^2\right)$守恒．因此

$$\frac{1}{2}M_1v_1^2=\frac{1}{2}M_1v'^2_1+\frac{1}{2}M_2v'^2_2,$$

它给出

$$v_1^2=v'^2_1+v'^2_2. \tag{3.38}$$

式（3.38）使我们想起毕达哥拉斯定理，而且我们从图 3.16 的矢量图形中也注意到，$\boldsymbol{v}_1$ 一定是直角三角形的斜边．这样，$\boldsymbol{v}'_1$ 与 $\boldsymbol{v}'_2$ 之间的夹角必定是 90°．

进一步的例子将在习题 16～习题 18 中给出．此外，我们在第 6 章中还要更详细地来讨论碰撞问题．

阿特伍德机　在图 3.17 所示的那种大家熟悉的阿特伍德机问题中，牛顿第二定律和第三定律同时都用到了．两个质量不等的物体用细绳悬挂在滑轮上，并假设滑轮无摩擦而且质量可以忽略，令 m_2 大于 m_1，因为细绳是连续的且长度不变，所以每个物体的加速度的方向将如图所示，而且加速度的数值应该相等．我们首先来求加速度的数值．

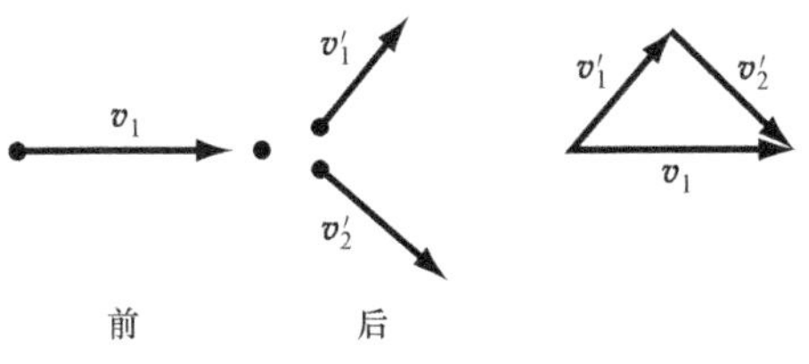

图 3.16　两个等质量质点的弹性碰撞

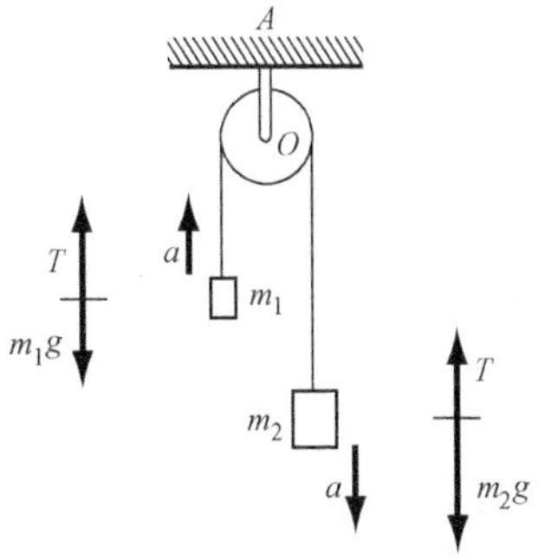

图 3.17　阿特伍德机

每一物体受到两个力，即细绳的张力和重力．牛顿第三定律确保作用在两个物体上的张力数值相等．根据牛顿第二定律，有：

$$\begin{aligned}&\text{对于 } m_1 \text{ 的运动}\quad T-m_1g=m_1a,\\&\text{对于 } m_2 \text{ 的运动}\quad m_2g-T=m_2a;\end{aligned} \tag{3.39}$$

两式相加，得

$$(m_2-m_1)g=(m_1+m_2)a,$$

或
$$a=\frac{m_2-m_1}{m_2+m_1}g. \tag{3.40}$$
现将 a 的表达式代入式（3.39）中的任一式，即可算出张力 T. 结果为
$$T=\frac{2m_1m_2}{m_1+m_2}g.$$

绳子应该有多结实呢？它必须在这个张力的作用下不断掉，这意味着在静止时它一定要能支持住质量为 $m(mg=T)$ 的物体. 这样，它的强度至少要能支持住质量为
$$m=\frac{2m_1m_2}{m_1+m_2}$$
的物体，这里 m 大于 m_1 但小于 m_2.

如果注意到运动着的总质量为 m_1+m_2 所受净力为 $(m_2-m_1)g$，这样就可以由 $F=Ma$ 把上述加速度的表达式［式（3.40）］理解为单个物体运动的结果. 认识到这一点是有好处的. 于是，如上所述，有
$$a=\frac{F}{M}=\frac{(m_2-m_1)g}{m_2+m_1}.$$

3.7　接触力：摩擦

我们在同普通物体打交道时，常常会涉及一种力，这就是在一个物体与另一个物体接触时接触处的压力和张力. 在上节中，这种力表现为绳子的张力. 在更早关于碰撞的讨论中，曾假设短暂作用的接触压力是在碰撞的瞬间发生的. 另外一种实际上也很重要的接触力是摩擦力（例如，参看第7章中振子的阻尼）. 摩擦力与物体速度之间的关系十分复杂，但这里我们只讨论最简单的情况，也就是：如果物体是运动的，摩擦力是恒力；如果物体是静止的，摩擦力刚好大到足以保持平衡.

摩擦力平行于两个物体的接触面或一个物体与一个表面的接触面. 摩擦力与另一个接触力有关，即与固体表面施予静置其上的物体的法向力有关. 图3.18所示是一个置于水平面上的物体. 显然，重力 Mg 的作用竖直向下. 因为物体处于静止，所以牛顿第一定律告诉我们，这里还应该有一个与 Mg 相等但方向向上的力存在. 这样的力，它垂直于表面并防止物体穿过表面下落，通常用 N 来表示（见图3.18）. 倾向于迫使物体进入表面的力可以是重力，可以是重力的分量，还可以是与重力完全无关的其他的力，这要视具体情况而定.

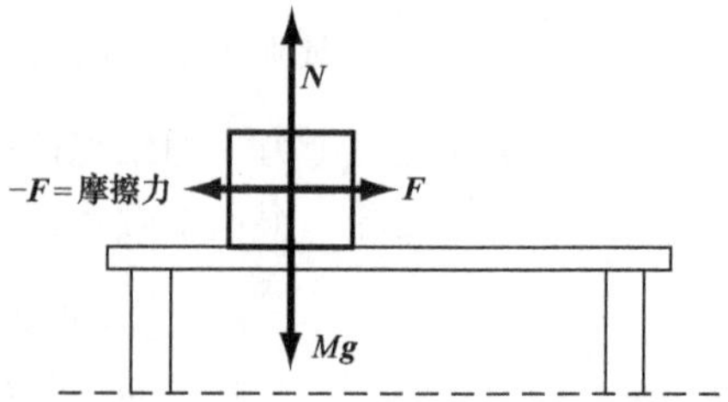

图3.18　置于水平面上的物体同时受到重力 Mg，法向力 N，水平外力 $\boldsymbol{F}$ 和摩擦力 $-\boldsymbol{F}$ 的作用

现在，假设我们平行于表面施加一个力 $\boldsymbol{F}$（譬如说，在物体上系一绳，而在绳子的另一端悬挂一重物，如图 3.19 所示），但它的大小不致引起物体滑动．那么，也是根据牛顿第一定律，这个表面一定对物体有一个数值相等而方向相反的作用力 $-\boldsymbol{F}$．这个力 $-\boldsymbol{F}$ 就叫作摩擦力，在未加外力 $\boldsymbol{F}$ 之前，摩擦力为零．

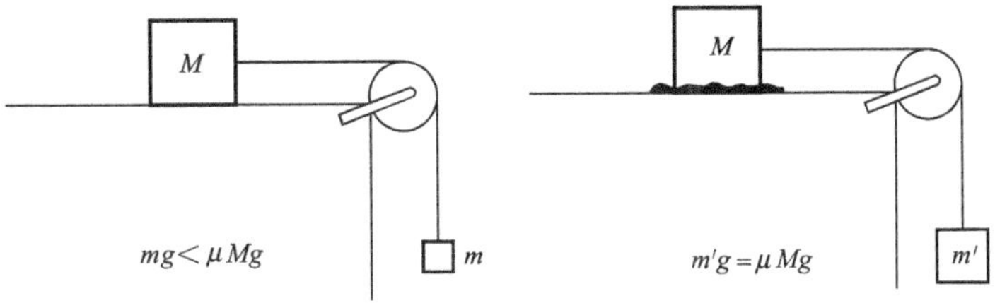

a) M远不能滑动　　b) M刚要滑动

图 3.19

摩擦力能有多大呢？我们总可以加一个足够大的力 $\boldsymbol{F}$ 去使物体滑动（“不可移动的物体”除外）．实验事实表明，

$$F_{极大} = \mu N. \tag{3.41}$$

式中，μ 是一个常数，称为静摩擦因数，取决于接触的两个表面的性质．表 3.1 中列出了一些 μ 的代表值．必须记住，静摩擦力可以是从零到 μN 之间的任何值，它与所加外力的数值有关，如图 3.19 所示．

表 3.1　静摩擦因数 $\mu = \dfrac{F}{N}$

物　质	μ	物　质	μ
玻璃与玻璃	0.9～1.0	冰与冰	0.05～0.15
玻璃与金属	0.5～0.7	雪橇与干雪	0.04
石墨与石墨	0.1	铜与铜	1.6
橡皮与固体	1～4	钢与钢	0.58
制动材料与铸铁	0.4		

【例】

$\boldsymbol{\mu}$ 的测量　找出置于斜面上的物体刚刚要下滑时斜面的倾角 θ，可以测定 μ 的数值．参看图 3.20，假设物体就要开始滑动，我们可以看出三个力 $\boldsymbol{Mg}$，$\boldsymbol{N}$ 和 $\boldsymbol{F}_{摩}$ 之和应为零．取与斜面相平行和相垂直的两个分量，得

$$N = Mg\cos\theta,\ F_{摩} = Mg\sin\theta. \tag{3.42}$$

现在，利用 $F_{摩} = \mu N$，得到

$$\mu = F_{摩}/N = \frac{Mg\sin\theta}{Mg\cos\theta} = \tan\theta. \tag{3.43}$$

【例】

在不同方向的切向力作用下的滑动　质量为 M 的物体静止置于摩擦因数 $\mu > \tan\theta$ 的斜面上．求出使物体滑动所必需的平行于斜面的力的数值，这个切向力和斜

面径直向上的方向间的夹角可以取不同的值．这个问题可以改变一个：如果使物体滑动的力平行于斜面，但不是沿斜面径直向上，求物体刚开始滑动的方向与力的方向的关系．

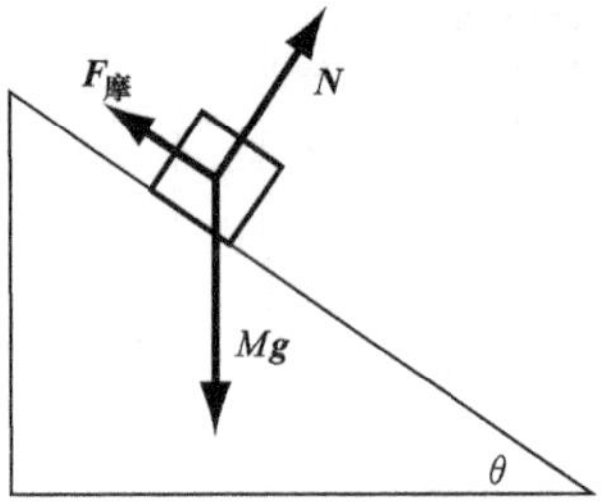

图 3.20　物体刚要沿斜面下滑

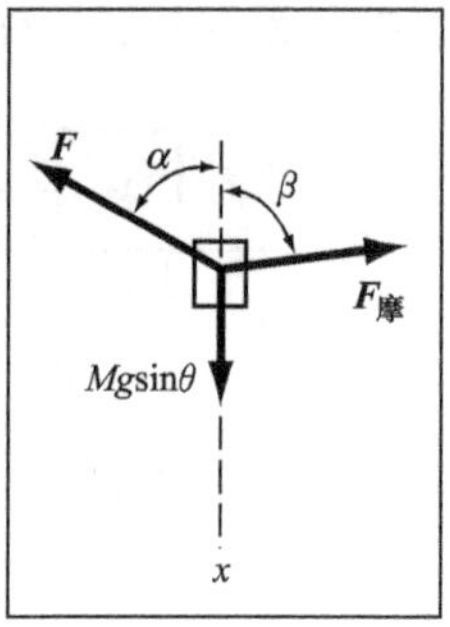

图 3.21　在外力 **F** 作用下，一个在粗糙斜面上刚要滑动的物体

图 3.21 画出了平行于斜面的、相互保持平衡的几个力．从图 3.21 我们看出，三个力 $\boldsymbol{F}_{摩}$，$Mg\sin\theta\hat{\boldsymbol{x}}$ 和 $\boldsymbol{F}$（外力）加起来必须等于零．由于物体刚要滑动，由上例我们有

$$F_{摩}=\mu Mg\cos\theta.$$

沿斜面径直上下方向的分量为

$$F\cos\alpha+F_{摩}\cos\beta-Mg\sin\theta=0,$$

即

$$F\cos\alpha+\mu Mg\cos\theta\cos\beta=Mg\sin\theta;$$

而垂直于这个方向的分量为

$$F_{摩}\sin\beta-F\sin\alpha=0,$$

即

$$F\sin\alpha=\mu Mg\cos\theta\sin\beta.$$

从上述两个方程中消去 β 就得到

$$\frac{F}{Mg}=\cos\alpha\sin\theta\pm\sqrt{\cos^2\alpha\sin^2\theta+\mu^2\cos^2\theta-\sin^2\theta}. \tag{3.44}$$

式（3.44）中的负号是什么意思呢？为了说明这一点，我们指出，由于已经假设 $\mu>\tan\theta$，所以有 $\mu^2\cos^2\theta>\sin^2\theta$．因此，上式中平方根表示的一项大于 $\cos\alpha\sin\theta$．如果我们取负号，F 就会是一个负的量．显然，这是一个不能接受的解，因为我们已经假设了 F 为正．所以，我们只能取正号．请注意，当 $\alpha=0$ 时，

$$F=Mg\sin\theta+\mu Mg\cos\theta;$$

当 $\alpha=\pi$ 时，

$$F=-Mg\sin\theta+\mu Mg\cos\theta.$$

这是直接算出来的．读者还可以校验一下，如果 $\mu=\tan\theta$ 和 $\alpha=\pi$，则 $F=0$．

当 F 刚刚大于式（3.44）给出的数值时，物体就会开始滑动，滑动的方向正好与 $F_{摩}$ 相反. 从上面那些方程我们可以计算出 β 的值：

$$\sin\beta = \frac{\sin\alpha}{\mu}(\cos\alpha\tan\theta + \sqrt{\mu^2 - \tan^2\theta\sin^2\alpha}).$$

我们可以假设 $\beta = \pi/2$ 来检验一下这个方程. 在这种情况下，三个力 $\boldsymbol{F}$，$Mg\sin\theta\hat{\boldsymbol{x}}$ 和 $F_{摩}$ 构成一个直角三角形.

【例】

摩擦力恒定时的水平运动　设一水平表面与运动物体之间的摩擦因数为 μ，问物体应有多大速率，它才能在停止之前平行于水平表面滑行 D 这样大的距离？对于恒力的一维问题，我们有

$$M\frac{\mathrm{d}^2x}{\mathrm{d}t^2} = -\mu Mg,\ \frac{\mathrm{d}^2x}{\mathrm{d}t^2} = -\mu g.$$

在重力那一节中，我们已经求出过与此类似的一个方程的解. 参照式（3.8）和式（3.9），我们有

$$v_x = -\mu gt + v_0 \ \text{和}\ x = -\frac{1}{2}\mu gt^2 + v_0t.$$

式中，我们已令 x_0（在 $t=0$ 时的 x 值）为零. 所求的速率是 v_0. 当物体停止时，$v_x=0$，从而 $t=v_0/\mu g$. 把这个值代入表示 x 的方程中，并令 x 等于 D，于是得到

$$D = -\frac{1}{2}\mu g\left(\frac{v_0}{\mu g}\right)^2 + v_0\frac{v_0}{\mu g} = \frac{1}{2}\frac{v_0^2}{\mu g},$$

或者

$$v_0 = \sqrt{2D\mu g}.$$

习　　题

（请注意，数字答案必须给出单位，一个没有单位的数字答案是没有意义的.）

1. 牛顿第三定律. 一个具有初等物理学程度的学生站在一个大的滑冰场的中央，他的脚与冰之间的摩擦因数很小，但有一定数值. 他曾经学过牛顿第三定律. 由于这个定律说，对于每一个作用，都存在着一个大小相等而方向相反的反作用，从而全部力的总和应等于零. 于是他认为，没有任何力能使他向冰场的边缘加速，这样他只得待在冰场的中央.

（a）你能告诉他如何到达边缘吗？

（b）一旦他到了边缘，你如何向他讲解牛顿第二定律和第三定律？

2. 猴子与猎人在入门性质的物理学讲义中有一个大家熟悉的演示实验，如图 3.22 所示. 一支在 O 点的枪瞄准了位于 P 点的靶体射击. 在击发的瞬间靶体坠落，结果子弹还是击中了下落的靶体. 试证明，不管子弹的发射速度如何，子弹都会与

靶体在空中相撞.

3. 接球游戏的顶棚高度. 两个男孩在长廊上玩接球游戏. 顶棚的高度是 H，球在肩的高度被抛出或接住，两男孩的肩高都是 h. 如果孩子们能以速度 v_0 把球抛出，那么他们游戏时两人最多可以相隔多远的距离？（答：$R=4\sqrt{(H-h)[v_0^2/2g-(H-h)]}$.）

还请证明，如果 $H-h>v_0^2/4g$，则有 $R=v_0^2/g$. 并解释一下条件 $H-h>v_0^2/4g$ 的物理意义.

4. 向上发射. 一支步枪的发射速度是 30m/s. 有一个人每隔一秒钟竖直向上打一枪，我们假设无空气阻力，试求：

（a）无论什么时刻，空中有多少颗子弹？

（b）子弹将在距地面多高的地方彼此相遇而过？

5. 两个斜面上的摩擦. 如图 3.23 所示，两个粗糙平面 1 和 2 的摩擦因数分别为 μ_1 和 μ_2. 试在下面两种情况下求出 M_1，M_2，θ_1，θ_2，μ_1 以及 μ_2 之间的关系：

（a）M_1 刚要沿平面 1 下滑.

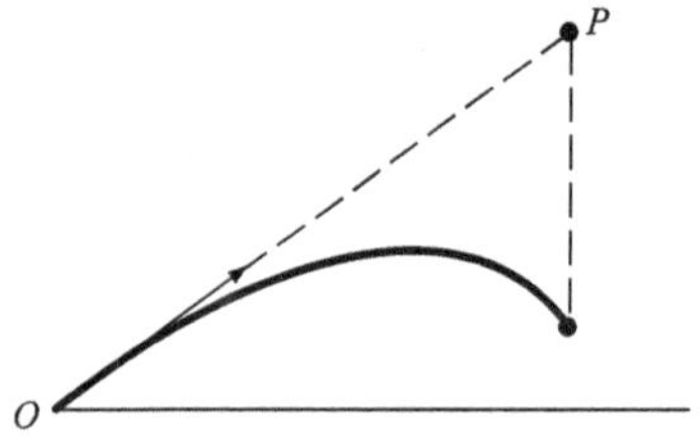

图 3.22

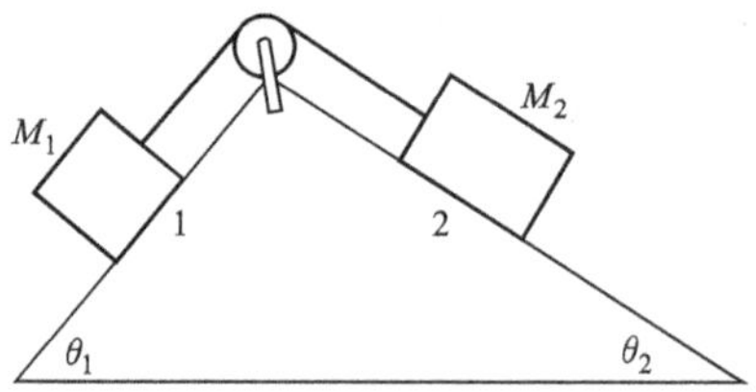

图 3.23

（b）M_2 刚要沿平面 2 下滑.

6. 摩擦力不等于 μMg. 如图 3.24 所示，有一个力 $\boldsymbol{F}$ 作用在静置于水平粗糙表面上的一块质量为 M 的木块上，摩擦因数为 μ.

（a）假设 $F\gg Mg$，求出无论力 F 有多大都不能使物体滑动的最大的 θ 值.

（b）求出使木块刚要滑动时用 θ 和 μ 表示出来的 F/Mg 值. 并证明，在 $F\gg Mg$ 条件下，此答案就化为（a）的答案.

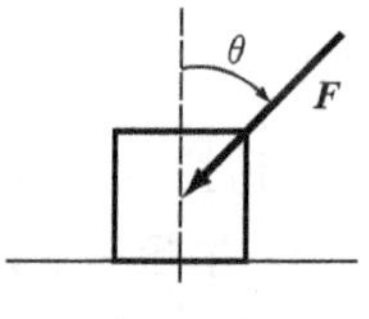

图 3.24

7. 阿特伍德机. 求出在图 3.17 所示的阿特伍德机中悬挂滑轮的 OA 绳中的张力，并证明，张力，m_1g 和 m_2g 这三个力的矢量和等于竖直方向上动量的改变率.

8. 人造地球卫星和月球. 月球和沿刚好略大于地球半径的轨道绕地运行的一颗卫星相比，哪一个运行得更快些？速率比是多少（用半径比表示）？周期比是多少？已知月球周期为 27 天，轨道半径为 3.84×10^5km，地球半径为 6400km，试求这颗卫星的周期.

9. 静电力. 如图 3.25 所示，从 P 点用等长的两根线悬挂着两个完全相同的小导电球. 开始时，两个小球垂悬着，$\theta \approx 0$，互相保持接触，这时使它们带上电荷，两球均摊这些电荷. 然后，它们就处在如图 3.25 所示的平衡位置上，试求出用 m，g，l 和 θ 表示的 q 的表达式（把小球当作点电荷处理）.

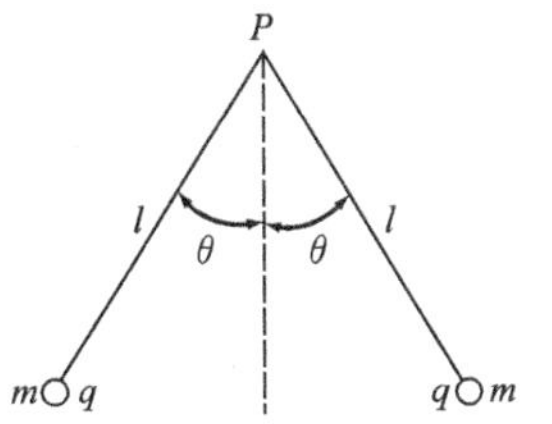

图 3.25

10. 电场中的质子.

（a）在 3×10^6 V/m 的电场中，作用在一个质子上的力有多大（以牛顿为单位）?

（b）如果把一个质子在上述强度的均匀电场中静止地释出，在过 10^{-8} s 之后它的速率是多少?

（c）在这段时间内，质子移动了多远?

11. 磁场中的质子. 一个质子（$e=1.6\times10^{-19}$ C）以速度矢量 $\boldsymbol{v}=2\times10^6\hat{\boldsymbol{x}}$ m/s 射入 $\boldsymbol{B}=0.1\hat{\boldsymbol{z}}$ T 的均匀磁场中.

（a）试计算质子刚射入时作用在质子上的力（包括数值与方向）.

（b）质子此后运动径迹的曲率半径是多少?

（c）如果取入射点为原点，试确定圆形轨迹中心的位置.

12. 两电子间电力与引力之比. 两电子间的静电力的数值是 $4\pi\varepsilon_0 e^2/r^2$，引力的数值是 Gm^2/r^2（$G=6.67\times10^{-11}$ N · m²/kg²）. 两电子间静电力与引力之比的数量级是多少?（答：10^{42}.）

13. 穿过电场与磁场. 一个带电粒子沿着 x 方向运动，通过一个存在着电场 E_y 和与电场垂直的磁场 B_z 的区域. 试问，要保证作用在粒子上的净力为零的必要条件是什么? 请画出这时的 $\boldsymbol{v}$，$\boldsymbol{E}$ 和 $\boldsymbol{B}$ 三个矢量. 如果 $E_y=3\times10^5$ V/m，$B_z=0.03$ T，这时对 v_x 的限制条件是什么?（答：$v_x=1\times10^7$ m/s.）

14. 在平板电容器中的偏转. 有一个电荷为 q，质量为 M 的带电粒子以初速 $v_0\hat{\boldsymbol{x}}$ 进入一个电场为 $-E\hat{\boldsymbol{y}}$ 的区域（见图 3.26）. 我们假设 $\boldsymbol{E}$ 是均匀的，也就是在长度为 L 的两平板之间的区域它的数值到处一样.（只是在平板的边缘附近有一点微小的变化，我们对此将忽略不计.）

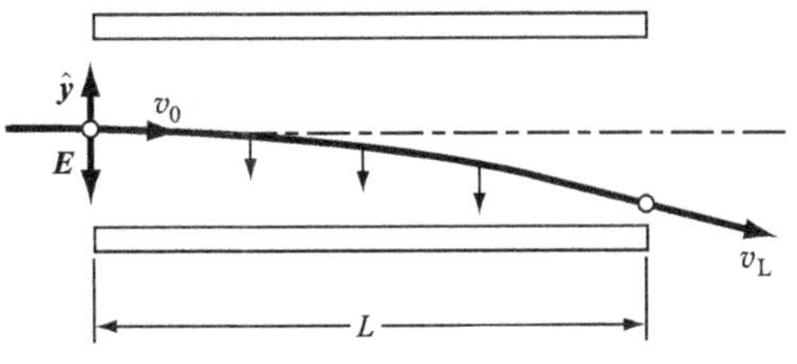

图 3.26

（a）在 x 和 y 方向的作用力分别是多少?（答：$F_x=0$；$F_y=-qE\hat{\boldsymbol{y}}$.）

（b）y 方向上的力是否会影响速度的 x 分量?

（c）解出作为时间函数的 v_x 和 v_y，并写出 $\boldsymbol{v}(t)$ 的完整的矢量方程. $\left(\text{答：} v_0\hat{\boldsymbol{x}}-\left(\dfrac{qE}{M}\right)t\hat{\boldsymbol{y}}.\right)$

（d）取入口处为原点，试写出粒子在两平板之间时它的位置随时间变化的完整的矢量方程.

15. 续上题. 如果习题14中的那个粒子是一个初始动能为10^{-17}J的电子（动能 = $\frac{1}{2}mv^2$，因此1J是质量为2kg的一个粒子以1m/s的速率运动时所具有的动能），而且电场的强度为300V/m，$L=0.02$m，试求：

（a）电子离开平板之间区域时的速度矢量.

（b）电子离开平板之间区域时，它的速度$\boldsymbol{v}$与x轴之间的夹角$(\boldsymbol{v}, \hat{\boldsymbol{x}})$.（答：2.7°.）

（c）电子离开平板间电场时的运动方向与x轴的相交点.（答：0.01m.）

16. 碰撞过程. 如图3.27所示，两个粒子开始时分别位于$x_1=0.05$m，$y_1=0$和$x_2=0$，$y_2=0.1$m两点；第一个粒子的速度$\boldsymbol{v}_1=-400\hat{\boldsymbol{x}}$m/s，第二个粒子的速度$\boldsymbol{v}_2$沿着$-\hat{\boldsymbol{y}}$轴.

（a）如果它们要发生碰撞，$\boldsymbol{v}_2$的数值该是多少？（答：$-8\times10^2\hat{\boldsymbol{y}}$m/s.）

（b）两粒子的相对速度$\boldsymbol{v}_r$的数值是多少？（答：$4\times10^2(2\hat{\boldsymbol{y}}-\hat{\boldsymbol{x}})$m/s.）

（c）建立起一个用两物体的位置$\boldsymbol{r}_1$，$\boldsymbol{r}_2$和速度$\boldsymbol{v}_1$，$\boldsymbol{v}_2$表示的两者能发生碰撞的通用判据.

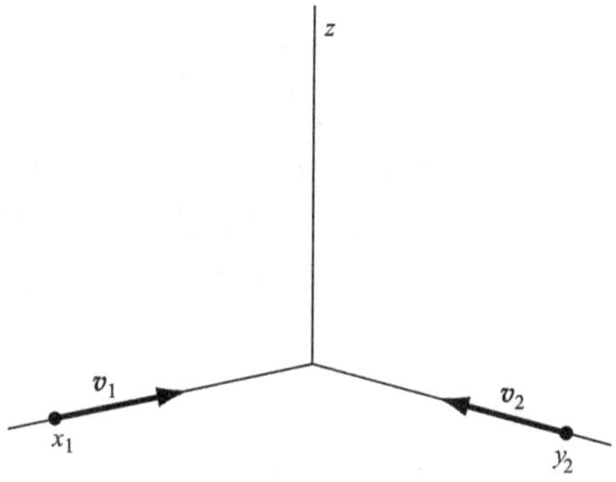

图3.27

17. 碰撞的运动学. 有两个限定在一个水平面上运动的物体发生碰撞. 假设$M_1=85$g，$M_2=200$g，原来的$\boldsymbol{v}_1=6.4\hat{\boldsymbol{x}}$cm/s，$v_2=(-6.7\hat{\boldsymbol{x}}-2.0\hat{\boldsymbol{y}})$cm/s.

（a）试求出总动量.［答：$(-796\hat{\boldsymbol{x}}-400\hat{\boldsymbol{y}})$kg·cm/s.］

（b）如果碰撞后$|w_1|=9.2$cm/s，$w_2=(-4.4\hat{\boldsymbol{x}}+1.9\hat{\boldsymbol{y}})$cm/s，那么$w_1$沿什么方向？（我们用符号$w$表示碰撞后的速度.）（答：偏离$x$轴$-84°$.）

（c）相对速度$w_r=w_1-w_2$是多少？（答：$5.4\hat{\boldsymbol{x}}-11\hat{\boldsymbol{y}}$cm/s.）

（d）碰撞前总动能和碰撞后总动能各是多少？这个碰撞是弹性的还是非弹性的？

18. 非弹性碰撞. 两物体（$M_1=2$g，$M_2=5$g）碰撞前具有速度$\boldsymbol{v}_1=10\hat{\boldsymbol{x}}$cm/s和$v_2=(3\hat{\boldsymbol{x}}+5\hat{\boldsymbol{y}})$cm/s，碰撞后粘在一起.

（a）它们的末速度是什么？

（b）碰撞中损失了多大比例的初始动能？

19. 卫星轨道. 设有一个卫星轨道刚好位于一个质量密度为ρ的均匀球状行星的赤道之外. 试证明这个轨道的周期T只与行星的密度有关，并给出T的方程（它还包含G）.

20. 迫击炮弹的射程. 下面表中列出的是迫击炮弹的发射速度和射程的实验数据，它们全都是与水平面成45°方向射出的，表内还列出了飞行时间. 把这些射程和时间同前面所讲的关于抛物体的简单的理论比较一下. 你能看出什么规律性吗？取 $g = 9.8\mathrm{m/s^2}$.

发射速度/(m/s)	射程/m	时间/s
100	967	14.4
110	1114	15.7
120	1341	17.0
130	1532	18.2

高 级 课 题

均匀交变电场中的带电粒子 令

$$\boldsymbol{E} = E_x\hat{\boldsymbol{x}} = E_x^0 \sin\omega t\hat{\boldsymbol{x}};$$

式中，$\omega = 2\pi f$ 是电场的角频率；E_x^0 是电场矢量的振幅. 在不会引起混淆的情况下，E 的上标“0”常常略去不标. 由式（3.20），这时的运动方程为

$$\frac{\mathrm{d}^2 x}{\mathrm{d}t^2} = \frac{q}{M}E_x = \frac{q}{M}E_x^0\sin\omega t. \tag{3.45}$$

在求解微分方程时，我们往往依据物理方面的考虑采用一种很好的尝试法去求解. 我们预料有下列形式的解㊀：

$$x(t) = x_1\sin\omega t + v_0 t + x_0. \tag{3.46}$$

取式（3.46）的微商，我们得到

$$\frac{\mathrm{d}^2 x}{\mathrm{d}t^2} = -\omega^2 x_1 \sin\omega t.$$

正弦和余弦的微商是

$$\frac{\mathrm{d}}{\mathrm{d}\theta}\sin\theta = \cos\theta,\quad \frac{\mathrm{d}^2}{\mathrm{d}\theta^2}\sin\theta = -\sin\theta;$$

㊀ 这里，我们做的是物理学家通常做的一项工作，即去寻找微分方程的遵从给定的初始条件的那个解. 这个工作需要技巧，直觉的猜测会起很大的作用. 解微分方程本来常常是有严格规定的数学方法的，但是物理学家总是会向自己提问：“会发生什么事情？”或者“你预期还会发生别的什么事情吗？”最后，他把自己的猜想代入原始方程，检验一下答案能否符合要求. 如果猜错了，他就再试一次. 正确的猜测能节省时间，即使是错误的猜测也能对解决问题有所启发.

式（3.45）说明，如果作用力是时间的正弦函数，带电粒子的加速度也应该是时间的正弦函数. 由于加速度是振荡的，所以位移表达式中至少有一部分应该是振荡的. 根据这个理由，我们在式（3.46）中引入了含有 $\sin\omega t$ 或 $\cos\omega t$ 的一项. 我们选择 $\sin\omega t$，是考虑到正弦函数连作两次微商以后仍然是正弦函数. 作为初始位移的 x_0 一项也是必不可少的. 由于我们还要表示出初始速度，所以添加了一项 $v_0 t$，它能够表示出包括零在内的任何初始速度. $v_0 t$ 在以后的时间里一直起作用，它在振荡速度上叠加了一个恒定速度. $v_0 t$ 是唯一能采用的形式，因为采用 t 的更高幂次会与式（3.45）不一致.

$$\frac{\mathrm{d}}{\mathrm{d}\theta}\cos\theta = -\sin\theta,\quad \frac{\mathrm{d}^2}{\mathrm{d}\theta^2}\cos\theta = -\cos\theta.$$

因此，只要

$$-\omega^2 x_1 \sin\omega t = \frac{q}{M}E_x^0 \sin\omega t, \tag{3.47}$$

式（3.46）就是运动方程（3.45）的一个解. 式（3.47）要求

$$x_1 = -\frac{qE_x^0}{M\omega^2}. \tag{3.48}$$

将式（3.48）代入式（3.46），我们得到以下结果：

$$x(t) = -\frac{qE_x^0}{M\omega^2}\sin\omega t + v_0 t + x_0;$$

速度是

$$v_x(t) = \frac{\mathrm{d}x}{\mathrm{d}t} = -\frac{qE_x^0}{M\omega}\cos\omega t + v_0.$$

于是，在 $t=0$ 时，

$$v_x(0) = -\frac{qE_x^0}{M\omega} + v_0.$$

不要把 $v_x(0)$ 与 v_0 相混淆，$v_x(0)$ 是 $t=0$ 时的速度，而 v_0 是使 $v_x(0)$ 具有这一指定的初始数值的特定常量. 如果我们选择初始速度为零，则必须有

$$v_0 = \frac{qE_x^0}{M\omega}.$$

把这个结果代入前面 $x(t)$ 的表达式中，则有

$$x(t) = -\frac{qE_x^0}{M\omega^2}\sin\omega t + \frac{qE_x^0}{M\omega}t + x_0.$$

这个结果有点出乎意料，在 $t=0$ 时 $v_x=0$ 的初始条件下，带电粒子的运动竟是一个振荡与一个恒定的漂移速度 $qE_x^0/M\omega$ 的叠加. 这是因为，在这个特殊问题中，粒子速度的方向决不会反向. 粒子时快时慢地一直向着同一边运动. 要注意的是，在这个问题中，v_0 不等于 $v_x(t=0)$，但 x_0 等于 $x(t=0)$.

加速度、速度和位移，作为时间的函数示于图 3.28.

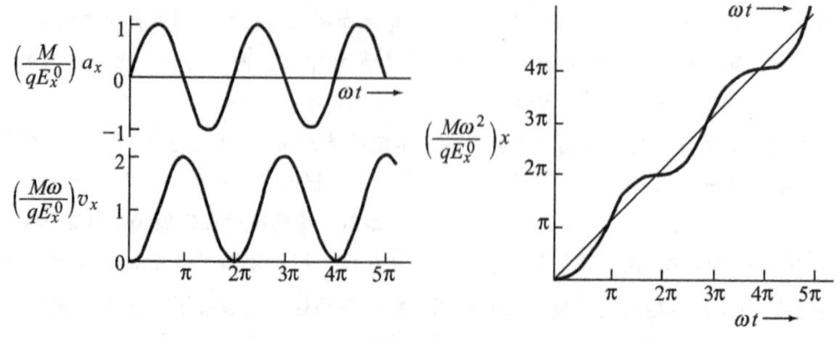

图 3.28　加速度、速度和位移随 ωt 变化的曲线

对于电场 $\boldsymbol{E}=\hat{\boldsymbol{x}}E_x^0\sin\omega t$ 中的电荷 q，有

$$a_x=\frac{q}{M}E_x^0\sin\omega t$$

和

$$v_x(t)=\int a_x\mathrm{d}t=-\frac{qE_x^0}{M\omega}\cos\omega t+v_0.$$

若 $v_x(0)=0$, 则

$$v_0=\frac{qE_x^0}{M\omega}$$

或

$$v_x(t)=\frac{qE_x^0}{M\omega}(1-\cos\omega t),\cdots$$

又

$$\begin{aligned}x(t)&=\int v_x(t)\,\mathrm{d}t\\&=\frac{qE_x^0}{M\omega}\int(1-\cos\omega t)\,\mathrm{d}t+x(0).\end{aligned}$$

若 $x(0)=0$, 则

$$x(t)=-\frac{qE_x^0}{M\omega^2}\sin\omega t+\frac{q}{M\omega}E_x^0t.$$

图 3.28　加速度、速度和位移随 ωt 变化的曲线（续）

数学附录

微分方程　我们已经看到，在直角坐标中加速度为

$$\frac{\mathrm{d}^2x}{\mathrm{d}t^2}\hat{\boldsymbol{x}}+\frac{\mathrm{d}^2y}{\mathrm{d}t^2}\hat{\boldsymbol{y}}+\frac{\mathrm{d}^2z}{\mathrm{d}t^2}\hat{\boldsymbol{z}}.$$

在别的坐标系中，它除了包含对时间的二阶微商外，还可能会包含对时间的一阶微商，牛顿第二定律在一维空间中简化为

$$M\frac{\mathrm{d}^2x}{\mathrm{d}t^2}=F_x.\tag{3.49}$$

我们写出这个方程的目的，是要求出 x 作为 t 的函数，即解出 x. 这个方程即为微分方程，它的解将是 $x(t)$. 我们怎样去求这个解呢？数学家们对这个问题有一套正规的程序，但物理学家往往是去猜测出一个解，再把它试代入式（3.49）看看是否合适. 有一些普通类型的微分方程经常在物理学中出现，因此我们最好是记住它们的解. 我们在下面就来讨论其中的两个方程，在以后几章的章末还要讨论其他的微分方程.

$\boldsymbol{F}=0$ 是最简单的情况. 我们已经从牛顿第一定律知道了它的答案，但是，让我们从求解方程

$$\frac{\mathrm{d}_2x}{\mathrm{d}t^2}=0=\frac{\mathrm{d}v_x}{\mathrm{d}t}\tag{3.50}$$

的观点再温习一下，我们知道，恒量的微商是零，所以

$$v_x = 常量 = v_0$$

一定是它的一个解. 这个解的意义是

$$\frac{dx}{dt} = v_0. \tag{3.51}$$

用

$$x = v_0 t + x_0 \tag{3.52}$$

作为它的解尝试一下. 式（3.52）微商一次得到式（3.51），微商两次就得到式（3.50）. 因此，我们说方程（3.50）已被解出. 可以证明，这个解是唯一的.

v_0 和 x_0 是什么呢? 显然，它们是恒量，但它们是从哪里来的呢? 它们来自所考虑的特定问题. 例如，假设有一个质点静止在 $x=0$ 处，不受外力的作用，那应该有 $v_0=0$ 和 $x=0$，因而 $x=0$ 就是我们的解. 换句话说，质点将一直保持在 $x=0$ 点不动，直到有外力开始作用到它上面为止. 可是，如果我们考虑的那个不受外力作用的质点在 $t=0$ 时位于 $x=+50$ 处，而且以速率 25 向 x 轴的负方向移动，那么应该取 $x_0=+50$，$v_0=-25$；于是

$$x = -25t + 50.$$

由此我们可以知道 $t>0$ 的任何时刻的 x 值. 如果我们知道在 $t<0$ 的时刻也没有外力作用，那么，这个结果同样能给出 $t<0$ 的任何时刻的 x 值. 两个常量 v_0 和 x_0，通常称为积分常数，它们要由问题的条件即通常所谓的初始条件来确定. 二阶微分方程的解总会有两个任意常数，一阶微分方程的解有一个任意常数.

另一个最简单的情况是 $\boldsymbol{F}_x = 恒量 = F_0$. 我们把 x 改成 y，让读者便于把这个问题的求解和本章开始时的例子

$$\frac{d^2 y}{dt^2} = \frac{F_0}{M} = a \tag{3.53}$$

联系起来；式中，a 是恒定的加速度. 让我们用解

$$y = \frac{1}{2}at^2 + v_0 t + y_0 \tag{3.54}$$

尝试一下. 式（3.54）微商两次就给出式（3.53），因此我们得到的是一个解. v_0 和 y_0 仍然是任意恒量，或者说积分常数，它们要由问题的条件确定. 读者一定能认出，式（3.54）就是过去在物理课中学过的在重力作用下自由质点的运动公式. 如果 y 轴向上为正，则 $a=-g$；这里 g 是重力加速度，为 $9.8\mathrm{m/s^2}$. 下面我们给出几个例题：

（1）一个物体在 $y=100\mathrm{m}$ 处从静止开始下落，这时

$$v_0 = 0,\ y_0 = 100;$$

从而

$$y = -\frac{1}{2}\times 9.8t^2 + 100(\mathrm{m}). \tag{3.55}$$

（2）把一个物体从原点以 $v_0=9.8\mathrm{m/s}$ 向上抛掷，这时

$$y_0=0,\ v_0=9.8;$$

$$y=-\frac{1}{2}\times 9.8t^2+9.8t(\mathrm{m}). \tag{3.56}$$

由此我们就能算出任何时刻 t 的 y 值．例如，在式（3.56）中，所能达到的最大高度是多少？我们令

$$\frac{\mathrm{d}y}{\mathrm{d}t}=0=-9.8t+9.8,$$

得

$$t_1=1\mathrm{s},$$

$$y=\left(-\frac{1}{2}\times 9.8\times 1^2+9.8\times 1\right)\mathrm{m}=4.9\mathrm{m}.$$

$\frac{\mathrm{d}y}{\mathrm{d}t}=0$ 的意思是 $v_y=0$，这就是物体达到最高点时的情况．

从数学观点来看，初始条件可以理解为 y 和 $\frac{\mathrm{d}y}{\mathrm{d}t}$ 在某一点的数值，在上述各种场合中，这一点就是 $t=0$．二阶微分方程给出了 $y-t$ 曲线的曲率，但斜率和 y 的数值还没有给出．因此，为了唯一地求出曲线，还必须确定出在某点的斜率和数值．读者可以去比较一下按式（3.55）和式（3.56）作出的曲线．

历史注记

回旋加速器的发明　近代的高能粒子加速器，绝大多数都是由第一台 1MV 质子回

一台早期的回旋加速器

旋加速器演变来的，它是劳伦斯（E. O. Lawrence）和利文斯顿（M. S. Livingston）在伯克利的利康特（Leconte）大厅建造的. 回旋加速器是劳伦斯设想出来的，这个设想由劳伦斯和埃德莱夫森（Edlefsen）以谈话摘要形式第一次发表在《科学》杂志上［*Science*，72，376，377（1930）］. 1932年，他们把第一批研究结果发表在《物理评论》（*Physical Review*）上.

原来的那个11in磁铁，在用于加速器时很快就显得过时了. 它被加以改建，目前仍在利康德大厅用于各种研究计划. 研究晶体中载流子的回旋共振的第一次成功的实验，就是用这个磁铁做出的.

对回旋加速器的早期历史有兴趣的读者，可以参看劳伦斯的《回旋加速器的发展》一文（"The Evolution of the Cyclotron"，*Les Prix Nobelen* 1951，pp127-140）.

拓 展 读 物

PSSC，"Physics，" chaps. 19-21，28（secs. 1，4，6），30（secs. 6-8），D. C. Heath and Company，Boston 1965.

HPP，"Project Physics Course，" chaps. 2-4，9（secs. 2-7），14（secs. 3，4，8，13），Holt，Rinehart and Winston，Inc.，New York，1970.

A. French，" Newtonian Mechanics，" W. W. Norton & Company，Inc.，New York，1971. 一本在这一层次上完备全面的书；MIT教材系列中的一本.

Ernst Mach，"The Science of Mechanics：A Critical and Historical Account of Its Development，" 6th ed.，chaps. 2 and 3，The Open Court Publishing Company，La Salle，Ⅲ.，1960. 一篇关于力学思想及其发展的经典记述.

Herbert Butterfield，"The Origins of Modern Scince，1300-1800，" Free Press，The Macmillan Company，New York，1965. 第一章中叙述了历史学家眼中的对运动和惯性正确理解的重要性.

L. Hopf，" Introduction to the Differential Equations of Physics，" translated by W. Nef. Dover Publications，Inc.，New York，1948. 这是一本简洁有趣的关于微分方程的导论性著作，不要求读者具有很多的数学准备，而且非常适合于自学.

第 4 章　参考系：伽利略变换

第 4 章　参考系：伽利略变换

在这一章中，我们将研究牛顿第二和第三定律的一些较为精细的方面. 参考系的问题在第 3 章中完全避而不提，在这里却要做比较详细的论述. 这一章中另两个重要的内容是伽利略不变性和动量守恒定律的另一种推导方法. 在某种意义上说，这一章对于继续学习以后各章并不是必不可少的；不过，对于全面理解力学的内容来说，这一章却是十分重要的.

4.1　惯性参考系和加速参考系

牛顿第一、第二定律只有在非加速的参考系中作观察时才是成立的. 这一点，从日常经验来看是显然的. 如果你的参考系固定在一个旋转木马上，那么，即使没有外力的作用，你在这个参考系中的加速度也不会是零. 你只有顶住旋转木马的某个部分，你才能在旋转木马的平台上站稳，按照牛顿第三定律该部分产生一个指向转轴的力 $M\omega^2 r$ 作用在你身上，在这个力的表达式中，M 是你身体的质量；ω 是角速度；r 是你离转轴的距离. 另外，假设你的参考系固定在一架起飞之后迅速加速的飞机上，那么，你会"由于飞机加速而被紧压在你座位的靠背上"，只是多亏靠背给你一个作用力，你才能相对于飞机保持静止.

如果你愿意相对于一个非加速的参考系去保持静止或匀速运动，则并不需要有力作用，但是，如果你硬要在一个加速参考系中保持静止，你就一定得受到像旋转木马的一部分或座位靠背所施的那样一个力的作用. 这些在加速参考系中自动出现的力在物理学上是十分重要的. 特别重要的是，我们一定要搞清楚在做圆周运动的参考系中作用着的那些力. 现在，最好先复习一下你们在高中物理课程中学过的这方面的内容. [一部名为《参考系》的 PSSC 影片（PSSC MLA 0307）极好地阐明了本章中的部分内容. 参见书后的影片列表]

【例】

超高速离心机　不是在惯性参考系中时所出现的那些效应可以是大量的！而且，这些效应可以有很大的实用意义. 考虑悬浮在超高速离心机实验容器中液体里的一个分子. 假设这个分子位于离转轴 10cm 的地方，超高速离心机以 1000 转每秒（60000r/min）的转速转动，这时角速度是

$$\omega = 2\pi \times 1 \times 10^3\,\mathrm{rad/s} \approx 6 \times 10^3\,\mathrm{rad/s};$$

线速度是

$$v=\omega r\approx 6\times 10^{3}\times 0.1\mathrm{m/s}\approx 6\times 10^{2}\mathrm{m/s}.$$

与做圆周运动相联系的加速度的数值等于 $\omega^2 r$（参看第 2 章）：

$$a=\omega^{2}r\approx(6\times 10^{3})^{2}\times 0.1\mathrm{m/s^{2}}$$
$$\approx 4\times 10^{6}\mathrm{m/s^{2}}.$$

可是，在地球表面由重力引起的加速度 g 只有 $9.80\mathrm{m/s^2}$，因此，上述转动加速度和重力加速度之比为

$$\frac{a}{g}\approx\frac{4\times 10^{6}}{9.80}\approx 4\times 10^{5}.$$

这就是说，超高速离心机中的加速度几乎是重力加速度的 400 000 倍.（这些数据是图 4.1 所示的那台超高速离心机的技术指标.）在超高速离心机的小室中，那些悬浮分子由于其密度（质量/体积）与周围液体的密度不同，将受到一个很强的力的作用，这个力要把它们从液体中分离出来. 如果它们的密度与液体的相同，就不会有分离效应. 如果它们的密度比液体的小，使之分离的力是向里的. 例如，在一辆沿环行道急驶的汽车上，一个飘浮着的氦气球将要朝环行道内侧运动.

图 4.1　一台超速离心机的转子. 它以 60 000r/s 运转，能提供几乎是重力加速度 400 000 倍的离心加速度

从实验室的立场看（实验室是一个近似程度相当好的非加速参考系），按照牛顿第一定律，那些悬浮分子倾向于保持静止（或匀速直线运动）. 它们不情愿地在超高速离心机中以很高的角速度被牵引着乱转，对于一个静止在超高速离心机实验小室里的观察者来说，一个悬浮分子的行为就好像是受到了一个作用力 $M\omega^2 r$，它被这个力从转轴拉向离心转子实验小室的外侧.（这里假设分子的密度比液体的大.）这个力有多大呢？设分子的分子量是 100 000，可以粗略地认为这个分子的质量是质子质量的 10^5 倍：

$$M\approx 10^{5}\times 1.7\times 10^{-27}\mathrm{kg}\approx 2\times 10^{-22}\mathrm{kg}.$$

（质子的质量近似等于一个原子质量单位，参看书后的数值表.）采用上一段所给的加速度数值，与转动加速度相联系的力是

$$Ma=M\omega^{2}r\approx 2\times 10^{-22}\times 4\times 10^{6}\mathrm{N}$$
$$\approx 8\times 10^{-16}\mathrm{N}.$$

这个表观的作用力（看起来是它把分子拉向实验小室的外侧）叫作离心（逃离中心的）力. 这个向外的运动由于周围液体对悬浮分子的拖曳而受到反抗. 因

为不同种类的分子各受到不同数值的离心力和不同的阻力，所以它们将以不同的速率在实验小室里向外运动．在超高速离心机小室这个参考系中，离心力就像是向着外方向的人造重力，它的强度随着离轴距离的增加而增大．不同种类的各种分子在这个不寻常的引力场中最终都按照它们的密度依序排列成一系列层次．这样，超高速离心机就提供了一种把不同种类的分子加以分离的非常好的方法．这种方法对于大分子特别有效，而它们往往正好是在生物学上极其重要的那些分子．由此可见，一个分子在加速参考系或非加速参考系中是否静止的问题，在生物学和医学的研究中是很有意义的．

现在，让我们回头讨论惯性参考系和加速参考系．作为经典力学基本定律的牛顿第二定律指出：

$$\text{力} = \frac{\mathrm{d}}{\mathrm{d}t}(\text{动量}),$$

$$\boldsymbol{F} = \frac{\mathrm{d}}{\mathrm{d}t}(\boldsymbol{p}). \tag{4.1}$$

对于恒定的质量的场合，可写作

$$\begin{aligned}\boldsymbol{F} &= M\frac{\mathrm{d}\boldsymbol{v}}{\mathrm{d}t}\\ &= M\frac{\mathrm{d}^2\boldsymbol{r}}{\mathrm{d}t^2}\\ &= M\boldsymbol{a}.\end{aligned} \tag{4.2}$$

式中，$\boldsymbol{a}$ 是加速度．可是，坐标 $\boldsymbol{r}$，速度 $\boldsymbol{v}$ 或加速度 $\boldsymbol{a}$ 是相对于哪类参考系测量的呢？在上面的例子中已经清楚地说明了参考系的选择是非常重要的，图 4.2 ~ 图 4.6 用图解来说明这个问题．

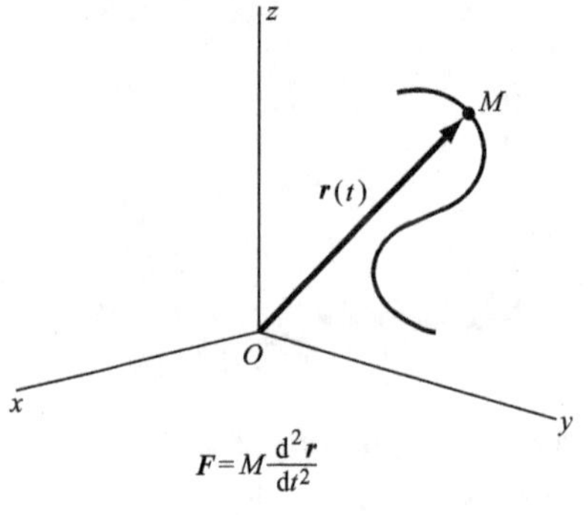

图 4.2　牛顿第二定律指出：力 = 质量 × 加速度．可是，加速度是相对于什么参考系而言的呢？

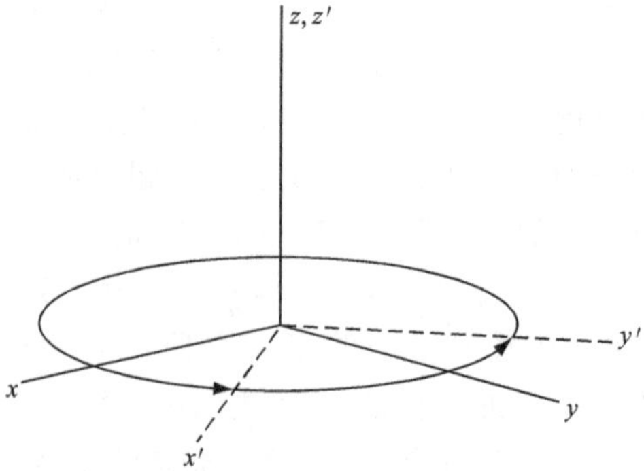

图 4.3　例如，参考系 S'（x'，y'，z'）相对于参考系 S（x，y，z）转动，那么，在这两个参考系中 M 的加速度是各不相同的

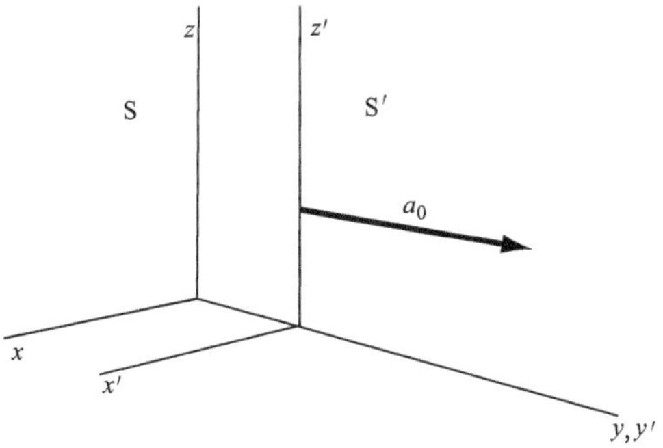

图 4.4　又例如，参考系 S′相对于参考系 S 具有加速度 $\boldsymbol{a}_0$，那么，在这两个参考系中 M 的加速度也是各不相同的

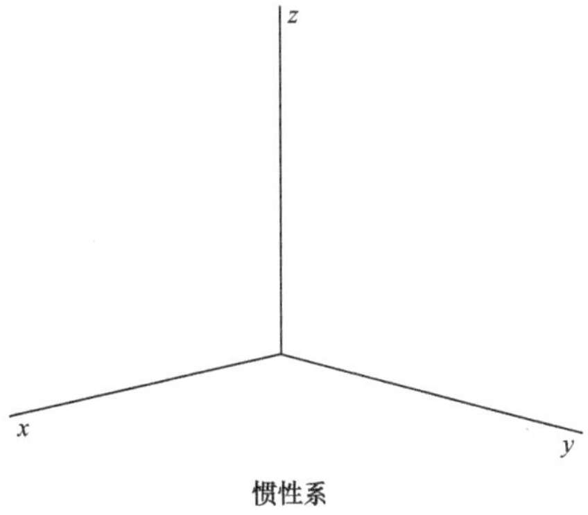

图 4.5　是否真存在着惯性系，在其中我们应该用方程 $\boldsymbol{F}=M\boldsymbol{a}$ 来计算 $\boldsymbol{a}$？

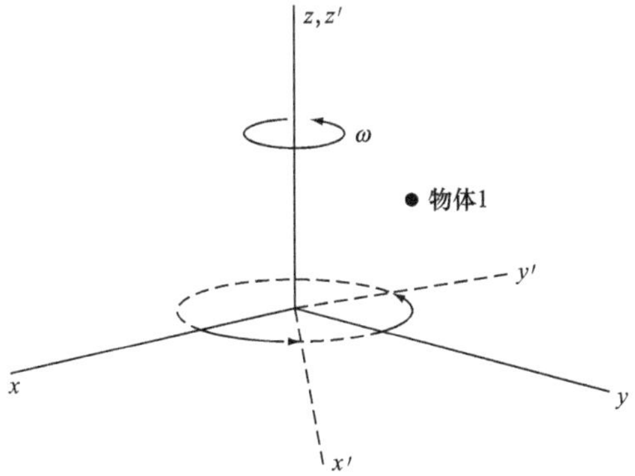

a) 如果S (x, y, z)是一个惯性参考系，那么绕 S 的 z 轴转动的S′(x', y', z')就不可能是惯性系

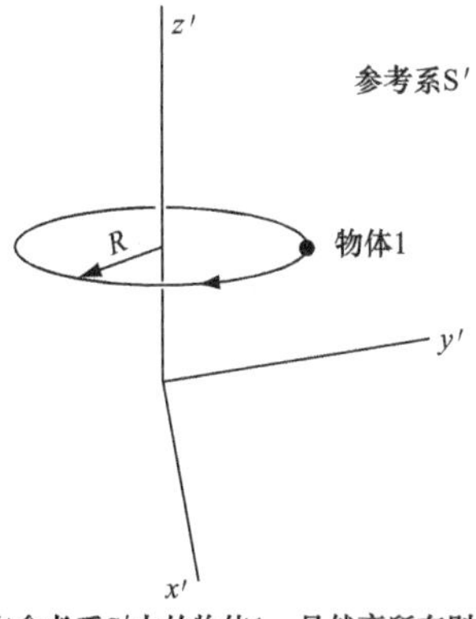

b) 在参考系S′中的物体1，虽然离所有别的物体都很远，但它仍然在加速(表现为转动)

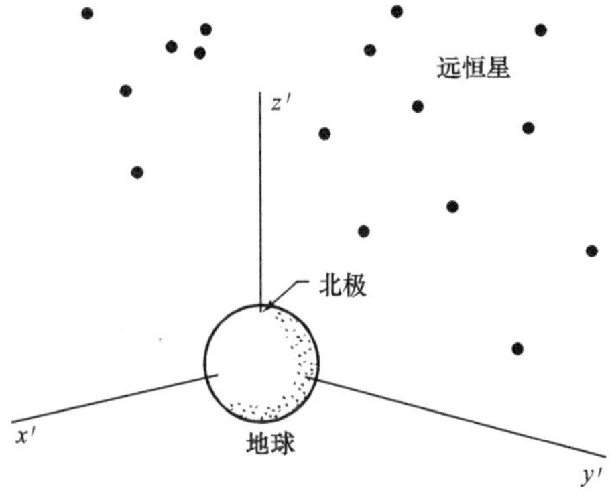

c) 例如，从固定在地球上的参考系S′(x', y', z')来看，遥远的恒星都像物体1那样在转动，固定在地球上的参考系是非惯性系，因为地球绕本身的轴自转，又围绕着太阳公转

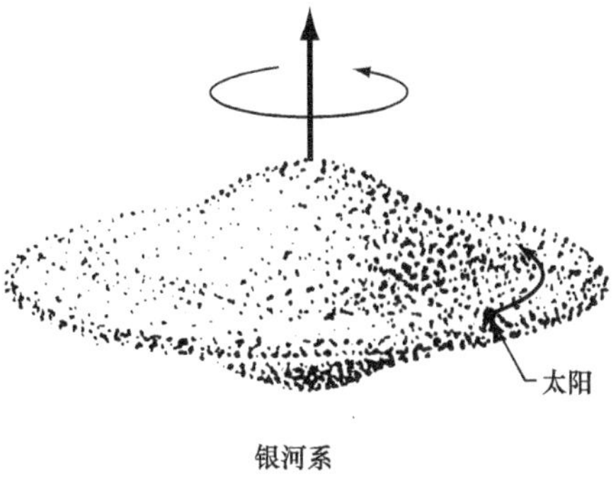

d) 固定在太阳上的参考系是惯性系吗？尽管太阳在绕银河系中心转动，但是这个加速度似乎小到可以忽略

图 4.6

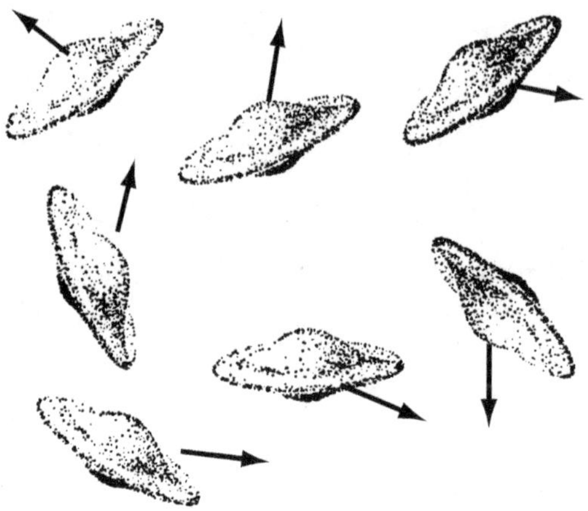

e）显然，我们还可以忽略我们银河系相对于其他星系的加速度

图 4.6（续）

如果我们有把握认为加速度 $\boldsymbol{a}$ 肯定是相对于一个非加速参考系测量的，那么，式（4.1）或式（4.2）就可以看成是用协调一致的方式对作用在粒子或物体上的真实力 $\boldsymbol{F}$ 下的定义. 反之，我们也可以说，如果我们碰巧知道了真实力 $\boldsymbol{F}$，而且能够找到一个参考系，在其中观察到的粒子或物体的加速度满足式（4.2），那么，这个参考系就是一个惯性系，也就是，它没有加速度或转动. 严格说来，判定一个特定的参考系是不是惯性系，取决于我们能以多大的精确度去探测出这个参考系的微小的加速度效应. 但在实际上，一个参考系，如果在其中对一个没有受到任何作用力和约束的粒子观察不到加速度，那么它就被认为是一个惯性系.

以地球为参考系　一个固定在地球表面的实验室是否提供了一个很好的惯性参考系呢？如果不是这样的话，我们应如何修正 $\boldsymbol{F}=M\boldsymbol{a}$，以达到实验室所要求的加速度效应呢？

就许多应用来说，地球是惯性系的一个相当好的近似. 固定在地面上的实验室有一个加速度，这是由于地球每天绕自身的轴自转一周引起的. 这种转动相当于实验室有一个很小的加速度，它并不是在所有的问题中都可以完全忽略的. 一个静止在地球表面赤道上的质点，它必定会有一个指向地球中心的向心加速度：

$$a=\frac{v^2}{R_{地}}=\omega^2 R_{地}. \tag{4.3}$$

式中，$\omega=2\pi f$ 是地球的角速度；$R_{地}$ 是地球的半径，在第 3 章中我们曾经得到过 $\omega\approx0.73\times10^{-4}\mathrm{s}^{-1}$. 取 $R_{地}\approx6.4\times10^{6}\mathrm{m}$，这个加速度是

$$a\approx(0.73\times10^{-4})^2\times6.4\times10^{6}\mathrm{m/s^2}$$
$$\approx0.034\mathrm{m/s^2}.$$

对于赤道上的一个物体，重力必须向它提供这个向心加速度，因此，反抗重力

举起物体使之保持平衡所需要的那个力，就比全部重力小了 0.034m（牛顿）（这里 m 是物体的质量）；或者说，观测到的重力加速度要比在北极（在那里，式 (4.3) 中的 a 等于零）的重力加速度小 0.034m/s^2. 地球表面大范围内重力的变化，还有一部分是由于地球呈椭球形而引起的. 在北极（或南极）和在赤道，重力加速度的总变化约为 5.2×10^{-2}m/s^2. 在未能利用人造地球卫星的时候，确定地球在两极的扁率，最好的方法就是去测量地球各处的重力变化. 表 4.1 给出了地面不同纬度处 g 的数值.

表 4.1　不同纬度的 g 值

地　　点	纬度	g/(m/s^2)
北极	90°N	9.83
加拉雅克·格拉西(格陵兰)	70°N	9.83
雷克雅未克(冰岛)	64°N	9.82
列宁格勒	60°N	9.82
巴黎	49°N	9.81
纽约	41°N	9.80
旧金山	38°N	9.80
檀香山	21°N	9.79
蒙罗维亚(利比里亚)	6°N	9.78
雅加达(印尼)	6°S	9.78
墨尔本(澳大利亚)	38°S	9.80

在高级课题中（本章末），我们将要导出第二定律适用于坐标轴固定在地球表面上的坐标系的一种比较复杂的形式. 但是，如果要使第二定律具有式 (4.1) 或式 (4.2) 那样的简单形式，而且保证有效，我们就必须相对于非加速的参考系——即惯性参考系或伽利略参考系——来测量加速度. 在一个加速的（非惯性的）参考中 $\boldsymbol{F}$ 是不等于 $M\boldsymbol{a}$ 的，如果 $\boldsymbol{a}$ 就是相对于这个非惯性参考系来观测的话.

固定的恒星：一个惯性参考系　把固定的恒星说成是标准的非加速参考系，这是一种已经确立的习惯. 但是这种说法包含着形而上学的成分，因为固定的恒星是非加速的这种说法超出了我们实际的实验知识. 即使我们仔细地观察 100 年，我们的仪器也未必能够探测出一个遥远的恒星或星群的低于 10^{-6}m/s^2 的加速度. 就实际应用来说，用参照恒星来定空间的方向是很方便的. 但是，就实际应用来说，我们将要指出，通过实验我们可以建立起一个满意的非加速参考系. 即使地球被一层浓雾密密包围着，我们还是能够建立起一个惯性参考系而没有特别的困难.

地球在它绕太阳运行的轨道上的加速度比地球自转在赤道上产生的加速度小一个数量级. 因为 1 年 $\approx\pi\times10^7$s，所以地球绕太阳转动的角速度是

$$\omega \approx \frac{2\pi}{\pi\times10^7}\text{s}^{-1} \approx 2\times10^{-7}\text{s}^{-1}.$$

取 $R\approx1.5\times10^{11}$m，我们得到地球在它绕太阳运行的轨道上的向心加速度是

$$a = \omega^2 R$$

$$\approx 4\times10^{-14}\times1.5\times10^{11}\,\mathrm{m/s^2}$$
$$\approx 6\times10^{-3}\,\mathrm{m/s^2}. \tag{4.4}$$

太阳朝向我们银河系㊀中心的加速度在实验上是不知道的．但是，根据对光谱线多普勒效应的研究，可以认为太阳相对于银河系中心的速度约为 3×10^5 m/s．如果太阳是在一个围绕着银河系中心的圆轨道上运动的，而银河系中心距离太阳又已知是 3×10^{20} m 左右，那么，太阳绕银河系中心转动的加速度就是

$$a=\omega^2R=\frac{v^2}{R}$$
$$\approx\frac{9\times10^{10}}{3\times10^{20}}\mathrm{m/s^2}$$
$$\approx 3\times10^{-10}\,\mathrm{m/s^2};$$

这是非常小的．通过观测，我们无法知道太阳是否有比这更快的加速度，也无法知道银河系中心本身是否有比较大的加速度．这些加速度在图 4.6a ~ 图 4.6e 中做了说明．

从实践中我们体会到，作为经典力学核心的那一套假设是非常有效的．这些假设是：

（1）空间是欧几里得空间．

（2）空间是各向同性的，也就是说，在空间的一切方向，物理性质都是一样的．这样，在 $\boldsymbol{F}=M\boldsymbol{a}$ 中，质量 M 与 $\boldsymbol{a}$ 的方向无关．

（3）牛顿运动定律在惯性系中才适用．对于一个静止在地球上的观察者来说，他只要把地球自转和地球绕太阳公转的运动所产生的加速度考虑进来就能够确定这样一个惯性系．

（4）牛顿万有引力定律是正确的．这个定律已在第 3 章中简单讨论过，在第 9 章中还会再做较为详尽的讨论．

这些假设很难非常精确地逐个加以检验．根据太阳系中各行星的运动所作的那些最精确的检验，通常就包括了上述四个假设的全部内容．在第 5 章末的历史注记中，我们讨论了对这些经典内容所作的两个非常精确的检验．

惯性参考系中的力　伽利略说过，一个不受任何力作用的物体具有恒定的速度㊁．我们已经指出过，这种说法只是在惯性参考系中才是正确的；这种说法实际上是定义了一个惯性系．

上述说法似乎是含糊的，因为，我们很难知道是否没有力作用在一个物体上．

㊀ 恒星并不是无规则地散布在整个空间的，而是聚集成许多相隔很远的大系统．每个系统包含多达 10^{10} 数量级的恒星．这种系统叫作星系．包含我们太阳的那个星系就是所谓银河系．看见的银河是银河系的一部分．因为星系有形成星系团的明显倾向，这些星系也不是完全无规则分布的．银河系属于一个星系团，叫作本星系群，它有 19 个成员．本星系群是靠万有引力结合形成的一个物理系统．

㊁ 这通常称为牛顿第一定律．

一个物体不仅在与别的物体直接接触时有可能受到力的作用，而且在它隔离存在时也能受到力的作用．即使近处没有其他物体，引力和电力也可能是很重要的．因此，即使一个物体没有别的物体同它接触或者离它很近，我们也不敢担保没有力作用于它．可是，我们如果不能事先确定某个参照物没有受到力的作用，就很难去建立起把力和加速度联系起来的运动定律．我们需要有一个非加速的参考系，以便能够相对于它来测量加速度．伽利略确定这样一个参考系的办法，是假定我们可以通过某种独立的途径去知道这个参考系是不受力的．但这是办不到的．因为，没有作用力是根据没有加速度来判断的，这样我们又必须要有一个参考系，以便相对于它去测量加速度；如此等等，这就陷入了循环论证．

不过，这种状况也不是没有办法补救，因为我们知道，如图 4.7 所示，两个物体之间的作用力必定随着物体之间的距离的增大而迅速地减小．如果这些作用力不是迅速地减小，那么，我们就绝不能把两物体之间的相互作用从宇宙中其他一切物体的作用中分离出来．粒子之间全部已知的作用力都是随距离迅速减小的，至少遵从二次方反比律．我们自己和地球上的一切物体全都是被吸向地球的中心的，而不是被吸向宇宙的遥远的某个部分．如果我们没有地面支持着，我们就要以 9.80m/s^2 的加速度向着地心加速．我们还受到太阳不太强的引力，根据式 (4.4)，我们正以 $6\times10^{-3}\text{m/s}^2$ 的加速度向着太阳加速．对加速度问题的一种合理的描述是，远离其他一切物体的一个物体，可以被认为实际上不受力的作用，因此它也没有加速度（参看图 4.8 ~ 图 4.10）．对于一颗典型的恒星，离它最近的别的恒星㊀至少有 10^{16}m，因而可以料想它只有很小的加速度．于是，我们指望这些固定的恒星能够以很高的近似程度确定出一个方便的非加速参考系．

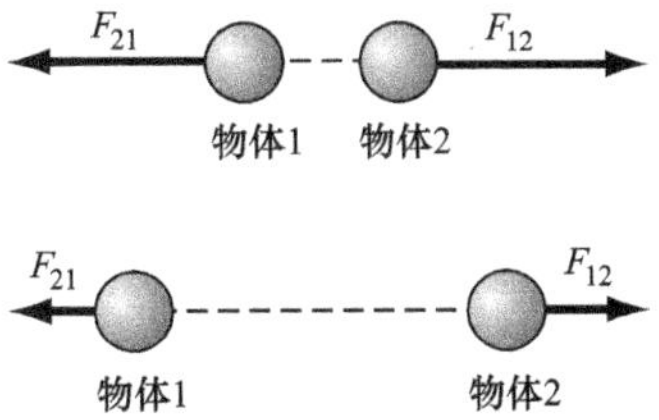

图 4.7　在实验上，一个物体作用在另一个物体上的力总是随着两个物体相隔距离的增大而迅速减小

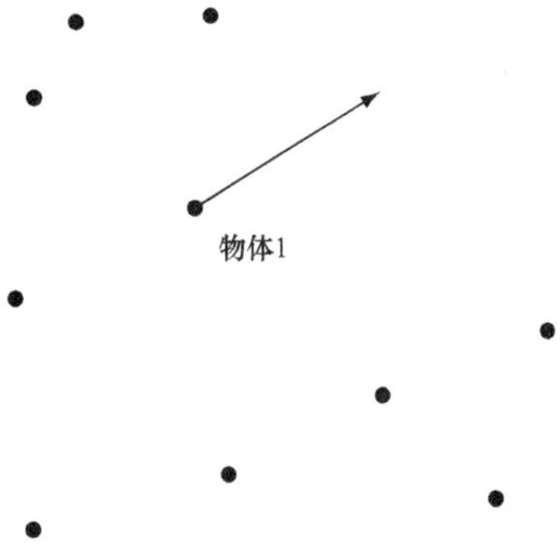

图 4.8　因此，如果物体 1 离其他一切物体都足够远的话，它就不会受到力的作用

㊀ 双星除外，它们的典型间距是 10^{13} m 数量级．

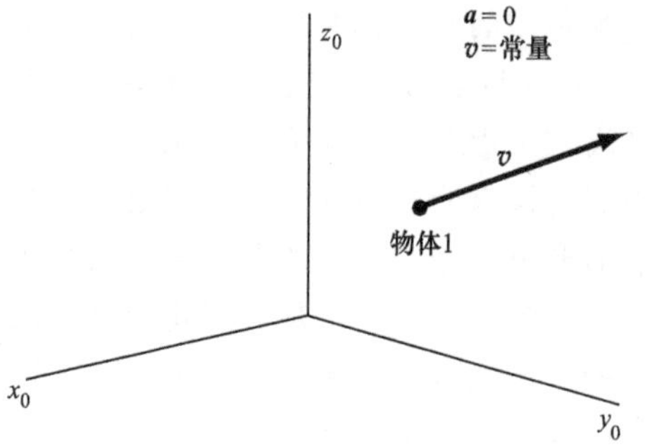

图 4.9　惯性参考系是这样一种参考系，在其中，一个像物体 1 那样的物体的加速度为零

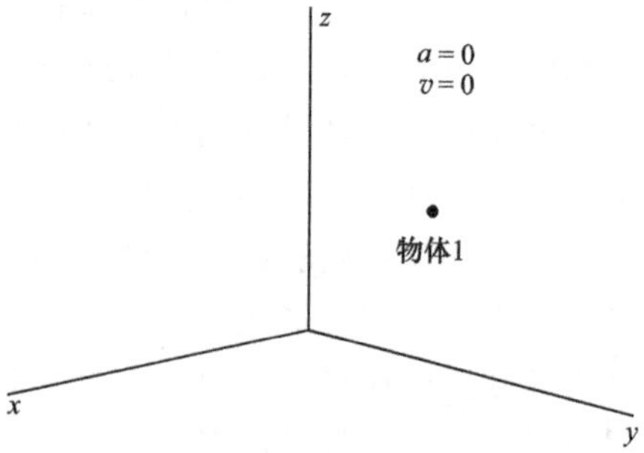

图 4.10　特别是，有这样一些惯性系，物体 1 在其中是静止的，而且一直保持静止

布里奇曼（Bridgman）对于设置一个非加速参考系的过程做过很好的论述［参看 P. W. Bridgman，*Am. J. Phys.*，29，32（1961）］，现摘录如下：

如果有三个不受力的质点沿着三条刚性的正交轴以任意速度抛出以后，它们就一直以匀速沿轴运动，那么，这个坐标系就确定了一个伽利略参考系，我们地面上的实验室不构成这样的参考系，但是，我们可以通过一定的途径在实验室里设置起这样一个参考系来，这就是，测量出三个任意抛出的质点对上述要求的偏离，……然后把这些偏离作为负的修正项编入我们对伽利略参考系所做的说明中. 这样，我们不需要去参照那些恒星，物体的行为仍然可以用那些能够直接观察到的事物来中肯地加以描述；例如傅科摆平面相对于地球的转动，自由落体对铅直方向的偏离等. 甚至，一位正在试验把卫星送入轨道的火箭操纵者，即使他发现以北极星做观测的立场来安排一些试验程序是很方便的，但十分显然的是，他的仪器最终还是得从地面观测的角度去加以描述……. 在伽利略参考系中，一个转动的物体，当它进入转动状态并撤去作用力以后，它在这个参考系中的转动平面的取向会保持不变，从而转动轴的方向也保持不变.

4.2　绝对加速度和相对加速度

惯性参考系是找得到的，在其中，$\boldsymbol{F}$ 十分精确地等于 $M\boldsymbol{a}$. 这一点，已为实验很好地证实，我们得出结论：在一个惯性参考系中，为解释星系、恒星、原子、电子等的运动而提出来的那些力都具有一种共同的性质，即作用在一个物体上的力确实随着该物体离开与它相邻的物体越来越远而在减小. 但是，如果我们选择的是一个非惯性参考系，那么，我们将会发现，那里好像存在着一些力，它们并不具有这种与其他物体远近有关的性质.

惯性参考系的存在向我们提出了一个困难的、尚未解答的问题：宇宙间其他一切物体对于地面实验室里所做的实验会有什么影响？例如，假设宇宙中所有的物质

(地球周围的物质除外) 都突然有了一个很大的加速度 $\boldsymbol{a}$，地球上的一个原来不受净力作用的粒子，它相对于固定恒星的加速度曾经是零. 那么，在这些恒星加速的时候，这个粒子——原来它不受力，自由地运动着——相对于它周围未被加速的物质是仍然保持加速度为零呢，还是会改变它相对于周围环境的运动状态呢？粒子以 $+\boldsymbol{a}$ 加速，或者是恒星以 $-\boldsymbol{a}$ 加速，这两者之间有什么差别吗？如果只是相对加速度才有意义，那么对这后一个问题的回答就应该是无差别；如果绝对加速度是有意义的，那么回答就应是有差别. 这是一个带根本性的尚未解答的问题，可是又很难用实验来检验 (见图 4. 11a ~ 图 4. 11c).

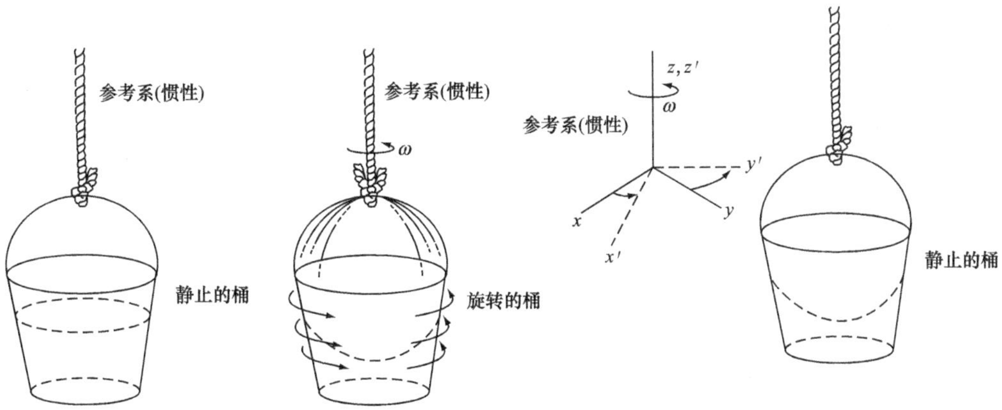

a) 在非惯性参考系中出现“虚设”力的一个例子：当桶在S中静止时，水面是平的.假定S相对于远处恒星没有加速度

b) 当桶在S中转动时，水面呈抛物面形

c) 在转动参考系S′中桶是静止的.但是，水面仍然是抛物面！在这个非惯性参考系S′中，有一个“虚设的”离心力作用于水

图 4. 11

牛顿对这个问题做了生动的叙述和回答. 考虑有一桶水. 如果我们相对于各恒星去转动桶和水，水面将是抛物面形. 这是谁都会同意的. 但是，设想不是转动桶，而是设法使各恒星绕桶转动，这时两者的相对运动是一样的. 牛顿相信，如果转动的是恒星，水面一定会是平的. 这种观点就使绝对转动和绝对加速度有了意义. 我们从经验知道，一桶水转动的现象全都可以和实验室范围的测量结果联系起来从而得到圆满的描述，完全不必牵涉到恒星.

相反的观点则认为，只是相对于恒星的加速度才有意义. 这是一种猜测，通常称之为马赫原理. 按这种观点，转动恒星时桶里的水面也会是抛物面形. 尽管在实验上这种观点既没有被证实，也没有被否定，有一些物理学家，其中包括爱因斯坦，却发现这个原理是先验地有吸引力的，不过也有另外一些物理学家不这么看. 这是一个有关纯理论的宇宙学的问题.

如果有人认为宇宙其余部分的平均运动会影响我们这里任何一个粒子的行为，那么，他们就要面临一系列有关的问题，而且找不到任何解答的线索. 在单个粒子的性质和宇宙其余部分的状态之间，是否还有别的关系呢？如果宇宙中的粒子数或粒子的密度发生什么变化，电子的电荷或质量，或者核子㊀之间的相互作用能，是否也会改变呢？迄今为止，关于遥远宇宙和单个粒子的性质之间的关系这个艰深的问题，仍然没有答案.

虚设力　这里我们举几个例子，说明参考系有加速度时似乎就有力出现. 我们从牛顿第二定律出发，并且先只涉及惯性系，因为我们知道牛顿第二定律在惯性系内是有效的. 然后，我们再把非惯性系的加速度包括进来，把这个加速度同我们一涉及非惯性系时就"似乎存在着"的那种力联系起来. 牛顿第二定律指出

$$\boldsymbol{F}=M\boldsymbol{a}_{\text{惯}}; \tag{4.5}$$

式中，$\boldsymbol{F}$ 是施加的力；$\boldsymbol{a}_{\text{惯}}$ 是在惯性系中观察到的加速度. 我们假设质量 M 是不变的. $\boldsymbol{a}$ 的下标"惯"是为了强调"惯性的"这个限制词. 在一个非惯性系里，例如，在转动着的地球上，我们知道式（4.5）就现在写出的这种形式来说是不正确的. 这是由于，这里漏掉了一个应该包括进去的一个加速度 $\boldsymbol{a}_0$，它就是粒子由于参考系的加速或运动而具有的那个惯性加速度.

如果 $\boldsymbol{a}$ 是在非惯性系中测出的一个物体加速度，那么我们有 $\boldsymbol{a}+\boldsymbol{a}_0=\boldsymbol{a}_{\text{惯}}$㊁，或者

$$\boldsymbol{F}=M(\boldsymbol{a}+\boldsymbol{a}_0). \tag{4.6}$$

如果我们是在非惯性系中做实验，那么，我们一定要把 $\boldsymbol{a}_0$ 包括在力的方程中，在非惯性系中讨论问题时，去设想一个量 $\boldsymbol{F}_0$ 常常是比较方便的，它使式（4.6）变为

$$\boldsymbol{F}+\boldsymbol{F}_0=M\boldsymbol{a}. \tag{4.7}$$

式中

$$\boldsymbol{F}_0=-M\boldsymbol{a}_0 \tag{4.8}$$

叫作虚设力或虚拟力. 虚设力是这样一个量，必须把它加在真实力上面才能够使总和等于 $M\boldsymbol{a}$，这里 $\boldsymbol{a}$ 是物体在非惯性系中的加速度. 如果非惯性系具有一个平移加速度 $\boldsymbol{a}_0$，那么虚设力就正好是 $-M\boldsymbol{a}_0$. 在后面我们还要讨论转动参考系的情况，在那种情况下，虚设力与物体在参考系中的位置有关. 在物理学中，任何虚设的东西都容易造成表面的混乱，不过，人们总是可以回到式（4.6）去用它来解决问题.

【例】

加速度计　设有一根沿 x 方向伸缩的弹簧，它作用在质量为 M 的一个物体上的力是 $F_x=-Cx$，这里 C 是常量. 考虑一个在 x 方向具有加速度 $\boldsymbol{a}_0=a_0\hat{\boldsymbol{x}}$ 的非惯性系，如果物体 M 静止在这个非惯性系中，那么，在这个参考系中它的加速度 $\boldsymbol{a}$ 为

㊀ 核子是质子或中子，反核子是反质子或反中子.

㊁ 在第一个高级课题中，我们讨论了在转动参考系中运动的普遍情形，在那里 $\boldsymbol{a}_{\text{惯}}-\boldsymbol{a}$ 依赖于物体在加速参考系中的速度和位置.

零，从而 $\boldsymbol{F}=M(\boldsymbol{a}+\boldsymbol{a}_0)$ 简化为

$$F_x=Ma_0=-Cx,$$

因此

$$x=-\frac{Ma_0}{C}. \tag{4.9}$$

或者，采用虚设力，我们有

$$\boldsymbol{F}+\boldsymbol{F}_{0x}=M\boldsymbol{a}=0,$$

即

$$F_x=-F_{0x},$$

因此

$$-Cx=Ma_0.$$

这与式（4.9）相同，位移 x 与这个非惯性系的加速度 a_0 成正比而方向相反．这个非惯性系可能是一架飞机，也可能是一辆汽车．由此可见，式（4.9）描述了加速度计的工作情况．在一个加速度计中，有一个质量为 M 的物体系在弹簧上，并被限制只能沿加速方向运动．这个物体的位移 x 就量度了非惯性参考系的加速度 a_0．

【例】

匀速定轴转动参考系中的离心力和向心加速度　虽然我们在本章末的高级课题中将要比较详细地讨论转动参考系，但在这里先讨论一个简单而普通的例子还是值得的．考虑一个在非惯性系中处于静止的质量为 M 的质点，它在这个参考系中的加速度 $a=0$．这个非惯性系绕一个相对于惯性系固定的轴匀速转动．由第 2 章可知，上述质点相对于惯性系的加速度为

$$\boldsymbol{a}_0=-\omega^2\boldsymbol{r}; \tag{4.10}$$

这里 $\boldsymbol{r}$ 从轴向外指向质点，并垂直于轴．

式（4.10）表示的是大家熟悉的向心加速度．这个质点有可能被伸长的弹簧约束住保持静止．根据式（4.7）和式（4.8），对于在非惯性系中 $\boldsymbol{a}=0$ 的物体，有

$$\boldsymbol{F}=-\boldsymbol{F}_0=M\boldsymbol{a}_0=-M\omega^2\boldsymbol{r}. \tag{4.11}$$

这个例子中的虚设力 $\boldsymbol{F}_0$ 称为离心力，$\boldsymbol{F}_0=M\omega^2\boldsymbol{r}$，并指向离开轴的方向．在这个例子中，为了保证在转动的非惯性系中加速度为零（质点静止），离心力为弹簧的弹性力 $\boldsymbol{F}$ 所平衡．

如果 $M=0.1\text{kg}$，$r=0.1\text{m}$，而且参考系以每秒 100 周转动，试问离心力的数值是多少？我们得出：$F_0=M\omega^2r=0.1\times(2\pi\times100)^2\times0.1\text{N}\approx4\times10^3\text{N}$．

【例】

在自由下落的升降机中的实验　假设一个非惯性系——自由下落的升降机——的加速度为

$$\boldsymbol{a}_0=-g\hat{\boldsymbol{y}};$$

式中，$\hat{\boldsymbol{y}}$ 是从地球表面向上量度的；g 是重力加速度，这个加速度相当于在重力作用下自由下落的加速度．根据式（4.8），在非惯性系中作用于质量为 M 的物体上的虚设力为

$$\boldsymbol{F}_0 = -M\boldsymbol{a}_0 = Mg\hat{\boldsymbol{y}}.$$

在升降机中，一个与四周不接触的物体受到重力 $\boldsymbol{F} = -Mg\hat{\boldsymbol{y}}$ 和虚设力 $\boldsymbol{F}_0 = Mg\hat{\boldsymbol{y}}$ 之和的作用，因此，在这个自由下落的升降机非惯性系中，总的表观力为零：

$$\boldsymbol{F} + \boldsymbol{F}_0 = 0$$

所以，这个物体在这个非惯性系中是不被加速的．这是一种“失重”的形式．如果物体相对于升降机没有初速度的话，这个物体看起来就好像是一直悬在空中不动．

【例】

傅科摆　傅科摆证明地球是一个转动着的非惯性系（见图4.12）．这个实验是傅科于1851年在巴黎伟人祠的大圆屋顶下公开表演的．他把一个质量为28kg的物体悬吊在近70m长的一根铁丝下．铁丝顶端的连接装置保证悬摆能在任何方向上自由地摆动．这样长的一个摆的周期（参看第7章）约为17s.

图4.12　安装在纽约联合国总部的傅科摆．照片左方那个球是镀金的，重91kg．它悬挂在离前厅地面22.9m的天花板上．一根系住它的不锈钢丝使它能在任何平面内自由地摆动．球就在支起的金属环上面摆动，金属环的直径约为1.83m．球像钟摆一样不停地摆动，它摆动的平面缓慢地沿着顺时针方向改变方位，从而直观地证明了地球的自转．摆动平面转动一圈大约需要36小时45分．球上刻着荷兰前女王朱莉安娜的一句话：“它昭示着一种生活在今天和明天的特权（It is a privilege to live today and tomorrow)”．（联合国供图）

以地面上悬挂点正下方那一点为圆心，围上了半径3m左右的一圈栏杆．在栏

杆上堆有细沙，因此，摆下伸出的金属尖端在每做一次摆动中就会把沙碰掉．随着悬摆不停地摆动，就可以看出摆的运动着的平面是沿顺时针方向（从顶上向下看）转动的．悬摆的摆动平面在一小时内改变 11°多，大约 32 小时转动一圈．由那一圈沙脊测出，每摆动一次摆动平面移动 3×10^{-3}m．

摆的平面为什么会转动呢？如果在地球的北极做傅科实验，那么我们立即可以看出，傅科摆的摆动平面在惯性系里是保持不动的，只是地球在摆的下面每 24 小时自转一次．从地球北极上空（例如，从北极星）向下看，地球的自转是逆时针方向的，因此，对于一个在地球北极站在高架上向下看的观察者来说，摆的平面相对于他是做顺时针方向转动的．

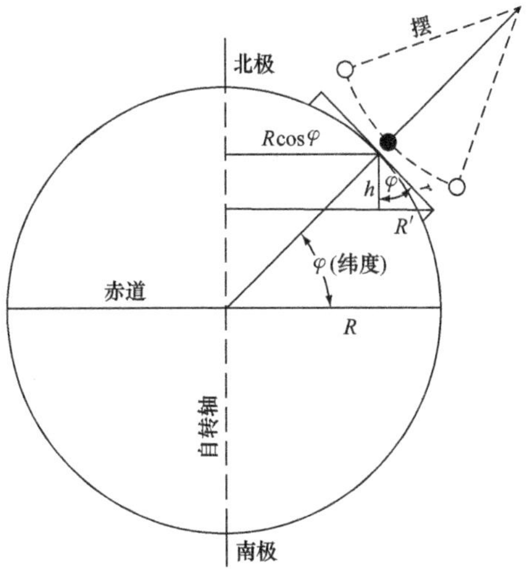

图 4.13　图示的傅科摆（它相对于地球而大小故意画得很大）所在纬度 φ 差不多就是巴黎的位置．摆下面那一圈沙脊的半径是 r．从地球自转轴到摆的摆动中心的距离是 $R\cos\varphi$．沙脊随地球自转而运动，南侧沙脊比北侧沙脊运动得快（相对于惯性系而言）

如果我们不是在北极做实验，情况就有所不同（分析也更困难），摆动平面转动一圈所花的时间变长了．我们考虑如图 4.13 中所示的那一圈半径为 r 的沙脊的最北点和最南点各自的相对速度．最南点离地球的自转轴远一些，因此在空间中比最北点运动得快．如果以 ω 表示地球的角速度，以 R 表示地球的半径，那么沙环的中心就以 $\omega R\cos\varphi$ 的速度运动，这里 φ 是从地球赤道算起的巴黎的纬度（北纬 48°51′）．如我们从图上看到的那样，沙环上最北点的运动速度是

$$v_{北}=\omega R\cos\varphi-\omega r\sin\varphi;$$

最南点的速度是

$$v_{南}=\omega R\cos\varphi+\omega r\sin\varphi.$$

这两个速度各自与沙环中心速度之差都是

$$\Delta v = \omega r \sin\varphi.$$

如果在沙环中心推一下静止的悬摆，使之开始在南北平面摆动，那么，悬摆在空间的速度的东西分量将和沙环中心速度的东西分量相同．沙环的周长是 $2\pi r$，所以，如果沙环上各处的 Δv 都是一样的，摆的平面转动一圈所需的时间 T_0 就是

$$T_0 = \frac{2\pi r}{\omega r \sin\varphi} = \frac{24\text{ 小时}}{\sin\varphi}.$$

在赤道上 $\sin\varphi = 0$，时间 T_0 变为无穷大．

当摆的平面到达通过沙环中心的东西平面时，会发生什么情况呢？为什么在东西平面 Δv 仍能保持与在南北平面时同样的大小呢？如果不参照着一个地球仪来看，这是很难理解的．取一张纸板或硬纸片，拿着它移近地球仪．让纸板在巴黎这个位置上与地球仪几乎相接触，而且在该点（巴黎）和地球仪垂直，并处于东西平面内．傅科摆的铁丝就是在垂直于地球仪表面的方向上．这时，一只手保持纸板的平面固定不动，另一只手缓慢地转动地球仪，你就会注意到，纸板与地球仪相接触的那条线的一端表现出向南的运动，而另一端表现出向北的运动．经过思索和仔细的分析，你就会同意，Δv 的数值与以上求出的相同；摆的平面实际上是以恒定的角速度 $\omega\sin\varphi$ 相对于伟人祠地面上的围栏转动的；这里 w 是地球的角速度，φ 是纬度．在许多初级水平的力学教科书都可以找到对傅科摆运动方程的数学处理．

4.3　绝对速度和相对速度

绝对速度有什么物理意义吗？根据迄今为止所做的全部实验，回答是**没有**．这就导致一个基本的假说，即**伽利略不变性**的假说：

物理学的基本规律在相互做匀速运动（不加速）的一切参考系中都是相同的．

根据这个假说，一个被限制在没有窗户的小室中的观察者，他无法通过任何实验知道他相对于固定的恒星是静止的还是在做匀速运动．只有朝窗外看一看（因而他能够把他的运动和恒星的运动做比较），这个观察者才能知道他相对于恒星是在做匀速运动．即使这样，他仍然无法判断究竟是他在运动还是恒星在运动．这个伽利略不变性原理是最早被引入物理学中的原理之一．它是牛顿的宇宙观的基础．它经受住了反复多次的实验考验，而且是狭义相对论的柱石之一．它是一个十分质朴的假说，即使没有强有力的证据，也会受到人们的重视．我们在第11章中将会看到，伽利略不变性假说和狭义相对论是完全一致的．

这个假说对于我们有什么用呢？这个假说——即绝对速度在物理上毫无意义，部分地限制了我们已经知道或尚未知道的一切物理规律的内容和形式．对于两个以不同速度运动但彼此没有相对加速度的观察者，如果这个假说是正确的，物理学的规律就必定是一样的．假设两个观察者都在观察某个特定的现象，譬如说，两个粒

子的碰撞. 由于两个观察者的速度彼此不同，这个被观察的事件将被他们按不同的方式描述. 但是，我们能够根据物理学的定律预言，其中一个观察者的观察结果会是什么，粒子之间是如何相互作用的，以及最后就能预言，上述这些在另一个观察者看来是怎样的.

因此，第二个观察者的物理学规律就可以用两个独立的论证方法从第一个观察者的物理学规律推断出来，或者说被得到. 一方面，根据假说，第二个观察者的物理学规律应该与第一个观察者的是相同的. 另一方面，我们可以预言，第一个观察者的规律所描述的现象在第二个观察者看来是怎样的，由此再去预言第二个观察者的物理学规律. 对于实际的物理学规律来说，这两种方法给出的是相同的结果. 在着手讨论之前，我们先介绍一些经验结论，这些结论是当两个观察者（其中之一相对于另一个做匀速运动）都描述同一物理事件时得出的.

4.4 伽利略变换

现在我们讨论一下两个观察者是怎样去测得一个给定的长度和给定的时间间隔的，由此我们也能推断怎样去比较他们对其他物理量的测量结果. 如图4.14所示，令S表示一个特定的惯性直角坐标系，S′表示另一个以速度 $\boldsymbol{V}$ 相对于S运动的惯性直角坐标系. 取S′的轴 x'，y'，z' 与S的轴 x，y，z 相平行. 我们选取 $\boldsymbol{V}$ 在 x 方向. 我们现在希望把一个坐在S′系里的观察者所测得的时间和距离与另一个静止在S系里的观察者所测量的时间和距离加以比较. 比较的结果最终只能由实验来判断.

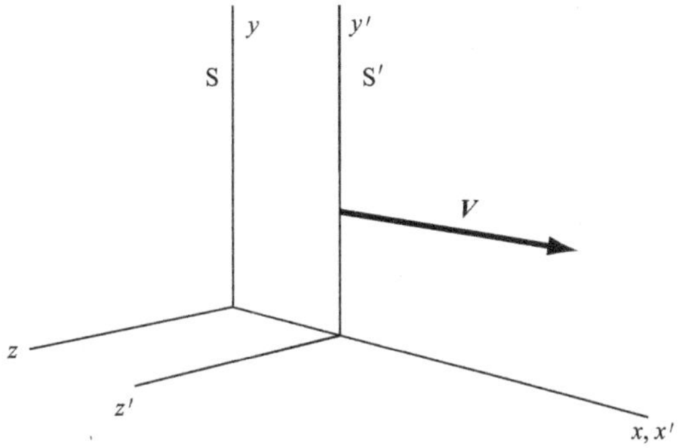

图4.14 设S是一个惯性系，而S′以恒定的速度 $\boldsymbol{V}$ 相对于S运动，那么S′也一定是惯性系

如果我们的这两个观察者制造出了全同的时钟，那么他们可以做如下的实验：首先，我们假设S里的观察者把他的许多时钟沿 x 轴排开，并且进行校准使所有的时钟的读数都相同，例如，我们可以直接看它们一下以确信这些钟的读数是相同的[㊀]（见图4.15）. 我们在第11章中将会看到，这件事看起来简单，而实际上是比较复杂的. 我们在这里假定了光速是无穷大的. 现在，我们可以把S′中的那些时钟的读数与S中的时钟1，2，3，…的读数加以比较了；这就是让S′逐个经过

㊀ 这个方法可以简单地改进一下，即对较远物体的图像到达我们眼睛所需要的时间做出修正. 这样，一个远在 l（米）处的时钟看起来会比近处的时钟滞后 l/c（秒），这里 $c=3\times10^8\,\mathrm{m/s}$ 是光速.

S的每一个时钟（见图4.16）. 如果这样的实验是用实际的宏观时钟来做的，那么，由于实际技术上的限制，S′的速度 V 不会大于 $10^4\,\text{m/s}$ 的数量级. 这就是典型的人造地球卫星的速度. 在这样的速度范围内有 $V/c \ll 1$，而且实验已经证实，如果S′中的时钟与时钟1是校准一致的，那么它与时钟2，3，4，…也会是一致的. 就这种情况下我们所能达到的测量㊀精确度而言，我们断言有

$$t' = t. \tag{4.12}$$

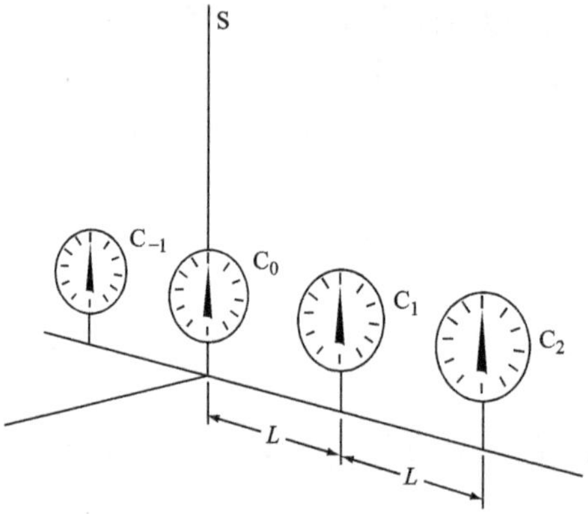

图4.15　让我们把一些同步的时钟 C_0，C_1，…沿 x 轴间隔一个长度 L 排开并固定在S中

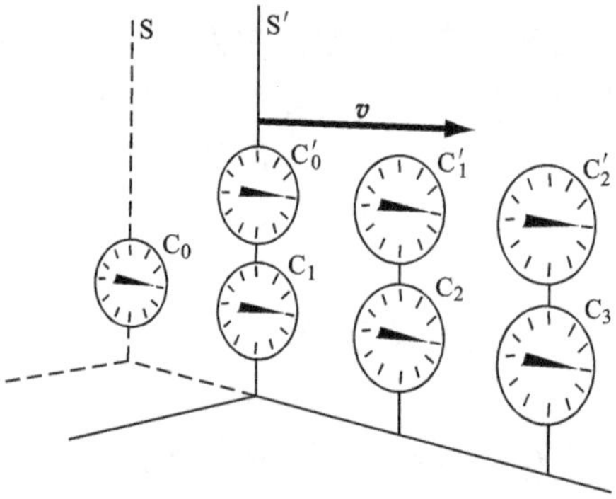

图4.16　如果我们把一些全同的时钟 C'_0，C'_1，…排开固定在S′中，那么，根据伽利略变换，对于在S中的一个观察者来说，这些时钟彼此是同步的，与 C_0，C_1…也是同步的

即S′中的时间读数等于S中的时间读数. 这里，t 指的是在S中某一事件的时间，t' 指的是在S′中某一事件的时间.

我们在第11章中将会看到，这个结果既不是不证自明的，也不是对于一切速度 V 都严格成立的. 我们还可以去确定一根静止的标尺和一根运动的标尺的相对长度（见图4.17a～图4.17c）. 我们希望知道的是，一根在S′中静止的标尺，对于S中的一个观察者来说，它的表观长度是多少. 解决这个问题有一个简单办法，这就是再次利用那些时钟，用它们同时记录下这根移动的标尺的两端的位置. 所谓"同时"，也就是在S系中，标尺的前端和后端的两个钟的读数相同. 只要 $V \ll c$，我们由实验㊁就可得到

$$L' = L. \tag{4.13}$$

㊀ 相对论预言，对于 $V = 10^4\,\text{m/s}$ 这样的速度，t' 和 t 只会相差 2×10^9 分之一，也就是在50年中相差不到1s. 像这样具有高度稳定性的时钟目前已能制造了，不过，直到发射卫星的时候，还没有办法能使一个以 $10^4\,\text{m/s}$ 的速度运动的时钟维持足够长的时间以便进行时间测量. 在 $V \ll c = 3\times10^8\,\text{m/s}$ 的情形下的等式 $t' = t$，是根据经验推得的，并不是基于非常精确的测量数据获得的.

㊁ 并没有以高精确度做过这样的实验. 之所以相信在 $V \ll c$ 时的等式 $L = L'$，主要根据的是定性的经验，这个假说的简明性，以及这个假定不会产生任何自相矛盾.

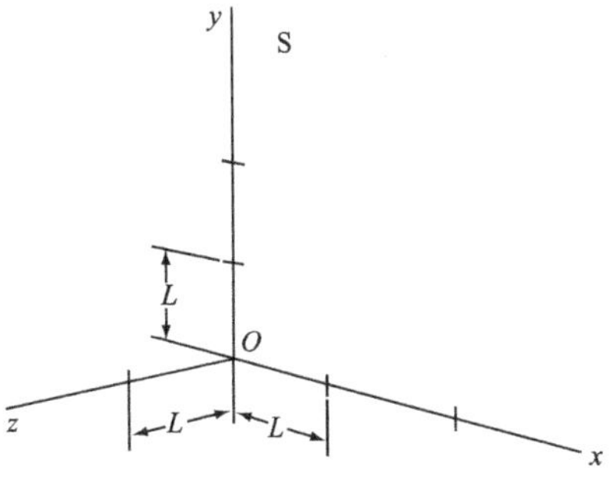

a) 让我们在S的x, y, z三个轴上都标出相等的长度L来

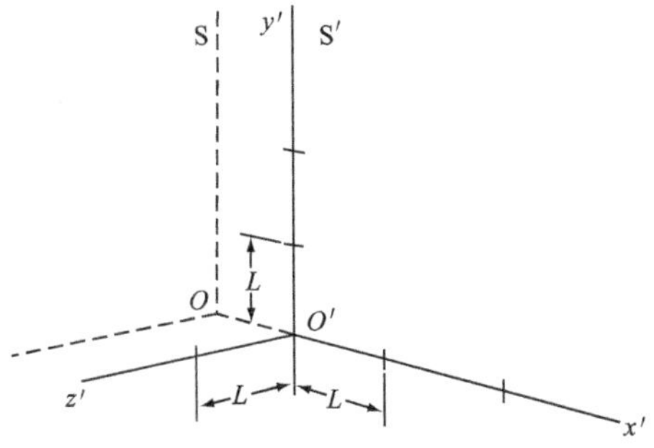

b) 再在S′的x', y', z'三个轴上标出相等的长度L

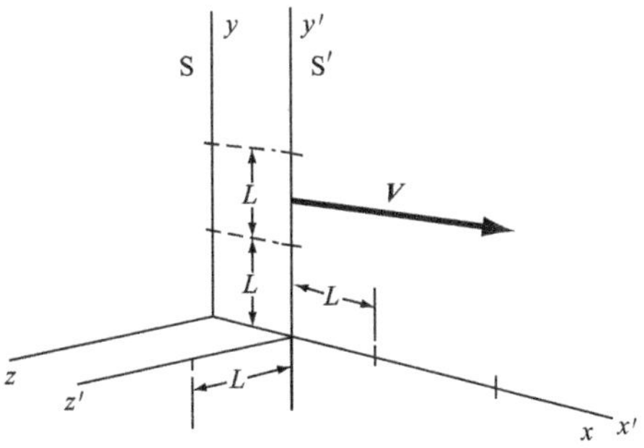

c) 于是，根据伽利略变换，对于一个在S中的观察者来说，即使S′在运动，S′中的长度也不会显出有变化

图 4.17

我们可以用一个变换把式（4.12）和式（4.13）合并表示出来，这个变换把在 S′中测出的坐标 x'，y'，z'以及时间 t'与在 S 中测出的坐标 x，y，z 以及时间 t 二者联系起来. 从 S 上看，S′系以速度 $V\hat{\boldsymbol{x}}$ 运动着. 假定在 $t=0$ 时 $t'=0$，而且在这个时刻两个原点 O 与 O'互相重合. 如果我们选用同样的距离标度，就可以有下述变换方程：

$$\boxed{t=t',x=x'+Vt',y=y',z=z'.} \tag{4.14}$$

这个变换叫作**伽利略变换**，图 4.18 中对它做了图解说明.

式（4.14）的一个直接结果是**速度叠加定律**：

$$\begin{aligned} v_x &= \frac{\mathrm{d}x}{\mathrm{d}t}=\frac{\mathrm{d}x}{\mathrm{d}t'} \\ &= \frac{\mathrm{d}x'}{\mathrm{d}t'}+V \\ &= v'_x+V. \end{aligned}$$

或者，用矢量形式表示：

$$\boldsymbol{v}=\boldsymbol{v}'+\boldsymbol{V}. \tag{4.15}$$

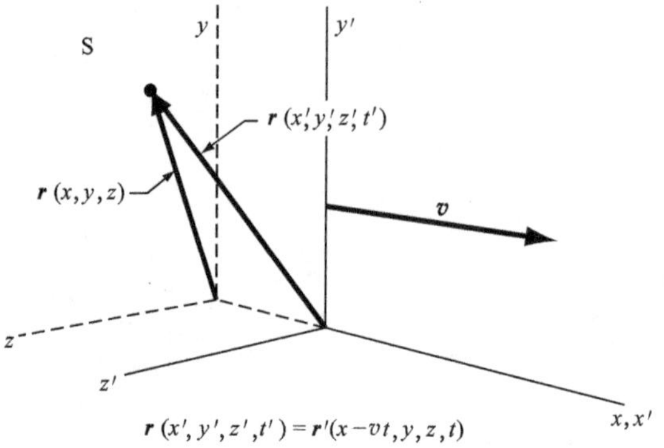

图 4.18 因此，我们可以从 S⟷S′总结出伽利略变换：

$x' = x - Vt$, $y' = y$, $z' = z$, $t' = t$

式中，$\boldsymbol{v}'$是在 S′中测出的速度；而 $\boldsymbol{v}$ 是在 S 中测出的速度．式（4.15）的逆变换是 $\boldsymbol{v}' = \boldsymbol{v} - \boldsymbol{V}$.

如果把 S 和 S′之间伽利略变换的定义式（4.14）与 S 和 S′中物理学家所确定的物理规律是相同的那个基本假设结合起来，我们就可以做出如下表述：

在用伽利略变换联系起来的两个参考系中，基本物理规律的形式不变.

这个表述，比起我们早先的普遍表述来要狭义一些，因为它假设了 $t' = t$；早先的普遍表述是，在彼此做匀速运动的一切参考系中，物理规律是相同的．除去 v^2/c^2 与 1 相比较不可忽略的情形，这个表述都是正确的．在第 11 章中，我们将讨论在 v 与 c 可以相比拟的情形下对伽利略变换方程的修正，以确保在彼此做匀速运动的一切参考系中物理规律都是相同的.

上面用式（4.14）表示的不变性假设意味着，当我们用带撇的和不带撇的变量来表示物理规律时［如下面式（4.17）～式（4.19）所写出的定律］，这些物理规律必须具有完全相同的形式．这个要求对物理规律可能具有的形式加上了一定的限制.

由关系式 $\boldsymbol{v} = \boldsymbol{v}' + \boldsymbol{V}$（其中 $\boldsymbol{V}$ 是两个参考系的相对速度），我们导得

$$\Delta\boldsymbol{v} = \Delta\boldsymbol{v}'.$$

这就是，从 S 观测到的速度变化等于从 S′观测到的速度变化；这里 S 和 S′都是惯性系．我们要记住，$\boldsymbol{V}$ 假定是不随时间改变的．因为 $\Delta t = \Delta t'$，所以从 S 和从 S′观测到的加速度也应该相等：

$$\boldsymbol{a} \equiv \frac{\Delta\boldsymbol{v}}{\Delta t} = \frac{\Delta\boldsymbol{v}'}{\Delta t} \equiv \boldsymbol{a}'. \tag{4.16}$$

怎样把力 $\boldsymbol{F}$ 从 S 变换到 S′呢？“用带撇的和不带撇的变量表示的物理规律是相同的”这个假设的意思是，只要质量 M 和速度无关，那么，如果

$$\boldsymbol{F} = M\boldsymbol{a}, \tag{4.17}$$

就有

$$\boldsymbol{F}' = M\boldsymbol{a}'. \tag{4.18}$$

但是，我们在式（4.16）中已经看到 $\boldsymbol{a}' = \boldsymbol{a}$，因此

$$\boldsymbol{F} = M\boldsymbol{a}' = \boldsymbol{F}'. \tag{4.19}$$

即在两个惯性参考系中力是相等的：$\boldsymbol{F} = \boldsymbol{F}'$. 我们的结论是，如果用关系式 $\boldsymbol{F} = M\boldsymbol{a}$ 来定义力，那么，一切惯性参考系中的观察者都会得到一样的力 $\boldsymbol{F}$ 的数值和方向，而与这些参考系的相对速度无关.

动量守恒　动量守恒定律已经在第 3 章中叙述过了，现在我们要从伽利略不变性和能量、质量守恒把它推导出来. 这个推导的优点是没有用到作用力和反作用力相等这一假设，由于力的传播具有有限的速度，因此这样的假设可能是有问题的. 在有些问题中，如原子碰撞，常常会牵涉到辐射，我们在这里还不能把辐射的动量包括进来.

我们考虑两个自由粒子 1 和 2，它们具有初始速度 $\boldsymbol{v}_1$ 和 $\boldsymbol{v}_2$. 假设它们的初始（以及最终）位置相隔很远，因此这两个粒子在初始和最终阶段都没有相互作用. 从中学物理课中（或从第 5 章中），我们知道这两个粒子的初始动能是

$$\frac{1}{2}M_1 v_1^2 + \frac{1}{2}M_2 v_2^2.$$

现在让这两个粒子碰撞；这种碰撞不一定非得是弹性的，即使是非弹性碰撞，动量也是守恒的. 碰撞后的动能是

$$\frac{1}{2}M_1 w_1^2 + \frac{1}{2}M_2 w_2^2.$$

式中，$\boldsymbol{w}_1$ 和 $\boldsymbol{w}_2$ 是碰撞后足够长时间以后的速度㊀，那时这两个粒子已不再有相互作用. 能量守恒定律告诉我们：

$$\frac{1}{2}M_1 v_1^2 + \frac{1}{2}M_2 v_2^2 = \frac{1}{2}M_1 w_1^2 + \frac{1}{2}M_2 w_2^2 + \Delta\varepsilon; \tag{4.20}$$

式中，$\Delta\varepsilon$（它可以是正的也可以是负的）是由于碰撞所引起的粒子内部激发能的改变. 在目前的讨论中，我们必须把那些发出声或光的碰撞排除在外，因为在我们的计算中还不准备把它们的动量包括进来.

内部激发可以是一种转动或者是一种内部的振动；也可以是一个束缚电子从低能态到高能态的激发. 在弹性碰撞中，$\Delta\varepsilon = 0$，但是我们不必把这个推导限制在弹性碰撞的范围内㊁. 这里，我们已经假设粒子的质量 M_1，M_2 在碰撞过程中是不变化的.

现在从带撇的参考系来观察这同一次碰撞，这个带撇的参考系以匀速 $\boldsymbol{V}$ 相对

㊀ 我们用 w 表示碰撞后的速度，而不用在第 3 章中用过的 v'. 带撇的符号在这里将留给 S′参考系.

㊁ 非弹性碰撞并不违背能量守恒定律. 运动物体损失或得到的动能以这些物体内部的转动、振动或其他激发运动表现出来. 这种内部运动通常称为热运动（见统计物理学卷）.

于原先那个不带撇的参考系运动．在带撇的参考系中，初速是 $\boldsymbol{v}'_1$，$\boldsymbol{v}'_2$；末速是 $\boldsymbol{w}'_1$，$\boldsymbol{w}'_2$．我们有

$$\boldsymbol{v}'_1=\boldsymbol{v}_1-\boldsymbol{V},\ \boldsymbol{v}'_2=\boldsymbol{v}_2-\boldsymbol{V};\qquad(4.21)$$
$$\boldsymbol{w}'_1=\boldsymbol{w}_1-\boldsymbol{V},\ \boldsymbol{w}'_2=\boldsymbol{w}_2-\boldsymbol{V}.$$

在带撇的参考系中，能量守恒定律的表述是

$$\frac{1}{2}M_1(v'_1)^2+\frac{1}{2}M_2(v'_2)^2=\frac{1}{2}M_1(w'_1)^2+\frac{1}{2}M_2(w'_2)^2+\Delta\varepsilon.\qquad(4.22)$$

我们假设参考系改变时激发能 $\Delta\varepsilon$ 不变，这是与实验相符的．

如果能量守恒定律在伽利略变换下具有不变性，那么，在带撇和不带撇这两个参考系中，初始动能都必须等于最终的动能加上内部激发能 $\Delta\varepsilon$．这就是说，式（4.20）和式（4.22）两式一定都成立．在带撇的参考系中，能量守恒还可以通过把变换方程式（4.21）代入式（4.22）表示出来，这时注意有 $(v'_1)^2=v_1^2-2\boldsymbol{v}_1\cdot\boldsymbol{V}+V^2$ 等．这样，式（4.22）就变为

$$\frac{1}{2}M_1(v_1^2-2\boldsymbol{v}_1\cdot\boldsymbol{V}+V^2)+\frac{1}{2}M_2(v_2^2-2\boldsymbol{v}_2\cdot\boldsymbol{V}+V^2)=\frac{1}{2}M_1(w_1^2-2\boldsymbol{w}_1\cdot\boldsymbol{V}+V^2)+\frac{1}{2}M_2(w_2^2-2\boldsymbol{w}_2\cdot\boldsymbol{V}+V^2)+\Delta\varepsilon.\qquad(4.23)$$

上式左右两端的 V^2 项可以消去．式（4.23）中如果两端标量积可以相消，即有等式

$$(M_1\boldsymbol{v}_1+M_2\boldsymbol{v}_2)\cdot V=(M_1\boldsymbol{w}_1+M_2\boldsymbol{w}_2)\cdot\boldsymbol{V},\qquad(4.24)$$

那么，这个表达式就和在不带撇参考系中的能量守恒定律［式（4.20）］完全相同了．式（4.24）应该对于任何 $\boldsymbol{V}$ 值都成立．因此，式（4.24）的普遍解是

$$\boxed{M_1\boldsymbol{v}_1+M_2\boldsymbol{v}_2=M_1\boldsymbol{w}_1+M_2\boldsymbol{w}_2.}$$

这正是**动量守恒定律**．

回顾一下我们刚才做的事情：我们假设在碰撞中能量守恒、质量守恒，进一步，我们假设这两个定律在任何惯性参考系中都是正确的，也就是说，我们采用了伽利略不变性．我们发现，只有在碰撞中动量守恒，这两个定律在不同的惯性参考系中才能都是正确的．我们上面还没有在最普遍的意义下来充分应用质量守恒定律．如果在碰撞中牵涉到一定数量的质量交换，从而碰撞之后 M_1 变成了 $\overline{M_1}$，M_2 变成了 $\overline{M_2}$，不过仍有 $M_1+M_2=\overline{M_1}+\overline{M_2}$，那么，按照上面推导中所使用的同样步

骤仍然可以导出动量守恒. 下面的第二个例子说明了这一点.

【例】

等质量两物体的非弹性碰撞　作为说明上面那些想法的一个例子，让我们从两个不同的参考系来观察等质量的两个物体的非弹性碰撞. 在第一个参考系中，一个粒子初始时是静止的；而在第二个参考系中，两个物体初始时以大小相等而方向相反的速度相互接近. 碰撞后，两个物体粘在一起.

在第一个参考系中，这个问题我们已经解决了（参看 3.6 节），并求出过碰撞后两个物体的速度是 $v_1/2$；这里 v_1 是碰撞前运动着的那个物体的速度. 动能的损失是

$$\Delta\varepsilon = \frac{1}{2}m_1 v_1^2 - \frac{1}{2}\cdot 2m_1\left(\frac{v_1}{2}\right)^2 = \frac{1}{4}m_1 v_1^2.$$

对于第二个参考系，总动量为零；这样的参考系通常称为质心系. 质心系的运动速度是 $v_1/2$，因此 $v_1' = v_1 - v_1/2 = v_1/2$，而 $v_2' = -v_1/2$. 碰撞之后 $w_1' = w_2' = 0$，动能的损失为

$$\Delta\varepsilon = \frac{1}{2}m_1\left(\frac{v_1}{2}\right)^2 + \frac{1}{2}m_1\left(\frac{v_1}{2}\right)^2 - 0 = \frac{1}{4}m_1 v_1^2.$$

如果你关心在两个参考系中 $\Delta\varepsilon$ 是否总是相等，你可以再去计算一下别的例子.

【例】

化学反应　我们证明一下，在一个化学反应中动量是守恒的；在化学反应中，反应物的各原子在总质量不变的情况下重新排列，也就是交换位置，我们假设没有外力（见图 4.19）.

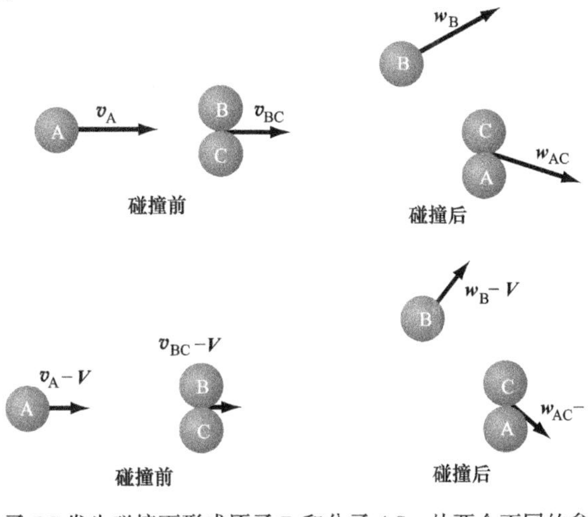

图 4.19　原子 A 和分子 BC 发生碰撞而形成原子 B 和分子 AC. 从两个不同的参考系来观察这次碰撞

假定一个化学反应可表示为

$$A + BC \rightarrow B + AC.$$

式中，BC表示由原子B和原子C组成的分子．在反应中，原子C和原子A相结合形成AC．在一个惯性系中，能量守恒定律可以写成

$$\frac{1}{2}M_A v_A^2 + \frac{1}{2}(M_B + M_C) v_{BC}^2 = \frac{1}{2}M_B w_B^2 + \frac{1}{2}(M_A + M_C) w_{AC}^2 + \Delta\varepsilon; \tag{4.25}$$

式中，$\Delta\varepsilon$表示参加反应的那些分子的结合能的改变，在相对于第一个惯性系以速度$\boldsymbol{V}$运动的第二个惯性系中，我们用$\boldsymbol{v}_A - \boldsymbol{V}$代替$\boldsymbol{v}_A$，等等．从而可以写出能量守恒定律：

$$\frac{1}{2}M_A(\boldsymbol{v}_A - \boldsymbol{V})^2 + \frac{1}{2}(M_B + M_C)(\boldsymbol{v}_{BC} - \boldsymbol{V})^2 = \frac{1}{2}M_B(\boldsymbol{w}_B - \boldsymbol{V})^2 + \frac{1}{2}(M_A + M_C)(\boldsymbol{w}_{AC} - \boldsymbol{V})^2 + \Delta\varepsilon. \tag{4.26}$$

把括弧的二次方项展开，我们可以看出，如果

$$M_A \boldsymbol{v}_A + (M_B + M_C)\boldsymbol{v}_{BC} = M_B \boldsymbol{w}_B + (M_A + M_C)\boldsymbol{w}_{AC},$$

则式（4.25）与式（4.26）是一致的．它正好就是动量守恒定律的表述．

【例】

重粒子和轻粒子的碰撞　一个质量为M的重粒子和一个质量为m的轻粒子做弹性碰撞（见图4.20）．轻粒子开始是静止的．重粒子的初速为$\boldsymbol{v}_{重} = v_{重}\hat{\boldsymbol{x}}$．末速为$\boldsymbol{w}_{重}$．如果在这个特定的碰撞中，轻粒子向前方（$+\hat{\boldsymbol{x}}$）弹去，那么它的末速$\boldsymbol{w}_{轻}$是多少？在这次碰撞中重粒子的能量损失了几分之几？

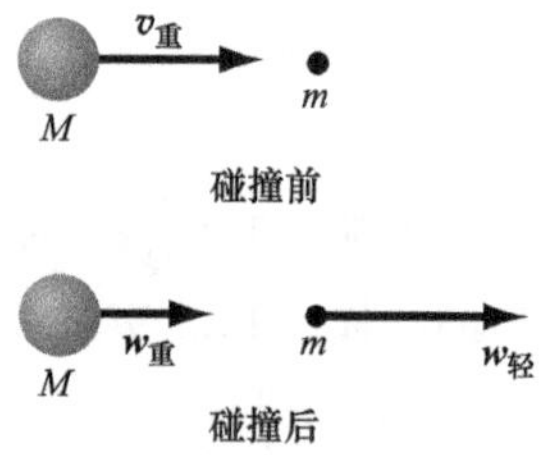

图4.20　重粒子和轻粒子的碰撞（注意，图中各矢量表示的是速度，而不是动量）

根据动量守恒，在这一特定碰撞中，重粒子的末速度在$\hat{\boldsymbol{y}}$方向不可能有分量，因此

$$Mv_{重}\hat{\boldsymbol{x}} = Mw_{重}\hat{\boldsymbol{x}} + mw_{轻}\hat{\boldsymbol{x}},$$

或者

$$Mv_{重} = Mw_{重} + mw_{轻}. \tag{4.27}$$

根据能量守恒定律，我们有（对于弹性碰撞，$\Delta\varepsilon = 0$）

$$\frac{1}{2}Mv_{重}^2 = \frac{1}{2}Mw_{重}^2 + \frac{1}{2}mw_{轻}^2.$$

借助于式（4.27），上式可以写成

$$\frac{1}{2}M\left(w_{重}^2 + \frac{2m}{M}w_{重}\, w_{轻} + \frac{m^2}{M^2}w_{轻}^2\right) = \frac{1}{2}Mw_{重}^2 + \frac{1}{2}mw_{轻}^2. \tag{4.28}$$

如果 $m \ll M$，为了方便起见，可略去数量级为 m/M 的项，于是式（4.28）简化为

$$mw_{重} w_{轻} \approx \frac{1}{2}mw_{轻}^2,$$

或者

$$w_{轻} \approx 2w_{重}. \tag{4.29}$$

这就是说，轻粒子约以重粒子速度两倍的速度被弹去．把式（4.29）代入式（4.27），进一步得到

$$Mv_{重} \approx Mw_{重} + 2mw_{重},$$

或者

$$\frac{\Delta v_{重}}{v_{重}} = \frac{v_{重} - w_{重}}{v_{重}} \approx \frac{2m}{M+2m} \approx \frac{2m}{M}. \tag{4.30}$$

应用式（4.30），得到重粒子损失的能量相对值[⊖]：

$$\frac{\frac{1}{2}Mv_{重}^2 - \frac{1}{2}Mw_{重}^2}{\frac{1}{2}Mv_{重}^2} = \frac{v_{重}^2 - w_{重}^2}{v_{重}^2} = 1 - \left(\frac{M}{M+2m}\right) \approx \frac{4m}{M}. \tag{4.31}$$

在式（4.30）和式（4.31）这两个式子中，我们都略去了比 1 小得多的那些 m/M 项．

应用动量守恒的其他例子，将在第 6 章中讨论．

习　　题

1. 转动的桌子上的木块． 一木块相对于每分钟转动 20 圈的粗糙水平桌面保持静止．木块距离竖直的转动轴 1.5m．试问摩擦因数必须要有多大？用图画出离心力和摩擦力．

2. 运动的参考系． 在一列以 5m/s 的速度沿着笔直轨道运行的火车里，一个朝火车前进方向以 1m/s 的速度运动的、质量为 100g 的物体，同另一个朝反方向以 5m/s 的速度运动的、质量为 50g 的物体发生对头碰撞．两个物体的速度都是相对于火车而言的．碰撞之后，在这列火车上，质量为 50g 的那个物体变为静止；试问：质量为 100g 的那个物体的速度是多少？损失了多少动能？（答：－1.5m/s.）

再从一个静止在铁路边上的观察者的角度去描述这次碰撞．这时动量守恒吗？在这个参考系中动能损失了多少？

3. 圆周运动中的加速度． 一个物体以恒定的速率 v（0.5m/s）在圆周轨道上

⊖ 写出此式的另一方法，是利用 Δ 作为算符，即

$$\frac{\Delta\left(\frac{1}{2}Mv_{重}^2\right)}{\frac{1}{2}Mv_{重}^2} = \frac{Mv_{重}\,\Delta v_{重}}{\frac{1}{2}Mv_{重}^2} = \frac{2\Delta v_{重}}{v_{重}} \approx \frac{4m}{M}.$$

运动．速度矢量 $\boldsymbol{v}$ 在2s内方向改变了30°.

（a）求速度变化的数值 $\Delta\boldsymbol{v}$.

（b）求在这段时间间隔内平均加速度的数值．（答：$0.1295\mathrm{m/s^2}$．）

（c）这个匀速圆周运动的向心加速度是多少？（答：$0.1316\mathrm{m/s^2}$．）

4. 自转引起的有效力． 一个物体固定在质量与半径都和地球相同的一个行星的表面上，但它在该行星赤道上所受到的重力加速度为零．这个行星上一天是多长时间？（答：1.4h.）

5. 在非惯性参考系中的运动． 考虑地球表面上的一个惯性系S和一个在自由下落升降机中静止的非惯性系S′．试问：

（a）在S中自由下落的一个质点，它在S′中的运动方程是什么？

（b）在S和S′中，作用在（a）中那个质点上的作用力和虚设力各是什么？

（c）在S中做水平圆运动的一个质点，它在S′中的运动方程是什么？假设在 $t=0$ 时 $y=y'=0$，而且 y 竖直向上．

6. 加速汽车中的摆． 一个摆挂在静止的汽车上，铅直下垂着．如果汽车在水平面上以 $1\mathrm{m/s^2}$ 的加速度运动，这个摆将以什么样的角度悬挂着？

7. 用于人的离心机． 在航空医学研究中用到的离心机，是一个绕竖直轴转动的水平杠，杠的一端携带着一个实验对象．如果从转动中心到实验对象的距离是7m，那么，离心机要转动多快才能使这个乘坐者经受到 $5g$ 的加速度？g = 重力加速度．

8. 加速参考系． 一个参考系具有竖直向上的 $3\mathrm{m/s^2}$ 的加速度．在 $t=0$ 时，它的原点是静止的，并与地球表面上的一个惯性系重合．（忽略地球的自转）

（a）假定 y 向上，x 是水平的，求在 $t=0$ 时以10m/s的速率水平抛出的一个物体在这两个参考系中的 $x(t)$ 和 $y(t)$，如果略去重力的话．

（b）把重力包括在内，再解题（a）．

9. 碰撞运动学，质心． 两个质量分别为 $M_1=100\mathrm{g}$ 和 $M_2=40\mathrm{g}$ 的质点各具有初速度 $\boldsymbol{v}_1=(2.8\hat{\boldsymbol{x}}-3.0\hat{\boldsymbol{y}})\mathrm{cm/s}$ 和 $\boldsymbol{v}_2=7.5\hat{\boldsymbol{y}}\mathrm{cm/s}$．它们发生碰撞，碰撞后的速度为 $\boldsymbol{v}_1'=(1.2\hat{\boldsymbol{x}}-2.0\hat{\boldsymbol{y}})\mathrm{cm/s}$ 和 $\boldsymbol{v}_2'=(4.0\hat{\boldsymbol{x}}+5.0\hat{\boldsymbol{y}})\mathrm{cm/s}$.

（a）求总动量．

（b）求总动量在其中（碰撞前）为零的参考系的速度，这个参考系叫作质心系．

（c）证明碰撞后在这个参考系中动量为零．

（d）碰撞后不再作为动能出现的那部分能量占初始动能的几分之几？这个碰撞是弹性碰撞吗？

10. 质量不等的两质点的碰撞． 在两个质点的碰撞中，如果有一个参考系，在其中一个质点开始是静止的，而另一个质点以速度 v 运动，这个参考系称为实验室系．假设运动质点的质量是 m，静止质点的质量为 $2m$.

（a）质心系（参看习题 9）相对于实验室系的速度是多少？

（b）在一次完全非弹性碰撞中，也就是两个粒子粘在一起的那种碰撞中，在实验室系和在质心系这两个参考系中动能的损失分别是多少？

（c）如果碰撞是弹性的，两质点在质心系中的速度只改变方向而不改变数值．试求出把质量为 m 的质点在实验室系和质心系中的偏角（通常称为散射角）联系起来的表达式．

注意，在质心系中，第二个质点偏转后的方向总是和第一个质点偏转后的方向相差 180°．在质量相等的两质点碰撞中，$\theta_{实} = \theta_{质心}/2$．画出矢量图会受到启发．

11. 电子的加速度和磁偏转．（本题至习题 14 是复习第 3 章的内容．）假设电子从金属平面的 0 点静止地释放出来（见图 4.21），然后在电场作用下朝着相距 0.25cm 的另一个平行平面加速．

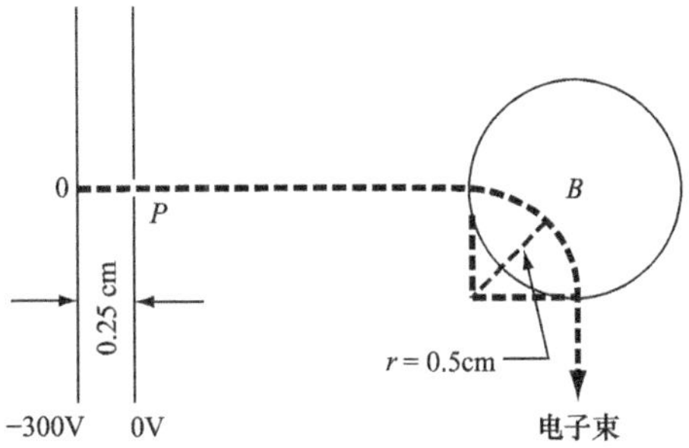

图 4.21

在 P 处有一个小孔，可以让一束电子射入一个没有电场的区域（当然，所有区域都处在高真空中）．如图所示，电场是由加在两金属平面上的 −300V 和 0V 电压产生的．打算用如图所示的圆形磁场 B 使电子束沿半径为 0.5cm 的圆形路径偏转 90°角．试计算所需的磁场的强度，并说明它的方向．（注意：1 静电伏特/cm 的电场强度等于 300V/cm．）

12. 离子的渡越时间．有一团带一个电荷的铯离子 Cs^+，它在 3×10^4V/m 的电场作用下从静止被加速走过了 0.33cm，然后又在抽成真空的无场空间于 87×10^{-9}s 的时间内移动了 1mm．

（a）根据这些数据推算出 Cs^+ 的原子质量．（答：2.4×10^{-25}kg．）

将所得的结果与你在有关表、手册或化学课本中查到的数值比较一下．

（b）如果是质子经过这 1mm 的区域，要花多少时间？（答：7.2×10^{-9}s．）

13. 电子束的磁偏转．在阴极射线管中，电子束的偏转可以用静电装置实现，也可以用磁装置实现．一束能量为 W 的电子进入强度为 B 的横向的均匀磁场区．（忽略边缘效应，参看图 4.22．）

（a）如果电子进入磁场的那一点到电子离开磁场的那一点的距离为 x，试证明

$$y = r\left[1 - \sqrt{1 - \left(\frac{x}{r}\right)^2}\right];$$

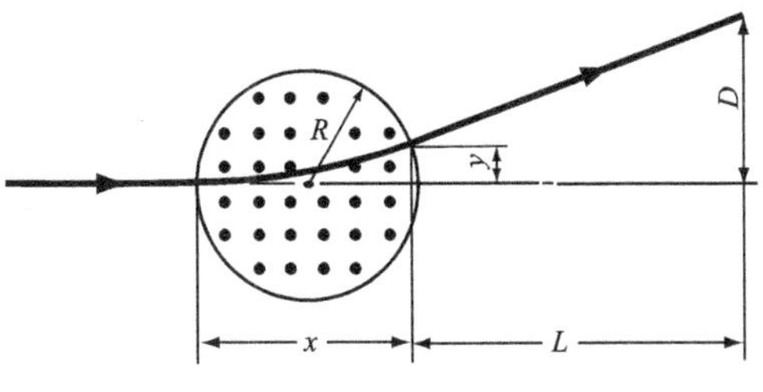

图 4.22

式中，r 是电子在横向磁场中轨迹的

曲率半径．这个曲率半径就是和电子轨迹的弯曲部分相吻合的那个圆的半径．

（b）如果 R 是磁极的半径，那么，当 $r \gg R$ 时，$x \approx 2R$．试应用二项式展开证明 $y \approx 2R^2/r$．

14. 回旋加速器中的加速度． 假设在一个回旋加速器中 $\boldsymbol{B} = \hat{z}B$，而且

$$E_x = E\cos\omega_c t,\ E_y = -E\sin\omega_c t,\ E_z = 0.$$

式中，E 是常量．（在实际的回旋加速器中，空间电场是不均匀的．）由此可见，电场强度矢量以角频率 ω_c 沿着一个圆扫描．试证明粒子的位移由下式描述：

$$x(t) = \frac{qE}{M\omega_c^2}(\omega_c t\sin\omega_c t + \cos\omega_c t - 1),$$

$$y(t) = \frac{qE}{M\omega_c^2}(\omega_c t\cos\omega_c t - \sin\omega_c t).$$

这里，当 $t=0$ 时粒子静止在原点．试用简略的图绘出位移的头几圈．

高 级 课 题

转动坐标系中的速度和加速度　现在，我们考虑一个非惯性参考系，它以恒定的角速度 ω 绕着一个惯性系的 z 轴转动．我们只讨论有关的坐标绕一公共 z 轴旋转的情况．（普遍情况的公式，在中级力学课本中能找到推导，在本节末也给出了这些公式．）这个问题十分重要，因为地球就是一个转动参考系．在下面的分析中，除去向心加速度，我们还要提到科里奥利加速度．这个加速度对于大规模的海流和大气流的运动是十分重要的．

从转动参考系看到的 P 点的坐标（$x_{转}$，$y_{转}$，$z_{转}$），与从惯性系看到的这同一点的坐标（$x_{惯}$，$y_{惯}$，$z_{惯}$），两者可以简单地联系起来．研究一下图 4.23 和图 4.24

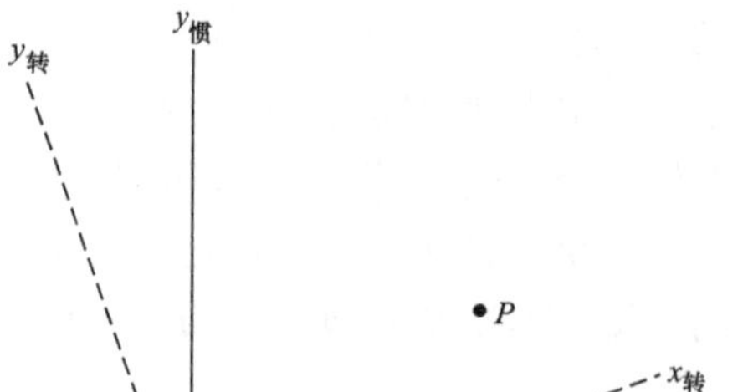

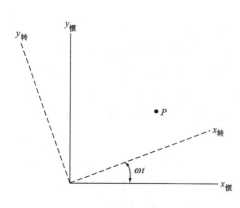

图 4.23　P 点处在惯性系（$x_{惯}$，$y_{惯}$）和转动系（$x_{转}$，$y_{转}$）的 xy 平面内．两参考系的坐标轴在 $t=0$ 时重合，转动是以角速度 ω 围绕 z 轴进行的

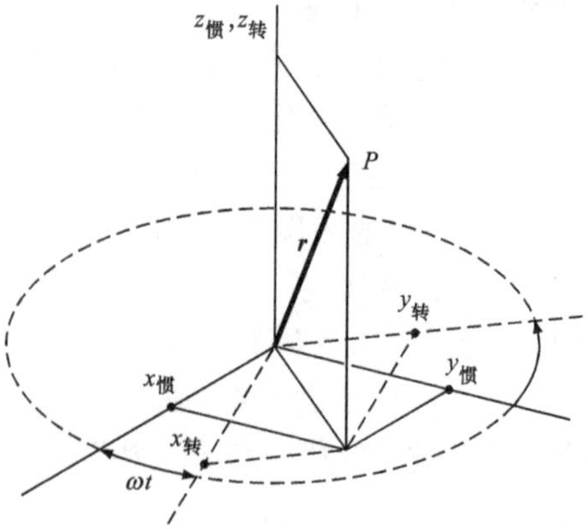

图 4.24　P 点可以用惯性系的坐标 $x_{惯}$，$y_{惯}$，$z_{惯}$ 描述，也可以用转动系的坐标 $x_{转}$，$y_{转}$，$z_{转}$ 描述．转动是围绕着 z 轴的

中的几何关系，我们看出：

$$x_{\text{惯}}=x_{\text{转}}\cos\omega t-y_{\text{转}}\sin\omega t,$$
$$y_{\text{惯}}=x_{\text{转}}\sin\omega t+y_{\text{转}}\cos\omega t,$$
$$z_{\text{惯}}=z_{\text{转}}. \tag{4.32}$$

这两个参考系中的速度分量之间的关系可由式（4.32）对时间求微商得到.（为了使表示紧凑些，我们用变量上的一点来表示对时间的微商，就像在第 3 章中用过的一样．因此 $\dot{x}\equiv \mathrm{d}x/\mathrm{d}t\equiv v_x$，$\ddot{x}\equiv \mathrm{d}^2x/\mathrm{d}t^2\equiv \dot{v}_x\equiv \mathrm{d}v_x/\mathrm{d}t$.）我们有

$$\dot{x}_{\text{惯}}=\dot{x}_{\text{转}}\cos\omega t-\omega x_{\text{转}}\sin\omega t-\dot{y}_{\text{转}}\sin\omega t-\omega y_{\text{转}}\cos\omega t,$$
$$\dot{y}_{\text{惯}}=\dot{x}_{\text{转}}\sin\omega t+\omega x_{\text{转}}\cos\omega t+\dot{y}_{\text{转}}\cos\omega t-\omega y_{\text{转}}\sin\omega t,$$
$$\dot{z}_{\text{惯}}=\dot{z}_{\text{转}}. \tag{4.33}$$

为了简单起见，我们让 ω 为常量．我们注意到，对于一个在转动参考系中静止的质点（$\dot{x}_{\text{转}}=\dot{y}_{\text{转}}=\dot{z}_{\text{转}}=0$），式（4.33）简化为

$$\dot{x}_{\text{惯}}=-\omega x_{\text{转}}\sin\omega t-\omega y_{\text{转}}\cos\omega t,$$
$$\dot{y}_{\text{惯}}=\omega x_{\text{转}}\cos\omega t-\omega y_{\text{转}}\sin\omega t.$$

同样地，对于一个在惯性系中静止的质点（$\dot{x}_{\text{惯}}=\dot{y}_{\text{惯}}=\dot{z}_{\text{惯}}=0$），我们由式（4.33）（做一些代数运算后）得到

$$\dot{x}_{\text{转}}-\omega y_{\text{转}}=0,\quad \dot{y}_{\text{转}}+\omega x_{\text{转}}=0,\quad \dot{z}_{\text{转}}=0.$$

加速度的分量可由式（4.33）对时间求微商得到

$$\ddot{x}_{\text{惯}}=\ddot{x}_{\text{转}}\cos\omega t-2\omega\dot{x}_{\text{转}}\sin\omega t-\omega^2x_{\text{转}}\cos\omega t-\ddot{y}_{\text{转}}\sin\omega t-2\omega\dot{y}_{\text{转}}\cos\omega t+\omega^2y_{\text{转}}\sin\omega t,$$
$$\ddot{y}_{\text{惯}}=\ddot{x}_{\text{转}}\sin\omega t+2\omega\dot{x}_{\text{转}}\cos\omega t-\omega^2x_{\text{转}}\sin\omega t+\ddot{y}_{\text{转}}\cos\omega t-2\omega\dot{y}_{\text{转}}\sin\omega t-\omega^2y_{\text{转}}\cos\omega t,$$
$$\ddot{z}_{\text{惯}}=\ddot{z}_{\text{转}}. \tag{4.34}$$

我们注意到，对于一个在转动系中静止的质点，借助于式（4.32），式（4.34）简化为

$$\ddot{x}_{\text{惯}}=-\omega^2(x_{\text{转}}\cos\omega t-y_{\text{转}}\sin\omega t)$$
$$=-\omega^2x_{\text{惯}}, \tag{4.35}$$
$$\ddot{y}_{\text{惯}}=-\omega^2(x_{\text{转}}\sin\omega t+y_{\text{转}}\cos\omega t)$$
$$=-\omega^2y_{\text{惯}}. \tag{4.36}$$

式（4.35）和式（4.36）可以合起来表示为矢量形式：

$$\boldsymbol{a}_{\text{惯}}=-\omega^2\boldsymbol{r}_{\text{惯}}; \tag{4.37}$$

式中，与式（4.10）一样，$\boldsymbol{a}_{\text{惯}}=\ddot{\boldsymbol{r}}_{\text{惯}}$ 是质点相对于惯性系的加速度，$\boldsymbol{r}_{\text{惯}}=x_{\text{惯}}\hat{\boldsymbol{x}}_{\text{惯}}+y_{\text{惯}}\hat{\boldsymbol{y}}_{\text{惯}}$．式（4.37）就是通常的向心加速度的表达式.

式（4.34）中各行的第一项正是转动坐标系中的加速度（$\ddot{x}_{\text{转}}$ 和 $\ddot{y}_{\text{转}}$）在惯性坐标轴上的投影．可是，第二项与在转动系中的速度（$\ddot{x}_{\text{转}}$ 和 $\ddot{y}_{\text{转}}$）有关，如果 $\dot{x}_{\text{转}}=\dot{y}_{\text{转}}=0$，则第二项为零．考虑一个不受真实力作用的沿径向朝外射出的质点，这一点就好理解了．质点的实际路径将是沿径向的直线，如图 4.25a 所示；但是在

转动系中，它的路径看起来将像图4.25b. 这个加速度称为科里奥利加速度，由它导出的虚设力称为科里奥利力（见图4.25），式（4.34）中各行的第3项正是向心加速度项，由它导出的虚设力是离心力，只要 v 与 ωr 相比是很小的，科里奥利力与离心力相比就也会是很小的.

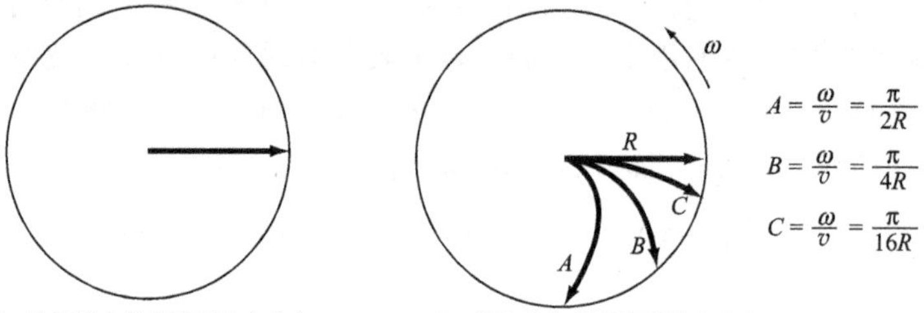

a) 从惯性参考系看到的由中心沿径向朝外射出的质点的径迹

b) 从转动参考系看到的由中心沿径向朝外射出的质点的径迹

图 4.25

作为说明这些虚设力的一个例子，并且为了说明从惯性系和转动系进行观察所得的结果是相容的，让我们考虑一架在赤道上相对于地面以 8.8×10^2 m/s 的速度向东飞行的超音速飞机. 图4.26就是这种情况的示意图. 我们设想飞机的航迹是“水平的”，因此它将随着地球表面弯曲. 因为飞机的高度相对于地球的大小来说是很小的，我们还可以认为它离地心的距离就是地球的半径 r.

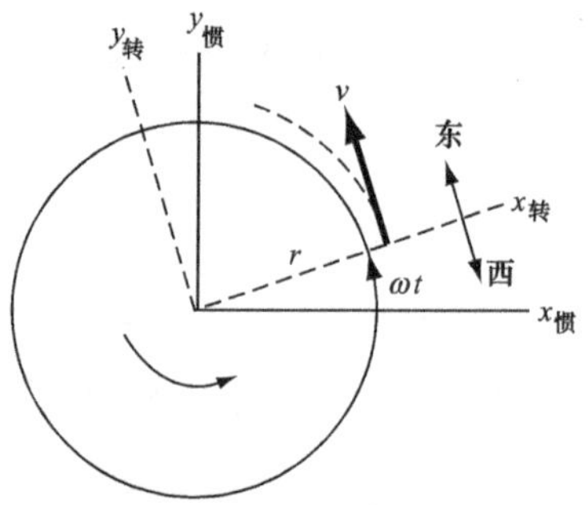

图 4.26　从北极上空看到的惯性系和地球转动系. $x_{转}$ 和 $y_{转}$ 都在赤道平面内. 矢量 $\boldsymbol{v}$ 是超音速飞机相对于地面“水平”向东飞行的速度，它的航迹用弯曲的虚线表示. 当地的东西方向如图所示

首先，我们从惯性系的观点来考察有关的情况. 按这种观点，飞机是以 $\omega r+V$ 的速率在半径为 r 的圆周上运动. 这个速率就是赤道处地球表面的速率加上飞机相对于地面的速率. 为了提供与这个圆周运动相联系的向心加速度，必须要有一个向心力；这个向心力是由重力和气体动力学的升力合起来提供的. 因此，我们写出

$$-\frac{GMm}{r^2}+f=-\frac{m(\omega r+V)^2}{r}$$

$$=-m\omega^2 r-2m\omega V-\frac{mV^2}{r}.$$

式中，f 表示升力；m 是飞机的质量；负号表示力或加速度指向地球的中心. 解出 f，得到

$$f=\frac{GMm}{r^2}-m\omega^2 r-2m\omega V-\frac{mV^2}{r},$$

或者

$$f = mg - 2m\omega V - \frac{mV^2}{r}.$$

在第二个表达式中，和在 4.1 节的“以地球为参考系”中所描述的一样，我们就把 $GMm/r^2 - m\omega^2 r$ 看成是赤道当地的有效“重力” mg. 我们于是得出结论：由于飞机相对于地面的速率和地球自转的联合效应，所需的气体动力学的升力稍微比 mg 小一些，即应减去后面两项. 如果我们采用上面所给出的 V 的数值，并由 $\omega = 7.3 \times 10^{-5}$ rad/s 和 $r = 6400$km，那么可以求得 $2\omega V = 0.1285\text{m/s}^2$ 和 $V^2/r = 0.121\text{m/s}^2$. 这两个数值就是要从赤道处落体的加速度 $g = 9.8\text{m/s}^2$ 中扣除的. 所需的升力大约要减少百分之 2.6.

现在，让我们从转动系的观点来考察这同一情况. 我们将利用式（4.34）的第一个方程；并把时间选择在 $t = 0$ 的瞬间，这时转动坐标轴和惯性坐标轴重合. 这样，第一个方程就变为

$$\ddot{x}_{惯} = \ddot{x}_{转} - 2\omega \dot{y}_{转} - \omega^2 x_{转}.$$

当然，$m\ddot{x}_{惯}$ 就等于真实力 F. 按照式（4.7）的写法，我们可以把牛顿第二定律的方程写为

$$F + 2m\omega \dot{y}_{转} + m\omega^2 x_{转} = m\ddot{x}_{转}.$$

左端的第二项和第三项构成了虚设力，如果要使得 $m\ddot{x}_{转}$ 等于作用力，这些虚设力就一定要出现.

因为在转动系中飞机以速率 V 沿弯曲的路径运动，根据问题的条件，我们的变量应有如下数值：

$$x_{转} = r,\quad \dot{x}_{转} = 0,\quad \ddot{x}_{转} = -\frac{V^2}{r};$$

$$y_{转} = 0,\quad \dot{y}_{转} = V,\quad \ddot{y}_{转} = 0.$$

[碰巧，这些条件使得式（4.34）的第二个方程中所有项均为零.] 和以前一样，真实力是

$$F = -\frac{GMm}{r^2} + f.$$

式中，f 是气体动力学的升力.

把这些数值代入我们的方程，写出来就是

$$-\frac{GMm}{r^2} + f + 2m\omega V + m\omega^2 r = -m\frac{V^2}{r}.$$

再次解出 f，而且和以前一样写出 $GMm/r^2 - m\omega^2 r = mg$，我们得到

$$f = mg - 2m\omega V - m\frac{V^2}{r}.$$

这和从惯性系的观点所得到的结果一样. $2m\omega V$ 项是科里奥利力，最后一项 mV^2/r

是由于飞机在它的弯曲路径上的速率所引起的离心力．由于地球的自转所引起的离心力已经包括在当地的重力中了．我们下面不再继续讨论这个例子．

作为进一步讨论的一个例子（前面刚提到过），我们知道，在惯性系中，一个从转动中心射出的物体将沿着直线向外移动：

$$x_{惯} = v_0 t,\quad y_{惯} = 0,\quad z_{惯} = 0.$$

这就得出在转动系中有

$$v_0 t = x_{转}\cos\omega t - y_{转}\sin\omega t, \tag{4.38}$$

$$0 = x_{转}\sin\omega t + y_{转}\cos\omega t. \tag{4.39}$$

让我们检验一下上面二式是否满足 $\ddot{x}_{惯} = 0$ 和 $\ddot{y}_{惯} = 0$ 的式（4.34）．为此，将式（4.34）中的第一个方程乘以 $\cos\omega t$，第二个方程乘以 $\sin\omega t$，然后相加，我们得到

$$\ddot{x}_{转} - 2\omega\dot{y}_{转} - \omega^2 x_{转} = 0. \tag{4.40}$$

由式（4.38）和式（4.39）解出

$$x_{转} = v_0 t\cos\omega t,\quad y_{转} = -v_0 t\sin\omega t.$$

把这些关系式用于式（4.40）时，我们发现是满足的．

如果我们考虑的是三维的运动，而且坐标的角速度矢量 $\boldsymbol{\omega}$ 取任意方向，我们得到

$$\begin{aligned} \boldsymbol{a}_{惯} &= \boldsymbol{a}_{转} + 2\boldsymbol{\omega}\times\boldsymbol{v}_{转} + \boldsymbol{\omega}\times(\boldsymbol{\omega}\times\boldsymbol{r}) \\ &= \boldsymbol{F}/M, \end{aligned}$$

因此

$$M\boldsymbol{a}_{转} = \boldsymbol{F} - 2M\boldsymbol{\omega}\times\boldsymbol{v}_{转} - M\boldsymbol{\omega}\times(\boldsymbol{\omega}\times\boldsymbol{r});$$

式中，$\boldsymbol{F}$ 是真实力．于是，

$$-2M\boldsymbol{\omega}\times\boldsymbol{v}_{转} \tag{4.41}$$

是科里奥利力，而

$$-m\boldsymbol{\omega}\times(\boldsymbol{\omega}\times\boldsymbol{r}) \tag{4.42}$$

是离心力．

正交电磁场中质子的运动　这个重要的例子可以相当容易地加以求解，而且，把坐标变换到运动参考系中去就可以对它的结果直接做出解释．如图 4.27a 所示，令 $\boldsymbol{B} = B\hat{z}$ 和 $\boldsymbol{E} = E\hat{x}$．根据洛伦兹力［由式（3.19）给出］和回转频率［由式（3.27）给出］的定义，带电粒子的运动方程为

$$\dot{v}_x = \frac{e}{M}E + \omega_c v_y,\quad \dot{v}_y = -\omega_c v_x,\quad \dot{v}_z = 0. \tag{4.43}$$

这组方程存在一个特解，它描述没有加速变的运动，令 $\dot{v}_x = \dot{v}_y = 0$ 就可以得到，这时有

$$v_x = 0,\quad v_y = -\frac{eE}{M\omega_c} = -\frac{E}{B}. \tag{4.44}$$

对于以这个速度运动的一个带电粒子，因为电场力和磁场力互相抵消了，所以不存

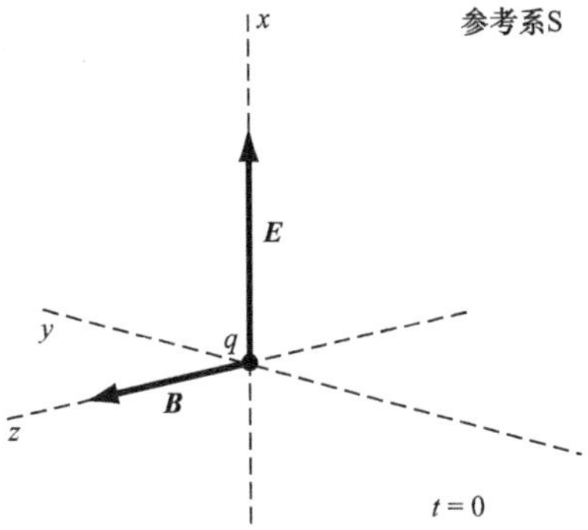

a）一个正电荷q在相互正交的电磁场$\boldsymbol{E}$和$\boldsymbol{B}$中静止于原点

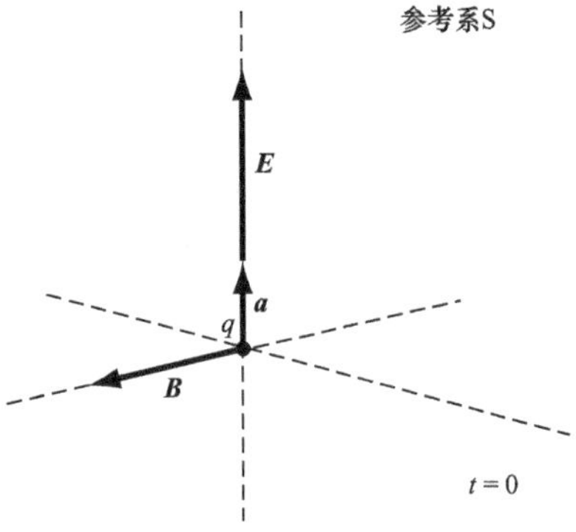

b）q的初始加速度为$\boldsymbol{a}=q\boldsymbol{E}/M$

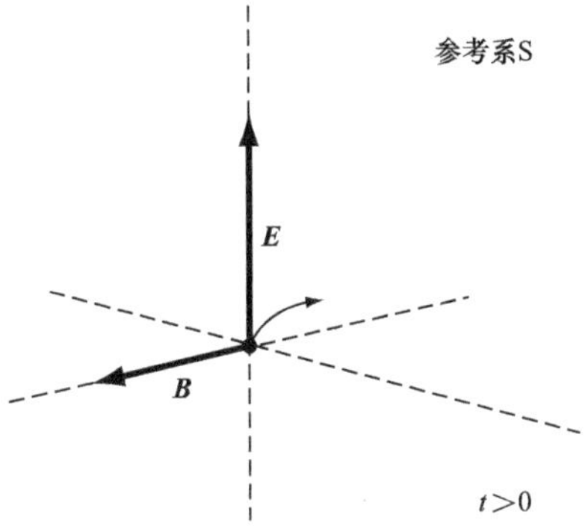

c）q只要获得$\boldsymbol{E}$方向的速度，就会受到一个作用力$\boldsymbol{F}=(q/c)\boldsymbol{v}\times\boldsymbol{B}$. 轨道于是弯向$-y$方向

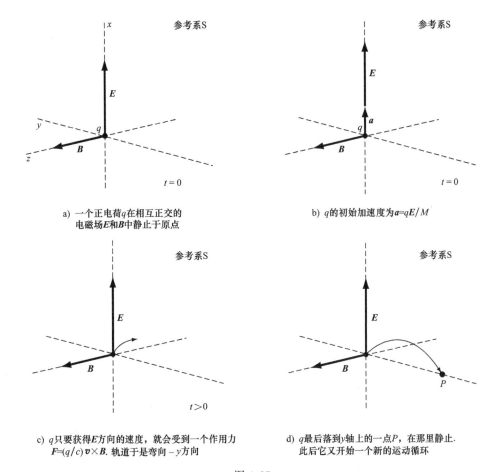

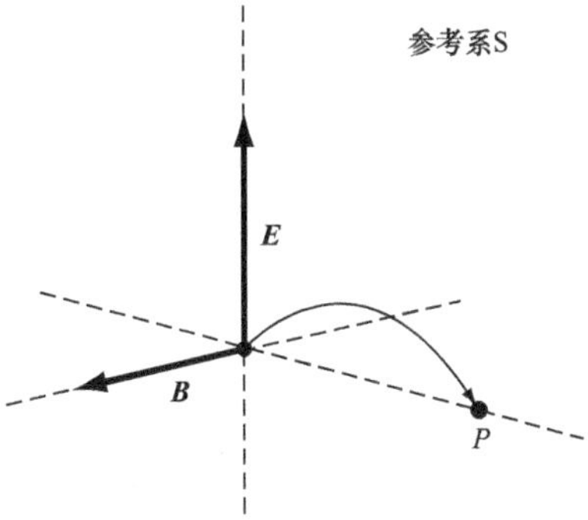

d）q最后落到y轴上的一点P，在那里静止. 此后它又开始一个新的运动循环

图 4.27

在净作用力. 在原子和原子核的研究中，常以这种方式把正交场用作为速度选择器.

如果我们把这种运动的一般问题变换到以式（4.44）所给出的速度运动的坐标系 S′中去，我们就会发现，在这个新的参考系中，这个粒子是做匀速圆周运动的. 速度分量的变换式是

$$v_x = v'_x,\quad v_y = -\frac{E}{B} + v'_y. \tag{4.45}$$

代入式（4.43），得到（记住 $\omega_c = eB/M$）

$$\dot{v}'_x = \omega_c v'_y,\quad \dot{v}'_y = \omega_c v'_x. \tag{4.46}$$

上式与描述匀速圆周运动的式（3.24）相同. 这样，这个粒子的行为就可以简单地被看成是两个运动的叠加：它在 S′系的 $x'y'$平面内以角速度 $\omega_c = Be/M$ 做匀速圆周运动，同时 S′系又相对于实验室系以速度 $v_y = -E/B$ 做稳恒运动. 在 S′系中，这个粒子只“感受”到磁场；电场在这个参考系中为零.

如果我们选择的初始条件，是带电粒子在 $t=0$ 的瞬间在实验室参考系的原点静止不动，那么，以后的运动轨迹是一条旋轮线．这就好像该粒子是一个以匀速率 E/B 沿着负 y 轴㊀滚动的轮子周缘上的一个点．现在，我们将论证图 4.27a ~ 图 4.27d 所说明的事实．

在 S′中，与在实验室参考系中的零速度相对应的速度的初始条件是 $v_x'=0$ 和 $v_y'=E/B$．满足这个条件的式（4.46）的解是

$$v_x'=\frac{E}{B}\sin\omega_c t,\quad v_y'=\frac{E}{B}\cos\omega_c t. \tag{4.47}$$

它们代表匀速圆周运动．当我们从正 z'轴上的某一位置看时，这个匀速圆周运动沿顺时针方向，角速度为 ω_c，半径为

$$r=\frac{E}{\omega_c B}. \tag{4.48}$$

如果变换到实验室参考系，根据式（4.45），式（4.47）给出

$$\begin{aligned} v_x&=\frac{dx}{dt}=\frac{E}{B}\sin\omega_c t\\ v_y&=\frac{dy}{dt}=\frac{E}{B}\ (-1+\cos\omega_c t). \end{aligned} \tag{4.49}$$

把式（4.49）积分，利用初始条件 $t=0$ 时 $x=y=0$，并考虑到式（4.48），我们得到

$$x=r(1-\cos\omega_c t),\ y=r(-\omega_c t+\sin\omega_c t).$$

这正是向负 y 方向滚动的一个半径为 r 的圆盘周缘上一个点的运动方程（见图 4.28a、b）．

数学附录

矢量乘积的微商　在第2章中我们讨论过矢量的微商，其中谈到，如果

$$\boldsymbol{r}=x\hat{\boldsymbol{x}}+y\hat{\boldsymbol{y}}+z\hat{\boldsymbol{z}},$$

则

$$\dot{\boldsymbol{r}}=\dot{x}\hat{\boldsymbol{x}}+\dot{y}\hat{\boldsymbol{y}}+\dot{z}\hat{\boldsymbol{z}};$$

只要基矢方向不变．

现在，我们来导出下列关系式：

$$\frac{d}{dt}(\boldsymbol{A}\times\boldsymbol{B})=\dot{\boldsymbol{A}}\times\boldsymbol{B}+\boldsymbol{A}\times\dot{\boldsymbol{B}}.$$

令 $\boldsymbol{P}(t)$ 表示 $\boldsymbol{A}(t)\times\boldsymbol{B}(t)$，并考虑下面这个表达式：

$$\boldsymbol{P}(t+\Delta t)-\boldsymbol{P}(t)$$

㊀ 如果这个粒子有一个初速度，那么，它的运动就将是轮子周缘内侧或外侧一个点的运动．

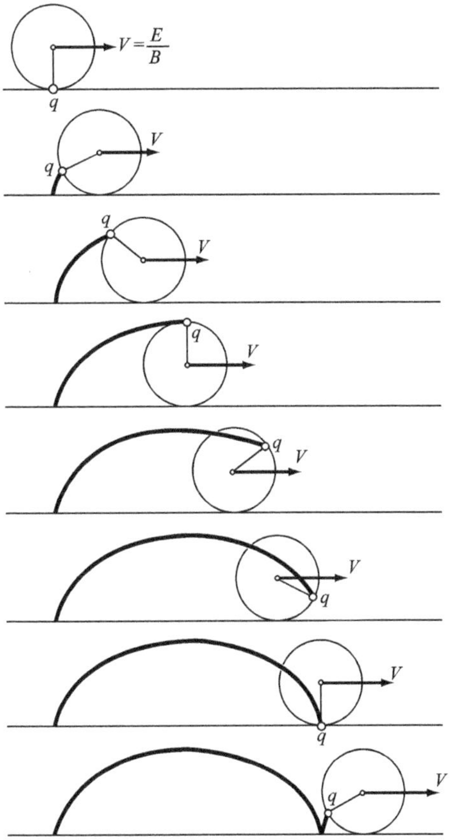

a) 轨道是一条普通的旋轮线(如果粒子是从静止起动的话)，而且q具有向右的平均速度：$V=E/B$. 注意平均速度 E/B 的方向是$\boldsymbol{E}\times\boldsymbol{B}$的方向。在第二个高级课题中，$\boldsymbol{E}\times\boldsymbol{B}=E\hat{\boldsymbol{x}}\times B\hat{\boldsymbol{z}}=-EB\hat{\boldsymbol{y}}$，这就是式(4.44)和式(4.45)的结果

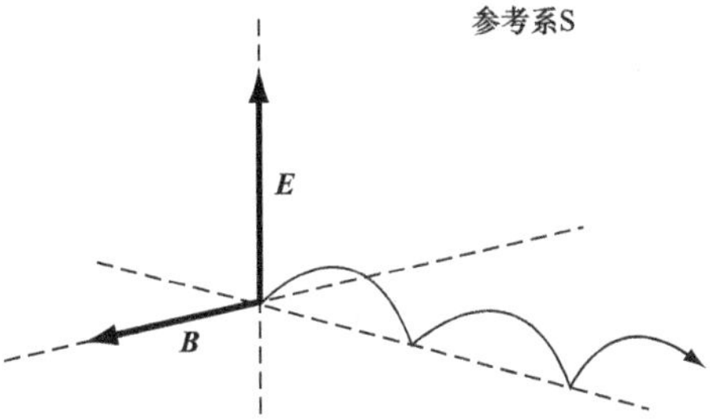

b) 这条普通的旋轮线是在直线上滚动的一个圆周缘上的q描画出来的

图 4.28

$$
\begin{aligned}
&= \boldsymbol{A}(t+\Delta t)\times\boldsymbol{B}(t+\Delta t)-\boldsymbol{A}(t)\times\boldsymbol{B}(t)\\
&\approx\left[\boldsymbol{A}(t)+\frac{\mathrm{d}\boldsymbol{A}}{\mathrm{d}t}\Delta t\right]\times\left[\boldsymbol{B}(t)+\frac{\mathrm{d}\boldsymbol{B}}{\mathrm{d}t}\Delta t\right]-\boldsymbol{A}(t)\times\boldsymbol{B}(t)\\
&=\Delta t\left[\frac{\mathrm{d}\boldsymbol{A}}{\mathrm{d}T}\times\boldsymbol{B}+\boldsymbol{A}\times\frac{\mathrm{d}\boldsymbol{B}}{\mathrm{d}t}\right]+(\Delta t)^2\left[\frac{\mathrm{d}\boldsymbol{A}}{\mathrm{d}t}\times\frac{\mathrm{d}\boldsymbol{B}}{\mathrm{d}t}\right].
\end{aligned}
$$

这样，我们就有

$$
\begin{aligned}
\dot{\boldsymbol{P}}&=\lim_{\Delta t\to 0}\frac{\boldsymbol{P}(t+\Delta t)-\boldsymbol{P}(t)}{\Delta t}\\
&=\dot{\boldsymbol{A}}\times\boldsymbol{B}+\boldsymbol{A}\times\dot{\boldsymbol{B}}.
\end{aligned}
$$

必须注意，结果中矢量积中各项的次序是很重要的. 根据同样的论证，我们得到

$$\frac{\mathrm{d}}{\mathrm{d}t}(\boldsymbol{A}\cdot\boldsymbol{B})=\dot{\boldsymbol{A}}\cdot\boldsymbol{B}+\boldsymbol{A}\cdot\dot{\boldsymbol{B}}.$$

拓展读物

PSSC, "physics," chaps. 20 (secs. 9-11), 22, D. C. Heath and Company, Boston, 1965.

Ernst Mach, "The Science of Mechanics," chap. 2, sec. 6, The Open Court Publishing Company, La Salle, Ill., 1960.

"Collier's Encyclopedia," 1964. 傅科（Foucault）本人撰写的一篇关于傅科摆的基本而优秀的论述.

Mary Hesse, Resource Letter on Philosophical Foundations of Classical Mechanics, *Am. J. Phys*, **32**: 905 (1964). 这是一部相关文献的较为完备的文集.

第5章　能量守恒

第5章 能量守恒

5.1 物理世界中的守恒定律

物理世界中存在着一些守恒定律，其中有些是严格的，有些是近似的．一个守恒定律常常是宇宙中某种基本对称性的结果．能量、动量、角动量、电荷、重子（质子、中子和更重的基本粒子）数、奇异数以及别的一些物理量都有它们相应的守恒定律．在第3章和第4章中我们讨论过动量守恒．在这一章中，我们要讨论能量守恒．在第6章中我们将推广这一讨论，而且还将考虑到角动量．目前，我们的讨论全都将按非相对论性的方式来进行，这就是说，限定于伽利略变换、速度比光速小得多以及质量与能量无关的场合．在第12章中，当我们介绍了洛伦兹变换和狭义相对论以后，我们将在相对论性范围给出能量和动量守恒定律的合适的形式．

如果在一个问题中所有的力都是已知的，而且我们既有能力，又有计算速度和容量都足够大的计算机，以致可以求出问题中所有质点的轨道，那么，守恒定律并不能多给我们什么知识．但是，由于我们并不掌握全部作用力的情况，而且也没有那么大的能力和那么好的设备，所以守恒定律实际上是十分有力的工具．为什么守恒定律是有力的工具呢？

(1) 守恒定律与轨道的细节无关，而且常常与特定力的细节无关．因此，守恒定律是表述运动方程的那些非常普遍的、重要的结果的一种方式．一个守恒定律有时就能告诉我们某件事是不可能的．这样，对于一个被说成是永动机的装置，只要它不过是由一些机械零件和电学元件所组成的一个封闭系统，我们就不必浪费时间去分析它了．同样，对于那种想借助于内部重物的运动来工作的人造地球卫星的推进设计，我们也无须去加以分析．

(2) 守恒定律甚至还可以用于对有关的力还不了解的情况，这一点特别适用于基本粒子物理学．

(3) 守恒定律与不变性有密切联系．在探索新的、尚不了解的现象时，守恒定律常常就是我们所知道的最引人注目的物理事实．它们可能会使人想到相应的不变性概念．在第4章中我们已经看到，动量守恒可以理解为是伽利略不变性原理的一个直接结果．

(4) 即使有关的力已经精确地知道了，一个守恒定律仍然可能是求解一个质点运动的方便的工具．许多物理学家在求解未知问题时常常习惯于以这样一种次序：他们先一个一个地去应用有关的守恒定律，这以后，如果还有什么没有解决的话，才采用微分方程、变分法和微扰法、计算机、直观法，以及可采用的其他工具去认真加以处理，在第 7 ~ 9 章中，我们就是这样去利用能量和动量守恒定律的.

5.2　概念的定义

机械能守恒定律涉及动能、势能和功的概念. 这些概念是非常自然地从牛顿第二定律引出的. 我们可以先从一个简单的例子去加以理解，在后面再详细地去讨论它们. 我们从讨论一维情况下的力和运动开始，这样符号就简化了. 在三维情况下还要重复这种讨论，读者会发现这样做是有益的.

为了说明功和动能的概念，我们考虑飘浮在星系际空间中的一个质量为 M 的粒子，假设它开始时不受任何外来的作用. 我们从一个惯性参考系去观察这个质点. 设在 $t=0$ 时有一个力 $\boldsymbol{F}$ 作用于这个粒子上. 这以后，力的大小和方向都保持不变. 把力的方向取为 y 轴的方向. 这个粒子在所加力的作用下将做加速运动. 它在 $t>0$ 时的运动由牛顿第二定律描述：

$$F = M\frac{\mathrm{d}^2 y}{\mathrm{d}t^2} = M\ddot{y}^{\ominus}. \tag{5.1}$$

因此，经过时间 t 以后，该粒子的速度是

$$\int_{v_0}^{v}\mathrm{d}v = \int_0^t \ddot{y}\,\mathrm{d}t = \int_0^t \frac{F}{M}\mathrm{d}t,$$

或

$$v - v_0 = \frac{F}{M}t. \tag{5.2}$$

式中，v_0 是粒子的初速度，假设它沿 y 方向.

式 (5.2) 还可以写成

$$Ft = Mv(t) - Mv_0.$$

上式右端是在时间 t 内该粒子动量的变化，左端称为这同一时间内力的冲量，在 F 非常大而它的作用时间非常短的情况下，为了方便，可以把冲量定义为

$$\text{冲量} = \int_0^t F\mathrm{d}t = \Delta(Mv). \tag{5.3}$$

⊖ 我们在这里采用 y 而不用 x 或 z，纯粹是为了便于把结果应用于恒定引力场，因为在第 3 章中我们对于引力场采用的是 y.

方程（5.3）告诉我们，动量的变化量等于冲量㊀.

如果初始位置是 y_0，将式（5.2）对时间积分，得到

$$y(t)-y_0=\int_0^t v(t)\,\mathrm{d}t=\int_0^t\left(v_0+\frac{F}{M}t\right)\mathrm{d}t$$

$$=v_0t+\frac{1}{2}\frac{F}{M}t^2. \tag{5.4}$$

我们可以从式（5.2）解出 t：

$$t=\frac{M}{F}(v-v_0). \tag{5.5}$$

将式（5.5）代入式（5.4），得到

$$y-y_0=\frac{M}{F}(vv_0-v_0^2)+\frac{1}{2}\frac{M}{F}(v^2-2vv_0+v_0^2)$$

$$=\frac{1}{2}\frac{M}{F}(v^2-v_0^2),$$

因此

$$\frac{1}{2}Mv^2-\frac{1}{2}Mv_0^2=F(y-y_0). \tag{5.6}$$

如果把 $\frac{1}{2}Mv^2$ 定义为粒子的**动能**，即粒子由于运动而具有的能量，则方程（5.6）左端就是动能的变化量. 这个变化量是由于力 F 作用了一段距离（$y-y_0$）而引起的. $F(y-y_0)$ 被称为**作用力对质点所做的功**，这是功的一个有用的定义. 按照这两个定义，式（5.6）表述的就是：作用力所做的功等于粒子动能的变化. 这全是定义问题，但是这些定义很有用，它们是由牛顿第二定律导出的.

如果 $M=20\mathrm{g}$，$v=100\mathrm{cm/s}$，则动能为

$$K=\frac{1}{2}Mv^2=\frac{1}{2}\times20\times10^4\mathrm{g}\cdot\mathrm{cm}^2/\mathrm{s}^2=1\times10^5\mathrm{g}\cdot\mathrm{cm}^2/\mathrm{s}^2=1\times10^5\ \text{尔格}$$

尔格是厘米－克－秒单位制中能量的单位. 设 100dyn 的力作用了 10^3cm 的一段距离，则

$$F(y-y_0)=10^2\times10^3\mathrm{dyn}\cdot\mathrm{cm}=10^5\mathrm{dyn}\cdot\mathrm{cm}$$

$$=10^5\ \text{尔格}.$$

1dyn力作用1 cm距离所做的功叫作1尔格. 功的量纲是

㊀ 在深一些的力学课程中常常要遇到冲量，本章习题16和第8章习题10就用到了这个概念.

$$[\text{功}] \sim [\text{力}][\text{距离}] \sim [\text{质量}][\text{加速度}][\text{距离}]$$
$$\sim [\text{质量}][\text{速度}]^2 \sim \left[\mathrm{M}\frac{\mathrm{L}}{\mathrm{T}^2}\mathrm{L}\right] \sim [\mathrm{ML}^2\mathrm{T}^{-2}]$$
$$\sim [\text{能量}].$$

在国际单位制中，功的单位是**焦耳**（J）：1N 力作用 1m 距离所做的功是 1J. 把焦耳换算成尔格，应把用焦耳表示的功的数值乘上 10^7；这是因为在第 3 章指出过，$1\mathrm{N} = 10^5\mathrm{dyn}$，$1\mathrm{m} = 10^2\mathrm{cm}$. 在上面举出的动能例子中，$M = 0.020\mathrm{kg}$，$v = 1\mathrm{m/s}$，$K = \frac{1}{2} \times 0.02 \times 1.0^2\mathrm{J} = 1 \times 10^{-2}\mathrm{J}$.

在谈到功时，一定要指明是**什么做功**，在上述情况下，功是使粒子加速的那个力做的. 这些力往往是我们所研究的系统不可缺少的部分；例如，它们可以是引力、电力或磁力. 以后，在谈到势能时，我们把这些力叫作**场力**或**系统力**，但是，我们还应考虑外界因素（也许就是我们自己）施加的力；而且，把场力所做的功和外界因素所做的功区别开来是十分重要的. 例如，如果外界施加的力总是与场力的大小相等、方向相反，那么，粒子就不会被加速，也不会有动能的变化. 场力所做的功和外界所做的功恰好抵消了，这正是我们所预料的，因为 $F_{\text{外}} = -F$.（值得注意的是，在目前的讨论中，我们不考虑摩擦力的影响，我们是在用理想的情况来建立我们的定义和概念.）

现在，考虑一个物体（质点），它不在星系际空间中，而是从离地面高度为 h 的地方自由下落（$y_0 = h$，$v_0 = 0$）. 重力 $F_{\text{重}} = -Mg$ 拉物体向下. 当物体落向地面时，重力所做的功等于物体得到的动能（见图 5.1）：

$$W(\text{由于重力}) = F_{\text{重}}(y - y_0);$$

或者，在到达地面时（$y = 0$），

$$W(\text{由于重力}) = (-Mg)(0 - h) = Mgh$$
$$= \frac{1}{2}Mv^2 - \frac{1}{2}Mv_0^2$$
$$= \frac{1}{2}Mv^2. \qquad (5.7)$$

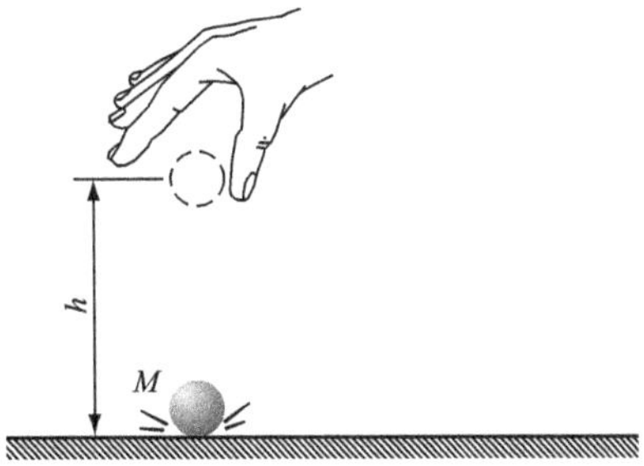

图 5.1 物体在高度 h 处从静止开始下落，重力做的功是 Mgh，它等于所产生的动能

式中，v 是物体到达地面的速度. 式（5.7）启示我们，我们可以说，高度为 h 的物体相对于地面具有**势能**（做功或者获得动能的能力）Mgh.

当一个静止在地面上的质点被提升到高度 h 时，势能有什么变化呢？为了把物体升高，我们必须对物体施加一个向上的力 $F_{\text{外}}$（$= -F_{\text{重}}$）. 现在 $y_0 = 0$，$y = h$，我们对物体做的功是

$$W = F_{\text{外}}(y - y_0)$$
$$= (Mg)(h)$$

$$= Mgh, \tag{5.8}$$

这使物体获得势能 Mgh，这就是前面讲过的位于高度 h 的物体具有势能 Mgh（见图 5.2a～图 5.2c）. 注意，我们称我们施加的力为 $F_{外}$，换句话说，我们就是外因. 当然，“我们”、“由我们”这些话说起来是容易的，在下面还要用到；但是一定要记住，这里作为一个概念把外界因素引进问题中来，仅仅是为了去计算势能而已.

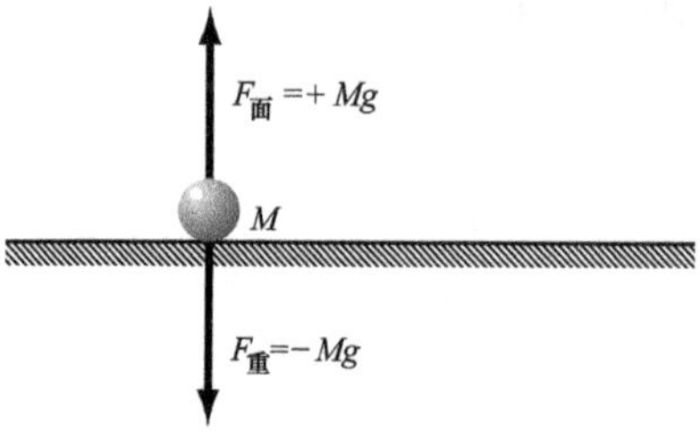

a) 静止在地面上的一个质量为 M 的物体，受到大小相等、方向相反的两个力作用：重力 $F_{重}$ 和支承面对 M 的作用力 $F_{面}$

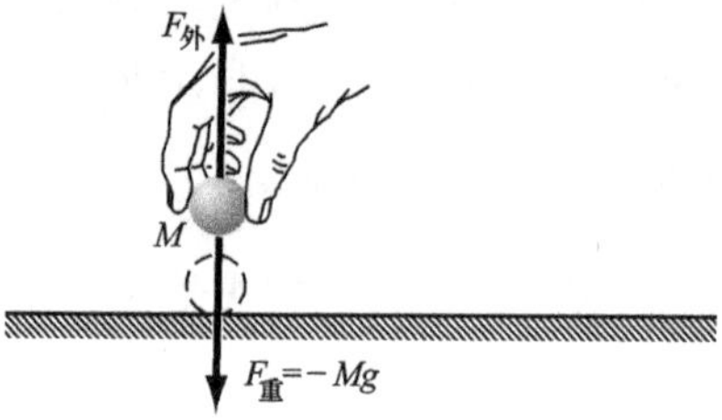

b) 将 M 匀速升高需要一个作用力 $F_{外}=+Mg$

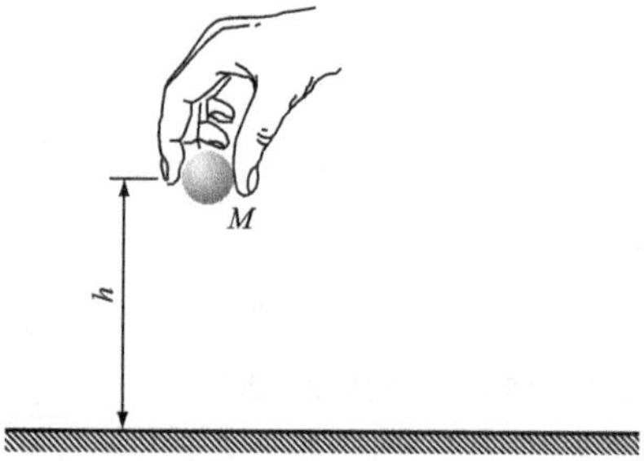

c) 将 M 升高至 h 所做的功为 $W=F_{外}\times h=+Mgh$. 质量为 M 的物体的势能 U 从而增加了 Mgh

图 5.2

于是，在没有摩擦力时，一个物体（质点）在某一给定点的势能可以具体定义如下：势能是把物体从一个初始位置（规定在这一点势能为零）没有加速度地移动到给定点时我们所做的功. 为了有助于理解这个定义，我们做一点说明. 我们可以视怎样方便而随便规定零势能的位置，因此，给定点的势能数值总是相对于所规定的零势能点而言的. 假定存在着一些作用于物体的场力，那么，为了使物体无加速地运动，我们就必须施加一个与它们的合力大小相等、方向相反的力. 在这种情况下，我们把物体无加速地从零位置移动到我们希望求出其势能的那一点，我们所做的功就等于物体在这一点的势能. 在没有摩擦时，因为我们所加的力总是和问题中出现的场力大小相等、方向相反，所以，我们所做的功和这些力所做的功是大小相等、符号相反的. 因此，同样地，我们也可以把势能定义为问题中的那些力即场力使系统反向地从所讨论的那一点移动到任意零点所做的功．例如，重力对落体所做的功［式（5.7）］就等于我们反抗重力升高物体所做的功［式（5.8）］．

把那些力使物体从某一点自由运动到任意零位置时所产生的动能定义为该点的正势能，也同样是合理的．这个定义不能就这样直接应用于势能相对于零点为负值的场合；但是，如果做一点修改，这个定义仍然成立．在 5.3 节中给出了这样一个例子．

还有两点是值得强调的．首先，势能单纯是位置的函数，就是说，只是物体或系统的坐标的函数[⊖]．其次，一定要指明零点．只有势能的变化才是有意义的；例如势能可以转化为动能，或者反过来，由动能产生势能．势能的绝对值是没有意义的．正因为如此，零位置的选择才是任意的．在许多场合，选择一个特定的零点是比较方便的，例如，选择地球的表面、桌面等．然而，对于同一个物理问题，任何别的零点都会给出相同的答案．

功和势能的量纲 $[F][L]=[M][L^2]/[T^2]$ 与动能的量纲相同．如果 $F_{外}=10^{-2}\text{N}$，$h=1\text{m}$，则势能为 $10^{-2}\times1.0\text{J}=10^{-2}\text{J}$．我们用 U 表示势能．如果在式（5.7）中，让 v 表示落下距离 $(h-y)$ 后的速度，而不是落下距离 h 后的速度，则与式（5.7）相当的式子是

$$\frac{1}{2}Mv^2=Mg(h-y),$$

或

$$\frac{1}{2}Mv^2+Mgy=Mgh=E. \qquad (5.9)$$

式中，E 是一个常量，等于 Mgh．图 5.3 是这个公式的图解说明．因为 E 是常量，式（5.9）就是能量守恒定律的一种表述：

$$\begin{aligned}E&=K+U\\&=\text{动能}+\text{势能}=\text{常量}\\&=\text{总能量}.\end{aligned}$$

式中，Mgh 项是势能，这里我们选择 $y=0$ 处的势能为零．符号 E 表示总能量，对于一个孤立系统，E 不随时间改变．在图 5.4a、b，图 5.5a、b 中用两个图解对此加以说明．

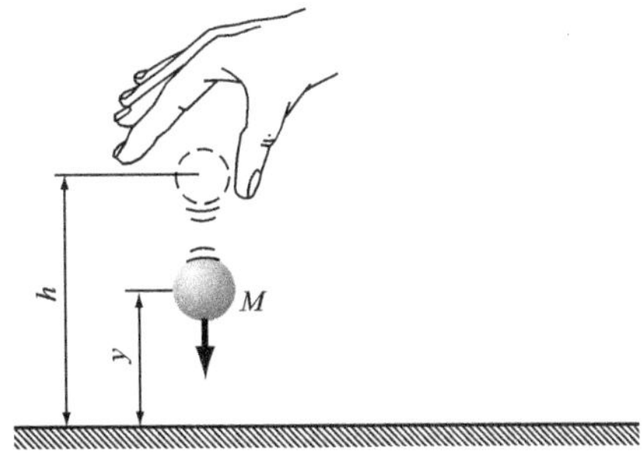

图 5.3　如果放开物体，它的势能 U 减小，动能 K 增大，但两者之和保持不变．在高度为 y 处，$U(y)=Mgy$，而 $K(y)=\frac{1}{2}Mv(y)^2=Mg(h-y)$

如果我们选择 $y=-H$ 为势能的零点，则有

$$\begin{aligned}E'&=K+U=\frac{1}{2}Mv^2+Mg(y+H)\\&=Mg(h+H).\end{aligned}$$

⊖　在更复杂的问题中，读者会遇到一些有用的类似于势能的函数，它们包含有其他变量．

两端减去 MgH，上式就化为式（5.9）. 这个例子证明了势能零位置的选择不影响物理问题的答案.

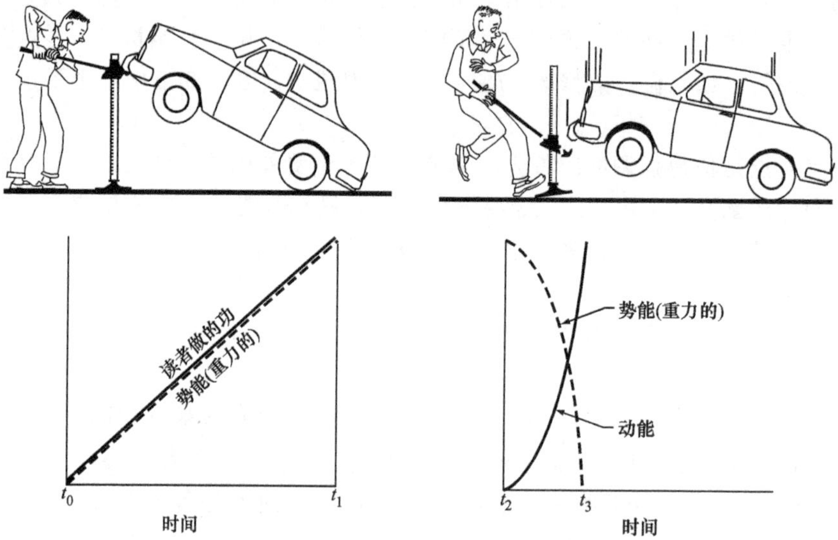

a）一个人用千斤顶抬起汽车更换轮胎，他所做的功与时间的关系.［把一辆 1000kg 的微型汽车的质心抬高10cm所做的功是 $Fh=Mgh\approx10^3\times10\times10^{-1}\mathrm{kg\cdot m^2/s^2}=10^3\mathrm{J}$］所做的功表现为重力势能

b）千斤顶滑脱，汽车落回.势能转化为动能.汽车与地面接触后，动能转化为减震器、弹簧和轮胎中的热能

图 5.4

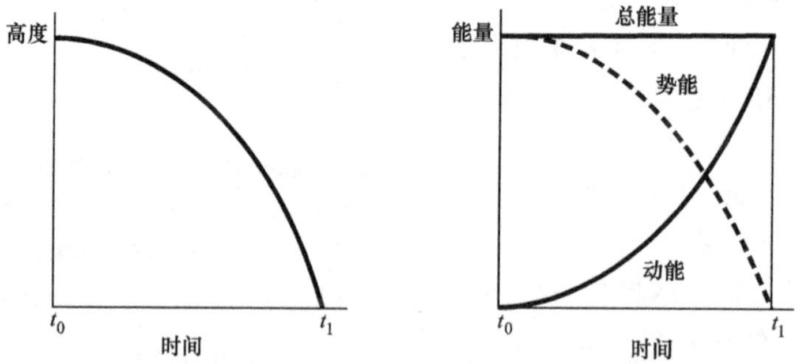

a）物体从静止开始落向地面时，高度与时间的关系

b）落体势能与时间的关系，以及落体动能与时间的关系.总能量是常量，它是动能与势能之和

图 5.5

有时，把动能与势能之和 $E=K+U$ 称为**能量函数**是方便的. 动能部分 K 等于 $\frac{1}{2}Mv^2$. 势能依赖于所作用的场力，它具有 $U=-\int F\mathrm{d}y$ 这样一种基本性质，这是功的一种表达形式；其中场力 F 可以是位置 y 的函数. 这时有

$$F = -\frac{dU}{dy}. \tag{5.10}$$

式中，F 是作用在质点上的力，它是由所讨论的问题所固有的相互作用决定的，譬如说，电相互作用或引力相互作用. 它也就是我们称之为场力或问题中的力的那种力，(在上例中，$U=Mgh$，因此 $F=F_{重}=-Mg$.)

式 (5.10) 说明了，我们为什么把这些力称为场力. U 定义了一个势能场，它是 y 的标量函数. 力可以由这个场函数推导出来. 注意，在这里 U 的零点是以常数项形式出现的，因此，当从式 (5.10) 导出力时，它同样也与常数项无关.

【例】

上抛物体的自由运动　如果我们以 10m/s 的速率向上抛掷一物体，它能上升多高？设抛掷平面是零势能的位置. 这样，在抛射点有

$$E = 0 + \frac{1}{2}Mv^2 = \frac{1}{2}M \times 10^2 \text{J}.$$

在最高点 $v=0$，因此

$$E = Mgh.$$

由于这两个表达式所表示的 E 相等，我们得到

$$h = \frac{v^2}{2g} \approx \frac{10^6}{2 \cdot 10^3}\text{cm} \approx 500\text{cm};$$

或者用国际单位制，

$$\approx \frac{10^2}{2 \cdot 10}\text{m} \approx 5\text{m}.$$

试用第 3 章的方法计算此题，读者会看出现在这种方法的优越性.

能量守恒　现在，我们要在三维空间推广这些想法，以便将它们应用于普遍的情况. 能量守恒定律说，对于相互作用不直接[⊖]与时间有关的一个质点系统，系统的总能量是恒量. 我们把这个结果，作为完全确立了的实验事实接受下来. 具体说来，这个定律告诉我们，只要在所讨论的时间间隔内质点间的相互作用力不直接发生变化，那么，就会有一种由组成系统的各质点的位置和速度构成的标量函数 [如式 (5.9) 中的函数 $\frac{1}{2}Mv^2 + Mgy$]，它对于时间的变化来说是个不变量. 这就同质量 m 或基本电荷 e 必定不随时间改变一样. 除了能量函数外，还有另一些函数在上述规定条件下也是恒量. (在第 6 章中，我们将在谈到动量和角动量守恒时讨论其他的函数.) 能量是运动的标量恒量. 外界相互作用这一术语应理解为，它不仅包括各种外界条件 (例如引力、电场或磁场) 的变化，而且包括了在有关时间间隔内物理定律或基本物理常量 (例如 g、e 或 m) 可能有的任何变化. 必须记住，能量守恒定律并没有向我们提供运动方程 $\boldsymbol{F}=M\boldsymbol{a}$ 中未曾包括的新知识. 在我

⊖ 假定此系统的各质点冻结在它们的位置上，那么，依赖于时间的力就说成是直接与时间有关的.

们目前的讨论中，我们暂不考虑由机械能（动能和势能）转化为热能的能量变化. 例如，我们略去了各种摩擦力，因为它们不属于我们以后所定义的保守力.

中心的问题是要去寻找一个能量函数的表达式，它既要有所希望的时间不变性，又要和 $\boldsymbol{F}=M\boldsymbol{a}$ 相一致. 所谓相一致，这是指，譬如说

$$\frac{\mathrm{d}}{\mathrm{d}y}E\equiv\frac{\mathrm{d}}{\mathrm{d}y}(K+U)=\frac{\mathrm{d}K}{\mathrm{d}y}-F_y=0$$

与 $F_y=Ma_y$ 等同. 我们可以检验一下式（5.9）是否合乎这个要求：

$$\begin{aligned}Mv\frac{\mathrm{d}v}{\mathrm{d}y}+Mg&=M\frac{\mathrm{d}y\,\mathrm{d}v}{\mathrm{d}t\,\mathrm{d}y}+Mg\\&=M\frac{\mathrm{d}v}{\mathrm{d}t}+Mg=0,\end{aligned}$$

或

$$M\frac{\mathrm{d}v}{\mathrm{d}t}=-Mg.$$

从更高的观点看，建立正确的能量函数是经典力学中的基本问题，它的形式解可以通过许多方式得到，其中有一些是相当优美的. 特别是，力学的哈密顿表述非常适合于用量子力学语言赋予新的解释. 不过，由于这里还只是物理课程的开始，所以我们更需要的是一个简单而直接的表述，而不是普遍的哈密顿或拉格朗日表述. 后两种表述应当是以后课程的主题㊀.

功 我们从推广功的定义开始. 一个恒定的外加力 $\boldsymbol{F}$ 在位移 $\Delta\boldsymbol{r}$ 中所做的功 W 是

$$W=\boldsymbol{F}\cdot\Delta\boldsymbol{r}=F\Delta r\cos(\boldsymbol{F},\Delta\boldsymbol{r}),$$

这与前面式（5.6）的定义是一致的. 假设 $\boldsymbol{F}$ 不是恒量，而是位置 $\boldsymbol{r}$ 的函数. 这时我们把路径分割为 N 个小段，在每一小段内 $\boldsymbol{F}(r)$ 基本上是恒量，从而写出下式：

$$\begin{aligned}W&=\boldsymbol{F}(\boldsymbol{r}_1)\cdot\Delta\boldsymbol{r}_1+\boldsymbol{F}(\boldsymbol{r}_2)\cdot\Delta\boldsymbol{r}_2+\cdots+\boldsymbol{F}(\boldsymbol{r}_N)\cdot\Delta\boldsymbol{r}_N\\&=\sum_{j=1}^{N}\boldsymbol{F}(\boldsymbol{r}_j)\cdot\Delta\boldsymbol{r}_j.\end{aligned}\tag{5.11}$$

式中，符号 Σ 代表求各项之和. 只有在无限小位移 $\mathrm{d}\boldsymbol{r}$ 的极限情形下，式（5.11）才严格成立，因为一般地说，一段曲线路径并不能严格地分割为有限数目的直线段，同时在每一直线段中 $\boldsymbol{F}$ 也不可能是严格的恒量.

极限

$$\lim_{\Delta r_j\to 0}\sum_j\boldsymbol{F}(\boldsymbol{r}_j)\cdot\Delta\boldsymbol{r}_j=\int_{r_A}^{r_B}\boldsymbol{F}(\boldsymbol{r})\cdot\mathrm{d}\boldsymbol{r}$$

是 $\boldsymbol{F}(\boldsymbol{r})$ 在位移矢量 $\mathrm{d}\boldsymbol{r}$ 上的投影的积分，这个积分称为 $\boldsymbol{F}$ 从 A 到 B 的**线积分**. 力在这段位移中所做的功的定义为

㊀ 导出拉格朗日运动方程，需要用到变分法的一些结果.

$$\boxed{W(A\to B)\equiv\int_A^B \boldsymbol{F}\cdot \mathrm{d}\boldsymbol{r}.} \tag{5.12}$$

式中，积分限 A 和 B 分别代表位置 $\boldsymbol{r}_A$ 和 $\boldsymbol{r}_B$.

动能　现在我们回到自由质点受力的情形. 我们来推广式（5.6），把它重新写出：

$$\frac{1}{2}Mv^2-\frac{1}{2}Mv_0^2=\boldsymbol{F}(y-y_0),$$

使之包括方向和大小都改变的那些作用力，不过它们在质点运动的区域内是位置的已知函数. 把 $\boldsymbol{F}=M\dfrac{\mathrm{d}\boldsymbol{v}}{\mathrm{d}t}$代入式（5.12），这里 $\boldsymbol{F}$ 是各力的矢量和，我们得出这些力所做的功为

$$W(A\to B)=M\int_A^B \frac{\mathrm{d}\boldsymbol{v}}{\mathrm{d}t}\cdot \mathrm{d}\boldsymbol{r}. \tag{5.13}$$

由于

$$\mathrm{d}\boldsymbol{r}=\frac{\mathrm{d}\boldsymbol{r}}{\mathrm{d}t}\mathrm{d}t=\boldsymbol{v}\mathrm{d}t,$$

所以

$$W(A\to B)=M\int_A^B \left(\frac{\mathrm{d}\boldsymbol{v}}{\mathrm{d}t}\cdot \boldsymbol{v}\right)\mathrm{d}t. \tag{5.14}$$

式中，积分限 A 和 B 分别代表时刻 t_A 和 t_B，在这两个时刻，质点所在位置为 A 和 B. 但是我们可以重新整理被积函数：

$$\frac{\mathrm{d}}{\mathrm{d}t}v^2=\frac{\mathrm{d}}{\mathrm{d}t}(\boldsymbol{v}\cdot\boldsymbol{v})=2\frac{\mathrm{d}\boldsymbol{v}}{\mathrm{d}t}\cdot\boldsymbol{v},$$

因此

$$\begin{aligned}2\int_A^B\left(\frac{\mathrm{d}\boldsymbol{v}}{\mathrm{d}t}\cdot\boldsymbol{v}\right)\mathrm{d}t &= \int_A^B\left(\frac{\mathrm{d}}{\mathrm{d}t}v^2\right)\mathrm{d}t = \int_A^B \mathrm{d}(v^2)\\ &= v_B^2-v_A^2.\end{aligned}$$

把上式代入式（5.14），便得到关于自由质点的一个重要结果：

$$\boxed{W(A\to B)=\int_A^B \boldsymbol{F}\cdot\mathrm{d}\boldsymbol{r}=\frac{1}{2}Mv_B^2-\frac{1}{2}Mv_A^2.} \tag{5.15}$$

这便是式（5.6）的推广.

我们认出

$$K\equiv\frac{1}{2}Mv^2 \tag{5.16}$$

就是以前以式（5.6）定义的动能. 由式（5.15）可知，我们所定义的功和动能具有这样的性质，即作用于一自由质点的任何一个力所做的功等于该质点动能的变化.

$$W(A\to B)=K_B-K_A. \tag{5.17}$$

【例】

自由落体

（1）我们重复前面曾经给出过的一个例子．设 y 方向垂直于地球表面竖直向上，则重力为 $\boldsymbol{F}_{重}=-Mg\hat{\boldsymbol{y}}$；这里 g 是重力加速度，近似值为 $9.80\mathrm{m/s^2}$．试计算质量为0.1kg的物体下落0.1m时，重力所做的功．这里，我们可以令

$$\boldsymbol{r}_A=0,\ \boldsymbol{r}_B=-0.1\hat{\boldsymbol{y}}\mathrm{m},\ \Delta\boldsymbol{r}=r_B-r_A=-0.1\hat{\boldsymbol{y}}\mathrm{m}.$$

重力所做的功为

$$\begin{aligned}W&=\boldsymbol{F}_{重}\cdot\Delta\boldsymbol{r}=(-Mg\hat{\boldsymbol{y}})\cdot(-0.1\hat{\boldsymbol{y}})\\&=0.1\times9.80\times0.1\hat{\boldsymbol{y}}\cdot\hat{\boldsymbol{y}}\mathrm{J}\\&=9.8\times10^{-2}\mathrm{J}.\end{aligned}$$

注意，W 与任何水平位移 Δx 无关，在这里作用力是重力．

（2）如果（1）中的质点具有初始速率1m/s，那么，它在降落0.1m到达终点处，它的动能和速度是多少？

动能的初始值 K_A 为 $1/2\times0.1\times1^2\mathrm{J}=5\times10^{-2}\mathrm{J}$；按式（5.17），动能的终值等于重力对质点所做的功加上在 A 处的动能：

$$K_B=W+\frac{1}{2}Mv_A^2=9.8\times10^{-2}\mathrm{J}+5\times10^{-2}\mathrm{J}\approx15\times10^{-2}\mathrm{J};$$

$$v_B^2\approx\frac{2\times15\times10^{-2}}{0.1}\mathrm{m^2/s^2}\approx3\mathrm{m^2/s^2},$$

$$v_B\approx1.7\mathrm{m/s}.$$

这个结果与我们根据 $\boldsymbol{F}=M\boldsymbol{a}$ 计算得到的结果一致，但是要注意，上面我们并没有规定初始速率1m/s的方向．如果它在 x 方向，则它应保持不变，而

$$\frac{1}{2}M(v_y^2+v_x^2)_B-\frac{1}{2}M(v_x^2)_A=9.8\times10^{-2},$$

$$v_{yB}\approx\sqrt{2}\mathrm{m/s},$$

$$\begin{aligned}v_B&=\sqrt{v_x^2+v_{yB}^2}\\&=\sqrt{1+2}\mathrm{m/s}\\&\approx1.7\mathrm{m/s}.\end{aligned}$$

或者，如果 v_y 沿着负 y 方向向下，则我们可以利用对于落体的熟知的关系式：

$$h=v_0t+\frac{1}{2}gt^2,$$

$$v-v_0=gt,$$

$$h=v_0\frac{v-v_0}{g}+\frac{1}{2}g\left(\frac{v-v_0}{g}\right)^2,$$

$$2gh=v^2-v_0^2.$$

由此我们再一次得到同样的功和动能的关系式：

$$Mgh=\frac{1}{2}Mv_B^2-\frac{1}{2}Mv_0^2,\text{ 因为 } v_0=v_A.$$

这个例子说明了我们所说的从守恒定律得到的结果必须与运动方程一致的含义是什么. 这里，我们应用能量守恒得到的结果，与利用根据运动方程 $\boldsymbol{F}=M\boldsymbol{a}$（参看第 3 章）导出的方程 $v^2-v_0^2=2gh$ 所得到的结果是一样的.

势能 我们在前面提到过，只有势能差才有意义. 势能的定义规定，B 点和 A 点的势能差是我们把系统从 A 无加速地移动到 B 时所必须做的功，因此

$$\boxed{U(\boldsymbol{r}_B)-U(\boldsymbol{r}_A)=W(A\to B)=\int_A^B\boldsymbol{F}_{外}\cdot \mathrm{d}\boldsymbol{r}.} \tag{5.18}$$

差值可以是正值，也可以是负值：如果我们反抗场力消耗了功，则势能增加 $U(\boldsymbol{r}_B)>U(\boldsymbol{r}_A)$；如果场力反抗我们消耗了功（我们做了负功），则势能就减少. 我们可以推测到，从 A 到 B 如果势能增加，则在这个方向上运动的自由质点的动能将减少（当然，这是指没有 $\boldsymbol{F}_{外}$ 作用时）；相反，如果势能减少，则动能将增加. 如果我们现在规定式 (5.18) 中 $U(A)=0$，那么，只要各作用力是保守的，$U(B)$ 的值就唯一地确定了.

【例】

线性回复力：动能和势能之间的转化 设有一质点在 x 方向受到线性回复力的作用. 线性回复力是这样一种力，它的数值与从某固定点量起的位移成正比，并指向使位移减小的方向（见图 5.6a ~ 图 5.6c）. 如果取该固定点为原点，则有

$$\boldsymbol{F}=-Cx\hat{\boldsymbol{x}} \quad 或 \quad F_x=-Cx. \tag{5.19}$$

式中，C 是正的常数，称为劲度系数. 这就是所谓的胡克定律. 对于足够小的位移，这种力可以由拉伸或压缩弹簧来产生. 对于较大的弹性位移必须在式 (5.19) 中加上 x 的一些更高的幂次项. 力的符号使得质点总是被拉向原点 $x=0$.

(1) 把一个质点连接在弹簧上，现在我们施加一个外力，使它由 x_1 点移到 x_2 点. 在此位移中，我们做的功是多少？

这里，作用在质点上的力是位置的函数. 为了计算我们所做的功，我们利用定义式 (5.12)，并写出 $\boldsymbol{F}_{外}=-\boldsymbol{F}=-Cx\hat{\boldsymbol{x}}$，则

$$\begin{aligned}W(x_1\to x_2)&=\int_{x_1}^{x_2}\boldsymbol{F}_{外}\cdot \mathrm{d}\boldsymbol{r}\\&=C\int_{x_1}^{x_2}x\mathrm{d}x\\&=\frac{1}{2}C(x_2^2-x_1^2).\end{aligned}$$

如果选取平衡位置 $x_1=0$ 为势能零点，则有

$$\boxed{U(x)=\frac{1}{2}Cx^2.} \tag{5.20}$$

这就是众所周知的结果：和线性回复力相关的势能与位移的二次方成正比（见图 5.7 和图 5.8）.

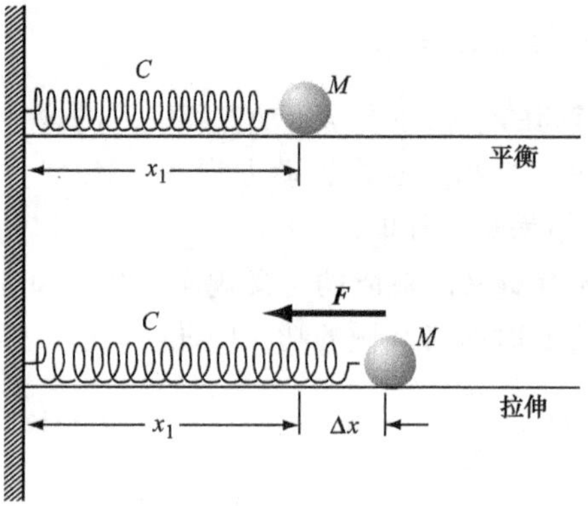

a) 一个质量可以忽略不计的弹簧与一个质量为M的物体连接在一起.如果弹簧被拉伸一个小量Δx，则弹簧对M施加一个回复力$F=-C\Delta x$，方向如图所示。此处C表示弹簧的劲度系数

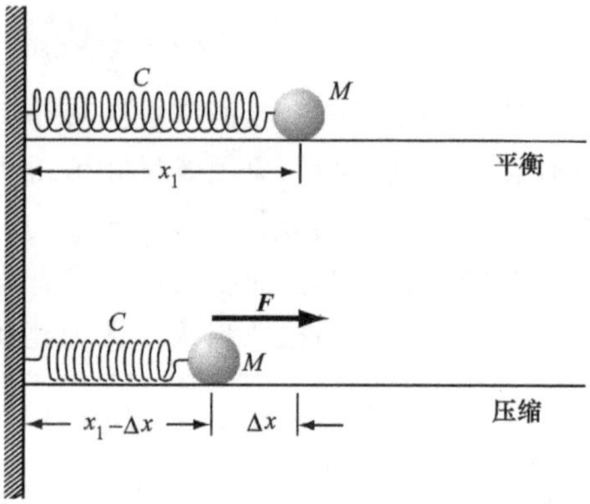

b) 如果弹簧被压缩$-\Delta x$，则弹簧对M施加一回复力$-C(-\Delta x)=C\Delta x$，如图所示

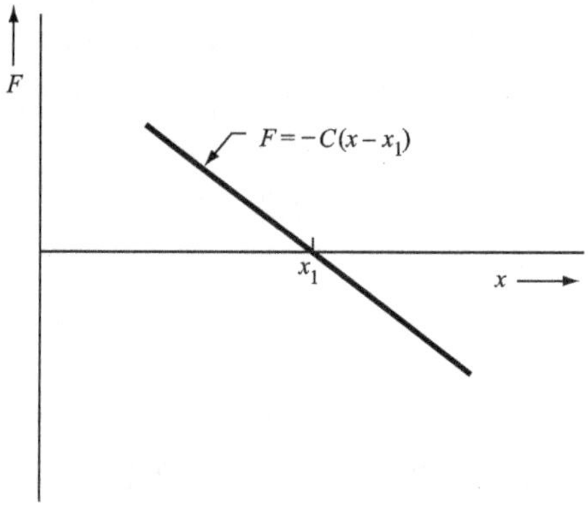

c) 对于偏离x_1的小位移，回复力与位移成正比

图 5.6

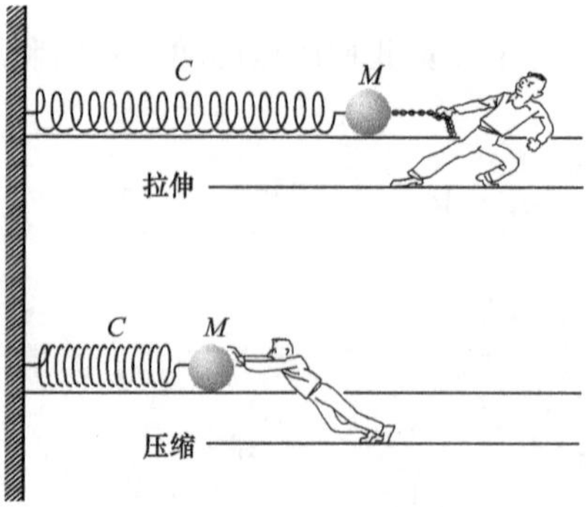

图 5.7　为了拉伸（或压缩）弹簧，我们必须施加一个与回复力方向相反的力. 把弹簧从平衡位置 x_1 移动 Δx 距离所做的功为 $W=\int_{x_1}^{x_1+\Delta x} C(x-x_1)\,\mathrm{d}x=\frac{1}{2}C(\Delta x)^2$

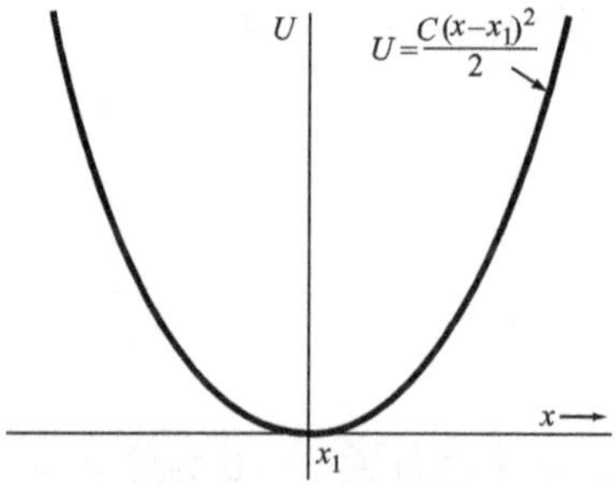

图 5.8　在做功时，弹簧-质量系统的势能增加. 一个弹簧-质量系统从平衡位置移开 $\Delta x=x-x_1$ 时，它具有势能 $U=\frac{1}{2}C(\Delta x)^2=\frac{1}{2}C(x-x_1)^2$

(2) 如果把质量为 M 的质点在 $x_{极大}$处静止地放开，它到达原点时的动能是多少？

我们从式 (5.15) 和式 (5.20) 直接得到如下结果：从 $x_{极大}$到达原点，弹簧所做的功是

$$W(x_{极大}\to 0)=\frac{1}{2}Mv_1^2.$$

这里已经用到了在 $x_{极大}$处 $v=0$ 这一事实，即假设质点在 $x_{极大}$处是静止的. 在原点，质点的速度为 v_1，因此

$$\frac{1}{2}Cx_{极大}^2=\frac{1}{2}Mv_1^2$$

就是在原点 $x=0$ 处的动能. 或者，我们也可以利用能量守恒来求得答案. 因为在 $x_{极大}$处 $K=0$，所以 $U=\frac{1}{2}Cx_{极大}^2=E$. 于是，在 $x=0$ 处

$$\frac{1}{2}Mv_1^2=E=\frac{1}{2}Cx_{极大}^2 \tag{5.21}$$

(见图 5.9 和图 5.10).

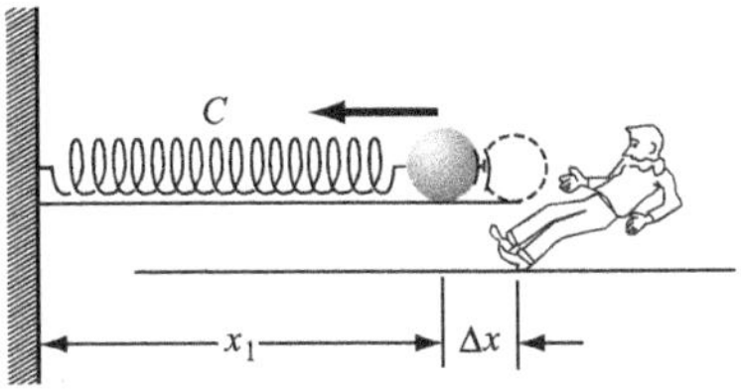

图 5.9 如果把弹簧-质量系统拉伸 Δx，然后放开，起初 U 将减少，而 K 将增加

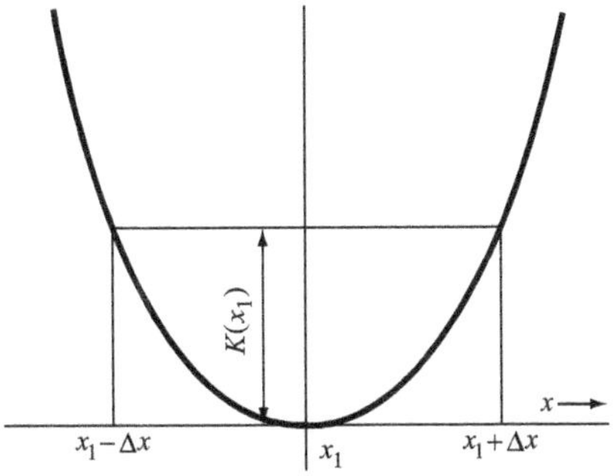

图 5.10 如图所示，在 $x=x_1$ 处，$U=0$，

$$K(x_1)=\frac{1}{2}C(\Delta x)^2$$

(3) 质点在原点的速度与最大位移 $x_{极大}$之间有什么关系呢？

$$v_1^2=\frac{C}{M}x_{极大}^2,$$

或者

$$v_1=\pm\sqrt{\frac{C}{M}}x_{极大}. \tag{5.22}$$

【例】

瀑布中的能量转化 图 5.11 用瀑布来说明能量从一种形式（势能）到另一种形式（动能）的转化. 瀑布顶端的水具有重力势能，它在下落中转化为动能. 质量为 M 的水从高度 h 处下落时失去的势能是 Mgh，而获得的动能是 $\frac{1}{2}M(v^2-v_0^2)=Mgh$.（如果水的初速 v_0 为已知，则由此方程可以确定速度 v.）下落的水的动能可

以在发电站内转化为水轮机转动的动能，或者，这些动能将在瀑布脚下转化为热能或热．热能就是水中分子无规运动的能量．（分子的无规运动在高温时比在低温时更激烈．）

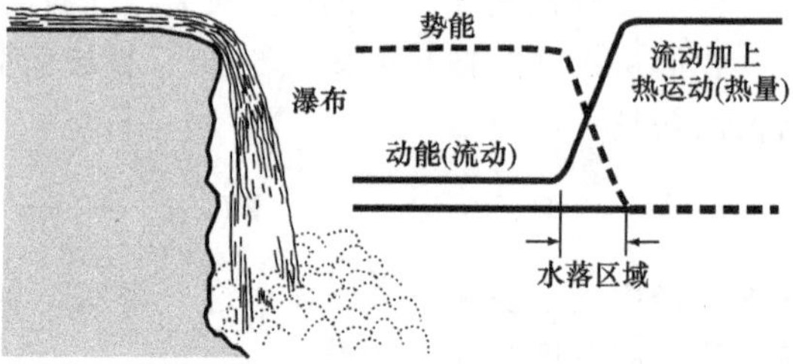

图 5.11　瀑布中各种能量形式之间转化的示意图

【例】

撑竿跳中的能量转化　图 5.12 给出了一个有趣的例子，它以一系列图画及图画下的过程说明显示了各种形式能量（动能、弯曲弹性竿的势能，以及由于升高而产生的势能）之间的相互转化．

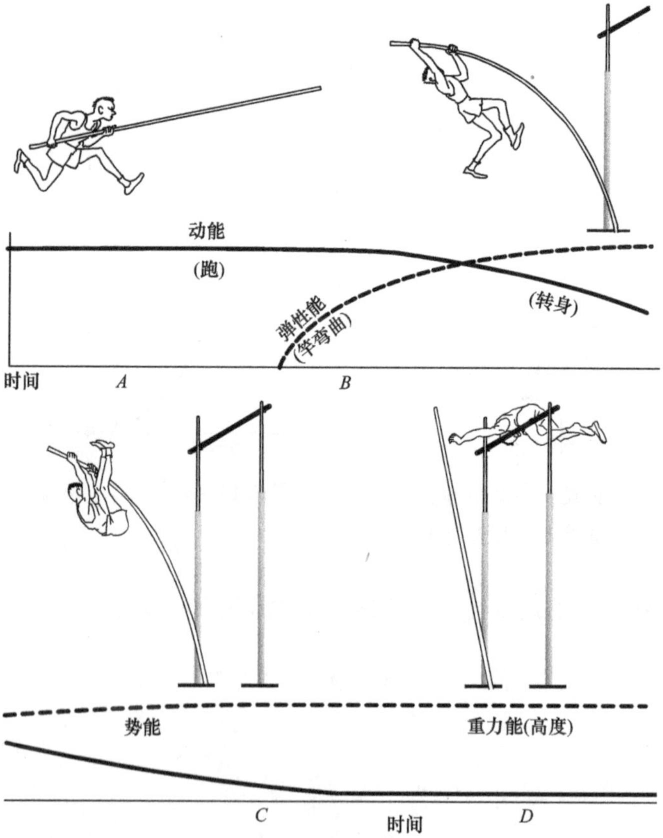

图 5.12　撑竿跳高运动员的运动．在 *A* 点，他的能量全部是与他的跑动速度相联系的动能．在 *B* 点，他使撑竿的前端着地，在使竿弯曲中把弹性势能储存于竿中（特别是在用新型的玻璃纤维撑竿时）．在 *C* 点，运动员腾空而起，他还保留着相当大的动能，现在，这些动能是与他绕撑竿下端转动的速度相联系的．他所具有的势能，既来自重力能，也来自撑竿的剩余弹性能．在 *D* 点，他越过标杆，由于运动变慢，他的动能降低，而他的（重力）势能升高．由于摩擦（外部的和肌肉的）以及由于使撑竿弯曲时运动员在做功，所以在撑竿跳高时总能量并不总是常量．最后这一部分功涉及的是人体“内部的”功和能量，所以无法用人的运动或升高来说明

5.3　保守力

如果一个力把一个质点从 A 移动到 B 所做的功 $W(A\to B)$，与该质点从 A 移动到 B 的路径无关，这个力就是**保守力**. 如果经过某一路径和经过另一路径时，式 (5.15) 中的 $W(A\to B)$ 具有不同数值（例如，如果存在着摩擦，就可能出现这种情况），那么式 (5.15) 的重要性就会大为降低. 假设 $\int_A^B \boldsymbol{F}\cdot \mathrm{d}\boldsymbol{r}$ 与路径无关，则

$$\int_A^B \boldsymbol{F}\cdot \mathrm{d}\boldsymbol{r} = -\int_B^A \boldsymbol{F}\cdot \mathrm{d}\boldsymbol{r},$$

或

$$\int_A^B \boldsymbol{F}\cdot \mathrm{d}\boldsymbol{r} + \int_B^A \boldsymbol{F}\cdot \mathrm{d}\boldsymbol{r} = 0 = \oint \boldsymbol{F}\cdot \mathrm{d}\boldsymbol{r}.$$

式中，$\oint$ 是指环绕一封闭路径的积分. 例如，从 A 开始到 B，然后可能经不同路径返回 A.

显而易见，有心力是保守的. 一质点作用于另一质点的**有心力**是这样一种力，它的数值仅与质点间的距离有关，它的方向在两质点的连线上. 图 5.13 中表示的一个有心力，它的方向是背向中心点 O 的. 图上画出了连接 A、B 两点的两条路径（分别记为 1 和 2). 虚线是以 O 为圆心的圆弧. 我们来考虑由两个虚线圆截成的两小段路径上的 $\boldsymbol{F}_1\cdot \mathrm{d}\boldsymbol{r}_1$ 和 $\boldsymbol{F}_2\cdot \mathrm{d}\boldsymbol{r}_2$ 的数值. （我们也可以把 $\boldsymbol{F}\cdot \mathrm{d}\boldsymbol{r} = F\mathrm{d}r\cos\theta$ 看作是 $\boldsymbol{F}$ 在 $\mathrm{d}\boldsymbol{r}$ 上或 $\mathrm{d}\boldsymbol{r}$ 在 $\boldsymbol{F}$ 上的投影.）在这两个线段上，F_1 和 F_2 的数值相等，因为它们与 O 点等距离；两小段路径在相应的 $\boldsymbol{F}$ 矢量上的投影 $\mathrm{d}r\cos\theta$ 也是相等的，因为我们看到，沿 $\boldsymbol{F}_1$ 的方向和沿 $\boldsymbol{F}_2$ 的方向量出的两个圆之间的距离相等. 所以，在所考虑的两段路径上

$$\boldsymbol{F}_1\cdot \mathrm{d}\boldsymbol{r}_1 = \boldsymbol{F}_2\cdot \mathrm{d}\boldsymbol{r}_2.$$

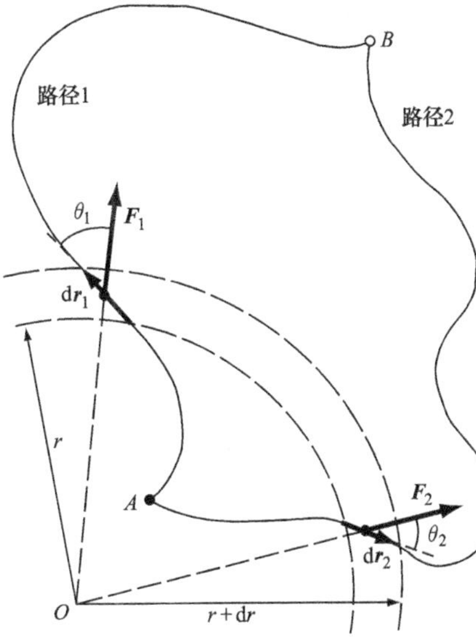

图 5.13　在 $\boldsymbol{F}$ 为有心力的情况下对于两条路径计算 $\int_A^B \boldsymbol{F}\cdot \mathrm{d}\boldsymbol{r}$ 的示意图

但是，可以重复地把完全相同的论证用于每一小段可做比较的路径，所以

$$\underset{(\text{路径 }1)}{\int_A^B \boldsymbol{F}\cdot \mathrm{d}\boldsymbol{r}} = \underset{(\text{路径 }2)}{\int_A^B \boldsymbol{F}\cdot \mathrm{d}\boldsymbol{r}}.$$

图 5.14 中就恒定重力场对上式做了证明.

凡是所做的功

$$W(A\to B)=\int_A^B \boldsymbol{F}\cdot \mathrm{d}\boldsymbol{r} \qquad (5.23)$$

具有与路径无关这样一种性质的力，就叫作保守力．保守力沿封闭路径所做的功为零．假设力与所通过路径的速度有关（例如在电磁场中，作用在带电粒子上的力与速度有关），这种力能够是保守力吗？结果表明，那些重要的与速度有关的基本力是保守力，因为它们的方向垂直于质点运动的方向，从而 $\boldsymbol{F}\cdot \mathrm{d}\boldsymbol{r}$ 为零．读者从洛伦兹力（第 3 章）可以看出这一点，它与 $\boldsymbol{v}\times\boldsymbol{B}$ 成正比．各种摩擦力不是真正的基本力，它们与速度有关，但不是保守力．

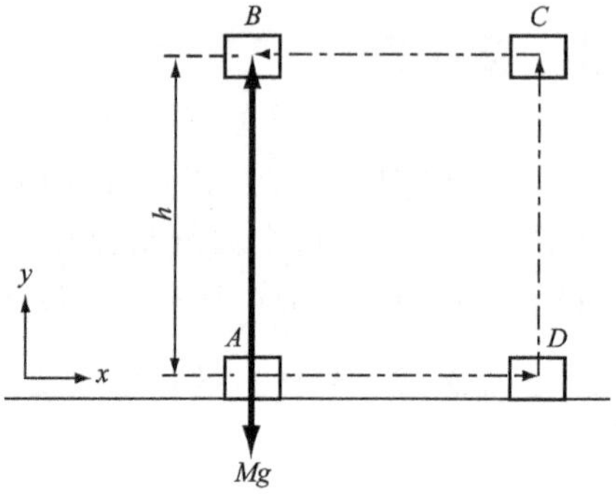

$$W(AB)=\int_A^B -Mg\hat{\boldsymbol{y}}\cdot \mathrm{d}y\,\hat{\boldsymbol{y}}=-Mgh$$

$$W(ADCB)=\int_A^D -Mg\hat{\boldsymbol{y}}\cdot \mathrm{d}x\,\hat{\boldsymbol{x}}+\int_D^C -Mg\hat{\boldsymbol{y}}\cdot \mathrm{d}y\,\hat{\boldsymbol{y}}+$$

$$\int_C^B -Mg\hat{\boldsymbol{y}}\cdot \mathrm{d}x\,\hat{\boldsymbol{x}}=0-Mgh+0$$

因此 $W(AB)=W(ADCB)$

图 5.14　图示说明恒定重力场中两条不同路径的 $\int \boldsymbol{F}\cdot \mathrm{d}\boldsymbol{r}$

我们所有的讨论，都先假定了力是两体力，这是一个重要的假定．学习本课程的有些读者，他们在今后的研究事业中可能要与多体力打交道．关于两体力假定涉及的问题，将在电磁学卷（1.6 节）中讨论．

从实验上知道，对于引力和静电力，功 $W(A\to B)$ 与路径无关．对于基本粒子之间的相互作用，这一结果是由散射实验推断出来的；对于引力，这一结果是从对行星和月球运动的精确预测推断出来的，在本章末的历史注记中对此有所讨论．我们还知道，地球已经绕太阳运行了大约 4×10^9 整圈，而它与太阳之间的距离并没有任何重要的改变；这是根据地球表面温度的地质资料判断出来的．有关的地质资料可能只包括了十亿年（10^9）的情况，而且还不是最后定论，因为有许多因素，包括太阳能量输出的变化在内，都会影响地表的温度，但是，这些观测结果对我们还是很有启发的．（其他例子将在历史注记中讨论．）

我们需要进一步谈一下有心力和非有心力的异同．在考虑两个粒子之间的力时，存在着两种可能性：一是这两个粒子除了它们的位置以外，再没有别的坐标；二是其中一个粒子或两个粒子具有一个物理上可以辨别的轴．在第一种可能性中，只能是有心力；而在第二种可能性中，只说明粒子从 A 运动到 B 是不完全的，我们还必须指明该轴的方向相对于某物体保持不变．一根磁棒就具有一个物理上可以辨别的轴；如果我们在均匀磁场中沿一封闭路径移动整根磁棒，我们对磁棒可能做了净功，也可能未做净功．如果这根磁棒在运动结束时和运动开始时具有相同的位置和相同的取向，则没有做功．如果仅仅是位置相同，而取向不同，则一定做了功

(做功可以是正的，也可以是负的).

显而易见，摩擦力不是保守力. 它通常是与运动方向相反的，因此当物体从 A 运动到 B 经过距离 d 时，恒定的摩擦力所做的功为 $\boldsymbol{F}_{摩}d$；如果从 B 运动到 A，它做的功还是 $F_{摩}d$；但是，既然摩擦力是一些基本力的一种表现，而这些基本力又是保守的，那么摩擦力怎么会是非保守的呢？这件事同我们分析的细致程度有关. 如果我们从基本力的角度，即按原子水准来分析所有的运动，我们会发现这"运动"是保守的；但是，如果我们观察到某种运动，例如热运动，而这种运动在力学的意义上是无用的，那么，我们将认为摩擦起了作用. 热和无规动能是等同的，这将在统计物理卷中讨论. 在第 4 章中讨论动量守恒时，我们曾考虑过两个质点的非弹性碰撞. 在那种场合，动能是不守恒的；但是两个质点的动能与内部激发能之和即所谓总能量，则假定是守恒的，这个假定与所有已知的实验相符.

我们再回过来讨论势能. 关于保守力的讨论曾经强调，一点的势能只有在保守力的场合才能唯一地、从而有效地加以确定. 我们已经知道在一个问题中怎样利用作用力的知识来计算势能. 我们选定一个零点，然后，计算使系统不改变动能地从零位置缓慢移动到所求位置时我们所做的（或外因所做的）功. 因为 $\boldsymbol{F}_{外因}$ 总是严格地和问题中力 $\boldsymbol{F}$ 的大小相等，方向相反，所以，只要知道了问题中的各作用力，我们就能计算出势能：

$$\int_A^r \boldsymbol{F}_{外因} \cdot \mathrm{d}\boldsymbol{r} = -\int_A^r \boldsymbol{F} \cdot \mathrm{d}\boldsymbol{r} = U(\boldsymbol{r}) - U(\boldsymbol{A}) = U(\boldsymbol{r})\,; \tag{5.24}$$

这里假定 $U(\boldsymbol{A})=0$.

我们能否从势能的知识推算出力来呢？这是可能的. 在一维情况下

$$U(x) - U(A) = -\int_A^x F\mathrm{d}x, \tag{5.25}$$

微商后就得到

$$\frac{\mathrm{d}U}{\mathrm{d}x} = -F. \tag{5.26}$$

把式 (5.26) 代入式 (5.25)，可以验证这个结果：

$$-\int_A^x F\mathrm{d}x = \int_A^x \frac{\mathrm{d}U}{\mathrm{d}x}\mathrm{d}x = \int_A^x \mathrm{d}U = U(x) - U(A). \tag{5.27}$$

式 (5.27) 是力等于势能的空间变化率的负值这一普遍结果的一个例子. 在三维场合，类似于式 (5.26) 的表达式是[⊖]

$$\boxed{\boldsymbol{F} = -\hat{\boldsymbol{x}}\frac{\partial U}{\partial x} - \hat{\boldsymbol{y}}\frac{\partial U}{\partial y} - \hat{\boldsymbol{z}}\frac{\partial U}{\partial z} \equiv -\mathrm{grad}U.} \tag{5.28}$$

式中，grad 为梯度算符，它的定义是：

⊖ 符号 $\frac{\partial}{\partial x}$ 表示偏微商，意思是在微商中 y 和 z 保持不变. 对于 $\frac{\partial}{\partial y}$ 和 $\frac{\partial}{\partial z}$ 也是如此.

$$\mathrm{grad} \equiv \hat{\boldsymbol{x}}\frac{\partial}{\partial x}+\hat{\boldsymbol{y}}\frac{\partial}{\partial y}+\hat{\boldsymbol{z}}\frac{\partial}{\partial z},\text{（在直角坐标中）}$$

$$\mathrm{grad} \equiv \hat{\boldsymbol{r}}\frac{\partial}{\partial r}+\hat{\boldsymbol{\theta}}\frac{1}{r}\frac{\partial}{\partial \theta}.\text{（在平面极坐标中）} \tag{5.29}$$

梯度算符的一般性质将在电磁学卷中讨论．在那里将证明，一个标量的梯度是个矢量，它的方向是该标量空间增加率最大的方向，它的数值就等于这个最大变化率．一个标量 U 的梯度可写成不同形式，如 gard$U$ 或 ∇U.

图 5.15a ~ 图 5.15c 所示的是把这些概念应用于平衡位置$\frac{\mathrm{d}U}{\mathrm{d}x}=0$，以及这种平衡的稳定性的情况.

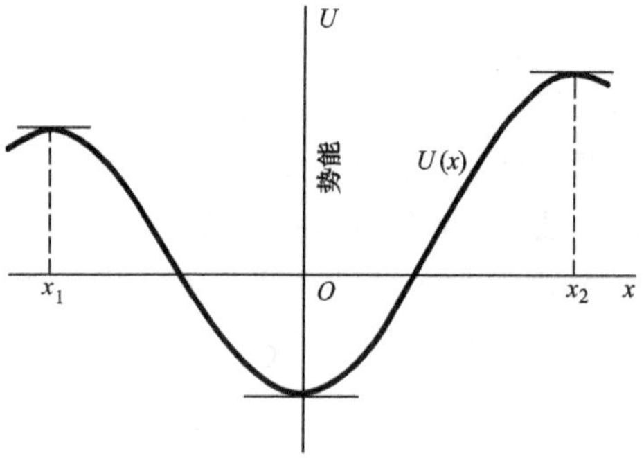

a) 一维势能函数 $U(x)$ 对 x 的曲线.在 $x=x_1$，O 和 x_2 各点，$\frac{\mathrm{d}U}{\mathrm{d}x}=0$，从而在这些点外力 F 为零，所以这三点是平衡位置，但不一定稳定

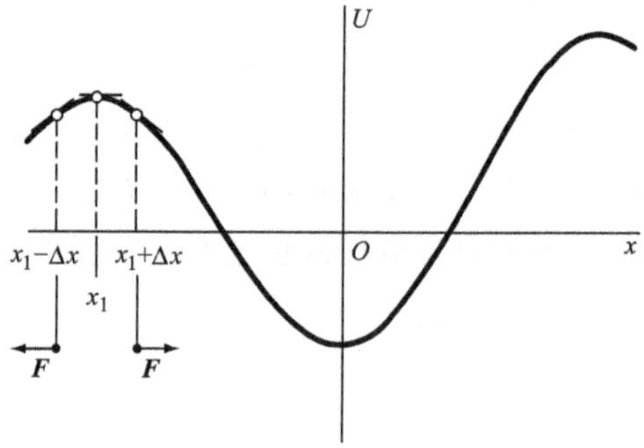

b) 在 $x_1-\Delta x$ 点，$\frac{\mathrm{d}U}{\mathrm{d}x}>0$，从而 $F<0$(向左). 在 $x_1+\Delta x$ 点，$\frac{\mathrm{d}U}{\mathrm{d}x}<0$，从而 $F>0$(向右).因此，偏离 x_1 一个微小位移，其结果是产生一个会使位移增大的力，从而 x_1 是一个不稳定平衡位置

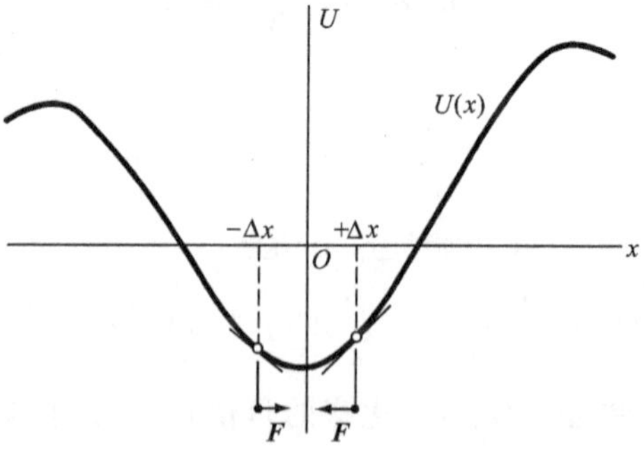

c) 在 $x=-\Delta x$ 点，$\frac{\mathrm{d}U}{\mathrm{d}x}<0$，$F$ 向右．在 $x=+\Delta x$ 点，$\frac{\mathrm{d}U}{\mathrm{d}x}>0$，$F$ 向左.
因此 $x=0$ 是一个稳定平衡位置．x_2 点怎样呢？

图 5.15

把势能 U 对坐标 x 作图，这种简单图形常常是十分有启发意义的．图 5.16a ~ 图 5.16c 就是一些例子，它们用到了动能 K 不能是负值这一事实．如果在图 5.16b 中能量是 E'，运动又会是怎样的呢？在第 12 章中，我们将把由

$$动能 + 势能 = 常量$$

表述的能量守恒定律加以推广，使之把其中有部分或全部质量转化为能量的那些过程包括进来．这些过程包括大多数核反应过程．这一必要的推广，是狭义相对论的自然结果．

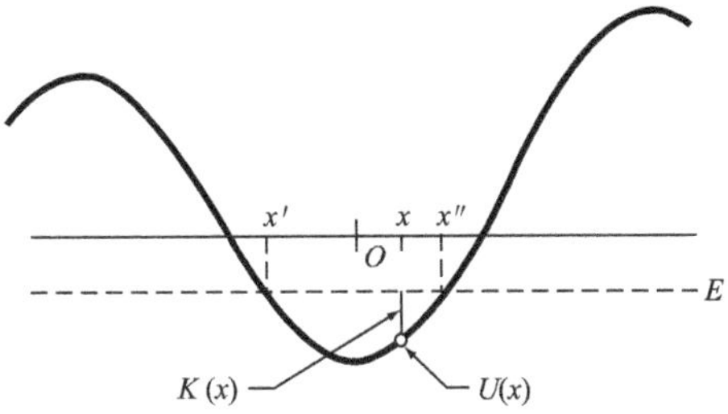

a) 总能量$E=K+U=$常量．因此，如果给定E，运动只能在“转折点”x'和x''之间进行．在这两点之间，$K=\frac{1}{2}Mv^2=E-U\geqslant 0$

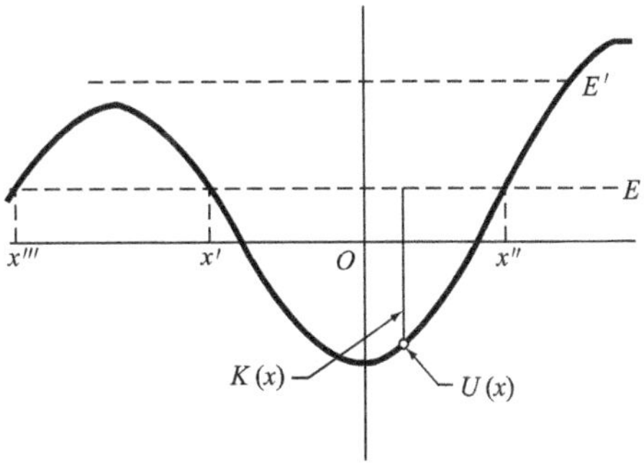

b) 如果E增加，转折点x'和x''一般说来会改变位置．现在，$K(x)=E-U(x)$更大了，如果从x'''开始运动，运动还可在x'''的左边进行

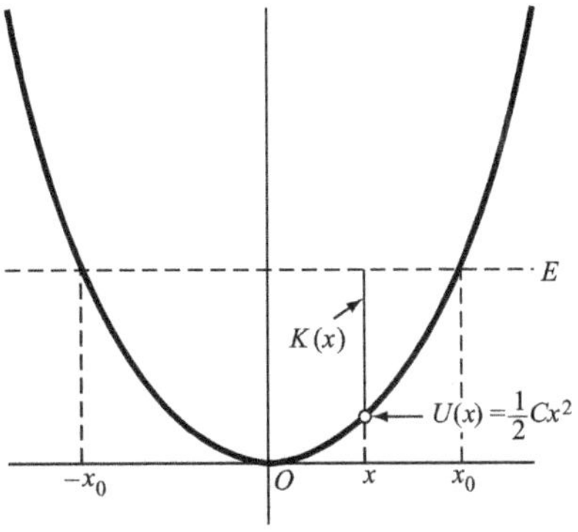

c) 简谐振子在$x=0$点处于稳定平衡．在$x=\pm x_0$处，$K=0$

图 5.16

引力场和电场中的势能与能量守恒　我们已经在恒定力和弹性力 $-Cx$ 的情况下计算过势能．另一种重要的情况是遵从二次方反比律的力，在牛顿引力定律和库仑定律中我们遇到过这种力．

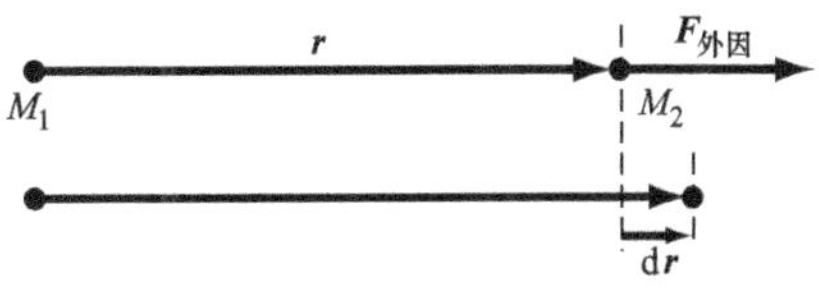

图 5.17　$\boldsymbol{F}_{外因}$和引力的大小相等，方向相反，它在 $\mathrm{d}\boldsymbol{r}$ 的位移中所做的功 $\boldsymbol{F}_{外因}\cdot\mathrm{d}\boldsymbol{r}=F_{外因}\cdot\mathrm{d}r$

先考虑牛顿引力定律的情况．我们已经知道这种力是保守力，因此我们可以按尽可能简单的方式来计算功．设两质量 M_1 和 M_2 最初相距 r_A，我们来计算使它们之间距离变到 r 时我们所做的功．如图 5.17 所示，设 M_1 是固定的，$\boldsymbol{r}$ 为从 M_1 到 M_2 的矢量．在图 5.17 中，如果我们把 M_2 移动

到距离为 $\boldsymbol{r}+\mathrm{d}\boldsymbol{r}$ 处，则我们必须做功

$$\mathrm{d}W=\boldsymbol{F}_{外因}\cdot\mathrm{d}\boldsymbol{r}=\frac{GM_1M_2}{r^3}\boldsymbol{r}\cdot\mathrm{d}\boldsymbol{r}=\frac{GM_1M_2}{r^2}\mathrm{d}r.$$

因此，我们在全部位移中所做的功是

$$W=\int_{r_A}^{r}\frac{GM_1M_2}{r^2}\mathrm{d}r=-\frac{GM_1M_2}{r}\bigg|_{r_A}^{r}$$
$$=-\frac{GM_1M_2}{r}+\frac{GM_1M_2}{r_A}.\tag{5.30}$$

我们可以核实式中的符号是正确的．因为，如果 $r>r_A$，则所做的功为正（我们对系统做功）；如果 $r<r_A$，则所做的功为负（即系统对我们做功）．

我们再把这个结果应用于势能．零势能点的位置放在哪里比较方便呢？如果在 $r=r_A$ 处，$U=0$，则式（5.30）给出的就是 U 的值：

$$U(r)=-\frac{GM_1M_2}{r}+\frac{GM_1M_2}{r_A}.$$

但是我们注意到，当 $r_A=\infty$ 时，后一项为零，以致

$$\boxed{U(r)=-\frac{GM_1M_2}{r}.}\tag{5.31}$$

因此，看来最方便的还是选择在 $r=\infty$ 处 $U=0$．这样，势能就总是负值，因为，如果让这两个质量从无穷远处慢慢地聚在一起，我们总能够从系统得到功．

我们现在可以写出一个质量为 M_1 的物体在另一个质量为 M（$M>>M_1$，故 M 的运动可以忽略）的物体的引力场中运动的机械能守恒公式：

$$E=\frac{1}{2}M_1v_A^2-\frac{GM_1M}{r_A}$$
$$=\frac{1}{2}M_1v_B^2-\frac{GM_1M}{r_B}.\tag{5.32}$$

式中，v_A 和 r_A 是在某一时刻的速度和距离；而 v_B 和 r_B 是在另一时刻的速度和距离．

现在，再回到电场的情形．对于两个电荷 q_1 和 q_2，

$$\boldsymbol{F}=\frac{1}{4\pi\varepsilon_0}\frac{q_1q_2}{r^3}\boldsymbol{r}=\frac{1}{4\pi\varepsilon_0}\frac{q_1q_2}{r^2}\hat{\boldsymbol{r}}.$$

令 q_1 固定不动，求把 q_2 缓慢地从 r_A 移动到 r 时，我们所做的功．我们必须施加的力是

$$\boldsymbol{F}_{外因}=-\frac{1}{4\pi\varepsilon_0}\frac{q_1q_2}{r^3}\boldsymbol{r}.$$

对于位移 $\mathrm{d}\boldsymbol{r}$，因为 $\boldsymbol{r}$ 与 $\mathrm{d}\boldsymbol{r}$ 平行，我们所做的功的增量为

$$\mathrm{d}W=\boldsymbol{F}_{外因}\cdot\mathrm{d}\boldsymbol{r}=-\frac{1}{4\pi\varepsilon_0}\frac{q_1q_2}{r^3}\boldsymbol{r}\cdot\mathrm{d}\boldsymbol{r}=-\frac{1}{4\pi\varepsilon_0}\frac{q_1q_2}{r^2}\mathrm{d}r.$$

我们得到的总功为

$$W = \int_{r_A}^{r} -\frac{1}{4\pi\varepsilon_0}\frac{q_1q_2}{r^2}\mathrm{d}\boldsymbol{r} = \frac{1}{4\pi\varepsilon_0}\frac{q_1q_2}{r}\Bigg|_{r_A}^{r} = \frac{1}{4\pi\varepsilon_0}\left(\frac{q_1q_2}{r} - \frac{q_1q_2}{r_A}\right).$$

这里仍然设在 $r=\infty$ 处 $U=0$ 是方便的，因此有

$$\boxed{U = \frac{1}{4\pi\varepsilon_0}\frac{q_1q_2}{r}.} \tag{5.33}$$

如果 q_1 和 q_2 同号，U 为正；如果 q_1 和 q_2 异号，U 为负．我们知道，这是符合实际的．因为，如果两电荷同号，从相距无穷远把它们推到一起，我们必须做功．当存在两个以上的点电荷时，总势能是组成质点系的各质点对的势能的总和，其中每一项都类似于式（5.33）．

利用式（5.29），从式（5.33）算出 $\boldsymbol{F}$，即可检验它的正确性：

$$\boldsymbol{F} = -\nabla U = -\frac{\partial}{\partial r}\left(\frac{kq_1q_2}{r}\right)\hat{\boldsymbol{r}} = \frac{kq_1q_2}{r^2}\hat{\boldsymbol{r}};$$

对于引力则有

$$\boldsymbol{F} = -\nabla U = -\frac{\partial}{\partial r}\left(-\frac{GM_1M_2}{r}\right)\hat{\boldsymbol{r}} = -\frac{GM_1M_2}{r^2}\hat{\boldsymbol{r}}.$$

如果写出

$$r^2 = x^2 + y^2 + z^2,$$

我们便可算出 F_x，F_y 和 F_z：

$$\begin{aligned} F_x &= -\frac{\partial}{\partial x}\left[-\frac{GM_1M_2}{(x^2+y^2+z^2)^{1/2}}\right] \\ &= -\frac{GM_1M_2x}{(x^2+y^2+z^2)^{3/2}} = -\frac{GM_1M_2x}{r^3}. \end{aligned}$$

同理，对于电场有

$$F_x = -\frac{\partial}{\partial x}\frac{kq_1q_2}{(x^2+y^2+z^2)^{1/2}} = \frac{kq_1q_2x}{(x^2+y^2+z^2)^{3/2}} = k\frac{q_1q_2x}{r^3}.$$

在 $\boldsymbol{r}$ 处的静电势 $\Phi(\boldsymbol{r})$，定义为在所有其他电荷的力场中单位正电荷的势能：

$$\Phi(\boldsymbol{r}) = \frac{U(\boldsymbol{r})}{q} = \int_{r}^{\infty}\boldsymbol{E}(\boldsymbol{r})\cdot\mathrm{d}\boldsymbol{r}. \tag{5.34}$$

这是个十分有用的量．注意，它是个标量．最重要的，是要分清 Φ 和势能 U．在实验工作中还应该注意，符号 V 被用来同时表示静电势和势能这两个量．

如果各处的 $\boldsymbol{E}(\boldsymbol{r})$ 均已知，那么我们就可以求得各处的静电势 $\Phi(\boldsymbol{r})$ [假设我们规定了 $\Phi(\boldsymbol{r})$ 的零点]．用 $\Phi(\boldsymbol{r})$ 比较方便，因为它是一个标量，而 $\boldsymbol{E}(\boldsymbol{r})$ 是一个矢量．

$\boldsymbol{r}_1$ 和 $\boldsymbol{r}_2$ 两点之间的电压降或电势差被定义为

$$\text{电势差} = \Phi(\boldsymbol{r}_2) - \Phi(\boldsymbol{r}_1). \tag{5.35}$$

这是当我们把单位正电荷由 $\boldsymbol{r}_1$ 移至 $\boldsymbol{r}_2$ 时静电势能的变化．因此，当我们把一个电荷 q 在这两点间移动时，势能差是

$$U(\boldsymbol{r}_2)-U(\boldsymbol{r}_1)=q[\Phi(\boldsymbol{r}_2)-\Phi(\boldsymbol{r}_1)].$$

在厘米-克-秒高斯制中，静电势或电势差的单位是静电伏特．在第3章中，电场强度的单位叫作静电伏特每厘米，而 Φ 与 $\boldsymbol{E}$ 在量纲上只相差一个长度，因此 Φ 以静电伏特来量度．Φ 又具有［电荷］/［长度］的量纲，因此静电库仑/厘米也可以是电势单位的名称．

静电势或电势差的实用单位是伏特，它是国际制单位．伏特用于日常生活中，并广泛用于实验室工作中．

用国际制单位时，电场 $\boldsymbol{E}$ 用伏特/米来量度；但是，用库仑/米来表示 ϕ，那是不对的．焦耳/库仑倒是伏特的另一名称．

我们下面举出几个讨论势能和电势的例子，其中有些涉及引力和电场力这一类有心力．

【例】

脱离地球和脱离太阳系的逃逸速度 对质量为 M 的质点，试计算（1）脱离地球和（2）脱离太阳系所需的初速度（忽略地球的自转）．

图5.18a～图5.18f说明了在这种情况下势能图的意义和作用．用式（5.32），我们写出质量为 M 的质点在距离地球中心 R_e 处的总能量，R_e 为地球半径：

$$E=\frac{1}{2}Mv^2-\frac{GM_eM}{R_e}.$$

式中

$M_e=5.98\times10^{24}\text{kg}$，$R_e=6.4\times10^6\text{m}$，$G=6.67\times10^{-11}\text{N}/(\text{m}^2\cdot\text{kg}^2)$（见第3章）．

为了在离开地球后到达无穷远处时具有可能的最低速度（即速度为零），总能量必须为零，因为这时动能为零，引力势能也为零．这里用到 $r\to\infty$ 时 $U(r)\to0$．因此，如果质点的总能量从发射到逃逸保持常量，则 E 必须为零；逃逸速度 v_e 从而由下式给出：

$$\frac{1}{2}Mv_e^2=\frac{GM_eM}{R_e},\quad v_e=\sqrt{\frac{2GM_e}{R_e}}. \tag{5.36}$$

在地球表面，重力加速度 g 为 GM_e/R_e^2，所以

$$v_e=\sqrt{2gR_e}\approx\sqrt{(2\times10)(6\times10^6)}\ \text{m/s}\approx10^4\text{m/s}.$$

仅仅为了摆脱太阳的引力，从地球（太阳到地球的距离为 R_{es}）发射一个质点所需要的逃逸速度就应为

$$v_s=\sqrt{\frac{2GM_s}{R_{es}}}\approx\left[\frac{2\times(7\times10^{-11})\times(2\times10^{30})}{1.5\times10^{11}}\right]^{1/2}$$
$$\approx4\times10^4\text{m/s}.^{\ominus}$$

⊖ 此处估算的速度为地球公转轨道上逃逸太阳引力所需相对太阳的最小速度，此速度并非是相对地球而言的，同时也没有考虑地球引力的影响．——译者注

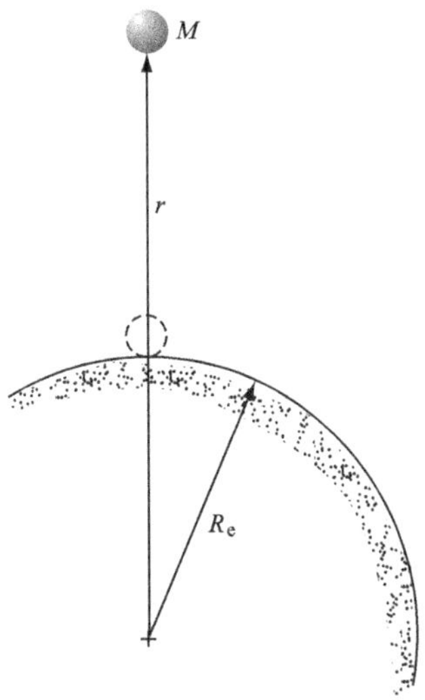

a) 质量为M的物体从地面出发，脱离地球引力场所需的逃逸速度

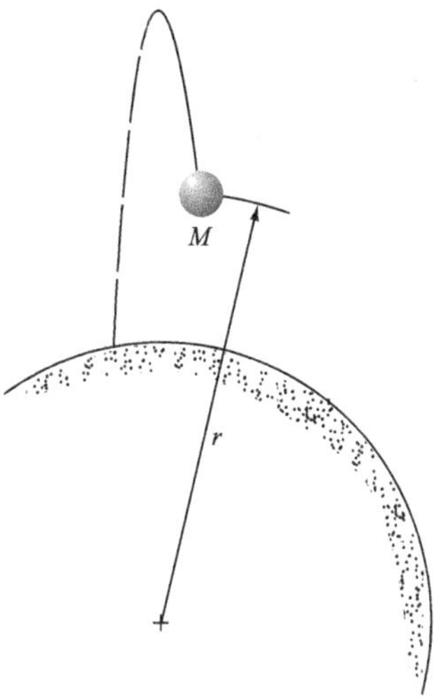

b) 动能太小，不足以逃逸时的轨道

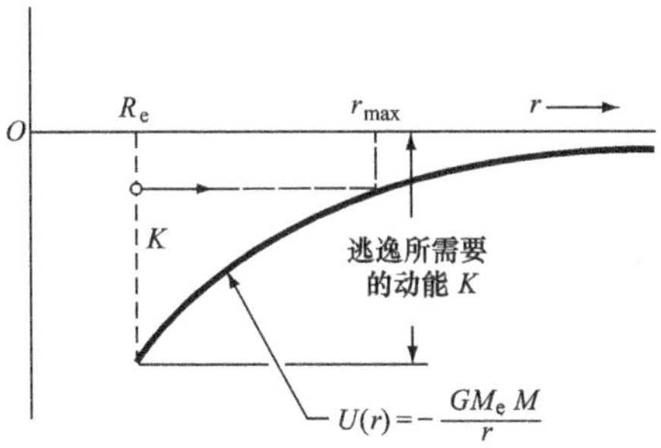

c) 图中表示初始动能太小，不足以逃逸．要达到无穷远，必须 $K\geqslant|-U|$

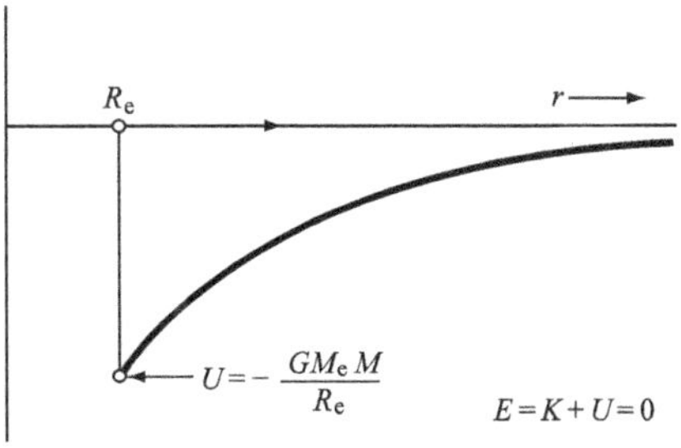

d) 这里我们看到的是M以必须的最小动能 $K=\frac{1}{2}Mv_e^2=\frac{GM_eM}{R_e}$ 从地面(半径R_e)发射．脱离地球的逃逸速度用v_e表示

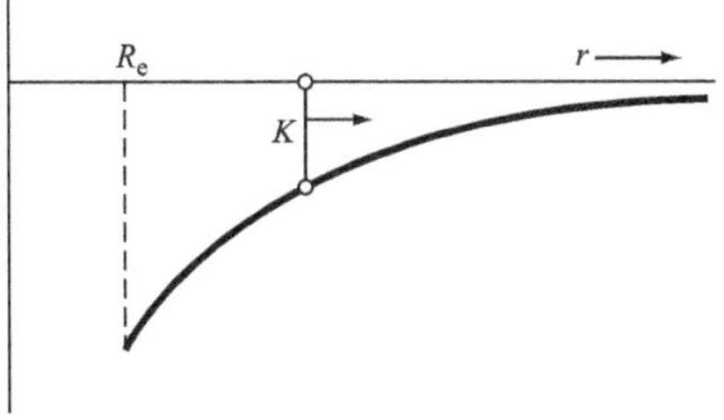

e) 过些时间后，当M进一步远离地心时，U增大而K减小

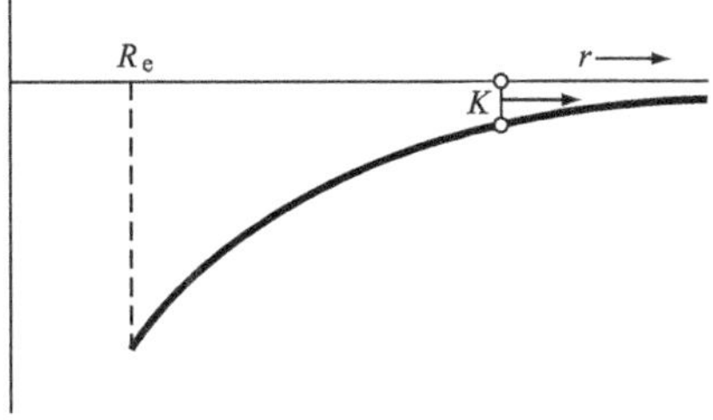

f) 再过些时间，K和$|U|$进一步减小

图 5.18

式中用到了比值 $M_s/M_e=3.3\times10^5$ 和 $R_{es}=1.5\times10^{11}\text{m}$. 从地面发射物体，要使它脱离太阳系比脱离地球更困难.

【例】

地面附近的重力势能 一个质量为 M 的物体距地球中心为 r，当 $r>R_e$ 时，其重力势能为

$$U(r)=-\frac{GMM_e}{r},$$

这里 M_e 是地球的质量. 如果 R_e 是地球的半径，y 是离地面的高度，我们希望去证明当 $y/R_e\ll1$ 时

$$U\approx-MgR_e+Mgy. \tag{5.37}$$

这里 $g=GM_e/R_e^2\approx9.8\text{m/s}^2$. 上式的证明如下. 由于 $r=R_e+y$，我们有

$$U=-GMM_e\frac{1}{(R_e+y)}.$$

分子和分母都除以 R_e：

$$U=-\frac{GMM_e}{R_e}\frac{1}{(1+y/R_e)}.$$

现在，利用展开式（2.49）可以写出（$n=-1$）

$$U=-\frac{GMM_e}{R_e}\left(1-\frac{y}{R_e}+\frac{y^2}{R_e^2}-\cdots\right).$$

令 $g=GM_e/R_e^2$，于是

$$U=-MgR_e\left(1-\frac{y}{R_e}+\frac{y^2}{R_e^2}-\cdots\right).$$

当 $y\ll R_e$ 时，上式简化为式（5.37），而且除常数项 $-MgR_e$ 外，和式（5.8）相同.

【例】

抛体运动 这里我们再举一个在恒定引力场中的二维运动的例子. 我们已经应用牛顿第二定律解决过这个问题. 设力 $\boldsymbol{F}_G=-Mg\hat{\boldsymbol{y}}$，这里 g 近似等于 9.8m/s^2.

（1）计算质量为 0.1kg 的物体从原点移动到

$$\boldsymbol{r}=(0.5\hat{\boldsymbol{x}}+0.5\hat{\boldsymbol{y}})\text{m}$$

处重力所做的功：

$$W=\int_{0,0}^{0.5\text{m},0.5\text{m}}\boldsymbol{F}_G\cdot\text{d}\boldsymbol{r}=-Mg\hat{\boldsymbol{y}}\cdot(0.5\hat{\boldsymbol{x}}+0.5\hat{\boldsymbol{y}})$$
$$=-0.1\times9.8\times0.5\text{J}=-0.49\text{J}.$$

重力做的是负功；或者说，别的什么因素反抗重力做了功.

（2）在上述位移中，势能改变了多少？由

$$\boldsymbol{F}_{外因}=+Mg\hat{\boldsymbol{y}},$$

可知

$$\Delta U = -W = 0.49\text{J}.$$

所以势能增加了 0.49J. 如果在 $x=0$，$y=0$ 时 $U=0$，则

$$U = Mgy.$$

（3）如果质量为 M 的质点与水平面成 θ 角以速率 v_0 从原点发射，它能上升到多高？这里，我们需要用到 v_x 不变的事实.

$$\begin{aligned} E &= \frac{1}{2}Mv_0^2 = \frac{1}{2}M(v_x^2 + v_y^2) \\ &= \frac{1}{2}M(v_0^2\cos^2\theta + v_0^2\sin^2\theta) \\ &= \frac{1}{2}Mv_0^2\cos^2\theta + Mgy_{\text{极大}} \end{aligned}$$

$$y_{\text{极大}} = \frac{v_0^2\sin^2\theta}{2g}.$$

上式也可以从式(3.9)导出.

【例】

静电场　距一个质子 1Å(1Å = 10^{-10}m)处的电场强度的数值是多少？

由库仑定律，

$$E = \frac{ke}{r^2} = \frac{(9\times10^9)(1.6\times10^{-19})}{(1\times10^{-10})^2}\text{V/m} \approx 1.5\times10^{11}\text{V/m}.$$

电场的方向是从质子沿径向外指.

电势　在该点的电势是多少？由式（5.33）和式（5.34），我们有

$$\Phi(r) = k\frac{e}{r} = (9\times10^9)\frac{1.6\times10^{-19}\text{C}}{1\times10^{-10}\text{m}} \approx 15\text{V}.$$

电势差　距离质子分别为 1Å 和 0.2Å 两位置之间的电势差是多少伏特？

在 1×10^{-10}m 处的电势是 15V；在 0.2×10^{-10}m 处的电势是 75V. 二者的差为 75V − 15V = 60V.

带电粒子能量与电势差之间的关系　一质子在距另一质子 1Å 处静止地放开. 这两个质子运动到相距无限远时，它们的动能是多少？

根据能量守恒定律，我们知道这个动能必须等于初始的势能，即

$$U = (9\times10^9)\frac{(1.6\times10^{-19})^2}{10^{-10}}\text{J} \approx 2.3\times10^{-18}\text{J},$$

如果其中一个质子在另一个质子运动时保持静止，运动质子的末速就由下式给出(根据能量守恒)：

$$\frac{1}{2}Mv^2 \approx U,$$

$$v^2 \approx \frac{2 \times 2.3 \times 10^{-18}}{1.67 \times 10^{-27}} \mathrm{m^2/s^2} \approx 2.7 \times 10^9 \mathrm{m^2/s^2},$$

即

$$v \approx 5 \times 10^4 \mathrm{m/s}.$$

如果两个质子都自由地运动，则当它们相距很远时，每一质子都具有相同的动能；因此

$$\frac{1}{2}Mv_1^2 + \frac{1}{2}Mv_2^2 = Mv'^2 \approx 2.3 \times 10^{-18} \mathrm{J},$$

而

$$v' \approx \frac{5 \times 10^4 \mathrm{m/s}}{\sqrt{2}} \approx 3.5 \times 10^4 \mathrm{m/s}.$$

均匀电场中质子的加速 一质子被一均匀电场从静止加速．质子在运动中通过了100V的电压降，它最后的动能是多少？

这个质子的动能就等于它势能的变化，即为 $e\Delta\Phi$，或

$$1.6 \times 10^{-19} \times 100 \mathrm{J} \approx 1.6 \times 10^{-17} \mathrm{J}.$$

【例】

电子伏特 在原子物理学和核物理学中，一种比较方便的能量单位是电子伏特（eV），它定义为电荷 e 在具有1V电势差的两点间的势能差，或者定义为电荷 e 通过一伏特电势差时所获得的动能．因此

$$\begin{aligned} 1\mathrm{eV} &= 1.6 \times 10^{-19} \mathrm{C} \times 1\mathrm{V} \\ &= 1.6 \times 10^{-19} \mathrm{J}. \end{aligned}$$

一个α粒子（He^4 的原子核，即两次电离的氦原子）从静止开始，通过1000V的电势差加速，它所具有的动能等于

$$2e \times 1000\mathrm{V} = 2000\mathrm{eV},$$

这里

$$2000\mathrm{eV} = 2 \times 10^3 \times 1.60 \times 10^{-19} \mathrm{J} = 3.2 \times 10^{-16} \mathrm{J}.$$

我们曾经指出，一质点在两点之间的动能差 $K_B - K_A$ 具有以下性质：

$$K_B - K_A = \int_A^B \boldsymbol{F} \cdot \mathrm{d}\boldsymbol{r}.$$

式中，$\boldsymbol{F}$ 是作用于质点的力．但是我们又从式（5.25）知道，

$$U_B - U_A = -\int_A^B \boldsymbol{F} \cdot \mathrm{d}\boldsymbol{r}.$$

把上面两式相加，我们得到

$$(K_B + U_B) - (K_A + U_A) = 0. \tag{5.38}$$

这就是说，动能与势能之和是一个常量，它与时间无关．重写式（5.38），我们得到单个质点系统的能量函数为

$$\boxed{E=\frac{1}{2}Mv^2(A)+U(A)=\frac{1}{2}Mv^2(B)+U(B).}\tag{5.39}$$

式中，E 是一个常量，称为系统的能量或总能量．在引力势能情况下，这个方程就是式（5.32）.

推广到外加势场中的两质点系，式（5.39）写为

$$\begin{aligned}E&=K+U\\&=\frac{1}{2}M_1v_1^2+\frac{1}{2}M_2v_2^2+U_1(\boldsymbol{r}_1)+U_2(\boldsymbol{r}_2)+U(\boldsymbol{r}_2-\boldsymbol{r}_1)\\&=\text{常量}.\end{aligned}\tag{5.40}$$

式中，第一项是质点 1 的动能；第二项是质点 2 的动能；第三、四项是质点 1 和 2 由于外势而具有的势能；第五项是质点 1 和 2 之间相互作用的势能．请注意 $U(\boldsymbol{r}_1-\boldsymbol{r}_2)$ 只出现一次，因为，如果两质点相互作用，相互作用能是共有的！

如果质点 1 和 2 是在地面重力场中的质子，则由式（5.40），能量 E 为

$$E=\frac{1}{2}M(v_1^2+v_2^2)+Mg(y_1+y_2)-\frac{GM^2}{r_{12}}+\frac{ke^2}{r_{12}};$$

式中，y 是向上的距离；而 $r_{12}=|\boldsymbol{r}_2-\boldsymbol{r}_1|$；最后一项是两个质子的库仑能；倒数第二项是它们相互间的引力能．最后两项的比值为

$$\frac{GM^2}{ke^2}\approx\frac{10^{-10}\times10^{-54}}{10^{10}\times10^{-38}}\approx10^{-36}.$$

由此可见，由于引力和静电力对距离的关系是相同的，所以两质子间的引力同静电力比较起来是极微弱的.

5.4　功率

功率 P 是单位时间传递的能量．我们把作用于一质点上的力在位移 $\Delta\boldsymbol{r}$ 中所做的功定义为

$$\Delta W=\boldsymbol{F}\cdot\Delta\boldsymbol{r};$$

这个力做功的速率是

$$\frac{\Delta W}{\Delta t}=\boldsymbol{F}\cdot\frac{\Delta\boldsymbol{r}}{\Delta t}.$$

取极限 $\Delta t\to0$，得到功率为

$$\boxed{P=\frac{\mathrm{d}W}{\mathrm{d}t}=\boldsymbol{F}\cdot\frac{\mathrm{d}\boldsymbol{r}}{\mathrm{d}t}=\boldsymbol{F}\cdot\boldsymbol{v}.}\tag{5.41}$$

由于功率 $P(t)$ 是时间的函数，我们可以把输入的功写为

$$W(t_1\to t_2)=\int_{t_1}^{t_2}P(t)\,\mathrm{d}t.$$

在国际单位制中，功率的单位是焦耳每秒（J/s），称为**瓦特**（W）．要从用马力表

示的功率值得到用瓦特表示的功率值，可以近似地乘以746.

习　题

1. 势能和动能——落体.

（a）在离地面1km高处，质量为1kg的物体的势能是多少？势能系相对于地面而言.（答：9800J.）

（b）从1km高度落下的质量为1kg的物体，它刚接触地面时的动能是多少？略去摩擦.（答：9800J.）

（c）当上述物体下落到一半高度时，它的动能是多少？

（d）当上述物体下落到一半高度时，它的势能是多少？（c）与（d）之和应当等于（a）或（b）. 为什么？

2. 地球上空的势能.

（a）以无穷远处的零势能作为参考点，地面上1kg质量物体的势能 $U(R_e)$ 是多少？（注意 $U(R_e)$ 是负值.）（答：-6.25×10^7J.）

（b）质量为1kg的物体在离地心 10^5km处的势能是多少？以无穷远处的零势能作为参考点.（答：-3.98×10^6J.）

（c）从地面将该物体移至距地心为 10^5km处，需做多少功？

3. 静电势能.

（a）一电子与质子相距为 $1\text{Å}\equiv10^{-10}$m时的静电势能是多少？以相距无穷远的零势能为参考点.（答：-2.3×10^{-18}J.）

（b）两质子相距同样距离时的静电势能是多少？（特别注意答案的正负号.）

4. 圆轨道上的卫星.

（a）在离地心为 r 的圆轨道上运动的人造卫星，它的离心力是多少？设卫星相对于地心的速度为 v，质量为 M.

（b）使（a）中的离心力等于引力（M 在转动参考系中处于平衡状态）.

（c）以 r，G 和 M_e 表示 v.

（d）动能和势能的比值是多少？设在 $r=\infty$ 处 $U=0$.

5. 月球——动能. 月球相对于地球的动能是多少？有关数据在本书后面的数值表中给出.

6. 非谐振弹簧. 有一种特殊的弹簧，其力的规律为 $F=-Dx^3$.

（a）设在 $x=0$ 处 $U=0$，求在 x 点的势能.（答：$\frac{1}{4}Dx^4$.）

（b）将弹簧缓慢地从0拉伸到 x，需做功多少？

7. 引力势能.

（a）在500m高度的悬崖边缘上的一颗1.0kg的炮弹，它相对于地面的势能是多少？

（b）如果炮弹以 90m/s 的速率从悬崖上射出，它击到地面上时速率是多少？抛射角对结果有无影响？

8. 阿特伍德机． 有一架在第 3 章中所描述的阿特伍德机：

（a）当 m_2 从静止开始下降了距离 y 时，用能量守恒方程求出两物体的速度．

（b）由上述速度的表达式求出加速度，并与式（3.40）的结果相比较．

9. 绕质子旋转的束缚电子． 假设一电子在距离质子为 2×10^{-10}m 的圆轨道上运动．质子看作是静止的．

（a）使离心力等于静电力，求出电子的速度．

（b）动能、势能各为多少？（答：$K = 3.6\text{eV}$，$U = -1.15\times10^{-18}\,\text{J} = -7.2\text{eV}$．）

（c）为了使该系统电离，即将电子移至无穷远而且它没有终态动能，需要多少能量？（特别注意各种正负号．）

10. 弹簧的佯谬． 问下述论证中的错误是什么？设一个质量为 m 的物体静止于 $y=0$ 处，即处在一铅垂悬挂着的未拉伸弹簧的末端．现将此物体与弹簧连接，作用在物体上的重力 mg 使弹簧被拉伸．当该物体失去重力势能 mgy 时，弹簧获得了同样数值的势能，因此

$$mgy = \frac{1}{2}Cy^2,$$

物体应趋向平衡．所以平衡位置由下式给出：

$$y = \frac{2mg}{C}.$$

11. 从月球逃逸的速度． 月球半径 $R_M = 1.7\times10^6$m，质量 $M_M = 7.3\times10^{22}$kg，试求出：

（a）月球表面的重力加速度．

（b）从月球逃逸的速度．

12. 一对弹簧的势能． 两个弹簧，都具有自然长度 a 和劲度系数 C．它们各自的一端分别固定在（$-a$，0）点和（$+a$，0）点，另一端连在一起．假定这两个弹簧都可以在长度方面无扭曲地伸长或压缩（见图 5.19）．

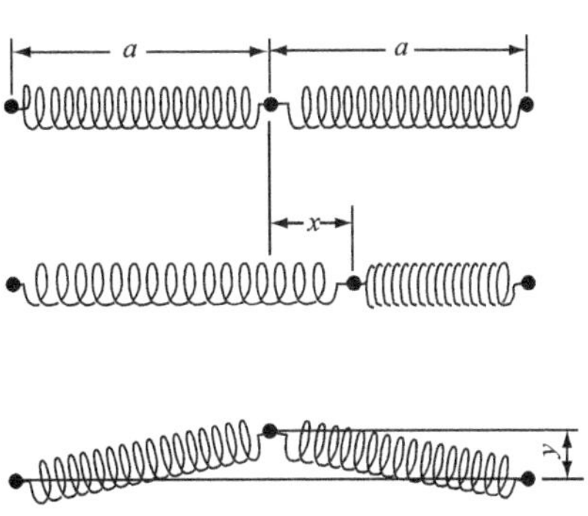

图 5.19

（a）证明当连接端移至（x，y）时，系统的势能为

$$U = \frac{C}{2}\{[(x+a)^2 + y^2]^{1/2} - a\}^2 +$$

$$\frac{C}{2}\{[(a-x)^2+y^2]^{1/2}-a\}^2.$$

（b）势能同时依赖于 x 和 y，因此计算相关的力时必须用偏微商．记住，按照求微商的一般法则，函数 $f(x, y)$ 的偏微商是

$$\frac{\partial f(x,y)}{\partial x}=\frac{\mathrm{d}}{\mathrm{d}x}f(x;y=\text{常量}),$$

$$\frac{\partial f(x,y)}{\partial y}=\frac{\mathrm{d}}{\mathrm{d}y}f(x=\text{常量};y).$$

求出分力 F_x，并证明当 $\boldsymbol{r}=0$ 时 $F_x=0$.

（c）求出 $x=0$ 处的 F_y．请细心核对符号，以确保答案有意义．

（d）在 xy 平面上作出表示势能与 $\boldsymbol{r}$ 的函数关系的曲线图，并求出平衡位置．

13. 滑环． 一个质量为 m 的物体沿无摩擦的轨道下滑，然后又从轨道的底端滑升，在一个半径为 R 的竖直的圆上运行．求此物体从静止开始下滑，为了刚好完成整个圆周运动而不致在重力作用下坠落所必需的高度．提示：先考虑在最高点轨道作用的力是多少．

14. 飞行时间质谱仪． 飞行时间质谱仪的运转是基于如下事实的，即离子在均匀磁场中作螺旋运动的角频率与初速度无关．在使用时，仪器产生一个短促的离子脉冲，并用电子设备测量在此脉冲中离子做一次或多次回转的飞行时间．

（a）请证明，对于具有电荷 e 的离子，回转 N 次的飞行时间近似等于

$$t\approx 6.5\times10^{-8}\frac{NM}{B};$$

式中，t 的单位是秒；M 是原子质量单位；B 的单位是特斯拉．1 原子质量单位 $=1.66\times10^{-27}\mathrm{kg}$.

（b）证明回转半径近似等于

$$R\approx\frac{1.44\ \sqrt{VM}}{B}(\mathrm{m});$$

式中，V 是以电子伏特为单位的离子的能量．

（c）设磁场为 0.1T，计算一次电离的钾 K^{39} 回转 6 次的飞行时间．（答：152μs.）

15. 示波器中的电子束． 示波管中的电子从静止经过电势差 Φ_a 而被加速，并在两静电偏转板间通过．两极的长度为 l，相隔为 d，两板间维持电势差 Φ_b．示波管的荧光屏位于离板中心为 L 之处．利用加速势和速度 v 之间的关系式 $e\Delta\phi=\frac{1}{2}mv^2$：

（a）推导出荧光屏上光点的线性偏转 D 的表达式．

（b）假设 $\Phi_a=400\mathrm{V}$，$\Phi_b=10\mathrm{V}$，$l=0.02\mathrm{m}$，$d=0.005\mathrm{m}$，$L=0.15\mathrm{m}$，这偏转是多大？装置与图 3.6 相像，只是两板更加接近．

16. 冲量．

(a) 两个质量为 0.5kg 的球，各以速率 1m/s 互相接近，在完全非弹性的正碰中，计算其中一球作用于另一球的冲量.

(b) 如果碰撞是弹性的，问冲量是多少？

(c) 假定在 (a) 和 (b) 中的碰撞时间为 1.0×10^{-3}s，求出每种情况的平均力：

$$F_{平均}=\frac{\int_0^t F\mathrm{d}t}{\int_0^t \mathrm{d}t}.$$

17. 功率. 用移动的皮带把沙子从一处运往另一处. 沙子由静止从漏斗落到以速率 v 水平移动的传输带上. 略去带轮轴的摩擦，也不管传输带的另一端发生的情况，求出维持传输带运转所需的功率，以 v 和每秒落在传输带上的沙子的质量 $\dot{M}=\mathrm{d}M/\mathrm{d}t$ 来表示. 有多少功率转化为每秒的动能？(略去下落沙子的重力能.) (答：$\dot{M}v^2$，$\frac{1}{2}$.)

历 史 注 记

谷神星的发现　(这一讨论显示了以经典力学为基础的预测的精确性.)

第一个被发现的小行星是谷神星，它是在十九世纪的第一天，1801 年 1 月 1 日，在西西里岛的巴勒摩 (Palermo) 由皮阿齐 (Piazzi) 用肉眼发现的. 皮阿齐观察它的运动好几个星期，后来因病耽搁，失去了这颗小行星的踪迹. 好些科学家根据皮阿齐观测到的有限的几个位置，计算了它的轨道，但是只有高斯 (Guass) 计算的轨道才足够准确地预言了这颗星在第二年的可能的位置. 1802 年 1 月 1 日，谷神星重新被奥伯斯 (Olbers) 发现，它与预言的位置只差 30′的角距离. 由于积累了更多的观测资料，高斯和其他科学家得以改善所计算的轨道的特征量. 到 1830 年，这颗行星与所预言的位置仅偏离了 8″. 把木星对谷神星轨道的摄动包括进去后，恩克 (Enke) 发现他可以把剩余误差减少到每年平均 6″. 后来的计算，更精确地考虑了各种摄动的影响，得到的预测与观察结果的出入仅仅是 30 年后差约 30″.

关于这一发现，请见《哲学杂志》(*Philosophical Magazine*) 第 12 卷 (1802) 皮阿齐等的文章. 很有意思的是，在 1800 年 9 月 21 日，欧洲的著名天文学家在利伦特尔 (Lilienthal) 组成一个组织，"特定目的，是要寻找这颗假定存在于水星和木星之间的行星……. 该组织的计划，是把整个黄道带划分为 24 个与会者……." 由于拿破仑战争，邮政耽误，邀请皮阿齐参加集体研究的信他未及时收到，而他就是这样才得以完成这个发现的.

海王星的发现　十九世纪上半叶，由于观测和理论的精确性有了提高，人们发现天王星不按万有引力定律和能量、角动量守恒定律运动 (见第 6 章、第 9 章).

这颗行星不规则地加速和减速，其量虽小，却很重要．这一行为根据太阳系已知的性质和各种物理定律无法加以解释．最后，在1864年，勒威耶（Leverrier）和阿丹姆斯（Adams）各自独立地发现，如果假定在天王星外面的某个轨道上有一个一定质量的新行星的话，所观察到的反常现象就完全可以解释．㊀根据他们的方程，他们解出了这一未知行星的位置．之后，葛雷（Galle）只花了半小时的搜索，就在离预计位置㊁为1°的地方发现了这颗新行星，命名为海王星．现代关于主要行星

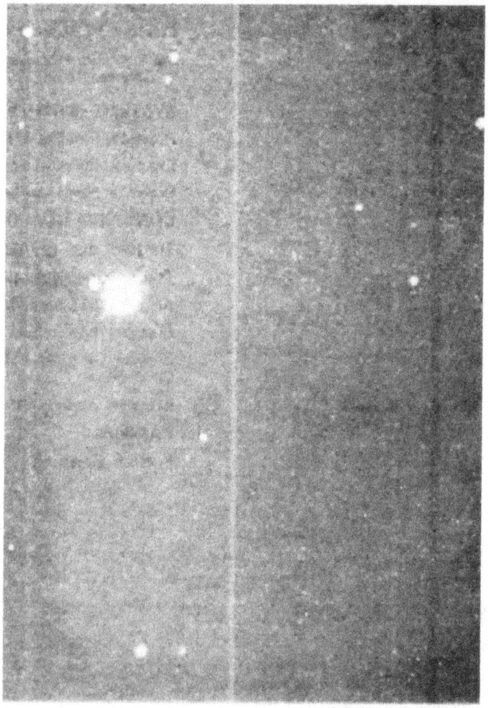

里克（Lick）天文台120英寸反射望远镜拍摄到的海王星．箭头所指的是海王星的卫星海卫一

㊀ “我证明，如果这颗行星（天王星）仅仅受到太阳及其他已知行星的联合作用，那么，用万有引力理论不可能说明这颗行星（天王星）的观测结果．但是，所有观测到的反常现象，直到最微小的细节，都可以用在天王星之外的一颗新的（尚未发现的）行星的影响来解释，……我们预言（1846年8月31日），这颗新行星于1847年1月1日将出现在下述位置：日心经度326°32′．” U. J. Le Verrier，*Compt. Rend*. **23**，428（1846）．

㊁ “我在9月18日给葛雷写了一封信，要求他予以合作．这位能干的天文学家就在收到我的信的同一天（1846年9月23日），看到了这颗行星，……．由观测值归算出1847年1月1日的日心经度是327°24′．……（观测值与理论值）仅相差0°52′．” V. J. LeVerrier，*Compt*，*Rend*，**23**，657（1846）．

“勒威勒不必向天空瞥一眼，就看到了这颗新行星——在他的笔尖下看到的．他完全凭计算确定了远在当时所知的行星系范围之外的一个星体的位置和大小……．” *Arago*，Compt. Rend. **23**，659（1846）．

关于这个发现引起的热烈争论，可见同卷 *Compt. Rend.* 第741-754页（巴黎），也可参阅 M. Grosser 著《海王星的发现》（Harvard University Press，Cambridge，Mass，1962）一书．

位置的预言，即使外推到许多年，都在几弧秒的范围内与观测值一致. 精确度似乎完全依赖于处理各种摄动效应完善的程度.

有趣的是，离太阳更远的冥王星，也是通过类似的方式发现的. 铀（元素92）后的元素93和94，分别命名为镎（Neptunium）和钚（Plutonium），分别和海王星及冥王星属于同一词根.

拓展读物

PSSC, "Physics," chaps. 23 and 24. D. C. Heath and Company, Boston, 1965.

HPP, "Project Physics Course," chap. 10 (sees. 1-4), Holt, Rinehart and Winston, Inc., New York, 1970.

E. P. Wigner, Symmetry and Conservation Laws, *Physics Today*, **17** (3): 34 (1964).

Ernst Mach, "The Science of Mechanics," chap. 3, sec. 2, The Open Court Publishing Company, La Salle, Ill., 1960. 关于动能（活力，vis viva）概念的历史.

第 6 章　动量守恒和角动量守恒

第6章　动量守恒和角动量守恒

在第4章中，我们讨论了满足伽利略不变性的系统，并且证明过，只要无外力作用，有相互作用的质点系统的动量守恒就是伽利略不变性和能量守恒的必然结果．被实验精确证实了的动量守恒定律，是经典力学的基本定律之一．在本章中，我们要揭示一个质点集体做运动时动量守恒的含义．我们要定义质点系的质心，并学会从质心在其中保持静止的参考系去考察系统的运动．质点对之间的碰撞过程，是一些重要的实例．我们还要引入重要的角动量概念、角动量守恒以及力矩的概念．这些对于在第8章中讨论刚体和在第9章中讨论有心力是特别重要的．

6.1　内力和动量守恒

在讨论质点系的动力学行为时，我们发现，最好把系统各质点间的相互作用力和系统外部各因素（例如重力或质点系所在处的引力场或电场）的作用力区别开来．我们把质点间的相互作用力称为系统的内力．

内力不能影响质点集体的总动量，在这里，总动量指的是矢量和：

$$\boxed{\boldsymbol{p} = \sum_{i=1}^{N} m_i \boldsymbol{v}_i;} \tag{6.1}$$

（在第3章中已经给出过一个证明，读者在以下的讨论中会回想起来的．）我们考虑的这些质点间的力是牛顿力，这就是说，任何两个质点的相互作用力遵从

$$\boldsymbol{F}_{ij} = -\boldsymbol{F}_{ji}.$$

这里 $\boldsymbol{F}_{ij}$ 表示质点 j 作用于质点 i 上的力，反之亦然．其次，根据牛顿第二定律，我们断定，在任何时间间隔内，力 $\boldsymbol{F}_{ij}$ 使质点 i 产生的动量变化与力 $\boldsymbol{F}_{ji}$ 使质点 j 产生的动量变化，是数值相等而方向相反的两个矢量，因此，这对质点相互作用所产生的动量变化为零．只要任何质点对的相互作用并不因其他质点的存在而有所影响，这个论证对于质点集体中的任何质点对或全部质点对就都是正确的．于是，既然所有这些质点的相互作用力的矢量和应为零，那么，我们断定内力不能影响系统的总动量．

上面谈的是系统的总动量．在本章稍后，我们将推广这个论证，证明内力也不能引起质点系的角动量的变化．认识到与内力有关的这两条动量守恒定律，我们对于集体运动的许多问题的理解和分析就可以大为简化．

6.2　质心

相对于固定原点 O，N 个质点的系统的质心位置 $\boldsymbol{R}_{质心}$ 被定义为

$$\boxed{\boldsymbol{R}_{质心}=\frac{\sum\limits_{n=1}^{N}\boldsymbol{r}_nM_n}{\sum\limits_{n=1}^{N}M_n}.}\tag{6.2}$$

它是这些质点按其质量加权平均的平均位置．对于两个质点的系统，有

$$\boldsymbol{R}_{质心}=\frac{\boldsymbol{r}_1M_1+\boldsymbol{r}_2M_2}{M_1+M_2},\tag{6.3}$$

如图 6.1 和图 6.2 所示．

把式（6.2）对时间求微商，我们得到质心的速度：

$$v_{质心}=\dot{\boldsymbol{R}}_{质心}=\frac{\sum\limits_n\dot{\boldsymbol{r}}_nM_n}{\sum\limits_nM_n}=\frac{\sum\limits_n\boldsymbol{v}_nM_n}{\sum\limits_nM_n},\tag{6.4}$$

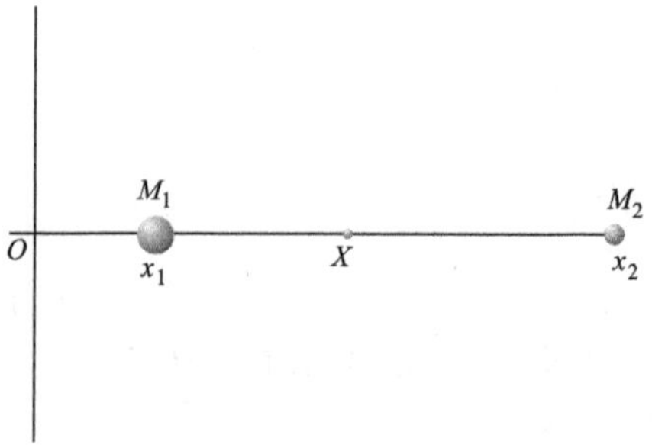

图 6.1　x 轴上两个在 x_1 和 x_2 位置上的质量分别为 M_1 和 M_2 的物体，它们的质心位于 $X=(M_1x_1+M_2x_2)/(M_1+M_2)$

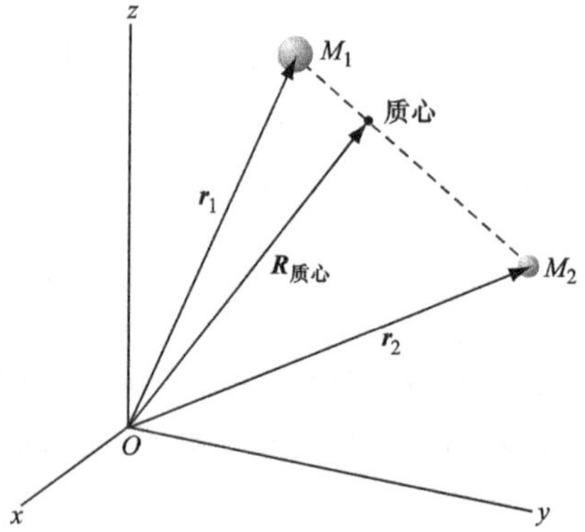

图 6.2　在任意位置 $\boldsymbol{r}_1$ 和 $\boldsymbol{r}_2$ 的两个质量为 M_1 和 M_2 的物体，有 $\boldsymbol{R}_{质心}=(M_1\boldsymbol{r}_1+M_2\boldsymbol{r}_2)/(M_1+M_2)$

这里 $\sum\limits_n\boldsymbol{v}_nM_n$ 正是系统的总动量．在无外力时，总动量是常量，因此

$$\dot{\boldsymbol{R}}_{质心}=常量.\tag{6.5}$$

这是质心的一个重要性质，即在无外力时，质心的速度是常量．例如，一个在飞行中衰变的放射性核（参看图 6.3a 及图 6.3b），或一个在无外力作用的空间爆炸为碎片的子弹，就是这样．

根据式（6.4），容易证明，质心的加速度决定于作用在质点系上的总外力．设 $\boldsymbol{F}_n$ 是作用于质点 n 的力，将式（6.4）对时间求微商，得

$$\boxed{\left(\sum_n M_n\right)\ddot{\boldsymbol{R}}_{\text{质心}} = \sum_n (M_n \dot{\boldsymbol{v}}_n) = \sum_n \boldsymbol{F}_n = \boldsymbol{F}_{\text{外}}.} \tag{6.6}$$

在这个等式的右端，对全部质点求和的和数 $\sum_n \boldsymbol{F}_n$ 中，质点间的内力都抵消了．

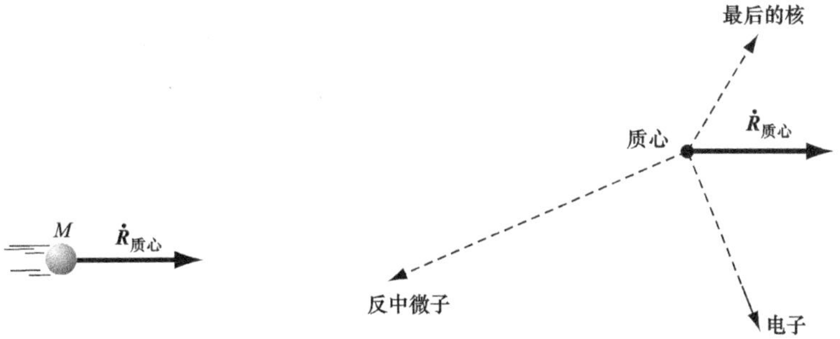

a）无外力时，质心速度不变.这里是一个速度为 $\dot{\boldsymbol{R}}_{质心}$ 的放射性核正要衰变

b）这个核衰变成飞向不同方向的三个粒子.然而，这三个粒子的质心速度保持不变

图 6.3

这是又一个重要的结果：在有外力存在时，质心的加速度矢量等于外力的矢量和除以系统的总质量．换句话说，我们能够应用第 3 章到第 5 章中建立起来的方法来处理质心的运动，就好像物体的全部质量都集中在质心，而全部外力都作用在质心上（这个原理在第 8 章处理刚体问题时特别重要）．作为另一个例子，地球和月亮的质心就在一个绕太阳的近似的圆轨道上运动．现在，我们通过解决几个重要的碰撞问题，来说明质心的用处．（我们在第 3 章和第 4 章中已经解决了几个问题．）

【例】

粒子相粘的碰撞㊀　考虑质量为 M_1 和 M_2 的两个粒子的碰撞，它们因碰撞而粘在一起．令 M_2 碰撞前静止在 x 轴上，并用 $\boldsymbol{v}_1 = v_1\hat{\boldsymbol{x}}$ 描述 M_1 在碰撞前的运动．

（1）描述碰撞后 $M = M_1 + M_2$ 的运动．图 6.4a、b 表示了这个例子．不论碰撞是弹性的还是非弹性的，碰撞中总动量都是不变的．这里所考虑的碰撞是非弹性的．动量的 x 分量的初始值是 M_1v_1；

动量的 x 分量的终值是 $(M_1 + M_2)v$．其余分量为零．由动量守恒，得

$$M_1v_1 = (M_1 + M_2)v; \tag{6.7}$$

㊀　等质量粒子的例子已在第 4 章中给出．你们会发现，对于现在这种一般例子，计算在两个参考系中的 $\Delta\varepsilon$ 是有益的．

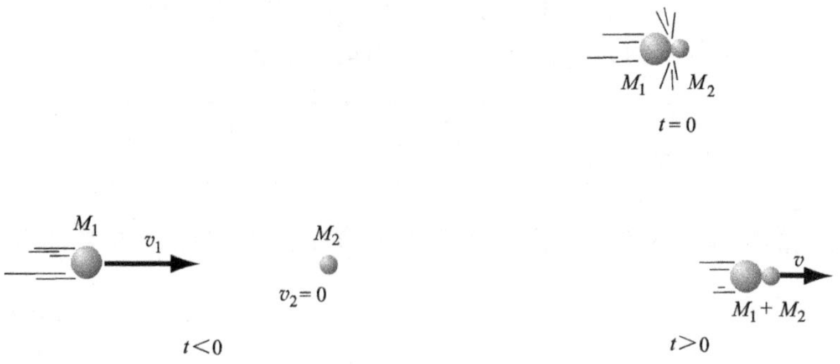

a) 即使在非弹性碰撞中，动量也必须守恒．考虑粒子相粘的碰撞．碰撞前 $p_x=M_1v_1$

b) 碰撞后，$p_x=M_1v_1=(M_1+M_2)v$，所以 $v=M_1v_1/(M_1+M_2)<v_1$

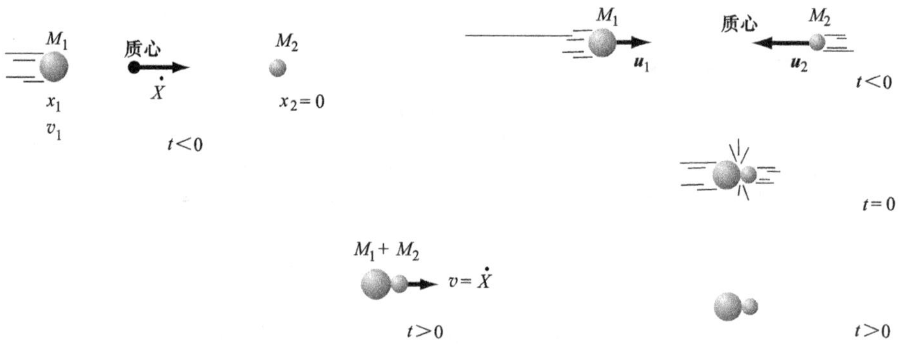

c) $X=(M_1x_1+M_2x_2)/(M_1+M_2)$，所以 $\dot{X}=M_1v_1/(M_1+M_2)$．X 不因碰撞而变化

d) 在质心参考系中，M_1 和 M_2 碰撞前的速度为 $\boldsymbol{u}_1$，$\boldsymbol{u}_2$．碰撞后 (M_1+M_2) 静止

图 6.4

所以末速 v 为

$$v=\frac{M_1}{M_1+M_2}v_1. \tag{6.8}$$

而且，因为两粒子粘在一起，碰撞后系统的运动就由

$$\boldsymbol{X}_{质心}=vt\,\hat{\boldsymbol{x}},\ t>0$$

描述．按照式（6.5），这个关系式一定能描述质心在碰撞前后全部时间里的运动；利用式（6.7），得

$$\boldsymbol{X}_{质心}=vt\hat{\boldsymbol{x}}=\frac{M_1}{M_1+M_2}v_1t\,\hat{\boldsymbol{x}}. \tag{6.9}$$

如图 6.4c 所示．

（2）碰撞后的动能与初始动能之比是多少？碰撞后的动能 K_f 为

$$K_f=\frac{1}{2}(M_1+M_2)\frac{M_1^2}{(M_1+M_2)^2}v_1^2$$

$$=\frac{M_1^2v_1^2}{2(M_1+M_2)},\tag{6.10}$$

初始动能 K_i 等于$\frac{1}{2}M_1v_1^2$，所以

$$\frac{K_f}{K_i}=\frac{M_1}{M_1+M_2}.\tag{6.11}$$

其余的能量表现为碰撞后复合系统的内部激发能和热．当陨星 M_1 击中并附着在地球 M_2 上时，陨星的全部动能基本上都变成了地球的热能，因为 $M_1 \ll M_1+M_2$.

（3）用质心在其中保持静止的参考系来描述碰撞前后的运动．（这种参考系称为**质心系**，如图 6.4d 所示.）

由式（6.9）得出，系统的质心位置为

$$\boldsymbol{X}_{质心}=\frac{M_1v_1t\,\hat{\boldsymbol{x}}}{M_1+M_2}.$$

质心的速度为

$$\boldsymbol{V}=\dot{\boldsymbol{X}}_{质心}=\frac{\mathrm{d}}{\mathrm{d}t}\boldsymbol{X}_{质心}=\frac{M_1}{M_1+M_2}v_1\,\hat{\boldsymbol{x}}.$$

在质心参考系中，粒子 1 的初速度 $\boldsymbol{u}_1$ 为

$$\boldsymbol{u}_1=v_1\,\hat{\boldsymbol{x}}-\boldsymbol{V}=\left(1-\frac{M_1}{M_1+M_2}\right)v_1\,\hat{\boldsymbol{x}}$$

$$=\frac{M_2}{M_1+M_2}v_1\,\hat{\boldsymbol{x}};$$

在质心参考系中，粒子 2 的初速度 $\boldsymbol{u}_2$ 为

$$\boldsymbol{u}_2=-\boldsymbol{V}=-\frac{M_1}{M_1+M_2}v_1\,\hat{\boldsymbol{x}}.$$

我们注意到

$$M_1\boldsymbol{u}_1+M_2\boldsymbol{u}_2=\left(\frac{M_1M_2}{M_1+M_2}v_1-\frac{M_2M_1}{M_1+M_2}v_1\right)\hat{\boldsymbol{x}}$$

$$=0.$$

由此可以看出质心系的优点，两粒子的动量总是数值相等而方向相反.

现在，两粒子因碰撞而粘在一起；所以，新的复合粒子具有的质量为 M_1+M_2，而且它在质心系中一定是静止的．从而，相对于实验室参考系，新粒子的质心速度为 $\boldsymbol{V}$，它正是由早先的论证得到的那个速度［式（6.8）］.

【例】

动量的横向分量　两个质量相等的粒子，开始时它们沿平行于 x 轴的路径运

动，相互发生碰撞．碰撞后，观测到其中一个粒子的速度的 y 分量具有某一特定值 $v_y(1)$．碰撞后另一粒子的速度的 y 分量是多少？（请记住总动量的 x、y 或 z 分量是分别守恒的．）

碰撞前，这两个粒子沿 x 轴运动，因此动量的 y 分量的总和为零．根据动量守恒，碰撞后动量的 y 分量的总和也一定为零，因此

$$M[v_y(1)+v_y(2)]=0,$$

故

$$v_y(2)=-v_y(1).$$

如果不指明这两个粒子的初始轨道和碰撞过程中作用力的细节，$v_y(1)$ 本身是算不出来的．

【例】

具有内激发态的粒子的碰撞　两个质量相等，速度的数值相等而方向相反（即为 $\pm\boldsymbol{v}_i$）的粒子互相碰撞．碰撞后两粒子的速度是多少？

质心是静止的，而且必须一直静止，因此，末速度 $\pm\boldsymbol{v}_f$ 是数值相等而方向相反的．如果碰撞是弹性的，则能量守恒要求末速 v_f 等于初速 v_i．如果有一个粒子甚至两个粒子因碰撞而激发，则根据能量守恒，$v_f<v_i$．如果有一个粒子甚至两个粒子开始时就处于内部运动的激发态，并在碰撞时把它们的激发能转化为动能，则 v_f 可能大于 v_i．

【例】

质量不同的粒子的一般弹性碰撞　这是一个有名的问题．质量为 M_1 的粒子与开始时在实验室参考系中静止的、质量为 M_2 的粒子做弹性碰撞．M_1 的轨道由于碰撞而偏转 θ_1 角．散射角 θ_1 可能有的最大值由能量守恒定律和动量守恒定律确定，与粒子间相互作用的细节无关．我们的问题是要求出 $(\theta_1)_{极大}$．下面将会看到，在计算的一定阶段，从质心在其中保持静止的参考系来观察这种碰撞比较方便．

我们以

$$\boldsymbol{v}_1=v_1\hat{\boldsymbol{x}},\ \boldsymbol{v}_2=0$$

表示在实验室参考系中的初速（图6.5），以 $\boldsymbol{v}_1'$ 和 $\boldsymbol{v}_2'$ 表示（碰撞后的）末速．根据能量守恒定律，在弹性碰撞中碰撞前的总动能等于碰撞后的总动能．因此，注意到初始条件 $v_2=0$，则有

$$\frac{1}{2}M_1v_1^2=\frac{1}{2}M_1v'^2_1+\frac{1}{2}M_2v'^2_2. \tag{6.12}$$

应用动量守恒定律于动量的 x 分量，得

$$M_1v_1=M_1v_1'\cos\theta_1+M_2v_2'\cos\theta_2. \tag{6.13}$$

只要涉及的只是两个质点，整个碰撞过程就可以看作是在 xy 平面上进行的．应用动量守恒定律于动量的 y 分量，由于开始时动量的 y 分量为零，所以

$$0 = M_1 v_1' \sin\theta_1 + M_2 v_2' \sin\theta_2. \qquad (6.14)$$

式（6.12）~式（6.14）表示了守恒定律的全部内容．求解这组联立方程完全可以求出我们感兴趣的任何量，不过有点厌烦就是了．但是，在质心参考系中来讨论这个问题就要简洁得多，而且更具有启发性．首先，我们来求质心相对于实验室参考系的速度 $\boldsymbol{V}$．如前面式（6.13）所表示的那样，质心位置的定义是

$$R_{质心} = \frac{M_1 \boldsymbol{r}_1 + M_2 \boldsymbol{r}_2}{M_1 + M_2}.$$

求它的微商，得到质心的速度：

$$\dot{\boldsymbol{R}}_{质心} = \frac{M_1 \dot{\boldsymbol{r}}_1 + M_2 \dot{\boldsymbol{r}}_2}{M_1 + M_2},\ \boldsymbol{V} = \frac{M_1}{M_1 + M_2} \boldsymbol{v}_1. \qquad (6.15)$$

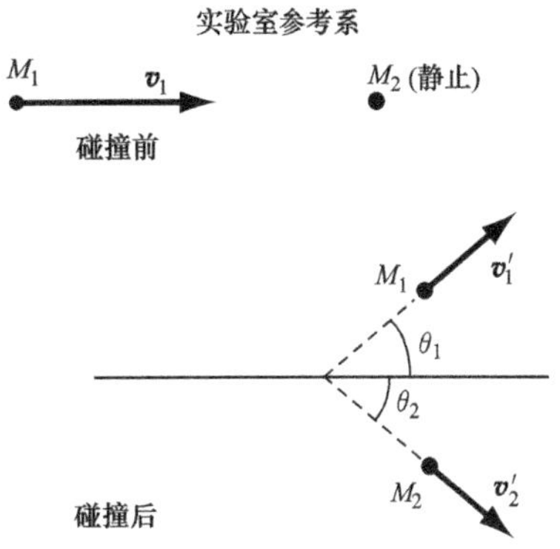

图 6.5　M_1 和 M_2 间的碰撞不一定限于一维空间．碰撞前，M_2 在实验室参考系中静止

上面后一式中，我们把结果用碰撞前的速度 $\boldsymbol{v}_1$ 和 $\boldsymbol{v}_2$ 来表示，而 $\boldsymbol{v}_2 = 0$．［注意，这其实就是在现在条件下的式（6.4）．］

以 $\boldsymbol{u}_1$，$\boldsymbol{u}_2$ 表示随着质心运动的参考系中的初速，以 $\boldsymbol{u}_1'$，$\boldsymbol{u}_2'$表示在该参考系中的末速．在实验室参考系中的速度矢量和在质心参考系（图 6.6）中的速度矢量的关系为

$$\boldsymbol{v}_1 = \boldsymbol{u}_1 + \boldsymbol{V},\ \boldsymbol{v}_2 = \boldsymbol{u}_2 + \boldsymbol{V},$$
$$\boldsymbol{v}_1' = \boldsymbol{u}_1' + \boldsymbol{V},\ \boldsymbol{v}_2' = \boldsymbol{u}_2' + \boldsymbol{V}. \qquad (6.16)$$

从守恒定律，我们立即就能看出这种碰撞的某些特征．在质心系中，动量守恒要求粒子 1 的散射角等于粒子 2 的散射角，两粒子碰撞后的轨迹必须与碰撞前的轨迹共线．否则，质心在我们所使用的参考系中就不能保持静止，而在无外力作用于粒子时，质心一定是静止的．进而，如果动能守恒满足，则在质心系中两粒子的速度就不应改变；因此，在弹性碰撞中 $u_1' = u_1$，$u_2' = u_2$．由此可见，在质心系中，运动学的描述是非常简单的，而且守恒定律对散射角 $\theta_{质心}$ 没有加任何限制．（最后这一点，对于实验室参考系中的散射角 θ_1 和 θ_2 来说，一般是不成立的．）

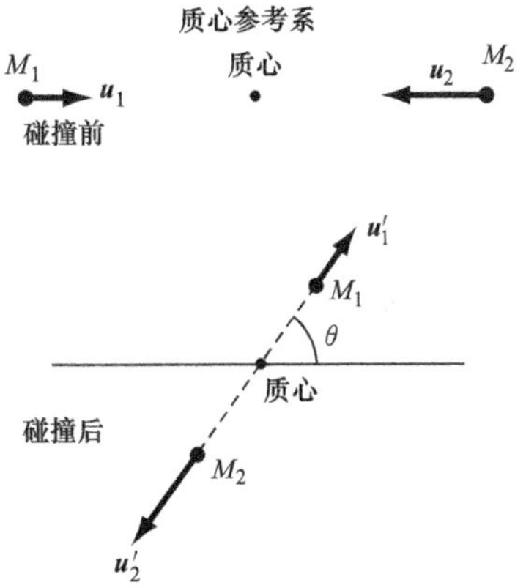

图 6.6　在质心系中，碰撞后 M_1 和 M_2 应沿相反方向离去．$0 \leqslant \theta \leqslant \pi$ 的所有角度都是可能的，并且，对于弹性碰撞有 $|\boldsymbol{u}_1'| = |\boldsymbol{u}_1|$ 和 $|\boldsymbol{u}_2'| = |\boldsymbol{u}_2|$

让我们回到实验室参考系来．为了方便，我们把 $\theta_{质心}$ 写成 θ：

$$\tan\theta_1=\frac{\sin\theta_1}{\cos\theta_1}=\frac{v_1'\sin\theta_1}{v_1'\cos\theta_1}=\frac{u_1'\sin\theta}{u_1'\cos\theta+V}.$$

这里我们已用到了粒子 1 末速的 y 分量在两个参考系中相同这一事实．此外，根据弹性碰撞的假设，$u_1=u_1'$；因此

$$\tan\theta_1=\frac{\sin\theta}{\cos\theta+V/u_1}. \tag{6.17}$$

现在，把式（6.15）和式（6.16）联立求解，得到

$$\boldsymbol{V}=\frac{M_1}{M_1+M_2}(\boldsymbol{u}_1+\boldsymbol{V}),\ \boldsymbol{V}=\frac{M_1}{M_2}\boldsymbol{u}_1.$$

这样，式（6.17）变为

$$\tan\theta_1=\frac{\sin\theta}{\cos\theta+M_1/M_2}. \tag{6.18}$$

这个结论如图 6.7a、b 所示．

我们希望知道 $(\theta_1)_{极大}$ 的数值．如果 $M_1>M_2$，它可以由式（6.18）用图解法求得，或者用微积分去求出作为 θ 的函数 $\tan\theta_1$ 的极大值．审察一个便可以看出，对于 $M_1>M_2$，式（6.18）中的分母永不为零，而 $(\theta_1)_{极大}$ 必须小于 $\pi/2$．如果 $M_1=M_2$，则 $(\theta_1)_{极大}=\pi/2$．如果 $M_1<M_2$，则任何 θ_1 值都是允许的．图6.8a～图 6.8c 就是这些关系的图解．

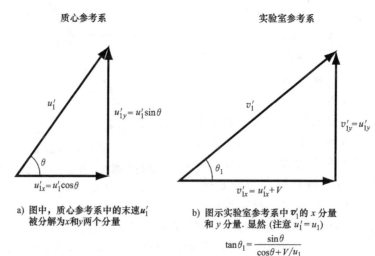

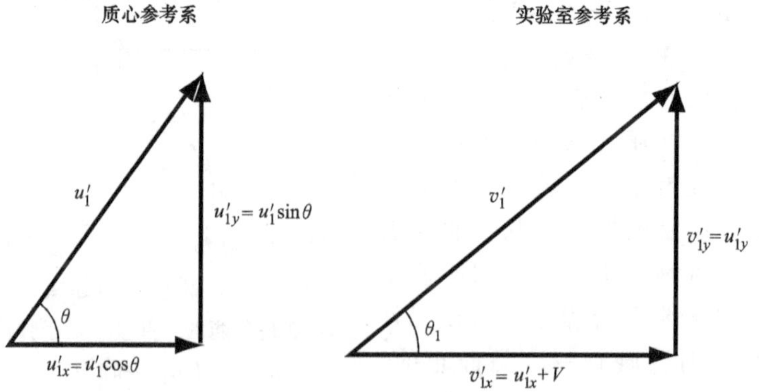

a) 图中，质心参考系中的末速 $\boldsymbol{u}_1'$ 被分解为 x 和 y 两个分量

b) 图示实验室参考系中 $\boldsymbol{v}_1'$ 的 x 分量和 y 分量．显然（注意 $u_1'=u_1$）

$$\tan\theta_1=\frac{\sin\theta}{\cos\theta+V/u_1}=\frac{\sin\theta}{\cos\theta+M_1/M_2}$$

图 6.7

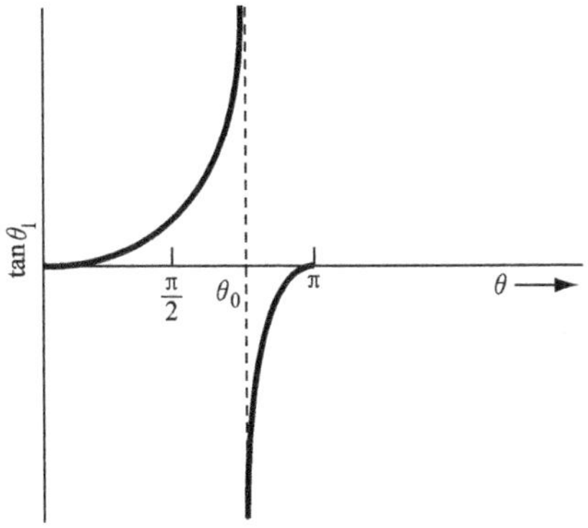

a) 对于$M_1 < M_2$，$\tan\theta_1 = \sin\theta / (\cos\theta + M_1/M_2)$ 在 $\theta = \theta_0 = \arccos(-M_1/M_2)$ 时趋于无穷. 所有 $0 \leqslant \theta_1 \leqslant \pi$ 的角度都是可能的

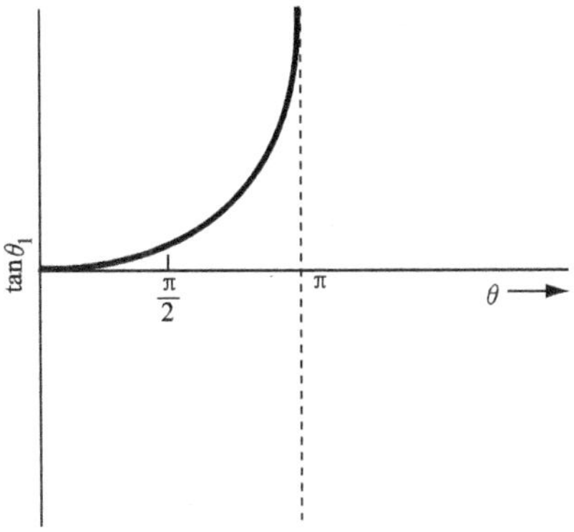

b) 对于$M_1 = M_2$，$\tan\theta_1$ 在 $\theta = \pi$ 时趋于无穷. 因此，作为 $\tan\theta_1$ 的方程的根，所有 $0 \leqslant \theta_1 \leqslant \frac{\pi}{2}$ 的角度都是可能的

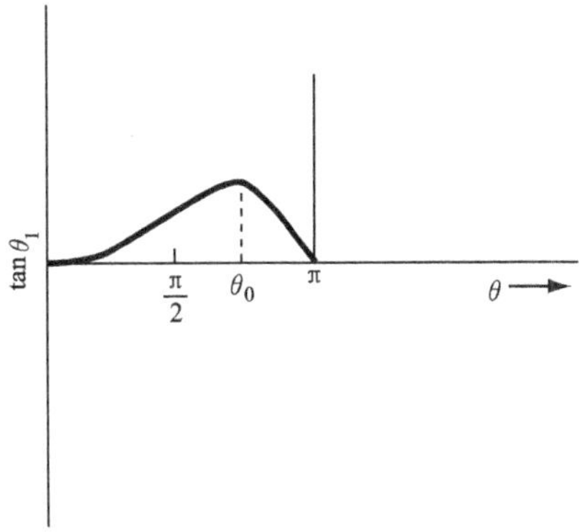

c) 对于$M_1 > M_2$，$\tan\theta_1$ 不趋于无穷. 因此，$0 \leqslant \theta_1 \leqslant \arcsin(M_2/M_1) < \pi/2$

图 6. 8

6. 3　变质量系统

在第 3 章中，牛顿第二定律被表示为

$$\boldsymbol{F} = \frac{\mathrm{d}\boldsymbol{p}}{\mathrm{d}t},$$

式中，$\boldsymbol{p}$ 是动量 $M\boldsymbol{v}$. 对于恒定质量的物体，这个式子变为大家熟悉的 $\boldsymbol{F} = M\boldsymbol{a}$. 但是，在某一类力学问题中，运动物体的质量不是恒定的，因此，在我们表达 $\mathrm{d}\boldsymbol{p}/\mathrm{d}t$ 时，必须要看到 M 对时间的依赖关系. 于是，牛顿第二定律变为

$$\boxed{\boldsymbol{F} = \frac{\mathrm{d}M}{\mathrm{d}t}\boldsymbol{v} + M\frac{\mathrm{d}\boldsymbol{v}}{\mathrm{d}t}.} \tag{6.19}$$

许多有意义的重要问题都可以用式（6. 19）来处理，这包括火箭的运动、卫星在大气作用下运动的减慢以及运动的部分随着时间而变化的像链子这一类物体的运

动．下面我们来讨论几个例子．

【例】

行星际尘埃中的卫星　在无作用力的空间中，卫星扫过静止的行星际碎片时它的质量变化率为 $dM/dt = cv$．这里 M 是卫星的质量；v 是卫星的速率；c 是一个常量，它取决于卫星扫过体积的截面积．卫星的加速度是多少？

我们从行星际尘埃在其中为静止的参考系（见图6.9）来讨论这个问题．因为在这个问题中不出现外力，所以卫星和尘埃所构成的整个系统的动量是常量．因此，应将式（6.19）表示为

$$\boldsymbol{F} = \frac{\mathrm{d}}{\mathrm{d}t}(M\boldsymbol{v}) = \dot{M}\boldsymbol{v} + M\dot{\boldsymbol{v}} = 0.$$

或者，因为是一维的运动，而且 $\dot{M} = cv$，所以加速度为

$$\dot{v} = -\frac{cv^2}{M}.$$

（本章末的习题16是一个例子．）

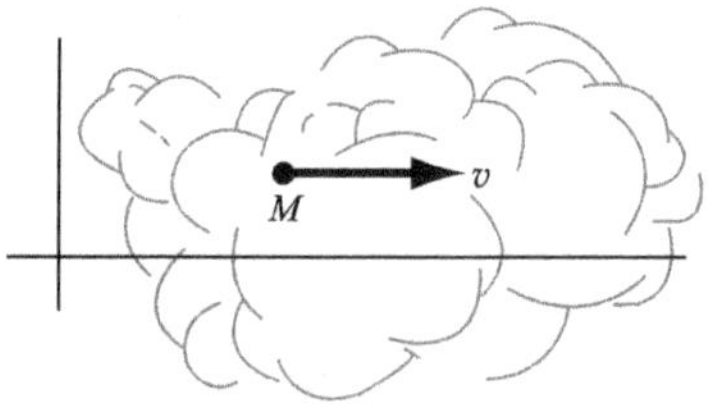

图6.9　物体穿过尘埃云，以云为参考系

还可以从另一个角度来考察这个问题，即认为尘埃对卫星一直产生阻力，使之减速．当卫星穿过尘埃时，这个阻力应与卫星作用在尘埃物质上的力相反（牛顿第三定律）．在任一瞬间，作用于尘埃物质上的力就是赋予尘埃粒子的动量的变化率，即 $v\mathrm{d}M/\mathrm{d}t$ 或 cv^2．因而，作用在卫星上的阻力为 $-cv^2$．按通常的方法应用牛顿第二定律，得出卫星的加速度为

$$M\dot{v} = f_{阻力} = -cv^2, \quad \dot{v} = \frac{-cv^2}{M}.$$

【例】

空间飞船问题　一空间飞船以速度 $\boldsymbol{V}_0$ 相对于船身向后喷射燃料，飞船的质量变化率 $\dot{M} = -\alpha$ 是一个常量．略去重力，试建立空间飞船的运动方程并求解．

令飞船在时刻 t 的速度为 $\boldsymbol{v}$．那么，从一个惯性参考系（而不是在飞船上）去看，燃料的速度为 $-V_0 + \boldsymbol{v}$．我们假设 $\boldsymbol{V}_0$ 与 $\boldsymbol{v}$ 方向相反，因此问题简化为一维问题（见图6.10）．

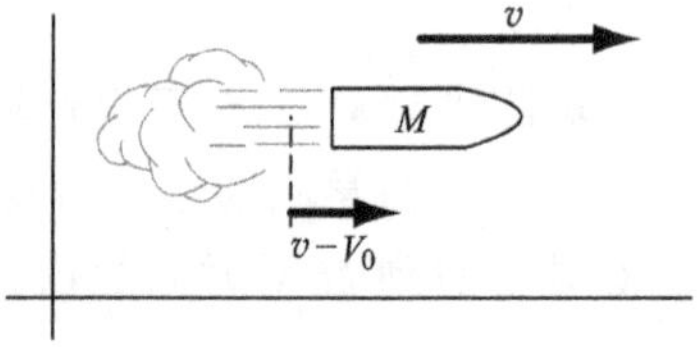

图6.10　飞船在惯性系中以速率 v 运动，它以 V_0 的喷射速度喷出的气体以速率 $v - V_0$ 运动

无任何外力时，飞船和喷出气体共同组成的整个系统的动量是不变的．因此，$F = \frac{\mathrm{d}p}{\mathrm{d}t} = 0$，可写为

$$\frac{\mathrm{d}p}{\mathrm{d}t} = M\dot{v} - v\alpha + (v - V_0)\alpha = 0. \qquad (6.20)$$

式中，各项的物理解释为

$M\dot{v}$ = 由于加速，飞船动量的增加率；

$-v\alpha$ = 由于质量减少，飞船动量的减少率；

$(v-V_0)\alpha$ = 喷出气体云的动量的增加率.

简化以后，式（6.20）变为

$$M\dot{v}=\alpha V_0. \tag{6.21}$$

因为质量的减少率为常量 $-\alpha$，所以，在时刻 t 飞船的质量为

$$M=M_0-\alpha t.$$

式中，M_0 是在 $t=0$ 时刻飞船的初始质量. 这样，式（6.21）就变为

$$(M_0-\alpha t)\dot{v}=\alpha V_0.$$

为了得到飞船速度随时间变化的函数关系，我们把上式表示为

$$\dot{v}=\frac{\alpha V_0/M_0}{1-\alpha t/M_0},$$

对它积分，并应用 $t=0$ 时 $v=v_0$ 的假设，于是得到

$$v=v_0+V_0\ln\frac{M_0}{M_0-\alpha t}. \tag{6.22}$$

因为飞船不全都是燃料，所以 αt 项不可能变得像 M_0 那样大，然而燃料可多达 90%. 式（6.22）表明，喷出物速度越高越有利. 如果用光子做推进物，即用光，则 $V_0=c$（c 为光速——译者注），可以得到最大的推进效益. 不过，要使这种形式的喷出物质量很大是有困难的.

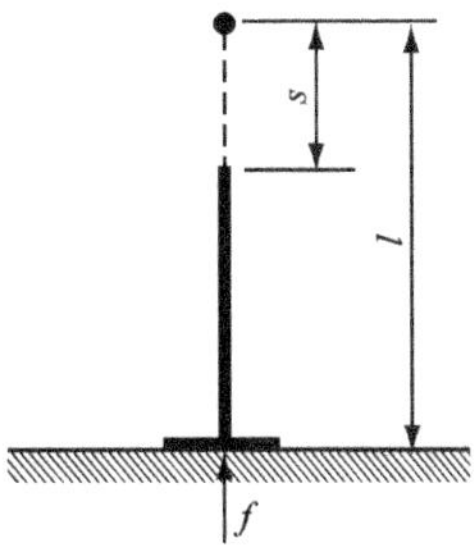

图 6.11　线密度为 ρ 的链状落体. 在时间间隔 $\mathrm{d}t$ 内，有 $\rho\mathrm{d}s$ 这样多的质量以速率 $\dot{s}$ 到达平台. 因此，落到平台上的链子的动量变化率为 $\rho(\mathrm{d}s/\mathrm{d}t)\cdot\dot{s}$ 或 $\rho\dot{s}^2$. 平台还必须支持已经到达的链子重力 ρgs

【例】

链状落体的作用力　当一个均匀而柔软的链子从悬挂位置落到静止平台上时，作用在平台上的力提供了一个熟知的例证. 考虑这样一根链子，开始时，它的上端悬挂着，下端刚好与平台接触. 链子放开后的某一瞬间，它落下了距离 s，这时，长为 s 的一段链子已经落到平台上（见图 6.11）.

平台给予链子的总的向上作用力，必须既支持已经静止的这一段链子，又不断地使连续到达平台的那部分链子的动量减小到零. 这两方面的贡献可以表示为㊀

$$f=\rho gs+\rho\dot{s}^2.$$

式中，ρ 是链子的线密度（即单位长度的质量）. 但是，因为链子自由落下部分的加速度是 g，所以 $\dot{s}^2=2gs$. 因此

㊀ 质量 $\rho\mathrm{d}s$ 的动量为 $(\rho\mathrm{d}s)\mathrm{d}s/\mathrm{d}t$，它在 $\mathrm{d}t$ 时间内减小为零. 因此，动量的变化率 $=(\rho\mathrm{d}s/\mathrm{d}t)/(\mathrm{d}s/\mathrm{d}t)=\rho\dot{s}^2$

$$f=3\rho gs.$$

因而，在任一瞬间，平台所施的作用力为已经到达的链子总重力的三倍.

（你们会发现，还可以从另外一个途径来考虑这个问题. 例如，可以考虑在重力和平台作用力的影响下链子质心的加速度. 这时，很容易得到上述结果.）

6.4　角动量守恒

我们现在转过来讨论重要的角动量概念. 对于作为原点的任意一个固定点（固定在某一惯性参考系中），一个质点的角动量 $\boldsymbol{J}$ 定义为

$$\boxed{\boldsymbol{J}\equiv\boldsymbol{r}\times\boldsymbol{p}\equiv\boldsymbol{r}\times M\boldsymbol{v}.}\tag{6.23}$$

式中，$\boldsymbol{p}$ 是动量［参看图 6.12a、b］. 角动量的单位是 $\mathrm{kg\cdot m^2/s}$ 或 $\mathrm{J\cdot s}$. $\boldsymbol{J}$ 在通过固定参考点的任意直线（或轴）上的分量，通常称为质点对该轴的角动量.

如果力 $\boldsymbol{F}$ 作用在质点上，则对于这同一固定点的转矩或力矩定义为

$$\boxed{\boldsymbol{N}\equiv\boldsymbol{r}\times\boldsymbol{F}.}\tag{6.24}$$

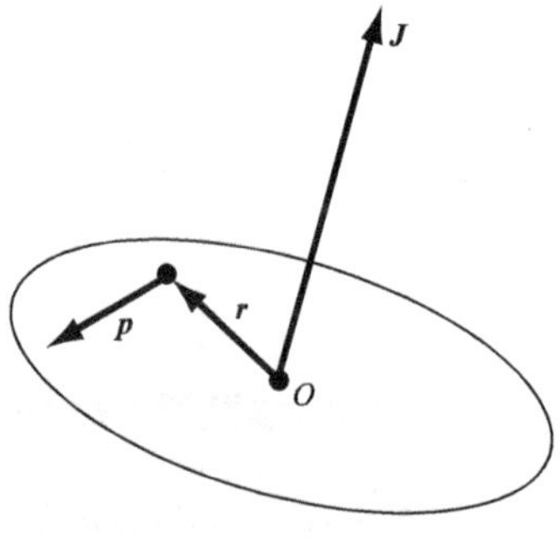

a) 相对于O点的角动量 J，定义如图

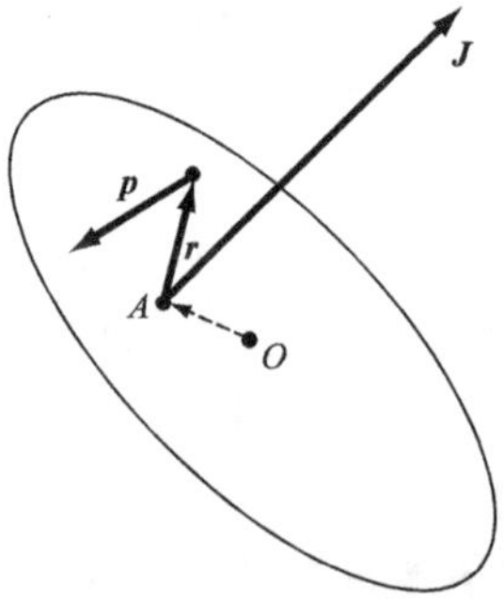

b) 即使是具有同样动量p的同一质点，它相对于另一点A的角动量也是不同的

图 6.12

（你们可能还记得，这个公式在第 2 章中出现过.）力矩的单位是 $\mathrm{N\cdot m}$. 图 6.13 是对这个关系的说明. 现在，对式（6.23）求微商，得

$$\frac{\mathrm{d}\boldsymbol{J}}{\mathrm{d}t}=\frac{\mathrm{d}}{\mathrm{d}t}(\boldsymbol{r}\times\boldsymbol{p})$$

$$=\frac{\mathrm{d}\boldsymbol{r}}{\mathrm{d}t}\times\boldsymbol{p}+\boldsymbol{r}\times\frac{\mathrm{d}\boldsymbol{p}}{\mathrm{d}t}.$$

但是

$$\frac{\mathrm{d}\boldsymbol{r}}{\mathrm{d}t}\times\boldsymbol{p}=\boldsymbol{v}\times M\boldsymbol{v}$$

$$=0,$$

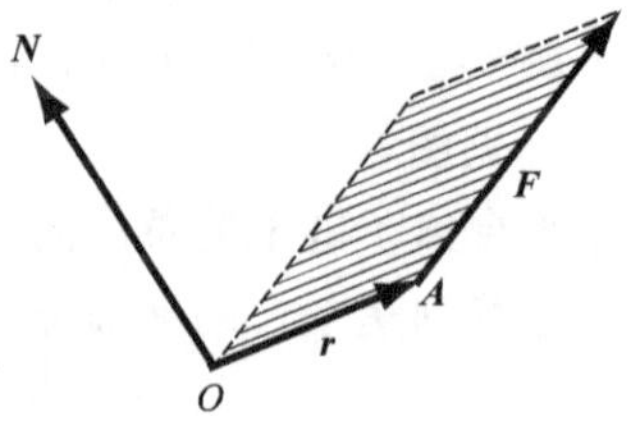

图 6.13　作用在位置为 $\boldsymbol{r}$ 的 A 点上的力 $\boldsymbol{F}$ 在 O 点的力矩 $\boldsymbol{N}$ 是 $\boldsymbol{r}\times\boldsymbol{F}$. $\boldsymbol{N}$ 垂直于 $\boldsymbol{r}$ 和 $\boldsymbol{F}$ 所确定的平面

而且，根据牛顿第二定律，在一个惯性参考系中

$$\boldsymbol{r}\times\frac{\mathrm{d}\boldsymbol{p}}{\mathrm{d}t}=\boldsymbol{r}\times\boldsymbol{F}=\boldsymbol{N};$$

我们于是得到下述重要结果：

$$\boxed{\frac{\mathrm{d}\boldsymbol{J}}{\mathrm{d}t}=\boldsymbol{N},}\tag{6.25}$$

即角动量的时间变化率等于力矩.

如果力矩 $\boldsymbol{N}=0$，则 $\boldsymbol{J}=$ 常量. 也就是：在无力矩时，角动量是常量；这就是角动量守恒定律的表述. 值得指出的是，角动量守恒定律不仅适用于在闭合轨道上运动的质点，而且也适用于开轨道（见图 6.14）和碰撞过程.

考虑一个质点，它受到形式为

$$\boldsymbol{F}=\hat{\boldsymbol{r}}f(r)$$

的有心力的作用. 有心力是这样一种力，它处处准确地指向一个特定点（或由一个特定点指向外）. 相应的力矩为

$$\boldsymbol{N}=\boldsymbol{r}\times\boldsymbol{F}=\boldsymbol{r}\times\hat{\boldsymbol{r}}f(r)=0.$$

所以，对于有心力

$$\frac{\mathrm{d}\boldsymbol{J}}{\mathrm{d}t}=0.\tag{6.26}$$

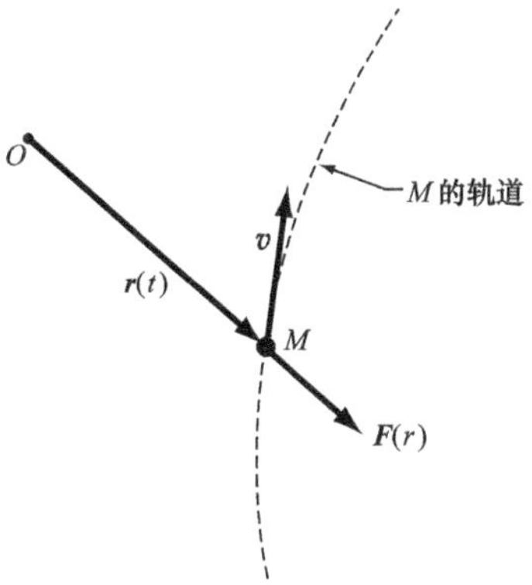

图 6.14　质点 M 受中心在 O 点的排斥有心力 $\boldsymbol{F}(\boldsymbol{r})$ 的作用. 由于力矩 $\boldsymbol{N}=\boldsymbol{r}\times\boldsymbol{F}=0$，所以 $\boldsymbol{J}=$ 常量. $\boldsymbol{J}$ 是指向纸外的矢量

因而，角动量为常量. 在这种情况下，质点的运动将被限制在垂直于恒定矢量 $\boldsymbol{J}$ 的平面内.（在第 9 章中，我们将广泛应用这个结果.）我们现在来考虑，如何把力矩方程推广到 N 个有相互作用的质点的系统.

内力矩之和为零　系统内各质点间可能存在着的相互作用力，会产生内力矩. 我们现在来证明，内力矩之和为零，所以，只有外力矩才能改变质点系的角动量.

把全部作用力都包括进来，总力矩写为

$$\boldsymbol{N}=\sum_{i=1}^{n}\boldsymbol{r}_i\times\boldsymbol{F}_i.\tag{6.27}$$

式中，指标 i 标志着各个质点；n 是组成系统的质点总数. 但是，作用在质点 i 上的力 $\boldsymbol{F}_i$，部分是由于系统外部的作用，部分是由于系统内其他质点的相互作用；因而

$$\boldsymbol{F}_i=\boldsymbol{f}_i+\sum_{j=1}^{n}{}'\boldsymbol{f}_{ij}.$$

式中，$\boldsymbol{f}_i$表示外力；而$\boldsymbol{f}_{ij}$是质点 j 作用在质点 i 上的力. $\sum{}'$表示不包括 $j=i$ 的求和，因为一个质点对它自身的作用力在这里是没有意义的. 这使我们可以把式（6.27）写成下列形式：

$$N = \sum_i r_i \times (f_i + \sum_j{}' f_{ij})$$
$$= \sum_i r_i \times f_i + \sum_i \sum_j{}' r_i \times f_{ij}.$$

上式最后一项具有双重求和号，它代表系统内力矩的矢量和，我们称之为$N_{内}$.

仔细研究$N_{内}$的表达式可以看出，它可以分解为成对项的双重求和：

$$N_{内} = \sum_i \left[\sum_j{}' (r_i \times f_{ij} + r_i \times f_{ji})\right]. \tag{6.28}$$

式中，对于每一个i值都依次对所有的j求和，而$j=i$除外.（如果是处理一个只有少数质点的系统，这种分解就很容易看出；参看习题5.）现在，根据牛顿第三定律，$f_{ji}=-f_{ij}$，式（6.28）变为

$$N_{内} = \sum_i \left[\sum_j{}' (r_i - r_j) \times f_{ij}\right].$$

并且，如果质点间的作用力都沿着质点对的连线，即如果它们都是有心力，则由于f_{ij}平行于$r_i - r_j$，故此表达式应为零. 于是

$$N_{内} = 0. \tag{6.29}$$

这个结果对于相互作用力不是有心力的情况也是正确的，不过我们不在这里加以证明.

重力矩 在关于地球表面上的运动的问题中，有一个重要的疑问是：我们能否在一个有广延度的物体（即由很多质点组成的物体，或质量连续分布的物体）中找到这样一点，以致全部重力对该点的力矩为零？例如，如果握住均匀手杖的一端，那么，只要手杖不是竖直的，重力就产生一个绕该端的力矩. 在什么地方握住手杖可以没有力矩呢？显然，可以握住中心. 现在让我们来普遍地处理这类问题.

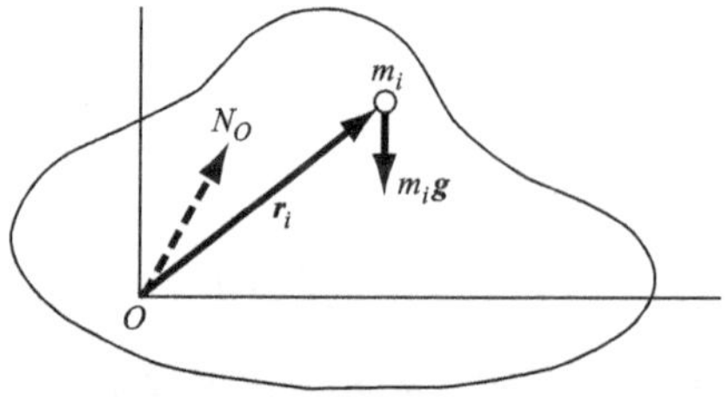

图6.15 重力$m_i g$对O点的力矩是$r_i \times m_i g$

如图6.15，取一点O，

$$N_O = \sum r_i \times m_i g.$$

因为重力加速度g是常量，所以上式可改写为

$$N_O = (\sum m_i r_i) \times g.$$

但是

$$\sum m_i r_i = R_{质心} \sum m_i,$$

因此，如果O是质心，则

$$\sum m_i r_i = 0, \quad N_O = 0.$$

从而这一点通常称为重心，只要在物体各处的g是常量，重心就和质心重合.

如果这一点不是质心，N的数值是多少呢？我们知道，当M为总质量时，

$$\sum F_i = \sum m_i g = Mg = F_{\text{重力}}. \tag{6.30}$$

图 6.16 中绕 A 点的力矩是否直接与力 Mg 有关呢?

$$\begin{aligned} N_A &= \sum r_{Ai} \times m_i g \\ &= \sum (R_{AO} + r_{Oi}) \times m_i g \\ &= R_{AO} \times \sum m_i g \\ &= R_{AO} \times Mg \\ &= R_{\text{质心}} \times Mg. \end{aligned} \tag{6.31}$$

其中我们用到了 $\sum m_i r_{Oi} = 0$ 的事实，因为 O 点是质心．由此可见，重力的总效应可以用通过质心的单独一个力 Mg 的效应来代替（参看习题 6）．

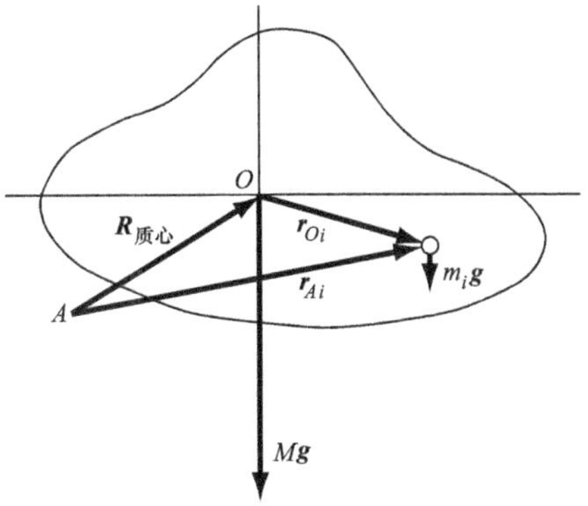

图 6.16　重力绕 A 点的力矩可以表示为 $R_{\text{质心}} \times Mg$，图中 O 是质心

相对质心的角动量　由式（6.23），对于在一个惯性参考系中作为原点的任何一个固定点，质点系的总角动量为

$$J = \sum_{i=1}^{N} M_i r_i \times v_i . \tag{6.32}$$

和单个质点一样，J 的数值与原点 O 的选择有关．用 $R_{\text{质心}}$ 表示从原点到质心所在位置的矢量，我们在式（6.32）的表达式中同时减去和加上下面这个量：

$$\sum_i M_i R_{\text{质心}} \times v_i ,$$

这样，我们便能把 J 改写成既方便又重要的形式．于是

$$\begin{aligned} J &= \sum_{i=1}^{N} M_i (r_i - R_{\text{质心}}) \times v_i + \sum_{i=1}^{N} M_i R_{\text{质心}} \times v_i \\ &= J_{\text{质心}} + R_{\text{质心}} \times P. \end{aligned} \tag{6.33}$$

式中，$J_{\text{质心}}$ 是绕质心的角动量，与原点的选择无关；而 $P \equiv \sum M_i v_i$ 是总动量．$R_{\text{质心}} \times P$ 这一项是质心相对于原点运动的角动量，它与原点的选择有关．在分子和原子物理学中，以及在基本粒子物理学中，我们发现，把 $J_{\text{质心}}$ 称为自旋角动量或称为自旋，是很有用的．

由于认识到 $N_{\text{内}} = 0$，由式（6.25）和式（6.33）得到

$$\boxed{\frac{\mathrm{d}}{\mathrm{d}t} J_{\text{总}} = N_{\text{外}} ,} \tag{6.34}$$

$$\boxed{J_{\text{总}} = J_{\text{质心}} + R_{\text{质心}} \times P.} \tag{6.35}$$

在这里，$J_{\text{质心}}$ 是绕质心的角动量；而 $R_{\text{质心}} \times P$ 是质心绕任何一个原点的角动量．通常，把原点选在质心，是一个好主意．这样一来，式（6.34）就可写成

$$\frac{\mathrm{d}}{\mathrm{d}t} J_{\text{质心}} = N_{\text{外}} .$$

如果没有外力的作用，则 $N_{外}=0$，从而 $J_{质心}$ 为常量.

我们曾经看到，质心的运动取决于作用在物体上的总外力. 现在，我们又看到，绕质心的转动取决于作用在物体上的总外力矩.（在第8章中，我们要具体用到这个结果.）

一个在一条围绕原点的轨道上运动的质点，它的角动量的几何意义如图6.17所示. 三角形的面积矢量 $\Delta \boldsymbol{S}$ 为

$$\Delta \boldsymbol{S}=\frac{1}{2}\boldsymbol{r}\times\Delta\boldsymbol{r},$$

于是

$$\begin{aligned}\frac{\mathrm{d}\boldsymbol{S}}{\mathrm{d}t}&=\frac{1}{2}\boldsymbol{r}\times\boldsymbol{v}\\&=\frac{1}{2M}\boldsymbol{r}\times\boldsymbol{p}\\&=\frac{1}{2M}\boldsymbol{J}.\end{aligned}\qquad(6.36)$$

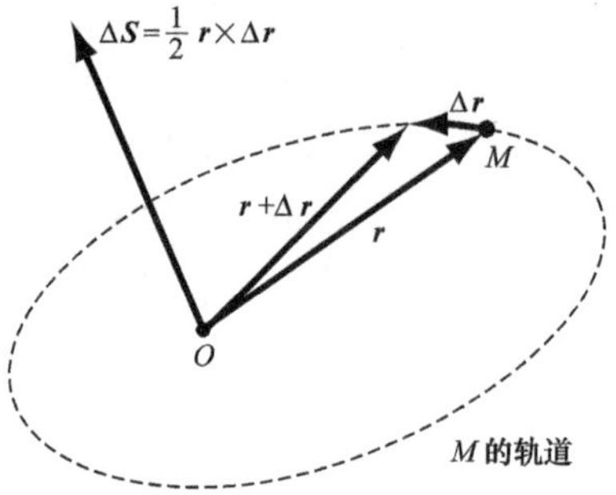

图6.17　用单位时间扫过的面积来表示角动量的几何意义

我们已经看到，适当选择原点，对于有心力来说有 $\boldsymbol{J}=$ 常量.

如果在行星问题中，原点取在太阳上，那么，如果不考虑其他行星的干扰（摄动)，一个行星的角动量就是常量. 对于有心力，由式（6.26）及式（6.36）可以看出：

(1) 轨道处在一个平面上.

(2) 单位时间内扫过的面积为常量，这就是开普勒三定律之一（在第9章中讨论).

之所以有第一条结论，是因为 $\boldsymbol{r}$ 和 $\Delta\boldsymbol{r}$ 都是在垂直于 $\boldsymbol{J}$ 的一个平面内，而在有心力场中，$\boldsymbol{J}$ 的数值和方向都保持不变.

行星都在以太阳为一个焦点的椭圆轨道上运动. 为了保持角动量不变，每个行星在近日点必须比在远日点运动得快一些. 这一结果，是因为在这两点上 $\boldsymbol{r}$ 垂直于 $\boldsymbol{v}$，从而角动量在那里等于 Mvr，按照角动量守恒，在近日点和远日点，Mvr 的数值必须相等，所以 r 越短，相应的 v 越大（参看图6.18).

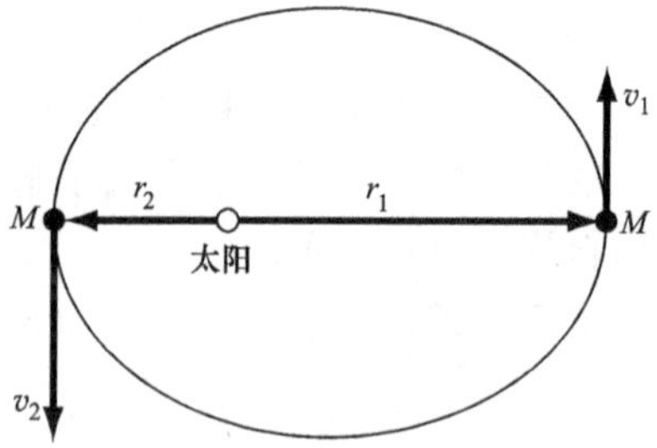

图6.18　行星 M 绕太阳的角动量恒定不变. 因此，$Mr_2v_2=Mr_1v_1$；这里 r_1 为离太阳最远的距离，r_2 为离太阳最近的距离，所有行星轨道的偏心率都比图中所画的要小得多. 为清楚起见，本图夸大了

对于在圆周上运动的质点，速度 $\boldsymbol{v}$ 垂直于 $\boldsymbol{r}$，因此

$$\begin{aligned}J&=Mvr\\&=M\omega r^2.\end{aligned}\qquad(6.37)$$

对于沿一条直线运动的质点，如果直线和原点的距离为 b，读者自己可以证明

$$\boldsymbol{J}=\boldsymbol{r}\times M\boldsymbol{v}=Mvb\,\hat{\boldsymbol{u}}.$$

式中，$\hat{\boldsymbol{u}}$是垂直于运动直线和原点所决定的平面的单位矢量.

【例】

质子被重核散射　一个质子接近一个电荷为 Ze 的很重的核. 当它们距离无限远时，质子的能量为$\frac{1}{2}M_{\mathrm{p}}v_0^2$. 如图 6.19 所示，把质子在远距离处的轨道直线延长到近距离，可以得到这条直线离重核最小的距离 b. 这个距离叫作碰撞参量. 那么，对于实际的轨道，最接近的距离是多少?（设重核的质量为无限大，因此它的反冲能可以忽略；这就是说，可以认为它是静止不动的.）

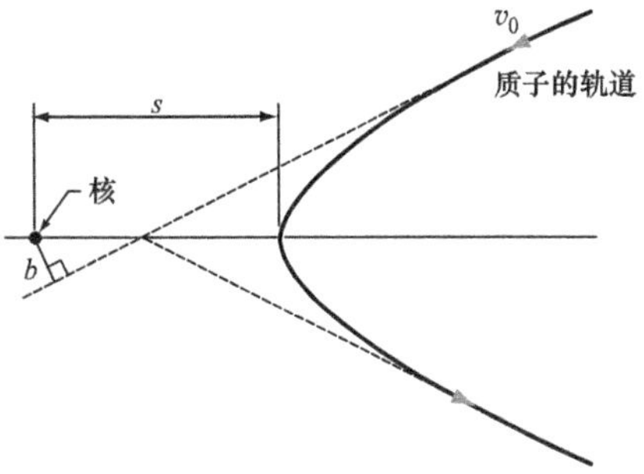

图 6.19　质子在重核的库仑场中的运动. 轨道是一条双曲线（第 9 章）. 最接近的距离是 s. 碰撞参量 b 是从核到轨道初始部分延长线的垂直距离

质子对重核的初始角动量是 $M_{\mathrm{p}}v_0b$，其中 v_0 是质子的初速. 在最接近的距离（用 s 表示），质子的角动量是 $M_{\mathrm{p}}v_ss$，其中 v_s 是质子在该点的速度. 由于作用力是有心力，所以角动量守恒，于是

$$M_{\mathrm{p}}v_0b=M_{\mathrm{p}}v_ss$$

$$v_s=\frac{v_0b}{s}.$$

注意，我们已经认为重核是不动的.

质子的能量在碰撞中也是守恒的. 初始能量全部为动能，即为$\frac{1}{2}M_{\mathrm{p}}v_0^2$. 在最接近点，能量为

$$\frac{1}{2}M_{\mathrm{p}}v_s^2+\frac{Ze^2}{s}.$$

式中，第一项是动能；第二项是势能. 于是，能量守恒定律告诉我们:

$$\frac{1}{2}M_{\mathrm{p}}v_s^2+\frac{Ze^2}{s}=\frac{1}{2}M_{\mathrm{p}}v_0^2.$$

消去 v_s，得到

$$\frac{Ze^2}{s}=\frac{1}{2}M_{\mathrm{p}}v_0^2\left[1-\left(\frac{b}{s}^2\right)\right].$$

由这个方程可以解出 s.（注意，守恒定律就已告诉了我们相当大量的关于碰撞过程的知识.）如果采用国际制单位，上面最后三个表达式变成

$$\frac{1}{2}M_{\mathrm{p}}v_s^2+\frac{kZe^2}{s},$$

$$\frac{1}{2}M_{\mathrm{p}}v_s^2+\frac{kZe^2}{s}=\frac{1}{2}M_{\mathrm{p}}v_0^2,$$

及

$$\frac{kZe^2}{s}=\frac{1}{2}M_{\mathrm{p}}v_0^2\left[1-\left(\frac{b}{s}\right)^2\right].$$

（第9章的方法给出了这个问题的全部解答.）

转动不变性　正如我们发现动量守恒是伽利略不变性和能量守恒的结果一样，我们也可以导出角动量守恒是在参考系（或物体系）转动下势能不变性的结果．如果有外力矩，一般说来，在转动物体时我们要克服外力矩做功．如果我们做了功，势能就一定有变化．如果势能 U 不因转动而变化，那就是无外力矩．因此，零外力矩意味着角动量守恒．

可以通过分析对此进行论证．我们来考虑一个质点系做转动位移的效应，在这一转动位移中，系统中的任一质点的位置矢量由 $\boldsymbol{r}$ 变为 $\boldsymbol{r}'$．当然，位置矢量的长度是不变的．我们断言，角动量守恒可以由关系式

$$U(\boldsymbol{r}_1',\boldsymbol{r}_2',\cdots,\boldsymbol{r}_N')=U(\boldsymbol{r}_1,\boldsymbol{r}_2,\cdots,\boldsymbol{r}_N)$$

推导出来．这个关系式对 U 作为 $\boldsymbol{r}$ 的函数的形式加上了限制．能够满足这个关系的一种形式，是 U 只与各矢量 $\boldsymbol{r}$ 之间的矢量差有关．因此，对于一个只有两个质点的简单系统，我们可以写成

$$U=(\boldsymbol{r}_1,\boldsymbol{r}_2)=U(\boldsymbol{r}_2-\boldsymbol{r}_1).$$

转动改变了 $\boldsymbol{r}_2-\boldsymbol{r}_1$ 的方向，但不改变它的数值．因此，如果 U 只取决于其数值，即只取决于两质点的间距，而与间距矢量的方向无关，也就是

$$U(\boldsymbol{r}_1,\boldsymbol{r}_2)=U(|\boldsymbol{r}_2-\boldsymbol{r}_1|),$$

则 U 就是不变量．上述条件也就是要求空间是均匀的和各向同性的．

对于这种形式的势能函数，可以肯定有 $\boldsymbol{F}_{12}=-\boldsymbol{F}_{21}$，而且这两个力都沿着直线 $\boldsymbol{r}_2-\boldsymbol{r}_1$ 的方向．因此，力是有心的，从而力矩为零．这样就保证了角动量守恒．对于 N 个质点，如果 U 只依赖于这些质点间距离的数值，那么就一定有势的转动不变性．

在晶体中，从单个电子或离子的角度看，势不是转动不变的，因为晶体中其他离子所产生的电场是高度不均匀的，即是各向异性的．因此，一般说来，我们不能指望在晶体中一个离子的电子壳层的角动量遵从守恒定律，即使这种离子的角动量在自由空间是守恒的．在研究晶体中的顺磁离子时，就曾经观察到晶体中离子的电子角动量不守恒，这一效应，被称为轨道角动量的**猝熄**．

以太阳作为原点，地球对于它的角动量 $\boldsymbol{J}$ 是恒量，因为，对于地球上的每一质点都有 $\boldsymbol{r}\times\boldsymbol{F}=0$，这里 $\boldsymbol{F}$ 是太阳与质点间的引力．

【例】

伴随着收缩的角加速度　质量为 M 的一个质点系在一条绳子上（见图6.20），并被限制在一个水平面（虚线所在的平面）上运动．当绳长为 r_0 时，质点以速度 v_0

转动. 把绳子缩短到 r, 需做多少功?

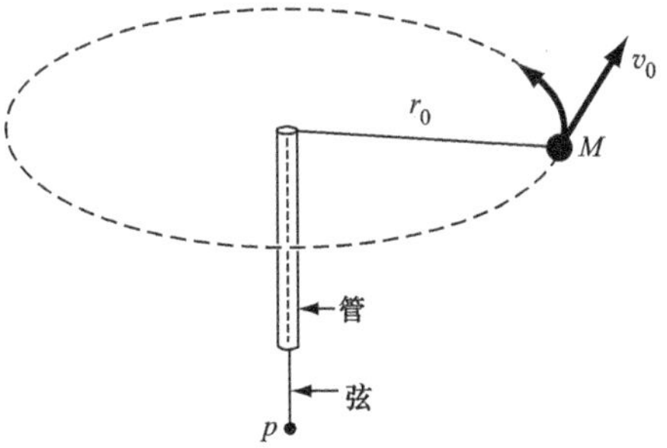

图 6.20　质量 M 在半径为 r_0、速度为 v_0 的圆周上运动. 它与通过一根管子的绳子相连. 在 P 点拉绳, 可以缩短距离 r_0

绳子作用在质点上的力是径向的, 所有绳缩短时, 力矩为零. 因此, 当绳缩短时, 角动量应保持不变:

$$Mv_0r_0 = Mvr. \tag{6.38}$$

绳子为 r_0 时, 质点的动能为 $\frac{1}{2}Mv_0^2$; 绳长为 r 时, 质点的动能增加到

$$\frac{1}{2}Mv^2 = \frac{1}{2}Mv_0^2\left(\frac{r_0}{r}\right)^2. \tag{6.39}$$

这是因为, 根据式 (6.38) 有 $v = \frac{v_0r_0}{r}$. 由此我们得到, 当绳子从 r_0 缩短到 r 时, 外界所做的功 W 为

$$W = \frac{1}{2}Mv_0^2\left[\left(\frac{r_0}{r}\right)^2 - 1\right].$$

它也可以从

$$\int_{r_0}^{r}\boldsymbol{F}_{\text{向心}}\cdot \mathrm{d}\boldsymbol{r} = -\int_{r_0}^{r}F_{\text{向心}}\mathrm{d}r$$

直接计算出来. 由此可见, 角动量对径向运动的作用相当于一个等效的排斥力, 这就是说, 在把质点从较远的距离移向较近的距离时, 如果要求角动量在这个过程中守恒, 我们就必须对质点做额外的功.

可以把上述情况与另一种情况加以比较, 这就是: 绳子被缠绕在有一定直径的固定的光滑桩子上, 并可以自由卷拢起来. 那么, 在这种情况下, 当绳子卷拢时, 为什么系在绳子上的质点的动能不变呢? (参看本章末的习题 12.)

【例】

银河系的形状　上例的结果与银河系的形状可能有关系. 如图 6.21a 所示, 考虑质量 M 极大的一团气体, 它开始时具有一定角动量㊀. 气体在自身的引力相互作用下逐渐收缩. 随着气体所占体积的缩小, 角动量守恒要求角速度和气体的动能增大. 但是, 我们从上例中刚知道, 使角速度增大需要做功. 那么, 动能是从哪里来的呢? 它只能来自气体的引力能.

为了解决类似的问题, 物理学家们常常采用能量的方法. 就一个在银河系区域之外的质量为 M_1 的粒子来说, 由于与银河系的相互作用, 它应该具有引力势能, 其数量级为

$$-\frac{GM_1M}{r}. \tag{6.40}$$

㊀ 在目前的认识阶段, 不可能说明气体从何处来到它最先的地方, 或者为什么给定质量的气体必须具有角动量. 没有角动量的质量将凝聚成球状.

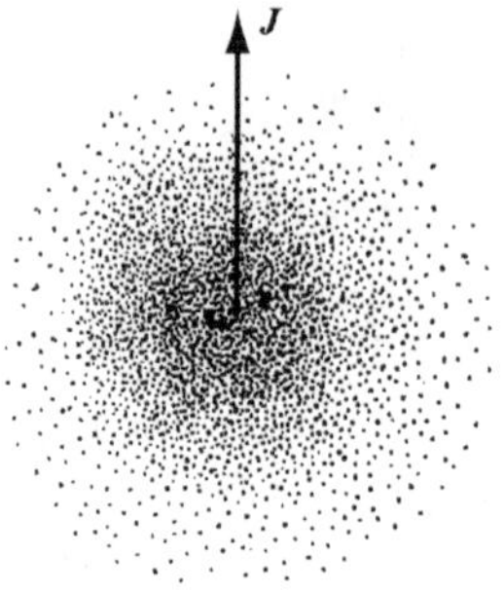

a) 最初具有一定角动量的弥漫的气体云

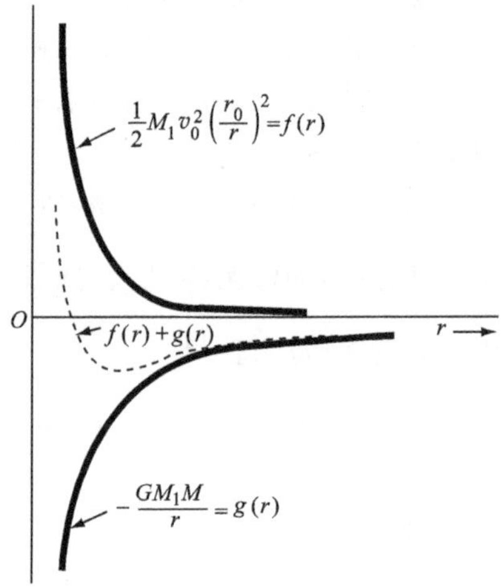

b) 在垂直于J的平面中，银河系的收缩是受限制的，因为离心“势能”$f(r)$当$r\to 0$时迅速增大. 因此，如图所示，在r为有限值的地方，$f(r)+g(r)$有一个极小值

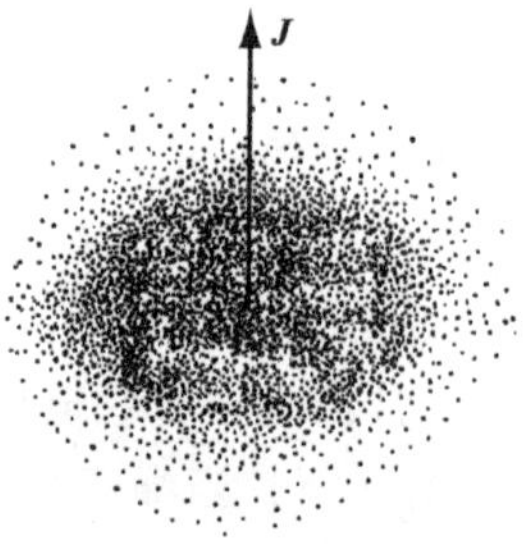

c) 当星系收缩和转动加快时，它开始变扁

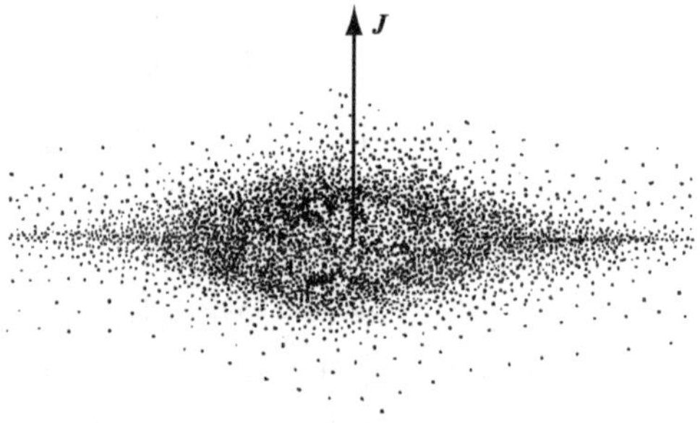

d) 最后它变成烙饼形，具有一个多少有些像球形的中心核

图 6.21

式中，r 是从银河系中心到该粒子的距离；M 是银河系的质量. 随着 r 越来越小，引力势能变成越来越大的负数，而式（6.39）的动能变成越来越大的正数；实际上，动能的增加比式（6.40）中势能的减小更快. 我们把这种依赖于半径的动能当作好像是势能的一部分来处理，把它叫作**离心势能**（参看习题 13）. 平衡条件，是两者的总和达到极小值，如图 6.21b 所示. 由第 5 章，我们记得，势能的微商是力，因此，这两种能量的总和达到极小值，就相当于两个力的总和为零. 这个条件就是

$$\frac{\mathrm{d}}{\mathrm{d}r}\left[-\frac{GM_1M}{r}+\frac{1}{2}M_1v_0^2\left(\frac{r_0}{r}\right)^2\right]=0,$$

$$\frac{GM_1M}{r^2}-M_1v_0^2\,\frac{r_0^2}{r^3}=0;$$

如果我们根据式（6.38）用 v 代替 $v_0 r_0 / r$，它等价于

$$\frac{GM_1 M}{r^2} = M_1 \frac{v^2}{r}. \tag{6.41}$$

我们立即看出，式（6.41）所表示的，正好是引力所产生的向心力等于质量乘以向心加速度.

但是，气体云能够在平行于总角动量轴的方向上坍缩，而不致改变角动量的数值. 这种收缩是引力的吸引所引起的，收缩中获得的能量必须以某种方式散逸掉，一般认为，是以辐射的形式散逸掉. 因此，在平行于 $\boldsymbol{J}$ 的方向上，气体云能够相当完全地坍缩，但在赤道平面内，收缩却受到限制（参看图 6.21c、d）. 星系演化的这种模型是过于简化了，到目前为止，还没有为大家普遍接受的模型.

我们银河系直径的数量级是 3×10^4 秒差距或 10^{21} m（1 秒差距 $= 3.084 \times 10^{18}$ cm $= 3.084 \times 10^{16}$ m.）银河系在太阳附近的厚度，与厚度如何定义有些关系，但是，绝大多数恒星星团都是在银河系中央平面附近，在厚度为几百秒差距范围内. 因此，银河系是非常扁平的. 银河系的质量估计约为太阳质量的 2×10^{11} 倍，或

$$(2 \times 10^{11})(2 \times 10^{30})\,\mathrm{kg}$$
$$\approx 4 \times 10^{41}\,\mathrm{kg}.$$

将已知的太阳的 v 和 r 值代入式（6.41），我们可估计出银河系的质量. 太阳靠近银河系外缘，离银河系的轴约 3×10^{20} m. 太阳绕银河系中心的轨道速度约为 3×10^5 m/s，这样，由式（6.41），我们推出银河系质量的估计值：

$$M = \frac{v^2 r}{G} \approx \frac{10^{11} \times 3 \times 10^{20}}{7 \times 10^{-11}}\,\mathrm{kg} \approx 4 \times 10^{41}\,\mathrm{kg}.$$

计算中，我们略去了那些离银河系中心比太阳更远的星体的影响.

太阳系的角动量 图 6.22 表示出太阳系的几个成员[⊖]的角动量. 让我们自己来估计其中的一个数值，并核对一下. 考虑海王星，它的轨道非常接近于正圆. 太阳到海王星的平均距离，参考文献上给出的是 5×10^{12} m. 海王星绕太阳公转的周期为 165 年 $\approx 5 \times 10^9$ s. 海王星的质量约为 1×10^{26} kg. 因此，海王星绕太阳的角动量为

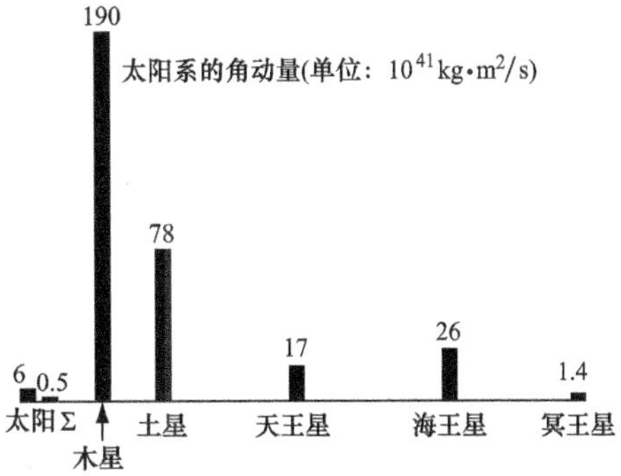

图 6.22 太阳系中以太阳为中心的角动量分布. 符号 Σ 表示水星、金星、地球和火星这四个行星角动量之和. 请注意，太阳绕自身轴转动的角动量，相对说来贡献较小

⊖ 根据 2006 年 8 月 24 日国际天文学联合会的定义，冥王星已不再属于太阳系的大行星——译者注

$$J=Mvr=M\frac{2\pi r}{T}r$$
$$\approx\frac{10^{26}\times 6\times 25\times 10^{24}}{5\times 10^{9}}$$
$$\approx 3\times 10^{42}\,\mathrm{kg\cdot m^2/s}.$$

对于所有主要的行星，$\boldsymbol{J}$ 的方向大致上是一致的.

海王星绕自身质心的角动量要小得多. 一个旋转的均匀球体，它的角动量的数量级为 MvR；这里 v 是因旋转导致的表面速度，R 是半径. 实际上，由于球体的质量并不集中于离轴 R 的地方，而是分散的，因此，对于均匀分布的情形，上述结果必须乘上一个数值因子使其减小，这个因子在第8章中求出为2/5. 因此

$$J_{质心}=\frac{2}{5}\frac{2\pi MR^2}{T}.$$

式中，$T\equiv\frac{2\pi R}{v}$表示行星绕自身轴旋转的周期. 对于海王星，$T\approx 16\mathrm{h}\approx 6\times 10^4\mathrm{s}$，$R\approx 2.4\times 10^7\mathrm{m}$，因此

$$J_{质心}\approx\frac{0.4\times 6\times 10^{26}\times 6\times 10^{14}}{6\times 10^{4}}$$
$$\approx 2\times 10^{36}\,\mathrm{kg\cdot m^2/s}.$$

这与海王星绕太阳的轨道角动量相比，可以忽略不计.

对于太阳，类似的估计得出 $J_{质心}$ 为 $6\times 10^{41}\,\mathrm{kg\cdot m^2/s}$. 太阳绕其中心转轴自转的角动量仅占太阳系角动量的大约2%. 一个典型的更热的恒星，可以具有大约百倍于太阳的角动量. 由此看来，形成行星系，乃是从正在冷却的恒星中带走角动量的一种有效机制. 如果每一颗恒星在它的发展历史上都像太阳那样在经历这个阶段时形成了一个行星系，那么，在我们的银河系中就可能有 10^{10} 个以上的恒星伴有行星.

习　　题

1. 地球卫星的角动量.

(a) 在半径为 r 的圆轨道上运动的一个质量为 M_s 的卫星，它的角动量（以轨道中心为参考点）是多少？结果应只用 r，G，M_s，M_e（地球质量）表示.（答：$J=(GM_eM_s^2r)^{1/2}$.）

(b) 如果 $M_s=100\mathrm{kg}$，半径为地球半径两倍的卫星轨道的角动量的数值（用国际单位制）是多少？

2. 摩擦对卫星运动的影响.

(a) 大气摩擦对于在圆（或接近于圆）轨道上的卫星的运动有什么影响？为

什么摩擦会增大卫星的速度?

(b) 摩擦会增加或减少卫星相对于地球中心的角动量吗? 为什么?

3. 卫星的能量-角动量关系. 请用角动量 J 表示出在半径为 r 的圆轨道上运动的一个质量为 M 的卫星的动能、势能和总能量. (答: $K = J^2/2Mr^2$, $U = -J^2/Mr^2$, $E = -J^2/2Mr^2$.)

4. 束缚于质子的电子. 一电子在半径为 $0.5\text{Å} \equiv 0.5 \times 10^{-10}\text{m}$ 的圆轨道上绕一质子运动.

(a) 电子绕质子运动的轨道角动量是多少? (答: $1 \times 10^{-34}\text{J} \cdot \text{s}$.)

(b) 总能量是多少? (用 J 和 eV 表示)

(c) 电离能——即使电子脱离质子所需给予的能量——是多少?

5. 内力矩之和为零. 有一个由三个粒子 1, 2, 3 组成的孤立系统, 它们以有心力 $F_{12} = 1\text{N}$, $F_{13} = 0.6\text{N}$ 和 $F_{23} = 0.75\text{N}$ 相互作用 (见图 6.23); 这里 F_{ij} 表示粒子 i 与粒子 j 相互作用时作用在粒子 i 上的力. 在空间找出两个不同点, 证明对它们每一点, 绕该点的力矩之和为零.

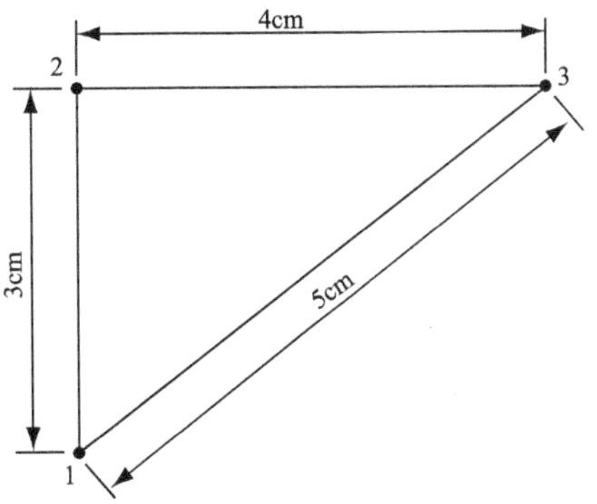

图 6.23

6. 作用在梯子上的力. 质量为 20kg、长为 10m 的梯子静止地靠在光滑竖直的墙上, 并与铅垂方向成 30° 角. 由于地面的摩擦, 这架结构均匀的梯子才不致滑动. 梯子作用在墙上的力是多少? (提示: 对于静止的梯子, 力矩之和应为零.) (答: 57N.)

7. 质心的动能. 在以速率 v_1 运动的质量为 m_1 的粒子与另一质量为 m_2 的静止粒子相碰撞时, 并非所有原来的动能都能转化为热能或内能. 那么, 有多大部分的动能能够转化为热能? 请证明, 这部分转化的能量正好等于在质心系中的动能.

8. 链状落体. 一条质量为 M、长度为 l 的链子在桌子的边缘上盘在一起. 链子的一端有极小的一段长度被推出桌子边缘, 在重力作用下开始下落, 并把越来越多的链子从桌面拉出来. 假定链子各部分在未被拉入运动前速度一直保持为零, 只是突然一下以下落部分的速度开始运动. 请求出链子下落段长度为 x 时的速度. (答:

$v^2=\frac{2}{3}gx.$）

当链子全部长度 l 刚好离开桌子一刹那，原来的势能有多大部分转化为链子平移的动能？

9. 两粒子近距离碰撞时的角动量. 能量为1MeV的一个中子以某个距离经过质子，以致中子相对于质子的角动量近似地等于 10^{-33} J·s. 那么，中子与质子最接近的距离是多少？（忽略两粒子间相互作用的能量）（答：近似为 4×10^{-14}m.）

10. 恢复系数. 两个物体的恢复系数 r 定义为它们分开的速度和相互接触时的速度之比：$0\leqslant r\leqslant1$. 它可以用来解决碰撞问题，不然，这些问题就要用能量关系式来解决.

（a）如果一个球和一个重的水平板之间的恢复系数为 r，请证明这个球掉下来经过几次弹跳后，它反弹的高度为 h_0r^{2n}；这里 h_0 是这个球开始掉下时的高度.

（b）两个质量为 m_1 和 m_2 的物体以恢复系数 r 发生正面碰撞，试证明因碰撞失去的动能为质心系中动能的（$1-r^2$）倍.

11. 粒子-哑铃碰撞. 有两个质量同为 M 的物体，由质量可忽略不计的长度为 a 为一个刚性杆连接在一起. 这个哑铃形状的系统，它的质心在无重力空间中是静止的，但整个系统以角速度 ω 绕质心转动. 转动着的两个物体中，有一个物体与第三个质量为 M 的静止物体发生正碰，结果粘在一起.

（a）确定碰撞前一瞬间三粒子系统的质心位置. 该质心的速度是多少？（注意：这个速度并不是刚性杆上在该瞬间与质心重合的那一点的速度.）

（b）碰撞前一瞬间，这个三粒子的系统对质心的角动量是多少？碰撞后一瞬间，又是多少？

（c）碰撞后，系统绕质心的角速度是多少？

（d）初、终动能各是多少？

12. 系绳球的角动量. 系绳球游戏（见图6.24）的要求是，游戏者尽量快速地猛力击球，使拴在竖直柱上的绳沿一个方向缠绕在柱上，而让对手来不及使绳沿反方向缠绕. 这个游戏十分激烈，球的运动的动力学分析也非常复杂. 让我们考察一种简化了的运动：游戏者一击之后，给球一个初速率 v_0. 随着绳在柱上缠绕，球在水平面上做螺线运动，其半径不断减小. 设绳长为 l，柱半径 $a\ll l$.

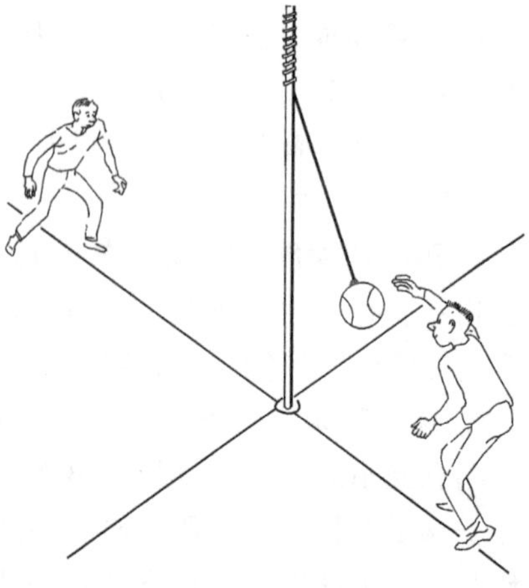

图6.24

（a）瞬时转动中心在哪里？

（b）绕通过柱中心的轴是否有力矩？角

动量是否守恒？

（c）设动能守恒，计算球的速率，将其表示为时间的函数.

（d）在球转了 5 整圈之后，角速度是多少？（答：$\omega=(l-10\pi a)v_0/[a^2+(l-10\pi a)^2]$.）

13. 等效的离心势能. 对于在垂直于转轴的平面上的运动，用平面极坐标 r、θ 比较方便（参看图 2.21）.

（a）证明在这样一个坐标系中，速度可以写成

$$\boldsymbol{v}=v_r\hat{\boldsymbol{r}}+v_\theta\hat{\boldsymbol{\theta}}.$$

其中，v_r 就是$\frac{\mathrm{d}r}{\mathrm{d}t}$，即长度 r 的变化率；而

$$v_\theta=r\frac{\mathrm{d}\theta}{\mathrm{d}t}.$$

（b）证明在这个坐标系中，一质点的动能为

$$K=\frac{1}{2}M(\dot{r}^2+\omega^2r^2),$$

式中，$\omega=\mathrm{d}\theta/\mathrm{d}t$.

（c）证明总能量是

$$E=U(r)+\frac{1}{2}M\dot{r}^2+\frac{J^2}{2Mr^2},$$

式中，J 是质点绕垂直于运动平面的固定轴的角动量. 提示：回忆式（6.37）.

（d）由于作用力是有心力，所以没有力矩作用在质点上，因而 J 是一个运动常量. $J^2/2Mr^2$ 这一项有时称为离心势能. 试证明离心势能代表着一个向外的径向力 J^2/Mr^3.

（e）如果 $U(r)=\frac{1}{2}Cr^2$，试证明 $U(r)$ 代表一个向内的径向力 $-Cr$.

（f）试由（d）和（e）证明，这两个力平衡相当于条件 $\omega^2=C/M$.

14. 地球引力场中的火箭. 初始质量为 M_0 的火箭，它每秒钟消耗的燃料量 β（kg/s）可以调节. 燃料以速度 V_0 笔直地向下喷射.

（a）为了使火箭能在离地面较近的空间保持静止，β 和时间应有怎样的函数关系？

（b）假设每秒耗用的燃料保持为常量 α，但 α 比（a）中的数值要大，试求火箭上升速度与时间的函数关系.（答：因 $M=M_0-\alpha t$ 及 $\alpha=\mathrm{d}M/\mathrm{d}t$，所以$v=-gt+V_0\ln[M_0/(M_0-\alpha t)]$.）

（c）取 $M=\frac{3}{4}M_0$，把这个速度与式（6.22）给出的情况比较一下. 如果 $V_0=1.65\times10^3$m/s（声速的 5 倍），计算这两个速度.

15. 两个滑冰者拉着绳索旋转. 两个体重各为 70kg 的滑冰者，以 6.5m/s 的速

率沿相反方向滑行，他们滑行路线间的垂直距离为10m. 当他们彼此交错时，各抓住了10m长的绳索的一端.

（a）在他们各抓住绳索一端之前，他们对绳索中心的角动量是多少？抓住以后呢？

（b）现在，他们一起收拢绳索，直到绳长为5m. 他们各自的速率是多少？

（c）如果正当他们达到相距5m时，绳索断了，那么，这根绳子能用来吊多大质量的物体？

（d）计算每个滑冰者在缩短他们的间距时所做的功，并证明所做的功等于他自己动能的变化.

16. 宇宙飞船的减速. 一宇宙飞船的质量为200kg，横截面积为$2m^2$. 它在一个重力场可以忽略的区域里飞行，以$7.6\times10^3 m/s$的初始速率通过质量密度为$2\times10^{-12}kg/m^3$的稀薄大气.（这些数据与在地球表面上500km处的卫星的数据接近.）假定和图6.10所说明的例题条件相同，宇宙飞船所遇到的全部气体都黏附在它上面.

（a）算出c的数值. 考虑它在1s内黏附上的气体的质量.（答：$c=4\times10^{-12}kg/m$.）

（b）应用动量守恒$Mv=M_0v_0$写出v的微分方程，其中要用到t及上面各个常量.（答：$dv/dt=-cv^3/M_0v_0$.）

（c）解出v，并求出卫星速率减小到只有其初始速率的9/10时所需的时间.（答：$t\approx24$年.）

拓展读物

PSSC, "Physics," chap. 22, D. C. Heath and Company, Boston, 1965.

HPP, "Project Physics Course," chap. 9, Holt, Rinehart and Winston, Inc. New York, 1970.

第 7 章　谐振子：性质与实例

第 7 章　谐振子：性质与实例

谐振子在周期运动中是特别重要的，对于经典物理学和量子物理学的许多问题，它都可以作为一个精确的或者近似的模型. 在经典物理学中，任何一个只是稍微偏离平衡态的稳定系统，都可以看成是谐振子. 例如：

（1）一个挂在弹簧上的物体，只要振幅很小.

（2）一个单摆，只要振荡角度很小.

（3）由一个电感和一个电容组成的电路，只要电流足够小，从而电路的元件可看成是线性的.

对于一个电学的或力学的回路元件，如果它的响应正比于策动力，我们就称它是线性的. 对于物理学中的大多数现象（但不是全部有意义的现象），如果我们只选取足够小的范围，那么它们都是线性的. 这就像我们遇到的大多数曲线，就其足够小的一段说来，都可以看作是直线.

谐振子有如下最重要的特性：

（1）在线性的限度内，运动的频率与振动的振幅无关.

（2）多个策动力的效应可以线性叠加.

在本章中，我们将论述谐振子的性质. 我们还将讨论有阻尼的或无阻尼的自由运动和受迫运动，不过，受迫运动的主要内容则放在本章末的高级课题中介绍. 我们还要在高级课题中讨论到微弱的非线性相互作用的效应，因为，掌握诸如此类的运动是很有益的.

7.1　弹簧振子

在第 5 章中，我们讨论过一个被压缩的或被拉长的弹簧的势能，其中，作用力与压缩量或伸长量成正比：

$$\boxed{\boldsymbol{F} = -Cx\,\hat{\boldsymbol{x}}.}$$

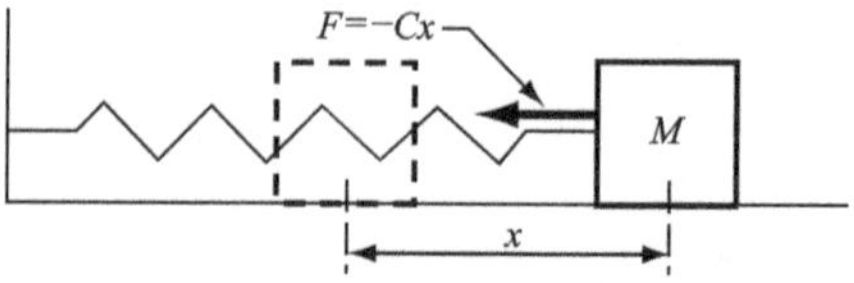

图 7.1　拉长的弹簧作用在质量为 M 的物体上，在虚线的位置，弹簧未被拉长

式中，x 对于伸长为正，对于压缩为负. 在这样一个力作用下，挂在弹簧上的质量为 M 的物体将怎样运动呢？如图 7.1 所示，我们可以理想地把这个物体设想为是在无摩擦的桌面上运动. 于是有

$$M\frac{\mathrm{d}^2x}{\mathrm{d}t^2} = -Cx,$$

$$\frac{\mathrm{d}^2x}{\mathrm{d}t^2}=-\frac{Cx}{M}. \tag{7.1}$$

（这个方程在本章末的数学附录有讨论. 读者如不熟悉它的解法，可先学习一下数学附录.）

上述方程的解可以表示为下列形式：

$$\boxed{x=A\sin(\omega_0 t+\phi).} \tag{7.2}$$

式中

$$\omega_0=\left(\frac{C}{M}\right)^{\frac{1}{2}}. \tag{7.3}$$

在 $t=0$ 时，$x=x_0=A\sin\phi$，而 $\mathrm{d}x/\mathrm{d}t=v_0=\omega_0 A\cos\phi$，由此可以确定 A 和 ϕ. 图 7.2 是对这种运动的演示说明. A 称为**振幅**，ϕ 称为**相位**，频率和周期为

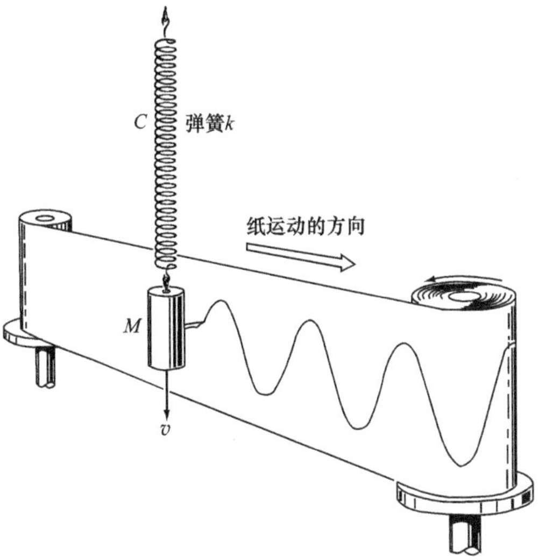

图 7.2　由质量为 M 的物体和劲度系数为 C 的无质量弹簧所组成的一个简谐振子. 固定在 M 上的一支笔在匀速经过 M 的纸带上描出正弦曲线

$$\boxed{\begin{aligned} f_0&=\frac{\omega_0}{2\pi}=\frac{1}{2\pi}\left(\frac{C}{M}\right)^{\frac{1}{2}},\\ T&=\frac{1}{f_0}=2\pi\left(\frac{M}{C}\right)^{\frac{1}{2}}. \end{aligned}} \tag{7.4}$$

正如所料，上式表明，弹簧越硬，即 C 越大，则频率越高；质量越大，则频率越低.

我们还可以从能量守恒的观点来研究这个问题［参看式（5.21）］：

$$\begin{aligned} \frac{1}{2}Mv^2+\frac{1}{2}Cx^2&=\frac{1}{2}M\left(\frac{\mathrm{d}x}{\mathrm{d}t}\right)^2+\frac{1}{2}Cx^2\\ &=E. \end{aligned} \tag{7.5}$$

如果用 A 代表 $\mathrm{d}x/\mathrm{d}t=0$ 时的 x 值，则有 $E=\frac{1}{2}CA^2$，而且

$$\frac{\mathrm{d}x}{\mathrm{d}t}=\left(\frac{C}{M}\right)^{\frac{1}{2}}(A^2-x^2)^{\frac{1}{2}}. \tag{7.6}$$

这个方程的解为

$$\left(\frac{C}{M}\right)^{\frac{1}{2}}t=\arcsin\frac{x}{A}+\text{常量}.$$

如果令常量等于 $-\phi$，那么，它就是式（7.2）：

$$x=A\sin\left[\left(\frac{C}{M}\right)^{\frac{1}{2}}t+\phi\right].$$

此外，我们也可以直接对式（7.5）求微商而得到

$$M\frac{\mathrm{d}x}{\mathrm{d}t}\frac{\mathrm{d}^2x}{\mathrm{d}t^2}+Cx\frac{\mathrm{d}x}{\mathrm{d}t}=0.$$

整理以后，它就是式（7.1）.（本章末的习题 2 ~ 习题 4，就是应用这些解法的例子.）

7.2　单摆

如图 7.3 所示，单摆由一根长为 L 的质量可以忽略的杆或弦线与挂在其下端的一个质点 M 组成，它的上端挂在支点上并且可以自由地转动，整个摆在竖直平面内做运动. 观察一下就可以知道，这种运动与挂在弹簧上的物体的运动是相似的. 读者可能要问，单摆运动的频率是多少？解决这个问题最直截了当的方法，是写出 $\boldsymbol{F}=M\boldsymbol{a}$ 的合适的形式. 由图 7.3 可以看出，M 沿着圆弧运动的距离 s、速度和加速度分别为

$$s=L\theta,\ v=\frac{\mathrm{d}s}{\mathrm{d}t}=L\frac{\mathrm{d}\theta}{\mathrm{d}t}=L\dot{\theta},$$

$$a=\frac{\mathrm{d}^2s}{\mathrm{d}t^2}=L\frac{\mathrm{d}^2\theta}{\mathrm{d}t^2}.$$

在这个问题中有两个作用力：重力以及杆或弦所施的作用力. 然而，杆没有沿 s 的分力，因此，我们只需要考虑 $m\boldsymbol{g}$ 沿 s 的分力. 由图 7.3 可知，这个力就是 $mg\sin\theta$，它指向 θ 减小的方向. 因此，在这个方向上 $\boldsymbol{F}=m\boldsymbol{a}$ 被简化为

$$mg\sin\theta=-mL\frac{\mathrm{d}^2\theta}{\mathrm{d}t^2}. \tag{7.7}$$

而 $\sin\theta$ 的级数展开式为

$$\sin\theta=\theta-\frac{\theta^3}{3!}+\frac{\theta^5}{5!}-\cdots, \tag{7.8}$$

对于很小的 θ 角，我们可以有

$$mg\sin\theta=mg\theta,$$

于是式（7.7）变为

$$\frac{d^2\theta}{dt^2} = -\frac{g}{L}\theta. \tag{7.9}$$

此式与式（7.1）相同，只是用 g/L 代替了 C/M，用 θ 代替了 x. 因此

$$\boxed{\theta = \theta_0 \sin(\omega_0 t + \phi).} \tag{7.10}$$

其中

$$\boxed{\omega_0 = \left(\frac{g}{L}\right)^{\frac{1}{2}}.} \tag{7.11}$$

根据式（7.4）和式（7.11），我们得到所求的频率为 $f_0 = 1/2\pi\ \sqrt{g/L}$.

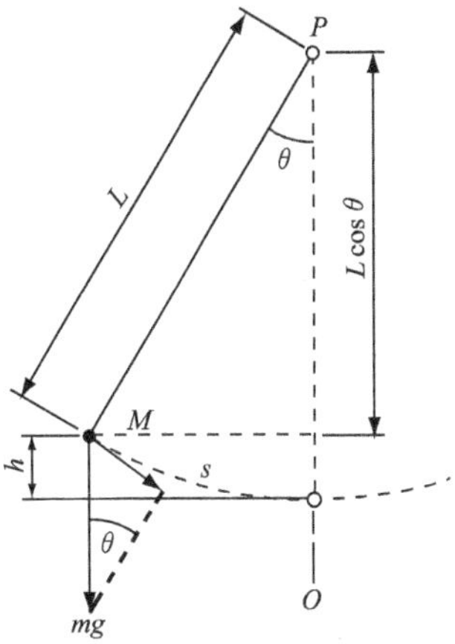

图 7.3 单摆是挂在质量可忽略的杆 L 下端的一个质点 M. 这个摆绕着在 P 点垂直穿过纸面的轴转动. 线段 OP 是铅垂线. s 是 O 点与 M 所在位置间的弧长

振幅即 θ 的极大值是 θ_0，$\theta_0\sin\phi$ 是 $t=0$ 时 θ 的数值，而 $\omega_0\theta_0\cos\phi$ 是 $t=0$ 时 $d\theta/dt$ 的数值. 我们曾假定 $\sin\theta=\theta$，那么，这对于多大的 θ 仍然有效呢？表 7.1 给出了几个在不同振幅下周期的数值. 可以看到，振幅只要不超过 20°，周期的实测值与小振幅近似的结果的偏离就不会大于 1%.

让我们再看看求解这个问题的能量守恒方法. 当杆偏离的角度为 θ 时，物体 M 升高的距离是

$$h = L - L\cos\theta$$

（见图 7.3 和图 7.4）.

质量为 M 的物体在地球引力场中的势能为

$$U(h) = Mgh = MgL(1-\cos\theta),$$

这是以未偏转（铅垂）的位置作为势能的零点. 摆的动能为

$$K = \frac{1}{2}Mv^2 = \frac{1}{2}ML^2\ \dot{\theta}^2.$$

式中，$v = L\dot{\theta}$，表示的是速度与偏转角变化率的关系. 总能量为

$$E = 动能 + 势能 = K + U$$

$$= \frac{1}{2}ML^2\ \dot{\theta}^2 + MgL(1-\cos\theta). \tag{7.12}$$

表 7.1

振幅/(°)	周期/$2\pi\sqrt{L/g}$	振幅/(°)	周期/$2\pi\sqrt{L/g}$
0	1.0000	20	1.0077
5	1.0005	30	1.0174
10	1.0019	45	1.0396
15	1.0043	60	1.0719

根据能量守恒定律，我们知道，这个和数必须是恒量. 应用这个事实，考虑到

角度 θ 很小，我们可以求解出运动频率．因为

$$\cos\theta = 1 - \frac{1}{2}\theta^2 + \frac{1}{24}\theta^4 - \cdots,$$

所以当 $\theta << 1\text{rad}$ 时，我们可以略去 θ^4 项及更高幂次的项．这样，式（7.12）所表示的能量就可以近似地写成

$$E = \frac{1}{2}ML^2\dot{\theta}^2 + \frac{1}{2}MgL\theta^2. \qquad (7.13)$$

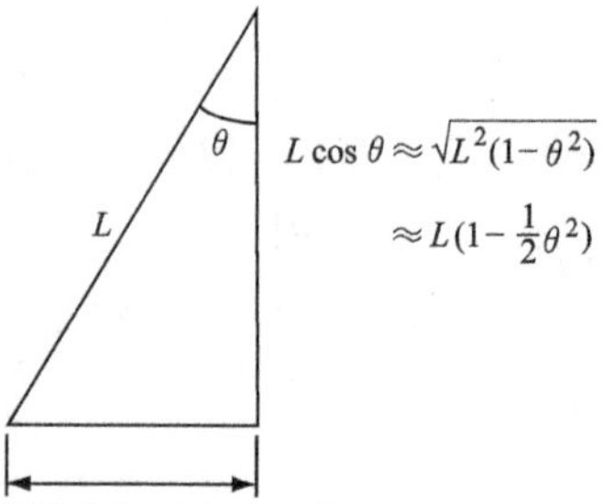

图 7.4　同时利用毕达哥拉斯定理和二项展开式，不难看出当 $\theta << 1\text{rad}$ 时 $\cos\theta \approx 1 - \frac{1}{2}\theta^2$

从式（7.13）解出 $\dot{\theta}$：

$$\frac{d\theta}{dt} = \left(\frac{2E - MgL\theta^2}{ML^2}\right)^{\frac{1}{2}}$$

$$= \left(\frac{g}{L}\right)^{\frac{1}{2}}\left(\frac{2E}{MgL} - \theta^2\right)^{\frac{1}{2}}. \qquad (7.14)$$

我们用 θ_0 和 $-\theta_0$ 来标志运动的转折点，θ_0 就是振幅．在这两点，单摆暂时静止，动能为零．图 7.5 对此做了说明．当 $\dot{\theta}=0$ 时，我们由式（7.13）得到

$$E = \frac{1}{2}MgL\theta_0^2,\ \theta_0^2 = \frac{2E}{MgL}.$$

这样，我们就可以把式（7.14）改写为

$$\frac{d\theta}{dt} = \left(\frac{g}{L}\right)^{\frac{1}{2}}(\theta_0^2 - \theta^2)^{\frac{1}{2}},$$

或

$$\frac{d\theta}{(\theta_0^2 - \theta^2)^{\frac{1}{2}}} = \left(\frac{g}{L}\right)^{\frac{1}{2}}dt.$$

此式与式（7.6）相同．下面我们来讨论这种解法的某些细节．

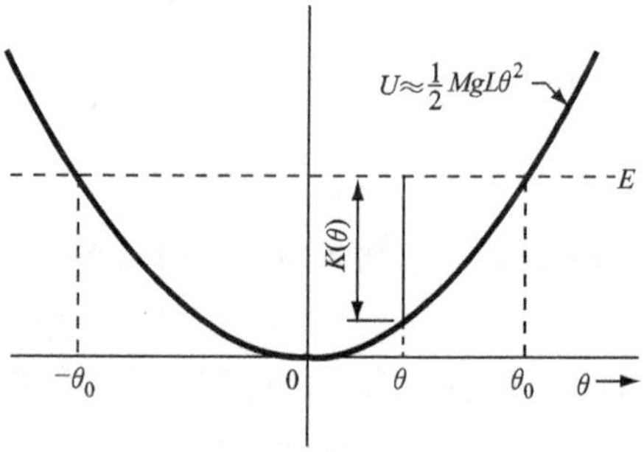

图 7.5　势能对 θ 的曲线．摆动限制在 θ_0 和 $-\theta_0$ 之间．在这两个“转折点”处，$K=0$ 而 $U=E$．在 $\theta=0$ 处，$U=0$ 而 $K=E$．当 $\theta \ll 1\text{rad}$ 时，$U \approx \frac{1}{2}MgL\theta^2$

如果运动的初始条件即初始相位，是 $t=0$ 时 θ 为 θ_1，则

$$\int_{\theta_1}^{\theta}\frac{d\theta}{(\theta_0^2 - \theta^2)^{\frac{1}{2}}} = \left(\frac{g}{L}\right)^{\frac{1}{2}}\int_0^t dt.$$

左端的积分可查表求出，于是，我们得到

$$\int_{\theta_1}^{\theta}\frac{d\theta}{(\theta_0^2 - \theta^2)^{\frac{1}{2}}} = \left[\arcsin\frac{\theta}{\theta_0}\right]_{\theta_1}^{\theta} = \arcsin\frac{\theta}{\theta_0} - \arcsin\frac{\theta_1}{\theta_0}$$

$$= \left(\frac{g}{L}\right)^{\frac{1}{2}}t. \qquad (7.15)$$

我们知道，$\sin\arcsin(\theta/\theta_0) = \theta/\theta_0$，因此，式（7.15）可以改写为

$$\frac{\theta}{\theta_0}=\sin\left[\left(\frac{g}{L}\right)^{\frac{1}{2}}t+\arcsin\frac{\theta_1}{\theta_0}\right],$$

或

$$\theta=\theta_0\sin(\omega_0 t+\phi).$$

式中，角频率 ω_0 和初相位 ϕ 代表的是

$$\omega_0=\left(\frac{g}{L}\right)^{\frac{1}{2}},\ \phi=\arcsin\frac{\theta_1}{\theta_0}.$$

这个结果与式（7.10）和式（7.11）相一致.

虽然式（7.2）或式（7.10）中的 ϕ 具有角度的量纲，但它却不是可以立刻就设想为角度的. 我们必须正确理解质点挂在弹簧上的情况中的物理量 A 和 ϕ，以及在摆的情况中的物理量 θ_0 和 ϕ. 图 7.6 和图 7.7 分别说明了这两种情况下相应物理量的含义. 各种情况下的自由振动都有这样两个常数. 当然，我们常常可以这样来选择 $t=0$ 的时刻，使得在那一瞬间 ϕ 等于零或 $\pi/2$.

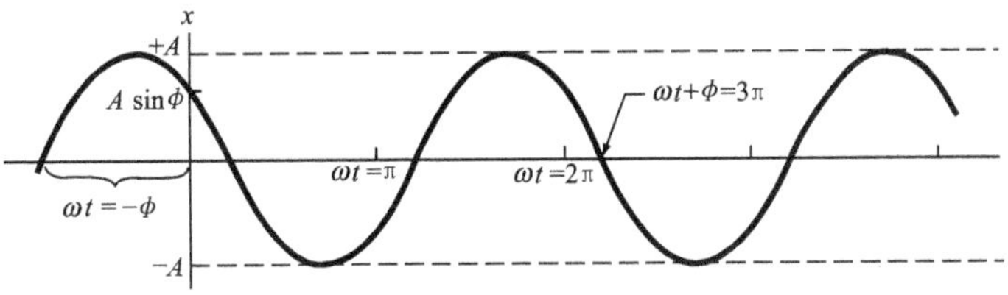

图 7.6　函数 $x=A\sin(\omega t+\phi)$ 对 ωt 的曲线（$\phi\approx 3\pi/4$）. 如图所示，在 $t=0$ 时，$x=A\sin\phi$，而且 $\mathrm{d}x/\mathrm{d}t=\omega A\cos\phi$ 为负值（注意：为了方便，图上我们略去了 ω_0 的下标）

（1）A 和 θ_0 是振动的最大振幅，即运动在 $+A$ 和 $-A$ 之间或者在 $+\theta_0$ 和 $-\theta_0$ 之间进行.

（2）用角度 $\omega_0 t$ 的术语来说，ϕ 是这样一个角度，即当 $\omega_0 t=-\phi$ 时 x 或 θ 为零，并且由负值增加为正值. 当然，换种说法，也可以说在 $t=0$ 时，$x=A\sin\phi$ 或 $\theta=\theta_0\sin\phi$. 必须注意的是，在图 7.6 和图 7.7 中，水平轴量度的是 $\omega_0 t$，而不是 t.

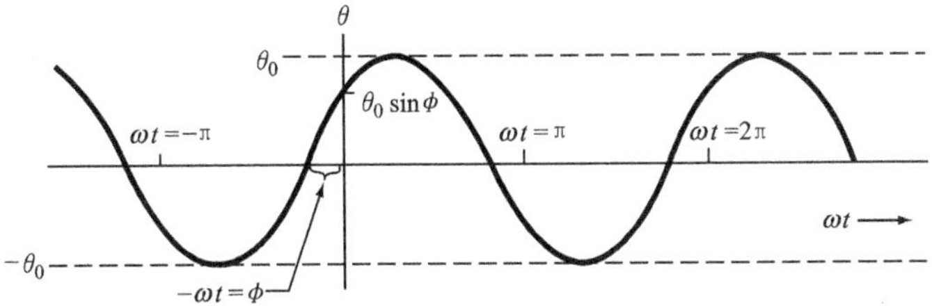

图 7.7　函数 $\theta=\theta_0\sin(\omega t+\phi)$ 对 ωt 的曲线，$\phi\approx\pi/4$. 如图所示，在 $t=0$ 时，$\theta=\theta_0\sin\phi$，并且 $\mathrm{d}\theta/\mathrm{d}t=\omega\theta_0\cos\phi$ 为正（正文中的 ω_0 在这里简写为 ω）

（3）A 或 ϕ 或 θ_0 和 ϕ 由始始条件决定，尽管初始条件给出的数值不一定直接就是这两个量.

符号 ω_0 用来表示一个振动系统的自然运动或者自由运动的角频率. ω 的下标零与 $t=0$ 毫无关系. 角频率㊀ ω 与摆的自由振动频率 f_0 有关，按式（7.11）:

$$f_0=\frac{\omega_0}{2\pi}=\frac{(g/L)^{\frac{1}{2}}}{2\pi}. \tag{7.16}$$

如果 $L=1.0\text{m}$，则 $\omega_0\approx\left(\frac{9.8}{1.0}\right)^{\frac{1}{2}}\text{rad/s}\approx 3\text{rad/s}$. 倘若 $\theta_0 \ll 1$，则频率与质量 M 及运动的振幅 θ_0 无关. 注意，如果式（7.16）右端出现了质量，得到的就不会是一个具有频率量纲的量.

在建立式（7.15）和式（7.13）时，我们应用了能量守恒定律. 由于每一个方程都是一阶微分方程，我们只要对时间做一次积分，就可以得到结果. 运动方程［式（7.1）或式（7.9）］是二阶微分方程. 为了解出位移或偏转角，我们需要对时间做两次积分. 直接应用能量守恒可以减少一次积分，这往往能节省数学运算，记住这一点是有用的.

第三种建立单摆运动方程的方法，要用到“力矩 = 角动量的变化率”. 如图7.8所示，让我们取 x 轴垂直于运动平面. 由于重力 $F=Mg$，所以重力对悬挂点 O 的力矩 N_x 为

$$N_x=(\boldsymbol{r}\times\boldsymbol{F})_x=LMg\sin\theta.$$

由于动量 $p=ML\dot{\theta}$，所以对于 O 点的角动量 J_x 为

$$J_x=(\boldsymbol{r}\times\boldsymbol{p})_x=-ML^2\dot{\theta}.$$

其中，当 θ 增大时，$\dot{\theta}$ 为正. 令角动量的变化率等于力矩，得出

$$ML^2\ddot{\theta}=-LMg\sin\theta.$$

于是，摆的运动方程为

$$\ddot{\theta}+\frac{g}{L}\sin\theta=0.$$

在 $\theta\ll 1\text{rad}$ 限度内，我们仍用 θ 近似代替 $\sin\theta$，得到

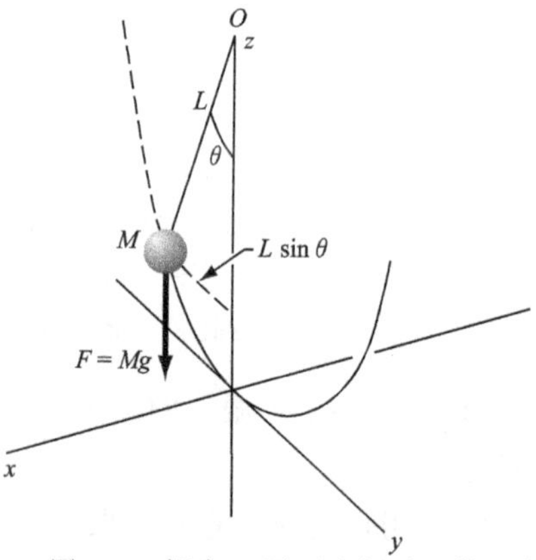

图7.8　摆在 yz 平面中振动. 作用在 M 上的重力为 $F=Mg$，在 $-z$ 方向. 对于点 O，重力引起的力矩 N_x 为 $MgL\sin\theta$，在 $+x$ 方向

㊀ 我们常常把角频率简称为频率. 很多物理学家这样做，并没有引起特别的混乱. 在用符号 ω 而不用符号 f 或 ν 时，ω 通常指的就是角频率. 至于单位，ν 和 f 通常是用每秒的周数或赫兹来表示；而 ω 通常是用每秒的弧度（rad/s）来表示，或者，知道是弧度时，简记为 s^{-1}. 弧度的量纲为一. 这样，人们为了把它们区别开来，通常就把频率用振动数/s、周数/s 或赫兹来表示，而角频率用弧度/秒来表示. 两者都具有 T^{-1} 的量纲.

$$\ddot{\theta}+\frac{g}{L}\theta=0.$$

这正是式 (7.9).

7.3 *LC* 电路

有一些最重要的振动系统的例子是在电学中. 大学都熟悉交流电，也就是振荡电流，这就说明了这个例子的重要性. 读者只要具有一些电路知识，是很容易看到电路与力学系统的关系的；否则，读者可以先跳过这一节，在学过《电磁学》卷的第 8 章以后，再回来读这一节.

电容 C 两端的电压为

$$V_C=\frac{Q}{C},$$

式中，Q 是电容上的电荷量. 在串联有电容的电路中，电流为

$$I=-\frac{\mathrm{d}Q}{\mathrm{d}t}\quad 即\quad Q=-\int I\mathrm{d}t.$$

式中，我们用负号表示电流的方向是使电容上的电荷量减少的方向. 电感 L 两端的电压为

$$V_L=-L\frac{\mathrm{d}I}{\mathrm{d}t}.$$

如果我们考虑只包括一个电容和一个电感的电路（图 7.9 第三列），并注意到围绕电路一周电压之和为零，则得到

$$-L\frac{\mathrm{d}I}{\mathrm{d}t}+\frac{Q}{C}=0=L\frac{\mathrm{d}^2Q}{\mathrm{d}t^2}+\frac{Q}{C}.$$

这正是弹簧位移的方程，只是变量变了：

$$Q\longleftrightarrow x,\ L\longleftrightarrow M,\ \frac{1}{C}\longleftrightarrow C_{\text{弹簧}}.$$

它的解应为

$$Q=Q_0\sin(\omega_0t+\phi),\ \omega_0=\left(\frac{1}{LC}\right)^{\frac{1}{2}}.\tag{7.17}$$

由此还可以求出电流来. 图 7.9 说明了这些关系，并和单摆以及挂在弹簧上的物体做了比较.

熟悉电学的读者会注意到，这里略去了电压 RI（R 是电阻）. $RI=R\mathrm{d}Q/\mathrm{d}t$，根据上面的对比，它应占据正比于 $\mathrm{d}x/\mathrm{d}t$ 的力的位置. 而这刚好是我们将在本章稍后讨论的摩擦力的类型，并且 R 与系数 b 对应；b 把摩擦力与速度联系起来了. 具有 L 和 R，C 和 R 以及 L，R 及 C 的各种电路，将在《电磁学》卷的第 4 章、第 7 章和第 8 章中讨论.

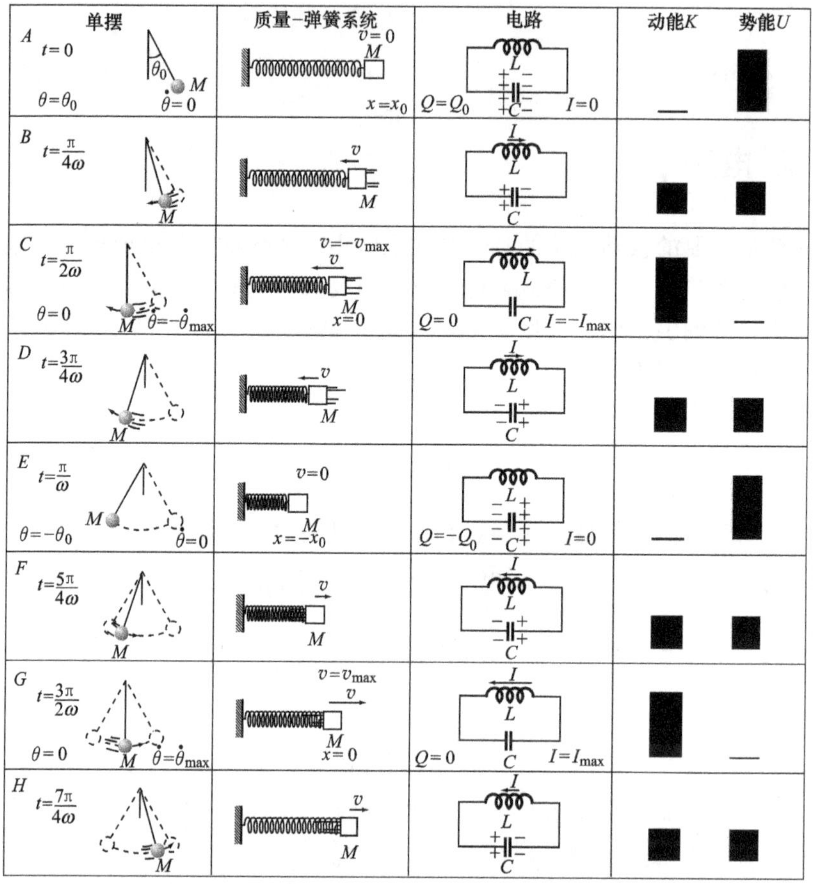

图 7.9　三个具有同样周期的谐振子：一个是单摆，一个是质量-弹簧系统，一个是 LC 电路．由图 A 到图 H，时间逐渐增长；下一个循环又重新从图 A 开始

7.4　系统偏离稳定平衡位置的运动

简谐振动是十分重要的，理由之一是，就处于稳定平衡的任何一个系统的微小位移来说，如果没有摩擦力，它的运动就是简谐振动．为了说明这一点，我们用坐标 α 来描述对稳定平衡位置的偏离．α 可以是距离或角度，也可以是别的更复杂的坐标．稳定平衡的条件要求，在 $\alpha=0$ 时系统的势能应为极小值．从而，如果 α 是距离，则在 $\alpha=0$ 时作用力应为零；如果 α 是角度，则力矩应为零；等等．于是

$$F(\alpha=0)=0=-\left(\frac{\mathrm{d}U}{\mathrm{d}\alpha}\right)_{\alpha=0}. \tag{7.18}$$

式中，U 是势能．

根据泰勒级数展开，总可以把 U（α）写为

$$U(\alpha) = U_0 + \left(\frac{\mathrm{d}U}{\mathrm{d}\alpha}\right)_0 \alpha + \frac{1}{2}\left(\frac{\mathrm{d}^2 U}{\mathrm{d}\alpha^2}\right)_0 \alpha^2 + \frac{1}{6}\left(\frac{\mathrm{d}^3 U}{\mathrm{d}\alpha^3}\right)_0 \alpha^3 + \cdots, \tag{7.19}$$

式中，下标 0 指的是 $\alpha = 0$. 在式（7.19）中应用式（7.18），而且因为 α 很小，我们略去 α^3 项和更高幂次的项，就得到

$$U(\alpha) = U_0 + \frac{1}{2}\left(\frac{\mathrm{d}^2 U}{\mathrm{d}\alpha^2}\right)_0 \alpha^2$$

和

$$F(\alpha) = -\frac{\mathrm{d}U}{\mathrm{d}\alpha} = -\left(\frac{\mathrm{d}^2 U}{\mathrm{d}\alpha^2}\right)_0 \alpha. \tag{7.20}$$

当然，F 并不一定是力，它也可以是力矩或更复杂的应力. 因为平衡稳定的条件是

$$\frac{\mathrm{d}^2 U}{\mathrm{d}\alpha^2} > 0.$$

在式（7.20）中，这就意味着“力”倾向于使系统回复到 $\alpha = 0$. 于是，系统的运动方程应为

$$M\frac{\mathrm{d}^2 \alpha}{\mathrm{d}t^2} = -\left(\frac{\mathrm{d}^2 U}{\mathrm{d}\alpha^2}\right)_0 \alpha. \tag{7.21}$$

式中，M 是某个类似于质量的量. 式（7.21）表明，α 描写的是简谐振动. 当然，摩擦实际上是重要的. 不过，在没有摩擦时，上述分析对于桥梁、建筑物等都是适用的. 其实，任何一个系统，只要它的势能函数存在一个极小值，而且是可微的，上述分析就是适用的.

7.5　平均动能和平均势能

我们现在来证明谐振子的一个重要特征，它与动能和势能的时间平均值有关. 一个物理量 K 在时间间隔 T 内的时间平均值为

$$\boxed{\langle K \rangle = \frac{1}{T}\int_0^T K(t)\,\mathrm{d}t.} \tag{7.22}$$

因为振子的运动是不断重复的，所以，对一个周期的时间平均值和对许多周期的平均值是相同的，而且是唯一的. 利用周期 $T = 2\pi/\omega_0$，我们可以写出运动遵循 $x = A\sin(\omega_0 t + \phi)$ 的一个振子的动能的时间平均值：

$$\langle K \rangle = \frac{\int_0^T \frac{1}{2}M\dot{x}^2\,\mathrm{d}t}{T}$$

$$= \frac{1}{2}M\omega_0^2 A^2 \frac{\int_0^{2\pi/\omega_0} \cos^2(\omega_0 t + \phi)\,\mathrm{d}t}{2\pi/\omega_0}.$$

因为积分遍及一个完整的周期，相位 ϕ 具有什么样的数值是无关紧要的，所以我

们可以为了方便而令 $\phi=0$. 这样，如果我们写出 $y=\omega_0 t$，就有

$$\frac{\omega_0}{2\pi}\int_0^{2\pi/\omega_0}\cos^2\omega_0 t\mathrm{d}t=\frac{1}{2\pi}\int_0^{2\pi}\cos^2 y\mathrm{d}y=\frac{1}{2}.$$

在上面计算中用到了

$$\int_0^{2\pi}\sin^2 y\mathrm{d}y=\int_0^{2\pi}\cos^2 y\mathrm{d}y$$

及

$$\int_0^{2\pi}(\sin^2 y+\cos^2 y)\mathrm{d}y=2\pi.$$

因此，动能的时间平均值为

$$\langle K\rangle=\frac{1}{4}M\omega_0^2A^2. \tag{7.23}$$

势能为（再一次取 $\phi=0$，因为它的数值是无关紧要的）

$$U=\frac{1}{2}Cx^2=\frac{1}{2}CA^2\sin^2\omega_0 t.$$

由于在一个周期中，正弦二次方的平均值与余弦二次方的平均值相同㊀，而且因为 $\omega_0^2=C/M$，所以

$$\langle U\rangle=\frac{1}{4}CA^2=\frac{1}{4}M\omega_0^2A^2. \tag{7.24}$$

于是 $\langle U\rangle=\langle K\rangle$，因而谐振子的总能量为

$$E=\langle K\rangle+\langle U\rangle=\frac{1}{2}M\omega_0^2A^2.$$

注意，因为总能量是一个运动常数，所以 $E=\langle E\rangle$.

平均动能与平均势能相等是谐振子的一个特殊性质，这是应该记住的. 我们以后将会指出，对于非谐振子就不是如此了，但是，对于弱阻尼振子来说，这是一个很好的近似.

7.6　摩擦

到现在为止，我们一直没有考虑谐振子中的摩擦效应. 我们在第3章中讨论摩擦时，也只涉及恒定摩擦力的情况. 现在，我们要讨论摩擦力与速度的一次幂成正比的情况. 当速度不大时，这在很多情况下是一个极好的近似. 因此，我们将会发现，考虑这种类型的减速力所得到的解，是有现实意义的. 我们来讨论几个只有这

㊀ 这是很容易看出的. 画出这两条曲线，如果把其中一条曲线移动四分之一周期，就会发现这两条曲线是相同的. 这种论证方法还可用于遍及球面求平均值 $\langle x^2\rangle$. 如果 $x^2+y^2+z^2=R^2$，则用 $\langle x^2\rangle+\langle y^2\rangle+\langle z^2\rangle=R^2$. 因为球相对于 x,y,z 是对称的，所以必定有 $\langle x^2\rangle=\langle y^2\rangle=\langle z^2\rangle=\frac{1}{3}R^2$. 这个结果也可以通过直接计算来证实.

种力起作用的例子．这时，我们有

$$M\frac{d^2x}{dt^2}=F_{摩擦}=-b\frac{dx}{dt}=-b\dot{x}. \tag{7.25}$$

式中，b 是一个正的常数，称为阻尼系数．式中的负号，表示这个力总是和速度的方向相反．有时，我们用关系式

$$\tau=\frac{M}{b}$$

定义一个称为弛豫时间的常数 τ，用处更大．这样，式（7.25）就变为

$$M\left(\frac{d^2x}{dt^2}+\frac{1}{\tau}\frac{dx}{dt}\right)=0.$$

我们看到，因为 b 具有力除以速度或质量除以时间的量纲，所以 τ 具有时间的量纲．为什么叫弛豫时间，随着下面的讨论你就会明白的．

根据速度 $v=dx/dt=\dot{x}$，上式变为

$$\dot{v}+\frac{1}{\tau}v=0.$$

此方程的解在本章末数字附录中给出，是

$$v(t)=v_0e^{-t/\tau}. \tag{7.26}$$

式中，v_0 是 $t=0$ 时的速度．速度随时间按指数规律减小，我们就说，速度按时间常数 τ 衰减．这种情况用曲线表示在图 7.10 中．

根据式（7.26），受到这种摩擦力作用的自由质点的动能 K 按下式衰减：

$$K=\frac{1}{2}Mv^2=\frac{1}{2}Mv_0^2e^{-2t/\tau}=K_0e^{-2t/\tau}. \tag{7.27}$$

求式（7.27）的微商，得到

$$\dot{K}=-\frac{2}{\tau}K.$$

这就看出，动能的有效弛豫时间为速度的弛豫时间的一半．

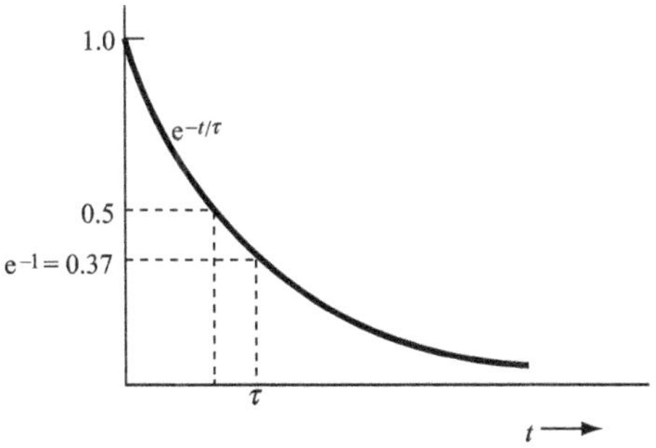

图 7.10　函数 $e^{-t/\tau}$ 对 t 的曲线．注意，因为 $e^{-0.69}=0.5$，所以，当 $t=0.69\tau$ 时，函数减小至其初始值的一半

什么机制会导致形式为 $-b\dot{x}$ 的阻尼力呢？一个球缓慢通过黏滞介质的情形，首先是由斯托克斯解决的．这时力的表达式是

$$F_{摩擦}=-6\pi\eta rv. \tag{7.28}$$

式中，r 是球半径；η 是黏度．这通常称为斯托克斯定律．

如图 7.11 所示，一个平板沿着垂直于板面的方向在压强很低的气体中运动，只要平板的速率 V 比气体分子的平均速率 v 小得多，它受到的阻尼力就是 $F_{摩擦}=$

$-b\dot{x}$. 压强必须充分低，我们才可以忽略分子间的相互碰撞. 单位时间内撞击平板的分子的数目，正比于撞击平板的分子和平板之间的相对速度. 假定分子只做一维的运动. 在平板的一侧，相对速度是 $v+V$；在另一侧，是 $v-V$. 压强正比于单位时间内撞击平板的分子数和每个分子传递给平板的平均动量的乘积. 传递的平均动量本身又正比于相对速度，因此，作用在平板两侧的压强 p_1 和 p_2 为

$$p_1 \propto (v+V)^2, p_2 \propto (v-V)^2.$$

净压强 p 是平板两侧压强之差：

$$p = p_1 - p_2 \propto 4vV.$$

因此，阻力（作用在运动平板上的净作用力）正比于平板的速率 V. 阻力的方向与板的运动方向相反.

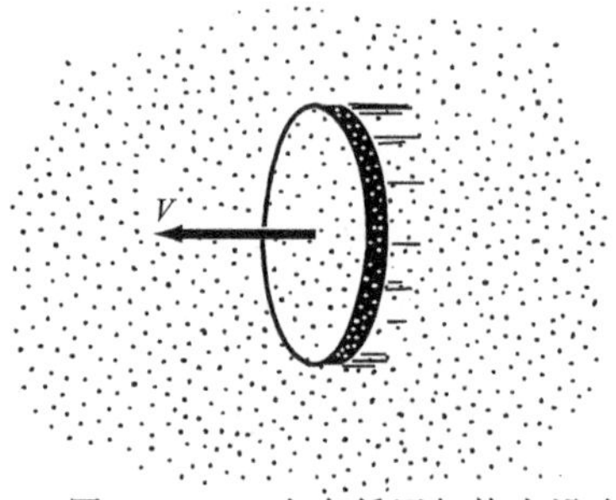

图 7.11　一个在低压气体中沿自身平面法线方向移动的平板，如果它的速度 V 比气体分子的平均速率小得多，它所受到的减速力就与速度 V 成正比

收尾速度　如果有一个恒定的力——例如重力——加在一个粒子上，而该粒子同时还受到前面讨论过的那种摩擦力的作用，那么，如果粒子从静止或者以很小的速度起动，它的速度就会增大. 可是，如果粒子以很高的速度起动，它的速度就会减小. 在这两种情况下，加速度最后都会变为零. 这个条件就是

$$F_{恒定} = b\dot{x} \quad 或 \quad \dot{x} = v = F_{恒定}/b. \tag{7.29}$$

粒子最后达到的速度叫作收尾速度，例如，一个在重力和遵从斯托克斯定律的力的作用下落下的质量为 M 的粒子，它的收尾速度为

$$v = \frac{Mg}{6\pi\eta r}.$$

（参看本章末的习题 10 和习题 11.）

收尾速度的概念还适用于有关摩擦力与速度的高次幂成正比的那些问题，这种问题常常在较高速率时出现，如果摩擦力为

$$F_{摩擦} = -C\dot{x}^n,$$

其中 C 是某个常数；n 是正的. 则收尾速度为

$$v = \left(\frac{F_{恒定}}{C}\right)^{\frac{1}{n}}.$$

7.7　阻尼谐振子

我们现在回到振子问题，并把阻尼力 $-b\dot{x}$ 考虑进来. 这类运动如图 7.12 所示. 运动方程为

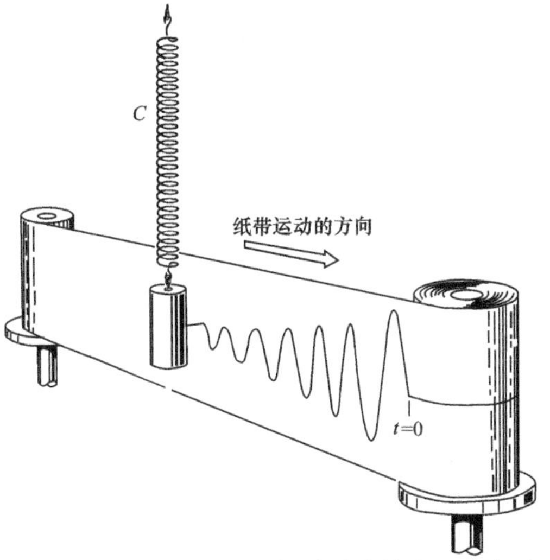

图 7.12　一切实际的谐振子都受到摩擦力（例如空气阻力）的阻尼作用. 一个具有微弱阻尼的质量-弹簧系统，将在匀速运动的狭长纸带上描出图中的曲线（质量-弹簧系统在 $t=0$ 时从原点开始振动）

$$M\ddot{x}+b\dot{x}+Cx=0,$$

它也是一个线性方程. 我们可以把它改写为如下形式：

$$\ddot{x}+\frac{1}{\tau}\dot{x}+\omega_0^2x=0. \tag{7.30}$$

其中

$$\frac{1}{\tau}=\frac{b}{M},\omega_0^2=\frac{C}{M}.$$

我们来寻找式（7.30）的具有受阻尼的正弦振动形式的解：

$$x=x_0\mathrm{e}^{-\beta\pi}\sin(\omega t+\phi). \tag{7.31}$$

式中，β 和 ω 待定；x_0 和 ϕ 是取决于初始条件[㊀]的常数. 这个解是把式（7.2）和式（7.26）联系起来想到的. 这个解的详细推导放在本章末的数学附录中，那里将证明

$$\beta=\frac{1}{2\tau} \tag{7.32}$$

和

㊀ 这个解[式（7.31）]并不是对一切 ω_0 和 τ 的值都有效. 在数学附录中可以看到，在有些条件下，这个问题的解是不振荡的. 如果 $\omega_0^2<\left(\frac{1}{2\tau}\right)^2$，解就是 $\mathrm{e}^{-t/2\tau}\ (A\mathrm{e}^{gt}+B\mathrm{e}^{-gt})$，这里 A 和 B 是任意常数，而 $g=\left[\left(\frac{1}{2\tau}\right)^2-\omega_0^2\right]^{1/2}$；当 $\omega_0=1/2\tau$ 时，解是 $C\mathrm{e}^{-t/2\tau}+Dt\mathrm{e}^{-t/2\tau}$，这里 C 和 D 是任意常数. 这后一情况就是所谓的“临界阻尼”. 参看式（7.69）和式（7.70）.

$$\omega=\left[\omega_0^2-\left(\frac{1}{2\tau}\right)^2\right]^{\frac{1}{2}}=\omega_0\left[1-\left(\frac{1}{2\omega_0\tau}\right)^2\right]^{\frac{1}{2}}. \tag{7.33}$$

可以看出，摩擦使频率减小. 只有当弛豫时间为无穷大（无阻尼）时，频率 ω 才等于 ω_0.

把 β 和 ω 的值代入式（7.31），得出

$$x=x_0\mathrm{e}^{-t/2\tau}\sin\left\{\omega_0 t\left[1-\left(\frac{1}{2\omega_0 t}\right)^2\right]^{\frac{1}{2}}+\phi\right\}.$$

如果 $\omega_0\tau\gg1$，这是弱阻尼条件，这时 x 可近似表示为

$$x\approx x_0\mathrm{e}^{-t/2\tau}\sin(\omega_0 t+\phi); \tag{7.34}$$

式中，ω_0 是无阻尼振动的自然频率.

【例】

功率消耗　现在我们来计算一个阻尼谐振子在满足弱阻尼条件 $\omega_0\tau\gg1$ 时的能量消耗率，这时有 $\omega\approx\omega_0$.

动能为 $K=\frac{1}{2}M\dot{x}^2$. 由近似解［式（7.34）］可得（令 $\phi=0$）

$$\frac{\mathrm{d}x}{\mathrm{d}t}=-\frac{1}{2\tau}x_0\mathrm{e}^{-t/2\tau}\sin\omega_0 t+\omega_0 x_0\mathrm{e}^{-t/2\tau}\cos\omega_0 t, \tag{7.35}$$

以及

$$\left(\frac{\mathrm{d}x}{\mathrm{d}t}\right)^2=\left(\frac{1}{2\tau}\right)^2x_0^2\mathrm{e}^{-t/\tau}\sin^2\omega_0 t+\omega_0^2x_0^2\mathrm{e}^{-t/\tau}\cos^2\omega_0 t-\left(\frac{\omega_0}{\tau}\right)x_0^2\mathrm{e}^{-t/\tau}\sin\omega_0 t\cos\omega_0 t. \tag{7.36}$$

当我们取式（7.36）的时间平均值时，出现的那些积分可以查积分表算出. 但是，在 $\omega_0\tau\gg1$ 的情况下，作为很好的近似，可以把式（7.36）中的因子 $\mathrm{e}^{-t/\tau}$ 提到表示时间平均值的尖括号的外面. 如果振动的振幅 $x_0\mathrm{e}^{-t/2\tau}$ 在一个周期内变化不大，这样做就能保证有合理的精确性. 于是，只剩下求下列平均值；

$$\langle\cos^2\theta\rangle=\langle\sin^2\theta\rangle=\frac{1}{2},$$

$$\langle\cos\theta\sin\theta\rangle=0.$$

后一个平均值是新出现的，相当重要，既然正弦和余弦的平均值各自都是零，所以有

$$\langle\cos\theta\sin\theta\rangle=\langle\frac{1}{2}\sin2\theta\rangle=0.$$

这样，动能在一个周期时间内的平均值为

$$\langle K\rangle\approx\frac{1}{2}M\left[\left(\frac{1}{2\tau}\right)^2\langle\sin^2\omega_0 t\rangle+\omega_0^2\langle\cos^2\omega_0 t\rangle-\frac{\omega_0}{\tau}\langle\cos\omega_0 t\sin\omega_0 t\rangle\right]x_0^2\mathrm{e}^{-t/\tau}$$

$$\approx\frac{1}{4}M\left[\left(\frac{1}{2\tau}\right)^2+\omega_0^2\right]x_0^2\mathrm{e}^{-t/\tau}.$$

但是，我们已经假定$\left(\frac{1}{2\tau}\right)^2$与$\omega_0^2$相比可以忽略，因此平均动能为

$$\langle K\rangle \approx \frac{1}{4}M\omega_0^2 x_0^2 \mathrm{e}^{-t/\tau}. \tag{7.37}$$

由此可见，平均动能是按指数规律衰减的．平均势能（参看图 7.13）为

$$\begin{aligned}\langle U\rangle &= \frac{1}{2}M\omega_0^2 x_0^2 \langle \mathrm{e}^{-t/\tau}\sin^2\omega_0 t\rangle \\ &\approx \frac{1}{4}M\omega_0^2 x_0^2 \mathrm{e}^{-t/\tau}.\end{aligned} \tag{7.38}$$

平均功率消耗 P 由能量变化率的负值给出：

$$\begin{aligned}-\langle P\rangle &= \frac{\mathrm{d}}{\mathrm{d}t}\langle E\rangle \approx \frac{\mathrm{d}}{\mathrm{d}t}(\langle K\rangle + \langle U\rangle) \\ &\approx -\frac{1}{\tau}\left(\frac{1}{2}M\omega_0^2 x_0^2 \mathrm{e}^{-t/\tau}\right),\end{aligned}$$

或

$$\langle P(t)\rangle = \frac{\langle E(t)\rangle}{\tau}. \tag{7.39}$$

当含义很清楚时，我们常略去加在 $P(t)$ 上"〈 〉".

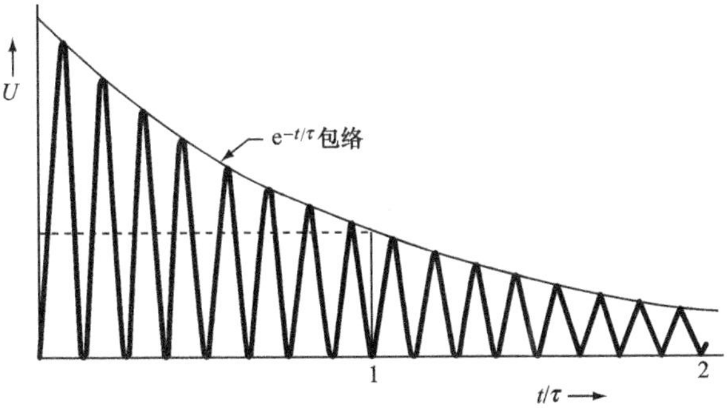

图 7.13 $\tau=8\pi/\omega$，而 Q 为 8π 的振子的势能对 t/τ 的函数曲线．在时间 τ 内，发生了四次振动，势能的包络下降到其初始值的 1/e

读者可能会奇怪，在式（7.37）和式（7.38）中所表示的平均值中竟然会包括时间 t，而它们本来就是对时间的平均值．我们所考察的阻尼振子的运动包含了很多周期，而我们这里所取的平均能量（动能或势能），是对时刻 t 所在的那一个周期求平均．因为能量正耗散为热，所以我们预料，平均能量（在一个周期内）将随着周期数的增多而减小．

可以预料，功率消耗应等于摩擦力 $F_{摩擦}=-b\dot{x}=-(M/\tau)\dot{x}$ [参看式(7.30)]完成的平均功率的负值．利用式（7.35），并假定 $\omega_0\tau \gg 1$，（因此 $\mathrm{e}^{-t/\tau}$ 可以从括号"〈 〉"提出）得到摩擦力做功的平均功率为

$$\langle F_{摩擦}v\rangle \approx -\frac{M}{\tau}\omega_0^2 x_0^2 \mathrm{e}^{-t/\tau}\langle \cos^2\omega_0 t\rangle$$
$$\approx -\frac{1}{2\tau}M\omega_0^2 x_0^2 \mathrm{e}^{-t/\tau}$$
$$\approx -\frac{E(t)}{\tau},$$

这与式（7.39）相符.

品质因数 Q　一个振动系统的品质因数 Q，是一个应用极广的概念. 它不仅在交流电系统中是一个特别流行的术语，而且对于所有阻尼很小的振动系统都是适用的. Q 定义为 2π 乘上储藏的能量与一个周期内损失的平均能量之比：

$$Q = 2\pi\frac{\text{储藏的能量}}{\langle\text{一个周期内损失的能量}\rangle}$$
$$= \frac{2\pi E}{P/f} = \frac{E}{P/\omega}. \tag{7.40}$$

因为周期是 $1/f$，而 $2\pi f=\omega$. $1/\omega$ 是系统运动 1rad 所花的时间. 阻尼必须足够小，以保证在一个周期内 E 没有明显的变化. 注意，Q 的量纲为一. 对于弱阻尼的谐振子（$\omega_0\tau \gg 1$），由式（7.39）得到

$$Q \approx \frac{E}{E/\omega\tau} \approx \omega_0\tau. \tag{7.41}$$

看得出来，$\omega_0\tau$ 的数值的确是一个振子阻尼微弱程度的很好的量度. 高 $\omega_0\tau$ 即高 Q，意味着振子是弱阻尼的. 注意，由式（7.38），一个振子的能量在时间 τ 内衰减为其初始值的 e^{-1}；在这段时间内，振子完成了 $\omega_0\tau/2\pi$ 次振动. 表 7.2 列出了几个典型的 Q 值.

表 7.2　几个典型的 Q 值（可以预期会有较大的变动）

地球，对地震波	250～1400	受激原子	10^7
铜制空腔微波谐振器	10^4	受激核（Fe^{57}）	3×10^{12}
钢琴或小提琴弦	10^3		

7.8　受迫谐振子

在物理学的许多领域中，受正弦变化力策动的谐振子是一种十分重要的运动. 由于问题的复杂性，我们把它放在高级课题中（本章末）加以论述. 然而，有几个结论值得在这里提出来.

（1）如所预料的，达到稳态时的运动（在与非受迫振子自然周期相应的一切运动都被摩擦衰减掉之后，即 $t \gg \tau$），具有与策动力相同的频率.

（2）还可预料，特别是对于弱阻尼振子，稳恒态运动的振幅强烈依赖于策动频率，而且当策动频率接近自然频率时，振幅变得很大. 图 7.14 给出了对于较大的和中等的 Q 值，振幅与策动频率的函数关系. 振幅的极大值出现在

$$\omega = \left(\omega_0^2 - \frac{1}{2\tau^2}\right)^{\frac{1}{2}} = \omega_0\left(1 - \frac{1}{2\omega_0^2\tau^2}\right)^{\frac{1}{2}}$$
$$= \omega_0\left(1 - \frac{1}{2Q^2}\right)^{\frac{1}{2}}.$$

对于高 Q 值的振子，它非常接近于 ω_0. 功率吸收的极大值出现在 $\omega = \omega_0$ 处. 图 7.14 所示的这类曲线称为**共振曲线**[⊖].

（3）位移 $x = x_0\sin(\omega t + \phi)$ 和按 $\sin\omega t$ 变化的策动力之间在时间上的偏移，用角度 ϕ 表示，它也是一个策动频率的函数. 对于低策动频率，ϕ 等于 0；对于高策动频率，ϕ 等于 $-\pi$（参看图 7.15 和高级课题）. 在这里，角度定义为位移比力（用 $F_0\sin\omega t$ 描述）提前达到其极大值的那个角度. 因此，负角意味着位移的振动落后于力的振动. 注意，当 $\omega = \omega_0$ 时，$\phi = -\pi/2$，位移落后于力四分之一周期. 更为详细的讨论可以参看本章末高级课题.

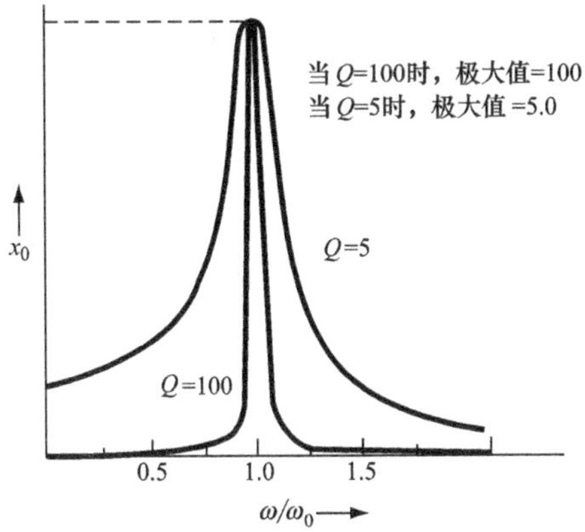

图 7.14　受迫谐振动的振幅与策动频率的函数关系. x_0 的极大值出现在 $\omega = \omega_0\sqrt{1-1/(2Q)^2}$处，一旦横坐标比 1.0 略小（对于不同曲线，这一点稍有不同,）它就急剧下降. 振幅的标度完全是任意的. 对于同样的策动力和 ω_0，$Q = 100$ 的振幅极大值为 $Q = 5$时的 20 倍

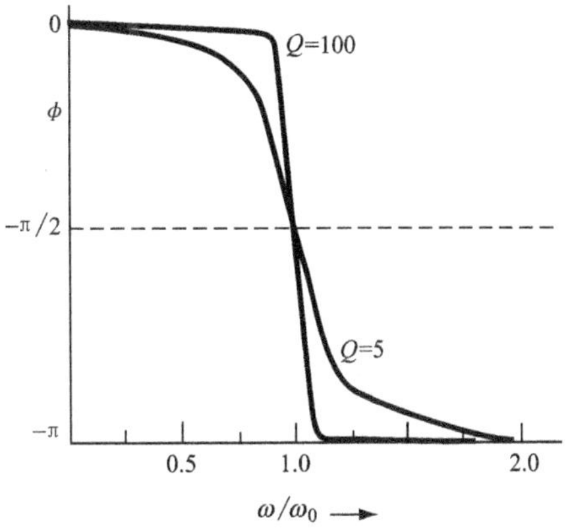

图 7.15　位移和策动力之间的角度 ϕ

7.9　叠加原理

谐振子的一个重要性质，是解的可加性. 如果 $x_1(t)$ 是在策动力 $F_1(t)$ 作用

⊖　在某些场合,共振曲线严格地说就是曲线 $f(x) = 1/(1 + x^2)$，它看上去和图 7.14 上的曲线是相同的.

下的运动，而 $x_2(t)$ 是在策动力 $F_2(t)$ 作用下的运动，则在 $F_1(t)$ 和 $F_2(t)$ 的合力作用下的运动就是 $x_1(t)+x_2(t)$. 这就是说，如果我们知道仅在 F_1 作用下的运动 x_1 和仅在 F_2 作用下的运动 x_2，则在合力作用下的运动，可将 x_1 和 x_2 加在一起得出. 这个性质可以根据运动方程直接得出：

$$\begin{aligned}&\left(\frac{d^2}{dt^2}+\frac{1}{\tau}\frac{d}{dt}+\omega_0^2\right)(x_1+x_2)\\&=\left(\frac{d^2}{dt^2}+\frac{1}{\tau}\frac{d}{dt}+\omega_0^2\right)x_1+\left(\frac{d^2}{dt^2}+\frac{1}{\tau}\frac{d}{dt}+\omega_0^2\right)x_2\\&=F_1+F_2.\end{aligned}\tag{7.42}$$

谐振子运动方程的解遵从叠加原理，是因为运动方程是线性的，也就是，运动方程中只含有 x 及其微商的一次幂. 当包含非谐振项时，图像就完全不同了. 可以证明，运动方程中的 x^2 项的作用是使两个同时加上的策动频率 ω_1 和 ω_2 发生混频和倍频，这样就得到全部谐频（$2\omega_1$，$3\omega_1$，…，$2\omega_2$，$3\omega_2$，…）和全部组合频率即“边带”频率（$\omega_1+\omega_2$，$\omega_1-\omega_2$，$\omega_1-2\omega_2$，等）.

习　题

1. 单摆. 一个摆由长 $L=1\text{m}$ 的轻绳和质量 $M=1\text{kg}$ 的重物组成. 当位移很小时，这个摆的周期是多少？（答：2.0s.）

2. 挂在弹簧上的物体. 写出在重力和劲度系数为 C 的弹簧的作用下，沿竖直线运动的质量为 M 的物体的运动方程. 重力对下列问题答案的影响是什么？

(a) 振动周期是多少？

(b) 振动中心，即振动围绕着的那一点在哪里？

3. 挂在弹簧上的物体. 一个质量为 1kg 的物体悬挂在劲度系数 $C=10^3\text{N/m}$ 的线性弹簧上.

(a) 小振动时的周期是多少？

(b) 如果在 $t=0$ 时偏离平衡位置的位移是 $+5\times10^{-3}\text{m}$，速度是 $+0.15\text{m/s}$，求出位移随 t 变化的函数关系.

4. 挂在弹簧上的物体——数据. 表 7.3 和表 7.4 中的数据，是观测缚在弹簧末端物体的运动而得到的结果.

表 7.3　周期与质量的关系

质量/10^{-3}kg	实测周期/s	质量/10^{-3}kg	实测周期/s
50	0.72	200	1.06
100	0.85	250	1.16
150	0.96	300	1.23

表 7.4　振幅与时间的关系（质量为 0.15kg）

时间/s	振幅/10^{-2}m	时间/s	振幅/10^{-2}m
0	4.5	180	2.5
30	4.0	235	2.0
80	3.5	340	1.5
125	3.0	455	1.0

(a) 画出振动周期的二次方依赖于质量的函数曲线．表中的质量值包括了弹簧的质量．将图线适当外推，确定出弹簧的有效质量．

(b) 确定劲度系数 C.

(c) 画出振幅的自然对数对时间的曲线，并确定弛豫时间．

(d) 确定阻尼因子 b.

5. 弹性介质中的物体． 一个部分地（或全部地）浸入液体中的物体，受到一个向上的浮力作用，浮力等于物体所排开的液体的重力（阿基米德原理）．试证明，一个水平截面上下均匀的物体，当它被约束在比物体密度大的液体中并竖直上下运动时，做的是简谐振动．它的振动周期是多少？对于这个简谐振动，振幅的上限是多大？

6. 摆．

(a) 一个长为 0.392m、质量为 0.5kg 运动中的摆，它在 $t=0$ 时 $\theta=0.1$，而 $\dot{\theta}=-0.02\text{s}^{-1}$．试求出函数 $\theta(t)$．利用这个运动方程，求出在 $\theta=0$ 时作用在摆锤上的力．

(b) 傅科摆是傅科于 1851 年在巴黎建立的，目的是要证明地球的自转效应（参看图 4.12）．他的摆的长度是 69m．试求出其周期．如果质量为 28kg，最大摆动角为 10°，求出运动的总能量．

7. 挂在弹簧上的物体的能量． 一个挂在弹簧一端的质量为 0.05kg 的物体，正按照方程 $x=2\times10^{-2}\sin10t$ 做简谐振动；其中 x 以米为单位，t 以秒为单位．

(a) 求出劲度系数 C.

(b) 求出最大动能．

(c) 最大势能和总能量各是多少？

8. 二维振子． 在一个指向原点的力 $-C(x\hat{x}+y\hat{y})=-C\boldsymbol{r}$ 的作用下，一个质点在 x，y 平面上自由地运动．假定质点的质量为 M，试写出 x 和 y 的运动方程并求解．

(a) 做圆周运动的条件是什么？周期是多少？

(b) 沿与 x 轴成 45°角的直线运动的条件是什么？周期是多少？

9. 在球形碗中的物体． 有一个物体在半径为 1.0m 的球形碗的底部自由地滑动．试求出物体作微小振动的周期．与它等效的摆长是多少？

10. 黏滞性．

（a）查阅参考书，写出黏滞性的定义并加以说明.

（b）黏度 η 的量纲是什么？

（c）在 20℃时，水的黏度是多少？

（d）对于一个在黏度为 $2\times10^{-3}\mathrm{N\cdot s/m^2}$ 的介质中运动的半径为 0.05m 的球，计算阻尼系数 b［参看式（7.28）］.

（e）如果在（d）中球的密度是 $2.7\times10^3\mathrm{kg/m^3}$，液体密度是 $1.1\times10^3\mathrm{kg/m^3}$，试求出收尾速度. 这里要用到习题 5 中提到的在竖直方向上的作用力以及弛豫时间.

11. 在黏滞力作用下的运动.

（a）一个质量为 M 的粒子以速度 v_0 从某一点射出，此后，它只受到某种介质的黏滞力 $-bv$ 的作用. 写出速度对时间的函数关系. 由 $v=\mathrm{d}x/\mathrm{d}t$ 求出 $x(t)$. 如果 $M=0.01\mathrm{kg}$，$b=4\times10^{-3}\mathrm{N\cdot s/m}$，而 $v_0=1\mathrm{m/s}$，试求出粒子经过的距离.

（b）在密立根油滴实验中，某种油滴的半径是 $2.0\times10^{-6}\mathrm{m}$. 油的密度为 $920\mathrm{kg/m^3}$，空气的黏度为 $1.8\times10^{-5}\mathrm{N\cdot s/m^2}$. 求弛豫时间和收尾速度. 不做浮力修正.

12. 弛豫时间. 一个振子的 $M=0.01\mathrm{kg}$，$C=0.49\mathrm{N/m}$，$b=1\times10^{-3}\mathrm{N\cdot s/m}$. 在 $t=0$ 时，$x=0.02\mathrm{m}$，$\dot{x}=0$.

（a）求出 x 对 t 的函数关系.

（b）对位移 x 和对动能 K，弛豫时间各是多少？

（c）Q 值是多少？

13. 阻尼振子. 一个半径为 $3\times10^{-3}\mathrm{m}$、质量为 $5\times10^{-4}\mathrm{kg}$ 的球，在劲度系数 $C=5\times10^{-2}\mathrm{N/m}$ 的弹簧的作用下在水中运动. 水的 η 为 $1.0\times10^{-3}\mathrm{N\cdot s/m^2}$. 求出在振幅减为初始振幅一半的时间内所做的振动次数$\left(注意，\mathrm{e}^{-0.693}=\dfrac{1}{2}\right)$. 振子的 Q 值是多少？

高级课题

非谐振子　现在，我们继续单摆问题的讨论. 如果摆的振幅相当大，以致在 $\sin\theta$ 的展开式中不能略去 θ^3 项，那么，我们就得不到式（7.9）. θ^3 项对摆的运动有什么影响呢？在表 7.1 中，我们已经看到了它对周期的影响. 现在，让我们看一下，用分析方法能够得到些什么结果.

非谐的或非线性的问题，通常难以严格求解（虽然计算机能够很容易地提供任何所需要的精确度），但是，近似解往往就能够使我们对于所发生的情况有很好的理解. 式（7.8）给出

$$\sin\theta = \theta - \frac{1}{6}\theta^3 + \cdots,$$

只展开到这一级，运动方程式（7.7）变为

$$\frac{d^2\theta}{dt^2} + \omega_0^2\theta - \frac{\omega_0^2}{6}\theta^3 = 0; \tag{7.43}$$

式中，ω_0^2 表示量 g/L. 这是一个非谐振子的运动方程.

我们下面就来讨论，看是否能够找到式（7.43）的形式为

$$\theta = \theta_0\sin\omega t + \varepsilon\theta_0\sin 3\omega t \tag{7.44}$$

的一近似解；其中 ε 是一个量纲为一的量，可以预料，当 $\theta_0 << 1\text{rad}$ 时，它应远小于 1. 这就是说，我们希望把非谐振子的运动近似地（也许是严格地，——不过我们现在还不清楚!）表示为两个不同运动的叠加，其中一个按 $\sin\omega t$ 运动，另一个按 $\sin 3\omega t$ 运动. 之所以想到 $\sin 3\omega t$ 一项，是由于有下面的三角恒等式：

$$\sin^3 x \equiv \frac{3}{4}\sin x - \frac{1}{4}\sin 3x. \tag{7.45}$$

这样，在微分方程（7.43）中，θ^3 这一项就会通过 $\sin\omega t$ 的立方而产生出一项 $\sin 3\omega t$. 为了满足微分方程，我们就不得不在 $\sin\omega t$ 之外另加上 $\varepsilon\sin 3\omega t$ 这样一项，以便抵消由 θ^3 产生的 $\sin 3\omega t$ 那一项. 进一步分析下去，在尝试解中新出现 $\varepsilon\sin 3\omega t$ 一项，由于取立方，它又会产生出一项 $\varepsilon^3\sin 9\omega t$；如此等等. 没有明显的理由说明我们可以中止这一分析过程. 但是，如果 $\varepsilon << 1$，我们可以预料，这个级数会迅速地收敛，因为 ε 作为系数被包含在频率越来越高的项中，它的幂次也越来越高. 于是，我们看到，式（7.44）至多也只能是一个近似解. 而且，我们还要去确定 ε 和 ω. 虽然在振幅很小时 ω 应该趋于 ω_0，但是在振幅很大时，它和 ω_0 是不同的. 为简单起见，我们假定在 $t=0$ 时 $\theta=0$.

微分方程中加上的一项对于不包括该项时的运动是一种微扰，所以，这种类型的近似解称为微扰解. 如上所述，我们依靠有根据的猜测得到了式（7.44）形式的解. 我们不难再去试凑一下几种别的猜测，并抛弃那些不合适的解的形式.

由式（7.43），有

$$\ddot{\theta} = -\omega^2\theta_0\sin\omega t - 9\omega^2\varepsilon\theta_0\sin 3\omega t,$$

$$\theta^3 = \theta_0^3(\sin^3\omega t + 3\varepsilon\sin^2\omega t\sin 3\omega t + \cdots);$$

其中我们已弃掉包含 ε^2 和 ε^3 的项，因为，按我们的假设，这样可以求出 $\varepsilon \ll 1$ 的解. 这样，利用三角恒等式［式（7.45）］，式（7.43）中的各项变为

$$\ddot{\theta} = -\omega^2\theta_0\sin\omega t - 9\omega^2\varepsilon\theta_0\sin 3\omega t,$$

$$\omega_0^2\theta = +\omega_0^2\theta_0\sin\omega t + \omega_0^2\varepsilon\theta_0\sin 3\omega t,\ -\frac{1}{6}\omega_0^2\theta^3 = -\frac{3\omega_0^2}{24}\theta_0^3\sin\omega t + \frac{\omega_0^2}{24}\theta_0^3\sin 3\omega t - \frac{\omega_0^2}{2}\theta_0^3\varepsilon\sin^2\omega t\sin 3\omega t. \tag{7.46}$$

现在，把上面式（7.46）中的各项对应相加. 根据（7.43），左端的总和等于零. 如果式（7.44）必须是对于全部时刻 t 的近似解，那么，式（7.46）右端的 $\sin\omega t$ 和 $\sin3\omega t$ 的系数就必须分别被抵消. 假如这些系数合起来不为零，就会有形如 $A\sin\omega t+B\sin3\omega t=0$ 的表达式，其中 A 和 B 是常数. 但是，这样的方程不可能在全部时刻 t 都被满足，所以 A 和 B 应各自为零. 由于我们所假定的解［式（7.44）］在 $3\omega t$ 截止了，所以我们并没有把可能出现的全部项即全部频率都包括在内，不过我们已经把最重要的两项包括进来了.

式（7.46）中 $\sin\omega t$ 的系数之和应为零，这就要求

$$-\omega^2+\omega_0^2-\frac{3}{24}\omega_0^2\theta_0^2=0,$$

亦即

$$\omega^2=\omega_0^2\left(1-\frac{1}{8}\theta_0^2\right),$$

$$\omega\approx\omega_0\left(1-\frac{1}{16}\theta_0^2\right).\tag{7.47}$$

这里用到了平方根的二项式展开.（参看第2章的数学附录）式（7.47）给出了 ω 对 θ_0 的依赖关系. 这里，ω_0 是 $\theta_0\to0$ 时 ω 的极限，即小振幅极限. 当 $\theta_0=0.3\text{rad}$ 时，相对的频率移动是 $\Delta\omega/\omega\approx-10^{-2}$，其中 $\Delta\omega\equiv\omega-\omega_0$. 我们这就看到，在大振幅时，摆的频率的确与振幅有关.

式（7.44）形式的解还包含一项 $\sin3\omega t$. 这一项的振幅与 $\sin\omega t$ 项的振幅之比是 ε，它是由式（7.46）中 $\sin3\omega t$ 项的系数之和为零的条件决定的：

$$-9\omega^2\varepsilon+\omega_0^2\varepsilon+\frac{\omega_0^2}{24}\theta_0^2=0.$$

如果我们取 $\omega^2\approx\omega_0^2$，则此式化为

$$\varepsilon\approx\frac{\theta_0^2}{192}.$$

我们把 ε 看作是 $\sin3\omega t$ 掺和在一个由 $\sin\omega t$ 起主导作用的 θ 的解中的份额. 当 $\theta=0.3\text{rad}$ 时，可是 $\varepsilon\approx10^{-3}$，它是很小的. 在式（7.46）中，$\sin^2\omega t\sin3\omega t$ 项的系数与我们所采用的两项系数之比，是小量 $O(\varepsilon)$，即 $O(\theta_0^2)$，所以在我们的近似中略去了这一项.

为什么我们不在式（7.44）中包括一个 $\sin2\omega t$ 项呢？读者可以自己试验一下形式为

$$\theta=\theta_0\sin\omega t+\eta\theta_0\sin2\omega t$$

的那种解，并看看会发生什么情况. 你们会发现 $\eta=0$. 摆主要产生三次谐波，即

sin3ωt 项，而不产生 sin2ωt 项．但是，如果一个装置在它的运动方程中包括有 θ^2 项，情况就不同了．在这种场合，它的解会有一个 sin2ωt 项，而且可以采用上面同样的分析方法．有很多这类的问题（例如固体的热膨胀），在那里，位移为正（负）值时的作用力比位移为相同的负（正）值时的作用力要强．

在振幅较大时，摆的频率是多少？在这种运动中，不再只有一个频率．我们已经看到，最重要的项（最大的组成部分）是 sinωt 项，所以我们说 ω 是摆的基频．在我们所取的近似下，ω 由式（7.47）给出．sin3ωt 项称为基频的三次谐波．我们在式（7.44）紧接着的论证中指出过，严格说来，运动中存在着无限多的谐波，但其中绝大部分是非常小的．在式（7.44）中，运动的基本部分的振幅是 θ_0；三次谐波部分的振幅是 $\varepsilon\theta_0$．

有阻尼力的受迫谐振子　我们现在来详细讨论阻尼谐振子的受迫振动．这是一个极为重要的问题．如果除了摩擦力外，振子还受一个外力 $F(t)$ 的作用，则运动方程为

$$M\ddot{x}+b\dot{x}+Cx=F(t).$$

或者，采用较为简洁的符号 $\tau\equiv M/b$ 和 $\omega_0^2\equiv C/M$，上式简化为

$$\ddot{x}+\frac{1}{\tau}\dot{x}+\omega_0^2x=\frac{F(t)}{M}. \tag{7.48}$$

式中，ω_0 是没有摩擦和没有策动力时系统的自然频率．当系统受到不同的频率 ω（$\neq\omega_0$）的策动时，我们将看到，稳恒状态的振动频率将是策动频率，而不是自然频率．但是，如果突然撤去策动力，则系统将复归到接近于自然频率的阻尼振动，倘若阻尼很小的话．

假设在方程（7.48）中

$$\frac{F(t)}{M}=\frac{F_0\sin\omega t}{M}\equiv\alpha_0\sin\omega t,$$

$$\alpha_0\equiv\frac{F_0}{M}, \tag{7.49}$$

这时策动力以频率 ω 做正弦变化．上述关系定义了量 α_0．这个系统的稳恒状态（在任何暂态过程都已停止以后系统所处的状态）的频率将精确地等于策动频率．否则，作用力和响应之间的相对相位会随时间变化．这里我们所得到的结果的一个重要特征：受迫谐振子（即使有阻尼）的稳恒状态的响应发生在策动频率上，而不是发生在自然频率 ω_0 上．除策动频率外，没有一个频率能够满足运动方程．在这里，响应指的可以是位移 x，也可以是速度 $\dot{x}$．下面，我们讨论一下响应是 x 的情况．

我们希望找到方程（7.48）的下述形式的解：

$$x=x_0\sin(\omega t+\phi). \tag{7.50}$$

现在，我们必须解出运动方程，去求出振幅 x_0 和相位角[⊖] ϕ 的值.

式（7.50）中，ω 是策动力的频率，而不是振子的自然频率；ϕ 则是策动力和振子位移间的相位差. 因此，这里的 ϕ 与我们在讨论非受迫谐振子中所遇到的 ϕ 有完全不同的含义. 在那里，ϕ 与初始条件有关. 如果只考虑稳恒状态，那么，初始条件与受迫谐振子没有关系.

精确地定义位移与策动力之间的相位 ϕ 指的是什么，这是值得的. 策动力和位移两者都在做简谐振动. 力和位移两者在从极大值到另一极大值的一个周期内，都经过了360°或 2π 弧度. 相位 ϕ 告诉我们位移比力早多少角度达到它的极大值. 例如，假设在位移为零并开始向正的方向增大的那一瞬间，作用力达到它的正极大值，则位移落后于作用力 $\pi/2$ 弧度. 但是，ϕ 定义为 x 超前 F 的角度，因此，在这种情况下，ϕ 等于 $-\pi/2$.

让我们求微商

$$\frac{\mathrm{d}x}{\mathrm{d}t}=\omega x_0\cos(\omega t+\phi),$$

$$\frac{\mathrm{d}^2x}{\mathrm{d}t^2}=-\omega^2x_0\sin(\omega t+\phi);$$

于是运动方程［式（7.48）］变为

$$(\omega_0^2-\omega^2)x_0\sin(\omega t+\phi)+\frac{\omega}{\tau}x_0\cos(\omega t+\phi)=\alpha_0\sin\omega t. \tag{7.51}$$

利用三角恒等式：

$$\sin(\omega t+\phi)=\sin\omega t\cos\phi+\cos\omega t\sin\phi,$$

$$\cos(\omega t+\phi)=\cos\omega t\cos\phi-\sin\omega t\sin\phi.$$

式（7.51）经简化后变为

$$\left[(\omega_0^2-\omega^2)\cos\phi-\frac{\omega}{\tau}\sin\phi\right]x_0\sin\omega t+\left[(\omega_0^2-\omega^2)\sin\phi+\frac{\omega}{\tau}\cos\phi\right]x_0\cos\omega t=\alpha_0\sin\omega t. \tag{7.52}$$

式（7.52）只有在 $\cos\omega t$ 的系数等于零时才能得到满足. 这个条件可以写为

$$\tan\phi=\frac{\sin\phi}{\cos\phi}=-\frac{\omega/\tau}{\omega_0^2-\omega^2}. \tag{7.53}$$

同样，$\sin\omega t$ 的系数必须等于 α_0：

⊖　我们必须让角 ϕ（称为 x 相对于作用 F 的相位角）不等于零. 如果不考虑 ϕ，就不可能得到任何解. 在说相位角时，一定要说清是什么的相位，相对于什么的相位. 在电学问题中，通常说的是电流相对于电压的相位. 在这里，我们说的是位移 x 相对于策动力 F 的相位. 这两个相位并不是等价的，因为与电流相当的是 $\mathrm{d}x/\mathrm{d}t$，而不是 x.

$$x_0=\frac{\alpha_0}{(\omega_0^2-\omega^2)\cos\phi-\left(\frac{\omega}{\tau}\right)\sin\phi}. \tag{7.54}$$

由式（7.53）得出

$$\cos\phi=\frac{\omega_0^2-\omega^2}{[(\omega_0^2-\omega^2)^2+(\omega/\tau)^2]^{1/2}},$$

$$\sin\phi=\frac{-\omega/\tau}{[(\omega_0^2-\omega^2)^2+(\omega/\tau)^2]^{1/2}}. \tag{7.55}$$

这样，式（7.54）变为

$$x_0=\frac{\alpha_0}{[(\omega_0^2-\omega^2)^2+(\omega/\tau)^2]^{1/2}}. \tag{7.56}$$

这就是运动的振幅.

式（7.55）和式（7.56）给出了我们要寻找的解. 既然我们知道了在策动力 $F=M\alpha_0\sin\omega t$ 作用下系统的响应的振幅 x_0 和相位 ϕ，于是

$$x=\frac{\alpha_0}{[(\omega_0^2-\omega^2)^2+(\omega/\tau)^2]^{1/2}}\sin\left(\omega t+\arctan\frac{\omega/\tau}{\omega^2-\omega_0^2}\right). \tag{7.57}$$

式（7.57）中的振幅对 ω 的函数曲线如图 7.14 所示，相位角 ϕ 对 ω 的曲线如图 7.15 所示. 注意，从图 7.15 看出，相位角总是负的. 这可以由式（7.53）来理解：因为当 $\omega=0$ 时，$\phi=0$；当 $\omega<\omega_0$ 时，$0>\phi>-\pi/2$；当 $\omega>\omega_0$ 时，$-\frac{\pi}{2}>\phi>-\pi$.

通过研究极限情况下的解，我们可以得到更深的印象. 在我们的讨论中，总是假设阻尼很弱，因此 $\omega_0\tau\gg1$.

低策动频率 $\omega\ll\omega_0$. 这时，我们由式（7.55）可以看出

$$\cos\phi\to1,\sin\phi\to0,$$

因而 $\phi\to0$. 这种在低频下的响应，叫作与策动力**同相位**. 由式（7.56），

$$x_0\to\frac{\alpha_0}{\omega_0^2}=\frac{M\alpha_0}{C}=\frac{F_0}{C}. \tag{7.58}$$

在这种极限情形下，响应为弹簧（而不是物体质量或摩擦力）所支配；物体只是在这个反抗弹簧回复力的策动力的作用下缓慢地前后移动.

共振响应 $\omega=\omega_0$. 在共振时，响应可以很大. 在实际应用中，我们常常用到共振响应，因此我们需要仔细地论述它. 在 $\omega=\omega_0$ 时，策动频率等于无摩擦时系统的自然频率. 我们有

$$\cos\phi\to\pm0,\sin\phi\to-1,$$

$$\phi\to-\frac{\pi}{2}.$$

在 $\omega=\omega_0$ 时，振幅为

$$x_0=\frac{\alpha_0\tau}{\omega_0}. \tag{7.59}$$

阻尼越小，τ 越大，因而 x_0 就越大. 保持 F_0 恒定，由式（7.58）和式（7.59），共振响应与零频率响应之比为

$$\frac{x_0(\omega=\omega_0)}{x_0(\omega=0)}=\frac{\alpha_0\tau/\omega_0}{\alpha_0/\omega_0^2}=\omega_0\tau=Q.$$

在这里，因子 Q 的定义与式（7.41）一样. Q 可以很大，通常是 10^4 或更大. 可以说，共振时的响应为阻尼所支配.

响应的极大值 x_0 并不精确地出现在 $\omega=\omega_0$ 处. 我们注意到，式（7.56）的微商为零的条件是

$$\frac{\mathrm{d}}{\mathrm{d}\omega}\left[(\omega_0^2-\omega^2)^2+\left(\frac{\omega}{\tau}\right)^2\right]$$
$$=2(\omega_0^2-\omega^2)(-2\omega)+\frac{2\omega}{\tau^2}=0,$$

即

$$\omega^2=\omega_0^2-\frac{1}{2\tau^2}.$$

这就是 x_0 对 ω 的函数曲线的响应极大值的位置. 如果 $\omega_0\tau\gg1$，则极大值非常接近于 $\omega=\omega_0$.

在相位角接近于 $-\frac{\pi}{2}$ 时，亦即当作用力比位移超前 90°时，响应达到极大值. 这一点看来有点奇怪. 似乎，合乎逻辑的是，共振应该出现在 $\phi=0$ 处，而不是出现在 $-\frac{\pi}{2}$ 处. 但是，问题的关键在于：振子对功率吸收并不直接依赖于策动力与位移之间的相位，而是依赖于策动力和速度之间的相位. 只有略加考虑就会看到，当速度与策动力精确地同相位时，我们将得到最大的偏转. 就是以这种方式，物体刚好在合适的时间和地点被推动. 当位移为零时，速度最大. 如果在这一点它向着正方向移动，那么，为了得到最大的运动，我们希望该时刻的作用力达到它的最大值. 在转折点，速度改变方向，如果要共振，那么，我们希望作用力也按这同一方式在该瞬间改变方向. 因此，最好是根据速度和策动力之间的相位来了解共振. 我们知道，一个振子的速度比它的位移精确地超前 90°，因此，由于作用力和速度是同相位的，对于共振，我们必须使作用力超前位移 90°，亦即 $\phi=-\frac{\pi}{2}$. 如上所述，虽然振幅的极大值发生在比 ω_0 稍低的频率上，然而，在 $\omega=\omega_0$ 时才能传递最大功率.

高策动频率 $\omega\gg\omega_0$. 这时

$$\cos\phi\to-1,\ \sin\phi\to0,\ \phi\to-\pi.$$

而且

$$x_0 \to \frac{\alpha_0}{\omega^2} = \frac{M\alpha_0}{M\omega^2} = \frac{F_0}{M\omega^2}.$$

在这种条件下，响应按 $1/\omega^2$ 减小．物体的惯性支配着高频条件下的响应，物体在这时本质上就像是一个自由物体，它在力的作用下迅速地往复振动．注意，位移 x 相对于策动力 F 的相位 ϕ 从低频时的零开始，经过共振时的 $-\frac{\pi}{2}$，而在高频时达到 $-\pi$．位移总是落后于策动力．

图 7.16 给出了一个有助于理解这些现象的有趣的几何学方法．代替响应 x_0 对 ω 的曲线或功率对 ω 的曲线，我们采用角度 ϕ 作为变量．由式（7.55）和式（7.56）得到

$$\omega x_0 = \frac{F_0}{b}\sin(-\phi) = v_0.$$

式中，b 是式（7.30）中的阻尼系数（M/τ）．乘积 ωx_0 正是速度 $\dot{x}$ 的极大值，也就是我们所说的速度振幅 v_0．现在，如果我们作如图 7.16 中的极图，并选择直径 F_0/b 与上述方程相符，那么，线段 OP 的长度就是速度振幅 v_0．我们必须记住，ϕ 实际上是一个负的角度，但是，因为在图中我们只对 v_0 的数值感兴趣，并因为

$$\sin(-\phi) = -\sin\phi,$$

$$|\sin(-\phi)| = |\sin\phi|,$$

所以，我们把 ϕ 当作似乎是正的角度来处理．在图 7.16 的说明中，给出的 ϕ 的数值是真正的负值．

从极图中可以看出，随着 ϕ 的变化，OP 的长度从很小的数值开始（见图 7.16c），增大到当 $\phi = -\pi/2$ 时等于圆直径的极大值（见图 7.16e），然后，随着 ϕ 趋向于 $-\pi$，再减小（见图 7.16f、g）．下面将看到，功率是 $F\dot{x}$ 在一周期内的平均值［参看式（7.60）和式（7.62）］，并且在 $\phi = -\pi/2$ 时有一个极大值．

功率吸收．利用式（7.49）和式（7.57）对时间的微商，得到策动力在单位时间内对振动系统所做的功的时间平均值：

$$P = \langle F\dot{x}\rangle = \frac{M\alpha_0^2\omega}{[(\omega_0^2-\omega^2)^2+(\omega/\tau)^2]^{1/2}}\langle \sin\omega t\cos(\omega t+\phi)\rangle. \tag{7.60}$$

利用恒等式

$$\cos(\omega t+\phi) = \cos\omega t\cos\phi - \sin\omega t\sin\phi,$$

有

$$\langle \sin\omega t[\cos\omega t\cos\phi - \sin\omega t\sin\phi]\rangle = -\sin\phi\langle \sin^2\omega t\rangle = -\frac{1}{2}\sin\phi. \tag{7.61}$$

这里我们用到了 $\langle \sin\omega t\cos\omega t\rangle = 0$．我们看到，在这里，相位是很重要的（参看图 7.17a 和图 7.17b）．对于 $\sin\phi$，我们用式（7.55），可将式（7.60）写为

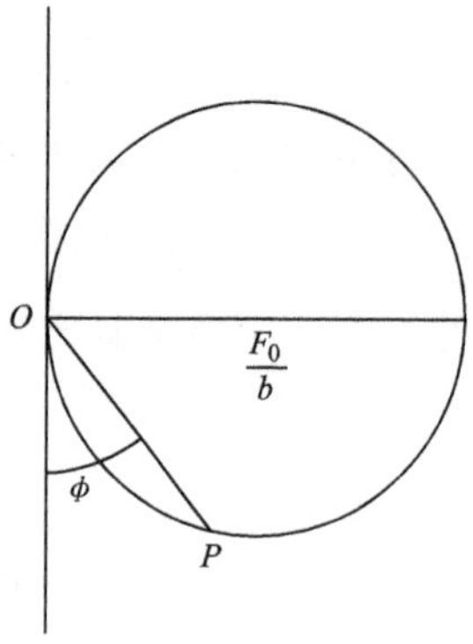

a)"极图"能用来对受迫谐振子作出简单图示。画一个直径为F_0/b的圆，作线段OP，其与纵坐标夹角为ϕ

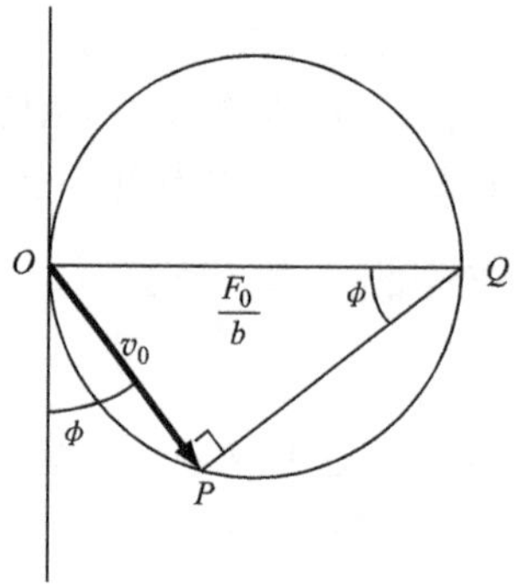

b) 对于任何ϕ，三角形OPQ都是直角三角形.因而线段$OP=-(F_0/b)\sin\phi$.根据式(7.55)～式(7.57)，线段$OP=\omega x_0=v_0$是速度的振幅

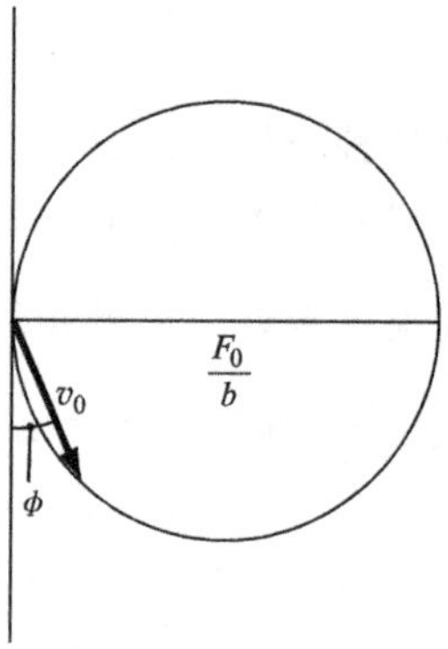

c) 当$\omega \ll \omega_0$时，$\phi\approx 0$，而$v_0 \ll F_0/b$.在这种条件下，响应非常小

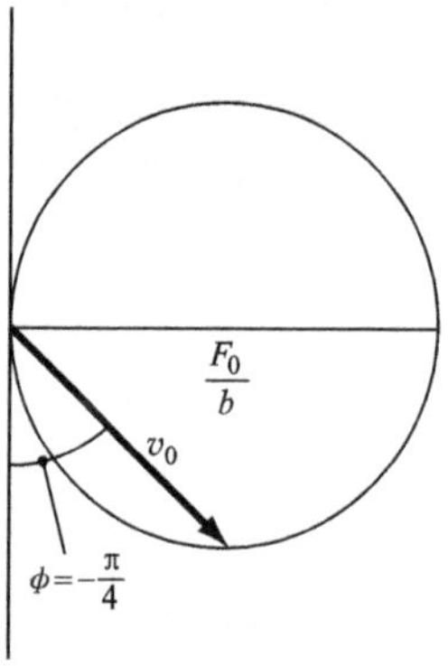

d) 当ω升高时，$|\phi|$和v_0都随之增大.当$\phi=-\frac{\pi}{4}$时，$v_0=F_0/\sqrt{2b}$

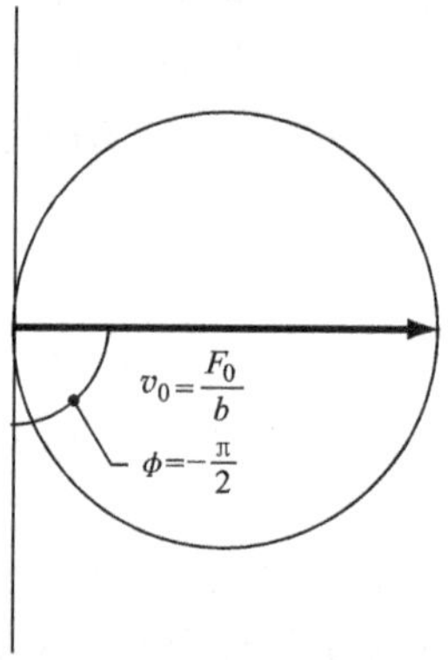

e) 当$\phi=-\frac{\pi}{2}$时，$\omega=\omega_0$，而$v_0=F_0/b$. 速度的振幅在共振时为极大

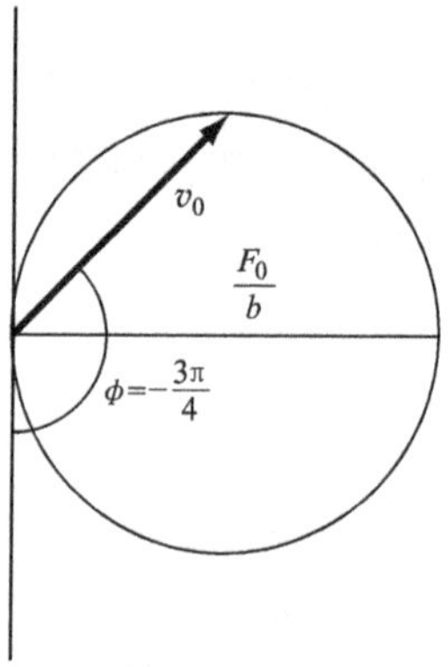

f) 当$\omega>\omega_0$时，v_0又减小.当$\phi=-\frac{3\pi}{4}$时，又有$v_0=F_0/\sqrt{2b}$

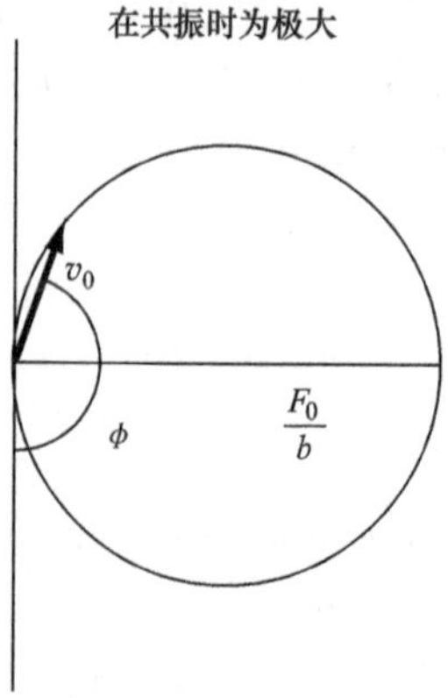

g) 当$\omega\gg\omega_0$时，又有$v_0\ll F_0/b$和$\phi\approx-\pi$

图 7.16

$$P=\frac{1}{2}M\alpha_0^2\frac{\omega^2/\tau}{(\omega_0^2-\omega^2)^2+(\omega/\tau)^2}$$

$$=\frac{1}{2}M\alpha_0^2\tau\left[\left(\frac{\omega_0^2-\omega^2}{\omega/\tau}\right)^2+1\right]^{-1}. \tag{7.62}$$

这是一个重要的结果，在图 7.17 中加以说明.

$\omega=\omega_0$ 时的共振吸收功率为

$$P_{\text{共振}}=\frac{1}{2}M\alpha_0^2\tau.$$

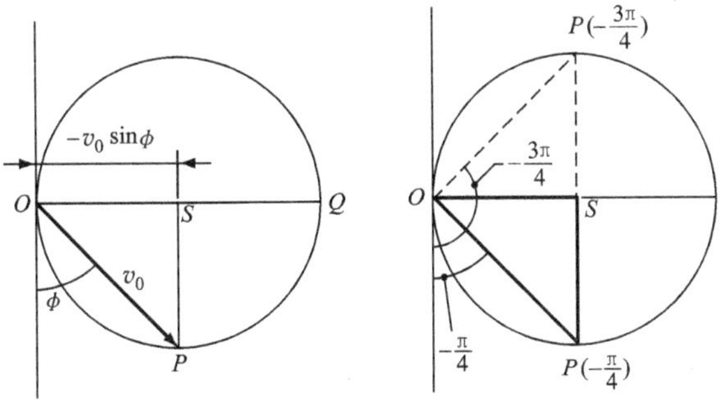

a) 图上表明线段$OS=-v_0\sin\phi$. 根据式(7.60)～式 (7.62)，可以看出，吸收功率正比于$-v_0\sin\phi$，即正比于线段OS

b) 当相位角$\phi=-\frac{\pi}{4}$ 和 $\phi=-\frac{3\pi}{4}$ 时，线段$OS=\frac{1}{2}OS_{\text{极大}}$.因此，吸收功率的半极大出现在这两点.当然，功率吸收的极大值出现在$\phi=-\frac{\pi}{2}$(共振)处

图 7.17

吸收功率［式（7.62）］减少为它在共振时数值的一半时，ω 的变化为 $\pm(\Delta\omega)_{1/2}$，即有

$$\frac{\omega}{\tau}=\omega_0^2-\omega^2\equiv(\omega_0+\omega)(\omega_0-\omega)$$

$$\approx 2\omega(\Delta\omega)_{1/2}. \tag{7.63}$$

因此，在半极大功率处，共振的全宽度 $2(\Delta\omega)_{1/2}$等于 $1/\tau$. 利用式（7.41）的 Q 的表达式，我们得出

$$Q=\omega_0\tau=\frac{\omega_0}{2(\Delta\omega)_{1/2}}$$

$$=\frac{\text{共振频率}}{\text{半极大功率的全宽度}}.$$

所以，Q 量度了调谐的锐度（参看图 7.18）.

【例】

一个谐振子问题的数值例题　令物体的质量 $m=0.001\text{kg}$，劲度系数 $C=10\text{N/m}$，

弛豫时间 $\tau = \frac{1}{2}$s. 于是，由式（7.3）

$$\omega_0 = \left(\frac{C}{M}\right)^{1/2} = \left(\frac{10}{10^{-3}}\right)^{1/2} \mathrm{s}^{-1} = 10^2 \mathrm{s}^{-1};$$

而由式（7.33），自由振动频率为

$$\left[\omega_0^2 - \left(\frac{1}{2\tau}\right)^2\right]^{1/2} = (10^4 - 1)^{1/2} \mathrm{s}^{-1} \approx 10^2 \mathrm{s}^{-1}.$$

由式（7.41），这系统的 Q 值为

$$Q \approx \omega_0 \tau = (10^2)\left(\frac{1}{2}\right) = 50.$$

利用式（7.32），振幅衰减到为其初始值 e^{-1}的时间（对于自由的系统）为

$$2\tau = 1\mathrm{s}.$$

阻尼常数 $b = M/\tau = \frac{0.001}{1/2} = 2 \times 10^{-3}$kg/s

现在，让系统受到一个策动力

$F = M\alpha_0 \sin\omega t = 10^{-4} \sin 90t$（N），

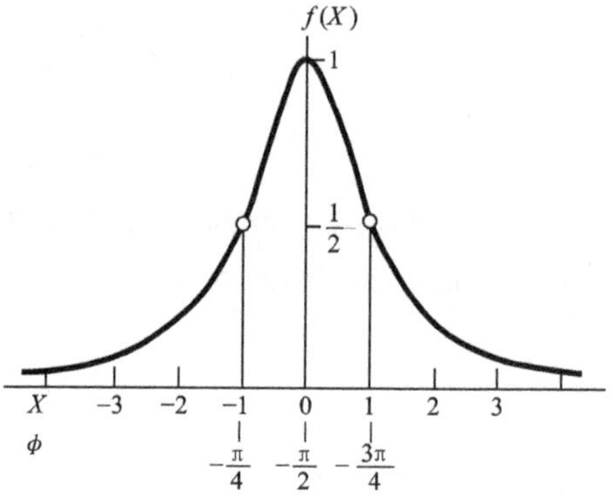

图 7.18　根据式（7.62），吸收功率正比于 $f(X) = 1/(1+X^2)$，其中 $X = \frac{-(\omega_0^2 - \omega^2)}{\omega/\tau} = \cot\phi$. 当 $\phi \approx 0$ 时，$X = \cot\phi$ 很大，并为负. 当 $\phi = -\frac{\pi}{2}$时，$X = \cot\phi = 0$，吸收功率为极大值. 也可以看出半功率点 $X = \pm 1$. 函数$f(X) = 1/(1+X^2)$ 就是所谓的洛仑兹函数

我们看出，$\alpha_0 = F_0/M = 0.1$N/kg，而策动频率为 $\omega = 90\mathrm{s}^{-1}$. 由式（7.56），振幅等于

$$x_0 \approx \frac{0.1}{(4 \times 10^6 + 4 \times 10^4)^{1/2}} \mathrm{m} \approx 5 \times 10^{-5} \mathrm{m};$$

而由式（7.53），相位等于

$$\tan\phi \approx -\frac{180}{1.9 \times 10^3} \approx -0.1,$$

或 $\phi \approx -0.1\mathrm{rad} \approx -6°$. 因而，在每一个周期中，位移的极大值是在力的极大值之后 0.1rad/90rad/s$\approx 10^{-3}$s 出现.

我们可以把上述振幅与在极限 $\omega \to 0$ 时的振幅以及与在共振时的振幅做一比较. 由式（7.58），$x_0(\omega = 0) = \alpha_0/\omega_0^2 = 0.1/10^4 \mathrm{m} = 10^{-5}$m. 由式（7.59）和式（7.41），在共振时，

$$x_0(\omega = \omega_0) = Qx_0(\omega = 0) = 50 \times 10^{-5} \mathrm{m} = 5 \times 10^{-4} \mathrm{m}.$$

由式（7.63），共振曲线在两个半功率点之间的全宽度为

$$2(\Delta\omega)_{1/2} = \frac{\omega_0}{Q} = \frac{100}{50} \mathrm{s}^{-1} = 2\mathrm{s}^{-1}.$$

注意，在这个例子中，我们全用频率去指角频率. 为了得到普通频率，即每秒

振动的次数或每秒的周数，必须把它除以 2π.

数学附录

现在我们要研究几个更复杂的方程，它们是在学习力学时出现的. 在第 3 章数学附录中我们曾经求解过两种方程，它们分别相应于无作用力和恒力的情况. 那么，依照方程求解的难易程度，我们下一步应该考虑方程

$$\frac{\mathrm{d}x^2}{\mathrm{d}t^2} = bt.$$

式中，b 是常数；t 是时间. 因为把 t^3 微商两次可以得到 t，因此，方程的解应为

$$x = \frac{1}{6}bt^3 + c_0 t + d_0.$$

式中，c_0 和 d_0 是我们在式（3.52）和式（3.54）的解中遇到过的相同类型的任意常数. 在 $t=0$ 时，$x=d_0$，$\mathrm{d}x/\mathrm{d}t=c_0$. 同样，如果 $\mathrm{d}^2x/\mathrm{d}t^2=bt^2$ 或 ft^3 等，我们也能够很容易地求出一个解. 可惜，这类问题不多，因为，我们还必须讨论在物理学中比较容易遇到一些其他情况.

阻力　力学中的一个相当普通的问题，是阻力正比于速度的情况（这种方程在放射性物质衰变的情况中也会出现）. 在这种情况下，牛顿第二定律给出

$$m\frac{\mathrm{d}^2x}{\mathrm{d}t^2} = -bv = -b\frac{\mathrm{d}x}{\mathrm{d}t}. \tag{7.64}$$

负号表示这种作用力的倾向是使速度减小. 由于加速 $\mathrm{d}^2x/\mathrm{d}t^2$ 就等于 $\mathrm{d}v/\mathrm{d}t$，我们可以使这个方程简化，因此，式（7.64）变为

$$m\frac{\mathrm{d}v}{\mathrm{d}t} = -bv,$$

亦即

$$\frac{\mathrm{d}v}{v} = -\frac{b\mathrm{d}t}{m}.$$

这样，我们就有了一个可以用标准方法求求积分的方程：

$$\int\frac{\mathrm{d}v}{v} = \log_e v = -\int\frac{b\mathrm{d}t}{m}$$

$$= -\frac{bt}{m} + \text{常数}$$

$$v = A\mathrm{e}^{-bt/m}. \tag{7.65}$$

这里 e 是自然对数的底，它的数值是 2.718…. 自然对数的性质与以 10 为底的对数的性质是一样的. 自然对数的数值在绝大多数的数学手册中都可以找到. 有一个数是值得记住的，它就是 $\mathrm{e}^{-0.693} = \frac{1}{2} = 0.500$.

式（7.65）中的常数 A 是多少呢？在 $t=0$ 时，$e^{-0}=1$，所以 $v=A$．所以，这是一个可用来适应初始条件的任意常数．可是，在以前，我们有两个任意常数，而现在，却只有一个任意常数．这里因为，我们刚才求解的这个方程是一个一阶方程，所以我们只有一个常数．现在，让我们回到 $v=\mathrm{d}x/\mathrm{d}t$，并写出

$$\mathrm{d}x/\mathrm{d}t=v_0\mathrm{e}^{-bt/m}. \tag{7.66}$$

式中，v_0 代表的是 $t=0$ 时的速度．让我们用下面形式的解去尝试一下：

$$x=B+C\mathrm{e}^{-bt/m}.$$

我们之所以采用指数形式，是因为，把 e^{-t} 微商仍能得到 e^{-t}．把这个解代入式（7.66），我们得到

$$-b/mC\mathrm{e}^{-bt/m}=v_0\mathrm{e}^{-bt/m}.$$

因此，常数 $C=-mv_0/b$．常数 B 是什么呢？我们猜想到它应是初始条件 x_0．可是，当我们把 $t=0$ 代入解中时，得到

$$x=B+C=B-\frac{mv_0}{b}.$$

因此，如果在 $t=0$ 时，$x=x_0$，则 $B=x_0+\frac{mv_0}{b}$．于是，我们最终的解是

$$x=x_0+\frac{v_0m}{b}(1-\mathrm{e}^{-bt/m}).$$

作为一个例子，假定有一个质量为 0.025kg 的粒子，它受到一个 $-5\times10^{-3}v$（N）的力的作用，并在 $x=-0.1\mathrm{m}$ 处以 0.4m/s 的速度向 x 的正方向起动．那么，应用以上结果，我们得到

$$\begin{aligned}x&=-0.1+0.4\times\frac{25}{5}[1-\mathrm{e}^{-(5/25)t}]\\&=-0.1+2(1-\mathrm{e}^{-t/5});\\t&=0,\ x=-0.1\mathrm{m};\end{aligned}$$

在 $t=0$ 时，

$$\frac{\mathrm{d}x}{\mathrm{d}t}=-2\left(-\frac{1}{5}\right)\mathrm{e}^{-t/5}=+0.4\mathrm{m/s}.$$

注意，当 $t\to\infty$ 时，$x\to1.9\mathrm{m}$，而 $v\to0$．

收尾速度　现在，我们可以着手去处理一些更复杂的方程了，例如

$$m\frac{\mathrm{d}v}{\mathrm{d}t}=F-bv, \tag{7.67}$$

式中，F 是一个常数．

可以看出，这个方程的最终的稳态解应是

$$\frac{\mathrm{d}v}{\mathrm{d}t}=0,\ F=bv,\ v=\frac{F}{b};$$

上面这个速度常常称为收尾速度．我们尝试一下下面这个解：

$$v=\frac{F}{b}(1-e^{-bt/m}),$$

取微商有

$$\frac{dv}{dt}=\frac{F}{m}e^{-bt/m}=\frac{F}{m}\left(1-\frac{b}{F}v\right)$$
$$=\frac{F}{m}-\frac{b}{m}v.$$

它满足方程（7.67）．可以看出，根据这个解，在 $t=0$ 时有 $v=0$．因此，如果是别的初始条件，我们也应该去使它满足．我们注意到，当 $t\to\infty$ 时，的确有 $v\to F/b$．

假定在 $t=0$ 时，$v=v_0$．尝试下面的解：

$$v=\frac{F}{b}(1-e^{-bt/m})+v_0e^{-bt/m}. \tag{7.68}$$

求出微商，可证明它满足原来的方程．

有趣的是，上面的通解［式（7.68）］就等于我们等一次试过的方程（7.67）的解加上 $m\mathrm{d}v/\mathrm{d}t=-bv$ 的由式（7.66）给出的解．我们可以从另一个角度来看这一点，即去考虑 $m\mathrm{d}v/\mathrm{d}t+bv=F$ 的解．如果我们能够找到这个方程的一个特解，那么，在它上面加上 $m\mathrm{d}v/\mathrm{d}t+bv=0$ 的任何一个解，我们就又得到一个特解．

弹簧力 现在我们来对弹簧类型的力求解运动方程；这种力总是指向原点（或指向某个可以很方便地选作原点的点），而且正比于到原点的距离．在数学上，这就是 $F=-Cx$：如果 x 为正，力为负，如果 x 为负，力为正．C 是一个正的常数，常称为劲度系数．现在，方程是

$$m\frac{d^2x}{dt^2}=-Cx,\ \frac{d^2x}{dt^2}=-\frac{Cx}{m}.$$

作为一个尝试解，令 $x=\cos\omega t$，求微商，得

$$\frac{dx}{dt}=-\omega\sin\omega t,\ \frac{d^2x}{dt^2}=-\omega^2\cos\omega t$$
$$=-\omega^2x.$$

把它和原来的方程加以比较，可以看出，如果 $\omega^2=C/m$，那么，我们的解就是正确的．显然，$x=\sin\omega t$ 也是正确的．但是，与初始条件相对应的常数在哪里呢？让我们用

$$x=A'\sin\omega t+B'\cos\omega t$$

试一试．它也是一个解，而且我们注意到，当 $t=0$ 时，$x=B'$．因此，B'就是我们以前曾经用过的 x_0．当我们求微商并让 $t=0$ 时，我们得到 $\mathrm{d}x/\mathrm{d}t=\omega A'$．它就是我们以前曾经用过的 v_0．注意，A'本身并不是初始速度．这个解的另一个写法是

$$x=A\sin(\omega t+\phi).$$

当 $t=0$ 时，$x=A\sin\phi$；而当 $t=0$ 时，$\mathrm{d}x/\mathrm{d}t=+A\omega\cos\phi$．这样，两个常数 A 和 ϕ 就代替了 A'和 B'．多数情况下，解的这第二种形式用起来比较方便；当然，读者会

发现，对于有些问题，第一种形式的解也是很有用的．举几个例子也许是有益的．假定 $C/m=25\mathrm{s}^{-2}$，因此 $\omega=5\mathrm{s}^{-1}$.

（1）一个粒子在 $t=0$ 时从原点开始以 0.1m/s 的速度向负 x 方向运动．假定 $x=A\sin(5t+\phi)$，则当 $t=0$ 时，$x=A\sin\phi$，而且它必须等于0．因此，ϕ 等于0或 π．$\mathrm{d}x/\mathrm{d}t=+5A\cos\phi=-0.1\mathrm{m/s}$．由此可见，$\phi$ 必须等于 π，而 A 必须是 0.02m．所以，我们的解为

$$x=0.02\sin(5t+\pi)=-0.02\sin 5t.$$

（2）当 $t=0$ 时，粒子在 $x=+0.05\mathrm{m}$ 处，并静止．因此有 $+0.05=A\sin\phi$ 和 $\mathrm{d}x/\mathrm{d}t=\omega A\cos\phi=0$．这样就有 $A=0.05\mathrm{m}$ 和 $\phi=\pi/2$，于是我们的解为

$$x=0.05\sin\left(5t+\frac{\pi}{2}\right)=0.05\cos 5t.$$

（3）当 $t=0$ 时，$x=-0.05\mathrm{m}$，而速度为 $-0.25\mathrm{m/s}$．在这一时刻，$-0.05=A\sin\phi$ 和 $-0.25=+A\omega\cos\phi=+0.05A\cos\phi$．两式相除得到 $\tan\phi=+1$，因此 $\phi=\pi/4$ 或 $5\pi/4$．但是 $\cos 5\pi/4=-1/\sqrt{2}$，而 $\cos\pi/4=+1/\sqrt{2}$，因此，$\phi=5\pi/4$．把这个值代入第一个方程得到 $A=\sqrt{2}\times0.05\mathrm{m}$．除此以外，还可以选取 $A=-0.05/\sqrt{2}\mathrm{m}$ 和 $\phi=\pi/4$．这时，

$$x=0.05\sqrt{2}\sin\left(5t+\frac{5\pi}{4}\right),$$

或

$$-0.05\sqrt{2}\sin\left(5t+\frac{\pi}{4}\right).$$

弹簧力和阻力 有一种更复杂的方程，出现在阻尼谐振子情况中．现在，作用力是 $-bv$ 加上力 $-Cx$：

$$m\frac{\mathrm{d}^2x}{\mathrm{d}t^2}=-bv-Cx,\text{其中 } v=\frac{\mathrm{d}x}{\mathrm{d}t};$$

$$m\frac{\mathrm{d}^2x}{\mathrm{d}t^2}+b\frac{\mathrm{d}x}{\mathrm{d}t}+Cx=0.$$

我们尝试一下形式为 $x=A\mathrm{e}^{-\beta t}\sin(\omega t+\phi)$ 的解，这时有

$$b\frac{\mathrm{d}x}{\mathrm{d}t}=-\beta bA\mathrm{e}^{-\beta t}\sin(\omega t+\phi)+$$
$$b\omega A\mathrm{e}^{-\beta t}\cos(\omega t+\phi),$$

$$m\frac{\mathrm{d}^2x}{\mathrm{d}t^2}=-2m\omega\beta A\mathrm{e}^{-\beta t}\cos(\omega t+\phi)+$$
$$\beta^2 mA\mathrm{e}^{-\beta t}\sin(\omega t+\phi)$$
$$-m\omega^2A\mathrm{e}^{-\beta t}\sin(\omega t+\phi).$$

于是

$$m\frac{\mathrm{d}^2x}{\mathrm{d}t^2}+b\frac{\mathrm{d}x}{\mathrm{d}t}+Cx$$
$$=A\mathrm{e}^{-\beta t}\sin(\omega t+\phi)(C-\beta b-m\omega^2+\beta^2m)+$$
$$A\mathrm{e}^{-\beta t}\cos(\omega t+\phi)(b\omega-2m\omega\beta)$$
$$=0.$$

要使这个方程对于所有的 t 值都满足，唯一的途径是让以下各项的系数均为零：

$$b\omega-2m\omega\beta=0,$$
$$\beta=\frac{b}{2m};$$
$$C-\beta b-m\omega^2+\beta^2m=C-\frac{b^2}{2m}-m\omega^2+\frac{b^2}{4m^2}m=0,$$
$$\omega^2=\frac{C}{m}-\frac{b^2}{2m^2}=\frac{C}{m}-\beta^2.$$

注意，A 和 ϕ 都是任意常数，不是由微分方程确定的. 但是，频率 ω 和阻尼常数 β 却是由微分方程确定的. 如果 $\omega_0=C/m$，则 $\omega<\omega_0$；但是，如果 β 很小，那么振幅 $A\mathrm{e}^{-\beta t}$ 衰减得就很慢，即有 $\omega\approx\omega_0$.

$\omega/\beta\approx5$ 的一个这种形式的解，如图 7.19 所示.

必须注意的是，如果 b 很大，则 ω 可等于零或 $C=b^2/4m$. 在这种情况下解是什么呢？

尝试一下可以看出，$A\mathrm{e}^{-bt/2m}\sin\phi=A'\mathrm{e}^{-bt/2m}$ 是它的一个解. 但是，$Bt\mathrm{e}^{-bt/2m}$ 也是一个解. 因此解为

$$x=A'\mathrm{e}^{-bt/2m}+Bt\mathrm{e}^{-bt/2m}. \tag{7.69}$$

式中，A' 和 B 是用来满足初始条件的任意常数. 这个解通常称为临界阻尼解. 这时，x 比在

$$C<\frac{b^2}{4m}\text{ 或 }C>\frac{b^2}{4m}$$

的情况下更快地减小至零.

如果 $C<\frac{b^2}{4m}$，所得的解称为过阻尼解，它是

$$x=\mathrm{e}^{-bt/2m}\left[A\exp\left(\sqrt{\frac{b^2}{4m^2}-\frac{C}{m}}t\right)+B\exp-\left(\sqrt{\frac{b^2}{4m^2}-\frac{C}{m}}t\right)\right]. \tag{7.70}$$

式中，A 和 B 是必须满足初始条件的常数.

复数和受迫谐振子　熟悉复数的读者应该记得如下的公式：

$$\mathrm{e}^{\mathrm{i}\alpha}=\cos\alpha+\mathrm{i}\sin\alpha,$$

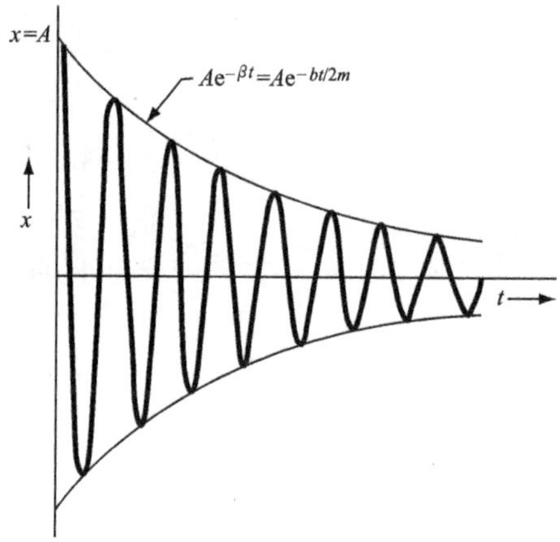

图 7.19　阻尼谐振子

式中，$i=\sqrt{-1}$. 这个表达式中，$e^{i\alpha}$称为复数；$\cos\alpha$ 称为实部，而 $\sin\alpha$ 称为虚部. 将实部标作横坐标，虚部标作纵坐标，可以把复数形象化. 图 7.20 就是这种表示法. 线段 OA 的长度称为复数的绝对值或数值. 它的二次方可由这个复数和它的共轭复数的乘积得到. 共轭复数是由改变 i 的正负号得到的（不论 i 出现在哪里）. 当然，复数的数值是一个实数. 在目前场合，它是

$$e^{i\alpha}e^{-i\alpha}=e^0=1.$$

我们看到，因为 $\cos\alpha=OB/OA=OB$，所以 OA 具有单位长度.

复数的加法、减法和乘法遵循通常的规则. 例如：

$$(a+ib)+(c+id)=a+c+i(b+d),$$

$$(a+ib)-(c+id)=a-c+i(b-d),$$

$$(a+ib)(c+id)=ac-bd+i(ad+bc).$$

$$(\text{因为 } i^2=-1)$$

对于复数除法，我们常要把商加以整理，使得分母为实数，这样，就很容易看出商的实部和虚部：

$$\frac{a+ib}{c+id}=\frac{(a+ib)(c-id)}{(c+id)(c-id)}=\frac{ac+bd+i(bc-ad)}{c^2+d^2}.$$

最后，值得注意的是，任何复数都可以写成 $\rho e^{i\phi}$的形式. 为了求出用实部和虚部表示的 ρ 和 ϕ，我们写出

$$\rho e^{i\phi}=\rho\cos\phi+i\rho\sin\phi=a+ib,$$

$$\rho e^{i\phi}\rho e^{-i\phi}=\rho^2=(a+ib)(a-ib)=a^2+b^2,$$

$$\tan\phi=\frac{b}{a},\ \phi=\arctan\frac{b}{a}. \qquad (7.71)$$

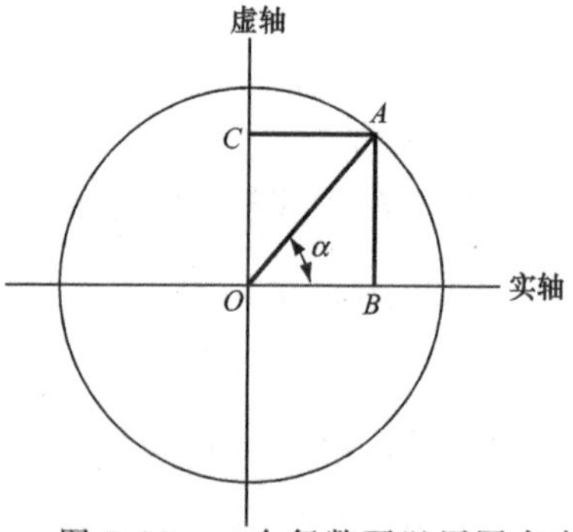

图 7.20　一个复数可以用图来表示：把它的实部 OB 标在水平轴上，虚部 OC 标在竖直轴上. 在这种情况下，OA 表示 $e^{i\alpha}$，$OB=\cos\alpha$，$OC=\sin\alpha$. OA 就是复数的绝对值

现在，我们用复数表示来给出受迫谐振子问题一个极为简洁的解法.

运动方程［式（7.48）和式（7.49）］（为了方便，用 $\cos\omega t$ 代替 $\sin\omega t$）是

$$\ddot{x}+\frac{1}{\tau}\dot{x}+\omega_0^2x=\alpha_0\cos\omega t. \qquad (7.72)$$

让我们用

$$\alpha_0 e^{i\omega t} \equiv \alpha_0 (\cos\omega t + i\sin\omega t)$$

代替作用力项．如果策动力为 $\alpha_0\cos\omega t$（α_0 为实数），那么，计算到最后时，我们可以把 x 的实部取作响应．

我们预期式（7.72）的解是

$$x = X_0 e^{i\omega t}, \tag{7.73}$$

其中 X_0 可以是一个复数．将式（7.73）代入式（7.72），得

$$\left(-\omega^2 - \frac{i\omega}{\tau} + \omega_0^2\right) X_0 e^{i\omega t} = \alpha_0 e^{i\omega t}.$$

因此

$$X_0 = \frac{\alpha_0}{\omega_0^2 - \omega^2 + i(\omega/\tau)}. \tag{7.74}$$

分别考虑 X_0 的实部和虚部是有好处的．我们有

$$\begin{aligned} X_0 &= \left[\frac{\alpha_0}{\omega_0^2 - \omega^2 + i(\omega/\tau)}\right]\left[\frac{\omega_0^2 - \omega^2 - i(\omega/\tau)}{\omega_0^2 - \omega^2 - i(\omega/\tau)}\right] \\ &= \alpha_0 \frac{\omega_0^2 - \omega^2 - i(\omega/\tau)}{(\omega_0^2 - \omega^2)^2 + (\omega/\tau)^2}, \end{aligned}$$

于是

$$\mathrm{Re}(X_0) = \frac{(\omega_0^2 - \omega^2)\alpha_0}{(\omega_0^2 - \omega^2)^2 + (\omega/\tau)^2},$$

$$\mathrm{Im}(X_0) = \frac{-(\omega/\tau)\alpha_0}{(\omega_0^2 - \omega^2)^2 + (\omega/\tau)^2}.$$

在 $|\omega_0^2 - \omega^2| \gg \omega/\tau$ 条件下，有

$$\mathrm{Re}(X_0) \approx \frac{\alpha_0}{\omega_0^2 - \omega^2}, \quad \mathrm{Im}(X_0) \approx 0.$$

这个条件称为远离共振条件，这时 X_0 的实部比虚部重要得多．

当 $|\omega_0^2 - \omega^2| \ll \omega/\tau$ 时，我们称之为接近共振；当 $\omega_0 = \omega$ 时，我们称之为正在共振或在共振中心．对于 $\omega_0 = \omega$，

$$\mathrm{Re}(X_0) = 0,$$

$$\mathrm{Im}(X_0) = \alpha_0 \frac{\tau}{\omega}.$$

这时 τ 越增大，阻尼越小，从而共振时响应的虚部也越大．

如果我们回想一下，在远离共振时，相位角 ϕ 接近于 0 或 $-\pi$，我们就可以明白，为什么振幅会有一个非常小的虚部．同样，当 $\omega = \omega_0$ 时，$\phi = -\pi/2$，位移与作用力相位相反，所以振幅的虚部（它与速度的振幅相关）会很大，而实部为零．

让我们把 X_0 写成 $\rho e^{i\phi}$ 的形式，如式（7.71）那样．于是，由式（7.71）和式（7.74），我们得到响应的振幅为

$$\rho=(X_0X_0^*)^{1/2}=\frac{\alpha_0}{[(\omega_0^2-\omega^2)^2+(\omega/\tau)^2]^{1/2}};$$

这里 X_0^* 是 X_0 的共轭复数，因此 $X_0X_0^*$ 是实数．至于 x 相对于 F 的相位角，我们有

$$\tan\phi=\frac{-\omega/\tau}{\omega_0^2-\omega^2}.$$

平均功率吸收为

$$\begin{aligned}\langle P\rangle&=\langle F\dot{x}\rangle=\langle \mathrm{Re}(F)\mathrm{Re}(\dot{x})\rangle\\&=\langle[M\alpha_0\cos\omega t][-\rho\omega\sin(\omega t+\phi)]\rangle.\end{aligned}\tag{7.75}$$

如果 F 的实部在物理上是实在的作用力，那么，我们就取 x 的实部去与物理现实相对应．至于时间的平均值，还存在着其他的正确的形式；重要的是，应取 x 的与 F 相位一致的部分．利用与式（7.61）相当的式子和关系式 $\rho\sin\phi=\mathrm{Im}(X_0)$，我们由式（7.75）得

$$\begin{aligned}\langle P\rangle&=-M\alpha_0\rho\omega\langle\cos^2\omega t\rangle\sin\phi\\&=-\frac{1}{2}M\alpha_0\omega\mathrm{Im}(X_0)\\&=\frac{1}{2}M\alpha_0^2\frac{\omega^2/\tau}{(\omega_0^2-\omega^2)^2+(\omega/\tau)^2}.\end{aligned}$$

这个结果与式（7.62）的结果一致．

拓 展 读 物

PSSC, "Physics," chaps. 20（sec. 8）and 24（sec. 1）, D. C. Heath and Company, Boston, 1965.

Y. Rocard, "General Dynamics of Vibrations," Frederick Ungar Publishing Co., New York, 1960. 一部简单清楚的书，涉及我们能想到的很多应用.

B. L. Walsh, Parametric Amplification, *International Science and Technology*, **17**, p. 75, May 1963. 一部关于参量放大器及其低噪声性质的基本介绍.

在中等水平上介绍谐振动（包括自由振动、阻尼振动和受迫振动）的教材，例如可参见 John L. Synge and Byron A. Griffith, "Principles of Mechanics," sec. 6. 3, McGraw-Hill Book Company, New York, 1959.

第 8 章　初等刚体力学

第 8 章　初等刚体力学

刚体动力学是一个诱人而复杂的论题，它或许是经典力学的最高点和最困难的部分．在这个论题中，回转器和陀螺是各种问题的原型，它们的精巧而有趣的行为常常使从难以理解．对刚体运动所做的全面阐述，能使我们体会到这个理论的令人惊奇的简洁而优美的特点．但是，在目前我们所做的导论水平的论述中，这些特点可能并不明显．关于回转动器的详尽理论描述可以参见 F. Klein 与 A. Sommerfeld 合著的《陀螺仪理论》(Therorie des kreisels)．

刚体这个术语，指的是具有固定间距的质点集合；我们将不考虑运动过程中的振动和变形．我们所涉及的大部分运行，是由绕轴的转动组成的，轴可以固定，也可以随时间变化．我们将要讲的内容，适用于多种场合，这包括有自旋的电子、转动的原子和分子，以及转动的机械、回转器、行星和惯性制导等．

在这个论题中，根据转轴随着时间的流逝在惯性空间中是保持固定方向不变还是改变它的方向，做出了一定的固有的分类．对于固定轴运动的论述，比起更普遍的情况来说，显然要简单些，许多重要的系统都属于这种类型．因此，在目前水平下对刚体动力学做简单论述，有时就只限定于固定轴的情况．然而，我们的讨论将从普遍的情况开始，然后才研究各种重要的特殊情况，同时，对每一种特殊情况，我们都明确指出物体及其运动的各种特殊条件及性质．

8.1　运动方程

对于一个在惯性参考系中运动的质点系，我们以前（在第 6 章）已经根据牛顿第二定律导出过下述关系式：

$$\boxed{\frac{\mathrm{d}\boldsymbol{J}}{\mathrm{d}t}=\boldsymbol{N}.}\tag{8.1}$$

式中，$\boldsymbol{J}$ 是对于选定的某一原点的角动量矢量；$\boldsymbol{N}$ 是作用在系统各质点上的全部外力按原点计算的力矩矢量和．我们在第 6 章中已经看到，系统的内力不产生任何合力矩．

式 (8.1) 本质上已包含有我们需要知道的关于这种运动的一切内容，它就是运动方程．我们的问题，是要把这个运动方程应用于我们所研究的对象和条件．为此目的，我们必须知道，如何去表示一个刚体的 $\boldsymbol{J}$．我们还必须知道，如何去表示与刚体运动相联系的动能．现在，我们就着手讨论这些问题．

8.2　角动量和动能

考虑刚体的这样一种运动，在运动中，它的某一点始终保持在空间的一个固定点不动. 于是，在任一瞬间，它的运动都是绕通过该点的某个轴的转动. 我们就把这个固定点（即图 8.1 中的 O 点）选作我们参考系的原点，并利用沿瞬时转轴方向的角速度矢量 $\boldsymbol{\omega}$ 来描述这种运动. 按照一般习惯，矢量 $\boldsymbol{\omega}$ 的指向，就是随着刚体一起转动的右手螺旋沿轴旋进的方向；矢量的长度 ω 若按某个选定的长度单位画出，它的数值就等于以弧度/秒表示的角速度.

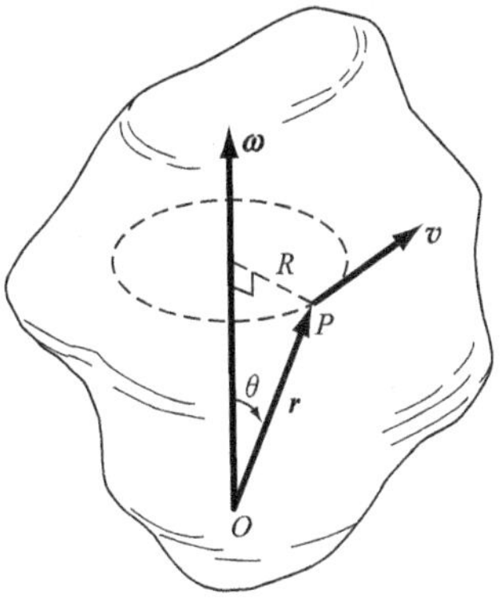

图 8.1　在图上所示的瞬间，物体的转动使 P 点在垂直于 $\boldsymbol{\omega}$ 的平面上画出一个半径 $R = r\sin\theta$ 的圆. $\boldsymbol{v}$ 的数值是 $v = \omega R = \omega r\sin\theta$，它的方向垂直于由 $\boldsymbol{\omega}$ 和 $\boldsymbol{r}$ 所决定的平面. 因此，$\boldsymbol{v} = \boldsymbol{\omega} \times \boldsymbol{r}$

现在，物体内位于 $\boldsymbol{r}$ 的某一点 P 的瞬时速度矢量 $\boldsymbol{v}$ 就是

$$\boldsymbol{v} = \boldsymbol{\omega} \times \boldsymbol{r}; \tag{8.2}$$

这个式子，我们可以很容易地从图 8.1 及其说明中看出来. 如果组成物体的各质点中有一个质量为 m 的质点位于 P 点，那么，它对于物体的总角动量的贡献就是 $\boldsymbol{r} \times m\boldsymbol{v} = \boldsymbol{r} \times m(\boldsymbol{\omega} \times \boldsymbol{r})$.

现在，我们可以把总角动量表示为组成物体的全部质点或质量元所贡献的那些角动量的矢量和：

$$\boldsymbol{J} = \sum \boldsymbol{r}_i \times m_i(\boldsymbol{\omega} \times \boldsymbol{r}_i). \tag{8.3}$$

式中，$\boldsymbol{r}_i$ 是质量元 m_i 的位量矢量；求和遍及全部质量元.

在如图 8.1 所示的瞬间，转动物体的总动能可以通过对全部质量元的贡献 $\frac{1}{2}mv^2$ 求和而得到. 因为 $v^2 = \boldsymbol{v} \cdot \boldsymbol{v}$，所以

$$\begin{aligned} K &= \sum \frac{1}{2} m_i(\boldsymbol{\omega} \times \boldsymbol{r}_i) \cdot (\boldsymbol{\omega} \times \boldsymbol{r}_i) \\ &= \frac{1}{2} \sum m_i |\boldsymbol{\omega} \times \boldsymbol{r}_i|^2. \end{aligned} \tag{8.4}$$

下面，我们将把上述运动方程、角动量和动能的普遍公式应用于刚体转动的几个重要的特殊情况.

8.3　转动惯量

考虑如图 8.2 所示的一个薄板即物质的一种平面分布，它位于 xy 平面内，并绕 z 轴以角速度 ω 转动. 假定矢量 $\boldsymbol{\omega}$ 的方向恒定不变. 质量元 m_i 以速度 $\boldsymbol{v}_i = \boldsymbol{\omega} \times \boldsymbol{r}_i$ 运动. 由于在这种情况下 $\boldsymbol{\omega}$ 与 $\boldsymbol{r}_i$ 垂直，所以它的速率简单地就是 $v_i = \omega r_i$. 于是，平板的动能为

$$K = \frac{1}{2}\sum m_i v_i^2 = \frac{1}{2}\left(\sum m_i r_i^2\right)\omega^2 = \frac{1}{2} I_z \omega^2; \tag{8.5}$$

式中，我们定义了一个量 I_z，它称为平板相对于 z 轴的转动惯量：

$$\boxed{I_z = \sum m_i r_i^2.} \tag{8.6}$$

平行轴定理 如图 8.2 所示，如果我们在图中引入一个质心，就能看出一个重要的特点. 做代换

$$\boldsymbol{r}_i = \boldsymbol{r}_C + \boldsymbol{r}_i',$$

对于 I_z，我们得到

$$\begin{aligned} I_z &= \sum m_i r_i^2 \\ &= \sum m_i \boldsymbol{r}_i \cdot \boldsymbol{r}_i \\ &= \sum m_i (\boldsymbol{r}_C + \boldsymbol{r}_i') \cdot (\boldsymbol{r}_C + \boldsymbol{r}_i') \\ &= \sum m_i (r_C^2 + 2\boldsymbol{r}_C \cdot \boldsymbol{r}_i' + r_i'^2). \end{aligned}$$

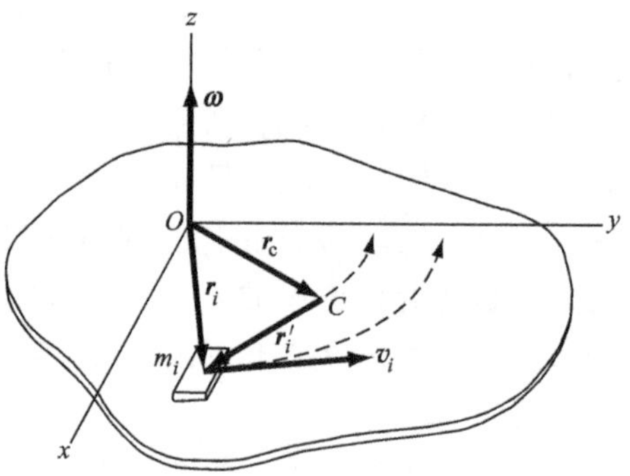

图 8.2 平板在它自身的平面（xy 平面）内绕 O 转动，每一点绕 O 在它自身的圆周上以速率 $v_i = \omega r_i$ 运动. C 是质心

但是，因为 $\sum m_i = M$，即平板的总质量，所以有

$$I_z = Mr_c^2 + 2\boldsymbol{r}_c \cdot \sum m_i \boldsymbol{r}_i' + \sum m_i r_i'^2.$$

我们可以看出，上式中间那一项等于零，因为 $\boldsymbol{r}_i'$ 是 m_i 相对于质心的位置矢量，从而总和 $\sum m_i \boldsymbol{r}_i' = 0$. 另外，最末一项就是相对于通过质心 C 点的垂直轴的转动惯量. 因此，我们得到

$$I_z = I_{Cz} + Mr_C^2. \tag{8.7}$$

对于具有垂直轴的物质作平面分布的这种特殊系统所导出的结果即式（8.7），就是平行轴定理. 可以很容易地证明，这是一个适用于有任意分布的物质系统的普遍定理. 用文字来表达它是：

绕任何轴的转动惯量等于绕通过质心的平行轴的转动惯量加上物体的质量乘以两轴间距离的二次方. 因此

$$\boxed{I = I_C + Ml^2,} \tag{8.8}$$

式中，l 是两轴的间距.

我们将看到，这是一个很有用的结果.

由式（8.7），表达式（8.5）变为

$$\boxed{K = \frac{1}{2} I_{Cz}\omega^2 + \frac{1}{2} Mr_C^2\omega^2.} \tag{8.9}$$

它可以直接解释为：转动平板的总动能等于绕它的质心的转动能量（第一项）加上质心绕转轴的平动能量（第二项）. 这也是一个普遍结果，虽然我们仅对平板在其自身平面内作转动的情况有过证明.

把式（8.3）用于 $\boldsymbol{\omega}$ 和 $\boldsymbol{r}_i$ 相互垂直的情况，可以得到转动平板的角动量. 很容易求出，结果是

$$J = \sum m_i r_i^2 \omega \hat{z} = I_z \omega \hat{z}; \tag{8.10}$$

式中，再一次包含有转动惯量. 与前面一样，如果我们引入质心，写出 $\boldsymbol{r}_i = \boldsymbol{r}_C + \boldsymbol{r}'_i$，则式（8.10）变为

$$\boxed{\begin{aligned} J &= \sum m_i r'^2_i \omega \hat{z} + M r_C^2 \omega \hat{z} \\ &= I_{Cz} \omega \hat{z} + M r_C^2 \omega \hat{z}. \end{aligned}} \tag{8.11}$$

这样，对于这种特殊情况，我们又得到一个定理；可以证明，它对于普遍情况也是适用的：

绕任一点的角动量等于绕质心的角动量加上质心相对于该点平动的角动量.

图 8.3 对定理中出现的这两项的区别做了说明.

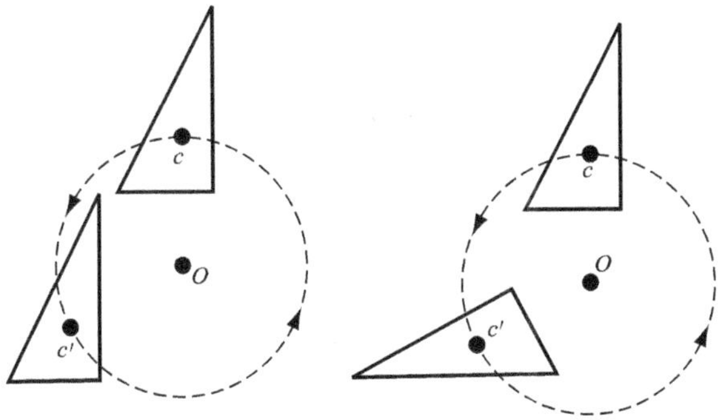

a) 三角形平板的质心在绕 O 点的圆周上平动，这里没有转动. 这时只有式(8.9)和式(8.11)中的第二项

b) 式(8.9)和式(8.11)中的两项同时出现

图 8.3

我们对平板或平面分布的物质系统所建立的这两个定理，也适用于由许多相同的薄板叠合而成的圆柱形或棱柱形的刚体，它们只能绕垂直于这些板的一个固定轴做转动；这时，我们把 r_i 解释为到转轴的平均距离. 下面举几个例子来说明这些情况.

垂直轴定理　在着手讨论这些例子之前，我们先证明一个更有用的关于薄板物体的转动惯量的定理. 参看图 8.2，图中是一块转动平板，板上标出了一个有代表性的质量元 m_i. m_i 对相对于 z 轴的转动惯量 I_z 所做的贡献是 $m_i r_i^2$，这就是质量元的质量乘以它到转轴距离的二次方. 如果我们要考虑绕 x 轴的转动，那么，质量元 m_i 对相对于 x 轴的转动惯量做的贡献是 $m_i y_i^2$；同样，相对于 y 轴，它的贡献是 $m_i x_i^2$. 因而

$$I_x = \sum m_i y_i^2,$$
$$I_y = \sum m_i x_i^2.$$

相加得到

$$I_x + I_y = \sum m_i (x_i^2 + y_i^2) = \sum m_i r_i^2 = I_z.$$

这就证明了垂直轴定理对于薄的平面刚体是正确的，它表述为：

一个平面刚体薄板相对于垂直于它的平面轴的转动惯量，等于绕平面内与垂直轴相交的任意两个正交轴的转动惯量之和.

几种特例

薄环或圈　一个质量为 M、半径为 R、径向宽度可忽略的圆环，它的全部质量元与通过它中心的垂直轴显然有相同的距离 R. 因此，绕该轴的转动惯量为 $I = MR^2$. 十分显然，同样的结果也适用于一个绕其几何轴转动的薄壁圆筒. 根据平行轴定理立即可以导出，绕位于筒壁处的平行轴，$I = 2MR^2$.

把垂直轴定理应用于一个平面圈，立即可以得出绕一个在圈平面上通过中心的轴的转动惯量是 $\frac{1}{2}MR^2$.

均匀细杆　在图8.4中，我们画了一根长为 L、质量为 M 的杆，它的宽度和厚度与 L 相比是非常小的，因此，可以把杆当作密度均匀的有重量的线段来处理. 假定转轴在一个端点垂直于细杆. 长为 Δx 的线元具有 $\Delta M = (\Delta x/L)\ M$ 的质量，如果它位于离轴 x 的地方，则它对转动惯量的贡献为 $\Delta I = (\Delta x/L)\ Mx^2$. 现在，把 Δx 考虑为一段无限小的微分元 $\mathrm{d}x$，我们可以用积分把全部这类微分元的贡献加起来. 于是，我们得出均匀杆绕杆端的垂直转轴的转动惯量为

$$I = \frac{M}{L}\int_0^L x^2\,\mathrm{d}x = \frac{1}{3}ML^2.$$

应用平行轴定理，可得出绕杆中心的垂直轴的转动惯量为

$$I_c = I - M\left(\frac{L}{2}\right)^2 = \frac{1}{12}ML^2. \qquad (8.12)$$

圆盘　如图8.5所示，在半径 r 处宽度为 Δr 的环元具有的质量为

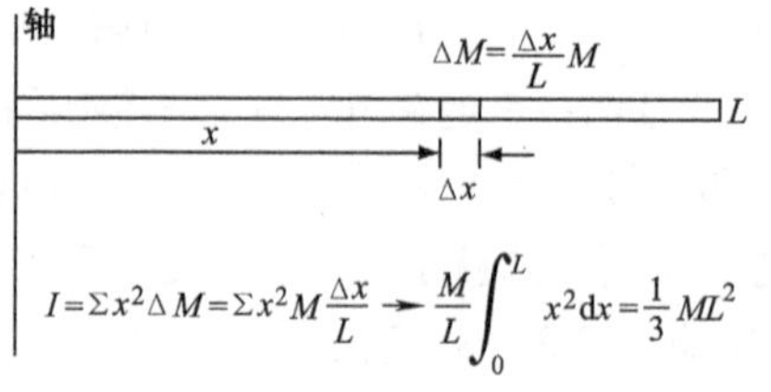

图8.4　细杆，轴在一端

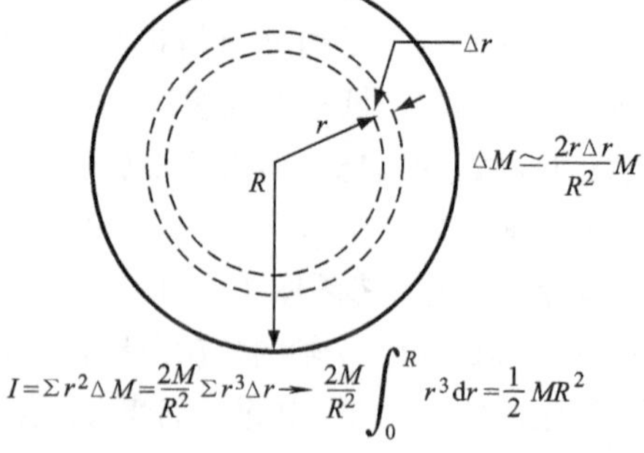

图8.5　圆盘，转轴通过中心并垂直于圆盘平面

$$\Delta M = \frac{\pi(r+\Delta r)^2 - \pi r^2}{\pi R^2}M$$

$$\approx \frac{2r\Delta r}{R^2}M.$$

式中，在最后取近似中我们已略去了包含 $(\Delta r)^2$ 的小项. 对于绕通过盘中心的垂

直轴的转动惯量，这个环元所做的贡献为

$$\Delta I=r^2\Delta M\approx\frac{2M}{R^2}r^3\Delta r.$$

做积分，把全部环元的贡献都加起来，得到

$$I=\frac{2M}{R^2}\int_0^R r^3\mathrm{d}r=\frac{1}{2}MR^2. \tag{8.13}$$

因为密度均匀的实圆柱可以看作是许多圆盘的叠合，所以，很显然，实圆柱体绕它的轴的转动惯量为 $I=\frac{1}{2}MR^2$.

再注意薄圆盘，根据垂直轴定理，我们看出，以盘平面上一个直径为轴的转动惯量为

$$I=\frac{1}{4}MR^2. \tag{8.14}$$

矩形平板　图 8.6 中画出了一个长度为 a、宽度为 b 的平板，我们希望计算绕垂直通过平板质心的 z 轴的转动惯量. 我们可以把平板看作是由许多窄条组成的，其中任一窄条位于距中心 x 处，宽度为 Δx. 我们把每一窄条当作细杆来处理，再把各窄条的贡献加起来，就得到绕 O 的总转动惯量.

图示的窄条具有 $(\Delta x/a)M$ 的质量，并且，如上述第二种情况［式 (8.12)］所示，绕位于其自身中心的垂直轴，窄条具有 $\frac{1}{12}(\Delta x/a)Mb^2$ 的转动惯量. 根据平行轴定理式 (8.8)，绕位于 O 点的垂直轴，窄条对转动惯量的贡献为

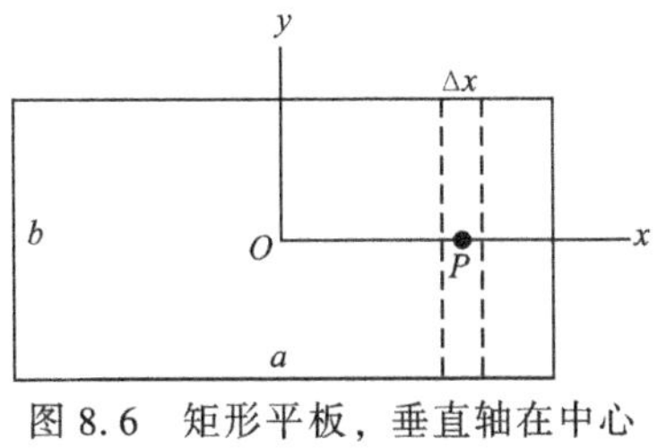

图 8.6　矩形平板，垂直轴在中心

$$\Delta I=\frac{\Delta x}{a}M\left(\frac{b^2}{12}+x^2\right).$$

现在，我们用积分把全部这类贡献相加，得到

$$I=\frac{M}{a}\int_{-a/2}^{+a/2}\left(\frac{b^2}{12}+x^2\right)\mathrm{d}x=\frac{M}{12}(a^2+b^2). \tag{8.15}$$

因为这个计算是对绕 z 轴的转动而言的，所以我们可以把结果称为 I_z. 很容易看出［再次利用式 (8.12)］，I_x 和 I_y 的数值分别为

$$I_x=\frac{M}{12}b^2 \quad 和 \quad I_y=\frac{M}{12}a^2.$$

显然，垂直轴定理 $I_z=I_x+I_y$ 是得到满足的.

这些例子说明了计算转动惯量的方法. 还有别的一些例子在习题中出现；其中，实心的均匀球绕通过球心的轴的例子是重要的，结果是

$$I=\frac{2}{5}MR^2. \tag{8.16}$$

有许多物体，它们都可以通过对简单形式的转动惯量进行叠加，即进行加或减来处理. 例如，空心的厚壁圆筒的转动惯量，就可以用两个具有相应半径的实心圆柱体的转动惯量之差而得到.

8.4　定轴转动：运动随时间的变化

现在，我们准备把运动方程即式（8.1）$d\boldsymbol{J}/dt=\boldsymbol{N}$ 应用于一些刚体绕定轴转动的问题，目的在于学习在给定力矩下转动随时间的变化.

因为转轴的方向被固定在空间，而且相对于物体也是固定的，所以物体的惯量特性相对于轴是不变的. 在分析这种运动时，我们只需涉及在该轴方向上的角动量分量. 同样，我们也只需考虑所施力矩在该方向的分量. 因此，运动方程可以简单地当作一个标量方程 $dJ_a/dt=N_a$ 来处理，这里 J_a 和 N_a 指的是 $\boldsymbol{J}$ 和 $\boldsymbol{N}$ 平行于转轴的分量. 在许多重要问题中，可能只存在着这一个分量，即各矢量本身都平行于轴，但是，我们以后将看到，并不总是这样.

把普遍的矢量方程投影在转轴的方向上，很容易就得到了在轴向分量上的标量运动方程的一般公式. 轴的方向用单位矢量 $\boldsymbol{\omega}/\omega$ 表示. 于是，角动量的轴向分量为［参考式（8.3）］

$$J_a=\boldsymbol{J}\cdot\frac{\boldsymbol{\omega}}{\omega}=\frac{1}{\omega}\Big[\sum_i \boldsymbol{r}_i\times m_i(\boldsymbol{\omega}\times\boldsymbol{r}_i)\Big]\cdot\boldsymbol{\omega}.$$

这后一个表达式可以简化为

$$\frac{1}{\omega}\sum_i\,[m_i\boldsymbol{r}_i\times(\boldsymbol{\omega}\times\boldsymbol{r}_i)]\cdot\boldsymbol{\omega}=\frac{1}{\omega}\sum_i m_i|\boldsymbol{\omega}\times\boldsymbol{r}_i|^2$$
$$=\frac{1}{\omega}\sum_i m_i(\omega_i r_i\sin\theta_i)^2.$$

其中，在第一步中我们利用了式（2.56）和

$$r_i^2\omega^2-(\boldsymbol{r}_i\cdot\boldsymbol{\omega})^2=r_i^2\omega^2-r_i^2\omega^2\cos^2\theta_i.$$

于是

$$J_a=\sum_i m_iR_i^2\omega.$$

其中，如图8.1所示，$R_i=r_i\sin\theta_i$ 是从转轴到质点 i 的距离.

但是，我们就像在式（8.5）中的情况一样，引进一个物体相对于转轴的转动惯量

$$I_a=\sum_i m_iR_i^2,$$

这样，J_a 的表达式就可以简化为

$$J_a=I_a\omega. \tag{8.17}$$

同样，我们得出力矩的轴向分量为

$$N_a = \boldsymbol{N} \cdot \frac{\boldsymbol{\omega}}{\omega}.$$

这样一来，用轴向分量表示的运动方程就变为

$$\boxed{I_a \frac{\mathrm{d}\omega}{\mathrm{d}t} = N_a.} \tag{8.18}$$

在不会引起含糊不清的情况下，式中的下标可以省去.

根据以上的考虑，显然，绕固定轴转动的动能为

$$\boxed{K_a = \frac{1}{2} I_a \omega^2.} \tag{8.19}$$

式（8.17）和式（8.19）分别相当于绕固定 z 轴转动平板时的式（8.10）和式（8.5），但是式（8.17）和式（8.19）却适用于绕任何固定轴转动的任何形状的物体.

【例】

一个受到力矩作用的实心圆柱体的角加速度　实心圆柱体提供了一个典型的简单例子，它受到力矩的作用，绕一个与其几何轴重合的固定轴自由转动. 我们把这种情况画在图 8.7 中，其中转轴是水平的，而力矩是由缠绕在圆柱体上的绳子所悬挂的物体提供的.

由式（8.13），圆柱体的转动惯量为 $I = \frac{1}{2}MR^2$. 于是，在它的角速度为 ω 的那一瞬间，它的角动量为 $J = I\omega = \frac{1}{2}MR^2\omega$. 绳子的张力所引起的力矩为 $N = TR = (mg - ma)R$，其中 a 是质量为 m 的物体向下运动的加速度. 这样，由式（8.18），运动方程为

$$\frac{MR^2}{2} \frac{\mathrm{d}\omega}{\mathrm{d}t} = m(g - a)R. \tag{8.20}$$

这个装置的几何形状要求

$$R\omega = v, \quad R\frac{\mathrm{d}\omega}{\mathrm{d}t} = a.$$

把此式与式（8.20）结合起来，得到圆柱体的角加速度

$$\alpha = \frac{\mathrm{d}\omega}{\mathrm{d}t} = \frac{m}{\frac{M}{2} + m} \frac{g}{R}.$$

纯滚动　如图 8.8 所示，我们现在考虑一个沿斜面滚下的物体，它具有圆形的周边，质量对其中心有对称的分布.（它可以是实心的圆柱体，也可以是空的圆筒、球等.）我们下面用三种不同的方法来求这个物体沿斜面向下滚动时的平动加速度，从而说明从三个不同的观点来处理这个问题是一致的.

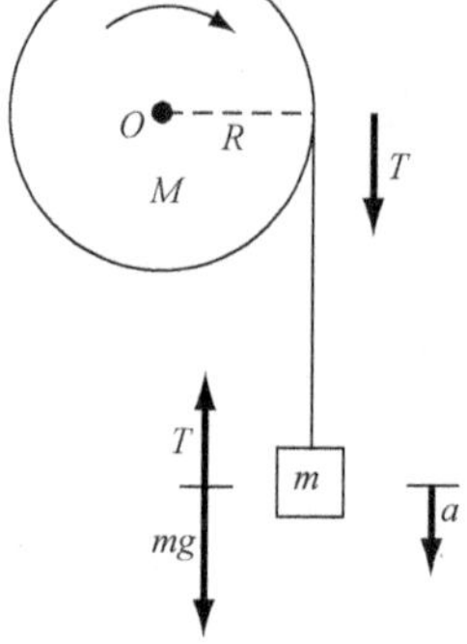

图 8.7　圆柱体绕通过 O 点的水平轴自由地转动．它受到支持质量 m 的绳子中的张力所提供的力矩 TR 的作用

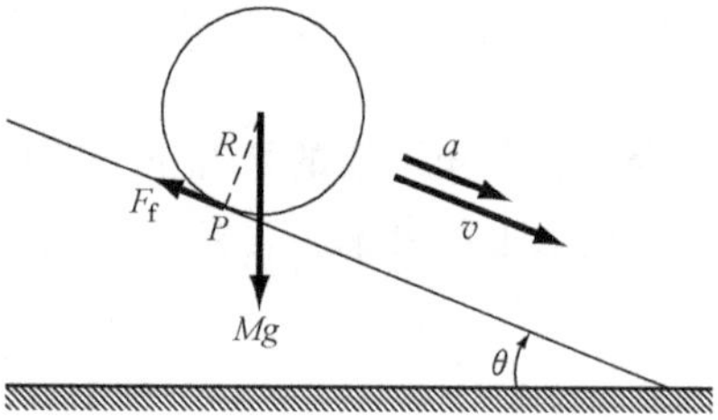

图 8.8　在任一瞬间，滚动物体的运动特征是绕瞬时接触点 P 的转动

绕瞬时接触点的转动　在任一瞬间，物体的运动就是绕 P 点的转动，P 是物体与斜面相接触的一点．转轴的方向是不变的，尽管物体的位置沿着斜平面向下移动．由于物体的瞬时运动就是单纯的绕周边上一点的转动，因此我们可以计算出滚动物体运动的加速度．这样，就要求绕 P 点的力矩等于绕 P 点的角动量的变化率(参看图 8.8)．

如果用 I 表示物体绕中心轴的转动惯量，由于该轴平行于通过 P 点的转轴，我们用平行轴定理［式（8.7)］就可以算出所需要的绕 P 点的转动惯量

$$I_P = I + MR^2.$$

绕 P 点转动的瞬时角速度为 $\omega = v/r$，其中 v 是中心的瞬时平动速率．因此，在任一瞬间，绕 P 点的角动量为

$$J_P = (I + MR^2)\frac{v}{R}. \tag{8.21}$$

在 P 点的力矩是由作用在质心的重力提供的．因此，

$$N_P = MgR\sin\theta. \tag{8.22}$$

根据式（8.20）和式（8.22)，这时运动方程 $N = \mathrm{d}J/\mathrm{d}t$，为

$$MgR\sin\theta = (I + MR^2)\frac{a}{R}.$$

其中我们把 $\mathrm{d}v/\mathrm{d}t$ 改写为 a.

于是，从斜面滚下的平动加速度为

$$a = \frac{1}{1 + (I/MR^2)}g\sin\theta. \tag{8.23}$$

对于实心的圆柱体 $I = \frac{1}{2}MR^2$，从而 $a = \frac{2}{3}g\sin\theta$；对于实心球 $I = \frac{2}{5}MR^2$，从而 $a =$

$\frac{5}{7}g\sin\theta$. 对于其他对称物体，以此类推. 在习题 6 中给出了其他的情况.

能量考虑　确定平动加速度的第二种方法，是应用能量守恒，在任一瞬间，总能量由三个部分组成：

（1）质心的平动动能 $=\frac{1}{2}Mv^2$；

（2）绕质心转动的动能 $=\frac{1}{2}I\omega^2=\frac{1}{2}Iv^2/R^2$；

（3）由质心高度决定的势能 $=Mgh$.

式中，h 是质心相对于选定平面的高度，在该选定平面上，势能的值规定为零.

作为一个非常好的近似，这里的总能量是守恒的. 在接触点处的摩擦产生的是滚动，而不是滑动. 但是，由于这个摩擦力不做功，它并不妨碍总能量的守恒：

$$E=\frac{1}{2}\left(M+\frac{I}{R^2}\right)v^2+Mgh.$$

因为 E 是恒量，所以可以认为它对时间的微商等于零：

$$\frac{\mathrm{d}E}{\mathrm{d}t}=\left(M+\frac{I}{R^2}\right)v\frac{\mathrm{d}v}{\mathrm{d}t}+Mg\frac{\mathrm{d}h}{\mathrm{d}t}=0.$$

但是 $\mathrm{d}h/\mathrm{d}t=-v\sin\theta$，而 $\mathrm{d}v/\mathrm{d}t=a$，因此上式变为

$$\left(M+\frac{I}{R^2}\right)va-Mgv\sin\theta=0.$$

上式除以一个共同的因子 v，解出 a 为

$$a=\frac{1}{1+I/MR^2}g\sin\theta,$$

这与式（8.23）一致.

质心的加速度和绕质心的角加速度　作为第三种方法，我们考虑质心的加速度和绕质心的角加速度：

$$Ma_C=\sum F,$$

$$I\frac{\mathrm{d}\omega}{\mathrm{d}t}=\sum N_C.$$

式中，a_C 是质心的加速度；而 $\sum F$ 包含了全部外力. 第二个方程假定了转轴的方向是固定的，因此 $\mathrm{d}\boldsymbol{J}/\mathrm{d}t=I\mathrm{d}\boldsymbol{\omega}/\mathrm{d}t$，这里 ω 是绕质心的角速度.

参看图 8.8，我们看到有两个力与斜面平行：$Mg\sin\theta$ 沿斜面向下，而摩擦力 F_{f} 沿斜面向上. 因此

$$Ma_C=M\frac{\mathrm{d}v}{\mathrm{d}t}=Mg\sin\theta-F_{\mathrm{f}}.$$

现在，我们求对质心的力矩. 我们看到，只有 F_{f} 提供了一个力矩，因此

$$N_C=F_{\mathrm{f}}R=I\frac{\mathrm{d}\omega}{\mathrm{d}t}.$$

因为我们考虑的是没有滑动的滚动，所以

$$\omega R = v \quad 或 \quad \frac{d\omega}{dt} = \frac{dv}{dt} \cdot \frac{1}{R}.$$

把上述三个方程联合起来，我们得到

$$M\frac{dv}{dt} = Mg\sin\theta - \frac{I}{R^2}\frac{dv}{dt},$$

从而

$$\frac{dv}{dt} = a_C = \frac{Mg\sin\theta}{M + I/R^2} = \frac{1}{1 + I/MR^2}g\sin\theta.$$

因为这里所用的 a_C 等于 a，所以它也与式（8.23）相同.

这种分析清楚地指明了，是什么样的力使加速度“慢下来”的. 结合摩擦因数的定义，我们就可以确定，对于给定的摩擦因数和给定的 I，为使物体滑动和滚动，而不是无滑动地滚动，需要什么样的角度.（参看本章末的习题 19.）

对质心的力矩　在前面的一般性讨论中，我们还没有讨论应该对哪一点来计算角动量和取力矩. 在前面关于滚动物体的例子中，我们虽然从不同的观点用了两个不同的转动中心来处理问题，但是，在选择用来求力矩和计算运动的转动中心时，需要注意几个问题. 当然，我们可以选用惯性空间中的一个固定点. 另外，在第 6 章中我们又导出过

$$\sum \boldsymbol{F}_{外} = M\boldsymbol{a}_{质心},$$

$$\sum \boldsymbol{r}_i \times \boldsymbol{F}_{外} = \frac{d\boldsymbol{J}_{质心}}{dt} = \sum \boldsymbol{N};$$

式中，所取的力矩是对质心而言的. 这两个点，即固定点和质心，总是可以采用的. 但是，其他点，特别是那些被加速的点，却只能非常小心地采用，有时还必须引入“虚设力”. 以下的例子以及习题 18 说明了这一点.

【例】

在加速运动的粗糙平面上的圆柱体　图 8.9 画出的是一个放在一条水平铺放的粗糙毯子上的圆柱体；毯子从它的下面以垂直于圆柱体轴的加速度 a 抽出. 圆柱体这时将怎样运动？假设它不滑动.

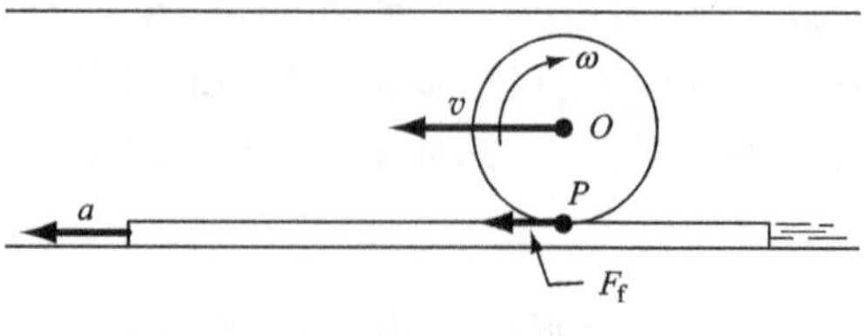

图 8.9　当圆柱体所在的粗糙表面被加速时，它也得到加速

作用在圆柱体上的唯一的水平力，是在 P 点的摩擦力. 因此，我们求绕 P 点的力矩. 重力和表面的反作用力都通过 P 点，摩擦力也是如此，所以绕 P 点的净

力矩为零. 因此, 我们说

$$\frac{\mathrm{d}J_P}{\mathrm{d}t}=0,\quad I_P\omega=\text{恒量}=(MR^2+I_C)\omega.$$

我们知道, 这显然是错误的, 因为运动当然不会具有恒定的 ω. 因此, 让我们用质心点 O 来计算力矩和角动量:

$$M\frac{\mathrm{d}v_\mathrm{c}}{\mathrm{d}t}=F_\mathrm{f},$$

$$F_\mathrm{f}R=I_C\frac{\mathrm{d}\omega}{\mathrm{d}t}=\frac{1}{2}MR^2\frac{\mathrm{d}\omega}{\mathrm{d}t}.$$

因为是无滑动的滚动, 所以接触点的加速度为

$$\frac{\mathrm{d}v_\mathrm{c}}{\mathrm{d}t}+R\frac{\mathrm{d}\omega}{\mathrm{d}t}=a.$$

再利用

$$M\frac{\mathrm{d}v_\mathrm{c}}{\mathrm{d}t}=\frac{1}{2}MR\frac{\mathrm{d}\omega}{\mathrm{d}t},$$

于是得到

$$\frac{3}{2}R\frac{\mathrm{d}\omega}{\mathrm{d}t}=a.$$

这给出

$$\frac{\mathrm{d}v_\mathrm{c}}{\mathrm{d}t}=\frac{a}{3}\quad \text{和}\quad F_\mathrm{f}=M\frac{a}{3}.$$

复摆　我们在第 7 章中处理过单摆, 它是悬挂在无质量的一根线下的质点, 可以在一个平面内摆动. 复摆则是一个具有质量分布的刚体, 它绕着一个固定的水平轴自由地转动和振荡, 水平轴刚性地固定在物体上, 而且不通过它的质心. 图 8.10 所示的就是这样一个物体, 物体正处在它运动的某一瞬间, 在该瞬间参考平面 (由通过 P 点的轴和质心 C 所决定) 与铅垂线的夹角为 θ, 而且物体正以正的 $\frac{\mathrm{d}\theta}{\mathrm{d}t}$ 摆动着.

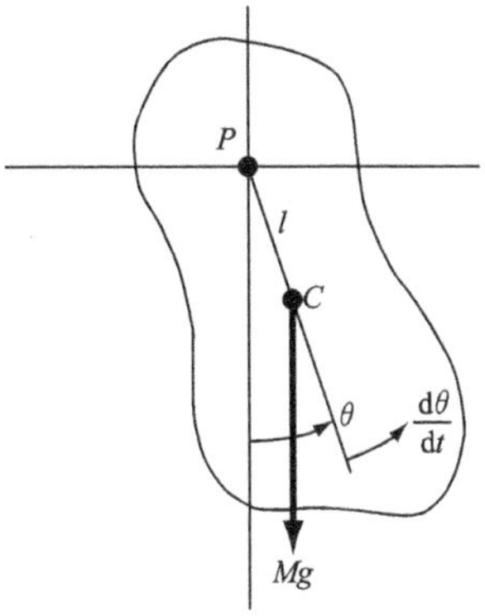

图 8.10　复摆. C 是质心; 转轴是水平的, 并通过 P 点

因为它的运动被约束, 只能绕固定轴振荡转动, 所以, 我们只要考虑平行于轴的角动量分量和相应的作用于物体上的任何力矩的分量, 就可以研究 θ 随时间的变化.

根据平行轴定理 [式 (8.8)], 显然, 相对于转轴的转动惯量为

$$I=I_C+Ml^2.$$

式中, l 是距离 PC. 于是, 在图示的瞬间, 相对于轴的角动量为

$$J = I\omega = (I_C + Ml^2)\frac{d\theta}{dt}. \tag{8.24}$$

绕 P 点的力矩是由作用在质心 C 上的重力 Mg 提供的（见第6章第4节）. 相对于轴的力矩为

$$N = -Mgl\sin\theta. \tag{8.25}$$

式中用负号，是因为它的效应是向着 θ 角的负方向. 因此，根据式（8.24）和式（8.25），运动方程 $dJ/dt = N$ 就变为

$$(I_C + Ml^2)\ddot{\theta} + Mgl\sin\theta = 0.$$

现在，我们把讨论限制在小振荡范围，并取熟知的小角度近似 $\sin\theta \approx \theta$；同时，重新安排各项及系数，上式变为

$$\ddot{\theta} = \frac{g}{l}\left(\frac{1}{1 + I_C/Ml^2}\right)\theta = 0.$$

当然，这就是简谐振动的微分方程. 而且，如果括号中的数值为1，它就是长为 l 的单摆的方程. 这个系数带来了刚体质量分布的影响，给出频率为

$$\omega = \sqrt{\frac{g}{l}\left(\frac{1}{1 + I_C/Ml^2}\right)}. \tag{8.26}$$

我们可以讨论一下这些结果的许多有趣的实际应用. 本章末的习题中就有几个这样的例子. 这里，我们只说明一个例子，一种非常简单的情况. 设有一个质量为 M、半径为 r 的细圆圈或圆环，它悬挂在墙上小钉那样的固定点上. 那么，它的小振荡频率是多少？具有同样频率的单摆的长度又是多少？

在这里，参量 l 等于 r，而 I_C 的数值为 Mr^2，因此，式（8.26）给出

$$\omega = \sqrt{\frac{g}{2r}}.$$

一个长为 $2r$ 的单摆就具有这个频率. 所以，一个圆环和一个长度等于圆环直径的单摆的运动，如果它们开始小振荡时的相位相同，则是完全一致的.

8.5 定轴转动：角动量矢量的整体行为

在前节中，我们的注意力集中在绕轴的转动随时间的变化上，轴的方向固定在空间中，相对于刚体也是固定的. 为此，在那种情况下，我们只需要涉及 $\boldsymbol{J}$ 沿转轴的分量和相应的力矩 $\boldsymbol{N}$ 的分量. 对于这些分量，运动方程是简单的标量关系 $dJ_a/dt = N_a$. 现在，我们必须看到，角动量矢量 $\boldsymbol{J}$ 并不一定平行于转轴，除非转轴与刚体的对称性有特定的关系. 当 $\boldsymbol{J}$ 与轴不重合时，它的时间微商 $d\boldsymbol{J}/dt$ 可以既包含矢量 $\boldsymbol{J}$ 的数值的变化，也包含方向的变化. 因为绕固定轴的转动意味着物体的所有部分都做圆周运动，所以可以预料，$\boldsymbol{J}$ 方向的变化指的就是 $\boldsymbol{J}$ 矢量绕固定轴的转动.

可以举一个最简单的例子来说明这个一般问题. 设有一个刚体, 它由一根无质量的杆把两个质量相等的质点连接起来而组成, 这个刚体绕通过其质心并与杆成 θ 角的固定轴转动. 我们在图 8.11 中画出了这个系统转动的某一瞬间, 即当杆与 xy 平面重合那一瞬间的位置. 杆的长度为 $2a$; 它的角速度用 $\boldsymbol{\omega}$ 表示, 并固定在 x 轴上㊀. 它的角动量, 根据普遍定义 [式 (8.3)] 为

$$\boldsymbol{J}=\boldsymbol{r}_1\times m(\boldsymbol{\omega}\times\boldsymbol{r}_1)+\boldsymbol{r}_2\times m(\boldsymbol{\omega}\times\boldsymbol{r}_2).$$

我们把第一象限那个质点记作质点 1, 于是

$$\boldsymbol{r}_1=a\cos\theta\hat{\boldsymbol{x}}+a\sin\theta\hat{\boldsymbol{y}},$$

$$\boldsymbol{r}_2=-a\cos\theta\hat{\boldsymbol{x}}-a\sin\theta\hat{\boldsymbol{y}},$$

$$\boldsymbol{\omega}=\omega\hat{\boldsymbol{x}}.\tag{8.27}$$

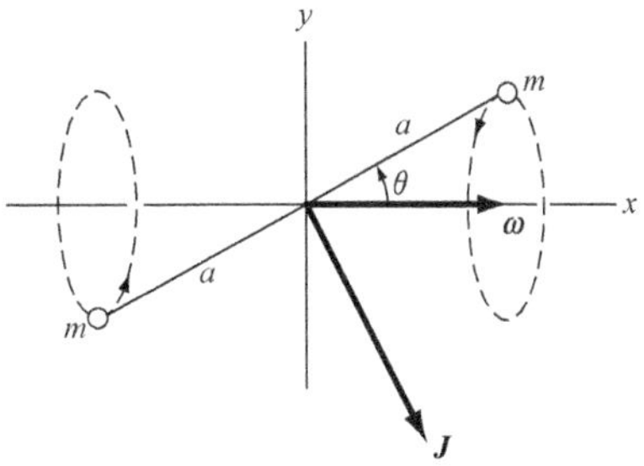

图 8.11　两端带有质量的轻杆的角速度的角动量矢量

这样, $\boldsymbol{J}$ 的表达式就变为

$$\boldsymbol{J}=2m\omega a^2\sin\theta(\hat{\boldsymbol{x}}\sin\theta-\hat{\boldsymbol{y}}\cos\theta).\tag{8.28}$$

这个矢量是垂直于杆的, 它位于图中所示的方位. 角动量矢量绕 x 轴转动, 永远与杆和转轴保持同样的关系.

既然 $\boldsymbol{J}$ 是转动的, 那么它对时间的微商 $\mathrm{d}\boldsymbol{J}/\mathrm{d}t$ 就不为零. 实际上, 在这种情况下

$$\boxed{\frac{\mathrm{d}\boldsymbol{J}}{\mathrm{d}t}=\boldsymbol{\omega}\times\boldsymbol{J}.}\tag{8.29}$$

这和我们参考图 8.1 在式 (8.2) 中写出

$$\boldsymbol{v}=\frac{\mathrm{d}\boldsymbol{r}}{\mathrm{d}t}=\boldsymbol{\omega}\times\boldsymbol{r}$$

的理由相同. 根据式 (8.27) 和式 (8.28), 由式 (8.29) 中的叉乘得出

$$\frac{\mathrm{d}\boldsymbol{J}}{\mathrm{d}t}=-2m\omega^2\alpha^2\sin\theta\cos\theta\hat{\boldsymbol{z}}.$$

式中, $\hat{\boldsymbol{z}}$ 从图面向外指.

但是, 如果 $\mathrm{d}\boldsymbol{J}/\mathrm{d}t$ 不为零, 普遍的运动方程 (8.1) 就意味着一定存在一个引起角动量矢量变化的力矩. 实际上

$$\boldsymbol{N}=\frac{\mathrm{d}\boldsymbol{J}}{\mathrm{d}t}=-2m\omega^2a^2\sin\theta\cos\theta\hat{\boldsymbol{z}}.\tag{8.30}$$

这个力矩矢量 (并未在图 8.11 中画出) 和 $\boldsymbol{J}$ 一样也随杆转动. 转动的力矩必须由轴承 (未画出) 提供, 轴承支持着杆, 并使它保持以 θ 角绕 x 轴转动.

实际上, 如果我们认出为使两个质点绕 x 轴做圆周运动所需要的两个向心力是 $m\omega^2a\sin\theta$, 那么, 我们就不难明白需要这个力矩的道理. 这两个数值相等而方向相

㊀ 注意, 在这种情况下 $\boldsymbol{\omega}$ 沿 x 轴, 而在图 8.2 中它沿 z 轴.

反的向心力乘上它们之间的距离 $2a\cos\theta$，就构成了力矩 $\boldsymbol{N}$. 它们必须由轴承经过刚性杆传递给质点.

注意，首先，如果角度 θ 等于 $90°$，那么，对于这种简单的质量分布，$\boldsymbol{\omega}$ 是沿着对称线的，从而 $\boldsymbol{J}$ 与 $\boldsymbol{\omega}$ 的方向重合. 其次，如果 $\boldsymbol{\omega}$ 为恒量，则 $\boldsymbol{J}$ 亦为恒量，那么，为了满足这种运动，不需要做转动的力矩.

通常，我们设计一个类似于上述系统的实际模型，并使它做各种转动，这样来使我们对这些事情有清晰而定性的理解.

8.6　转动惯量和惯性积：主轴和欧拉方程㊀

现在，我们从 $\boldsymbol{J}$ 的方向发生变化的最简单的例子，回到刚体角动量的一般定义式（8.3）上来：

$$\boldsymbol{J}=\sum_i \boldsymbol{r}_i\times m_i(\boldsymbol{\omega}\times\boldsymbol{r}_i).$$

利用 $\boldsymbol{r}_i$ 和 $\boldsymbol{\omega}$ 的一般表达式：

$$\boldsymbol{r}_i=x_i\hat{\boldsymbol{x}}+y_i\hat{\boldsymbol{y}}+z_i\hat{\boldsymbol{z}},$$
$$\boldsymbol{\omega}=\omega_x\hat{\boldsymbol{x}}+\omega_y\hat{\boldsymbol{y}}+\omega_z\hat{\boldsymbol{z}},$$

把 $\boldsymbol{J}$ 的表达式展开，并假定 x，y 和 z 轴相对于刚体是固定的，我们得到 $\boldsymbol{J}$ 的 x，y 和 z 分量分别为

$$\begin{aligned}
J_x&=\sum_i m_i(y_i^2+z_i^2)\omega_x-\sum_i m_ix_iy_i\omega_y-\sum_i m_ix_iz_i\omega_z,\\
J_y&=-\sum_i m_iy_ix_i\omega_x+\sum_i m_i(z_i^2+x_i^2)\omega_y-\sum_i m_iy_iz_i\omega_z,\\
J_z&=-\sum_i m_iz_ix_i\omega_x-\sum_i m_iz_iy_i\omega_y+\sum_i m_i(x_i^2+y_i^2)\omega_z.
\end{aligned}\tag{8.31}$$

为了简洁和方便起见，我们把式（8.31）改写为

$$\begin{aligned}
J_x&=I_{xx}\omega_x+I_{xy}\omega_y+I_{xz}\omega_z,\\
J_y&=I_{yx}\omega_x+I_{yy}\omega_y+I_{yz}\omega_z,\\
J_z&=I_{zx}\omega_x+I_{zy}\omega_y+I_{zz}\omega_z.
\end{aligned}\tag{8.32}$$

式中，I_{xx} 等项是通过比较式（8.31）和式（8.32）的对应项来定义的.

仔细检查系数 I，我们看出，对角项就是绕各轴的转动惯量；例如，I_{zz} 就是绕 z 轴的转动惯量，因为 $x_i^2+y_i^2$ 就是 z 轴到质点 i 的距离的二次方. 非对角项称为惯性积；它们是成对对称出现的，例如 $I_{yx}=I_{xy}$.

有一个很重要但并不是一目了然的事实，也就是，我们总可以建立起一个相对于刚体是固定的坐标系来，使得惯性积变为零. 对于那些有明显对称性的物体（圆柱体或矩形棱柱体）来说，这是容易明了的；但是，实际上这对于任何刚体都是正确的，而且可

㊀ 在引论性的课程中，从这里一直到式（8.42）均可以略去.

以把物体内的任何一点选作原点. 使惯性积为零的各组坐标轴，称为刚体的主轴.

我们倾向于相对于各主轴来表示角动量分量和动能，以便达到所希望的简化；但是，我们必须认识到，主轴相对于物体是固定的，而且由于这个缘故，它们一般来说并不构成惯性参考系. 实际上，它们随着物体转动，或者至少与物体保持这样一种关系，以致对于这些轴，物体的惯性特征是不变的.

我们现在假定，有一组主轴与物体固定在一起，随着物体转动. 我们把角速度矢量表示为

$$\boldsymbol{\omega} = \omega_x \hat{\boldsymbol{x}} + \omega_y \hat{\boldsymbol{y}} + \omega_z \hat{\boldsymbol{z}}.$$

式中，各单位坐标矢量是沿主轴的；$\boldsymbol{\omega}$ 各分量的数值也是相对这些轴的. 因为关于这些轴的惯性积均为零，所以，角动量矢量用属于这些轴的分量来表示就是

$$\boldsymbol{J} = I_{xx}\omega_x \hat{\boldsymbol{x}} + I_{yy}\omega_y \hat{\boldsymbol{y}} + I_{zz}\omega_z \hat{\boldsymbol{z}}.$$

因为只有相对于三个主轴的转动惯量还保留着，所以不再有必要给转动惯量附上两个下标. 这样，我们可以写出 $I_{xx} = I_x$ 等，从而 $\boldsymbol{J}$ 的表达式变为

$$\boldsymbol{J} = I_x\omega_x \hat{\boldsymbol{x}} + I_y\omega_y \hat{\boldsymbol{y}} + I_z\omega_z \hat{\boldsymbol{z}}. \tag{8.33}$$

现在，为了利用运动方程 $\mathrm{d}\boldsymbol{J}/\mathrm{d}t = \boldsymbol{N}$，我们需要把 $\boldsymbol{J}$ 的时间微商表示出来. 转动惯量为恒量，但角速度分量 ω_x，ω_y 和 ω_z 可以变化，而且单位矢量 $\hat{\boldsymbol{x}}$，$\hat{\boldsymbol{y}}$ 和 $\hat{\boldsymbol{z}}$ 因为随物体一起转动也是随时间变化的. 因此，取式 (8.33) 对时间的微商，我们得

$$\frac{\mathrm{d}\boldsymbol{J}}{\mathrm{d}t} = I_x \frac{\mathrm{d}\omega_x}{\mathrm{d}t}\hat{\boldsymbol{x}} + I_y \frac{\mathrm{d}\omega_y}{\mathrm{d}t}\hat{\boldsymbol{y}} + I_z \frac{\mathrm{d}\omega_z}{\mathrm{d}t}\hat{\boldsymbol{z}} + I_x\omega_x \frac{\mathrm{d}\hat{\boldsymbol{x}}}{\mathrm{d}t} + I_y\omega_y \frac{\mathrm{d}\hat{\boldsymbol{y}}}{\mathrm{d}t} + I_z\omega_z \frac{\mathrm{d}\hat{\boldsymbol{z}}}{\mathrm{d}t}.$$

因为单位矢量的变化只是由于它们以角速度 ω 在做转动，所以它们的变化率为［参考式 (8.29) 或式 (8.2)］

$$\frac{\mathrm{d}\hat{\boldsymbol{x}}}{\mathrm{d}t} = \boldsymbol{\omega} \times \hat{\boldsymbol{x}}, \quad \frac{\mathrm{d}\hat{\boldsymbol{y}}}{\mathrm{d}t} = \boldsymbol{\omega} \times \hat{\boldsymbol{y}}, \quad \frac{\mathrm{d}\hat{\boldsymbol{z}}}{\mathrm{d}t} = \boldsymbol{\omega} \times \hat{\boldsymbol{z}}.$$

根据这些关系式，我们可以把上式改写为

$$\frac{\mathrm{d}\boldsymbol{J}}{\mathrm{d}t} = \frac{\mathrm{d}'\boldsymbol{J}}{\mathrm{d}t} + \boldsymbol{\omega} \times \boldsymbol{J}. \tag{8.34}$$

式中，$\mathrm{d}'\boldsymbol{J}/\mathrm{d}t$ 表示由于角速度分量的数值发生变化所引起的对 $\boldsymbol{J}$ 的变化的贡献；而 $\omega \times \boldsymbol{J}$ 是 $\boldsymbol{J}$ 所参照的各主轴做转动的贡献. 在 $\boldsymbol{J}$ 相对于主轴不变的特殊情况下，它相对于一个惯性系的时间微商仅由后一项 $\boldsymbol{\omega} \times \boldsymbol{J}$ 所引起（与 8.5 节的问题一样，这要在下面再一次述及）.

我们也只考虑相对于主轴的力矩 $\boldsymbol{N}$，它的分量从而就是绕这些轴的力矩，于是我们可以把运动方程表示为

$$\frac{\mathrm{d}'\boldsymbol{J}}{\mathrm{d}t} + \boldsymbol{\omega} \times \boldsymbol{J} = \boldsymbol{N}. \tag{8.35}$$

它的各主轴分量的表达式是

$$I_x \frac{\mathrm{d}\omega_x}{\mathrm{d}t} - (I_y - I_z)\omega_y\omega_z = N_x,$$

$$I_y \frac{d\omega_y}{dt} - (I_z - I_x)\omega_z\omega_x = N_y,$$

$$I_z \frac{d\omega_z}{dt} - (I_x - I_y)\omega_x\omega_y = N_z. \tag{8.36}$$

这里我们已略去了撇．这一组三个方程就是所谓刚体运动的欧拉方程组．

动能的基本表述式是式（8.4），当我们用属于各主轴的转动惯量和角速度分量来表示时，它有如下形式：

$$K = \frac{1}{2}(I_x\omega_x^2 + I_y\omega_y^2 + I_z\omega_z^2).$$

欧拉方程的一些简单应用

刚性的两质点旋转器，固定轴　我们回到由无质量的杆连接起来的两质点系统，它绕以任意角度通过质心（见图 8.11）的一个固定轴转动．这个问题已经在本节开始论述过，但现在我们参考图 8.12 并用主轴来考虑这个问题．选 y 轴与杆重合，原点位于质心．x 轴与杆垂直，并在由杆与 $\boldsymbol{\omega}$ 所确定的平面内．z 轴（未画出）在图中所画的瞬间向外指向观察者．通过这样选择坐标轴（注意图 8.11 与图 8.12 的区别），我们有

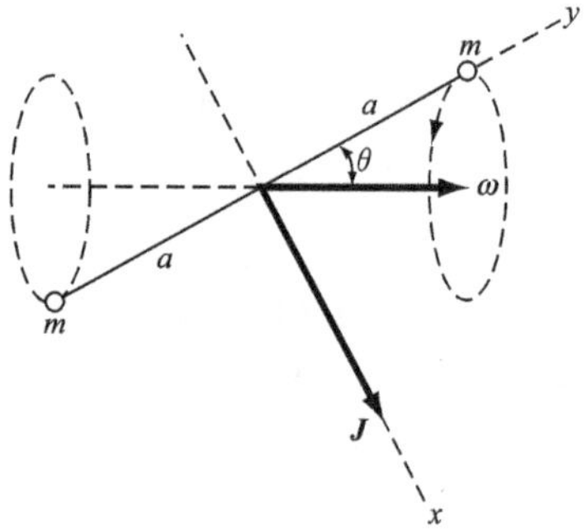

图 8.12　刚性的两质点旋转器；主轴．与图 8.11 做比较

$$I_x = 2ma^2,\quad I_y = 0,\quad I_z = 2ma^2,$$

$$\omega_x = \omega\sin\theta,\quad \omega_y = \omega\cos\theta,\quad \omega_z = 0,$$

这时，由式（8.33），$\boldsymbol{J} = 2ma^2\omega\sin\theta\hat{\boldsymbol{x}}$．于是，如式（8.28）所得出的一样，它垂直于杆，并与杆一起随着 x 轴转动．根据欧拉方程［式（8.36）］，我们可以求得使 $\boldsymbol{J}$ 绕这个轴转动所必需的力矩，由于我们认为 ω 是恒量，所以有

$$N_z = -2ma^2\omega^2\sin\theta\cos\theta.$$

这与式（8.30）一致．力矩只有一个 z 分量，它随杆一起转动．

圆盘，固定轴倾斜于法线轴　我们来考虑一个圆盘，如图 8.13 所示，它的质量为 m，半径为 a；它被约束只能绕与法线轴成 θ 角的固定轴转动．选择如图 8.13 所示的主轴，z 轴沿法线方向，x 轴在由 $\boldsymbol{\omega}$ 和 $\hat{\boldsymbol{z}}$ 所确定的平面内．于是，利用式（8.13）和式（8.14），得

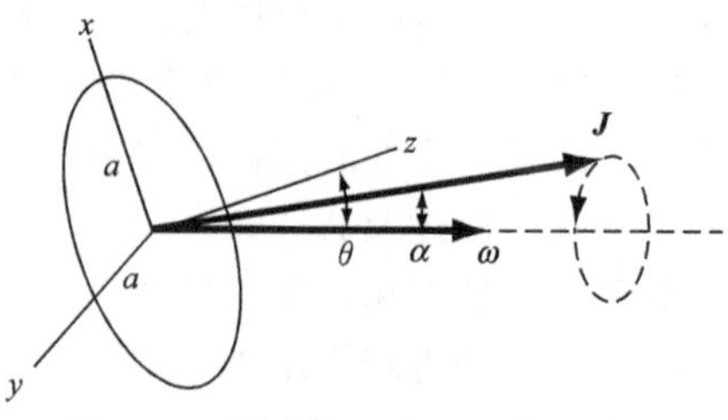

图 8.13　圆盘绕一个通过中心并向法线方向倾斜的轴转动

$$I_x = I_y = \frac{ma^2}{4}, I_z = \frac{ma^2}{2},$$

$$\omega_x = -\omega\sin\theta, \omega_y = 0, \omega_z = \omega\cos\theta.$$

从而角动量为

$$J = -\frac{1}{4}ma^2\omega\sin\theta\hat{\boldsymbol{x}} + \frac{1}{2}ma^2\omega\cos\theta\hat{\boldsymbol{z}}.$$

$\boldsymbol{\omega}$ 与 $\boldsymbol{J}$ 的夹角 α，可以由这两个矢量的标量积求出：

$$\cos\alpha = \frac{\boldsymbol{\omega}\cdot\boldsymbol{J}}{\omega J} = \frac{1+\cos^2\theta}{1+3\cos^2\theta}.$$

随着运动的进行，$\boldsymbol{J}$ 绕 $\boldsymbol{\omega}$ 转动，形成一个如图 8.13 所示的圆锥体.

根据式（8.35），为保持圆盘绕倾斜于 $\boldsymbol{\omega}$ 的轴转动所需要的转动力矩为

$$\boldsymbol{N} = \boldsymbol{\omega}\times\boldsymbol{J} = \frac{1}{4}ma^2\omega^2\sin\theta\cos\theta\hat{\boldsymbol{y}}.$$

习题 13 和习题 14 的例子属于同一类转动系统，它们是非“动力学平衡”的，$\boldsymbol{J}$ 与 $\boldsymbol{\omega}$ 的方向不重合的事实意味着，为了保持物体的转动需要有一个转动的力矩. 使曲轴、轮子等形成动力学平衡，就是去校准质量分布，使得转轴就是主轴，从而使 $\boldsymbol{J}$ 沿着 $\boldsymbol{\omega}$ 方向，以消除不希望有的转动力矩.

陀螺或回转器——近似处理　在图 8.14 中，我们画了一个简单形式的陀螺，它由质量为 M、半径为 a 的圆盘和无质量的柄所构成. 柄的尖端在 O 点；圆盘的质心在 C 点，离尖端的距离为 l. 我们画出了一个惯性系 XYZ 和一个主轴为 xyz 的转动系. 主轴随陀螺的柄一起运动，但并不与圆盘一起绕着运动的柄自转. Oz 轴沿柄方向，Ox 总在水平面 XY 上，Oy 向下倾斜与水平面成 θ 角，θ 就是 Oz 与 OZ 的夹角. 质心在 XY 平面上的投影落在 C'点，OC'在水平面上与 X 轴交成 φ 角. φ 就是 Ox 和 Y 轴负方向间的夹角. 这样，柄的方位就由极角 θ 和水平角 φ 确定，柄的运动也用这些角的变化来描绘. 主轴也这样随着运动.

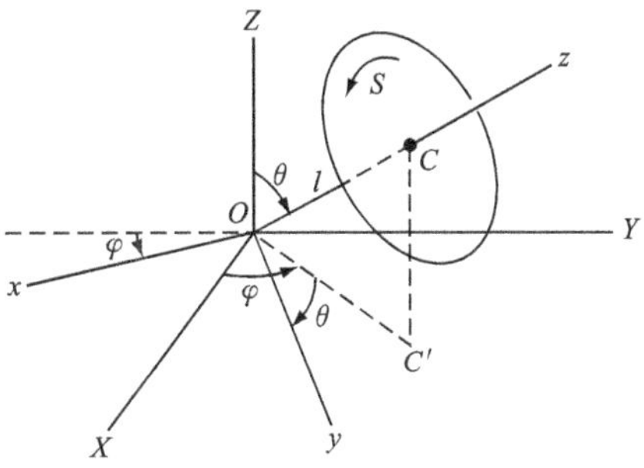

图 8.14　陀螺. 各个轴和角度是用来描述运动的. 还画出了自转角速度 S

从 xyz 系看，圆盘绕它的柄以 S（弧度/秒）的速率旋转着，但是陀螺的总角速度一般还包括了 φ 和 θ 的变化，因此总角速度矢量为

$$\omega = -\dot{\theta}\hat{\boldsymbol{x}} + \dot{\varphi}\hat{\boldsymbol{Z}} + S\hat{\boldsymbol{z}}. \tag{8.37}$$

为了全部用主轴的分量来表示总角速度，我们注意到

$$\hat{\boldsymbol{Z}} = -\sin\theta\hat{\boldsymbol{y}} + \cos\theta\hat{\boldsymbol{z}},$$

所以式（8.37）变为

$$\boldsymbol{\omega} = -\dot{\theta}\hat{\boldsymbol{x}} - \dot{\varphi}\sin\theta\hat{\boldsymbol{y}} + (\dot{\varphi}\cos\theta + S)\hat{\boldsymbol{z}}.$$

对主轴的转动惯量为［再参考式（8.13）和式（8.14）］

$$I_z = \frac{1}{2}Ma^2, I_x = \frac{1}{4}Ma^2 + Ml^2 = \boldsymbol{I}_y.$$

这里，在表示 I_x 和 I_y 时用到了平行轴定理. 现在，用式（8.33），我们把绕 O 的角动量矢量写成

$$\boldsymbol{J}=\left(\frac{1}{4}Ma^2+Ml^2\right)(-\dot{\theta}\hat{\boldsymbol{x}}-\dot{\varphi}\sin\theta\hat{\boldsymbol{y}})+\frac{1}{2}Ma^2(\dot{\varphi}\cos\theta+S)\hat{\boldsymbol{z}}. \tag{8.38}$$

到此，我们不再继续讨论陀螺的复杂而诱人的一般运动情况，而只去注意以 θ 角稳定进动的特殊情况. 这时有 $\dot{\theta}=0$；而且因为既没有力矩作用在 OZ 上，也没有力矩作用在 Oz 上，所以 $\dot{\varphi}$ 和 S 是恒量. 此外，为了与一些熟悉的实际情况相一致，我们还作 $S\gg\dot{\varphi}$ 的近似，这样我们可以略去 $\boldsymbol{J}$ 表达式中的 $\dot{\varphi}$ 项. 在这些条件下，式（8.38）简化为

$$\boldsymbol{J}=\frac{1}{2}Ma^2S\,\hat{\boldsymbol{z}}.$$

而且，不随着 $S\hat{\boldsymbol{z}}$的运动而旋转的那组坐标轴的角速度为（由 $\dot{\theta}=0$）

$$\boldsymbol{\omega}'=\dot{\varphi}\hat{\boldsymbol{Z}}.$$

因为 $\dot{\varphi}$ 和 S 恒定不变，所以由式（8.34）得到 $\boldsymbol{J}$ 的时间微商为 $\boldsymbol{\omega}'\times\boldsymbol{J}$. 于是，由后两式我们得到

$$\begin{aligned}\frac{\mathrm{d}\boldsymbol{J}}{\mathrm{d}t}&=\boldsymbol{\omega}'\times\boldsymbol{J}=\dot{\varphi}\hat{\boldsymbol{Z}}\times\frac{1}{2}Ma^2S\hat{\boldsymbol{z}}=\frac{1}{2}Ma^2\dot{\varphi}S(\hat{\boldsymbol{Z}}\times\hat{\boldsymbol{z}})\\&=-\frac{1}{2}Ma^2S\dot{\varphi}\sin\theta\hat{\boldsymbol{x}}.\end{aligned} \tag{8.39}$$

作用在陀螺上的绕 O 点的力矩是由作用在 C 点的向下的重力引起的，仅有的其他作用力是在 O 点的支持力. 结果是

$$\boldsymbol{N}=-Mgl\sin\theta\hat{\boldsymbol{x}}. \tag{8.40}$$

根据基本运动方程［式（8.1）］，由式（8.39）与式（8.40）相等，我们得到进动速率为

$$\dot{\varphi}=\frac{Mgl}{\frac{1}{2}Ma^2S}. \tag{8.41}$$

我们看到，它与夹角 θ 无关.

因子$\frac{1}{2}Ma^2$ 是圆盘的 I_z 的数值，它出现在式（8.41）的分母中. 在稳定进动和 $S\gg\dot{\varphi}$ 近似的特殊条件下，为了把不是简单圆盘的各种形式的陀螺和回转器都包括进来，我们可以把式（8.41）正确地加以推广而得到

$$\dot{\varphi}=\frac{Mgl}{I_zS}. \tag{8.42}$$

这个[⊖]近似结果表示的是当自转角速度 S 比进动角速度 $\dot{\varphi}$ 大得多时稳定进动的速率，它可以直接从基本运动方程（8.1）得出. 下面就是有关的讨论.

⊖ 那些略去式（8.36）附近的关于欧拉方程讨论的读者，可以利用从这里开始的关于陀螺的简单讨论.

当 S 很大时，旋转陀螺的角动最几乎完全由

$$\boldsymbol{J} = I_z S\hat{z}$$

给出，$\boldsymbol{J}$ 的变化率是由于它绕竖直的 $\hat{\boldsymbol{Z}}$ 方向以进动角速度 $\dot{\varphi}$ 作稳定转动引起的. 因此（参看图 8.14）

$$\frac{\mathrm{d}\boldsymbol{J}}{\mathrm{d}t} = \dot{\varphi}\hat{\boldsymbol{Z}} \times I_z S\hat{z} = -I_z S\,\dot{\varphi}\sin\theta\,\hat{\boldsymbol{x}}.$$

力矩由式（8.40）得出，而且它应与现在 $\mathrm{d}\boldsymbol{J}/\mathrm{d}t$ 的表达式相等，这就再一次给出式（8.42）的结果：

$$\dot{\varphi} = \frac{Mgl}{I_z S}.$$

应该强调指出，上述对回转器问题的处理仅仅包括了一种简单而重要的情况. 这种运动的更一般的性质可以在教室中用回转器来加以演示，这些都是要用欧拉方程［式（8.36）］来分析的论题. 这个研究领域是惯性导航和陀螺稳定器技术的核心. 经过修正后，它还可以应用于自转着的分子、原子核和基本粒子，这些粒子的内禀磁矩使它们在磁场中受到力矩的作用.

习　　题

1. 平行轴定理. 薄圆盘绕一直径轴的转动惯量为 $\frac{1}{4}ma^2$，从这一事实出发，应用平行轴定理，试证明一个质量为 M、半径为 a、长为 L 的实圆柱体绕通过其质心的一横轴的转动惯量为 $Ma^2/4 + ML^2/12$.

2. 转动惯量的相加. 应用转动惯量简单相加的原理，计算图 8.15 中的圆柱形物体绕中心轴的转动惯量. 设它的质量为 M、半径为 a，四个圆柱形空洞各自的半径都是 $a/3$，从中心轴到各空洞的轴的距离均为 $a/2$.

$\left(答：\quad \frac{59}{90}Ma^2.\right)$

3. 实心球的转动惯量. 证明实心球绕一直径的转动惯量为 $\frac{2}{5}Mr^2$. 把实心球看成由许多无限薄的与球的边界面内接的圆盘堆积而成，即可简便地得出结果.

4. 三角形的转动惯量. 在等边三角形顶点的三个质量相等的质点（见图 8.16）被质量可以忽略的刚性三角形片连接起来.

（a）求绕通过中心 C 的垂直轴的转动惯量 I_z.

（b）计算绕图示的 y 轴的 I_y.

（c）利用垂直轴定理计算 I_x.

5. 方形平板：转动惯量等式. 证明一刚性方形平板绕它所在平面内的一对角轴的转动惯量与绕该平面内通过中心且平行于方形平板一边的轴的转动惯量相等.

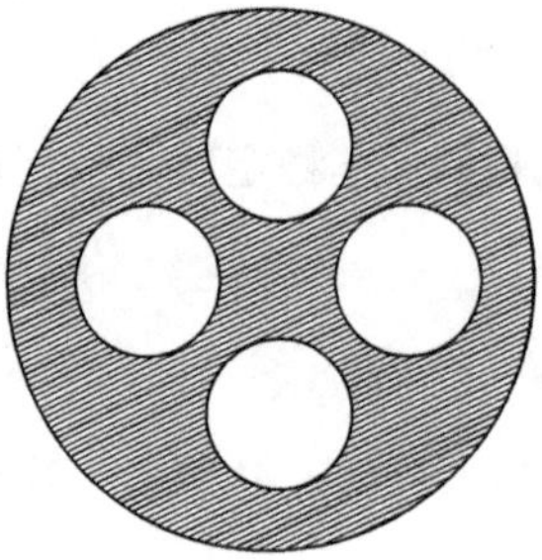

图 8.15

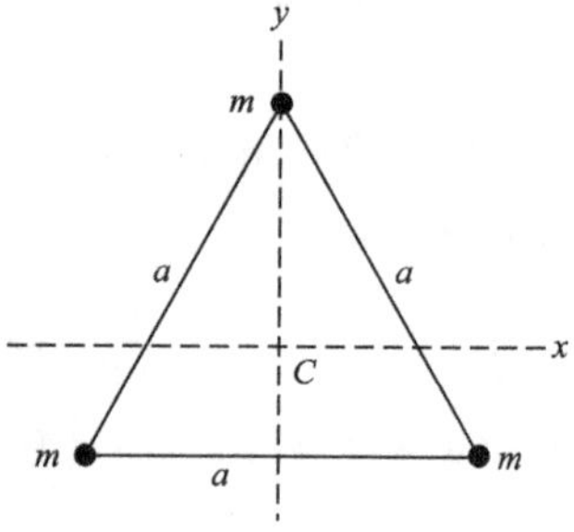

图 8.16

（同时利用垂直轴定理和对称性，无须计算即可加以证明）.

6. 滚动的刚体. 有一个实圆柱体、一个薄壁圆柱形筒、一个实心球和一个薄壁球壳，它们都从倾斜角为 θ 的斜面滚下．各物体具有相同的半径 R．求各物体的加速度.

7. 空心球的滚动. 一个空心球，它的内半径为 R_1，外半径为 R_2，从与水平面成 θ 角的斜面上无滑动地滚下.

（a）求它的角加速度和加速度.

$$\left(\text{答：}\alpha=\frac{a}{R_2},\ a=\frac{g\sin\theta}{1+\frac{2}{5}\left(1-\frac{R_1^5}{R_2^5}\right)\left(1-\frac{R_1^3}{R_2^3}\right)}.\right)$$

（b）斜面的下端由平面渐变为曲面，最终过渡到水平面．设物体在斜面上从静止起动时其中心离最终水平面的高度为 h，那么，物体在最终水平面上运动的速率是多少？（利用能量守恒）.

$$\left(\text{答：}v^2=\frac{2g(h-R_2)}{1+\frac{2}{5}\left(1-\frac{R_1^5}{R_2^5}\right)\left(1-\frac{R_1^3}{R_2^3}\right)}.\right)$$

8. 摩擦力矩. 一个形状为实圆柱体的重飞轮，它的半径为 0.5m，厚 0.2m，质量为 1200kg，以 150rad/s 的速率在轴承上自由地转动．它由于摩擦制动而停止转动．在制动过程中，制动片压住飞轮周边，压力相当于 40kg 重力．制动片和飞轮周边表面之间的摩擦因数为 0.4，并假设摩擦因数与两表面的相对速率无关.

（a）如果稳定地这样制动，飞轮转过多大角度后才变为静止？

[答：8.5×10^5rad，或 135 000 圈（近似）.]

（b）它达到静止需要多少时间？（答：1800s.）

9. 复摆：等效长度. 试证明一根长为 L 的均匀杆（其一端悬挂在一个轴上）复摆与长为 $2L/3$ 的单摆在小振荡时具有相同的频率.

10. 撞击中心. 一根长为 L 的刚性杆，其一端悬挂在位于 P 点的轴上．如图 8.17 所示，有一个力 F 在一个短暂的瞬间作用于杆（即冲力），使之进入摆动．P

点的支持装置十分脆弱，因此，必须将 F 作用在距支点某一距离 x 处，不使 P 点出现反作用力．试求满足这个要求的 x 值．这个位置称为对悬挂点 P 的撞击中心．（提示：F 的效果是使质心获得加速度，并由于它相对于 P 的冲量矩而产生绕 P 的角加速度．如果在 P 点无反作用力，这两个加速度应该是一致的，由此可以决定用 L 表示的 x 值．）（答：$x=2L/3$．）

11. 不平衡的刚体． 一个质量为 M、半径为 R 的细圈或细环，它装有质量可忽略的辐条，这样，它可以绕通过其中心的水平轴在竖直平面内自由转动．一个质量为 m 的质点栓在环上，因此，当整个系统静止时，m 在底部．求此系统小振荡时的频率．设把系统从 m 在顶部时的稳定状态放开，求它所能达到的最大角速度．

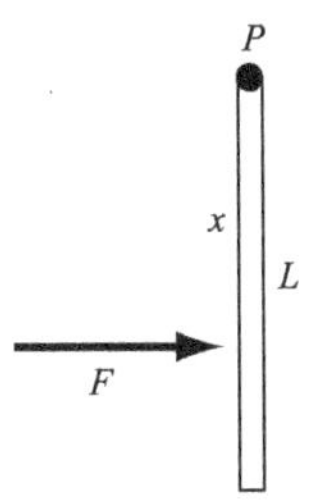

图 8.17

12. 可倒摆． 试证明一个复摆，当其具有两个支持距离 l_1 和 l_2（从质心标起）时会产生同样频率的小振动，而且这两个距离满足下述关系式：

$$l_1 l_2=\frac{I_c}{M}.$$

还请证明，如果我们设置这样一对共轭点，并测出它们的共同频率 ω，则可由

$$g=\omega^2(l_1+l_2)$$

得到 g 的数值．（这种技术称为测重力加速度 g 的可倒摆方法．这两个支持点在通过质心的一条直线上，并位于质心两侧；因此，l_1+l_2 是两支持点之间的距离．这样，就无须知道质心的位置．）

13. 转动力矩． 质量为 M、边长为 a 和 b 的矩形平板绕对角线固定轴以角速度 ω 转动．试计算轴承为保持平板做这样的转动必须加在平板上的转动力矩矢量．还请作图画出角动量矢量，把它写为矢量．

［部分答案：力矩的数值 $=\frac{1}{12}Mab\omega^2\ (a^2-b^2)/(a^2+b^2)$．］

14. 动力学平衡的欠缺． 一个质量为 M、长为 L 的均匀细杆绕通过其中心的横轴转动．该轴应垂直于杆，但由于装置不善，它偏离了一个小角度 δ．设杆以角速度 ω 转动，求所需的转动力矩矢量．写出角动量矢量，并作图画出．

15. 回转器． 一个由半径 $a=0.04\mathrm{m}$ 的实圆柱体构成的回转器，固定在一根质量可忽略的杆上，杆的尖端自由地支在离圆柱体质心 0.05m 处的枢纽上．现在回转器正以某个倾角（对竖直线）做稳定进动，而且每 3s 进动一周．试计算回转器绕其自身轴自转的角速度．

（答：293rad/s．）

16. 角加速度． 一个质量为 2.0kg、半径为 $4.0\times10^{-2}\mathrm{m}$ 的实圆柱体只能绕其自身轴转动，该轴是水平的．有一根细绳缠绕在它上面，绳的自由下垂端挂有为质量 0.15kg 的物体（见图 8.7）．求该物体的加速度、圆柱体的角加速度、绳子的张

力以及支持住圆柱体所需的竖直向上的力.

17. 回转器的转动. 图 8.18 所示为一个从侧面看去的回转器飞轮，它的轴安装在轴承 A 和 B 中. 它以图示的角速度自旋着，飞轮向着读者的一侧向下运动. A 和 B 向上的支持力相等.

（a）现在打算改变飞轮的方位，使 A 在 B 在正上方，而系统的质心保持不动. 不算支持力，试描述需作用在 A 和 B 上的附加力.

（b）如果不是使 A 在 B 的上方，而是将 A 转向读者，而 B 在 A 的后面，试描述我们应该作用在 A 和 B 上的力.

18. 绕质心的力矩. 一个质量为 M_1、半径为 R_1 的圆柱体，只能绕其水平方向的自身轴转动. 有一根缠绕在这个圆柱体上的细绳，另外该细绳还缠绕着一个质量为 M_2、半径为 R_2 的圆柱体. 后者可自由地解开缠绕着的绳子，连同水平轴一起下落（见图 8.19）. 近似假定绳子是竖直的，试求出：

（a）M_2 质心的加速度.［答：$a=(M_1+M_2)g/(\frac{3}{2}M_1+M_2)$.］

（b）M_2 的角加速度.

（c）M_1 的角加速度.

（d）绳子的张力.

如果从图中绕 P 点的力矩来考虑，那么，作用在下面那个圆柱体质心上的“虚设力”是多少?

19. 最小摩擦因数. 一个对称物体无滑动地从斜面滚下，试证明

$$\mu \geqslant \frac{\tan\theta}{MR^2/I_C+1};$$

这里各符号具有通常的含义.

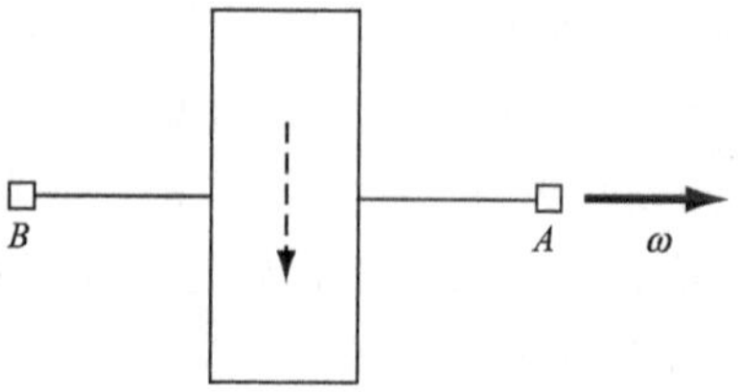

图 8.18

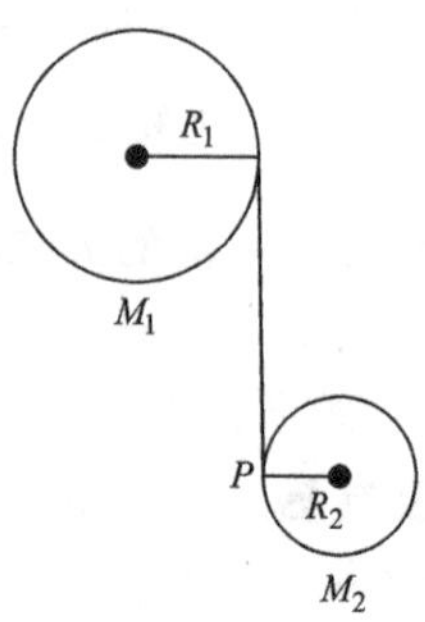

图 8.19

拓展读物

对刚体运动清楚、有趣且广博的论述，尤其是关于陀螺仪的论述可以参见一些

早期的专著，例如，Arthur Gordon Webster," The Dynamics of Particles and of Rigid, Elastic, and Fluid Bodies," B. G. Teubner, Leipzig. 1904 (Stechert-Hafner, Inc., New York, 1920).

更现代的中等水平上的论述可参见 John L. Synge and Byron A. Griffith, "Principles of Mechanics" chap. 14, McGrarw-Hill Book. Company, New York, 1959.

第 9 章　平方反比律的力

第 9 章　平方反比律的力

两个静止的点粒子之间的静电力或引力的数值的表达式是

$$F=\frac{C}{r^2};$$

这里 C 是常数. 这种力称为平方反比律的有心力. “有心”一词, 表示的是这种力的方向在两粒子的连线上. 如果第一个粒子在原点, 第二个粒子在 $\boldsymbol{r}$ 点, 那么, 第一个粒子作用在第二个粒子上的力为

$$\boldsymbol{F}=\frac{C}{r^2}\hat{\boldsymbol{r}}. \tag{9.1}$$

如果上式指的是两个质量为 M_1 和 M_2 的质点之间的引力, 则有

$$C=-GM_1M_2, \qquad G=6.67\times10^{-11}\,\mathrm{m^3/kg\cdot s^2}. \tag{9.2}$$

如果指的是两个点电荷 q_1 和 q_2 之间的静电力, 而且电荷、长度和力用国际制单位表示, 则有

$$C=9.0\times10^9 q_1q_2. \tag{9.3}$$

引力总是吸力. 但是, 若两电荷 q_1 和 q_2 的符号相反, 则静电 (库仑) 力是吸力; 若 q_1 和 q_2 的符号相同, 则为斥力.

式 (9.1) 中 r 的指数可以由实验非常精确地确定, 它等于 2.000…; 就静电力来说, 两电荷间小到数量级为 10^{-15}m 的距离都是成立的. 有许多实验结果, 它们对于微小的对力严格的平方反比律的偏离是非常敏感的. 在电磁学卷第 1 章中所讨论的那些主要的实验, 就是针对静电力的. 至于引力, 其实验根据主要是对太阳系中行星运动的理论预言与实际观测结果是高度一致的.

力的平方反比律也可以用势能的一次方反比律来表达. 因为我们在第 5 章中已经看到, F 等于 $-\partial U/\partial r$. 由式 (9.1), 得

$$F=-\frac{\partial U}{\partial r}=\frac{C}{r^2},$$

从而

$$U(r)=\frac{C}{r}+\text{常数}.$$

如果把两粒子相距无穷远时的 $U(r)$ 选为零, 则积分常数为零, 于是

$$U(r)=\frac{C}{r}.$$

在国际单位制中，对于引力或静电力，上式中的 C 分别由式（9.2）和式（9.3）给出．于是

$$U(r) = -\frac{GM_1M_2}{r} \quad 或 \quad U = \frac{kq_1q_2}{r} \tag{9.4}$$

两个质子之间、两个中子之间或一个质子和一个中子之间作用力的规律既非常强烈地偏离引力规律，又非常强烈地偏离库仑力规律．当两个粒子十分接近（约小于 2×10^{-15}m）时，引起偏离的那个力是极强的吸力；而当它们分开较远时，这个力可以忽略．这种力在原子核物理学的书中有所讨论．两个电子之间的电作用力，直到目前所知的最小距离，严格地是库仑力．电子除了电荷外，还有磁偶极矩，两个电子的磁偶极矩会产生一个立方反比律的非有心力（见第二卷第 10 章）．

从力的平方反比律能够得出什么独有的特性呢？宇宙在哪些重大方面反映出力的平方反比律呢？现在，我们转向这些重要的问题．我们常常宁愿讨论势能，而不讨论力．在解题时，读者几乎总是会发现，用势能比用力更容易．通过对势求微商可以得到力的分量，而且在能量方程中经常可以用到势能，势能是标量，而力是矢量．

9.1　质点与球壳之间的势能和力

利用力的平方反比律得到的一个重要结论是，半径为 R 的均匀薄球壳作用在壳外距球心 r（$>R$）处的检验质点 M_1 上的力，与全部球壳的质量集中在球心上时的作用力完全相同．另一个结果是，当检验质点处于球壳内（即 $r<R$）时，作用在检验质点上的力为零．由于这两个结果十分重要，下面将给出它们的详细推导．利用问题的几何对称性，我们采取一种特殊的解法．

首先，如图 9.1 所示，我们考虑球壳上的一个环，其角宽为 $\Delta\theta$，或宽为 $R\Delta\theta$．令 σ 代表球壳单位面积的质量，我们这样做，是因为整个环与检验质点 M_1 是等距的，这距离为 r_1．环的半径为 $R\sin\theta$，周长为 $2\pi R\sin\theta$，故环的面积为（见图 9.2）

$$(2\pi R\sin\theta)(R\Delta\theta) = 2\pi R^2\sin\theta\Delta\theta.$$

环的质量等于环的面积乘上单位面积的质量 σ：

$$M_{环} = (2\pi R^2\sin\theta\Delta\theta)\sigma. \tag{9.5}$$

把式（9.5）与式（9.4）联立，求得检验质点在环的引力场中的势能 $U_{环}$ 为

$$U_{环} = -\frac{GM_1(2\pi R^2\sin\theta\Delta\theta)\sigma}{r_1}. \tag{9.6}$$

这里 r_1 是检验质点到环的距离．

对 R，r 和 r_1 所组成的三角形利用余弦定律［式（2.8）］，得

$$r_1^2 = r^2 + R^2 - 2rR\cos\theta. \tag{9.7}$$

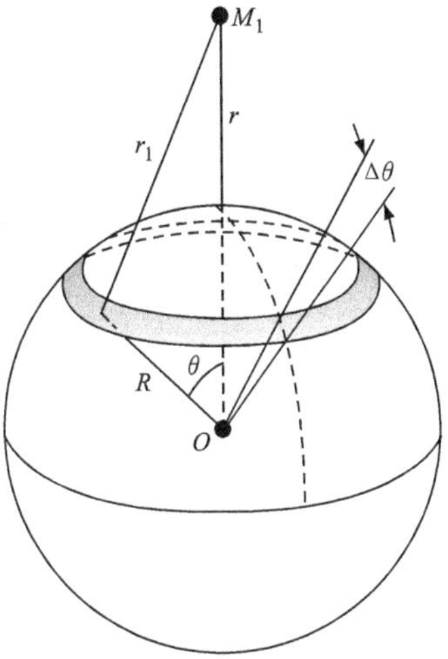

图 9.1　球壳与质量 M_1 的透视图. 从图中可以看出球壳是怎样被划分成环的. 球壳单位面积的质量为 σ

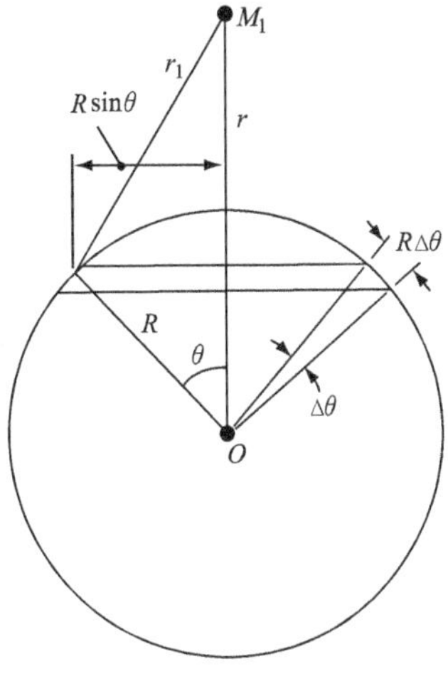

图 9.2　同一球壳的断面图，可以看出，环的总面积为 $2\pi R^2\sin\theta\Delta\theta$

式中，R 与 r 均为常数. 因此，当我们用 θ 的变化 $\Delta\theta$ 去计算 r_1 的变化 Δr_1 时，得

$$2r_1\Delta r_1 = -2rR\Delta(\cos\theta) = 2rR\sin\theta\Delta\theta.$$

这个有用的关系式，使我们能把式（9.6）改写成

$$U_{环} = -\frac{GM_1(2\pi R\Delta r_1)\sigma}{r}. \tag{9.8}$$

注意，现在的分母是 r，即检验质点到球心的距离.

检验质点在球壳引力场中的总势能 $U_{壳}$ 是 $U_{环}$ 对所有组成球壳的环求和. 在求和时，仅需对 Δr_1 求和. 如果检验质点位于球壳外，可以看出，r_1 的数值变化范围是从 $r-R$ 到 $r+R$，故（见图 9.3）

$$\sum\Delta r_1 = (r+R)-(r-R) = 2\boldsymbol{R}. \tag{9.9}$$

利用式（9.9），对式（9.8）求和，得

$$\begin{aligned} U_{壳} = \sum U_{环} &= -\frac{GM_1 2\pi R\sigma}{r}\sum\Delta r_1 \\ &= -\frac{GM_1 4\pi R^2\sigma}{r}. \end{aligned} \tag{9.10}$$

由于 $4\pi R^2$ 是球壳的面积，$4\pi R^2\sigma$ 是球壳的质量 M_s，因此式（9.10）可以改写成

$$U_{壳} = -\frac{GM_1M_s}{r}. \quad (r>R) \tag{9.11}$$

式中，r 为检验质点与球壳中心的距离. 这样，我们就证明了，球壳对外部各点的作用就好像它的全部质量 $\boldsymbol{M}_s$ 都集中在球壳中心一样.

如果检验质点位于球壳内任一点，除了在 $\sum U_{环}$ 中对 Δr_1 求和的范围应从 $R-r$ 到 $R+r$（见图 9.4）外，推导是完全相同的，因而

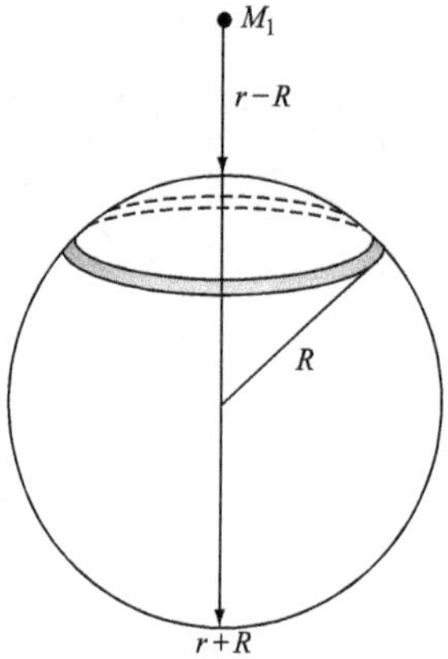

图 9.3　当 $r>R$ 时，即当检验质点 M_1 在球壳外时的求和限

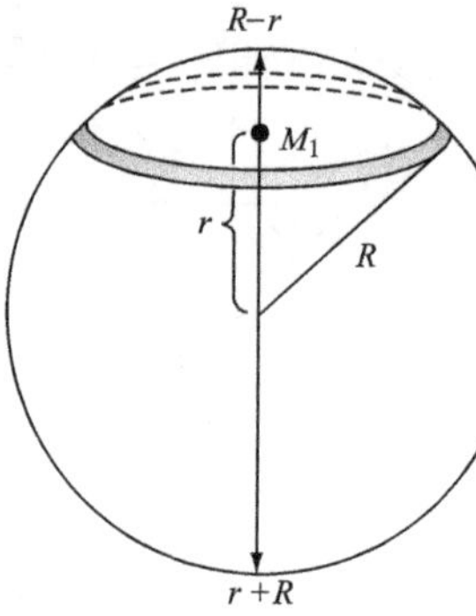

图 9.4　当 $r<R$ 时，即当检验质点 M_1 在球壳内时的求和限

$$\sum \Delta r_1 = (R+r)-(R-r) = 2r. \tag{9.12}$$

利用式 (9.12)，对式 (9.8) 求和，得

$$\begin{aligned} U_{壳} &= \sum U_{环} \\ &= -\frac{GM_1 2\pi R\sigma}{r}\sum \Delta r_1 \\ &= -GM_1 4\pi R\sigma = -\frac{GM_1 4\pi R^2\sigma}{R} \\ &= -\frac{GM_1 M_s}{R}.\ (r<R) \end{aligned} \tag{9.13}$$

亦即在球壳内所有各点，势能［式 (9.13)］为常数，并等于式 (9.11) 在 $r=R$ 时的值. 图 9.5a 显示了球壳内与球壳外的 U.

前面已经指出［式 (5.28) 和式 (5.29)］，由于力在径向方向，作用在检验质点 M_1 上的力的数值等于 $-\partial U/\partial r$. 由式 (9.11) 和式 (9.13)，球壳对检验质点 M_1 的作用力为

$$F = -\frac{\partial U}{\partial r} = \begin{cases} -\dfrac{GM_1 M_s}{r^2}, & (r>R) \\ 0. & (r<R) \end{cases} \tag{9.14}$$

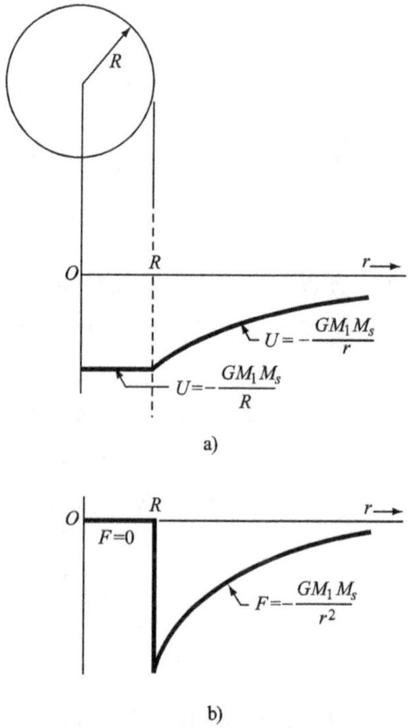

图 9.5　a）离半径为 R、质量为 M_s 的球壳中心的距离为 r 处的质点 M_1 的势能. b）作用在质点 M_1 上的力（负号表示吸力）. 当 $r<R$ 时，力为零

这就是说，当检验质点位于球壳内时，它不受作用力．这里力的平方反比律的一个非常特殊的性质．在球壳外，力按 $1/r^2$ 变化，r 从球壳中心量起．图 9.5b 所示为力和 r 的函数关系．

9.2　质点与实心球之间的势能和力

把一系列同心球壳加起来，可以构成一个质量为 M、半径为 R_0 的实心球．对球外的那些点，利用式（9.11），可以求出检验质点 M_1 在实心球的引力场中的势能：

$$U_{\text{球}}=\sum U_{\text{壳}}=-\frac{GM_1}{r}\sum M_s=-\frac{GM_1M}{r}.$$

提醒一下，r 是检验质点到球心的距离．

当 $r>R_0$ 时，作用在 M_1 上的力的数值为

$$\boxed{F=-\frac{\partial U}{\partial r}=-\frac{GM_1M}{r^2}.}\tag{9.15}$$

这是我们分析的主要结果．式（9.15）也可以通过直接求出球壳上力的分量的积分而得出（参看习题 13），但是我们的解法在数学上更简洁．直接推广式（9.15），我们得到质量为 M_1 和 M_2 的两个均匀球之间的作用力等于分别位于相应球心处的两个质点 M_1 和 M_2 之间的作用力．用一个质点代替一个球之后，就可以用另一质点代替第二个球，这一结果使许多计算得以简化．

如果一质点位于一实心球内，则力将指向球心并等于

$$-\frac{GM_1M_{\text{内}}}{r^2}.$$

如果这个球的密度 ρ 是均匀的，则

$$M_{\text{内}}=\frac{4\pi}{3}r^3\rho,\quad M=\frac{4\pi}{3}R_0^3\rho,$$

因而

$$F=-\frac{GM_1\dfrac{4}{3}\pi r^3\rho}{r^2}=-\frac{4}{3}\pi GM_1\rho r,$$

或

$$F=-\frac{GM_1Mr}{R_0^3}.\tag{9.16}$$

将 $-(GM_1M)/R_0$ 和质点 M_1 从 R_0 运动到 r 所需的能量加起来，即得 $r<R_0$ 时的势能．利用力的公式（9.16），后一能量为

$$\int_{R_0}^{r}\frac{GM_1Mr\mathrm{d}r}{R_0^3}=-\frac{GM_1M}{2R_0^3}(R_0^2-r^2).$$

将 $-(GM_1M)/R_0$ 项加到这个能量中，得到 $r<R_0$ 时的势能为

$$U(r)=-\frac{GM_1M}{R_0}-\frac{GM_1M}{2R_0^3}(R_0^2-r^2)$$
$$=-\frac{GM_1M}{R_0}\left(\frac{3}{2}-\frac{1}{2}\frac{r^2}{R_0^2}\right).$$

当 $r=0$ 时，有

$$U(0)=-\frac{3}{2}\frac{GM_1M}{R_0}.$$

$0\leqslant r\leqslant R_0$ 及 $R_0<r$ 时的 $U(r)$ 和 $F(r)$，如图 9.6 所示.

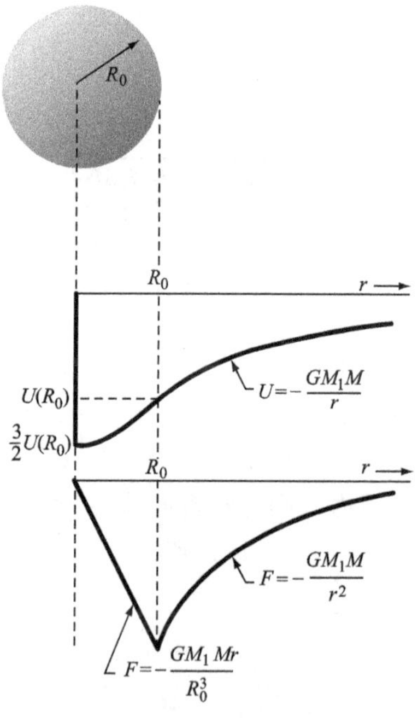

图 9.6　与半径为 R_0. 质量为 M 的实心球球心相距为 r 的质量 M_1 的势能；作用在质点 M_1 上的力. 当 $r<R_0$ 时，力与 r 呈线性关系

9.3　引力自能与静电自能

物体自能是指把相隔无穷远的许多无限小单元集合起来构成物体时所做的功. 我们先讨论引力自能. 由于引力是吸力，所以引力自能是负的.（例如，将一个星体中的原子分开，并把每一个原子都移至无穷远处，必须克服引力自能做正功.）通常，在处理恒星与星系问题时，我们需要知道引力自能. 而对于晶体（绝缘体

和金属）和原子核的问题，往往需要计算静电自能.

N 个分立的质量元，由于它们相互间引力的吸引而引起的总势能，等于所有质量元对的势能之和，即

$$U_s=-G\sum_{\text{所有}i\neq j\text{的对}}\frac{M_iM_j}{r_{ij}}. \tag{9.17}$$

式中，M_i 和 M_j 是单个质量元的质量；r_{ij}是这两个质量元之间的距离. 求和中不包括 $i=j$ 的项，因为这根本不构成对. 单个质量元 M_i 的自能也不包括在内，因为我们仅考虑各单个质量元之间的相互作用. 计算单个质量元自能的方法将在下面介绍.

【例】

银河系的引力能 让我们估计一下银河系的引力能. 如果不考虑所有单个恒星的引力自能，那么，只需要估计式（9.17）的数值即可.

我们把庞大的银河系近似地看成由 N 个恒星所组成，每一恒星的质量为 M，每一对恒星之间的距离的数量级为 R. 这样，式（9.17）可简化为

$$U\approx-\frac{1}{2}G(N-1)N\frac{M^2}{R}.$$

[在对所有的恒星对求和时，我们依次就 N 个恒星中的每一个能与它构成对的 $N-1$ 个恒星求和. 这样我们就将每一恒星对计算了两次（见 $N=3$ 时的图 9.7).] 如果 $N\approx1.6\times10^{11}$，$R\approx10^{21}\,\text{m}$，$M\approx2\times10^{30}\,\text{kg}$（相当于太阳的质量），则

$$\begin{aligned}U&\approx-\frac{1}{2}\frac{7\times10^{-11}\times(1.6\times10^{11})^2(2\times10^{30})^2}{10^{21}}\\&\approx-4\times10^{51}\,\text{J}.\end{aligned}$$

【例】

均质球的引力能 计算质量为 M、半径为 R 的均质球的自能 U_s 并不困难. 将式（9.17）中的多重求和变成积分，然后直接求出积分即得. 不过，我们先试猜一下答案. 我们能预期它是什么样的呢？显然，答案必须包括 G，M 和 R，并且应有正确的量纲. 它也许有下列形式：

$$U_s\approx-\frac{GM^2}{R}.$$

事实上，这是正确的，只差一个数量级为 1 的数值因子.

为了精确地计算这个因子，我们采用一个特殊的办法来构成实心球. 首先，考虑（见图 9.8）一个半径为 r 的实心球核与包围着它的、厚度为 $\mathrm{d}r$ 的球壳之间的相互作用能. 令 ρ 代表密度，则球核的质量为 $(4\pi/3)r^3\rho$，而球壳的质量为 $(4\pi r^2)(\mathrm{d}r)\rho$. 根据式（9.11），球壳在球核的引力场中的引力势能为

$$\frac{-G\left(\frac{4\pi}{3}r^3\rho\right)(4\pi r^2\,\mathrm{d}r\rho)}{r}=-\frac{1}{3}G(4\pi\rho)^2r^4\,\mathrm{d}r. \tag{9.18}$$

将式（9.18）从 $r=0$ 到 $r=R$ 积分，即得实心球的自能. 这个积分相当于把一

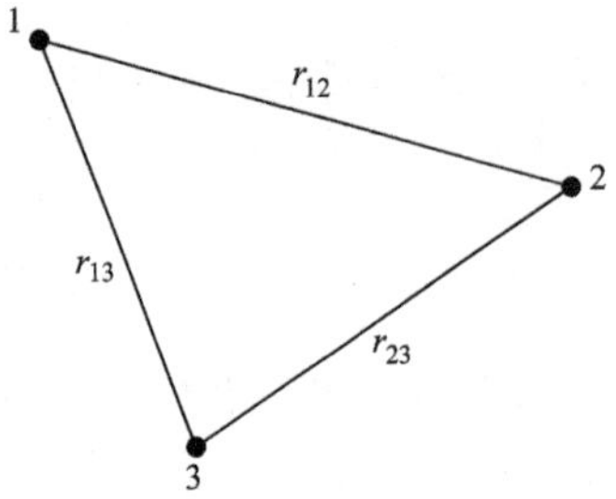

图 9.7　质量为 M_1，M_2，M_3 的三个原子的引力势能是：

$$U = -G\left(\frac{M_1M_2}{r_{12}} + \frac{M_1M_3}{r_{13}} + \frac{M_2M_3}{r_{23}}\right)$$

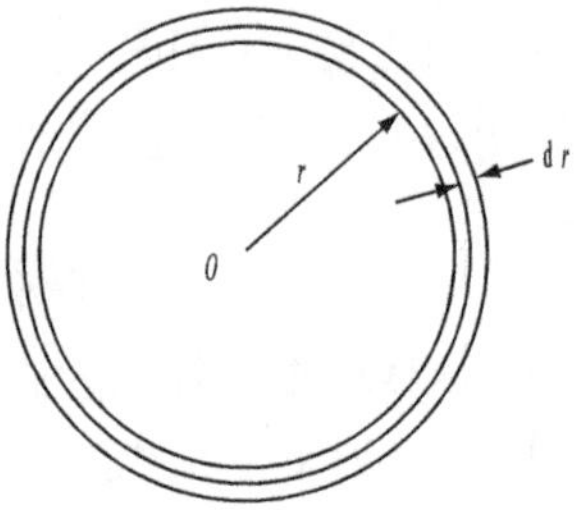

图 9.8　厚度为 dr 的球壳包围着半径为 r 的实心球核．将相继的球壳加起来，就构成了半径为 R 的实心球．球壳表面的面积为 $4\pi r^2$，厚度为 dr，故其体积为 $4\pi r^2 \mathrm{d}r$

系列球壳加到球核上，直到球核的半径等于 R 时为止．最初，球核的半径为零．球的对称性使我们能把多重求和简化为单重积分．对式（9.18）求积分，得

$$\begin{aligned} U_s &= -\frac{1}{3}G(4\pi\rho)^2\frac{1}{5}R^5 \\ &= -\frac{3}{5}G\left(\frac{4\pi}{3}\rho R^3\right)^2\frac{1}{R} \qquad (9.19) \\ &= -\frac{3}{5}\frac{GM^2}{R}. \end{aligned}$$

式中，球的质量为

$$M = \frac{4\pi}{3}\rho R^3.$$

对于太阳，根据式（9.19），由于 $M_s \approx 2\times10^{30}$kg，$R_s \approx 7\times10^8$m，故得出太阳的引力自能为

$$\begin{aligned} U_s &\approx -\frac{3\times7\times10^{-11}(2\times10^{30})^2}{5\times7\times10^8} \\ &\approx -2\times10^{41}\mathrm{J}. \end{aligned}$$

这是一个巨大的能量，我们想起太阳发出能量的速率为 4×10^{26}J/s，因此，太阳需要花 $\frac{1}{2}\times10^{15}$s 或 2×10^7 年才能辐射这么多的能量⊖．太阳可能会完成其演化而成为一个致密的白矮星，半径约为它现在半径的 1/10．显然，在这个收缩过程中，它一定会释放出大量的引力能．这些考虑在天体物理学的研究中非常重要，它们或许会被适当地包括在新星的理论之中，总电荷为 q、半径为 R 的球形均匀电

⊖ 太阳现在所辐射的能量来源于核过程，而不是来源于引力过程．在 20 世纪初，特理学家还不了解这些核过程，因而他们估计太阳系的年龄大约为 10^6 年．

荷分布的静电自能，可用 kq^2 代替式（9.19）中的 $-GM^2$ 而得到.

【例】

电子的半径　要估计电子的静电自能，需要知道电子的半径 R. 由于我们还没有一个关于电子的基本理论，我们所能做的是从能量反过来估计它的半径.

著名的爱因斯坦关系指出，质量 M 总是与能量 E 按下面的方程相关联：

$$E = Mc^2. \tag{9.20}$$

式中，c 是光速.（我们将在第 12 章中推导这一关系式.）如果电子的能量全部是一个均匀电荷分布的静电能，那么，我们将有

$$U_s = \frac{3ke^2}{5R} = mc^2.$$

由此可确定电子的半径. 但是，我们并不知道电子结构的详情. 上面所勾画的模型是不能完全令人满意的，因为究竟是什么使得电子里的电荷能聚在一起呢？为什么它不在同类电荷元的库仑排斥作用下飞散开呢？目前，我们还没有关于为什么会存在电子的理论.

因此，我们可以去掉因子 3/5. 保留这个因子将是一种虚饰，因为它暗示着一种我们并不具有的关于电子的精细知识. 我们按下面的关系定义（公认的约定）一个长度 r_0：

$$\frac{ke^2}{r_0} \equiv mc^2, \quad r_0 \equiv \frac{ke^2}{mc^2} = 2.82 \times 10^{-15}\,\text{m}.$$

这个长度称为电子的经典半径. 它肯定与电子有点关系，但我们并不确切地知道究竟是什么关系. 尽管如此，它仍被认为是一个基本的长度，并出现在像 X 射线或 γ 射线的散射截面这样一类表达式中. 实际上，我们知道，电子之间的电力至少小到 $r = 10^{-17}\,\text{m}$ 的距离都精确地等于 e^2/r^2.

平方反比律的力和静力平衡　在电磁学卷第 2 章中，我们将证明：在只有平方反比律的力相互作用的一群质量（或电荷）之间，不可能有稳定的静力平衡. 所谓“静力”，意思是所有质量都不动. 图 9.9 与图 9.10 可以帮助我们理解这一结论. 两图分别画出了由在固定位置上的两个和四个相等的质量（用 M 标记）引起的势函数的等值线（等势线）. 等势线交叉的位置是平衡位

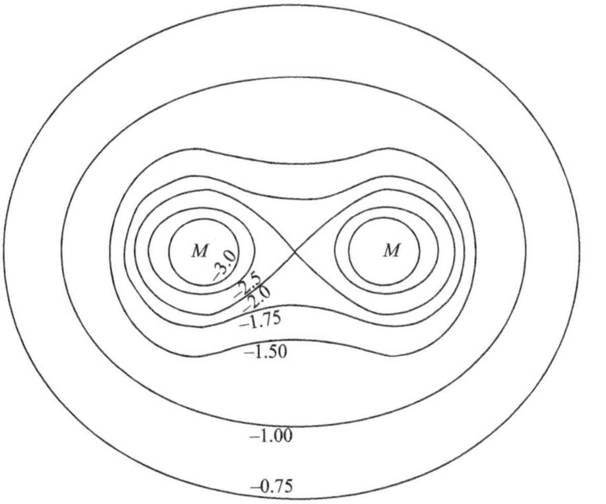

图 9.9　两个质量相等的物体之间等势面的等值线图

置，当从平衡位置移开时，力将指向较低的等势线，亦即指向负值更大的等势线.注意到在两个质量的情况下，若一检验质量从平衡点向上移动，它将感受到一个使之回向平衡点的力；但若从平衡点向两边移动，则将感受到一个使之离开平衡点的力．为了有一个稳定平衡，则无论位移的方向怎样，这力都必须向着平衡点（见第5章式（5.30）附近的表述）．由于这力与等势线之间的距离成反比，因而可以预料，当从两个质量增加到四个、八个以至于增加到位于一球面上数量极多的质量时，这力将变成零，而且甚至能指向球心．但是，我们从式（9.14）知道，或者至少可以推断，这个力恰好变成零，因而，存在着一个随遇平衡的状态。

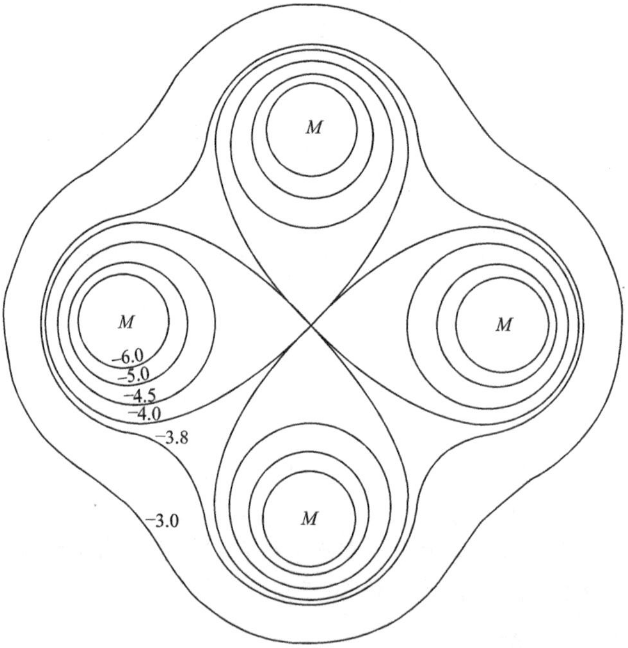

图9.10　在四个质量相等的物体之间等势面的等值线图．图中的数字纯粹是任意的

9.4　轨道：方程和偏心率

我们已经求解过在平方反比律的吸力场中一质点做圆轨道运动的问题．对于这种轨道，速度与距离之间有一特定的关系．我们曾在第3章3.4节中导出过这个关系．从形式上看，$-(Mv^2/r)\hat{\boldsymbol{r}}$ 是向心力，负号表示它向着圆心．这个力必须等于力 $(C/r^2)\hat{\boldsymbol{r}}$［式（9.11）］．由此可见，如果 C 不是负数，亦即如果力不是吸力，就不可能有圆轨道．如果 $C=-GMM_2$，即 $v=(GM_2/r)^{\frac{1}{2}}$.

如果这个特定的关系不满足，轨道是什么形状呢？这个问题通常称为开普勒问题，因为开普勒发现，在太阳的力场中行星的轨道都是椭圆，后来牛顿推导出这个力场是平方反比律的场. 我们首先处理 $r=0$ 时力心是固定的情形. 这种情形概念上是简单的, 而且我们在本节的"二体问题: 约化质量"那一小节中将看到, 任何两个质点的实际问题都能简化为这种情形. 于是, 运动方程为

$$M\boldsymbol{a}=\frac{C}{r^2}\hat{\boldsymbol{r}}.$$

这里, 我们不假定它是简单的圆轨道, 而且对平方反比律的力的类型也不做限定. 不过应注意到一个事实: 如果 C 是负的, 则力是吸力; 而如果 C 是正的, 则力是斥力.

选什么坐标最方便呢? 首先, 需要几个坐标呢? 需要三个吗? 不, 只需要两个坐标, 因为运动是处在一个平面内; 这个平面由质点的速度矢量和径矢 $\boldsymbol{r}$ 确定. 由于垂直于这个平面的速度分量和力的分量都为零, 因此垂直于这个平面的速度分量必须保持为零. 不难猜到, 用如图 9.11 中的 r 和 θ 要比用 x 和 y 更容易, 用这些坐标以及单位矢量 $\hat{\boldsymbol{r}}$ 和 $\hat{\boldsymbol{\theta}}$ 来表示时, 加速度是什么呢? 由式 (2.30) 得到

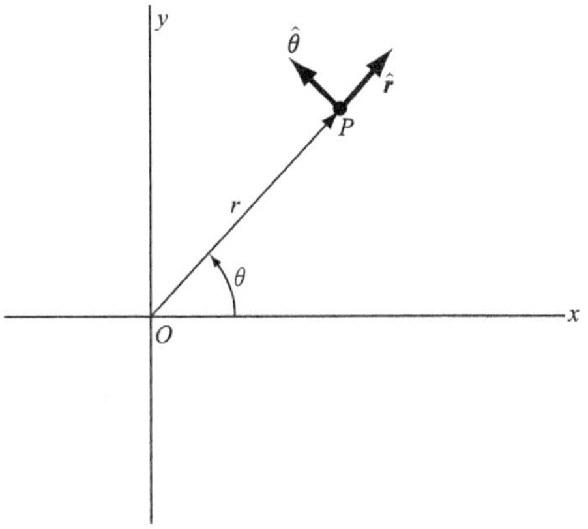

图 9.11 对于质点 M (在 P 点) 绕固定力心 O 的运动, 用平面极坐标描述是适宜的; $\hat{\boldsymbol{r}}$ 和 $\hat{\boldsymbol{\theta}}$ 是单位矢量

$$\boldsymbol{a}=(\ddot{r}-r\dot{\theta}^2)\hat{\boldsymbol{r}}+\frac{1}{r}\frac{\mathrm{d}}{\mathrm{d}t}(r^2\dot{\theta})\hat{\boldsymbol{\theta}}.$$

因此, 运动方程为

$$M(\ddot{r}-r\dot{\theta}^2)=\frac{C}{r^2},$$

$$\frac{\mathrm{d}}{\mathrm{d}t}(Mr^2\dot{\theta})=0.$$

第二个方程很容易积分一次, 得

$$Mr^2\dot{\theta}=J. \tag{9.21}$$

式中, J 为第 6 章中所定义的角动量. 将 $\dot{\theta}$ 用 J/Mr^2 代替, 并代入第一个方程, 即得

$$\ddot{r}-r\frac{J^2}{M^2r^4}=\ddot{r}-\frac{J^2}{M^2r^3}=\frac{C}{Mr^2}. \tag{9.22}$$

这个微分方程不能直接求解. 不过, 由于我们关心的是用 r (作为 θ 的函数) 来表达的轨道的形式, 因此, 让我们从式 (9.21) 和式 (9.22) 中消去 t:

$$\frac{\mathrm{d}r}{\mathrm{d}t}=\frac{\mathrm{d}r}{\mathrm{d}\theta}\frac{\mathrm{d}\theta}{\mathrm{d}t}=\frac{\mathrm{d}r}{\mathrm{d}\theta}\frac{J}{Mr^2},$$

$$\frac{\mathrm{d}^2r}{\mathrm{d}t^2}=\frac{\mathrm{d}^2r}{\mathrm{d}\theta^2}\left(\frac{J}{Mr^2}\right)^2-\frac{2J}{Mr^3}\left(\frac{\mathrm{d}r}{\mathrm{d}\theta}\right)^2\frac{J}{Mr^2}$$

$$=\frac{J^2}{M^2r^4}\left[\frac{d^2r}{d\theta^2}-\frac{2}{r}\left(\frac{dr}{d\theta}\right)^2\right].\qquad(9.23)$$

这个方程仍然是我们不熟悉的，故我们试用一函数

$$w(\theta)=\frac{1}{r(\theta)},$$

$$\frac{dw}{d\theta}=-\frac{1}{r^2}\frac{dr}{d\theta},$$

$$\frac{d^2w}{d\theta^2}=-\frac{1}{r^2}\frac{d^2r}{d\theta^2}+\frac{2}{r^3}\left(\frac{dr}{d\theta}\right)^2.$$

我们注意到，把这个结果和式（9.23）联立，即得

$$\frac{d^2r}{dt^2}=-\frac{J^2}{M^2r^2}\frac{d^2w}{d\theta^2}.$$

用 w 代替 $1/r$，并利用式（9.22），可得

$$-\frac{J^2}{M^2}\frac{d^2w}{d\theta^2}-\frac{J^2}{M^2}w=\frac{C}{M},$$

或

$$\frac{d^2w}{d\theta^2}+w=-\frac{CM}{J^2}.$$

这个方程在第7章中已遇见过［式（7.1）］，它的解为

$$w=A\cos(\theta+\varphi)-\frac{CM}{J^2}.$$

（在这种情况下，习惯上用余弦函数而不用正弦函数.）

因为在 $r\theta$ 平面里轨道的取向是不重要的，故令 $\varphi=0$，从而得

$$\frac{1}{r}=-\frac{CM}{J^2}+A\cos\theta.\qquad(9.24)$$

由于总能量 E 容易用轨道的类型来说明，所以用能量方程来确定常数 A 是方便的. 总能量为（见图9.12）

$$\begin{aligned}E&=\frac{1}{2}Mv^2+\frac{C}{r}\\&=\frac{1}{2}M(\dot{r}^2+r^2\dot{\theta}^2)+\frac{C}{r}\\&=\frac{1}{2}M\left(\frac{J^2}{M^2r^4}\right)\left[\left(\frac{dr}{d\theta}\right)^2+r^2\right]+\frac{C}{r}.\end{aligned}\qquad(9.25)$$

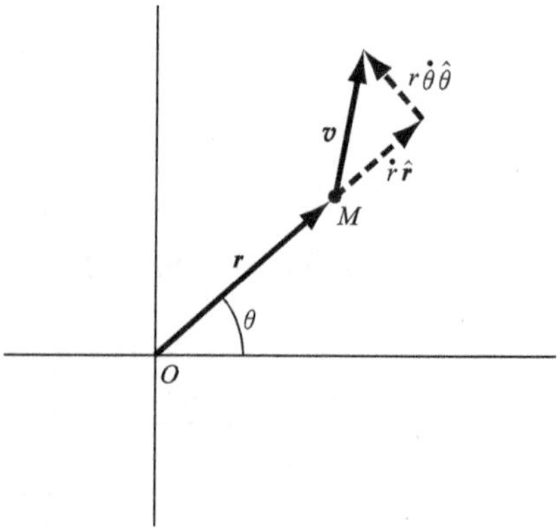

图9.12　粒子的速度 $\boldsymbol{v}$ 分解为径向分量与角向分量. 其动能为 $K=\frac{1}{2}Mv^2=\frac{1}{2}M(\dot{r}^2+r^2\dot{\theta}^2)$. 其总能量为 $E=K+U=\frac{1}{2}M\dot{r}^2+\frac{1}{2}Mr^2\dot{\theta}^2+U$

上面在导出最后一步时用到了式（9.21）与式（9.23）. 我们注意到对于斥力（C 为正）势能 C/r 为正；对于吸力（C 为负）势能为负. 如果现在我们用式（9.24）及其微商代替式（9.25）中的 r 与 $\mathrm{d}r/\mathrm{d}\theta$，我们就得到一个仅包含 A^2 及其他常数的方程. 解出用其他的量表达的 A，得

$$A=\left(\frac{2ME}{J^2}+\frac{C^2M^2}{J^4}\right)^{\frac{1}{2}}=\frac{CM}{J^2}\left(1+\frac{2EJ^2}{C^2M}\right)^{\frac{1}{2}}.$$

因此，轨道的最后结果为

$$\boxed{\frac{1}{r}=-\frac{CM}{J^2}\left[1-\left(1+\frac{2EJ^2}{C^2M}\right)^{\frac{1}{2}}\cos\theta\right].}\tag{9.26}$$

如果力是吸力，则 C 为负值；例如对于引力的情形，$C=-GMM_2$，于是式（9.26）化为

$$\frac{1}{r}=\frac{CM^2M_2}{J^2}\left[1-\left(1+\frac{2EJ^2}{G^2M^3M_2^2}\right)^{\frac{1}{2}}\cos\theta\right].$$

式（9.26）正是所谓圆锥曲线（椭圆、圆、抛物线和双曲线）方程的极坐标形式. 读者可能记得，根据解析几何课本或本书第 2 章数学附录，一般圆锥曲线（圆锥被一平面所截出的曲线）的方程可以写成

$$\frac{1}{r}=\frac{1}{se}(1-e\cos\theta).\tag{9.27}$$

式中，常数 e 称为偏心率. 常数 s 决定着图形的尺寸. 式（9.27）所描述的四种可能的曲线是（见图 9.13）：

双曲线	$e>1$
抛物线	$e=1$
椭圆	$0<e<1$
圆	$e=0$

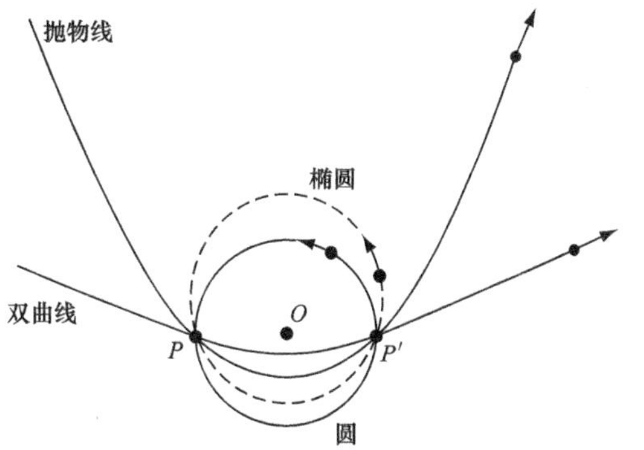

图 9.13　对于固定的力心 O，具有相同的质量 M 和角动量 J 但能量 E 不同的各粒子的轨道. 所有的轨道都通过点 P 与点 P'.

不难从 e 的值看出轨道的主要特征（亦见图 9.13）. 如果 $e=0$，则 r 为常数. 如果 $0<e<1$，则 r 必保持有限值，并从 $se/(1-e)$ 变到 $se/(1+e)$，然而，如果 $e>1$，则将有两个 $\cos\theta$ 的值使 $1-e\cos\theta$ 变为零，因而 r 变成无穷大，这是双曲线的特性. 对于 $e=1$ 的抛物线，只有 $\theta=0$ 时 r 才变成无穷大，而对 θ 从正值变到零和从负值变到零时都是如此. 由式（9.26）与式（9.27）得

轨道	偏心率	
圆	$e=0$	$E<0$
椭圆	$e=\frac{1}{3}$	$E<0$
抛物线	$e=1, E=0$	
双曲线	$e=3, E>0$	

$$e=\left(1+\frac{2EJ^2}{C^2M}\right)^{\frac{1}{2}}. \tag{9.28}$$

根据式（9.25），并考虑能量 E 的数值，我们看到，一方面力是斥力时，即 $C>0$ 时，E 必为正，且 e 总是大于1，因而轨道总是双曲线. 另一方面，当力是吸力时，即 $C<0$ 时（对于引力，$C=-GMM_2$，如果是太阳系，则 M_2 为太阳的质量），若动能在数值上大于势能，则 E 为正，因而在 $r=\infty$ 时动能仍为正；反之，则 E 为负，因而粒子永远不可能跑到无穷远去. 抛物线是 $E=0$ 而粒子恰好能跑到无穷远去的情形. 有趣的是，在吸力的情况下，轨道究竟是椭圆还是双曲线仅由 E 的符号决定，而与 J 的值无关. 当然，对于给定的 r，J 的值越大，则动能越大，因而 E 的值也越大；但无论 J 的值多大，它总可能有那样的轨道，即 J 等于给定值，同时 $E<0$。

为了确信式（9.27）能给出至少看起来像椭圆的曲线，一个粗略但有效的方法是对一定范围内的 θ 值算出 r 值. 计算结果可在容易得到的极坐标纸上方便地描出来. 在这种图纸上标明有等半径线和等角线. 表9.1列出了根据式（9.27）对 $s=1$ 和 $e=\frac{1}{2}$ 的情形粗略计算的结果；把这些 θ 和相应的 r 值在极坐标纸上描出来，你就会证实曲线看起来像一个椭圆，对 $s=1$，$e=2$ 做类似计算，得到的是一双曲线.

取 $\theta=\pi$ 和 $\theta=0$，算出 r 的极大值与极小值，由此可得出椭圆偏心率的一个便于记忆的关系式

$$e=\frac{r_{极大}-r_{极小}}{r_{极大}+r_{极小}}. \tag{9.29}$$

另一些关系如图9.14所示.

表 9.1

θ	$\cos\theta$	$2\left(1-\frac{1}{2}\cos\theta\right)$	r
0°	1.00	1.00	1.00
20°	0.94	1.06	0.94
40°	0.77	1.23	0.81
60°	0.50	1.50	0.67
80°	0.17	1.83	0.55
90°	0.00	2.00	0.50

（续）

θ	$\cos\theta$	$2\left(1-\frac{1}{2}\cos\theta\right)$	r
100°	−1.17	2.17	0.46
120°	−0.50	2.50	0.40
140°	−0.77	2.77	0.36
160°	−0.94	2.94	0.34
180°	−1.00	3.00	0.33

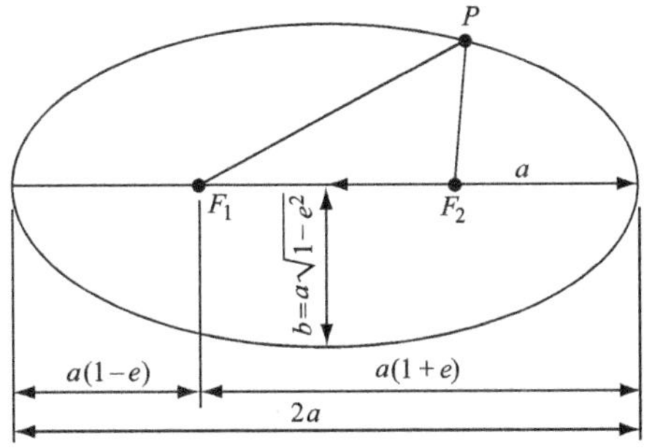

图 9.14　椭圆的性质：对任意一点 P，距离 $F_1P+F_2P=$ 常数 $=2a$. 椭圆方程为

$$r=\frac{a\ (1-e^2)}{(1-e\cos\theta)},\ 0<e<1;$$

其半短轴为 $b=a\ \sqrt{1-e^2}$，椭圆的面积为 πab.

圆轨道　我们曾经算出了圆轨道的条件. 现在我们来复验一下，这个条件将导致 $e=0$，考虑一个质量为 M 的行星绕一个质量为 M_2 的恒星运动的圆轨道，令质量乘向心加速度等于引力，则得

$$\frac{Mv^2}{r}=\frac{GMM_2}{r^2}.$$

角动量为

$$J=Mvr\ =M\ \sqrt{\frac{GM_2}{r}r}$$

$$=(GM^2M_2r)^{\frac{1}{2}},$$

总能量为

$$E=\frac{1}{2}Mv^2-\frac{GMM_2}{r}=-\frac{1}{2}\ \frac{GMM_2}{r},$$

因而

$$e=\sqrt{1+\left(-\frac{GMM_2}{r}\ \frac{M^2GM_2r}{G^2M^2M_2^2M}\right)}=0.$$

我们发现，有些学生常常会认为一切闭合轨道都应该是圆的. 为了使大家对椭

圆轨道能有一感性的认识，我们来研究一下图 9.15，图中，我们看到的是被平方反比力吸向原点 O（图中用“+”表示）的一个粒子的一簇轨道，我们这样选择曲线簇，使所有轨道都通过一公共点 P，并要求在 P 点速度垂直于 O 与 P 的连线，不同的轨道由在 P 点的不同速度值表征．为了方便起见，把一般速度 v_P 写成

$$\frac{v_P}{v_0}\equiv\alpha.$$

式中，v_0 为以 O 为圆心并通过 P 点的圆轨道的速度．当 $\alpha=1$ 时，轨道为圆；当 $\alpha<\sqrt{2}$时，轨道为椭圆；当 $\alpha=\sqrt{2}$时，轨道为抛物线；当 $\alpha>\sqrt{2}$时，轨道为双曲线；[这些结果由下面的式（9.31）说明.]

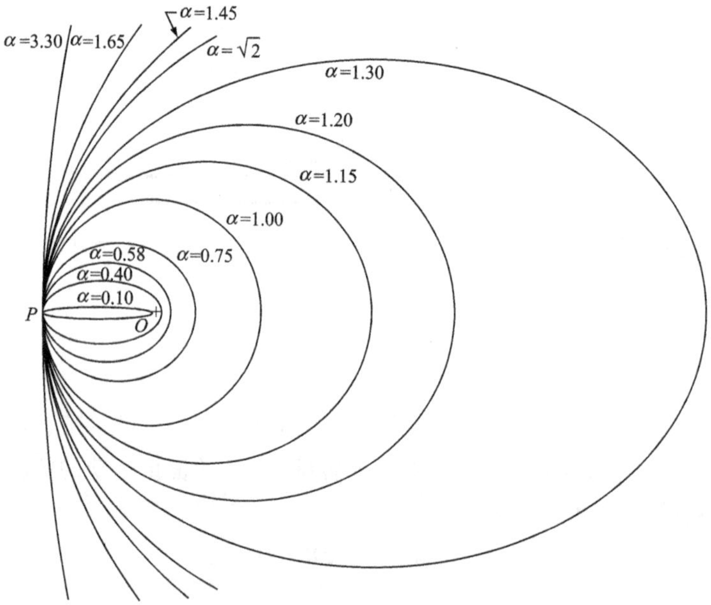

图 9.15　通过一公共点 P 并垂直于从力心 O 到 P 点的连线 OP 的一些轨道，以 $\boldsymbol{v}_0$ 表示圆轨道的速度，参数 α 的定义是 $v_P(\alpha)=\alpha v_0$．在式（9.31）中将证明 $E(\alpha)=(2-\alpha^2)E_0$

通过能量的计算，可以证明，开轨道与闭合轨道之间的过渡出现在 $\alpha=\sqrt{2}$时，P 点的总能量可以写成

$$\begin{aligned}E&=\frac{1}{2}Mv_P^2-\frac{GMM_2}{r_0}=\frac{1}{2}M\alpha^2v_0^2-\frac{GMM_2}{r_0}\\&=\frac{1}{2}(\alpha^2-1)Mv_0^2+\frac{1}{2}Mv_0^2-\frac{GMM_2}{r_0}\\&=E_0+\frac{1}{2}(\alpha^2-1)Mv_0^2.\end{aligned}\tag{9.30}$$

式中，E_0 和 v_0 分别是圆轨道的能量和速度；r_0 是 P 与 O 之间的距离. 在圆轨道中

$$\frac{Mv_0^2}{r_0}=\frac{GMM_2}{r_0^2}.$$

式中，左端为质量乘向心加速度；右端为引力. 利用这一结果，可将圆轨道中的能量写成

$$\begin{aligned}E_0&=\frac{1}{2}Mv_0^2-\frac{GMM_2}{r_0}\\&=\frac{1}{2}Mv_0^2-Mv_0^2=-\frac{1}{2}Mv_0^2,\end{aligned}$$

因而式（9.30）化为

$$\begin{aligned}E&=E_0-(\alpha^2-1)E_0=(2-\alpha^2)E_0\\&=(\alpha^2-2)\,|E_0|.\end{aligned}\tag{9.31}$$

如果 $\alpha^2>2$，则总能量为正，因而轨道是开放的；如果 $\alpha^2<2$，则总能量为负，因而轨道是闭合的，粒子不可能逃逸到无穷远处去；如果 $\alpha^2=2$，则轨道是抛物线.

开普勒三定律　开普勒断定行星绕太阳的轨道是椭圆，这是科学史上伟大的实验发现之一，连同他关于行星运动经验规律的表述，给牛顿力学定律和引力理论提供了原始的实验证据，开普勒对这三个定律的表述基本如下：

（1）一切行星均在椭圆轨道上运动，太阳在此椭圆的一个焦点上.

（2）从太阳到行星画出的直线段，在相等的时间内扫过相同的面积.

（3）各个行星绕太阳公转周期的二次方与它们椭圆轨道的半长轴的三次方成正比.（这种说法比开普勒原来的表述普遍些.）

在我们的整个讨论中，一概忽略其他行星对所考虑的那一个行星的影响.

上面我们证明了闭合轨道是椭圆轨道. 开普勒第二定律在第 6 章式（6.36）中已证明过，那里的结果说明这定律不过是角动量守恒的表述而已，

我们现在来推导开普勒第三定律，如果 $\mathrm{d}S$ 是从太阳到行星的径矢在 $\mathrm{d}t$ 时间内扫过的面积，则

$$\frac{\mathrm{d}S}{\mathrm{d}t}=\frac{J}{2M}=\text{常数}.\tag{9.32}$$

式中，J 是角动量；M 是质量，将式（9.32）对一个运动周期 T 积分，得

$$S=\frac{JT}{2M}\text{或 }T=\frac{2SM}{J}=\frac{2\pi abM}{J}.\tag{9.33}$$

这里 $S=\pi ab$ 是半长轴为 a、半短轴为 b 的椭圆的面积.

椭圆的一个明显性质是 $2a=r_{极大}+r_{极小}$. 利用式（9.27），得

$$2a=\frac{se}{1+e}+\frac{se}{1-e}=\frac{2se}{1-e^2}.$$

借助于式（9.26）与式（9.27），则上式变为

$$2a=\frac{2}{1-e^2}\cdot\frac{J^2}{GM^2M_2}. \tag{9.34}$$

将式（9.33）取平方，并利用式（9.34）表示出 J^2，得

$$T^2=\frac{(2\pi abM)^2}{2GMM_2M(1-e^2)}=\frac{4\pi^2ab^2M}{GMM_2(1-e^2)}. \tag{9.35}$$

根据偏心率 e 的性质（见图9.14），

$$b^2=a^2(1-e^2),$$

由此，式（9.35）化为

$$T^2=\frac{4\pi^2a^3}{GM_2}. \tag{9.36}$$

表 9.2

行星	半长轴/天文单位	周期/s	偏心率	倾角	质量(以太阳质量为单位)
水星	0.387	7.60×10^6	0.2056	7°00	1.671×10^{-7}
金星	0.723	1.94×10^7	0.0068	3°24′	2.448×10^{-6}
地球	1.000	3.16×10^7	0.0167	0	3.003×10^{-6}
火星	1.523	5.94×10^7	0.0934	1°51′	3.227×10^{-7}
木星	5.202	3.74×10^8	0.0481①	1°18′	9.548×10^{-4}
土星	9.554	9.30×10^8	0.0530①	2°29′	2.858×10^{-4}
天王星	19.218	2.66×10^9	0.0482①	0°46′	4.361×10^{-5}
海王星	30.109	5.20×10^9	0.0054①	1°46′	5.192×10^{-5}

① 由于其他行星的微扰，偏心率随时间有变化，表中列出的这些偏心率是1972年得到的值.

读者应对圆轨道证明式（9.36）.

表9.2给出了太阳系中主要行星轨道的详情. 表中所给出的倾角是行星的轨道平面与地球的轨道（黄道）平面之间的夹角. 注意，地球的轨道非常接近于圆，一天文单位（astronomical unit，简记为AU）的长度的定义是：从太阳到地球的最长距离与最短距离之和的一半：

$$1\text{ 天文单位}=1.495\times10^{11}\,\text{m}.$$

注意，不要把天文单位与秒差距相混，一秒差距是这样一个距离，在此距离中，一天文单位长度的张角为一弧秒：

$$1\text{ 秒差距}=3.084\times10^{16}\,\text{m}.$$

太阳到离它最近的恒星的距离是1.31秒差距.

让我们比较天王星和地球的轨道，来检验一下开普勒第三定律. 天王星与地球轨道的半长轴之比的三次方为

$$\left(\frac{19.22}{1}\right)^3\approx71.0\times10^2,$$

它们周期之比的二次方为

$$(84.2)^2\approx70.9\times10^2.$$

两者十分接近，(计算时用的是25cm的计算尺；读者可把水星轨道与地球轨道相

比较，做出同样的计算.）在图 9.16 中，我们采用对数-对数纸描出了各行星的数据. 在对数-对数纸上，幂次律变成直线；而这条直线的斜率就给出幂次律的指数.（试证明这一点.）

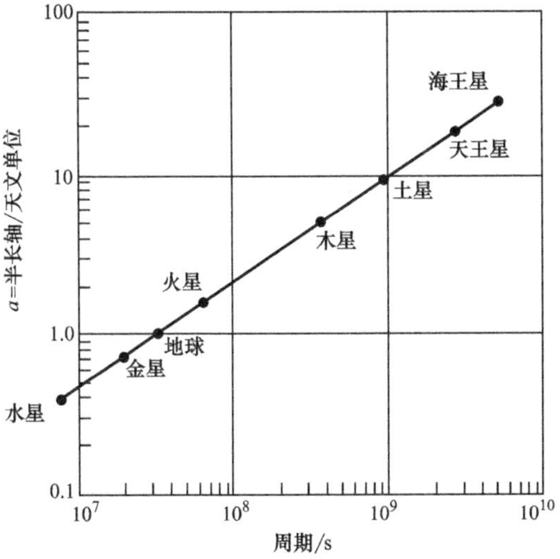

图 9.16　由此直线的斜率很容易看出周期 T 按 $a^{3/2}$ 变化

牛顿也曾检验过开普勒第三定律，他观测了木星最大的四颗卫星的运行周期，发现与开普勒第三定律非常一致.

二体问题：约化质量　我们上面已经解决了一个物体在另一个质量十分大从而可视为静止的物体的力场中运动的问题，我们也指出过，这个解可以用到两个质量彼此可比拟的情形，亦即没有哪一个质量是非常大的情形，现在就让我们来看一下如何处理这个问题，在讨论过程中，我们将遇到一个新的概念：约化质量.

我们假定没有外力作用，亦即假定唯一的力是相互作用力，于是，如第 6 章中证明过的那样，质心的速度是常数，因而可以通过一适当的伽利略变换让这个速度为零。（如果有外力作用，质心会被加速，则我们的解是相对这个加速点而言的.）图 9.17 画出了有关的矢量，质心的位置矢量为

$$\boldsymbol{R}_{质心}=\frac{M_1\boldsymbol{r}_1+M_2\boldsymbol{r}_2}{M_1+M_2}.$$

这里需注意，由于质心必须处于两质量的连线上，故作用在 M_1 与 M_2 上的力都是向着质心的. 因为我们的分析对任何有心力都正确，所以我们把作用在 M_1 与 M_2 上的力推广成 $F(r_{12})\hat{\boldsymbol{r}}$ 的形式，其中 r_{12} 是 M_1 与 M_2 之间的距离，于是，运动方程为

$$M_1\frac{\mathrm{d}^2\boldsymbol{r}_1}{\mathrm{d}t^2}=F(r_{12})\hat{\boldsymbol{r}},\quad M_2\frac{\mathrm{d}^2\boldsymbol{r}_2}{\mathrm{d}t^2}=-F(r_{12})\hat{\boldsymbol{r}}.$$

我们不把这两个方程相加（相加将导致总动量守恒），而是先用各自的质量去除，

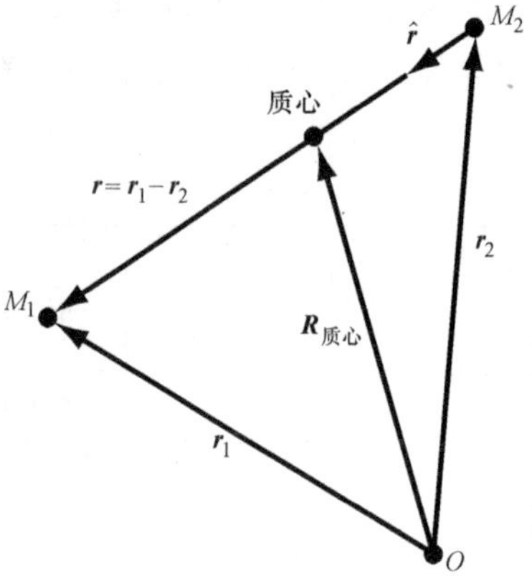

图 9.17　M_1 和 M_2 通过与矢量 $\boldsymbol{r}$ 共线的有心力相互作用；$\boldsymbol{r}_1$ 和 $\boldsymbol{r}_2$ 是对以 O 为原点的某一惯性系的位置矢量．在无外力时，$\boldsymbol{R}_{质心}$ = 常数

然后再相减：

$$\frac{d^2\boldsymbol{r}_1}{dt^2} - \frac{d^2\boldsymbol{r}_2}{dt^2} = \frac{d^2(\boldsymbol{r}_1 - \boldsymbol{r}_2)}{dt^2} = \left(\frac{1}{M_1} + \frac{1}{M_2}\right)F(r_{12})\hat{\boldsymbol{r}}.$$

由图 9.17 看出，$\boldsymbol{r}_1 - \boldsymbol{r}_2 = \boldsymbol{r}$ 是 M_1 相对 M_2 的位置矢量，而单位矢量 $\hat{\boldsymbol{r}}$ 沿 $\boldsymbol{r}_1 - \boldsymbol{r}_2$．如果我们现在引入约化质量 μ：

$$\frac{1}{\mu} = \frac{1}{M_1} + \frac{1}{M_2},$$

$$\boxed{\mu = \frac{M_1 M_2}{M_1 + M_2}.} \qquad (9.37)$$

则得 $\mu d^2\boldsymbol{r}/dt^2 = F(r_{12})\hat{\boldsymbol{r}}$．在引力的情形下，

$$\mu \frac{d^2\boldsymbol{r}}{dt^2} = -\frac{GM_1M_2}{r^2}\hat{\boldsymbol{r}}. \qquad (9.38)$$

这是我们已经解出过的．

在应用式（9.37）与式（9.38）时，应记住 $\boldsymbol{r}$ 是从 M_2 到 M_1 的矢量．利用式（9.38），我们可以求出 M_1 相对于 M_2 的运动，除了必须用 μ 代替 M_1 作为质量以外，情况完全像 M_2 是一个惯性系的固定原点那样．这样，我们就把二体问题简化为只涉及一个质量为 μ 的物体的运动的一体问题了．但注意，式（9.38）中的力不是 $-G\mu M_2/r^2$．求二体问题的轨道时，我们只需要解这个一体问题．对于任何有心力，都可以用同样方法将二体问题简化为一体问题，而且总是出现约化质量．

我们前面所得到的一体问题的解中的常数 J 和 E 现在怎么定义呢？利用图 9.18，其中原点取在质心上，要特别小心 $\boldsymbol{r}_1$ 与 $\boldsymbol{r}_2$ 和图 9.17 中相应的量是不同的，和前面一样，$\boldsymbol{r} = \boldsymbol{r}_1 - \boldsymbol{r}_2$，但由于质心的定义，有

$$M_1\boldsymbol{r}_1 + M_2\boldsymbol{r}_2 = 0,$$

从而有

$$M_1\boldsymbol{r}_1 = -M_2\boldsymbol{r}_2,$$

及

$$M_1\dot{\boldsymbol{r}}_1 = -M_2\dot{\boldsymbol{r}}_2.$$

利用这最后一个关系式，两质量绕质心即原点的角动量 $\boldsymbol{J}$ 为

$$\begin{aligned}\boldsymbol{J} &= \boldsymbol{r}_1\times M_1\dot{\boldsymbol{r}}_1+\boldsymbol{r}_2\times M_2\dot{\boldsymbol{r}}_2=(\boldsymbol{r}_1-\boldsymbol{r}_2)\times M_1\dot{\boldsymbol{r}}_1\\&=(\boldsymbol{r}_1-\boldsymbol{r}_2)\times\frac{M_1M_2}{M_1+M_2}(\dot{\boldsymbol{r}}_1-\dot{\boldsymbol{r}}_2)\\&=\boldsymbol{r}\times\mu\dot{\boldsymbol{r}}.\end{aligned}$$

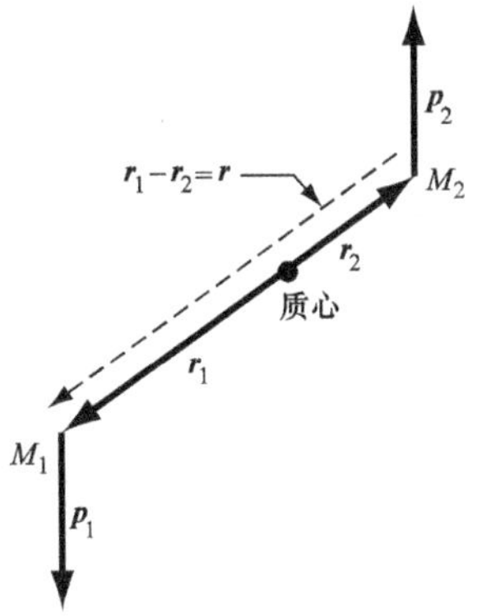

图 9.18　在一个质心在其中静止并被取作原点的惯性系中，$M_1\boldsymbol{r}_1=-M_2\boldsymbol{r}_2$. M_1 对质心的角动量与 M_2 对质心的角动量之和为一常量，即总角动量 $\boldsymbol{J}$. 注意 $\boldsymbol{r}_1$ 与 $\boldsymbol{r}_2$ 和图 9.17 中相应的量是不同的

其中用到了下面的关系：

$$\begin{aligned}M_1\dot{\boldsymbol{r}}_1 &= \frac{M_1(M_1+M_2)\dot{\boldsymbol{r}}_1}{M_1+M_2}\\&=\frac{M_1}{M_1+M_2}(-M_2\dot{\boldsymbol{r}}_2+M_2\dot{\boldsymbol{r}}_1)\\&=\frac{M_1M_2}{M_1+M_2}(\dot{\boldsymbol{r}}_1-\dot{\boldsymbol{r}}_2).\end{aligned}\tag{9.39}$$

因此，在假定约化质量绕被当作静止的一个质量 M_2 运动后，角动量常量 $\boldsymbol{J}$ 就可以计算了.

为了计算能量 E，我们再次利用质心是固定的条件，于是

$$\begin{aligned}E &= \frac{1}{2}M_1\dot{\boldsymbol{r}}_1\cdot\dot{\boldsymbol{r}}_1+\frac{1}{2}M_2\dot{\boldsymbol{r}}_2\cdot\dot{\boldsymbol{r}}_2-\frac{GM_1M_2}{r}\\&=\frac{1}{2}\left(M_1+M_2\frac{M_1^2}{M_2^2}\right)\dot{\boldsymbol{r}}_1\cdot\dot{\boldsymbol{r}}_1-\frac{GM_1M_2}{r}\end{aligned}$$

$$= \frac{1}{2}M_1\left(\frac{M_2+M_1}{M_2}\right)\left[\frac{M_2^2(\dot{\boldsymbol{r}}_1-\dot{\boldsymbol{r}}_2)\cdot(\dot{\boldsymbol{r}}_1-\dot{\boldsymbol{r}}_2)}{(M_1+M_2)^2}\right]-\frac{GM_1M_2}{r}$$

$$= \frac{1}{2}\mu(\dot{\boldsymbol{r}}_1-\dot{\boldsymbol{r}}_2)\cdot(\dot{\boldsymbol{r}}_1-\dot{\boldsymbol{r}}_2)-\frac{GM_1M_2}{r}$$

$$= \frac{1}{2}\mu\dot{\boldsymbol{r}}^2-\frac{GM_1M_2}{r}. \tag{9.40}$$

其中，从 E 的第一个式子得到式（9.40）时利用了式（9.39）. 因此，我们再次认为约化质量绕被当作静止的 M_2 运动（见习题11）.

约化质量之值一定既小于 M_1，也小于 M_2. 注意，当 $M_1=M_2=M$ 时，有

$$\frac{1}{\mu}=\frac{2}{M},\ \mu=\frac{1}{2}M. \tag{9.41}$$

若 $M_1 \ll M_2$，由式（9.37），有

$$\mu=\frac{M_1M_2}{M_1+M_2}=M_1\frac{1}{(M_1/M_2)+1}$$

$$\approx M_1\left(1-\frac{M_1}{M_2}\right).$$

这里我们应用了二项式定理将分数展开，并只保留 M_1/M_2 的最低次项. 若 $M_1=m$（电子质量），$M_2=M_p$（质子质量），则约化质量为

$$\mu\approx m\left(1-\frac{1}{1836}\right).$$

约化质量之值主要由两质量中的较小者决定. μ 与 m 的差别不难从氢原子的光谱中检查出来.

电子偶素是由一个正电子和一个电子组成的类氢原子，其中没有质子. 正电子是质量等于电子质量但带正电荷 e 的粒子. 式（9.41）给予我们一个正确的提示：倘若考虑到电子偶素的约化质量大约是氢原子的约化质量的1/2，那么，氢原子与电子偶素的线光谱之间可能有相似性，因为电子和正电子之间的库仑相互作用与电子和质子之间的库仑相互作用具有相同的形式. 氢原子和电子偶素的能级如图9.19所示.

【例】

双原子分子的振动　两个原子结合在一起成为一个稳定分子，其势能是两个原子的距离 r 与其平衡距离 r_0 之差 $r-r_0$ 的二次函数：

$$U(r)=\frac{1}{2}C(r-r_0)^2, \tag{9.42}$$

只要 $(r-r_0)/r_0 \ll 1$（见图9.20）. 如果分子不转动，则力的方向沿着两个原子的连线，力的大小为

$$F=-\frac{\mathrm{d}U}{\mathrm{d}(r-r_0)}=-C(r-r_0). \tag{9.43}$$

上式描述的是一个力常数为 C 的谐振子．现在要问，如果两个原子的质量为 M_1 与 M_2，那么，振动的频率是什么？

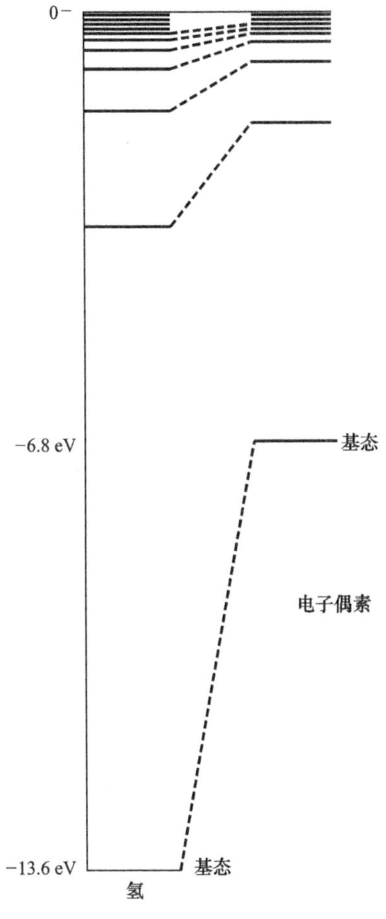

图 9.19　氢原子和电子偶素原子的能级．氢的约化质量为 $\mu = m_e\left(1+\frac{1}{1836}\right) \approx m_e$，电子偶素的约化质量为 $\mu = \frac{1}{2}m_e$，结果，两者的能级差了一倍

在自由振动中，两个原子都运动，而其质心则保持静止．显然，将式（9.38）中的引力用式（9.43）代替，即得运动方程：

$$\mu = \frac{d^2\boldsymbol{r}}{dt^2} = -C(r-r_0)\hat{\boldsymbol{r}}. \tag{9.44}$$

如果分子不转动，则 $\hat{\boldsymbol{r}}$ 的方向是固定的，从而

$$\frac{d^2\boldsymbol{r}}{dt^2} = \frac{d^2 r}{dt^2}\hat{\boldsymbol{r}}.$$

（如果 $\hat{\boldsymbol{r}}$ 的方向也在改变，$\boldsymbol{r}$ 的微商就不这样简单，）因此，可以把式（9.44）写成

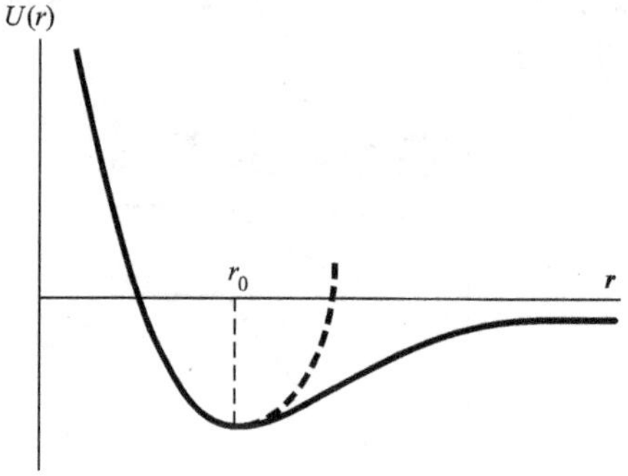

图 9.20　势能作为 r 的函数图，r 是组成分子的两个原子之间的距离，平衡位置在 r_0. 虚线表示与式（9.42）所给出的二次势能函数相对应的抛物线

标量方程：

$$\mu = \frac{\mathrm{d}^2 r}{\mathrm{d}t^2} = -C(r - r_0).$$

这是简谐振子的运动方程，其角频率为

$$\omega_0 = \left(\frac{C}{\mu}\right)^{1/2}. \tag{9.45}$$

从光谱测量得知，氟化氢（HF）分子与氯化氢（HCl）分子振动的基频为

$$\omega_0(\mathrm{HF}) = 7.55 \times 10^{14}\,\mathrm{rad/s},$$

$$\omega_0(\mathrm{HCl}) = 5.47 \times 10^{14}\,\mathrm{rad/s}.$$

让我们利用这些数据来比较力常数 C_{HF} 与 C_{HCl}. 用原子质量单位，HF 与 HCl 的约化质量为

$$\frac{1}{\mu_{\mathrm{HF}}} \approx \frac{1}{1} + \frac{1}{19} = \frac{20}{19},\ \mu_{\mathrm{HF}} \approx 0.950;$$

$$\frac{1}{\mu_{\mathrm{HCl}}} \approx \frac{1}{1} + \frac{1}{35} = \frac{36}{35},\ \mu_{\mathrm{HCl}} \approx 0.973.$$

（这里采用了氯的最丰富的同位素 Cl^{35} 的原子质量.）两个约化质量的数值相当接近，这是因为质量最轻的氢原子振动得最激烈.

根据式（9.45），有

$$\frac{C_{\mathrm{HF}}}{C_{\mathrm{HCl}}} = \frac{(\mu\omega_0^2)_{\mathrm{HF}}}{(\mu\omega_0^2)_{\mathrm{HCl}}} \approx \frac{54.0 \times 10^{28}}{29.0 \times 10^{28}} \approx 1.86,$$

而 HF 的力常数为

$$C_{\mathrm{HF}} \approx 54 \times 10^{28} \times 1.66 \times 10^{-27}$$

$$\approx 9.0 \times 10^2\,\mathrm{N/m}.$$

其中引入了把原子质量单位换成千克的换算因子.

C 的这一数值合理吗？设想将分子（其长度约为 1Å，亦即 $1 \times 10^{-10}\,\mathrm{m}$）拉长

0.5Å，这样做所需要的功差不多足以使分子解体成为分离的氢原子和氟原子. 根据式 (9.42)，将 HF 分子拉长 0.5Å 所需的功的数量级应为

$$\frac{1}{2}C(r-r_0)^2 \approx \frac{1}{2}\times 9\times 10^2\times(0.5\times 10^{-10})^2$$
$$\approx 1\times 10^{-18}\,\mathrm{J},$$

或 $\approx(1\times 10^{-18})/(1.6\times 10^{-19})\approx 6\mathrm{eV}$，对于把分子分解成分离的原子所需的能量来说，这个数值并非不合理. 应该指出：在做这一估计时，我们已经把式 (9.42) 应用到它的适用范围之外了. 分子间的真正势能更接近于图 9.20 所给的形式.

习　　题

1. 无限长直线的引力. 一根无限长直线，单位长度的质量为 ρ，试证明：与它相距为 R 的质量 M_1 所受的引力等于 $2G\rho M_1/R$. (要注意对每一线元产生的力的方向!)

2. 有限长直线的引力. 设有一根长为 $2L$ 的直线，质量为 M；坐标系的原点取在直线上，x 是这直线的垂直等分线上的某一点.

(a) 求出质量为 m 的质点在 x 点势能的表达式，取 $x=\infty$ 时质点的 $U=0$. (答：$-(GMm/L)\log\{[L+(x^2+L^2)^{1/2}]/x\}$.)

(b) 求出这直线作用在 x 处的质点 m 上的引力的表达式. 这个力在什么方向上?

(c) 证明当 $x>>L$ 时，(a) 的结果化为 $U\approx -GMm/x$.

考虑一根长 2m、线密度为 0.2kg/m 的细线.

(d) 设位于细线长轴上距其中心 3m 处有一个 $m=0.5\mathrm{g}$ 的质点，问作用于该质点上的引力之值是多少? (答：$1.4\times 10^{-15}\mathrm{N}$.)

(e) 若质点的位置同 (d)，问该质点在细线引力场中的势能是多少? (答：$-4.4\times 10^{-15}\mathrm{J}$.)

3. 星阵的引力势能. 设有由 8 颗恒星所组成的一个系统，每一颗星的质量都等于太阳的质量，它们分别位于边长为 1 秒差距的立方体的八个角上. 试求它们相互间的引力势能. (不考虑每个星的自能.) (答：$2\times 10^{35}\mathrm{J}$.)

4. 穿过地心的洞. 考虑一个穿过地心的洞. 如果忽略地球的转动和摩擦，试证明洞中一质点的运动是简谐运动，并求出其周期. 解释这个周期和卫星沿接近地球表面的轨道旋转的周期之间的关系. (注意：地球的转动不会妨碍这一运动成为简谐运动，但周期会稍稍改变. 你能证明这一点吗? 周期是如何受到影响的?)

5. 星系中的运动. 假定星系中的星体呈均匀球形分布，星系的总质量为 M，半径为 R_0. 与中心相距为 $r<R_0$ 的一个质量为 M_s 的星体将在有心力的作用下运动，有心力的大小取决于半径为 r 的球内所包含的质量.

（a）在 r 点 M_s 所受的力是多少？（答：$F = GM_sMr/R_0^3$.）

（b）如果这个星体在一个圆轨道上绕星系的中心运动，它的圆周速度是多少？［答：$v = (GMr^2/R_0^3)^{1/2}$.］

6. 流星的轨道. 一个流星在近日点的速度为 $7.0\times10^4\text{m/s}$，此时它与太阳的距离为 $5.0\times10^{10}\text{m}$. 试利用式（9.21），式（9.25）与式（9.28），求出它在远日点的距离、速度及其轨道的偏心率.（答：距离 $=5.5\times10^{11}\text{m}$；速度 $=6.3\times10^3\text{m/s}$；$e=0.83$.）

7. 地球卫星. 假想月球没有质量，因而不影响人造卫星的轨道. 试问在地球表面上 320km 高度的地方，卫星与地心到该点的径矢相垂直的速度必须多大，它的椭圆轨道的另一端才能在月球处（月球距地心 $3.84\times10^6\text{km}$）？

8. 逃逸速度. 忽略摩擦，试求在地球表面必须给卫星以多大的速度，才能使它刚好达到地球与月球之间引力为零的那一点？如果它恰好能通过这一点，试问它将以多大速度撞击月球？［答：v(逃逸) $=1.1\times10^4\text{m/s}$.］

9. 太阳的质量改变. 如果太阳的质量突然减少一半，试问地球的轨道（假定是圆）会发生什么变化？

10. 氦原子中电子的轨道. 假定在氢原子中，-13.6eV 那个能级相应于一个电子以圆轨道运动.

（a）计算电子的角动量.（答：$1.1\times10^{-34}\text{J}\cdot\text{s}$.）

（b）如果一个电子在圆轨道上以同样的角动量绕氦核（电荷为 $+2e$）运动，试问电子的轨道半径与能量各是多少？

11. 双星的轨道运动. 普拉斯基特（J. S. Plaskett）星是迄今所知最重的恒星之一. 它是一个双星[⊖]，亦即它是由引力束缚在一起的两颗恒星组成的. 从光谱研究得知：

（a）它们绕其质心公转的周期为 14.4 天（$1.2\times10^6\text{s}$）.

（b）每颗星的速度约为 220km/s，由于两者有差不多相等（但方向相反）的速度，故可推断它们与质心差不多是等距离的，因而它们的质量也接近相等.

（c）轨道接近于圆.

试根据这些数据，计算其约化质量以及双星的间距.（答：$\mu\approx0.6\times10^{32}\text{kg}$；间距 $=0.8\times10^{11}\text{m}$.）

12. 地球上海面的形状. 假定地球是一个均匀的圆球，其上覆盖着水. 当地球以角速度 ω 自转时，海面呈扁球形. 假定海面为一等势能面（为什么这个假设是可以接受的？），试求在两极和赤道上海水深度差的近似表达式. 在计算时，忽略海水自身的引力.

⊖ O. Struve, B. Lynds, and H. Pillans, "Elementary Astronomy" (Oxford University Press, New, York, 1959.) 该书第 29 章中对双星有很好的论述. 最靠近太阳的 50 颗恒星中，至少有一半是双星或多重星.

提示：我们需要一个表示地球自转效应的势能表达式．这个离心势在图 6.21b 及第 6 章习题 13 中已引用过：

$$U_{离心} = -\frac{1}{2}\omega^2 r^2,$$

这里的 U 是对单位质量而言的．因为 $F = -\partial U/\partial r$，故

$$F_{离心} = \omega^2 r.$$

这就是我们熟悉的“离心力”．记住，我们只希望将此表达式用于 r 稍大于地球半径 $R_{地}$ 的情形．

令北极（或南极）——那里的 $U_{离心}=0$（因为在 $U_{离心}$ 的表达式中，r 是离转轴的距离）——的引力势等于赤道的引力势加离心势（$U_{离}$）．在两极，海水的表面与地心相距为 $R_{地}+D_{极}$（$D_{极}$ 为两极的海水深度），而在赤道为 $R_{地}+D_{赤道}$（$D_{赤道}$ 为赤道的海水深度），这里 $D_{极}$ 与 $D_{赤道}$ 均远小于 $R_{地}$．［答：$(D_{赤道}-D_{极})/R_{地} \approx \omega^2 R_{地}/2g \approx \frac{1}{580}$．这个结果与地球实际的有关值 1/298 很接近．］

13. 力的直接计算． 用直接计算证明式（9.14），也就是先写出力的微分，再积分．（提示：利用问题的对称性，证明力一定沿着 M_1 与球壳中心的连线的方向，因而积分只包含力的这一分量．）

14. 绕月卫星． 利用本书后面所给的数值，求出绕月球运动的卫星的周期．

高级课题

求解 1/r 表达式的另一方法　如果我们利用另一运动常数

$$\epsilon = \frac{-1}{MC}\boldsymbol{J}\times\boldsymbol{p} + \frac{\boldsymbol{r}}{r}, \tag{9.46}$$

那么，我们可以避免去解 r 的微分方程．式（9.46）中 $\boldsymbol{p}=M\boldsymbol{v}=$ 动量，C 是力 $F=C/r^2$ 中的常数．读者可以核对一下，这是一个量纲为一的量．要证明 ϵ 是常数，需要证明

$$\frac{d\epsilon}{dt}=0.$$

为此，求 ϵ 的微商：

$$\frac{d\epsilon}{dt} = \frac{-1}{MC}\left[\left(\frac{d\boldsymbol{J}}{dt}\times\boldsymbol{p}\right) + \boldsymbol{J}\times\frac{d\boldsymbol{p}}{dt}\right] + \frac{\boldsymbol{v}}{r} - \frac{1}{r^2}\boldsymbol{r}\frac{dr}{dt}.$$

因为

$$\frac{d\boldsymbol{J}}{dt}=0,\ \frac{d\boldsymbol{p}}{dt}=\frac{C}{r^3}\boldsymbol{r},\ \boldsymbol{J}=M\boldsymbol{r}\times\boldsymbol{v},$$

以及

$$\boldsymbol{r}\cdot\boldsymbol{v}=\boldsymbol{r}\cdot\left(\frac{\mathrm{d}r}{\mathrm{d}t}\frac{\boldsymbol{r}}{r}+r\frac{\mathrm{d}\theta}{\mathrm{d}t}\hat{\boldsymbol{\theta}}\right)=r\frac{\mathrm{d}r}{\mathrm{d}t},$$

从而有

$$\begin{aligned}\frac{\mathrm{d}\boldsymbol{\epsilon}}{\mathrm{d}t}&=-\frac{1}{MC}\boldsymbol{J}\times\frac{C\boldsymbol{r}}{r^3}+\frac{\boldsymbol{v}}{r}-\frac{1}{r^3}(\boldsymbol{v}\cdot\boldsymbol{r})\boldsymbol{r}\\&=-\frac{(\boldsymbol{r}\times\boldsymbol{v})\times\boldsymbol{r}}{r^3}+\frac{\boldsymbol{v}}{r}-\frac{(\boldsymbol{v}\cdot\boldsymbol{r})\boldsymbol{r}}{r^3}\\&=-\frac{r^2\boldsymbol{v}}{r^3}+\frac{(\boldsymbol{r}\cdot\boldsymbol{v})\boldsymbol{r}}{r^3}+\frac{\boldsymbol{v}}{r}-\frac{(\boldsymbol{r}\cdot\boldsymbol{v})\boldsymbol{r}}{r^3}\\&=0;\end{aligned}$$

上面用到了矢量三重积的表达式［式（2.55）］.

由 $\boldsymbol{\epsilon}$ 的定义［式（9.46）］，得

$$\boldsymbol{\epsilon}\cdot\boldsymbol{r}=\varepsilon r\cos\theta=\frac{-1}{MC}(\boldsymbol{J}\times\boldsymbol{p}\cdot\boldsymbol{r})+r,$$

或

$$r(1-\varepsilon\cos\theta)=-\frac{\boldsymbol{J}\cdot\boldsymbol{J}}{MC}=-\frac{J^2}{MC};$$

这里用到了等式

$$\boldsymbol{J}\times\boldsymbol{p}\cdot\boldsymbol{r}=\boldsymbol{J}\cdot\boldsymbol{p}\times\boldsymbol{r}=-\boldsymbol{J}\cdot\boldsymbol{r}\times\boldsymbol{p}=-\boldsymbol{J}\cdot\boldsymbol{J}.$$

前式亦可写成

$$\frac{1}{r}=-\frac{MC}{J^2}(1-\varepsilon\cos\theta),$$

这正是式（9.24）.

我们看到，$\boldsymbol{\epsilon}$ 的大小等于偏心率，并在 $\theta=0$ 的方向上，亦即在椭圆的长轴或双曲线的轴上；当然，ε 现在仍可像以前一样由能量方程求出.

拓 展 读 物

PSSC，“Physics，” chap. 21，D. C. Heath and Company，Boston，1965.

HPP，“Project Physics Course，” chaps. 5-8，Holt，Rinehart and Winston，Inc.，New York，1970. 这本书在历史方面为人们对行星运动的认识过程给出了很好的论述.

P，van de Kamp，“Elements of Astromechanics，” W. H. Freeman and Company，San Francisco，1964. 这本书为平装本，选择了天体力学中的基本课题.

O. Struve，B. Lynds，and H. Pillans，“Elementary Astronomy，” Oxford University Press，New York，1959. 本书强调了与宇宙学相关的主要的物理思想，是一本优秀的著作.

T. S. Kuhn, "The Copernican Revolution," Vintage Books (paperback), Random House, Inc., New York, 1962.

美国物理教师协会 (American Association of Physics Teachers), selected reprints, "Kinematics and Dynamics of Satellite Orbits," American Institute of Physics, New York, 1963.

Arthur Koestler, "The Watershed: A Biography of Johannes Kepler," Anchor Books, Doubleday & Company, Inc., Garden City, N. Y., 1960. 本书是关于开普勒本人的智慧及其发现行星轨道正确描述的精神上朝圣之旅的令人陶醉的记述.

第10章 光的速率

第10章　光的速率

10.1　自然界中的基本常数 c

真空中的光速 c㊀是物理学的基本常数之一. 它的特征是:

(1) 它是一切电磁辐射在真空中传播的速率, 且与辐射的频率无关.

(2) 无论在真空中还是在介质中, 无论用什么方法也不能使一个信号以大于光速 c 的速率传递.

(3) 真空中的光速与用以进行观察的参考系无关. 如果在一伽利略参考系中观察到某一光信号的速率为 $c = 2.99793 \times 10^8$ m/s, 那么, 在相对第一个参考系以速率 V 平行于光信号运动的第二个伽利略参考系中, 所观察到的那个光信号的速率一定也是 c, 而不是 $c + V$(或 $c - V$).

(4) 电磁学理论中的麦克斯韦方程和洛伦兹力方程中都含有光速. 当用高斯单位来写出这两个方程时, 这一点特别明显.

(5) 是量纲为一的常数

$$4\pi\varepsilon_0 \frac{\hbar c}{e^2} \approx 137.04$$

(它叫作精细结构常数的倒数) 含有光速. 这里, $2\pi\hbar$ 为普朗克常数; e 为质子的电荷. 这个常数在原子物理学中起着重要作用, 我们将在量子物理学卷中加以讨论. 目前, 我们还没有一个能预言这个常数的数值的理论.

本章主要论及一些实验和实验的结果. 我们将讨论光速的测量, 以及相对于以任何速度运动的惯性参考系存在着光速不变性的实验证据. 关于光的电磁性质以及光在折射和色散介质 (例如固体和液体) 中传播的问题, 将留待波和振动卷中去讨论. (折射介质是折射率——真空中的光速与介质中的光速之比——不是精确地等于 1 的介质, 色散介质是折射率为频率的函数的介质.)

10.2　c 的测量

测定光速曾用过许多方法㊁, 我们在这里列举出几种, 给以简略的说明.

㊀ 注意, 除非另有明确声明, "光速" 一词始终应理解为光在真空中的速率 (c). 光在介质中的速率小于 c, 而且可能甚至小于带电粒子在同一介质中的速率 (契伦科夫效应).

㊁ 关于光速测量的一篇极好的综述 (英文), 见于 E. Bergstrand, "Handbnch der Physik", S. Flügge (ed.), vol. 24, pp. 1-43 (Springer-Verlag OHG, Berlin, 1956). 本书中的 c 的数值即引自该文. 还可以参阅 J. F. Mulligan and D. F. McDonald, *Am. J. Phys.* **25**, 180 (1957).

光通过地球轨道的渡越时间　在有实验证明以前的好几个世纪，人们就已相信光的速率必定是有限的．光的有限速率的第一个实验证据是1676年由罗麦得到的．罗麦观测到木星最里面的那个卫星木卫一并不按照完全规则的时间表运动，木卫一被木星掩食的周期稍有变动．在一年中的某个时候（见图10.1），他预言了六个月之后的掩食时间（见图10.2），结果有大约22分钟的误差．罗麦假定这一误差是光通过地球轨道的时间．他对地球绕太阳轨道的直径的最佳估计值是2.83×10^{11}m，由此他计算了c：

$$c=\frac{2.83\times10^{11}}{22\times60}\text{m/s}=2.14\times10^{8}\text{m/s}.$$

在他做出这个估计的当时，这一数值可以说与3.0×10^{8}m/s符合得很好．木星绕太阳的角运动比地球要慢（绕太阳一周需12年）；因此，计算中主要涉及的是地球轨道的直径．而不涉及木星轨道的直径．罗麦的方法不是十分精确的，但是，它确实向天文学家表明，在分析行星的观测资料以求出行星及其卫星的真实运动时，必须考虑到光信号的传播时间．

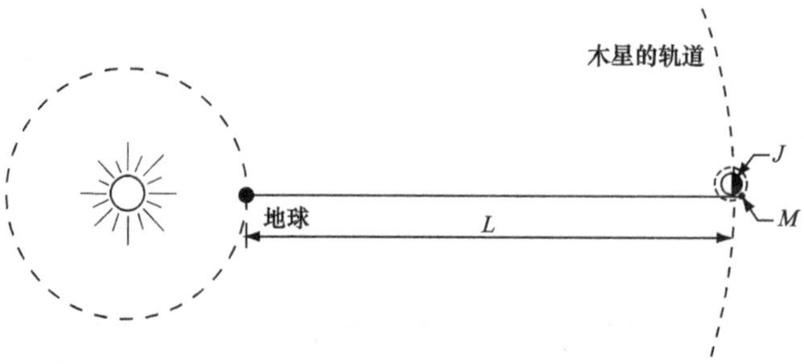

图10.1　从地球看去，木卫一M消失在木星J后面就发生木卫一M的蚀．由于光的有限速率，在地球上实际观察到蚀的时间要晚L/c．M的周期约为42小时

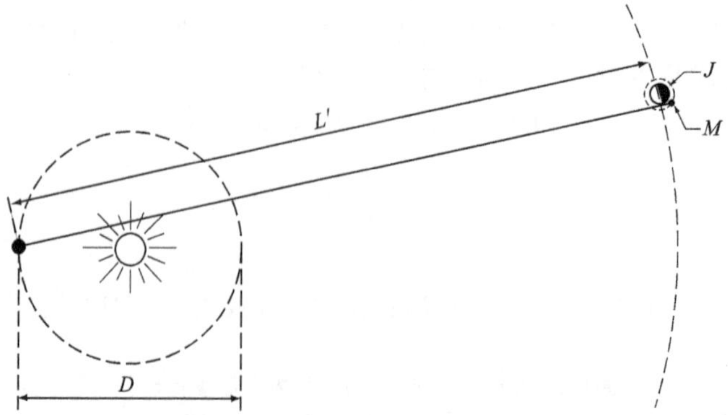

图10.2　六个月以后，地球走过了半圈，而木星只运动了15°．这时观察到蚀的时间要晚L'/c，这里$L'\approx L+D$

星光的光行差　1725 年，布喇德雷对一些恒星（特别是对那颗称为天龙座 γ 的恒星）位置的明显的季节性变化开始了一系列有趣的精确观测．他观测到（在做了其他一切校正之后），天顶上（即地球轨道平面的正上方）的一颗恒星呈现出近于圆形的运动轨道，运动周期为一年，角直径约为 40.5″．他还观测到，其他位置的恒星也有类似的运动，一般是椭圆轨道．

布喇德雷所观察到的现象称为光行差，在图 10.3～图 10.5 中做了说明．光行差与恒星的真实运动毫无关系，它是由光的有限速率以及地球在它绕太阳的轨道上的速率引起的．这确实是第一个直接的实验，它提示我们，太阳是一个比地球更好的惯性参考系．也就是说，认为是地球绕着太阳运动比认为是太阳绕着地球运动更合适，因为这个实验直接探查出了地球在一年中相对于恒星运动的速度方向在发生变化．

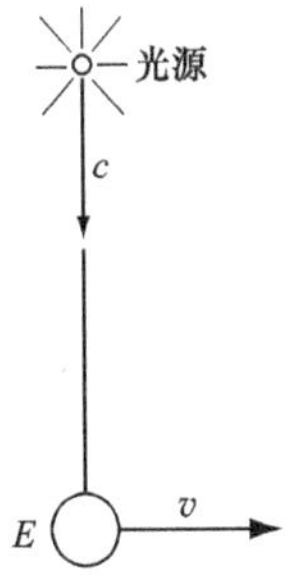

图 10.3　1725 年，布喇德雷利用光行差现象测定 c．假定从远处光源传来的光照亮物体 E，E 的速度 v 垂直于入射光

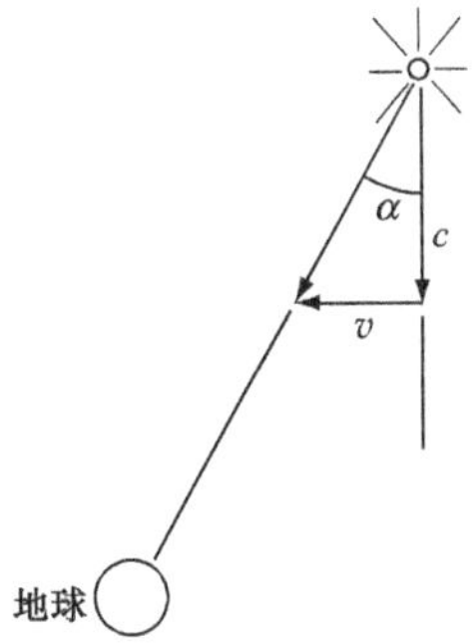

图 10.4　在 E 上的观察者看来，光除了具有竖直速度分量 c 外，还有水平速度分量 v．因此，从光源传来的光线倾斜成 α 角：$\tan\alpha = v/c$

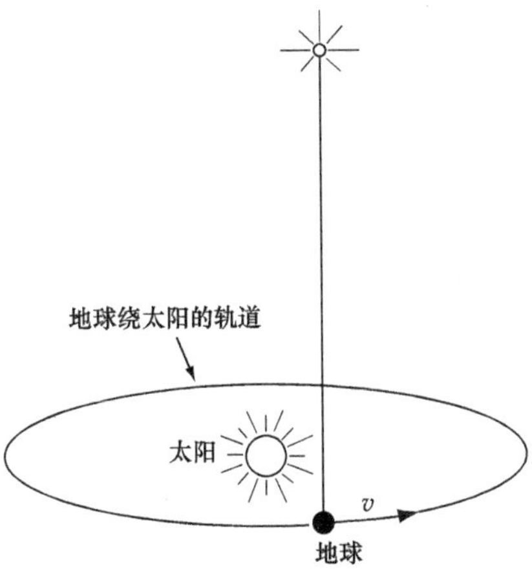

图 10.5　布喇德雷利用来自位于天顶的远处恒星的光和已知的地球速度（$v_{地球} = 30\text{km/s}$），由 α 的测量值确定 c；$\tan\alpha = v_{地球}/c$

对光行差的最简单的解释，是把光的传播同雨点的下落做类比（见图 10.6）. 如果不刮风，雨点是竖直下落的，一个静止不动的人，头上有一把雨伞，就不会淋湿. 如果这人跑起来，而把雨伞仍拿在同样位置，那他的外衣的前身就会被淋湿. 相对于运动着的人来说，雨点并不是丝毫不偏地竖直下落的.

图 10.6　光行差的粗浅比方：这个学生遇雨了，雨是竖直下落的. 如果他正好站在他的伞下，他不会淋着雨. 但是，如果他因为下雨而跑了起来，他就会被淋湿. 在他的新参考系中，雨具有水平速度 $-v$，这里 v 是他相对地面的速度

关于布喇德雷如何想到对他观测到的现象加以解释，这里我们引用一篇记述㊀如下：

“最终，当布喇德雷对如何理解他所观测到的现象已经感到绝望的时候，他却偶然地找到了令人满意的解释，而且是在他没有刻意去寻找的时候㊁。有一次他参加了在泰晤士河上的一艘帆船里举办的休闲聚会，船上桅杆的顶端装有风向标。当时风势平稳，而小船带着大家在河面上来回行驶了相当长的时间。布喇德雷注意到每当小船改变航向时，桅杆顶端的风向标也会相应地有一点点转向，似乎是风向发生了一点点改变。他默默地观察了三、四次，最后忍不住向水手们表达了他的惊奇：风向居然如此步调一致地随着船的转向而改变！水手们告诉他风向没有变，但由风向标显示的表观上的改变确实来自于船的转向，并且让他确信了这种表观上的风向的改变在每次船转向时都不可避免地出现。这个偶然的发现使他推断出正是光和地球各自运动的混合效应带来了困惑他已久的光行差现象。”

㊀ T. Thomson, “History of the Royal Society”, p. 346, London, 1812.

㊁ 许多发明和发现是科学家们经历了最初的一系列失败，而把他们的关注点从相应的问题中移开之后做出的。一位著名的数学家在一本重要又吸引人的小书中讨论了这种现象：J. Hadamard, “An Essay on the Psychology of Invention in the Mathematical Field”, Princeton University Press, Princeton, N. J., 1945, reprint Dover Publications, Inc., New York, 1954.

下面是布喇德雷解释光行差的原话[一]：

“我对这件事情的考虑如下．设想 CA（见图 10.7）是一条光线，它垂直地落到直线 BD 上；如果眼睛静止于 A 点，那么，物体必然出现在 AC 方向上，而不论光的传播需要时间还是瞬时传播．但是，如果眼睛从 B 向 A 运动着，而光的传播又需要时间，其速度与眼睛的速度之比等于 CA 与 BA 之比；那么，当眼睛从 B 运动到 A 时，光从 C 传播到 A，而当眼睛原来在 B 时，在 A 点进入眼睛的光微粒当时正好在 C 点．把 B 和 C 连接起来，而且我设想 CB 线是一根其直径只允许一个光微粒通过的管子（与 BD 线倾斜成 $\angle DBC$）；那么，不难想象，C 点的光微粒（通过这个微粒，运动着的眼睛到达 A 点时一定会看到天体）将通过管子 BC，只要管子与 BD 总倾斜成 $\angle DBC$，而且随着眼睛从 B 运动到 A；也不难想象，如果管子对 BD 线做任何其他倾斜，则 C 点的光微粒就不可能到达位于这样的管子后面的眼睛．”

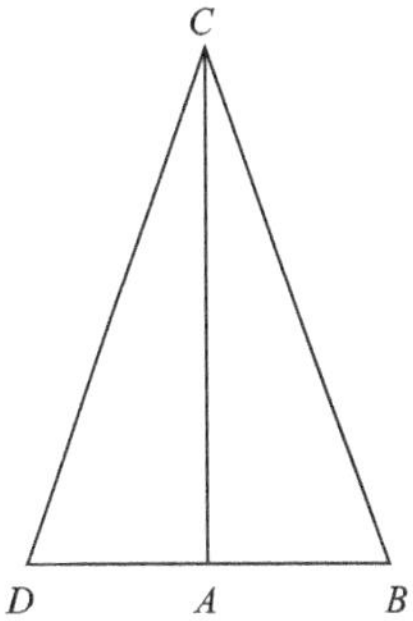

图 10.7　布喇德雷所用的速度图

对于一颗正在头顶上的恒星，其最大光行差出现在地球的速度与观测线相垂直时．这时，从图 10.4 与图 10.5 可以看出，望远镜的倾角（或光行差）由下式给出：

$$\tan\alpha = \frac{v_{地球}}{c}. \tag{10.1}$$

式中，$v_{地球}$是地球的速率．地球绕太阳公转的速率为 3.0×10^4 m/s，而地球自转所产生的速率约为它的 1/100，此处可以忽略．式（10.1）中的角 α 应是布喇德雷所观测到的角直径 40.5″的一半，因而取 $\alpha = 20''$，由式（10.1）解出 c，得到（用了 $\tan\alpha\approx\alpha$）

$$c = \frac{v_{地球}}{\alpha} = \frac{3\times10^4}{\frac{20}{3600}\times\frac{1}{57.3}}\,\text{m/s}$$

$$= 3.1\times10^8\,\text{m/s}.$$

这一结果与现代的数值相比也很不错了．

齿轮与旋转镜　第一次在地球范围测定光速是斐索在 1849 年实现的．他得到（见图 10.8a～图 10.8c）光在空气中的速率[二]为

$$c = (315\ 300 \pm 500)\,\text{km/s}.$$

他用一个转动的齿轮作为光开关，去测定一个闪光通过长度为 2×8633m 的路径所需要的时间．

[一] J. Bradley, *Phil. Trans. Roy. Soc.*, London, **35**, 637 (1728).

[二] 根据计算，真空中的光速比空气中的约快 91km/s.

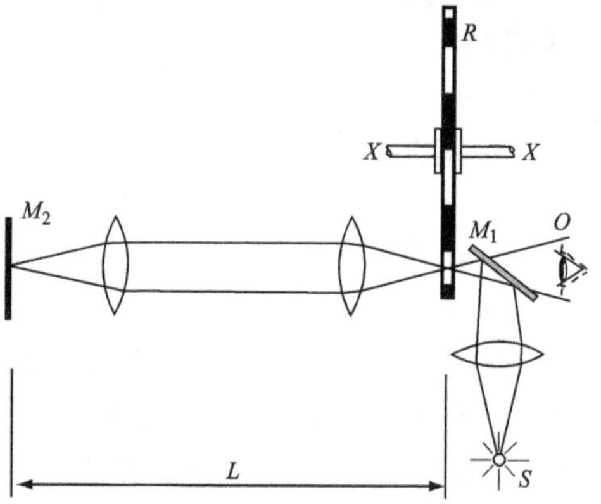

a) 斐索的齿轮装置(1849年).从点光源S传来的光被半涂银镜M_1反射，通过在X-X轴上旋转的齿轮R.然后，光射向反射镜M_2，并穿过R与M_1返回到观察者O处.半涂银镜使入射光反射一半，透射一半

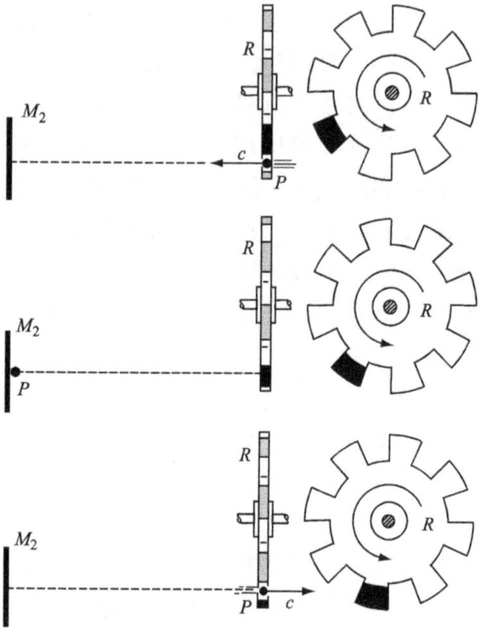

b) 如果光脉冲P能射到观察者O，那么，速度为c的脉冲必须在齿轮转过一个齿的时间内，走到M_2并返回R(总距离为$2L$).斐索由L和R的角速度确定出c

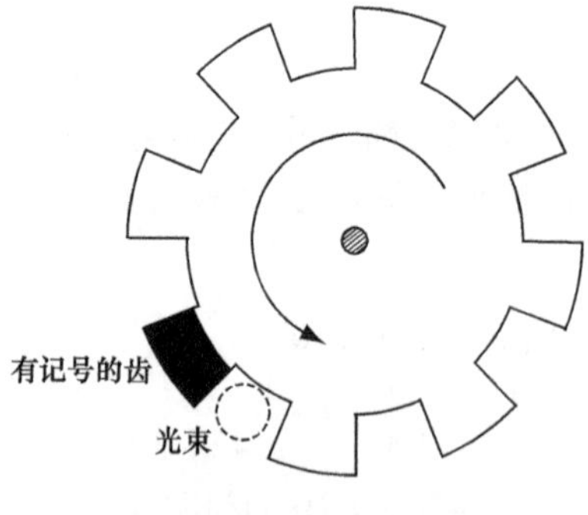

c) 观察者O所看到的光束和齿轮R的情况.由于 R旋转，从S，M_1射来的光束被截成一些短的脉冲.(只有途中没有齿轮，光才能从M_1通到M_2)

图 10.8

不久，齿轮仪器就为旋转镜装置所取代，后者供给的光较强，而且聚焦较好.傅科在 1850 年所用的装置如图 10.9a ~ 图 10.9c 所示．他所得到的空气中光速的最佳值（1862 年）是

$$(c = (298\ 000 \pm 500)\ \mathrm{km/s})$$

迈克耳孙改进了旋转镜装置（1927 年），把它安置在加利福尼亚州威尔逊山与圣安东尼奥山之间，相隔 35.2km．在他的装置中，光源位于一透镜的焦点，产生

出在长距离上保持平行的光．他得到

$$c=(299766\pm4)\,\mathrm{km/s}.$$

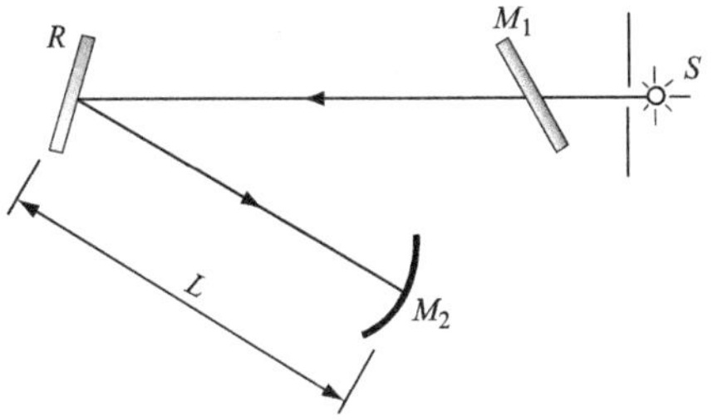

a) 傅科的旋转镜装置(1850年)，它是由光源狭缝S、半涂银镜M_1、旋转镜R(转轴与纸面垂直)及球面镜M_2组成.图中画出了光束从S到M_2的路径

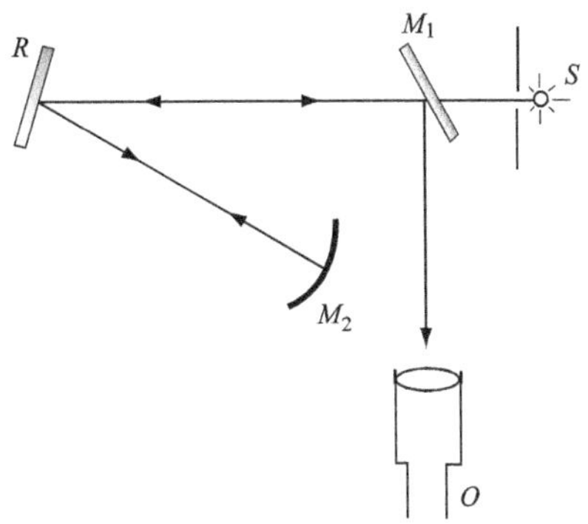

b) 当R静止时，从M_1到R再到M_2的光束，经反射后沿同一路径回到M_1，并由O探测出来

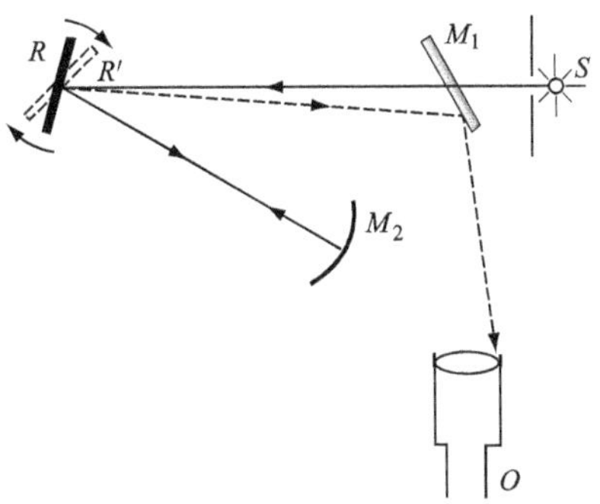

c) 如果镜子R在旋转，则从S到R再到M_2的光返回时，旋转镜已在一新位置R'，这样，O观测到的是在M_1上移动了的像，傅科由L、像的位移和转镜的角速度确定出c

图 10.9

这个工作的精确度大大超过了所有以前的工作（详见习题 3）．

空腔共振器　一个尺寸已知的共振腔（一个金属盒），在一定频率下它所包含的电磁辐射的半波长的数目是已知的，而且频率可以非常精确地测定．所以，由波长 λ 与频率 ν 的理论关系式

$$c=\lambda\nu \tag{10.2}$$

可以算出光速．共振腔通常是抽空的．由于电磁场会稍稍透入空腔的金属表面㊀，故必须对腔的内部尺寸做出修正．1950 年，埃森采用 5960 兆周/s，9000 兆周/s 与

㊀　透入区域称为趋肤深度．在室温下，当频率为 10^{10} 周/s 时，铜的趋肤深度的数量级为 1μm（$1\,\mu\mathrm{m}\equiv10^{-6}\,\mathrm{m}$），此外还应加上其他的修正．

9500 兆周/s 的频率，得到

$$c=(299\ 792.5\pm1)\mathrm{km/s}.$$

克尔盒　当偏振光通过一个克尔盒（装有液体，电场可影响偏振光在其中的透过性）时，可以通过改变产生电场的两个电极间的电压来调制按原方向出射的偏振光的强度. 如果用同样频率的电压同时调制作为探测器的光电管的灵敏度，那么，就可以用如图 10.10 所示的装置来测量光的速率. 如果最大强度的光到达探测器 D 时，D 正好有最大的灵敏度，则 D 的响应将是最大的. 现假定最大强度与最大灵敏度同时出现，则只要光从克尔盒 K 走到反射镜 M 再回到 D 的时间是射频 ν 的周期的整数（N）倍，最大响应就会发生. 这一时间为 N/ν，因而

$$c=\frac{L\nu}{N}.$$

式中，L 是从 K 到 D 的距离. 在实际的实验中，L 的数量级为 10km. 图 10.11 给出了此方法的某些细节.

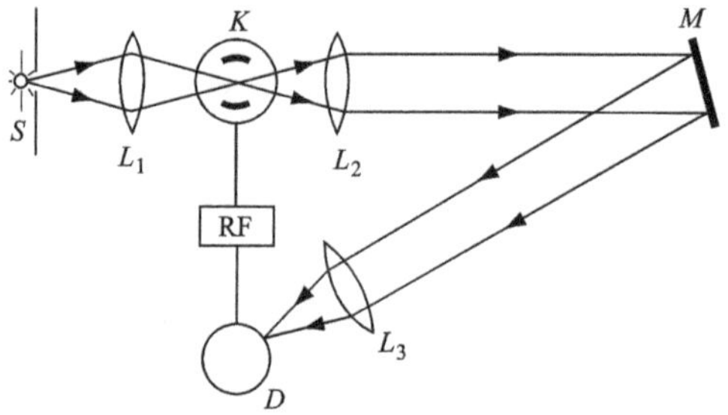

图 10.10　测定 c 的一种现代方法. 从光源 S 传来的光在克尔盒 K 中调幅，然后（通过透镜 L_2，L_3）经反射镜 M 到光电探测器 D. 用射频信号发生器 RF 的电压调制使光电探测器的灵敏度与克尔盒同步

用这个方法，贝格斯特兰测得

$$c=(299\ 793.1\pm0.3)\mathrm{km/s}.$$

注意，估计出的误差是非常小的. 同样的装置还被用来（连同 c 的标准值）确定甚至 40km 距离的大地长度；在这种应用中，它称为测距仪.

在过去的一百年中，用这些方法以及大约十几种其他的方法做过数以百计的 c 的测量. 目前公认的数值是

$$\boxed{c=(2.997\ 925\pm0.000\ 001)\times10^{8}\mathrm{m/s}.}\qquad(10.3)$$

这个数值，代表了用不同方法进行的最可靠的近代测量的一致意见. 在这些方法中，研究了从 10^8 周/s（射频）到 10^{22}周/s（γ 射线）的电磁波. 在最高频率时的精确度不如在射频或光频时的大，不过，现在还没有理由认为 c 会随辐射的频率变化.

从光源进入克尔盒系统的光强是稳定的……

但从克尔盒系统出来的光被调制了．光从 K 到 D 的传送时间可由移动 M 来改变：M 可调整得使光到达 D，如图所示．

如果把 M 稍稍移远一点，光将晚一点到达 D……

如果把 M 移得更远些，光的到达就更晚些……

如果把 M 进一步移远，光的到达就更加晚些……

如果把 M 再进一步移远，光的到达还要更加晚些……

现假定探测器的灵敏度被调成如图所示……

只有在探测器是灵敏的并且有光射入时，探测器才有响应．

因此，对 a 的情况，探测器的响应如曲线 a'．

对 b 的情况，有 b'：入射光与探测器的灵敏度同相位．

对 c，有 c'．

对 d，到达的光与探测器的灵敏度相位差 180°，故无响应．

对 e，有 e'

当我们连续地改变 M 的位置时，就得到探测器的这一平均响应曲线．此曲线两相继极大之间的距离对应于由 M 的位移所引起的光程改变 $2\Delta L$．

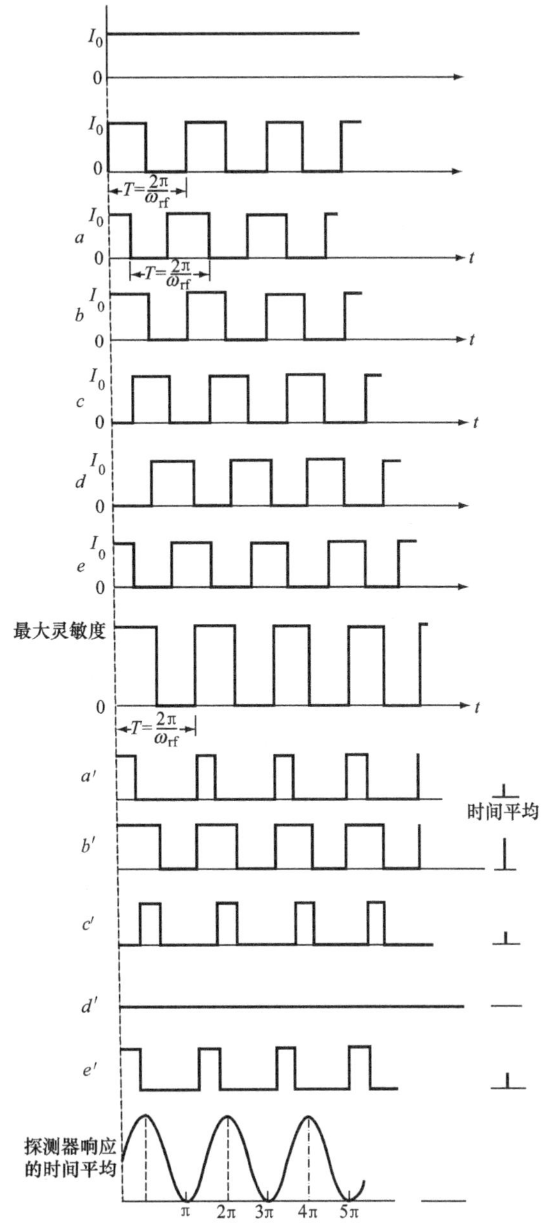

图 10.11　贝格斯特兰的 c 值测量所根据的是“相敏检测”法，与这里所描述的实验相似

10.3　在做相对运动的各惯性参考系中的光速

将伽利略变换简单地应用于运动着的接收器问题时，要求在接收器的参考系中

光的速率不同于 c. 按照常识，我们预期相对于运动接收器的光速 c_R 为

$$c_R = c \pm V. \tag{10.4}$$

式中，V 为接收器的速率，假定接收器是向着（+）光源或背着（-）光源运动的. 这种速度叠加的方式（如图 10.12a 与图 10.12b 中所描述的）似乎是完全合理的. 当光源与接收器静止而介质以速度 V 运动时，同样的关系式也应成立. 在无数日常经验中，至少在其中不涉及光时，这个关系式［式（10.4）］显然是被遵从的. 如果把 c 写成声速，则式（10.4）对声波是成立的. 但是，对于真空中的光波，即使是近似地，式（10.4）也不正确. 实验发现（如图 10.12c、d 所示），对任何参考系，不论它的速度是多少，也不论它相对于一假想的传播介质的速度是多少，都有

$$c_R = c. \tag{10.5}$$

这个为实验所证实的事实是物理规律的相对论性表述的基础.

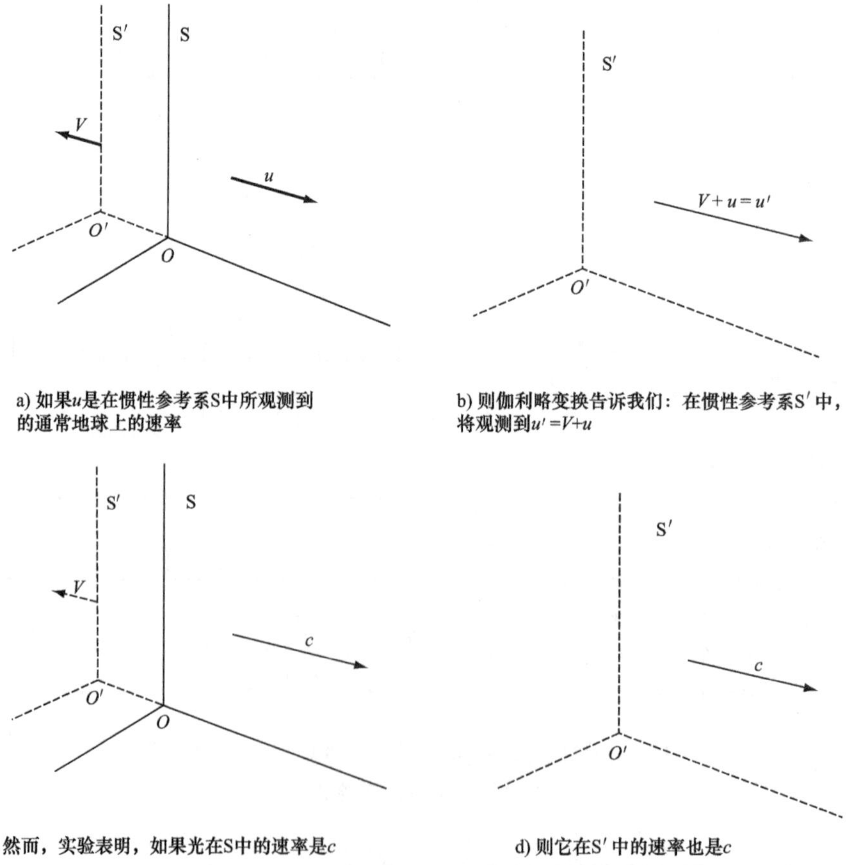

a) 如果u是在惯性参考系S中所观测到的通常地球上的速率

b) 则伽利略变换告诉我们：在惯性参考系S′中，将观测到$u' = V+u$

c) 然而，实验表明，如果光在S中的速率是c

d) 则它在S′中的速率也是c

图 10.12

现在，我们就来考察式（10.5）的实验基础. 有许多不同类型的实验支持着

狭义相对论，那些导致式（10.5）的实验就构成了狭义相对论的方便的出发点.我们来看这样一些实验，它们表明光速与地球在轨道上的速度（3×10^4m/s）无关.

首先，如同十九世纪的物理学家所做过的，我们假定光是在介质中传播的一种振动，就像声音是液体、固体或气体中原子振动的传播一样. 光波在真空中借以传播的光介质称为“以太”.

什么是以太呢？今天我们认为以太仅仅是真空的另一名称. 但是，麦克斯韦和许多其他的人，不能设想一个场是一个由自身支持着的在真空中传播的实体. 麦克斯韦论述道：

“但是，在所有这些理论中，自然会发生这样的问题：如果某种东西从一个粒子传送到相隔某个距离的另一个粒子上，那么，在它已离开一个粒子之后而尚未到达另一个粒子之前，它的状态是什么？如果这个‘某种东西’像诺埃曼的理论中所说的，是两个粒子的势能的话，我们又如何设想这存在于空间某一点（这一点既不与这个粒子也不与那个粒子重合）的能量呢？事实上，不论什么时候，只要能量是在一段时间里从一物体传送到另一物体，那么，必然就有一种介质或物质，使已经离开一个物体之后而尚未到达另一个物体之前的能量存身其中. 对于能量，正如托里拆利所谈论过的，‘是一种性质如此微妙的第五原质㊀，以致除了实体的最内部的物质以外，它不能够被任何容器所容纳.’因此，所有这些理论都导致介质（传播得以在其中发生）的概念. 如果我们作为一个假设而承认这种介质，我想，它应该在我们的研究中占据一个突出的地位，而且我们应该力图对它的作用的所有细节构成一个理性的表象，而这就是我在这本概论中始终追求的目标.”

要检验光速会因地球运动而可能有的变化，那明白无误的直接实验，是去精确测定光脉冲单向通过一段已知路程的时间. 这个实验可以分别在南北和东西两个方向的路径上来做；然后，在经过六个月以后，当地球绕太阳运动的速度反向时，再重复做一次. 在激光器发展以后，已可以利用足够精确的钟来做这种直接的实验了. 在目前，技术上的限制因素看来只是脉冲的上升时间. 10^{-9}s 的脉冲上升时间就会导致路程长度上 $10^{-9}c=0.3$m 的实际误差. 在这种实验中，所用的钟必须在同一个地点校准使之同步，然后把它们分开，缓慢地移动到它们最后的位置上去.

已经做过好些实验去检验式（10.4），亦即想探测到以太移动（见图 10.13），但是都未显示出有地球穿过以太的运动. 这些实验中，非常重要而且在概念上最直截了当的，是迈克耳孙和莫雷所做的实验㊁.

迈克耳孙-莫雷实验　从同一单色光源引出的两列光波，可以在某一点上随着

㊀ 第五原质是古希腊毕达哥拉斯学派所认为的土、水、气、火（四种原质）以外的一种宇宙原质. ——译者注

㊁ 关于这个实验对爱因斯坦工作的影响，请见于一篇有趣的文章：Holton, *Am. J. Phys.*, **37**, 968 (1969).

图 10.13　使用两台气体激光器进行相对论性光学实验的一个精密装置.
照片拍摄于麻省的郎德西尔（Round Hill）大厦从前的酒窖中，
照片中正在工作的是 Charles H. Townes 和 Ali Javan."

两列波相对相位的不同而发生相长干涉或相消干涉. 通过让一列波比另一列波走更长的距离的办法，可以改变它们的相对相位. 迈克耳孙与莫雷制造了一架精巧的干涉仪，其主要部分如图 10.14 和图 10.15a 所示. 从单一光源 S 射来的一束光被 a 处的一个半涂银镜分成两束. 下面，我们基本上按这两位原作者的话和符号来继续描述这个实验⊖：

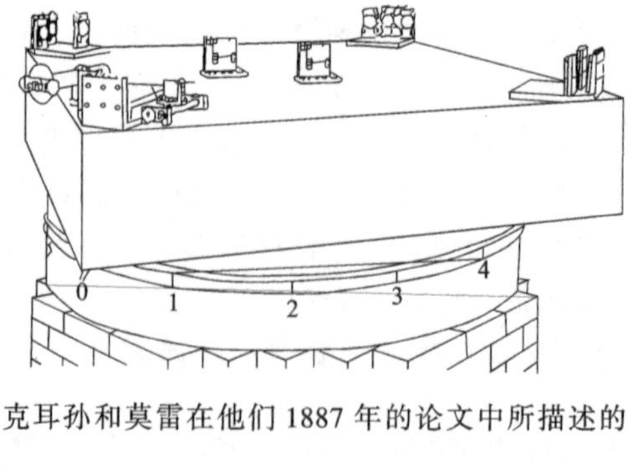

图 10.14　迈克耳孙和莫雷在他们 1887 年的论文中所描述的仪器的透视图

⊖ A. A. Michelson and E. W. Morley, *Am. J. Sci.*, **34**, 333 (1887). 这是十九世纪最出色的实验之一. 实验原理是简单的，但却导致了一场后果深远的科学革命. 注意，地球的轨道速率与光速之比约为 10^{-4}. 在摘录这一段时，我们将原文中的 V 改写作 c，v 改写作 V；括号中是引者的插注.

“设 sa（见图 10.15a 至 h）是一束光线，它部分地被反射为 ab，部分地透射为 ac，经反射镜 b 与 c 反射后，沿 ba 和 ca 返回. ba 部分地沿 ad 透射，ca 部分地沿 ad 反射. 如果这时路程 ab 和 ac 相等，那么，沿 ad 的两束光线将发生干涉. 假定现在整个仪器在 sc 方向上以地球的轨道速度运动着，而以太是静止的，则光线所走的方向和距离都要发生如下的改变：光线 sa 沿 ab' 反射（见图 10.15f），然后沿 $b'a'$ 返回，这里，$\angle ab'a'$ 等于光行差角的二倍，即 2α，最后再走到望远镜的焦点，望远镜的方向不变. 透射光线沿 ac' 前进，沿 $c'a'$ 返回（见图 10.15e），并在 a' 被反射，形成的 $\angle c'a'd'$（图中未画出）等于 $90° - \alpha$，因此，它仍与第一束光线重合，值得注意的是，光线 $b'a'$ 和 $c'a'$ 现在并不恰好相遇于同一点 a'，虽然这个差别是二级小量；不过，这并不影响推理的正确性，现在，让我们来求出两路程 $ab'a'$ 与 $ac'a'$ 之差.

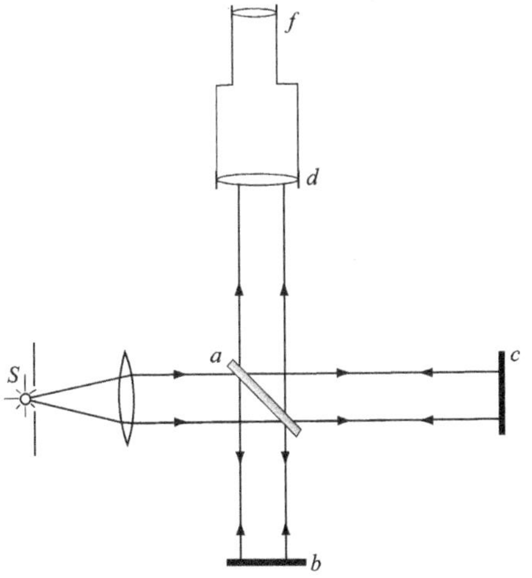

a) 迈克耳孙-莫雷实验的干涉仪由光源S、半涂银镜a、反射镜b和c以及望远镜探测器d组成；f 代表望远镜的焦点

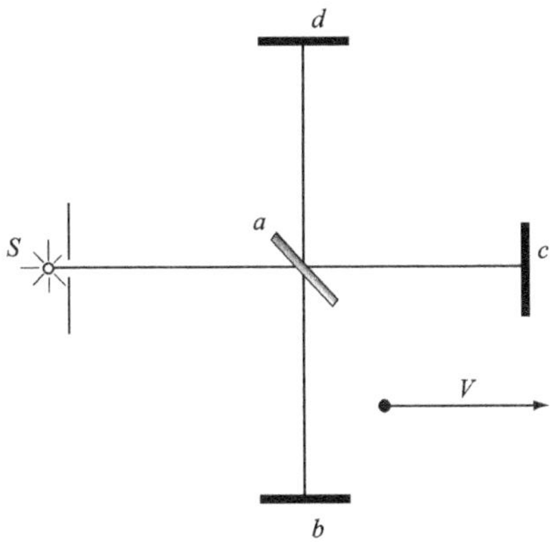

b) 如果干涉仪静止于以太中，那么，在d点可观察到光束aba与aca间的干涉图样。如果仪器(和地球一起)相对于假设的以太速度为V，我们预料d点的干涉图样将会改变，因为现在光束走过aba与aca的时间会有不同数量的改变

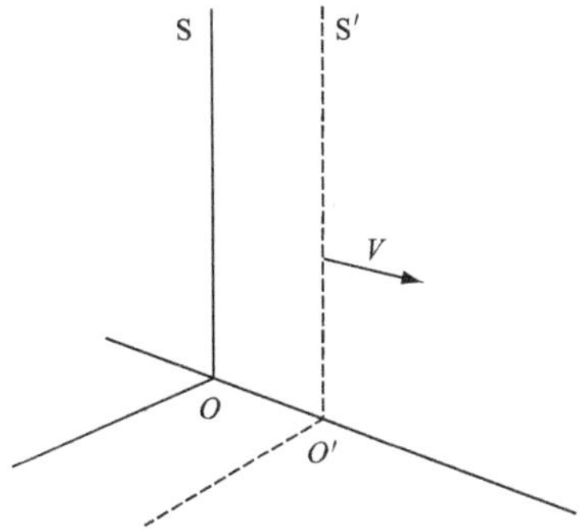

c) 要看出这点，我们考虑一个同地球和干涉仪一起运动的伽利略参考系S′。S为一静止于以太中的伽利略参考系

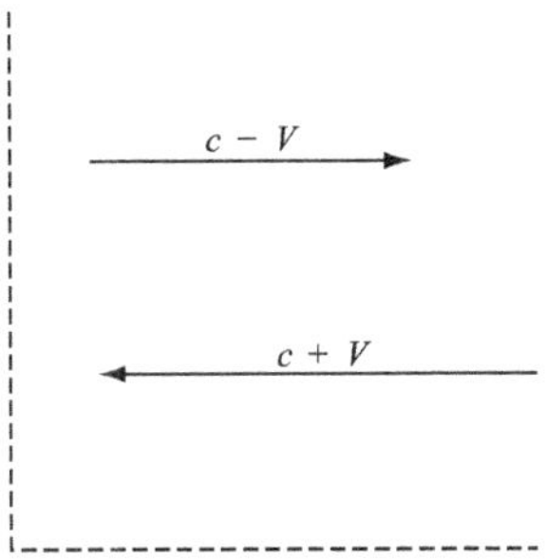

d) 按伽利略变换，向右运动的光在S′中的速率为c−V；向左运动的光在S′中的速率为c+V

图 10.15

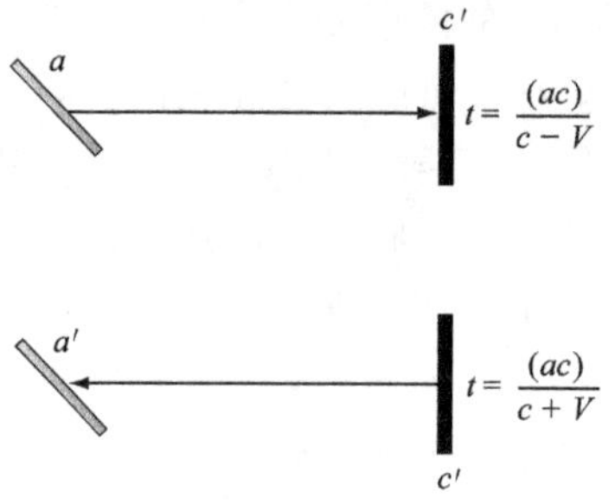

e) 因此，光束a到c'再回到a'的时间为$\Delta t(ac'a')$

$$=\frac{(ac')}{c-V}+\frac{(ac')}{c+V}，$$

式中，(ac')表示a与c'之间的距离

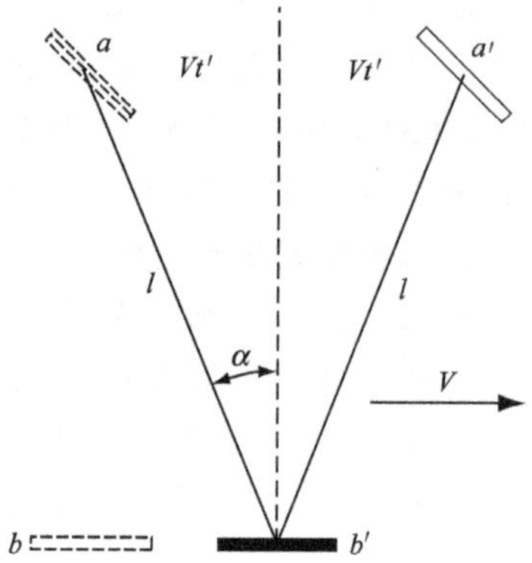

f) 光束从a到b'再回到a的时间$\Delta t(ab'a')=2t'$是多少呢？在静止于以太中的伽利略参考系S里，干涉仪的速度为V，向右；光速为c

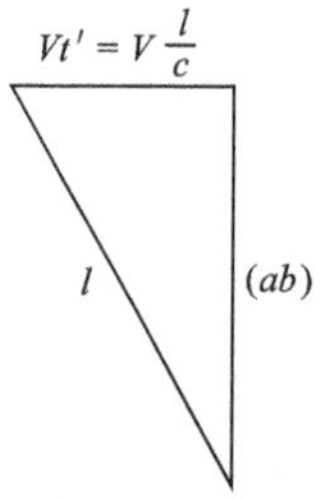

$$l^2=\frac{V^2}{c^2}\,l^2+(ab)^2$$

$$l=\frac{(ab)}{(1-V^2/c^2)^{1/2}}$$

g) $\Delta t(ab'a')=2t'=2(ab)/\sqrt{c^2-V^2}$。若保留到数量级为$V^2/c^2$的项，则这一时间就与

$$\frac{2(ab)\sqrt{1+\dfrac{V^2}{c^2}}}{c}$$ 相同

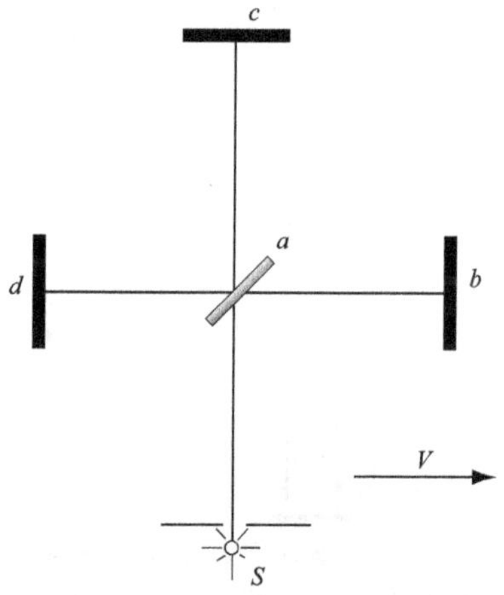

h) 因此，如果干涉仪改变了它相对于以太的速度，那么，即使$(ab)=(ac)$，伽利略变换仍使我们预期干涉图样会有变动.然而，任何变动都没有观察到.这里，仪器已转了90°，以便在运动平行于ab(而不是ac)时重做实验

图 10.15（续）

令 c = 光速；

V = 地球在它轨道上的速度；

D = 距离 ab 或 ac；

T = 光从 a 传到 c'所花的时间；

T' = 光从 c'回到 a 所花的时间，

则

$$T=\frac{D}{c-V},\ T'=\frac{D}{c+V}.$$

一去一来的全部时间为

$$T+T'=2D\frac{c}{c^2-V^2}.$$

在这段时间内光所走过的距离为

$$2D\frac{c^2}{c^2-V^2}\approx 2D\left(1+\frac{V^2}{c^2}\right),$$

这里已略去了四级项. 另一条路径的长度显然是

$$2D\sqrt{1+\frac{V^2}{c^2}},$$

或者, 在同样的精确度下是

$$2D\left(1+\frac{V^2}{2c^2}\right).$$

因此, 两条路径长度之差为

$$D\frac{V^2}{c^2}.$$

如果现在整个仪器转过 90°, 这个差值将易号, 因而干涉条纹的位移应为 $2D(V^2/c^2)$. 若只考虑地球的轨道速度, 则这个差值应为 $2D\times10^{-8}$. 如果像第一个实验的情形一样, $D=2\times10^6$ 个黄光的波长, 则预期的位移将是干涉条纹间距的 0.04.

在第一个实验中, 所遇到的主要困难之一, 是难以做到转动仪器而不产生畸变. 另一困难是, 仪器对振动极度敏感, 这困难是如此之大, 以致在城市里做实验时, 甚至在清晨两点钟, 除了一短暂时间外, 不可能看见干涉条纹. 最后, 如前面所指出过的, 我们所要观测的量是比干涉条纹间距的 1/20 还要小的某种位移, 它也许会由于太小被实验误差所掩盖而检查不出来.

把仪器装置在一块漂浮于水银面的重石板上, 就完全克服了上述第一个困难(在第二个实验中); 而借助多次反射使光程增加到约为原来数值的 10 倍, 第二个困难也完全得到克服.

……如果只考虑地球的轨道运动, 这位移应为

$$2D\frac{V^2}{c^2}=2D\times10^{-8}.$$

距离 D 约为 11m, 或 2×10^7 个黄光的波长; 故预期的位移是干涉条纹间距的 0.4 (如果地球是在穿过以太运行的话). 实际观测到的位移肯定比这一预期值的 1/20 还要小, 甚至小于 1/40 (见图 10.16). 但是, 因这位移与速度的平方成正比, 所以地球对以太的相对速度大概小于地球轨道速度的 1/6, 而肯定小于 1/4."

迈克耳孙和莫雷的实验结果同我们基于伽利略变换所预期的结果是矛盾的. 因此, 在以后差不多 80 年中, 这个实验曾重复做过多次 (有所变化): 用不同波长

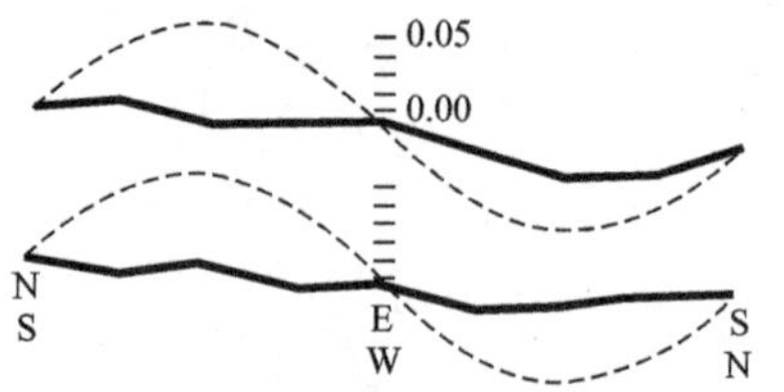

图 10.16 “用图来表示观测的结果（见图）. 上面的是中午观测的曲线，下面的是晚上观测的曲线. 虚线代表理论位移的1/8. 从图似乎可以大致不错地做出结论：如果由于地球和光以太的相对运动，干涉条纹有任何位移的话，这位移不可能比条纹之间的距离的0.01大很多.” [A. A. Michelson and E. W. Morley, *Am. J. Sci.*, 34, 333 (1887).] 铅直轴代表条纹的位移；水平轴是指干涉仪相对于东西线的取向.

的光、用星光、用现代激光器的高度单色光；在很高的地方、在地面下、在不同的大陆上以及在不同的季节. 我们可以说，在一定精确度之内，c 的变化（以太的漂移）为零；至于有关的精确度，最好的表述方式是光的速率在逆流时和顺流时相等，其变化小于 10m/s，或者说，小于地球绕太阳的轨道速度的千分之一.

***c* 的不变性** 迈克耳孙-莫雷实验的否定结果使人想到，以太的效应是不能检查到的. 这一结果也暗示着，光的速率与光源或观察者的运动无关. 关于后者，有关的实验证据已经相当好了，不过还可以改进. 在第 11 章中所引用的萨台（Sadeh）的工作表明，当光源的速度的数量级为 $\frac{1}{2}c$ 时，γ 射线的速度在 ±10% 的误差范围内是与源的速度无关的常数. 根据所有这些实验证据，我们可以做出结论：在某一惯性参考系中从一点光源发射出的光的球面波前，在任何其他惯性参考系中的观察者看来，也一定是球面.

在上一节中，我们已注意到，在 $10^8 \sim 10^{22}$ 周/s 的范围内，电磁波的速率与频率无关. 仔细的测量还表明，c 与光的强度无关，而且也与其他电场和磁场的存在无关，以上我们的讨论完全限于在真空中传播的电磁波.

10.4 多普勒效应

多普勒效应或多普勒移动被用来表示测得的波的频率与波源、介质以及接收器的相对速度的关系. 关于声音的多普勒效应，凡是听过汽车响着喇叭从旁驰过或是曾经站在火车站台上听过火车鸣笛驰过的人，都是熟悉的. 当声源逼近接收器时，1s 内所发射的波的个数将在不到 1s 的时间间隔内抵达接收器，因为源在发射最后一个波时比在发射第一个波时更靠近接收器了，这时频率要高些. 反之，当源退离接收器时，频率要低些. 同样的论证也适用于固定的源和运动着的接收器的情形. 对于声音，这些关系由下式给出：

$$\nu_R = \nu_T \frac{1 + v_R/\mathscr{V}}{1 - v_S/\mathscr{V}}. \tag{10.6}$$

式中，$\mathscr{V}$为介质（例如空气）中声波的速度，已设介质静止；v_S 为声源的速度，当它向着接收器运动时取正值；v_R 为接收器的速变，当它向着源运动时取正值；ν_T 是由相对于源静止的观察者所测得的声源（发射器）的频率；ν_R 是接收器所测得的频率.

注意，如果 $v_s \ll \mathscr{V}$（设 $v_R=0$），则

$$\nu_R=\nu_T\left(1+\frac{v_S}{\mathscr{V}}\right), \tag{10.7}$$

或

$$\frac{\nu_R-\nu_T}{\nu_T}=\frac{\Delta\nu}{\nu}=\frac{v_R}{\mathscr{V}}. \tag{10.8}$$

对于光也有类似的效应，虽然我们会看到有一些本质的差别. 在解释和分析声音的多普勒效应时，我们必须考虑载波的介质以及声源或接收器相对介质的运动. 然而对于光，我们不可以用这种方式来理解多普勒效应，因为迈克耳孙-莫雷实验的结果不允许我们去考虑载波的介质（亦即以太）. 多普勒效应为狭义相对论提供了一些有意义的检验，并且还给出一些重要的（特别是对天文学）结果. 我们将在第 11 章中正确地论述光的多普勒效应.

【例】

退行红移　对遥远星系发来的光所做的光谱分析表明，在实验室光谱研究中已证认的一些显著的谱线非常明显地移向可见光光谱的红端，即低频端. 这种红移可以解释为是由光源的退行速度所引起的多普勒移动. 我们还知道，从这些多普勒移动所计算出来的速度与光源离我们的距离成正比，该距离是由与此无关的方法确定的.

这是一个不平常的、激动人心的观测事实. 对这种距离-速度关系的最简单的非相对论性解释，是所谓“大爆炸”理论. 按照这个理论，宇宙是在大约 10^{10} 年以前由一次大爆炸形成的. 在最初的爆炸中，那些运动得最快的产物现在构成了宇宙的最外区. 因此，物质的（相对于我们的）径向速度越大，它离我们就越远，而且它的红移也越大. 关于退行红移还有一些更为精致的解释，不过还没有一个得到证实（见图 10.17）.

钾光谱中一对容易辨认的吸收线（K 线与 H 线），在许多恒星光谱中都很显著. 在地面实验室中，这两条谱线出现在波长 3950Å⊖附近. 我们假定，在任何恒星的静止参考系中运动着的实验室观测者测量的都是同样的波长. 在来自牧夫星座一个星云的光中，我们在波长 4470Å 处观测到这两条谱线，它们向红端的移动为 4470Å − 3950Å = 520Å，其相对移动为

⊖　$1\text{Å}=10^{-10}\text{m}$.

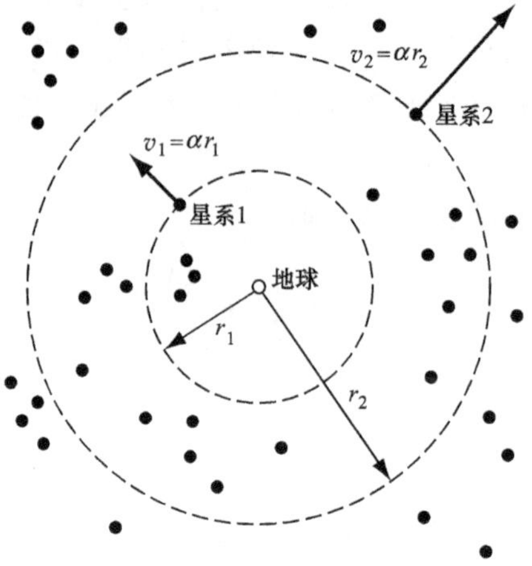

图 10.17　从遥远恒星的光线里观察到的多普勒效应表明，星系正在离开我们退行着，其速度与它们到地球的距离成正比．设星系 1 和 2 与地球的距离为 r_1 与 r_2（这是由其他方法测出的），则它们的速度 v_1 与 v_2 可由多普勒效应确定

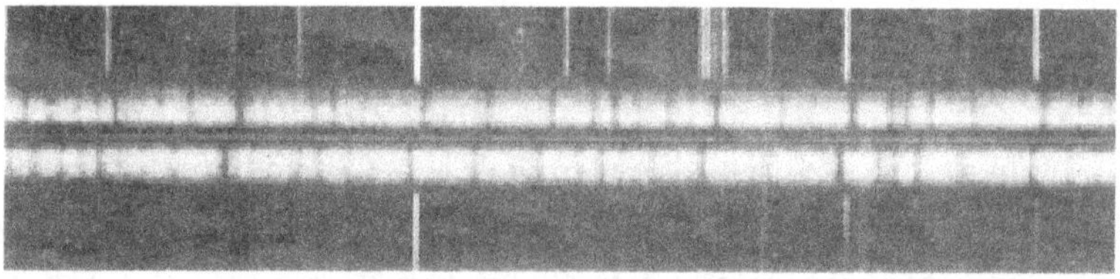

图 10.18　双子座双星 α'的两张光谱图（不同时间拍摄）．在这双星的两颗星中，只有一颗发射足够的能被发觉的光．来自这颗星的光谱线相对于实验室参考谱线有移动，这相应于该星的两种运动状态，各自有不同的移动方向．在一种状态下，该星向着地球运动，光的频率增加；在另一种状态下，该星背离地球运动，光的频率减小．（里克（Lick）天文台供图）

$$\frac{\Delta\lambda}{\lambda}=\frac{520}{3950}=0.13.$$

利用式（10.8），取 $\mathscr{V}$等于 c（在第 11 章中将证明这对于光波是正确的），并取$\nu=c/\lambda$ 的微分[⊖]（c 是常数），我们得到

$$\frac{\Delta\nu}{\nu}=-\frac{\Delta\lambda}{\lambda}\quad 或\quad \frac{\Delta\lambda}{\lambda}\approx\frac{v_S}{c}. \tag{10.9}$$

从式（10.8）与式（10.9）我们推断出，星云正以相对速率 $|v|\approx 0.13c$ 离开我们退行着，这确实是相当快的速度．对于更高的速率，我们则要用到按宇宙的相

⊖ 注意一个小小的计算技巧：设 $y=Ax^n$，其中 A，n 均为常数，我们要求出用 dx/x 表达的 dy/y．为此，先将两边取自然对数，得 $\ln y=\ln A+n\ln x$；然后两边取微分，即得 $dy/y=n dx/x$．这里，我们用了关系式 $d\ln x/dx=1/x$．

对论性模型的理论修正过的关于多普勒移动的某种关系式㊀. 此外, 对于速率远低于声速或光速时分别适用于声波或光波的近似表达式 (10.8) 与式 (10.9), 我们也必须用对于光的正确表达式来代替.

如果把对于大量星系的类似观测结果和对它们距离所做的独立估计值结合起来, 我们可以得到一个惊人的经验结果: 距离我们为 r 的星系的相对速度可以用下式来表达:

$$v = \alpha r. \tag{10.10}$$

式中, 常数 α 由经验确定, 约为 $1.6\times10^{-18}\mathrm{s}^{-1}$. (估计星系距离是一个复杂的课题, 对此必须查阅天文学教科书.) α 的倒数具有时间的量纲:

$$\frac{1}{\alpha}\approx 6\times10^{17}\mathrm{s}\approx 2\times10^{10}\text{年}. \tag{10.11}$$

这就是恒星从"大爆炸"开始达到它现在的距离所花的时间. 当用 c 乘 $1/\alpha$ 时, 我们得到一个长度:

$$\begin{aligned}\frac{c}{\alpha}&\approx 3\times10^{8}\times6\times10^{17}\mathrm{m}\\&\approx 2\times10^{26}\mathrm{m}.\end{aligned} \tag{10.12}$$

上面求出的时间 [式 (10.11)] 人们近似地称之为"宇宙年龄"; 而上述长度 [式 (10.12)], 人们近似地称之为"宇宙半径". 为了去解释上述形式的关系式, 尽管曾经提出过几种不同的宇宙模型, 但这两个量的真正意义直到现在还不清楚.

10.5　极限速率

我们已看到, 电磁波在真空中只能以速率 c 传播, 有什么东西的速率能超过速率极限 c 吗?

考虑带电粒子在加速器中的运动. 粒子能否加速到比 c 更快呢? 在本课程中, 我们迄今尚未直接遇到任何不允许带电粒子加速到任意高的速度 (见图 10.19) 的原理.

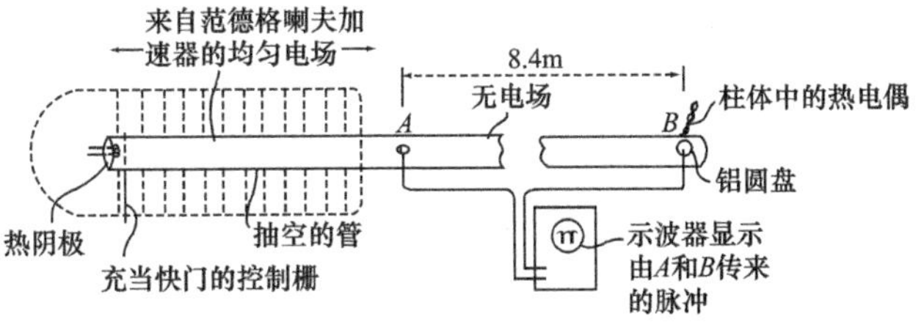

图 10.19　极限速率实验的大致安排, 电子在左边的均匀电场中加速, 并用示波器来测定电子在 A 和 B 之间飞行的时间

㊀ G. G. McVitties, *Physics Today*, p. 70 (July 1964).

下面的实验[⊖]说明了这样一个论点：粒子不可能加速到大于 c 的速率. 实验是这样做的：使电子脉冲在范德格喇夫加速器中由逐渐增大的静电场加速，然后，电子以恒定的速度通过一无场区. 在已测定的距离 AB 内，直接去测量电子的飞行时间，从而得到它们的速度. 电子的动能（在路程终端的靶子上变为热能）则由一校准过的热电偶测定.

在这个实验中，加速电势 Φ 是精确地已知的，一个电子的动能为

$$K = eEL = e\Phi.$$

式中，L 为加速距离；$\Phi = EL$ 为加速路程两端的电势差. 如果 $\Phi = 10^6\text{V}$，则电子在加速后的能量为 $1\times10^6\text{eV}$（1MeV）. 故一个电子所获得的动能为

$$1.6\times10^{-19}\times10^6\text{J} = 1.6\times10^{-13}\text{J}.$$

如果在这束电子中，每秒有 N 个电子飞过，则输送给电子束终端的铝靶的功率应为 $1.6\times10^{-13}N$（J/s）. 这与用热电偶直接测定的靶所吸收的功率完全一致，这个结果证实了电子把它们在加速期间所获得的动能全都传递给了靶. 于是，根据非相对论性力学，我们预期应有

$$K = \frac{1}{2}mv^2. \tag{10.13}$$

也就是，v^2 对动能 K 的作图应为一条直线. 但是，对于大于 10^5eV 的能量，v^2 与 K 之间的线性关系在实验中是不成立的. 我们观测到，速度在更高的能量下趋于极限值 $3\times10^8\text{m/s}$. 因此，当把测定的速度与由式（10.13）计算得到的速度加以比较时，我们发现它比式（10.13）的预期值要小. 实际上，v^2 对 K 的曲线弯曲成如图 10.20 所示的形状，并逼近 $9\times10^{16}\text{m}^2/\text{s}^2$. 这些实验结果可以概括为：电子从加

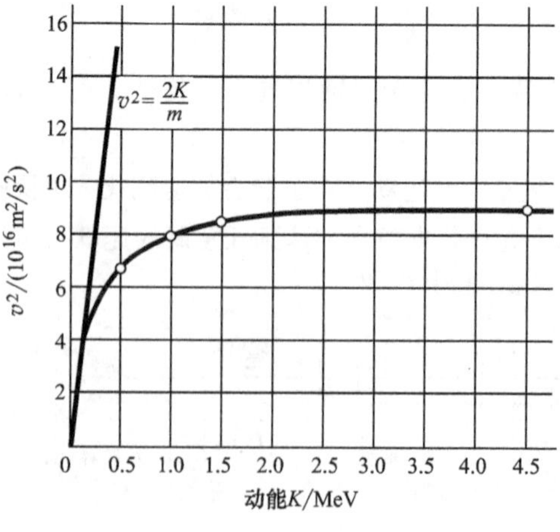

图 10.20　v^2 对动能的图线. 小圆圈（"○"）是实验结果

⊖ 这个实验是贝托齐（W. Bertozzi）为配合 PSSC 物理教学影片《极限速率》而设计的。我们的叙述直接引自 PSSC《高等论题大纲》的第 A-3 章. 参看 *Am. J. Phys.*, **32**, 551（1964）.

速场吸收预期的能量，但它们的速度并不无限地增加．在理解这一事实时，我们只能求助于假设当 K 变大时式（10.13）中的 m 不是常数．我们将在第 12 章中涉及这个问题．如同这个实验一样，许多其他实验也表明 c 是粒子速度的上限．因此，我们坚信，无论是粒子还是电磁波，c 都是信号的最大速率，即 c 是极限速率．

10.6　结论

我们现在已为在第 11 章中学习狭义相对论从实验上准备了下列知识：

（1）c 在惯性参考系（这些参考系彼此作匀速相对运动）中是不变量．

（2）c 是能量传递的最大速率．

（3）一个参考系的绝对速度是没有意义的．只有相对速度才能由实验确定．

（4）简单的伽利略变换不能很好地解释涉及高速率的现象．

（5）动能的牛顿公式$\left(\frac{1}{2}mv^2\right)$当 v 趋近于 c 时失效．

狭义相对论现在已经十分牢固地建立起来了，我们仅仅评述了支持这个理论的那些实验的很小一部分．物理学家们信赖这个理论，就和信赖物理学中任何其他部分一样．我们下一步应当去精确地表述狭义相对论，并去理解它的某些重要推论．

习　　题

1. 多普勒移动．一个宇宙飞行员希望确定出他接近月球时的逼近速度．他发出一个频率为 $\nu=5000$ 兆周/s 的无线电信号，并将这个频率与其回波的频率进行比较，观测到差值为 86 千周/s．试计算宇宙飞船相对于月球的速度．（多普勒效应的非相对论性公式在许多场合是足够精确的．）（答：2.6×10^3m/s．）

2. 退行红移．实验室中出现于波长 5000Å 处的一条光谱线，在来自一个遥远星系的光的光谱中在 5200Å 处被观测到．

（a）该星系的退行速度是多少？（答：1.2×10^7m/s．）

（b）该星系离地球有多远？（答：8×10^{24}m．）

3. 光的速率．在迈克耳孙著名的光速测量实验中，一个绕轴旋转的八角形反射棱镜将来自远处光源的一束光反射使之回到光源附近的观察者．调节转速使光在这段距离来回传播的时间等于八角形棱镜旋转周期的 1/8．单向距离为 $L=(35.410\pm0.003)$km，棱镜的旋转频率为 $\nu=529$ 周/s（其精确度为 3×10^{-5}周/s）．

（a）试由这些数据计算光的速率（还必须加上由于大气效应引起的数量级为 10^{-5}的小量修正）．

（b）任何两个相邻棱镜面之间的夹角为 $135°\pm0.1''$．试估计 c 的这一测量的总精确度．

4. 木卫一的蚀．木星的卫星木卫一在半径为 4.21×10^8m 的轨道上运动，其平均周期为 42.5 小时．罗麦观测到，这周期在一年的时间内规则地变化着，而变化的周期约为一年．在相隔大约六个月的时间里，这周期与平均周期的最大偏离为 15s，忽略木星的轨道运动．

（a）试估计在木卫一绕木星运动的一个周期内，地球所走的距离．（答：4.5×10^9m.）

（b）木卫一的周期何时显得最长？

（c）试利用上面的结果和所提供的数据估计光速．

（d）试估计在零延迟点（即当地球最接近木星时）以后的六个月中，木卫一蚀的累积延迟时间．

5. 恒星的视差和光行差． 萨摩斯岛（Samos）的阿里斯塔克⊖（Aristarchus）预言过恒星的视差（约公元 200 年）．贝塞尔（Bessel）果然在 1838 年确确实实地观察到了视差．布喇德雷做过一次著名的然而失败的尝试，他发现的不是恒星的视差，而是星光的光行差．在一年的时间里，由于光行差，恒星的表观位置在移动，两极端位置之间的角差约 40″（角秒）．

（a）有一个恒星，它的视差为 20″，它与地球之间的距离是多少秒差距？已知的最近的恒星是半人马座 α 星，它的距离约为 1.3 秒差距．（答：0.05 秒差距．）

（b）试证明，由于光行差，在黄道附近恒星的表观周年运动是一条直线，它两端所张的角为 40″．黄道是地球轨道的平面．

6. 星系的旋转． 1916 年，在知道有一些很远的星云（星系）以前，报导过旋涡星云 M101 像刚体一样以 85 000 年的周期在旋转．所观测到的角直径为 22′．如果上述周期是正确的话，试计算这个星云的最大可能的距离．假定星云边缘的运动不快于 c．（根据近年对 M101 中一些恒星的测量，其距离为 8.5×10^{22}m．显然，1916 年所报导的旋转周期是低估了的．）

7. 变星． 帕洛马山的 5m 的望远镜刚好能分辨距离为 3×10^{23}m 的星系中的单个恒星．有一种校准这一数量级距离的方法，是去观测一些造父变星光度变化的周期．造父变星是一种引力不稳定的星体，它呈现周期性脉动，在脉动中，其半径可以改变差不多 5% ~10%．造父变星的周期与其平均光度有关．这种变星的温度变化周期与其半径变化周期相同，所以我们才观测到亮度的周期性变化．曾经发现了短到几小时的周期．在我们银河系中，有一颗本身光度为太阳的 2×10^4 倍的造父变星，其周期为 50 天．

（a）根据距离-速度关系［式（10.10）］，试估计距离在 3×10^{23}m 处的星系的径向速度．

（b）对于在上述距离星系中的造父变星，我们预期观测到的它的周期会是多少？（答：50.08 天．）

8. 新星． 有时，我们能看到一颗恒星发生爆炸，在爆炸中，它外层的一部分以很高的速度被抛出．这样的星体称为新星．有一颗不久前出现的新星，我们用肉

⊖ 古希腊天文学者．——译者注

眼观察到它在爆炸以后有一个包围着它的外壳. 而且还发现, 外壳的角直径以 0.3″/年的数值在增大. 该新星的光谱是由重叠的宽发射线组成的正常恒星光谱. 虽然这些谱线是暗淡的, 但可以看出, 在波长 5000Å 附近的那条谱线的宽度 (用波长表示) 保持为 10Å 不变. 这一宽度被解释为是向着我们前进的外壳的那部分与离开我们后退的那部分之间的多普勒移动的量度. 如果外壳从光学角度来说十分薄 (因而, 我们从它的远半球面和从它的近半球面接收到的光是一样多的), 试估计该新星的距离. (答: 1.3×10^{19}m.)

9. 星系的速度. 我们测得的各星系相对于地球的径向速度在天空不是各向同性的. 各向异性起因于太阳相对于我们银河系中心的运动 (轨道速度), 以及我们银河系本身相对于局部的河外静止标准的运动. 让我们来考察在某一特定距离——比如 3.26×10^{7} 光年——的所有那些星系.

(a) 这些星系的平均径向速度是多少? (答: 从速度-距离关系计算出来的星系的平均径向速度为 494km/s.)

(b) 在它们的光谱中, 氢的 H_α 线的平均位置在哪里? (在实验室中, $\lambda_{H_\alpha}=6.563\times10^{-7}$m.) (答: 平均说来, H_α 线在 6.574×10^{-7}m 处.)

在所考察的这些星系中, 我们发现, 在某一方向上星系的速度比平均速度大 300km/s, 而在正好相反的方向上, 星系的速度小这么多.

(c) 太阳在这个参考系中的速度是多少? (答: 300km/s.)

(d) 这速度一定是太阳绕我们银河系中心的轨道速度吗? (答: 不是, 因为在这个参考系中, 该速度可以包括我们银河系作为一个整体的任何运动.)

(e) 假定这就是太阳的轨道速度, 试估计我们银河系的质量. 设银河系的全部质量都在它的中心, 而且太阳的轨道是圆的 (太阳到银河系中心的距离为 3500 光年). 试把所得质量与所引用的银河系质量 (8×10^{41}kg) 比较, 并解释其差别. (答: 4.5×10^{40}kg. 它小于通常所引用的银河系的质量. 因为我们银河系的大部分质量并不在中心, 实际上, 大部分质量分布在太阳以外, 在那里它不会影响太阳的运动, 用这种方法检查不出来.)

10. 恒星的旋转. 从太阳的表面特征我们看出它在缓慢地自转着, 在赤道上自转周期为 25 天. 然而, 有些恒星自转得快得多. 由于恒星太远, 看起来只是一些光点, 那么, 怎样去确定恒星的自转呢?

拓展读物

HPP, "Project Physics Course," chaps. 16 (sec. 6) and 20 (sec. 1), Holt, Rinehar and Winston, New York, 1970.

A. A. Michelson, "Studies in Optics," The University of Chlicago Press, Chicago, 1927; paperback reprint, 1962.

第 11 章　狭义相对论：洛伦兹变换

第 11 章　狭义相对论：洛伦兹变换

11.1　基本假设

要去理解迈克耳孙-莫雷实验探测地球在以太中的漂移得到的否定结果，以及第 10 章中讨论过的其他结果，我们的思想必须来一个革命性的转变，我们所需要的新原理是简单明了的：

光速与光源和接收器的运动无关.

这就是说，在所有相对于光源做匀速运动的参考系中，光速都相同. 除了这个新假设之外，还必须加上我们早先的一个假设：

空间是各向同性的和均匀的. 对于任何两个做匀速相对运动的观察者来说，基本物理定律完全相同.

由这两个假设，可以导出狭义相对论的全部极为广泛的结果.

并非只是电磁波即光子的速度与其源的运动无关. 物理学家们很有根据地相信，还有其他一些粒子（值得注意的是中微子和反中微子）的速度也等于 c，然而，我们要讨论的是光子，因为用它来做实验要容易些.

首先来考虑一个点光源发出的光波. 如果从光源在其中保持静止的参考系来看，这时波前（等相面）是球面. 但是，按照我们的新原理，从相对于光源做匀速运动的参考系去看，波前也必定是球面，否则，我们就可以从波前的形状去推知光源在运动，然而，根据光速与光源的运动无关这个基本假设，我们是不可能从波前的形状去推知光源是否在做匀速运动的.

11.2　洛伦兹变换

在第 4 章中，我们引入过伽利略变换，为的是了解从两种不同的观点去看，现象会是怎样的. 这里，我们将把同样的想法用于两个不同的参考系 S 和 S′，它们彼此相对地以匀速 V 运动. 现在，我们希望找到一个坐标变换，也许还要包括时间变换，就像伽利略变换［式（4.14）］那样去把一个参考系中的坐标和时间与另一个参考系中的坐标和时间联系起来，但是要求它与相对论的假设相一致. 如果我们假定在 S 系中有一个光源位于原点位置，那么，它在 $t=0$ 时发出的球面波前的方程为

$$x^2+y^2+z^2=c^2t^2. \tag{11.1}$$

在坐标为 x'，y'，z'和 t'的 S′参考系中，球面波前的方程必须是

$$x'^2+y'^2+z'^2=c^2t'^2. \tag{11.2}$$

我们可以用伽利略变换试一下，看它能否给出与式（11.1）和式（11.2）一致的结果.

把伽利略变换

$$x'=x-Vt,\quad y'=y,\quad z'=z,\quad t'=t. \tag{11.3}$$

代入式（11.2），直接得出

$$x^2-2xVt+V^2t^2+y^2+z^2=c^2t^2.$$

这个结果肯定与式（11.1）不一致，因此，伽利略变换行不通，我们必须试着去寻找一种别的变换，而且，当速度 V 与光速 c 相比很小时，这种变换必须能化为伽利略变换，

让我们试用下列变换：

$$x'=\alpha x+\varepsilon t, y'=y, z'=z, t'=\delta x+\eta t.$$

我们知道，$x'=0$ 时 $\mathrm{d}x/\mathrm{d}t=V$，而 $x=0$ 时 $\mathrm{d}x'/\mathrm{d}t'=-V$. 通过代数运算即得到

$$V=-\frac{\varepsilon}{\alpha},\ -V=\frac{\varepsilon}{\eta},$$

亦即

$$\alpha=\eta.$$

我们重写式（11.2）

$$x'^2+y'^2+z'^2=c^2t'^2,$$

于是得到

$$\alpha^2x^2+2\alpha\varepsilon xt+\varepsilon^2t^2+y^2+z^2$$
$$=c^2(\delta^2x^2+2\delta\alpha xt+\alpha^2t^2).$$

只有当这个式子中

$$2\alpha\varepsilon=2c^2\delta\alpha,$$
$$\alpha^2-c^2\delta^2=1$$

和

$$c^2\alpha^2-\varepsilon^2=c^2$$

时，才与式（11.1）一致.

利用 $\varepsilon=-V\alpha$ 消去 ε，得

$$\alpha=\frac{1}{\left(1-\frac{V^2}{c^2}\right)^{\frac{1}{2}}},\quad \varepsilon=\frac{-V}{\left(1-\frac{V^2}{c^2}\right)^{\frac{1}{2}}},\quad \delta=\frac{-\frac{V}{c^2}}{\left(1-\frac{V^2}{c^2}\right)^{\frac{1}{2}}},\quad \eta=\frac{1}{\left(1-\frac{V^2}{c^2}\right)^{\frac{1}{2}}}.$$

于是，我们的变换是

$$\boxed{\begin{aligned}&x'=\frac{x-Vt}{(1-V^2/c^2)^{\frac{1}{2}}},\quad y'=y,\quad z'=z,\\ &t'=\frac{t-(V/c^2)x}{(1-V^2/c^2)^{\frac{1}{2}}}.\end{aligned}}\tag{11.4}$$

这就是洛伦兹变换⊖. 这个变换对于 x 和 t 是线性的，在 $V/c\to 0$ 时，它化为伽利略变换. 把它代入式（11.2），得出

$$x^2+y^2+z^2=c^2t^2.$$

这正是我们所要的结果. 换句话说，

$$x'^2+y'^2+z'^2=c^2t'^2$$

是洛伦兹变换下的不变式. 在所有以匀速做相对运动的参考系中，描写波前的方程的形式都一样. 式（11.4）是解决我们全部困难的唯一变换. 对于记住相对论中的许多重要结果来说，它是相当简洁的. 下面，我们借助于洛伦兹变换来讨论其中的几个结果.

为了方便起见，我们常常采用相对论中惯用的一种标准符号：

$$\boxed{\beta\equiv\frac{V}{c}.}\tag{11.5}$$

这就是说，β 是以 $c=1$ 的自然单位量度的速度，引入 γ 也有方便之处：

$$\boxed{\begin{aligned}\gamma&\equiv\frac{1}{(1-\beta^2)^{\frac{1}{2}}}\\ &\equiv\frac{1}{(1-V^2/c^2)^{\frac{1}{2}}}.\end{aligned}}\tag{11.6}$$

注意 $\gamma\geqslant 1$. 这样，洛伦兹变换式（11.4）就变为

$$x'=\gamma(x-\beta ct),\quad y'=y,\quad z'=z,\quad t'=\gamma\left(t-\frac{\beta x}{c}\right).\tag{11.7}$$

⊖ 这个变换有一段很长的历史. 最早拉莫尔（Larmor）在他的著作《以太和物质》（Aether and Matter, pp. 174-176, Cambridge University Press, New York, 1900）中用它来解释迈克耳孙-莫雷实验的否定结果. 拉莫尔称只准确到 V^2/c^2 的数量级，实际上，他的结果是精确的.

读者可以证明（习题 2），它的逆变换是

$$x=\gamma(x'+\beta ct'),\quad y=y',\quad z=z',$$

$$t=\gamma\left(t'+\frac{\beta x'}{c}\right). \tag{11.8}$$

长度收缩　考察一根在参考系 S 中静止的杆，它顺着 x 轴放置（见图 11.1a）。因为杆在 S 中静止，其端点的位置坐标 x_1 和 x_2 与时间无关．因此

$$L_0=x_2-x_1$$

被称为杆的**静止长度**或**原长**，再考察一根在参考系 S′中静止地沿 x' 轴放置的杆（见图 11.1b）．由于同样的理由，

$$L_0=x_2'-x_1'$$

被称为杆在 S′中的**静止长度**或**原长**．

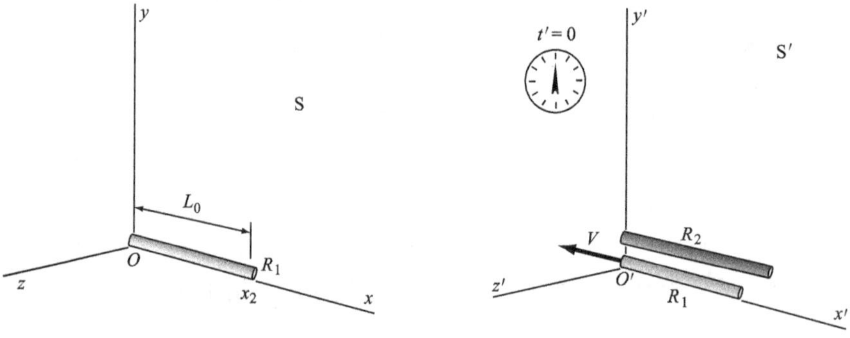

a) 考察一根长度为 L_0 的刚性杆 R_1，它相对于参考系S是静止的

b) 洛伦兹变换告诉我们，对于在S′中速率为 V 的 R_1，在S′中测出它的长度为 $L'=L_0\sqrt{1-V^2/c^2}$。注意，图中 $x_1=x_1'=0$

图 11.1

现在，我们想确定，当从运动的参考系看时，这些杆有多长．首先，从 S′参考系看图 11.1a 中的杆，S′相对于在 S 中静止的杆以速度 $V\hat{x}$ 运动．（参看图 11.1b，注意图 11.2a 中的杆 R_2 在 S′中是静止的．）我们通过测定在某给定时刻 t' 与杆的端点相重合的位置 x_1' 和 x_2'，来确定 S′中看到的杆的长度．这里的要点在于，x_1' 和 x_2' 是在同一时刻 t' 测量的．换句话说，在 S′中同时与杆的端点相重合的两位置 x_1' 和 x_2' 之间的距离成了在运动参考系 S′中长度 L 的自然定义．

由洛伦兹变换［式（11.8）］得

$$x_1=\gamma(x_1'+Vt_1'),$$

$$x_2=\gamma(x_2'+Vt_2'),$$

$$x_2-x_1=L_0=\gamma(x_2'-x_1')+\gamma V(t_2'-t_1')$$

现在，令 $t_2'=t_1'$，我们上面说过，这是在 S′中做测量所必需的，从而得出

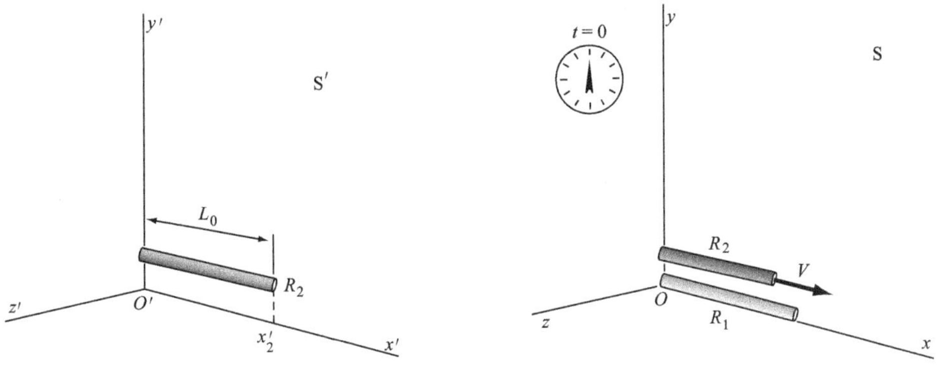

a) 考察一根长度为L_0的同样的刚性杆R_2，L_0是在其自身为静止的参考系S′中测出的

b) 洛伦兹变换还告诉我们，对于在S中速率为V的R_2，从S中测出它的长度为$L=L_0\sqrt{1-V^2/c^2}$。注意，图中$x'_1=x_1=0$

图 11.2

$$L_0 = \gamma(x'_2 - x'_1) = \gamma L,$$

或

$$\boxed{L = \frac{L_0}{\gamma} = L_0(1 - \beta^2)^{\frac{1}{2}}.} \qquad (11.9)$$

这里曾用到定义 $\gamma = (1 - \beta^2)^{-\frac{1}{2}}$. 换句话说，在运动系统中测得的长度比在静止系统中测得的长度要短些.

我们反过来从参考系 S 看图 11.2a 中的杆（在 S′中为静止），S 相对于在 S′中静止的杆以速度 $-V\hat{x}'$运动.（参看图 11.2b，并注意图 11.1a 中的杆 R_1 在 S 中为静止.）计算的步骤是一样的，不过，现在是测定端点 x_1 和 x_2 的时刻 t 相同. 由洛伦兹变换式（11.7），得

$$x'_1 = \gamma(x_1 - Vt_1),$$

$$x'_2 = \gamma(x_2 - Vt_2),$$

$$x'_2 - x'_1 = L_0 = \gamma(x_2 - x_1) - \gamma V(t_2 - t_1).$$

令 $t_2 = t_1$，得出

$$L_0 = \gamma(x_2 - x_1) = \gamma L,$$

$$L = L_0(1 - \beta^2)^{\frac{1}{2}}.$$

测运动杆所得的长度仍比测静止杆所得的长度要短些.

这就是杆在平行于其长度方向上相对于观察者运动时的著名的洛伦兹-斐兹杰惹（Lorentz-Fitzgerald）收缩. 人们对这点可能会困惑不解，杆是否“真的收缩”了. 当然，杆在物理上没有发生什么变化，只是在运动系统中进行测量的过程导致了不同的结果. 关于用照相机拍摄下来的高速运动物体的形状的讨论，可以参看韦

斯科夫（Weisskopf）的一篇极好的评论文章[㊀]．例如，他通过轨迹的计算证明，对运动的球摄得的像是一个球，而不是一个椭球．

在前面的讨论中，我们已经强调过，观察者是通过在自己的参考系中同时记下杆两端的位置而做出长度测量的．当在运动的参考系 S′中的观察者测得静止在 S 中的杆的长度为 L_0/γ［式（11.9）］时，我们就得到了想要的，我们一定要认识到，在 S′中 t'时刻同时记下两端点位置的动作并不变换为在 S 中在两端点 x_1 和 x_2 处的同时事件；相反，洛伦兹变换指出，在 S′中同时进行的对两端点的位置记录，在 S 中有一时间间隔

$$t_2 - t_1 = \frac{\beta(x_2 - x_1)}{c}.$$

我们立刻会看到，对于放在 y 轴上的杆，同时性问题并不存在，而对于沿 x 轴放置的杆，同时性却是最重要的事情[㊁]．

现在换一个例子来说明这一点．我们很容易把 S 中的一系列时钟校准，S 是杆在其中保持静止的参考系．令在 $x=0$ 和 $x=L_0$ 处（米尺两端）的时钟在 $t=0$ 时都朝 y 方向发出一个定向闪光，这两个闪光在 S′中被沿 x'轴间隔放置的许多计数器中的某两个接收到，试问，被触发的两个计数器相距多远？由式（11.7）得出，两计数器的位置为

$$x_1' = 0 \cdot \gamma - c \cdot 0 \cdot \beta\gamma = 0,$$
$$x_2' = L_0\gamma - c \cdot 0 \cdot \beta\gamma = L_0\gamma,$$

所以，它们相隔的距离为

$$x_2' - x_1' = L_0\gamma = \frac{L_0}{(1-\beta^2)^{\frac{1}{2}}}. \tag{11.10}$$

这与式（11.9）并不一致！但是，我们做的是一个不同的实验，从而得到的是不同的结果，在我们早先的实验中，利用了在 S′中同时性的要求，是以 S′中长度的自然定义为基础的．前一实验中涉及的是 $\Delta t'=0$ 时，$\Delta x'$与 Δx 的比较；而第二个实验中，涉及的是 $\Delta t=0$ 时 $\Delta x'$与 Δx 的比较．

我们从第二个实验的结果［式（11.10）］间接地知道，在 S 中是同时的两个事件，在 S′中一般是不同时的，我们从式（11.7）看到，在 S 中空间距离为 Δx 的两个同时的（$\Delta t=0$）事件，在 S′中它们在空间和时间两方面都是隔开的：

$$\Delta x' = \gamma\Delta x,\ c\Delta t' = -\beta\gamma\Delta x.$$

垂直于相对速度方向的长度测量　与测量在相对速度方向上的距离相反，我们从洛伦兹变换［式（11.7）］中看到

$$y' = y,\ z' = z.$$

㊀ V. F. Weisskopf, *Physics Today*, **13**, 24-27 (Sept. 1960).

㊁ Taylor and Wheeler, "Space-Time Physics—An Introduction," pp. 64-65, W. H. Freeman and Company, San Francisco, 1965.

这两个关系式等于说，只要米尺在垂直于其长度的方向上运动，那么，米尺长度的测量与它的速度就是无关的.

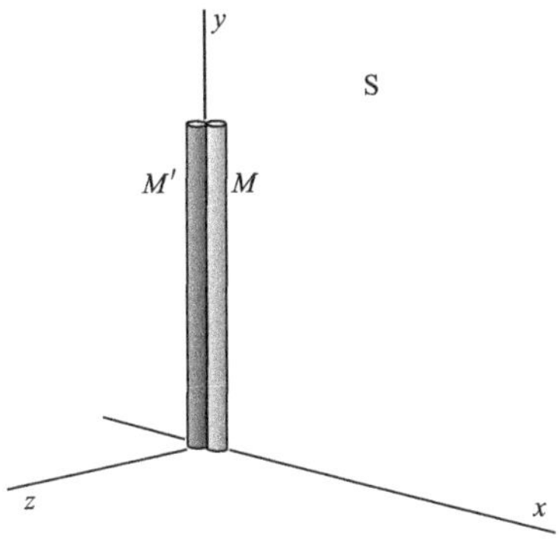

a) 假定我们有两根相同的在S中静止的杆M'和M

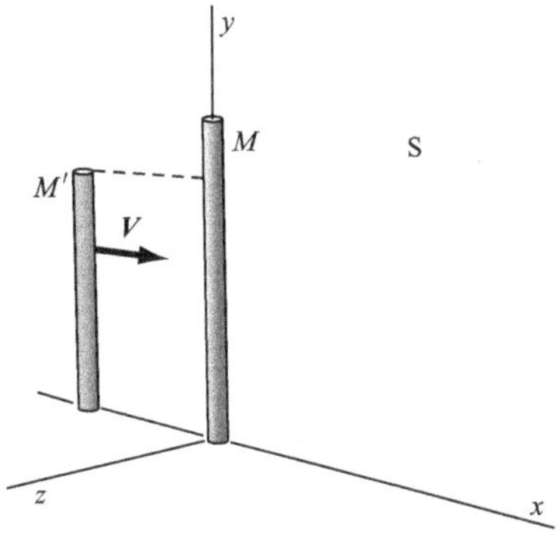

b) 假定M'相对于S运动，它对于S中的观察者来说就显得短了

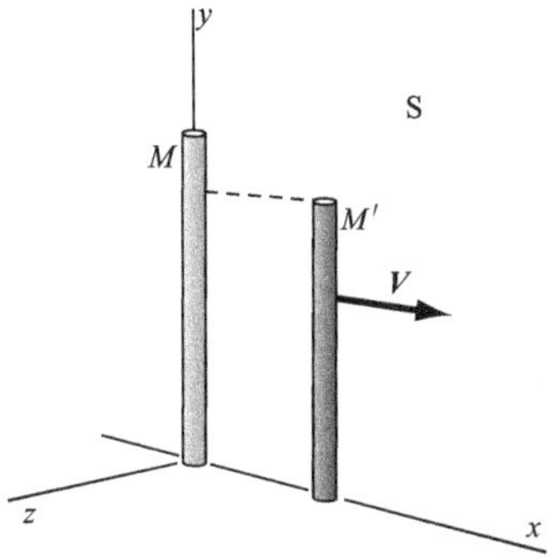

c) 这样，我们可以安排在M'与M相擦而过时，M'的端点在M上留下一个刻痕

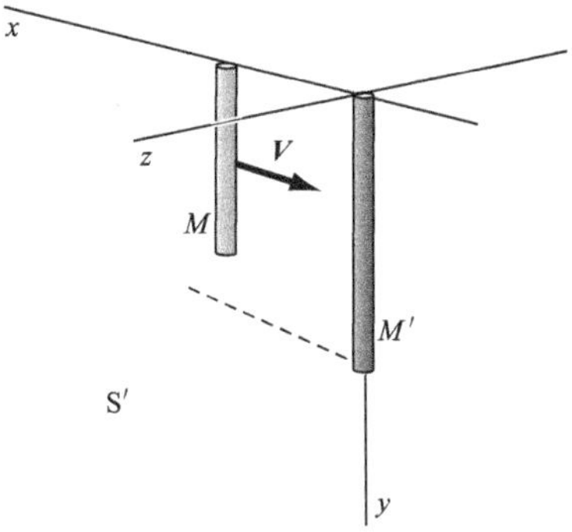

d) 刻痕是一个实验的物理结果，因而它在另一个参考系中也必定可以观察到。例如，若M'在倒置的参考系中为静止的，则M必定显得比M'短，因为M是运动的，而M'是静止的

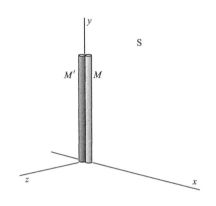

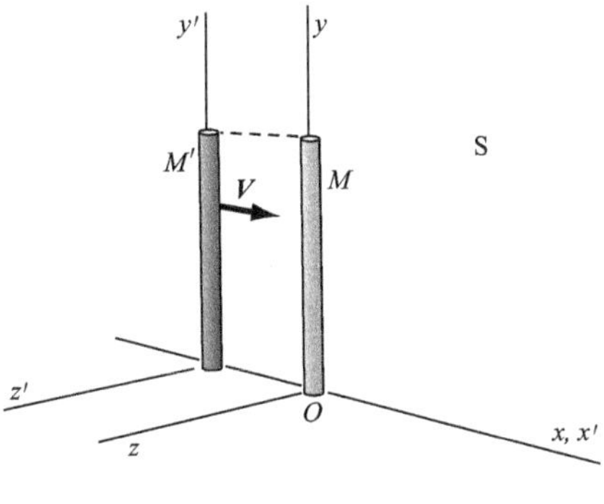

e) 于是就有了矛盾，这个矛盾只有M'和M具有相同长度(即使其中之一在运动)才能消除。因此，$y'=y$。根据同样的认证，$z'=z$

图 11.3

我们怎样用实验来证实这个结果呢？可以取一根米尺，让它匀速地运动，从另一根静止的米尺旁边经过，这时，让两根米尺的零点准确地相擦而过是不会有问题的．于是，两根米尺的1m刻度或者也应相擦而过，或者，要是运动改变了长度，我们可以使较短的那根米尺上的1m刻度在较长的米尺上划一个痕迹（参看图11.3a～图11.3c）．这就提供了长度的确定的物理记录．

令S是某一根杆在其中静止的参考系，S′是另一根杆在其中静止的参考系．假定运动真会改变表观长度，那么，只要物理规律对于一个在S中的观察者和另一个在S′中的观察者保持一样，那么对于S中的观察者显得较短的那根杆，对于S′中的观察者就应显得较长，然而，这种位置的互换和一根杆比另一根杆短的物理记录是矛盾的．因此，从S和S′中看到的长度必须相等（见图11.3d和e）．这个讨论只是证实了 $y=y'$ 和 $z=z'$．

关于平行于和垂直于相对速度的长度测量的这些结论暗示着，涉及 x 坐标的角度测量在两个参考系中将是不同的．这是对的，读者可以自己去求出两个参考系中角度的三角函数之间的关系（参看本章末的习题5）．必须记住，这里的要点是，要确定出在哪个参考系中长度两端的测量是同时的．

运动时钟的时间膨胀　从通常意义上讲，“膨胀”这个词的意思是指大于正常尺度．联系到时钟时，它指的是时间间隔加长．现在，我们考虑一个静止在参考系S中的时钟．

在时钟为静止的参考系中，时间间隔的测量结果记为

$$\tau=t_2-t_1,$$

它称为原时．然后，我们用洛伦兹变换［式（11.7）］得到

$$t_2'=\gamma\left(t_2-\frac{\beta x_2}{c}\right),\ t_1'=\gamma\left(t_1-\frac{\beta x_1}{c}\right),$$

或

$$\boxed{t_2'-t_1'=\gamma(t_2-t_1)=\gamma\tau=\frac{\tau}{(1-\beta^2)^{\frac{1}{2}}}.} \tag{11.11}$$

这里已令 $x_2-x_1=0$，即时钟处在S中的同一处．这是用在S′中静止的时钟测得的时间间隔，S′系相对于原时钟的S系以速度 $V\hat{x}$ 运动．在S′中测得的时间间隔较之在S系中测得的时间间隔要长些．然而，如果做图11.4a和图11.4b中画出的实验，那么，我们发现在S中测得的S′中的时间间隔比S′中时钟所指出的时间间隔要长些．

于是，我们必须接受这样的结论：考虑两个恒定地做相对运动的参考系S和S′，每个参考系都有一位观察者带着自己的已经校准的时钟在该参考系中保持静止．如果有两个事件发生在S中的某个固定位置上，观察者S测得的两事件的时间

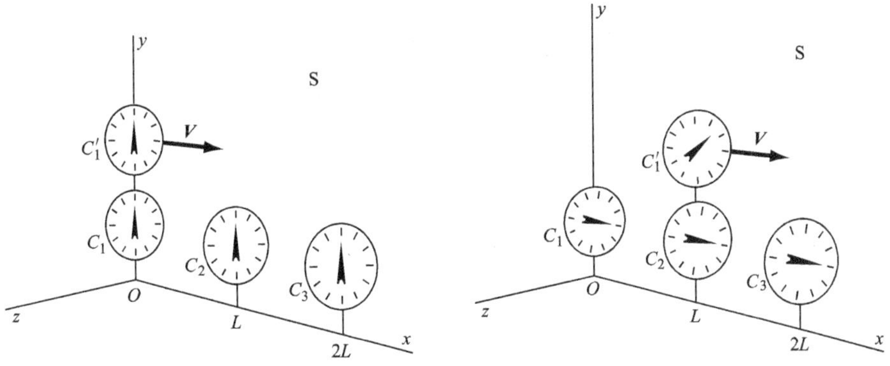

a) C_1，C_2，C_3是三个在S中静止的时钟，它们沿x轴以等间隔L放置，并都校准过。时钟C_1'相对于S具有速度V。假定如图所示，t=0时t'=0

b) 由于$x=L=Vt$，由洛伦兹变换得出$t'=(t-xV/c^2)\gamma=t\sqrt{1-V^2/c^2}$。对于S中的观察者来说，运动的时钟$C_1'$变慢了

图 11.4

间隔为 Δt，那么，观察者 S′测得的时间间隔会较长，它将是 $\Delta t'=\gamma\Delta t$. 反之，对于在 S′中某固定位置上发生的两个事件，它们相隔的时间为 $\Delta t'$，那么，S 中的观察者会测得较长的间隔，测出的结果将是 $\Delta t=\gamma\Delta t'$（参看图 11.5a 和图 11.5b）.

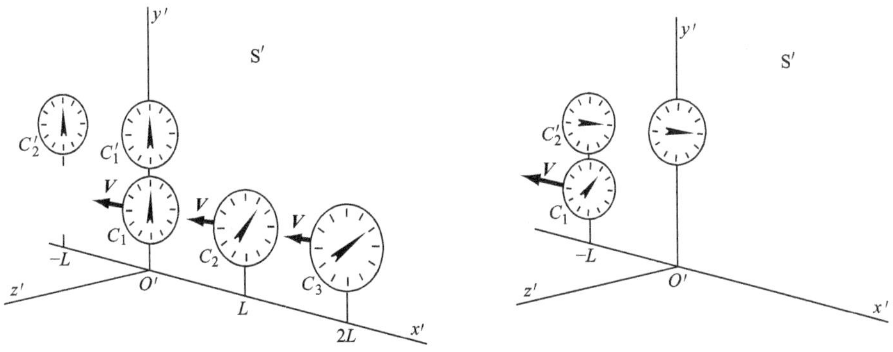

a) 在S′中，时钟C_1'，C_2'等是静止的，相隔距离为L，并校准过。在S′中的观察者看来，时钟C_1，C_2，C_3没有校准！那么，这些时钟的读数是多少呢

b) 在S′中的观察者看来，运动的时钟C_1变慢了！时钟C_2，C_3在何处呢？在这个瞬间它们的读数又是多少呢

图 11.5

这个效应称为**时间膨胀**. 运动的时钟显得比静止的时钟走得慢. 这很难从直观上去理解，要比较自然地接受时间膨胀的概念，会花掉你许多时间. 这个佯谬的根源在于 c 的不变性，有一个简单的问题阐明了光速的不变性是如何迫使我们接受时间膨胀的. 让我们在参考系 S 中放一个标准时钟（参看图 11.6），可以用这个时钟来测量光脉冲从一静止的光源走过一段固定的距离 L，到达一面静止的镜子后再返回所需要的时间 τ. 光程是沿 y 轴的. 因此

$$\tau = \frac{2L}{c}. \tag{11.12}$$

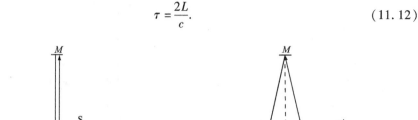

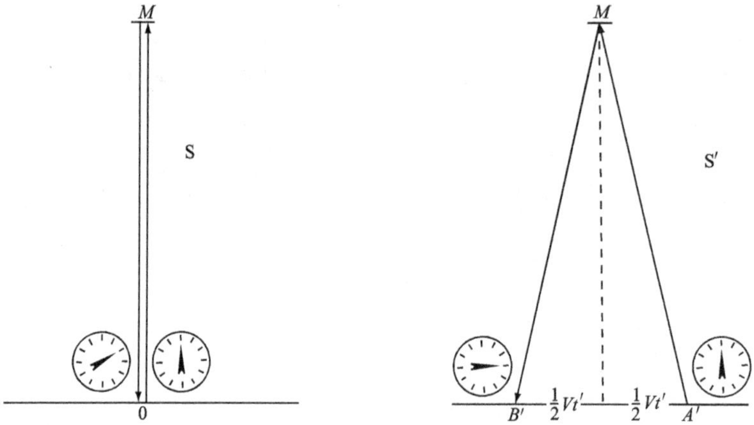

图 11.6　在参考系 S 和 S′中的光程图．在发出光时，A'点与 O 重合．在 S′中，光从 A'走向镜 M，再到 B'

这个时间可从钟面读出，也可在纸上印出．在任何参考系中的观察者，都可以去看印出的脉冲飞行时间的记录，而且都会承认静止的参考系 S 中的时钟所记下的时间 τ．那么，他们自己的不在 S 中的时钟记下的是什么呢？

当光反射实验在 S 中进行时，一个在 S′系（相对于 S 在 x 方向上匀速地运动着）中的观察者（见图 11.6）也可以量度它的时间．S′中的观察者要靠静止在 S′中的一系列校准过的时钟去做这件事．我们利用位于两钟之间中点的光源所发出的闪光来同时开动（校准）这两个静止在 S′中的时钟，让它们都在闪光到达的瞬间从零开始走起．这个校准方法也可以用于其他时钟．此外，我们也可以这样来校准同一参考系中任意数目的时钟：当它们在空间同一地点时事先校准好，然后慢慢地把它们分开，移动到所要的位置上去．

我们可以读出 S′中任何一个时钟指示的时间，而且确信所有静止在 S′中的其他时钟都会有同样的时间读数．具体说来，我们要去读 S′中离 S 中做反射实验用的时钟最近的那个时钟指示的时间．当光脉冲从 S 中发出时，S′中哪一个时钟与实验时钟最靠近，我们就用这个时钟读数；当光脉冲返回，并被 S 中的时钟记录下来时，S′中将有另一个时钟和它最靠近，我们就用那个时钟读数．

光在 S 中走过的路程为 $2L$，但是从 S′系看来，路程变长了，因为在光脉冲从光源传到镜子的过程中，S 中的实验装置已沿 x 方向相对于 S′移动了 $V \cdot \frac{1}{2}t'$，而在光返回的过程中，实验装置又移动了 $V \cdot \frac{1}{2}t'$（参看图 11.6）．这里，t'是在 S′中观测到的时间．脉冲在 S′中通过的距离为

$$2\left[L^2+\left(\frac{1}{2}Vt'\right)^2\right]^{\frac{1}{2}}.$$

因为脉冲总是以速率 c 运动的，所以这段距离一定等于 ct'. 于是

$$(ct')^2=4L^2+(Vt')^2,$$

或

$$t'=\frac{2L}{(c^2-V^2)^{\frac{1}{2}}}=\frac{2L}{c}\frac{1}{(1-\beta^2)^{\frac{1}{2}}}.$$

或者，参照式（11.12），得

$$t'=\frac{\tau}{(1-\beta^2)^{\frac{1}{2}}}. \tag{11.13}$$

它与式（11.11）完全一样. 这样，S 中的时钟在 S′中的计时者看来就走慢了，因为 S 中的时钟指出的时间 τ 比时间 t'少.

我们看到，时间膨胀效应并不涉及原子内部的某种神秘过程，它是在测量过程中发生的. 在静止于 S 中的观察者看来，静止在 S 中的时钟指示出原时 τ. 但是，当我们从 S′去看，对于一个在 S 中为 τ 的时间间隔，我们却看到一个较长的时间 t'，这是由于光程增长了. 不管什么样的时钟，都会有这样的表现. 具体说来，如果 τ 是在静止的 S 系中测得的介子或放射性物质的半衰期，那么

$$t'=\frac{\tau}{(1-\beta^2)^{\frac{1}{2}}} \tag{11.14}$$

就是粒子在 S′系中观测到的半衰期，粒子正是在 S′中以速度 β 运动. 关于这一点，在图 11.7a ~ 图 11.7g 中加以说明，它们指的是下面这个例子.

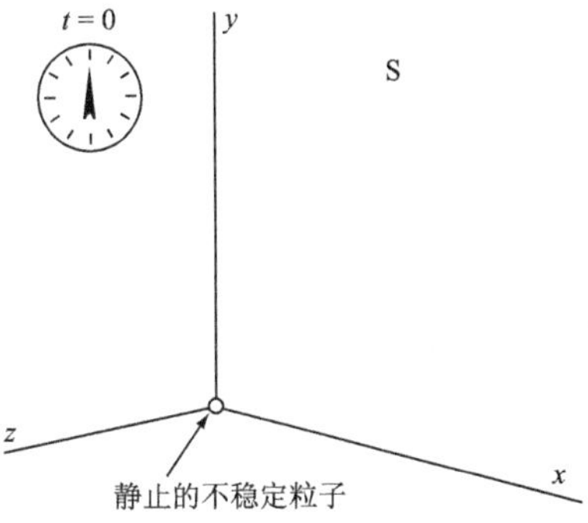

a) 时间膨胀的另一个例子：一个不稳定粒子静止在S中。我们从 t=0 开始观察它

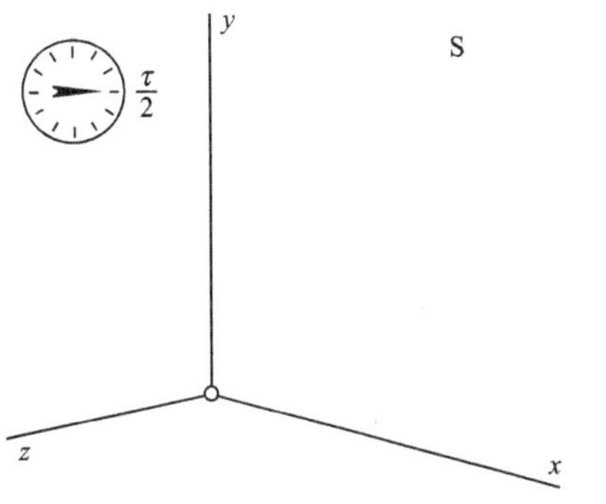

b) 时间在流逝

图 11.7

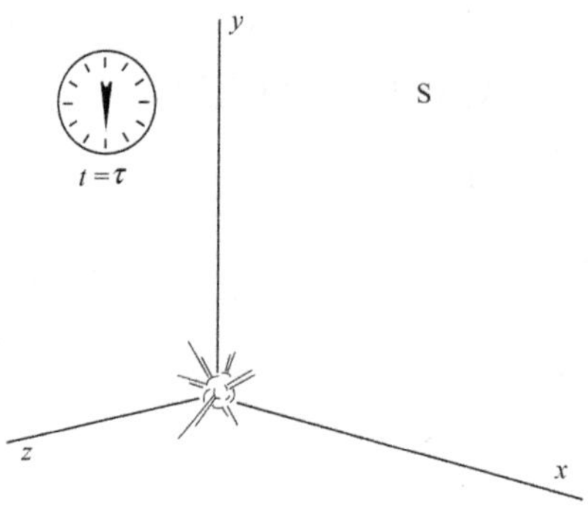

c) 到$t=\tau$时，粒子衰变了

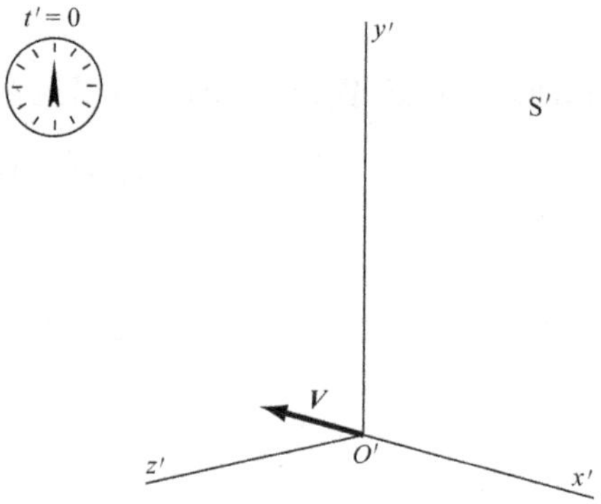

d) 从S′观察同一现象。现在，粒子具有速率V。我们从$t'=0=t$时开始观察它

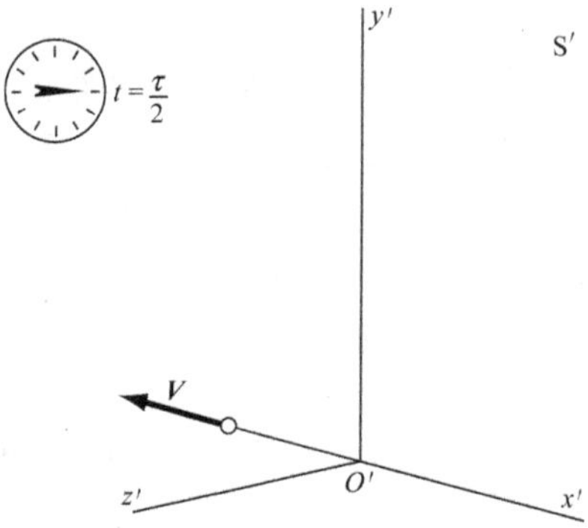

e) 时间在流逝

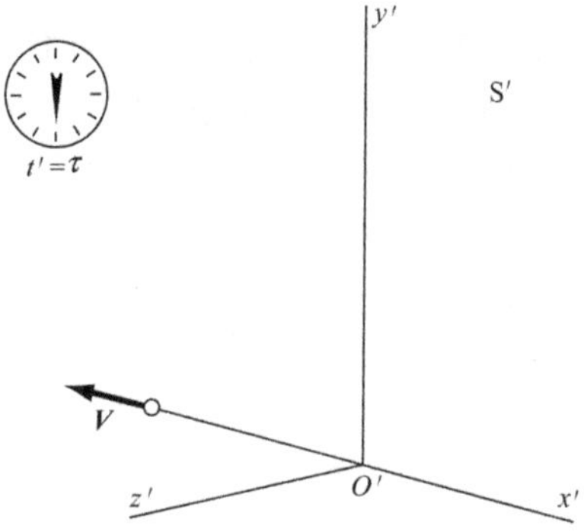

f) 但是，到$t=\tau$时粒子还没有衰变

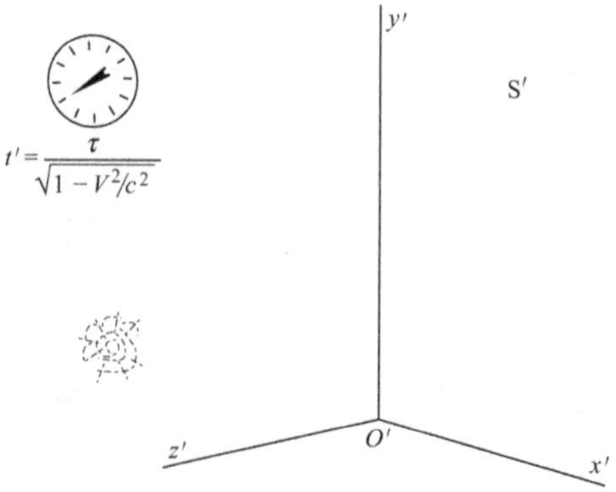

g) 在S′中的观察者看来，粒子在$t'=\tau(1-V^2/c^2)^{-1/2}$时衰变了

图 11.7（续）

【例】

π^+介子的寿命 已经知道，一个 π^+ 介子衰变成一个 μ^+ 介子和一个中微子. π^+ 介子在其自身为静止的参考系中，衰变前的平均寿命约为 2.5×10^{-8}s㊀. 如果产生一束速度 $\beta\approx0.9$ 的 π^+ 介子，那么，从实验室参考系看 π^+ 介子束的寿命是多长？π^+ 介子是一种带正电的不稳定粒子，质量约为 $273m$，这里 m 是电子质量. μ^+ 介子的质量约为 $207m$；中微子的静止质量为零.

π^+ 介子的固有寿命 τ 为 2.5×10^{-8}s. 如果 $\beta\approx0.9$，那么 $\beta^2\approx0.81$，根据式(11.14)，它在实验室系中的预期寿命应为

$$t'\approx\frac{2.5\times10^{-8}}{(1-0.81)^{1/2}}$$
$$\approx5.7\times10^{-8}\text{s}$$

这样，平均说来，衰变前粒子通过的距离是非相对论的预期值的两倍，后者应是速度与固有寿命的乘积.

1952 年，杜宾（R. P. Durbin）等人报导过关于 π^+ 介子寿命的实验㊁. 实验的结果与相应速度下所预期的时间膨胀十分符合. 他们的实验产生了速度为

$$\beta=1-5\times10^{-5}$$

的 π^+ 介子束，介子束中介子的平均寿命为 2.5×10^{-6}s，即为静止 π^+ 介子固有寿命的 100 倍.

考虑一束以接近光速 c 运动的 π^+ 介子. 如果相对论性的时间膨胀效应不存在，它们衰变前通过的平均距离应为 $2.5\times10^{-8}\text{s}\times3\times10^8\text{m/s}\approx7\text{m}$. 由于时间膨胀，它们实际走的距离远大于此. 伯克利的劳伦斯实验室的氢气泡室离同步稳相加速器中的 π 介子源约有 100m 远. 介子在衰变前能通过的距离的数量级为 $2.5\times10^{-6}\times3\times10^8\approx10^3$m，即大约是没有时间膨胀效应时所能通过距离的 100 倍. 在基本粒子物理的高能实验仪器的设计中，就利用了相对论引起的衰变距离增长的好处. 曾有人说，几乎每个高能物理学家每天都在检验狭义相对论. 他们使用洛伦兹变换，就像 19 世纪的物理学家使用牛顿运动定律一样有信心.

我们再重复一下，时钟并没有什么神秘的地方. 如果说狭义相对论有什么神秘的地方，那就是光速的不变性. 承认这一点，它的所有其他结果便都可以直接而相当简单地引出来了. 然而，对于每一个新情况，还必须加以仔细分析. 在这个领域中，似是而非的事很多. 双生子佯谬㊂或许是其中最著名的一个.

长度收缩和时间膨胀这两个效应，是狭义相对论所预言而又被实验所证实的最

㊀ 如果 N_0 是 $t=0$ 时存在的放射性粒子的个数，则过了时间 t 后剩下的数目为 $N_0e^{-\lambda t}$. 平均寿命就是 $1/\lambda$，λ 为衰变常数.

㊁ R. P. Durbin, H. H. Loar, W. W. Havens, *Jr. phys. Rev.*, **88**, 179 (1952).

㊂ 这个问题最近又提出来了，参看 M. Sachs 在 *Physics Today* **24**, 23 (September 1971) 和 *Physics Today* **25**, 9 (January 1972) 中的几篇文章.

著名的效应．然而，也还有许多别的效应已被实验充分证实，下面我们就介绍几个．首先，我们将讨论速度的变换，在伽利略变换中，我们看到，在 x 方向的速度只是简单地叠加，这样，我们就可能会认为，当速度接近光速时，它们应该也能叠加．然而，我们在第 10 章中已看到，光速是最大的可能速率，因此，我们必须改变从伽利略变换得来的关于速度叠加的概念．

速度变换 假定 S′参考系以匀速 $V\hat{x}$ 相对于 S 参考系运动，有一个粒子以分量为 v_x，v_y，v_z 的匀速度相对于 S 系运动．那么，该粒子相对于 S′系的速度分量是多大（参看图 11.8）．

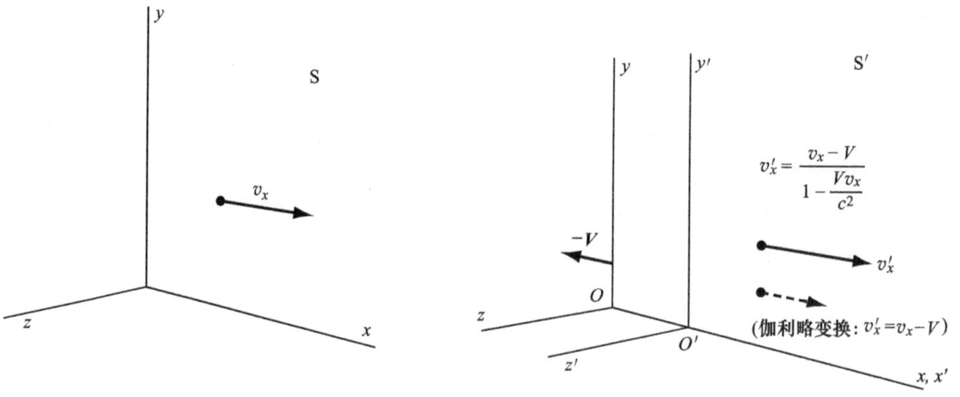

a) 假定粒子在S中具有速度 v_x

b) 在S′中，洛伦兹变换预言 $v'_x=(v_x-V)/(1-v_xV/c^2)$，而伽利略变换则预言 $v'_x=v_x-V$

图 11.8

从式（11.7）得

$$x' = \gamma(x - \beta ct),$$

$$t' = \gamma\left(t - \frac{\beta x}{c}\right).$$

由此

$$\mathrm{d}x' = \gamma\mathrm{d}x - \gamma\beta c\mathrm{d}t,$$

$$\mathrm{d}t' = \gamma\mathrm{d}t - \frac{\gamma\beta\mathrm{d}x}{c}.$$

这样就有

$$v'_x = \frac{\mathrm{d}x'}{\mathrm{d}t'} = \frac{\gamma\mathrm{d}x - \gamma\beta c\mathrm{d}t}{\gamma\mathrm{d}t - \gamma\beta\mathrm{d}x/c} = \frac{v_x - \beta c}{1 - v_x\beta/c},$$

或

$$\boxed{v'_x = \frac{v_x - V}{1 - v_xV/c^2} = \frac{v_x - V}{1 - \beta v_x/c}.} \qquad (11.15)$$

可以把这个结果与第 4 章中伽利略的结果 $v_x' = v_x - V$ 比较一下. 类似地, 由 $y = y'$和 $z = z'$（参看图 11.9）, 得出

$$v_y' = \frac{\mathrm{d}y'}{\mathrm{d}t'} = \frac{\mathrm{d}y}{\gamma \mathrm{d}t - \gamma\beta \mathrm{d}x/c}$$

$$= \frac{v_y}{1 - v_x V/c^2}\left(1 - \frac{V^2}{c^2}\right)^{\frac{1}{2}} = \frac{v_y}{\gamma(1 - \beta v_x/c)}, \tag{11.16}$$

及

$$v_z' = \frac{v_z}{1 - v_x V/c^2}\left(1 - \frac{V^2}{c^2}\right)^{\frac{1}{2}} = \frac{v_z}{\gamma(1 - \beta v_x/c)}. \tag{11.17}$$

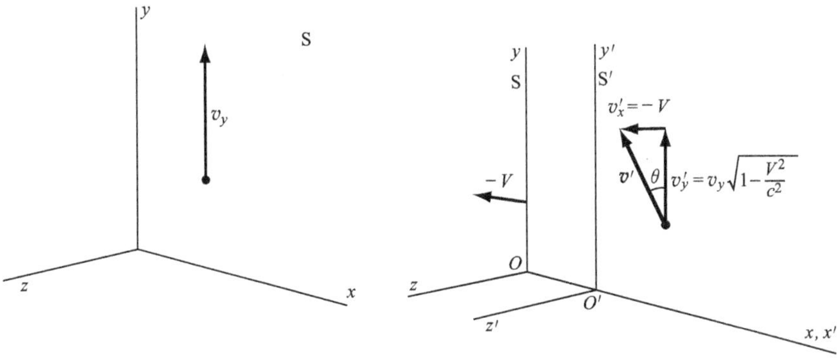

a) 粒子在S中具有y方向的速度v_y

b) 那么，在S′中看来，它的速度有几个分量，按照洛伦兹变换，有$|\tan\theta| = \frac{V}{v_y\sqrt{1-V^2/c^2}}$

图 11.9

逆变换可由式（11.8）得出, 或者通过从式（11.15）至式（11.17）中求解不带撇号的速度分量得出:

$$v_x = \frac{v_x' + V}{1 + v_x' V/c^2} = \frac{v_x' + V}{1 + \beta v_x'/c},$$

$$v_y = \frac{v_y'}{1 + v_x' V/c^2}\left(1 - \frac{V^2}{c^2}\right)^{\frac{1}{2}} = \frac{v_y'}{\gamma(1 + \beta v_x'/c)}, \tag{11.18}$$

$$v_z = \frac{v_z'}{1 + v_x' V/c^2}\left(1 - \frac{V^2}{c^2}\right)^{\frac{1}{2}} = \frac{v_z'}{\gamma(1 + \beta v_x'/c)}.$$

注意, 当 $V \ll c$ 时, 它们都约化为伽利略变换.

假定这个粒子是光子, 在 S 中 $v_x = c$. 那么, 从式（11.15）可看出（见图 11.10）

$$v_x' = \frac{c - V}{1 - cV/c^2} = c.$$

也就是，光子在S′系中的速度也是 c. 这个结果是在设计洛伦兹变换时就有意要造成的，而且我们从两个参考系中都得到了 c，对此正是一个令人安心的验证.

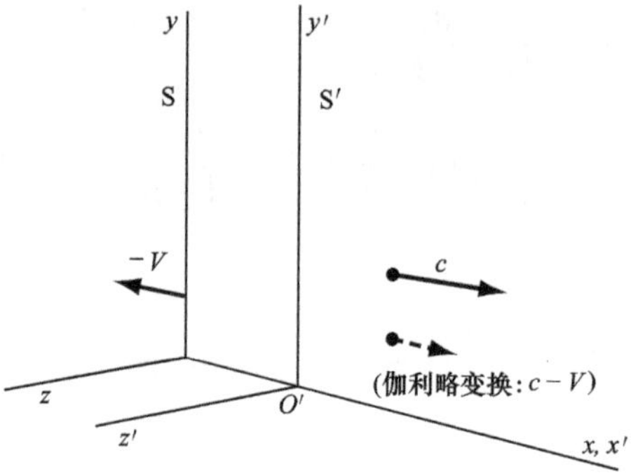

图 11.10　我们知道，若 $v_x = c$，则按洛伦兹变换，也有 $v'_x = c$. 这一点一开始就建立在我们的理论之中了

如果 $v_y = c$，而 $v_x = 0$，那么就有（参看图 11.11）

$$v'_x = -V,$$

及

$$v'_y = c\left(1 - \frac{V^2}{c^2}\right)^{\frac{1}{2}}.$$

所以

$$\frac{v'_x}{v'_y} = -\frac{V}{c(1 - V^2/c^2)^{\frac{1}{2}}},$$

并有

$$\sqrt{{v'}_x^2 + {v'}_y^2} = c.$$

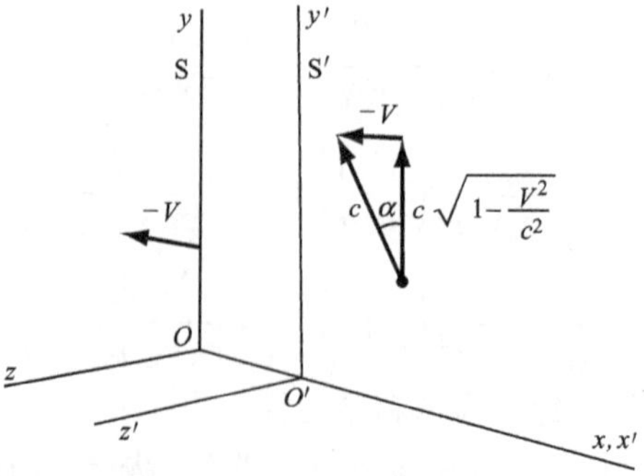

图 11.11　特别是当 $v_y = c$ 时，在S′中合速度的大小为 c. 因此 $|\tan\alpha| = \dfrac{V}{c\sqrt{1 - V^2/c^2}}$. 这是相对论性的光行差理论

【例】

速度合成 假定从 S′中看，两个粒子彼此反向地各以速度 $v'_x = \pm 0.9c$ 运动．那么，其中一个粒子相对于另一个粒子的速度，即被另一粒子所测得的速度是多大？

在求解这个问题时，我们令 S 为 $-0.9c$ 的粒子在其中静止的参考系．这样，S′相对于 S 的速度为 $V=0.9c$，所以，在 S′中具有速度 $v'_x = +0.9c$ 的粒子在 S 中的速度为［参看式（11.18）］

$$v_x = \frac{v'_x + V}{1 + v'_x V/c^2} \approx \frac{1.8c}{1+0.9^2} = \frac{1.80}{1.81}c = 0.994c.$$

注意，两个粒子的相对速度比 c 小．

如果一个光子在 S′中以速度 $+c$ 运动，S′又以速度 $+c$ 相对于 S 运动，这时从 S 来看，光子的运动速度只是 $+c$，而不是 $+2c$．式（11.18）就包括了这个结果．存在着极限速率这一事实，是从洛伦兹变换导出的速度合成公式的结构所导致的结论．请注意，没有一个参考系能使光子（光量子）在其中是静止的．

沙特（D. Sadah）曾做过一个很好的实验㊀，他把以接近 $c/2$ 的速度运动的源与静止的源做比较，从而证明 γ 射线的速度是与源的速度无关的常量（±10%）㊁．我们摘引一段他的论文：

我们的实验利用的是正电子飞行中的湮没．湮没时，正、负电子的质心系以接近$\frac{1}{2}c$ 的速度运动，并且发射出两个 γ 射线光子．在静止湮没的情况下，两个 γ 射线光子以 180°的夹角发射，它们的速度都是 c；在飞行湮没的情况下，夹角小于 180°，并且与正电子的能量有关．如果把 γ 射线的速度通过经典的矢量合成叠加在质心速度上，而不是按洛伦兹变换来做，那么，在正电子飞行方向上有运动分量的 γ 射线的速度将大于 c，而在反方向有分量的 γ 射线的速度将小于 c．如果发现两个 γ 射线光子同时到达离湮没点等距离的两个计数器，那就证明，即使发射源是运动的，两个 γ 射线光子仍以同样的速度飞行．

【例】

光行差 在式（10.1）中我们看到，为观测一颗正在头顶上的恒星（当地球的速度 $v_{地}$ 与视线垂直时），望远镜的倾角（即光行差）由下式给出：

$$\tan\alpha = \frac{v_{地}}{c}. \qquad (11.19)$$

这个结果是根据非相对论性论证导出的．现在，我们用相对论来考虑这个问题，作为应用洛伦兹变换的一个练习．

假定在图 11.11 所示的 S 参考系中，通过接收该恒星沿 y 轴射来的光线，我们

㊀ D. Sadah. *Phys. Rev. Letters*, **10**, 272 (1963).

㊁ J. G. Fox, *J. Opt. Soc. Am.* **57**, 967 (1967).

观察到它静止地位于 O 点．那么，从 S′中看，那些在 S 中沿 y 轴运动的光线的轨迹是什么？它们在 S 中的速度分量为 $v_x=0$，$v_y=c$，$v_z=0$，在 S′中的速度分量可以从式（11.15）至式（11.17）得到．从而有

$$v'_x=-V,\quad v'_y=\frac{c}{\gamma},\quad v'_z=0.$$

所以，在 S′中，这些光线的方向有个夹角

$$\tan\alpha=\frac{-v'_x}{v'_y}=\frac{\gamma V}{c}=\beta\gamma=\frac{V/c}{\sqrt{1-V^2/c^2}},$$

或

$$\sin\alpha=\frac{V}{c}=\beta. \tag{11.20}$$

这个结果才是正确的．它在测量精度内与非相对论的结果［式（11.19）］相符，只是因为就地球的运动而言，$V/c\approx10^{-4}$是很小的．

【例】

纵向多普勒效应　我们考虑从静止在参考系 S 中位于 $x=0$ 处的发射机在 $t=0$ 和 $t=\tau$ 时发出的两个光脉冲．参考系 S′以速度 $V\hat{x}$ 相对于 S 运动．前一个脉冲在 S′中的 $x'=0$ 处于 $t'=0$ 时被接收到．S′中在 $t=\tau$ 时与 $x=0$ 重合的点由洛伦兹变换［式（11.7）］给出．令 $x=0$，得

$$x'=\frac{x-Vt}{(1-\beta^2)^{1/2}}=\frac{-V\tau}{(1-\beta^2)^{1/2}}.$$

在 S′中，相应的时间为

$$t'=\frac{t-Vx/c^2}{(1-\beta^2)^{1/2}}=\frac{\tau}{(1-\beta^2)^{1/2}}.$$

在 S′中，第二个脉冲从 $-V\tau/(1-\beta^2)^{1/2}$走到原点所需的时间为

$$\Delta t'=\frac{\tau V/c}{(1-\beta^2)^{1/2}},$$

所以在 S′的 $x'=0$ 处先后接收到这两个脉冲的总间隔时间为

$$t'+\Delta t'=\tau\frac{1+V/c}{(1-\beta^2)^{1/2}}=\tau\sqrt{\frac{1+\beta}{1-\beta}}.$$

两个信号间的时间，也可以解释成是光波的相邻两个波节通过某一点的时间．频率是波的周期的倒数，所以

$$\nu'=\nu\sqrt{\frac{1-\beta}{1+\beta}}. \tag{11.21}$$

式中，ν'是在 S′中接收到的频率；ν 是在 S 中发射的频率．如果接收器正在远离光源，那么 $\beta=V/c$ 为正，ν'小于 ν；如果接收器正在趋近光源，那么 β 为负，ν'大于 ν．用波长来表示，$\lambda=c/\nu$，$\lambda'=c/\nu'$，所以

$$\lambda' = \lambda \sqrt{\frac{1+\beta}{1-\beta}}. \tag{11.22}$$

式（11.21）描述的是真空中光波的相对论性纵向多普勒效应. 这里的频率移动与第 10 章中导出的非相对论性结果式（10.7）基本符合，相差一个 β 数量级㊀. 式（11.21）级数展开中的 β^2 数量级那一项，已被艾夫思（Ives）和史迪威（Stilwell）用实验加以证实.

艾夫思和史迪威对处于电子激发态的氢原子束做了光谱实验㊁. 原子以氢分子离子 H_2^+ 和 H_3^+ 的形式由强电场加速. 作为这两种离子分裂的产物，原子状态的氢形成了. 原子的速度为 $\beta = 0.005$ 的数量级. 艾夫思和史迪威曾探寻氢原子发射的一条特定谱线的平均波长的移动值. 这里，是相对于原子飞行线向前和向后的方向取平均. 利用 $\beta_{向前} = -\beta_{向后}$，我们从式（11.22）得到平均波长为

$$\begin{aligned}\frac{1}{2}(\lambda_{向前}+\lambda_{向后}) &= \frac{1}{2}\lambda_0\left(\sqrt{\frac{1-\beta}{1+\beta}}+\sqrt{\frac{1+\beta}{1-\beta}}\right) \\ &= \frac{\lambda_0}{(1-\beta^2)^{1/2}}.\end{aligned} \tag{11.23}$$

这样，发生移位的谱线的平均位置相对于静止原子所发射的波长 λ_0 有一个 β^2 数量级的移动. 艾夫思和史迪威在 1941 年的一篇论文中，报导过他们观测到平均波长有 0.074Å（$1Å = 10^{-10}$m）的移动，而根据作用在原来离子上的加速电势所推得的 β 值代入式（11.23）算出的移动值是 0.072Å. 这个实验是相对论性多普勒效应理论的极好证明.

横向多普勒效应被用来说明垂直于光源运动方向所做的观测结果，光源通常是原子的. 在非相对论近似中，不存在横向多普勒效应. 然而相对论却预言，光波有横向多普勒效应；因为频率必然就是式（11.11）中的时间的倒数. 所以有

$$\nu' = (1-\beta^2)^{1/2}\nu.$$

式中，ν 为原子在其中静止的参考系中的频率；ν' 是在相对于原子以速度 $V(=\beta c)$ 运动的参考系中所观测到的频率.

加速的时钟　狭义相对论所描述的和涉及的测量与实际物体的细致结构无关. 它没有预言加速度的动力学效应，譬如说，由加速度引起的应力. 如果这种应力并不存在或者可以忽略，这个理论对于加速度对时钟快慢的效应确实给出了一个不含糊的描述. 结果是，一个加速的时钟仿佛在每一个瞬间都有不同的速度，它的快慢由式（11.11）中代入相应的瞬时速度算出.

如果这预言正确，就会有两个结果：

（1）如果运动速率恒定而只是方向发生变化，则式（11.11）原封不动地成

㊀ 请读者证明，当 $\beta << 1$ 时，$\sqrt{\frac{1+\beta}{1-\beta}} = 1+\beta$.

㊁ H. E. Ives，G. R. Stilwell，*J. Opt. Soc. Am.*，**28**，215（1938）；**31**，369（1941）.

立. 时钟的参考系是非惯性的.

（2）如果除了短时间（与总时间相比短得可忽略）的加速或减速之外，速率是恒定的，那么，式（11.11）仍能准确地描述原时与固定的实验室时间之间的关系.

一个快速带电粒子在恒定磁场中得到一个垂直于其运动方向的加速度，但速率不会改变. 如果粒子是不稳定的，则测得的半寿期应与没有磁场时它以同一速率在直线上运动的情形完全一样. 这个预言已为 μ^- 介子的实验所证实，μ^- 介子衰变成电子和中微子的固有平均寿命为 2.2×10^{-6}s. 不管 μ^- 介子是自由的（在磁场中盘旋），或者是静止下来的，我们都观测到它有同样的固有寿命. 人们相信，对于粒子在磁场中的圆周（加速）运动，狭义相对论做出了正确的描述.

习　题

1. 洛伦兹不变式. 试用式（11.7）证明

$$x^2-c^2t^2=x'^2-c^2t'^2.$$

注意，如果令 $x_1\equiv x$，$x_4\equiv \mathrm{i}ct$，那么 $x^2-c^2t^2\equiv x_1^2+x_4^2$. 这里 $\mathrm{i}=\sqrt{-1}$.

2. 洛伦兹变换. 试由式（11.7）证明式（11.8）.

3. 体积的改变. 如果 L_0^3 是一个立方体静止时的体积，试证明，从在平行于立方体的一边的方向上以匀速 β 运动的参考系中看，它的体积为

$$L_0^3(1-\beta^2)^{1/2}.$$

4. 同时性. 用洛伦兹变换证明，在 S 参考系中同时（$t_1=t_2$）发生在不同地点（$x_1\neq x_2$）的两个事件，在 S′参考系中一般是不同时的.

5. 角度的改变. 一根杆在 S 中的长度为 L_0，与 x 轴的夹角为 θ，试算出它在 S′中的长度和它与 x'轴的夹角. S′以速度 $V\hat{x}$相对于 S 运动.

6. 速度的合成. 试证明，如果在 S′系中的速度为 $v'_y=c\sin\theta$，$v'_x=c\cos\theta$，那么，在 S 系中

$$v_x^2+v_y^2=c^2;$$

S′系以速度 $V\hat{x}$ 相对于 S 系运动.

7. π^+ 介子.

（a）爆炸产生的 π^+ 介子以速度 $\beta=0.73$ 运动，它们的平均寿命是多大？（固有平均寿命 τ 为 2.5×10^{-8}s.）（答：3.6×10^{-8}s.）

（b）当 $\beta=0.73$ 时，π^+ 介子在一个平均寿命周期内通过的距离是多少？（答：8m.）

（c）如不考虑相对论效应，通过的距离会是多长？（答：5.5m.）

（d）对 $\beta=0.99$，重算（a）至（c）的提问.

8. μ 介子. μ 介子的固有平均寿命近似为 2×10^{-6}s. 假定在大气层的某高度

上因爆炸产生了大量的 μ 介子，它们以 $\beta=0.99c$ 向下运动．在向下运动中它们与大气的碰撞次数很少．

（a）如果到达地球表面时残存的 μ 介子为原来的百分之一，试估算原来的高度．[在 μ 介子参考系中，到 t 时刻残存的粒子数为 $N(t)=N(0)\ e^{-t/\tau}$．]（答：2×10^4m．）

（b）试计算从 μ 介子参考系测得的这段运动的距离．

9. 两个事件．考虑两个惯性系 S 和 S′，设 S′以速度 $V\hat{x}$ 相对于 S 运动．在 x_1' 点，一事件发生于时间 t_1'；在 x_2'点，另一事件发生于时间 t_2'．在 $t=t'=0$ 时两参考系的原点重合．试求出这两个事件在 S 中发生的时间和距离．

10. π^+ 介子．爆炸产生的 10^4 个 π^+ 介子以速率 $\beta=0.99c$ 在一个半径为 20m 的圆轨道上运动．π^+ 介子的固有平均寿命为 2.5×10^{-8}s．

（a）当这些爆炸产生的粒子回到起始点时还残存多少？

（b）如果它们静止地停在原处，经过同样的时间以后还剩下多少？

11. 星系的退行速度．在第 10 章中讲过，遥远星系的红移数据表明星系的退行速度与距离成正比，在非相对论的范围内，

$$V=\alpha r,\ \alpha\approx1.6\times10^{-18}\text{s}^{-1}$$

试算出距离为 3×10^9 光年的星系的退行速度．这个速度是相对论性的吗？（答：4.5×10^7m/s．）

12. 星系的速度．我们观察到一个星系以速率 $V=0.3c$ 朝某特定方向退行，另一星系以同样的速率朝相反方向退行．其中一个星系中的观察者观察到的另一星系的退行速率是多少？

13. 同时性．考虑有两个事件的源静止地位于 A 和 B 两点，它们离 S 系中的观察者 O 的距离相等．假定在发生两个事件的某一瞬间（它由 S 中的观察者确定），以速度 $V\hat{x}$ 相对于 S 运动的另一观察者 O'及其相应的参考系 S′与观察者 O 及相应的参考系 S 重合（参看图 11.12）．

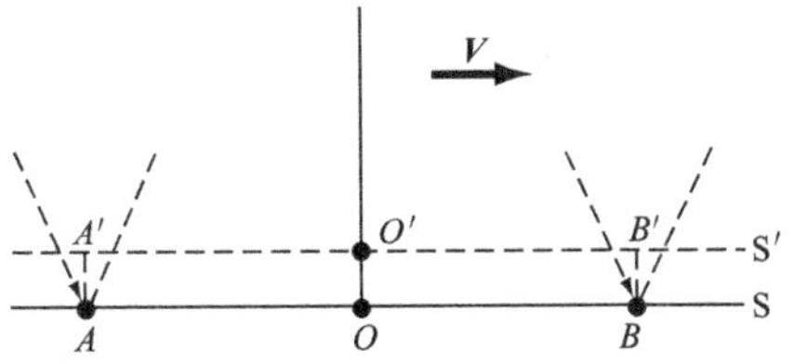

图 11.12

（a）假定 $V/c=1/3$．用草图画出当信号从 B 到达观察者 O'时两个参考系以及 A，A'，B，B'各点的位置．这个信号已经到达观察者 O 了吗？为什么？

（b）画出当两个信号到达 O 时，S 和 S′的位置．

（c）画出当信号从 A 到达 O'时，S 和 S′的位置．

（d）假定这两事件在 A' 和 B' 点用物理方法记录了下来，例如记录在照片上．试证明，在本题的假设下，距离 $A'O'$ 与 $B'O'$ 相等．

（e）试证明，在 O' 看来，两个事件是不同时的．同时性的定义在所有情况下都隐含着光速不变性的假设．为了看清这种依赖关系，考虑如下的问题．假定从 O 看来，A 和 B 处的两个事件就是同时发出的声脉冲，而 O 是一个在传播声音的介质中静止的观察者．设 O' 是一个以三分之一声速运动的观察者．

（f）用伽利略变换证明，在 O' 看来，从 A 和 B 向 O' 运动的两个声脉冲的速度是不同的．

（g）试证明，虽然两个信号到达 O' 的时间不同，但两个脉冲按不同的速度运动的结果补偿了这一点，使这两个事件即使对观察者 O' 来说也表现为是同时的．

14. 相对论性的多普勒移动． 质子被 20kV 的电压加速，然后以恒定的速度穿过一个区域，它们在那里中性化为 H（氢）原子，并发出相应的光辐射．在光谱仪中观察到了 H_β 谱线（对静止的原子而言，$\lambda = 4861.33\text{Å}$）．光谱仪的光轴与离子的运动方向平行．由于离子在所观察到的辐射方向上存在运动，光谱有多普勒移动．仪器中还安放着一面镜子，它使得相反方向的辐射也叠加在光谱上．注意 $1\text{Å} = 10^{-10}\text{m}$.

（a）质子加速后的速度是多大？（答：$2\times10^6\text{m/s}$.）

（b）对于向前方向和向后方向计算出依赖于 v/c 的一级多普勒移动，并在光谱图上指出这有关部分出现的位置．

（c）现在来考虑由于做相对论性分析而产生的二级效应（依赖于 v^2/c^2）．试证明二级移动为 $\frac{1}{2}\lambda\ (v^2/c^2)$，并针对本题算出其数值．注意，对于 $+V$ 和 $-V$ 的运动，二级效应是一样的．（答：0.10Å.）

拓展读物

近些年来，许多关于相对论的书籍得以出版，包括一些平装本书籍．如下选择性地列举了其中的一部分．

J. A. Wheeler and E. F. Taylor, "Space-Time Physics—An Introduction," W. H. Freeman and Company, San Francisco, 1965. 强烈推荐．不是一本教科书，但极其适合自学．

A. P. French, "Special Relativity", W. W. Norton and Company, Inc., New York, 1968. MIT 物理导论系列教程之一．

C. Kacser, "Introduction to the Special Theory of Relativity," Co-Op Paperback, Prentice-Hall, Inc. Englewood Cliffs, N. J., 1967.

R. S. Shankland, "Conversations with Albert Einstein," Am. J. Phys., 31: 47

(1963).

"Speciai Relativity Theory," selected reprints published for A. A. P. T., American Institute of Physics, 335 East 45th St., New York, 1962. 这里面包含有对著名的"双生子佯谬"极为出色的论述；特别参见 Darwin，Crawford 和 McMillan 的文章.

M. Born, "Einstein's Theory of Relativity," E. P. Dutton & Co., Inc., New York, 1924; reprint, Dover Publications, Inc., New York, 1962. 一部对狭义相对论的耐心、完整且清晰的论著.

H. A. Lorentz, A. Einstein, H. Minkowski, and H. Weyl, "The Principle of Relativity: A Collection of Original Memoirs," translated by W. Perrett and G. B. Jeffery, Methuen & Co., Ltd., London, 1923; reprint, Dover Publications, Inc., New York, 1958.

W. Pauli, "Theory of Relativity," translated by G. Field, Pergamon Press, New York, 1958. 一部极为出色的德语专著（Relativitätstheorie, published by B. G. Teubner, Leipzig, 1921）的译本. 本书第一部分内容不是很难.

E. Whittaker, "History of the Theories of Aether and Electricity," 2 vols., Harper & Row, Publishers, Incorporated, New York, paperback reprint, 1960.

第 12 章　相对论动力学：动量和能量

第 12 章 相对论动力学：动量和能量

洛伦兹变换所反映的空间和时间概念的根本变化，对于整个物理学有很深的影响. 现在我们必须重新审查在低速（$v \ll c$）情形下发展起来和证实过的那些物理定律，看它们是否与相对论相容. 当把这些定律运用到新领域时，我们发现它们有所变化，对此我们不应感到惊奇. 这些物理定律应当有这样的变化，把它们用于低速时，又回复到牛顿的形式. 我们从经验知道，在低速限度内它们是正确的.

如在第 4 章中一样，我们只认为那些在所有互相做非加速运动的参考系中都完全相同的定律才是可能的物理定律. 过去，伽利略变换告诉我们如何把物理定律从一个参考系变换到另一个参考系，现在，我们要用洛伦兹变换来代替伽利略变换. 当 $v/c \ll 1$ 时，洛伦兹变换化为伽利略变换. 原来我们要求物理定律在伽利略变换下具有不变性，现在我们要求物理定律在洛伦兹变换下具有不变性.

设有两个在不同参考系 S 和 S′中的观察者都在推断物理定律. 每一个观察者都用在自己的参考系中所测得的长度、时间、速度或加速度来表达这些物理定律. 无论是用 S 系中的变数还是用 S′系中的变数，这些定律在形式上必定完全相同. 因此，当我们用洛伦兹变换把 S 中的 x，y，z，t 变换到 S′中的 x'，y'，z'，t'时，在 S 中所推出的任何物理定律就被翻译成了 S′中的语言，并且在形式上应没有变化，在我们下面分析具体问题时，这件事的含义就清楚了.

12.1 动量守恒和相对论性动量的定义

我们要找到一个动量 $\boldsymbol{p}$ 的定义，使它在 $v/c \ll 1$ 时还原为 $M\boldsymbol{v}$（这里 M 是静止质量[㊀]），并能保证在碰撞中不管粒子相对于参考系的速度是多少，总有动量守恒. 我们将通过考虑一个特殊的碰撞来找出合适的定义. 首先，我们用一个例子来说明，在涉及相对论性速度[㊁]的碰撞中，牛顿的（非相对论性的）动量 $M\boldsymbol{v}$ 是不守恒的. 我们已经可以看出，如果 M 是常数，牛顿第二定律不会成立，因为 $\boldsymbol{a}$ 要是等于 $\boldsymbol{F}/M$，只要力作用的时间足够长，v 就会超过 c.

考虑图 12.1a 和图 12.1b，它描绘的是等质量的两个粒子间的一次碰撞. 选择参考系 S 使两个粒子以大小相等而方向相反的速度彼此接近：碰撞前粒子 1 速度的 y 分量为 $-v_y$，碰撞后为 $+v_y$. 在这个参考系中，质心是静止的. 由于对称性，碰

㊀ 静止质量定义为非相对论极限 $v/c \ll 1$ 情形下，特别是$\boldsymbol{v}=0$ 时的惯性质量.

㊁ 多大的 v 才必须认为是相对论性的，这个问题与实验结果的准确度有关. 我们将看到，只要 $(v/c)^2$ 与 1 相比可以忽略，就能认为这速度是非相对论性的.

撞前后总动量的 y 分量都必定是零．不管怎样定义动量，只要对于 $\pm v_y$ 动量的符号相反，这个结论就是对的．因此，用牛顿的定义 $\boldsymbol{p}=M\boldsymbol{v}$ 在这里不会遇到麻烦（不管表达式是否正确）：粒子 1 的 p_y 改变了 $+2Mv_y$，粒子 2 的 p_y 改变了 $-2Mv_y$，所以牛顿动量的 y 分量的总变化是零．

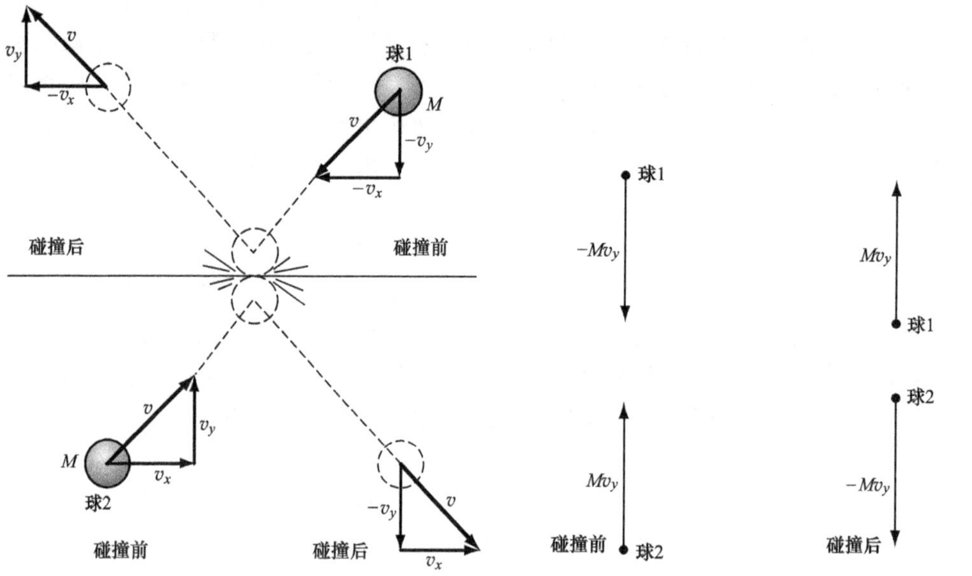

a) 两个质量均为M的球在xy平面内发生的一次碰撞。图中画出了碰撞前后在x和y方向上的速度

b) 这里画的是各自在y方向上的非相对论性动量。碰撞前和碰撞后，y方向上的总动量都是零

图 12.1

现在我们来考虑带撇的参考系 S′，如图 12.2a 所示，它相对于 S 以特定速度 $V=v_x\hat{x}$运动．注意，v_x 是粒子 2 在 S 中的速度的 x 分量，而 $-v_x$ 是粒子 1 在 S 中的速度的 x 分量．相对论性的速度相加由式（11.15）~式（11.17）表示，利用这些公式，我们求出在 S′中看到的速度分量将是（记住 $V=v_x$）

$$-v_x'(1)=\frac{-v_x-V}{1+v_xV/c^2}=\frac{-2v_x}{1+v_x^2/c^2},$$

$$v_y'(1)=\frac{v_y}{1+v_xV/c^2}\left(1-\frac{V^2}{c^2}\right)^{\frac{1}{2}}=\frac{v_y}{1+v_x^2/c^2}\left(1-\frac{v_x^2}{c^2}\right)^{\frac{1}{2}},\tag{12.1}$$

$$v_x'(2)=\frac{v_x-V}{1-v_xV/c^2}=0,$$

$$v_y'(2)=\frac{v_y}{1-v_xV/c^2}\left(1-\frac{V^2}{c^2}\right)^{\frac{1}{2}}=\frac{v_y}{(1-v_x^2/c^2)^{\frac{1}{2}}}\tag{12.2}$$

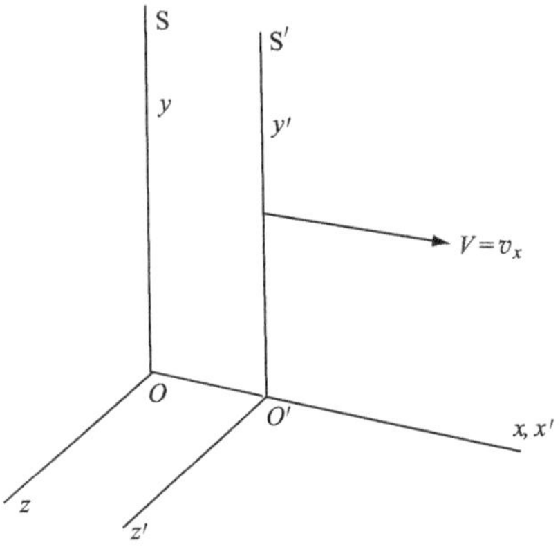

a) 我们已从S系考察了碰撞。如果从S′系看会怎样呢?S′相对于S具有如图所示的特定速度$V=v_x$

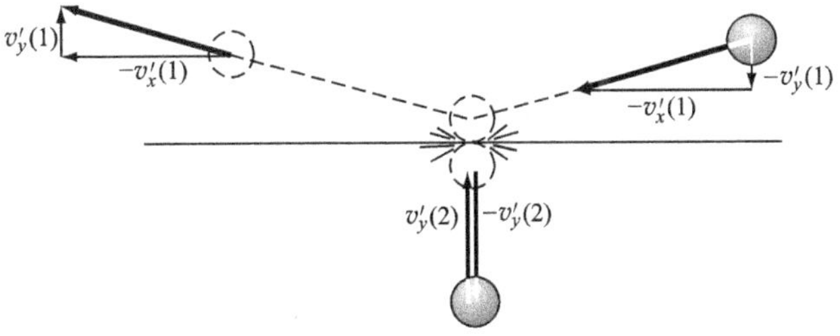

b) 我们在S′中看到(由于$V=v_x$)

$$-v_x'(1) = -\frac{2V}{1+V^2/c^2}, v_x'(2)=0, v_y'(1)=\frac{v_y}{1+V^2/c^2}\left(1-\frac{V^2}{c^2}\right)^{1/2},$$

以及

$$v_y'(2)=\frac{v_y}{(1-V^2/c^2)^{1/2}} > v_y'(1)$$

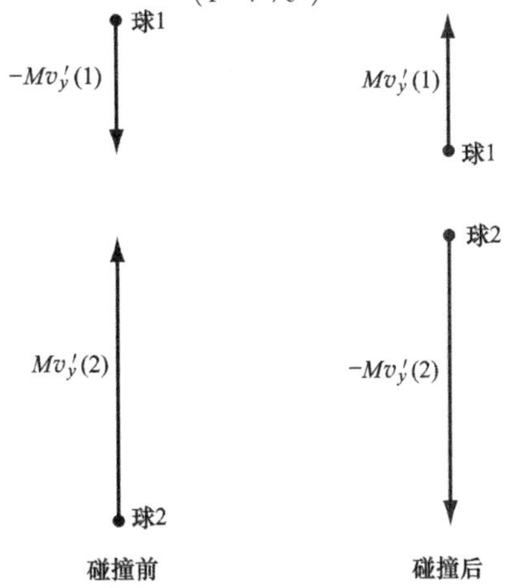

c) 在新的S′系中，碰撞前后y'方向上的非相对论性动量是不一样的

图 12.2

图 12.2b 是这些结果的图解．[注意，这些表达式都是用 V 表示的，但在式（12.1）和式（12.2）中则是用 v_x 和 V 表示的．然后只用 v_x 来表示．]

显然，即使 y 速度分量的大小在 S 中是相等的，由式（12.1）和式（12.2）可知，它们在 S′中的大小不相等．S′中 y 速度分量大小的这个差异是由于 S 中的 x 速度分量不一样所引起的，它们彼此反号．图 12.2c 画出了这个情况．非相对论性的动量变化 $-2Mv_y'(2)$ 和 $2Mv_y'(1)$ 在这里就不是大小相等符号相反的了．我们看到，把动量定义为与速度成正比，就无法保证在所有参考系中动量都守恒．这样，要么是动量守恒与洛伦兹变换不相容，要么还存在着别的动量定义，它能保证动量守恒在相对做匀速运动的一切参考系中都有效．

现在，我们来寻找一个动量的定义，要它是洛伦兹不变的．这个定义必须使粒子动量的 y 分量与在其中观察碰撞的参考系的速度的 x 分量无关．如果找到了这样的定义，那么，动量的 y 分量在某一个参考系中守恒，就保证了它在所有参考系中都守恒．我们知道，在洛伦兹变换下，y 方向的位移 Δy 对所有参考系都一样．但是，移过距离 Δy 所用的时间 Δt 却与参考系有关，因此速度分量 $v_y=\dfrac{\Delta y}{\Delta t}$ 也与参考系有关．我们可以不用实验室的时钟而用粒子所携带的时钟来测量 Δt．这个时钟测量出的是粒子的原时间隔 $\Delta\tau$．$\Delta\tau$ 的数值对所有观察者将是一致的．因此，$\Delta y/\Delta\tau$ 这个量在一切参考系中都相同．

我们知道，Δt 与 $\Delta\tau$ 差一个时间膨胀因子［式（11.11）］，所以有

$$\Delta\tau=\Delta t\left(1-\frac{v^2}{c^2}\right)^{\frac{1}{2}}. \tag{12.3}$$

式中，v 是粒子相对于测得 Δt 的参考系的速率．由此

$$\frac{\Delta y}{\Delta\tau}=\frac{\Delta y}{\Delta t}\frac{\Delta t}{\Delta\tau}=\frac{\Delta y}{\Delta t}\,\frac{1}{(1-v^2/c^2)^{\frac{1}{2}}}.$$

我们看到，对于仅在速度的 x 分量上有差别的所有参考系，$\boldsymbol{v}\Big/\left(1-\dfrac{v^2}{c^2}\right)^{\frac{1}{2}}$ 的 y 分量将是相同的．如果我们把相对论性动量定义为

$$\boxed{\boldsymbol{p}\equiv\frac{M\boldsymbol{v}}{(1-v^2/c^2)^{\frac{1}{2}}}.} \tag{12.4}$$

那么，在与静止的参考系只相差一个 x 方向的恒定速度的任何其他惯性参考系中，动量 y 分量的守恒都成立．注意，根据第 11 章中引入的定义 $\beta=v/c$ 及 $\gamma=(1-v^2/c^2)^{\frac{1}{2}}$，我们可以把动量的大小写成

$$p=Mc\beta\gamma. \tag{12.5}$$

图 12.3 中画出了这个新定义的动量随 v 的变化．

至此，我们为了讨论问题的方便，把坐标轴安排成对于运动是对称的，所以，无论哪个粒子速度的 x 分量都没有变化，由于 y 分量的大小也没有变化，所以式

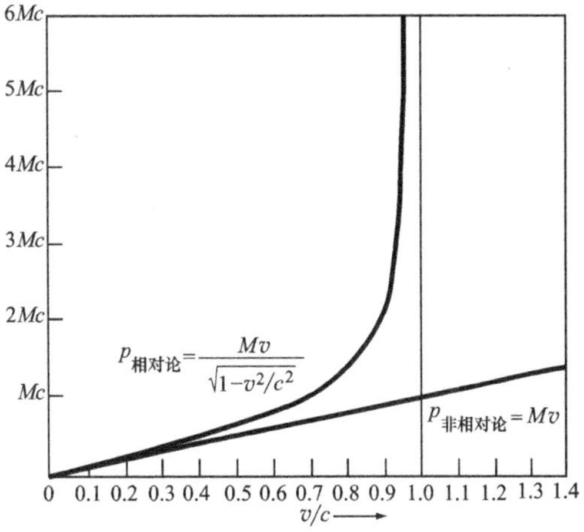

图 12.3　对于速度为$\boldsymbol{v}$、静止质量为 M 的粒子，我们把 $\boldsymbol{p}$ 重新定义为 $\boldsymbol{p}=\frac{M\boldsymbol{v}}{\sqrt{1-v^2/c^2}}$，这样，动量守恒就将在一切参考系中都成立．图中画出了相对论性动量和非相对论性动量的大小

(12.4) 的定义也为动量的 x 分量的守恒做了准备．在 12.3 节中讨论动量和能量的变换时我们将会看到，对于一般的变换，S′中的动量与 S 中的动量和能量都有关系，读者可以证明，即使粒子 2 与粒子 1 质量不同，上述论证仍然有效，所以我们得到的是一个相对论性的动量守恒定律．当 $v/c \ll 1$ 时，这个动量定义还原为非相对论性的结果 $\boldsymbol{p}=M\boldsymbol{v}$．实验事实表明，按式 (12.4) 定义的动量在所有碰撞过程中都守恒．

我们可以把相对论性动量［式 (12.4)］写成

$$\boldsymbol{p}=M(v)\boldsymbol{v},$$

这样，我们就可以把

$$\boxed{M(v)\equiv\frac{M}{(1-v^2/c^2)^{\frac{1}{2}}}=M\gamma} \qquad (12.6)$$

解释为静止质量为 M 的粒子以速率 v 运动时的相对论性质量．这一点在图 12.4 中做了说明，静止质量是 $v\to 0$ 时的质量．当 $v\to c$ 时，$M(v)/M\to\infty$．相对论性的质量增加已经为多种电子偏转实验所证实，而且在每一个高能粒子加速器的运转中也得到隐含的证实．下面还将给出式 (12.6) 的另一种表述，它直接显示出相对论性能

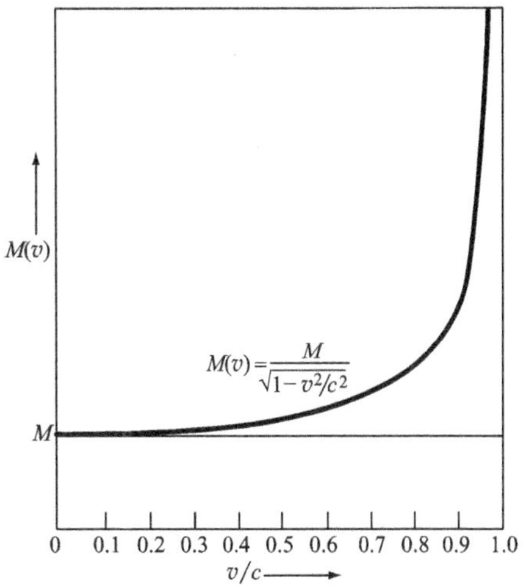

图 12.4　动量的新定义导致了质量的变化：$M(v)=\frac{M}{\sqrt{1-v^2/c^2}}$

量和动量之间的关系，应用起来常常较为简单.

在有一些书中，用 M 来表示可变质量，从而写成 $M=M_0/(1-v^2/c^2)^{\frac{1}{2}}=\gamma M_0$，这里 M_0 称为静止质量，我们将继续用 M 表示静止质量，而把可变质量记成 γM，或有时记为 $M(v)$.

12.2　相对论性能量

相对论性动能是什么？我们用什么去代替 $\frac{1}{2}Mv^2$ 才能得出一个有意义的相对论性的表达式呢？首先，让我们回忆一下在第5章中是怎样定义动能的，一个初始静止的自由粒子，在对它做了一定量的功 W 之后，它所获得的能量就是动能，我们保留这个定义，并把牛顿第二定律写成如下形式：

$$\boldsymbol{F}=\frac{\mathrm{d}\boldsymbol{p}}{\mathrm{d}t}=\frac{\mathrm{d}}{\mathrm{d}t}\frac{M\boldsymbol{v}}{\sqrt{1-v^2/c^2}}.$$

式中，时间 t 和力 F 指的是这些量在观察到动量为 p 的实验室系中所取的值.（在本章的稍后部分，将讨论力从一个参考系到另一个参考系的变换.）令 $\boldsymbol{F}$ 在 x 方向上，那么功 W 就是

$$\begin{aligned}W&=\int F\mathrm{d}x=\int\frac{\mathrm{d}}{\mathrm{d}t}\frac{Mv}{\sqrt{1-v^2/c^2}}\mathrm{d}x\\&=\int\frac{\mathrm{d}}{\mathrm{d}t}\left(\frac{Mv}{\sqrt{(1-v^2/c^2)}}\right)\frac{\mathrm{d}x}{\mathrm{d}t}\mathrm{d}t\\&=\int\left[\frac{Mv}{\sqrt{1-v^2/c^2}}\frac{\mathrm{d}v}{\mathrm{d}t}+\frac{Mv^3c^{-2}}{\sqrt{(1-v^2/c^2)^3}}\frac{\mathrm{d}v}{\mathrm{d}t}\right]\mathrm{d}t\\&=\int\frac{Mv\mathrm{d}v/\mathrm{d}t}{\sqrt{(1-v^2/c^2)^3}}\mathrm{d}t=\int\frac{\mathrm{d}}{\mathrm{d}t}\left(\frac{Mc^2}{\sqrt{1-v^2/c^2}}\right)\mathrm{d}t.\end{aligned}$$

这里已用到了 $\mathrm{d}x/\mathrm{d}t=v$.

如果假定在积分上限时速度是 v，在积分下限时是 $v=0$，则得

$$\boxed{W=\frac{Mc^2}{\sqrt{1-v^2/c^2}}-Mc^2=Mc^2(\gamma-1).}\tag{12.7}$$

这就是动能 K，它随 v 的变化画在图12.5中. 我们看出，动能的这个表达式与图10.20中所画的实验结果是一致的.

这个新的表达式在形式上与 $\frac{1}{2}Mv^2$ 毫无相似之处，那么，让我们来看一看，当 $v/c\ll 1$ 时它变成什么. 由于

$$\gamma=\frac{1}{\sqrt{1-v^2/c^2}}=1+\frac{1}{2}\frac{v^2}{c^2}+\cdots,$$

因此

$$\gamma - 1 = \frac{1}{2}\frac{v^2}{c^2},$$

这样，当 v/c 的值很小时，

$$Mc^2(\gamma - 1) \quad 变为 \quad \frac{1}{2}Mc^2\frac{v^2}{c^2} = \frac{1}{2}Mv^2.$$

这正好是牛顿体系中的一个表达式.

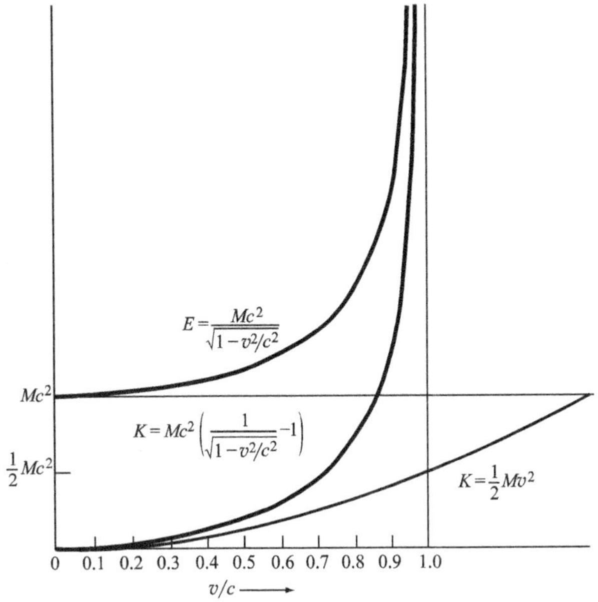

图 12.5　相对论性能量 $E = Mc^2/(1 - v^2/c^2)^{1/2}$，相对论性动能 $K = Mc^2/\sqrt{1 - v^2/c^2} - Mc^2$ 和非相对论性动能 $K = \frac{1}{2}Mv^2$ 随 v/c 的变化. 当 $v/c \ll 1$ 时，E 和 K 的曲线形状几乎相同，这是因为 $Mc^2/(1 - v^2/c^2)^{1/2} \approx Mc^2 + \frac{1}{2}Mv^2$；当 $v/c \sim 1$ 时，E 的增长比 $\frac{1}{2}Mv^2$ 快得多

现在我们从形式的观点来考虑相对论性能量. 根据式（12.5），相对论性动量的平方可以写成

$$p^2 = M^2c^2\beta^2\gamma^2. \tag{12.8}$$

恒等式

$$\frac{1}{1 - v^2/c^2} - \frac{v^2/c^2}{1 - v^2/c^2} = 1$$

或

$$\gamma^2 - \beta^2\gamma^2 = 1$$

是一个现成的洛伦兹不变式，因为 1 是常数. 两端乘上 M^2c^4，得到

$$M^2c^4(\gamma^2-\beta^2\gamma^2)=M^2c^4;$$

或者利用式（12.8），将其改写成

$$M^2c^4\gamma^2-p^2c^2=M^2c^4. \tag{12.9}$$

由于静止质量是常数，M^2c^4 当然也是常数，因而它如我们所要求的，是一个洛伦兹不变量．但 $M^2c^4\gamma^2$ 是什么物理量呢？它在式（12.9）中的作用使人强烈地感到它一定是一个重要的物理量，因为它减去 p^2c^2 后就得到在洛伦兹变换下不变的一个数（M^2c^4）.

假设我们把自由粒子的相对论性总能量定义为

$$\boxed{E\equiv Mc^2\gamma\equiv\frac{Mc^2}{\sqrt{1-v^2/c^2}}.} \tag{12.10}$$

那么式（12.9）告诉我们

$$\boxed{E^2-p^2c^2=M^2c^4} \tag{12.11}$$

是一个洛伦兹不变式．如果我们从一个参考系变换到另一个参考系，让 $p\to p'$ 和 $E\to E'$，那么式（12.11）的不变性指的就是

$$E'^2-p'^2c^2=E^2-p^2c^2=M^2c^4.$$

我们着重指出，M 表示粒子的静止质量，它在洛伦兹变换下是一个数字不变量．我们注意到，根据式（12.11）有

$$E=\sqrt{p^2c^2+M^2c^4}. \tag{12.12}$$

如果 $pc\ll Mc^2$，那么

$$E=Mc^2\sqrt{1+\frac{p^2c^2}{M^2c^4}}=Mc^2\left(1+\frac{1}{2}\frac{p^2c^2}{M^2c^4}+\cdots\right)$$

$$=Mc^2+\frac{1}{2}\frac{p^2}{M}.$$

$K=p^2/2M$ 就是非相对论的结果．然而，如果 $pc\gg Mc^2$，则有

$$E=pc.$$

这就是高能物理学家常用的一个近似式，我们在后面将会看到，这对于 $M=0$ 的光量子是正确的.

在这两个极端之间，E 和 p 之间或动能 K 和 p（或 v）之间没有简单的关系．注意，利用 $E=\gamma Mc^2$，由式（12.7）给出的 K 现在变为

$$K=E-Mc^2\quad 或\quad E=Mc^2+K. \tag{12.13}$$

这里，特别要注意的是，当 $v=0$ 时 $E=Mc^2$．换句话说，质量为 M 的物体甚至在静止时也具有能量，这种能量自然地被称作静止能量，我们以后将会看到说明它的重要性的一些例子．能量 E（在 $v>0$ 的情形下）和静止能量之差就是动能 K.

还要注意 $E=\gamma Mc^2$［式（12.10）］，而 γM 恰好是相对论性质量，所以 E 正好

是相对论性质量乘上 c^2. 质量和能量只是同一个量的不同名称. 因此, 如果问, 粒子是由于有动能质量才变大了, 还是由于质量变大了才有动能, 那是没有意义的,"质量大了"和"动能"必定是一起出现的.

在碰撞中, 粒子能量的守恒采取如下形式:

$$\sum_{i}^{n} E_i = \text{常量},$$

即能量 E_i 之和在碰撞前后相同; 其中 E_i 是第 i 个粒子的相对论性能量, 它由式 (12.12) 给出. 即使在所谓非弹性碰撞中, 相对论性能量的守恒也成立, 因为动能的损失 (转化为粒子的内部激发) 表现为粒子质量的增加. 动量守恒采取如下的形式:

$$\sum_{i=1}^{n} \boldsymbol{p}_i = \text{常量},$$

即动量之和在碰撞前后相同.

12.3　动量与能量的变换

现在我们利用式 (12.3) 把式 (12.4) 写成分量的形式:

$$p_x = M\frac{\mathrm{d}x}{\mathrm{d}\tau},\quad p_y = M\frac{\mathrm{d}y}{\mathrm{d}\tau},\quad p_z = M\frac{\mathrm{d}z}{\mathrm{d}\tau}. \tag{12.14}$$

类似地, 根据式 (12.10) 和式 (12.3), 可以把 E 写作

$$E = Mc^2\frac{\mathrm{d}t}{\mathrm{d}\tau}. \tag{12.15}$$

因为 M 和 τ 都是洛伦兹不变量, 由式 (12.14) 和式 (12.15) 可以推知, 在洛伦兹变换下 p_x, p_y, p_z 和 E/c^2 的变化一定与 x, y, z 和 t 完全一样. 我们既然已经知道后者是怎样变换的, 那么, 利用第 11 章中给出的变换, 我们立即就能得到动量和能量的变换关系:

$$\boxed{\begin{aligned} &p'_x = \gamma\left(p_x - \frac{\beta E}{c}\right),\ p'_y = p_y,\ p'_z = p_z,\\ &E' = \gamma(E - p_x c\beta). \end{aligned}} \tag{12.16}$$

把 $-\beta$ 换成 $+\beta$, 再把带撇的量与不带撇的量互换, 就得到逆变换式:

$$p_x = \gamma\left(p'_x + \frac{\beta E'}{c}\right),\ p_y = p'_y,\ p_z = p'_z,$$

$$E = \gamma(E' + p'_x c\beta). \tag{12.17}$$

利用式 (12.14) 和式 (12.15), 我们可以从粒子的动量和能量确定它的

速度：

$$v_x = \frac{\mathrm{d}x}{\mathrm{d}t} = \frac{\mathrm{d}x}{\mathrm{d}\tau}\frac{\mathrm{d}\tau}{\mathrm{d}t}$$

$$= \frac{p_x}{M}\frac{Mc^2}{E} = \frac{c^2 p_x}{E},$$

或

$$\boxed{\boldsymbol{p} = \boldsymbol{v}\frac{E}{c^2}} \tag{12.18}$$

【例】

非弹性碰撞　假定有两个全同的粒子1和2发生碰撞，并粘在一起而成为另一个粒子．在质心参考系S中，我们有（按质心的定义）

$$\boldsymbol{p}_1 + \boldsymbol{p}_2 = 0,$$

因此所生成的粒子一定是静止的．在另一个参考系S′中有

$$\boldsymbol{p}_1' + \boldsymbol{p}_2' = \boldsymbol{p}_3'.$$

借助于变换方程式（12.16），我们可以将此式用S中测得的量来表示：

$$p_{x_1}' + p_{x_2}' = \gamma(p_{x_1} + p_{x_2}) - \frac{\gamma\beta(E_1 + E_2)}{c}$$

$$= p_{x_3}' = \gamma p_{x_3} - \frac{\gamma\beta E_3}{c}. \tag{12.19}$$

式中，E_1 和 E_2 是原来两个粒子在S中的能量；E_3 是所生成粒子在S中的能量．但由于 $p_{x_3} = 0$，$p_{x_1} + p_{x_2} = 0$，所以式（12.19）简化为

$$E_3 = E_1 + E_2.$$

这个结果告诉我们，相对论性能量在碰撞中是守恒的．这个讨论会使你想起第4章中我们对动量和能量守恒的讨论．

现在，由于两个粒子全同，$E_1 = E_2$；对 E_1 应用式（12.10），我们得到在S系中的 E_3 为

$$M_3c^2 = \frac{2Mc^2}{(1 - v^2/c^2)^{1/2}}. \tag{12.20}$$

式中，M_3 是所生成粒子的静止质量；v 是粒子1或2在S系中的初始速度．在这个例子中．生成粒子的静止质量大于原来粒子的静止质量之和 $2M$．原来粒子的动能已转化成为生成粒子静止质量的一部分．

在考虑最普遍的碰撞时我们发现，只有当求和式

$$\sum_i \frac{M_i c^2}{(1 - v_i^2/c^2)^{1/2}} = \sum_i E_i \tag{12.21}$$

在对所有入射粒子求和与对所有出射粒子求和彼此相等㊀时，动量才能守恒. 我们在式（12.20）中看到的就是一个这样的例子，这就是说，在相对论性的碰撞中，只有在相对论性能量守恒时动量才能守恒.

新的静止质量 M_3 大于原来的静止质量之和 $2M$. 当 $\beta << 1$ 时，我们能够用非相对论的概念去部分地描述这个增加. 由于

$$\frac{1}{(1-v^2/c^2)^{1/2}} \approx 1+\frac{v^2}{2c^2}+\cdots,$$

由式（12.20）有

$$\begin{aligned} M_3 &\approx 2\left(M+\frac{1}{2}M\frac{v^2}{c^2}+\cdots\right) \\ &\approx 2\left(M+\frac{\text{动能}}{c^2}\right). \end{aligned} \tag{12.22}$$

因此，静止质量 M_3 不仅包括入射粒子的静止质量之和，而且还包括与它们的动能成正比的另一部分. 在这个非弹性碰撞的例子中，存在着由动能到质量的转换.（我们对小的 β 值来写式（12.22），只是因为这样做我们较易于体会质量-能量转换，但是这种转换对一切 β 都是正确的.）从式（12.22）可知，质量的增加

$$\Delta M = M_3 - 2M \tag{12.23}$$

与消失掉的动能之间的关系是

$$\text{动能} = c^2\Delta M. \tag{12.24}$$

根据式（12.7）给出的动能定义，即 $K=(\gamma-1)Mc^2$，可以看出上述结果［式（12.22）～式（12.24）］是普遍正确的，而不只是对于小的 β 才成立.

质量和能量的等效性 静止质量和能量之间转化的可能性（以及它们之间的量值关系）被爱因斯坦看成是相对论的最有意义的贡献. 只要粒子永远不获得接近于 c 的速度，我们就可以使用非相对论的动能定义，并由它得出结论：在粒子间的任何碰撞中（即使入射粒子和出射粒子数目不等），静止质量的净损失或净增加乘上 c^2，就等于动能的净增加或净损失. 反之，在非弹性碰撞中既然存在动能的损失，这时出射粒子的静止质量就必有增加.

我们从式（12.6）和式（12.10）看到，我们可以写出 $E=M(v)c^2$. 因此，在相对论中，能量的自然定义使得下面的表述［参看式（12.24）］即使不加 $v/c << 1$ 的限制，对于总能量也是严格正确的：

$$\Delta E = c^2\Delta M.$$

（严格的推导在本章末的历史注记中给出.）在动能与静止质量的转化中，质量的改变 ΔM 一般很小，这是由于 c 比通常的速度大得非常多.

由于质量与能量相当，总的相对论性能量为 E 的系统相应地有惯性质量 $M=$

㊀ 如果碰撞中涉及光子，我们不能直接用式（12.21），因为对于光子有 $v=c$. 在式（12.26）和式（12.27）中，我们将指出如何去处理涉及光子及其他具有零静止质量粒子的问题.

E/c^2. 考虑一个无质量的盒子，内有 N 个静止的粒子，每个粒子的质量为 M. 在我们企图使盒子加速时，它表现出一个惯性质量 NM，如果盒子有了速度 $\boldsymbol{V}$，则它的动量就是 $NM\boldsymbol{V}$. 但是，如果每个粒子在盒内具有速度 v 和动能$\frac{1}{2}Mv^2$，那么盒子的惯性质量就是 $N\left(M+\frac{Mv^2}{2c^2}\right)$，而动量是 $N\boldsymbol{v}\ (M+Mv^2/2c^2)$. 在这两个表达式中，速度$\boldsymbol{v}$ 和$\boldsymbol{v}$ 都已经假定远小于 c.

与此类似，被压缩的弹簧的质量比未被压缩的弹簧大一个压缩它所需的功除以 c^2. 如果被压缩的弹簧完全溶解在酸里，反应产物比弹簧未曾被压缩的情况略重（但此差别太小，无法测量）. 这可以通过溶液温度的微小升高显示出来，如果这种温度升高可以测出的话.

【例】

质量-能量转换

（1）如果两个 1g 的粒子以大小相等而方向相反的速度 10^3m/s 发生碰撞并粘在一起，所结合成的粒子对的附加静止质量为

$$\Delta M=\Delta E/c^2\approx 2\left(\frac{1}{2}M\frac{v^2}{c^2}\right)$$
$$\approx 1\times 10^{-14}\text{kg}$$

这小于测量 1g 质量所能达到的精确度.

（2）氢原子是由质子及受其电引力束缚的电子组成的，它的静止质量 $M_{\rm H}$ 轻于自由电子的质量 m 及质子的质量 $M_{\rm p}$ 之和. 自由粒子多出的质量等于电离能（结合能）除以 c^2. 一个 H 原子的质量 $M_{\rm H}$ 是 1.6736×10^{-27}kg，已知电子与质子的结合能是 13.6eV，或 2.2×10^{-18}J，所以

$$M_{\rm p}+m-M_{\rm H}=\frac{2.2\times10^{-18}}{c^2}$$
$$\approx 2.4\times10^{-35}\text{kg}.$$

它是 H 原子质量的 $1/10^8$，仍小得无法测量㊀.

（3）质子和中子的静止质量之和为

$$M_{\rm p}+M_{\rm n}=(1.672\,65+1.674\,96)\times10^{-27}$$
$$=3.347\,61\times10^{-27}\text{kg}$$

而氘的质量是 $3.343\,65\times10^{-27}$kg. 两者相差 $0.003\,96\times10^{-27}$kg，等于 3.56×10^{-13}J 或 2.23MeV，这正是把氘分解成自由的中子和质子所需要的能量，它称作氘的结合能（图 12.6 画出了核的结合能随质量数的变化）. 实际上，这些数据提供了一种求得中子质量的方法. 中子变成质子、电子和中微子的衰变过程提供了另

㊀ 现今测量的准确度还差 10 至 100 倍. 电子结合的效应已经在核反应中观察到.

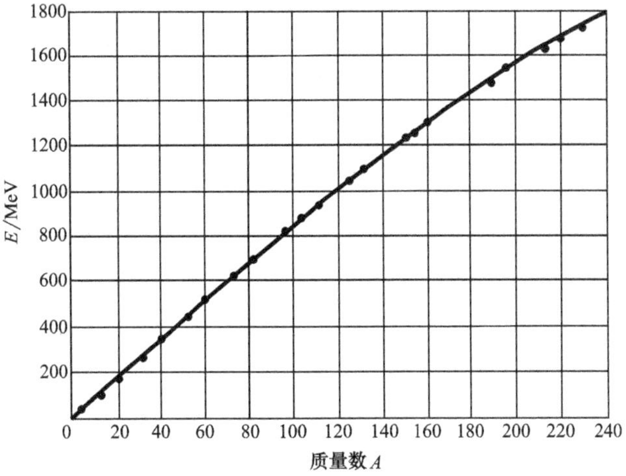

图 12.6　核的结合能（以兆电子伏特为单位）随核的质量数 A 的变化.
重提一下，1MeV 等价于 1.76×10^{-30}kg 的质量，图中没有画出所有的核

一种方法，两者的结果是很相符的.

（4）在表 12.1 中，把在几个核反应中观测到的能量释放 ΔE 与观测到的质量改变作了比较. 一个统一的原子质量单位（u）等于一个 C^{12}原子质量的 1/12.

表 12.1　蜕变能量的计算值与观测值的比较

	质量的减少 /u	释放的能量/MeV	
		ΔMc^2	ΔE
$Be^9 + H^1 \longrightarrow Li^6 + He^4$	0.00242	2.25	2.28
$Li^6 + H^2 \longrightarrow He^4 + He^4$	0.02381	22.17	22.20
$B^{10} + H^2 \longrightarrow C^{11} + n^1$	0.00685	6.38	6.08
$N^{14} + H^2 \longrightarrow C^{12} + He^4$	0.01436	13.37	13.40
$N^{14} + He^4 \longrightarrow O^{17} + H^1$	-0.00124	-1.15	-1.16
$Si^{28} + He^4 \longrightarrow P^{31} + H^1$	-0.00242	-2.25	-2.23

注：参考 S. Dushman，*General Electric Remiew*，47，6-13（Oct. 1944）.

【例】

恒星的产能反应　在太阳和绝大多数恒星中，最重要的能源来自质子通过核燃烧而生成氦.

形成每一个氦原子（参看图 12.7）所释放的能量可以从反应中的净质量变化算出：

$$4M(H^1)-M(He^4)=4\times1.6736\times10^{-27}\text{kg}-6.6466\times10^{-27}\text{kg} \approx 0.0478\times10^{-27}\text{kg} \approx 52m. \tag{12.25}$$

式中，m 表示电子的质量．这个结果等价于 26.7MeV．周期表中的相对原子质量包括了原子中正常个数电子的质量．下面的反应中所产生的正电子，与电子湮没而放出 γ 射线．

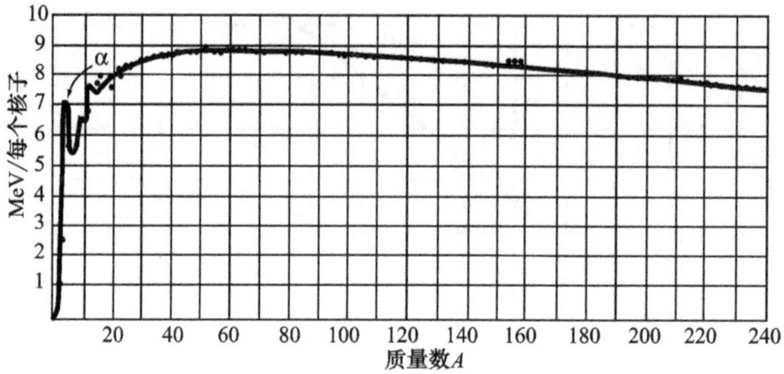

图 12.7　每个核子的结合能（以兆电子伏/每个核子为单位）随质量数 A 的变化，标以 α 的点对应于 He^4，它的结合能相对较大

太阳中心的温度约为 2×10^7K，人们相信，在这样的温度下，核反应过程主要是下面这一组反应（画在图 12.8 中）：

$$H^1 + p = H^2 + e^+ + \text{中微子},$$

$$H^2 + H^1 = He^3 + \gamma,$$

$$He^3 + He^3 = He^4 + 2H^1.$$

净效果是燃烧氢以产生 He^4．注意，在第一步中放出了一个中微子（无质量的中性粒子），所以太阳是一个很强的中微子源．中微子与物质的相互作用很弱，所以恒星中的核反应所产生的中微子几乎全都逃到了太空之中．它们可能带走了太阳发出的能量的百分之十[⊖]．

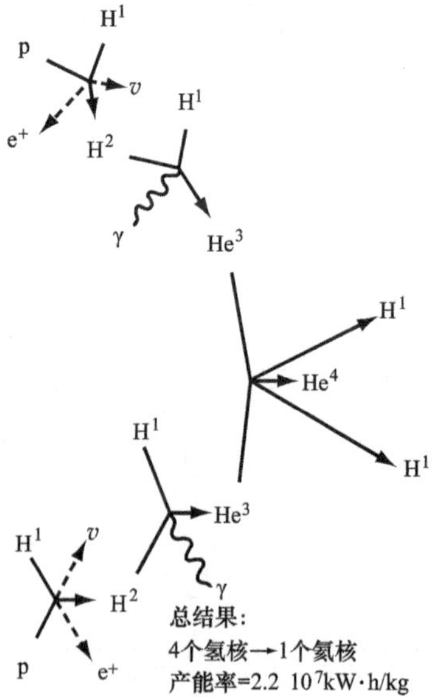

图 12.8　氢通过 p-p 链聚变成氦的示意图．它发生在具有一个太阳质量或更轻的主序星中．密度为 $10^5\,\mathrm{kg/m^3}$，温度为 10^7K

静止质量为零的粒子　当式（12.11）中的 $M=0$ 时，我们有

$$E = pc, \tag{12.26}$$

式（12.18）从而变为

$$v = c. \tag{12.27}$$

这样我们就看到，静止质量为零的粒子总是以光速运动的．对于任何观察者，它都有这同一个速率和同一个零静止质量，一个真空中的光脉冲正有 $v\equiv c$ 这一性质，不过我们并不

⊖ 关于元素起源的一个极好的讨论，可参看 W. A. Fowler, *Proc. Nat. Acad. Sci.*, **52**, 524-548（1964）.

总是把它当作粒子来考虑．在许多光的量子性很显著的现象中，我们发现光好像是由粒子构成的，它被称为光子或光量子．光子是静止质量为零的粒子，但它不是唯一的静止质量为零的粒子，如在第 11 章中提到过的那样，中微子也具有这一性质．所有静止质量为零的粒子都有一个特别简单的性质，它表述为 $E=pc$．一个光子的能量为 $E=h\nu$，与它的频率 ν 相联系，其中 h 是普朗克常量．因此 $E=h\nu=pc$，或 $p=h\nu/c$.

能量为 E 的光子总伴随着动量 E/c．当一个光子被一个原子吸收时，就有 E/c 的动量传给了原子，如果光子被反射（被吸收后再朝相反方向发射出去），则动量转移为 $2E/c$.

让我们来计算包含有许多光子的一个大立方体内的辐射压强，该立方体的边长为 L，每单位体积的总辐射能为 U．假定光子以混乱的方向运动，这相当于在平行于立方体的任一条棱的方向上都有三分之一的光子在运动．在单位时间内，立方体的某一个面受到 $\frac{N}{3}\cdot\frac{c}{2L}$ 次碰撞，其中 N 是盒内光子的总数．每次碰撞的动量改变为 $2E/c$．作用在立方体面上的力对时间的平均值为

$$\begin{aligned} F &= (\text{单位时间内的碰撞数})\times(\text{每次碰撞的动量改变}) \\ &= N\cdot\frac{c}{6L}\cdot\frac{2E}{c}=N\frac{E}{3L}. \end{aligned}$$

如果 n 是单位体积内的光子数，那么 $N=nL^3$，因此

$$F=nL^2\frac{E}{3} \quad 或 \quad P=\frac{1}{3}U^{\ominus}$$

为辐射压强．式中，$P=F/L^2$；$U=nE$.

从 P 和 E 的表达式及洛伦兹变换［式（12.16）］不难导出多普勒效应的公式．如果在 S 系中 $E=h\nu$，$p_x=h\nu/c$，那么在 S′系中 E' 和 p' 等于什么呢？

$$p_x'=\gamma\left(\frac{h\nu}{c}-\beta\frac{h\nu}{c}\right),\ E'=\gamma\left(h\nu-\beta c\frac{h\nu}{c}\right).$$

因此

$$p_x'=\frac{h\nu}{c}(1-\beta)\gamma,\ E'=h\nu(1-\beta)\gamma,$$

$$p_x'=\frac{h\nu}{c}\sqrt{\frac{1-\beta}{1+\beta}},\ E'=h\nu'=h\nu\sqrt{\frac{1-\beta}{1+\beta}}. \tag{12.28}$$

⊖ 对于非相对论性粒子（气体动理论），这个关系式为

$$P=\frac{Nmv^2}{3L^3}=\frac{2}{3}\left(\frac{1}{2}\frac{Nmv^2}{L^3}\right)=\frac{2}{3}动能密度.$$

从 $P=\frac{2}{3}$动能密度转变为 $P=\frac{1}{2}$能量密度（其中 P 是当 $v\approx c$ 时的压强）相应于从

$$K=\frac{p^2}{2m} \quad 转变为 \quad K=E=pc.$$

当然，E'是等于$p'c$的.

太阳光辐射到地球表面的能量约有$10^3\,J/m^2 \cdot s$. 如果入射能量全部被吸收，所引起的压强为$10^3/c$ (J/m^2) $\approx 3 \times 10^{-6} N/m^2$，如果能量全部被反射，压强将两倍于此. 这个压强极小，它对地球运动的影响完全可以忽略. 对于彗星的弥漫的尾部或转播卫星，由于表面积相对于它们的质量来说较大，这种压强的积累效果是不能忽略的. 图12.9是一个示例. 然而，彗星尾部受到的来自太阳的物质粒子的轰击可能更为重要，在一个非常热而密度又十分低的恒星的内部，辐射压强可以变得异常重要.

图12.9　姆克罗斯（Mkros）慧星，1957年8月27日（威尔逊山和帕洛马天文台供图）

能量足够高以致$E >> Mc^2$的任何粒子也将近似地与光子有同样的动量-能量关系. 对于一个粒子，我们总能想象一个运动的观察者，使粒子相对于他是静止的. 而对于光子，虽然它的能量和动量对不同的观察者是不同的，但它却总有$v = c = E/p$，因此永远不能通过变换参考系来使它成为静止的.

考虑一个静止的但处于电子激发态的单独的氢原子. 这个氢原子发射出一个能量为E、动量为$(E/c)\,\hat{\boldsymbol{x}}$的光量子. 原子反冲的动量为$-(E/c)\,\hat{\boldsymbol{x}}$. 由于反冲的结果，除非光量子具有质量$M_\gamma$，否则系统（原子加上光量子）的质心不能保持静止. 为了求M_γ，我们让

$$\dot{\boldsymbol{R}}_{质心} \equiv \frac{M_H \dot{\boldsymbol{r}}_H + M_\gamma \dot{\boldsymbol{r}}_\gamma}{M_H + M_\gamma} = 0.$$

现在$M_H \dot{\boldsymbol{r}}_H = -\left(\frac{E}{c}\right)\hat{\boldsymbol{x}}$，$\dot{\boldsymbol{r}}_\gamma = c\,\hat{\boldsymbol{x}}$，所以

$$-E/c + M_\gamma c = 0, \quad M_\gamma = E/c^2.$$

这质量正是爱因斯坦关系所给出的. 光量子的质量不是静止质量，它是与能量E相当的质量. 光量子的静止质量是零.

12.4　动量变化率的变换

我们对牛顿第二定律

$$\boldsymbol{F}=\frac{\mathrm{d}\boldsymbol{p}}{\mathrm{d}t}=M\frac{\mathrm{d}}{\mathrm{d}t}\frac{\boldsymbol{v}}{\sqrt{1-\frac{v^2}{c^2}}}$$

及其变换感兴趣．显然

$$\frac{\mathrm{d}\boldsymbol{p}}{\mathrm{d}t}\neq\frac{\mathrm{d}\boldsymbol{p}'}{\mathrm{d}t'}.$$

让我们把 S′系考虑成质点 M 在其中是瞬时静止的，那么，S′以速度 $v\hat{\boldsymbol{x}}$相对于 S 运动．根据式（12.16），有

$$\Delta p_y=\Delta p_y',\ \Delta p_z=\Delta p_z'.$$

再根据式（12.3），有

$$\Delta t'=\Delta\tau=\sqrt{1-v^2/c^2}\,\Delta t.$$

式中，$\Delta\tau$ 是原时．因此

$$\frac{\Delta p_y}{\Delta t}=\frac{\Delta p_y'\sqrt{1-v^2/c^2}}{\Delta t'}=\frac{1}{\gamma}\frac{\Delta p_y'}{\Delta t'}.$$

由于

$$F_y=\frac{\Delta p_y}{\Delta t}\quad\text{以及}\quad F_y'=\frac{\Delta p_y'}{\Delta t'},$$

我们看出有

$$F_y=\frac{1}{\gamma}F_y'\quad\text{以及}\quad F_z=\frac{1}{\gamma}F_z'.$$

$\Delta\boldsymbol{p}/\Delta t$ 的 x 分量没有这么简单：

$$p_x=\gamma\left(p_x'+\frac{vE'}{c^2}\right),$$

$$\Delta p_x=\gamma\Delta p_x'+\gamma v\frac{\Delta E'}{c^2}.\tag{12.29}$$

我们想用 $\Delta p_x'$来计算 $\Delta E'$：

$$E'=(M_0^2c^4+c^2p'^2)^{\frac{1}{2}},$$

$$\Delta E'=\frac{c^2p'\Delta p'}{\sqrt{M_0^2c^4+c^2p'^2}}.$$

但是，p_x'，p_y'和 p_z'都等于零，所以 $\Delta E'=0$，又回到式（12.29）：

$$\frac{\Delta p_x}{\Delta t}=\frac{\gamma\Delta p_x'}{\Delta t'}\frac{\Delta t'}{\Delta t}=\frac{\gamma\Delta p_x'}{\Delta t'}\frac{1}{\gamma}=\frac{\Delta p_x'}{\Delta t'},$$

或

$$\frac{\mathrm{d}p_x}{\mathrm{d}t}=\frac{\mathrm{d}p_x'}{\mathrm{d}t'},$$

并有

$$F_x = F'_x. \tag{12.30}$$

这些方程在电磁学卷第5章中起着重要的作用，当然，它们只是更普遍的结果的特殊情形.

12.5　电荷的守恒性

电荷为 q 的粒子在电场 $\boldsymbol{E}$ 中的运动规律 $q\boldsymbol{E}=\dot{\boldsymbol{p}}$ 是不完全的，除非我们还知道电荷对于动量为 $\boldsymbol{p}$ 的粒子的速度和加速度的依赖关系. 证明质子或电子所带的电荷严格不变的最好的实验证据，是氢原子束或氢分子束在垂直于束的均匀电场中没有受偏转的观测事实. 氢原子是由一个电子（e）和一个质子（p）组成的，H_2 分子是由两个电子和两个质子组成的，而质子在很慢地运动，电子绕质子运动的平均速度约为 $10^{-2}c$㊀. 一个未发生偏转的分子的动量不变，所以此实验结果表明：$\dot{\boldsymbol{p}}_p+\dot{\boldsymbol{p}}_e=0=(e_p+e_e)\boldsymbol{E}$. 因此从实验得知，不管事实上电子处于高速，质子为低速，甚至在原子和分子中电子的平均速度也不相同，原子和分子中却总有 $e_e=-e_p$. 定量地说，已知电子电荷与速度无关，并且在电子速度达 $10^{-2}c$ 时，它与质子的电荷也是相等的，至少准至 10^9 分之一. 另外知道，电荷只以电子电荷的倍数出现，所以总电荷可以由简单的数个数的方法来确定，而数个数是与参考系无关的.

这个实验的情况在电磁学卷中有所讨论. 实验结果表明，电荷与粒子速度及观察者的速度都无关. 因此，当参考系改变时，电荷与质量是按不同的方式变换的.

习　题

1. 相对论性动量. 动能为1GeV的质子的动量有多大？（E 以GeV为单位时，p 可以GeV/c 为单位.）（答：1.7GeV/c.）

2. 相对论性动量. 动量为1GeV的电子的动量有多少？（答：1.0005GeV/c.）

3. 光子的动量. 能量为1GeV的光子的动量有多大？

4. 快速质子的能量和动量. 设有一个质子，在实验室中测得它的 $\beta=0.995$；那么，它的相应的相对论性总能量和动量有多大？动能有多大？

5. 高能宇宙线粒子. 已知宇宙线粒子的能量可达 10^{19}eV，或许更高.

（a）这种粒子的表观质量约为多大？（答：1.8×10^{-17}kg.）

（b）动量约为多大？（答：5×10^{-9}kg·m/s.）

6. 能量和动量的变换. 一个质子在实验室中的 $\beta=0.999$. 试在沿同一方向以 $\beta'=0.990$ 相对于实验室运动的参考系中求它的能量和动量.

7. 快速电子的能量. 一个电子的 $\beta=0.99$. 它的动能有多大？（答：3.1MeV.）

㊀ 简单的玻尔原子理论给出，基态中 $v=c/137$.

8. 发射 γ 射线时的反冲. Fe^{57} 的核由于发射一个 14keV 的光子而反冲，试问它在实验室中的反冲动量为多大？这个核的动量是相对论性的吗？（答：7.5×10^{-24} kg · m/s.）

9. 设有能量为 E_γ 的 γ 射线正射向一个在实验室中静止的质子.

(a) γ 射线在实验室系中的动量有多大？

(b) 试证明在实验室系中质心的速度 V 由下式给出：

$$\frac{V}{c}=\frac{E_\gamma}{E_\gamma+M_p c^2}.$$

(c) 在质心系中 γ 射线和质子的能量分别有多大？

10. 中子的衰变. 试应用第 12 章中给出的数据，计算当一个中子衰变成一个质子和一个电子时所释放的能量.（答：0.79MeV.）

11. 两粒子系统中的洛伦兹不变性. 令两粒子系统的总动量和总能量分别为 $\boldsymbol{p}=\boldsymbol{p}_1+\boldsymbol{p}_2$ 和 $E=E_1+E_2$. 试直接证明对 $\boldsymbol{p}$ 和 E 的洛伦兹变换与量 $E^2-p^2c^2$ 的不变性一致.

12. 从质心参考系变换到静止系. 两个质子以 $\beta=0.5$ 的速度从一公共点反向运动.

(a) 其中一个质子相对于公共点的能量和动量有多大？

(b) 用洛伦兹变换求出其中一个质子在另一个质子处于静止的参考系中的能量和动量.（在这类问题中，把能量表示成一个粒子的静止质能的倍数常常是方便的.）

13. 无线电发送机辐射的质量. 24 小时中由辐射 1000W 无线电能的天线所放出的能量相当于多少质量？（1W ≡ 1J/s）

14. 太阳能. 太阳常数是在地球离太阳平均距离处每秒通过每平方米面积的太阳能流量. 测量得出的太阳常数的值为 1.4×10^3 J/s · m^2.

(a) 试证明太阳产生的总能量约为 4×10^{26} J/s.

(b) 试证明太阳上每克物质的能量平均产生率约为 2×10^{-4} J/kg · s ≈ 6×10^3 J/kg · y.

(c) 试证明与 1 克氢转化成 He^4 所相当的能量约为 6×10^{11} J.

(d) 如果太阳质量中有三分之一为氢，而且核反应过程持续不变，试证明太阳可以按现在的辐射率继续辐射 3×10^{10} 年.

15. 辐射推行. 在太空中的一种可能的推进方法，是在小的飞船上装一个大的金属反射片. 试对离太阳 1 天文单位远的某个典型飞船所能获得的加速度做一合理的估计.

16. 激光脉冲的动量. 大的激光器能产生具有 2000J 能量的光脉冲.

(a) 试证明这脉冲的动量的数量级为 10^{-5} kg · m/s.

(b) 试讨论如何探测这个动量. 脉冲的持续时间可能为 1ms（10^{-3}s）.

高级课题

γ射线的无反冲发射　一个处于受激能态的核在跃迁到核的基态即非激发态时，会发射一个光子（γ射线）. 逆过程也能发生：处于基态的核也可能吸收一个光子而使核处于激发态（见图12.10）.

设想我们备有一个含受激核的源. 随着时间的推移，源将发射出光子. 我们让光子去撞击一个吸收器，它含有处于基态的同样的核. 这些核将吸收入射光子，然后重新辐射光子. 这种吸收和再辐射的现象称为核荧光. 如图12.11所示，（由源和吸收器两者）发射出的光子的能量将有一个近似宽度为 Γ 的范围.

核 Fe^{57} 是一个很好的例子. 它作为 Co^{57} 辐射衰变的产物而处于激发态. Fe^{57} 的激发态发射一个能量为14.4keV的光子而使 Fe^{57} 核回到基态.

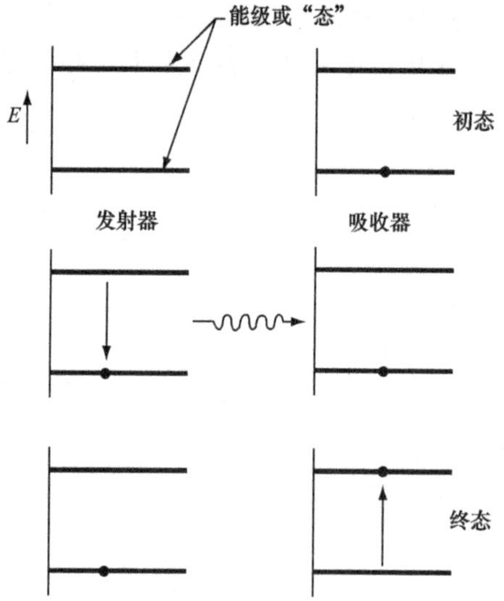

图12.10　在发出和吸收辐射时，核能级的改变

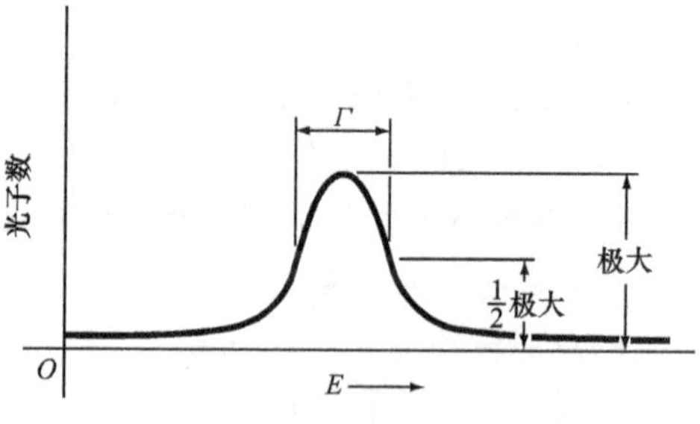

图12.11　核能级宽度引起的γ射线能量分布

考虑一个处于激发态的 Fe^{57} 核，并设想这个核开始时在自由空间中静止着. 当发射出光子时，核将向与光子相反的方向反冲.

（a）试问能量为14.4keV的光子的频率 ν 为多大？重提一下，$E=h\nu$，其中 h 是普朗克常量，E 是能量.（答：$3.5\times10^{18}\mathrm{s}^{-1}$.）

（b）光子的动量为 $h\nu/c$. 核的反冲动量有多大？（答：$7.7\times10^{-24}\mathrm{kg\cdot m/s}$.）

（c）证明核的反冲能量 R 为

$$R=\frac{E^2}{2Mc^2}.$$

式中，M 是核的质量；E 是光子的能量，以eV为单位，算出 Fe^{57} 的 R.（答：2×

10^{-3}eV.）

按照测不准原理，核能级不是一根线，而是有一个宽度 Γ：

$$\Gamma\tau=\frac{h}{2\pi}.$$

式中，τ 是该状态的平均寿命. 对于像从 Fe^{57} 发出的那种低能 γ 射线，核能级的能量展宽会比反冲能量 R 小得多. 在这种情况下，发射出的光子不能正常地被处于基态的核再吸收，因为频率不对了（参看图 12.11 和图 12.12）.

使发射器和吸收器的频率有效地合拍的方法之一，是让源相对于吸收器具有速度.

（d）对 Fe^{57}，这个速度需要多大？

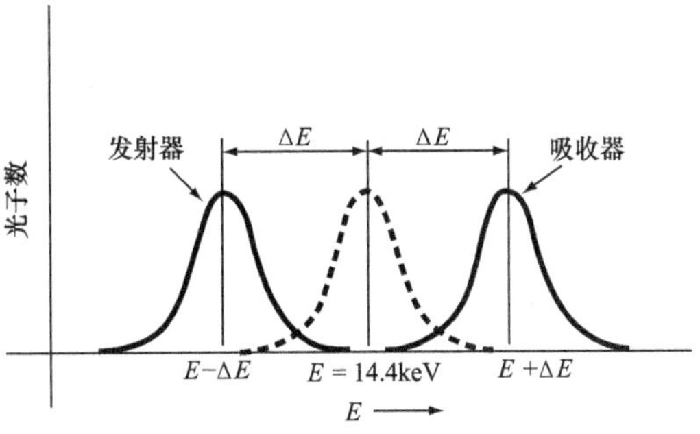

图 12.12　核辐射及核吸收时 γ 射线能量分布的移动

（e）穆斯堡尔观测到，在某些晶体所做的某些发射中，晶体是作为整体而不是作为单个的核获取反冲动量的. 在室温下，一个 Fe 晶体放出的光子中约有 70% 在这种意义下几乎没有反冲. 如果 Fe 晶体的质量是 10^{-3}kg，试算出无反冲光子的 R.（答：2×10^{-25}eV，完全可以忽略.）

历 史 注 记

质能关系　爱因斯坦关于狭义相对论的第一篇题为《论运动物体的电动力学》的论文，发表在 1905 年的《物理年鉴》第十七卷[㊀]上. 这一卷《物理年鉴》中有三篇爱因斯坦的经典论文，一篇是关于光电效应的量子解释（第 132 至 148 页），一篇是关于布朗运动的理论（第 549 至 560 页），还有一篇就是上面指出的关于狭义相对论的论文（这篇论文的许多结果，拉莫尔、洛伦兹等人曾预言过）. 同一年爱因斯坦还有一篇短文发表在第十八卷[㊁]上，题为《物体的惯性与它所含的能量有关吗？》这里我们把爱因斯坦的论证简单介绍如下.

㊀ A. Einstein, *Annalen der Physik*, **17**, 891-921 (1905).

㊁ A. Einstein, *Annalen der Physik*, **18**, 639-641 (1905).

考察（如同在爱因斯坦关于电动力学的论文中那样）一个由平面光波构成的波包或波群．令波包在S系中有能量ε，并沿正x方向运动．在相对于S以速度$V\hat{x}$运动的S′中看来，波包的能量为

$$\varepsilon' = \varepsilon\left(\frac{1-\beta}{1+\beta}\right)^{1/2},\ \beta = \frac{V}{c}. \qquad (12.31)$$

这个结果是在爱因斯坦关于电动力学的论文中导出的，没有提到光子的观念．它是最直接地从另一种论证得出的：由纵向多普勒效应的结果［式（12.28）］，我们注意到分别在S′和S中静止的两个观察者所看到的频率具有下述关系：

$$\nu' = \nu\left(\frac{1-\beta}{1+\beta}\right)^{1/2}. \qquad (12.32)$$

按照量子图像，一个光脉冲可以看成是由整数个光量子即光子构成的，每个光量子具有能量$h\nu$（在S中看），其中h是普朗克常量．当我们从S′中看这个脉冲时，光子的个数不变，但每个光子的能量变为$h\nu'$．（假定h的值在S′中和在S中一样．）因此，光脉冲的能量ε'正比于ν'，而从式（12.32）导出式（12.31）．

现假设S系中有一个不动的物体，令它的初始能量在S中为E_0，在S′中为E_0'．假定这物体沿正x方向发射一个能量为$\varepsilon/2$的光脉冲，并沿负x方向发射一个能量为$\frac{1}{2}\varepsilon$的类似的脉冲．物体在S中将保持静止．令E_1和E_1'分别代表发射两个光脉冲后物体在S和S′中的能量．那么由能量守恒，有

$$E_0 = E_1 + \frac{1}{2}\varepsilon + \frac{1}{2}\varepsilon, \qquad (12.33)$$

$$\begin{aligned} E_0' &= E_1' + \frac{1}{2}\varepsilon\left(\frac{1-\beta}{1+\beta}\right)^{1/2} + \frac{1}{2}\varepsilon\left(\frac{1+\beta}{1-\beta}\right)^{1/2} \\ &= E_1' + \frac{\varepsilon}{(1-\beta^2)^{1/2}}; \end{aligned} \qquad (12.34)$$

据此，从式（12.33）中减去式（12.34），得

$$E_0 - E_0' = E_1 - E_1' + \varepsilon - \frac{\varepsilon}{(1-\beta^2)^{1/2}}. \qquad (12.35)$$

能量差$E_0' - E_0$必须正好是物体在S′中的初始动能K_0，因为它在S中开始是静止的．同样，$E_1' - E_1$是在S′中看到的末动能K_1．因此，式（12.35）可写作

$$K_0 - K_1 = \varepsilon\left(\frac{1}{(1-\beta^2)^{1/2}} - 1\right).$$

我们看到，物体的动能因发射了光而减小．减小的数量与物体的性质无关，如果$\beta \ll 1$，

$$K_0 - K_1 \approx \frac{1}{2}\varepsilon\beta^2 = \frac{1}{2}\frac{\varepsilon}{c^2}V^2,$$

所以物体的静止质量减小了

$$\Delta M = \frac{\varepsilon}{c^2}.$$

根据这个关系式爱因斯坦断定：

“如果一个物体以辐射的形式放出能量 ε，它的质量将减小 ε/c^2. 从物体中去掉的能量变为辐射能的事实显然无关紧要，所以这使我们得出更普遍的结论：

‘物体的质量是它所含能量的一种量度，如果能量改变了 ε，在同样意义上质量改变了 $\varepsilon/(9\times10^{16})$；其中能量用焦耳量度，质量用千克量度.’

‘用所含能量可以有很大变化的物体（如镭盐）来使这个理论成功地受到检验，并非是不可能的.’

‘如果理论与事实相符，那么辐射就在发射体和吸收体之间传递着惯性.’”

拓 展 读 物

M. Born, “Einstein’s Theory of Relativity,” chap. 6, sees. 7-9, (reprint) Dover Publications, Inc., New York, 1962.

A. P. French, “Special Relativity,” chap. 7, W. W. Norton and Company, Inc., New York, 1968.

C. Kacser, “Introduction to the Special Theory of Relativity,” chaps. 5-7, Co-Op Paperback, Prentice-Hall, Inc., Englewood Cliffs, N. J., 1967.

第13章　相对论动力学中的相关问题

第 13 章　相对论动力学中的相关问题

在第 3 章中，我们讨论过一些涉及粒子在电磁场中的非相对论性运动的问题．在第 3 章、第 4 章以及在第 6 章中，我们又讨论过两个非相对论性粒子的弹性碰撞和非弹性碰撞．现在，我们把早先得到的几个解推广到相对论的领域．得出这些解往往并没有特殊的困难，其中有几个解对于高能粒子物理和天体物理是非常重要的．

众所周知，在高能粒子的碰撞中由于能量转化为物质，可以产生出碰撞前所没有的新粒子，在质心系中，入射粒子的全部动能可用于产生新的粒子或用于粒子可能的内部能态转变．对于产生特定系列的新粒子或激发态的任何一种反应，都有一个为产生这种系列所必需的阈能．如果这种反应涉及相对论性的能量，那么，实验室能量中此质心阈能所占的百分数比非相对论性情况时要小．在高能粒子物理的实验中，这种考虑是很重要的，在本章 13.4 节中给出了一个例子．

一个被加速的相对论性粒子，即使它的速度在接近光速时只改变一点点，它的动量仍可以有非常大的增加，这一事实是大型加速器以及用偏转磁场做高能粒子动量分析的基础．在高能粒子的研究中，广泛应用磁偏转的方法．

为了熟悉某些标准方法的使用，我们首先讨论在电场作用下相对论性粒子的加速．

13.1　带电粒子在恒定纵向电场作用下的加速

电荷为 q、静止质量为 M 的一个粒子在均匀恒定电场 $\mathscr{E}\hat{\boldsymbol{x}}$ 中的运动方程为[⊖]

$$\dot{p}\hat{\boldsymbol{x}} = q\mathscr{E}\hat{\boldsymbol{x}};\tag{13.1}$$

或者，如果要求粒子在 x 方向从静止开始加速，我们取 $v_y = v_z = 0$，则由 $\boldsymbol{p} = M\boldsymbol{v}/(1 - v^2c^2)^{\frac{1}{2}}$得

$$M\frac{\mathrm{d}}{\mathrm{d}t}\frac{v}{(1 - v^2/c^2)^{\frac{1}{2}}} = q\mathscr{E}.\tag{13.2}$$

将式（13.2）对时间做积分，即可得

$$p = M\frac{v}{(1 - v^2/c^2)^{\frac{1}{2}}} = q\mathscr{E}t,$$

⊖ 关心式（13.1）如何修正的读者应该记得式（12.30）．详尽的讨论在电磁学卷中给出．这里，我们用 $\mathscr{E}$ 表示电场强度，以免与能量 E 混淆．

这时 $v(0)=0$. 对上式两边取平方并加以整理，即利用式（12.11）和式（12.18），可得

$$v^2=\frac{(q\mathscr{E}t/Mc)^2}{1+(q\mathscr{E}t/Mc)^2}c^2. \tag{13.3}$$

在图 13.1 中，我们画出了 v/c 随 t 变化的曲线. 对于短时间㊀ $t<Mc/q\mathscr{E}$，式（13.3）中的分母可用 1 代替，于是有

$$v^2\approx\left(\frac{q\mathscr{E}}{M}t\right)^2=\frac{p^2}{M^2}.$$

这正是第 3 章中的非相对论近似.

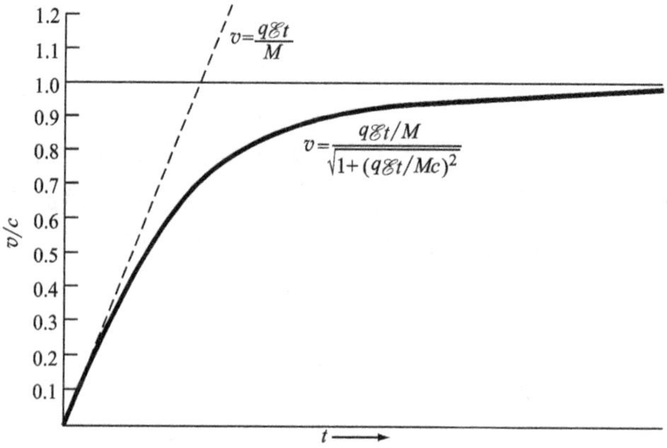

图 13.1　一个静止质量为 M 的电荷 q，在均匀电场 $\mathscr{E}$ 的作用下从静止开始加速，它的速度 v 与时间 t 的关系如图所示. 在 $t\gg 0$ 时，速度 v 趋近于极值 c. 虚线表示非相对论性力学所预计的电荷速度

对于长时间 $t\gg Mc/q\mathscr{E}$，有

$$v^2=\frac{1}{(Mc/q\mathscr{E}t)^2+1}c^2\approx\left[1-\left(\frac{Mc}{q\mathscr{E}t}\right)^2\right]c^2,$$

其中 $Mc/q\mathscr{E}t$ 是一个很小的量. 上式表明了 v 是如何趋近极限速度 c 的. 在这个近似下，利用 $\beta\equiv v/c$，有

$$\frac{1}{(1-\beta^2)^{\frac{1}{2}}}\approx\frac{q\mathscr{E}t}{Mc}.$$

在式（12.10）中用 $1/(1-\beta^2)^{\frac{1}{2}}=\gamma$ 这个值，得出相对论性的能量㊁为

㊀ 当 $\mathscr{E}=3\times10^4\,\text{V/m}$ 时，对于一个电子，有

$$\frac{mc}{q\mathscr{E}}\approx\frac{10^{-30}\times3\times10^8}{1.6\times10^{-19}\times3\times10^4}\text{s}\approx10^{-7}\text{s}.$$

㊁ 从式（12.11）得到 E 的普遍表达式为 $E^2=M^2c^4+q^2\mathscr{E}^2t^2c^2$.

$$E=\frac{Mc^2}{(1-\beta^2)^{\frac{1}{2}}}\approx q\mathscr{E}ct.$$

它也是长时间 $t\gg Mc/q\mathscr{E}$ 极限下的近似. 这个极限结果正是力乘上粒子以速度 c 在 t 时间内走过的距离. 在同样的极限下, 动量为

$$p\approx q\mathscr{E}t\approx\frac{Mc}{(1-\beta^2)^{\frac{1}{2}}}=\frac{E}{c}.$$

注意这里的相对论性特点：即使速度实际上已接近 c 而不怎么变化了, 动量和能量还可能继续增加；这时能量是与 p 成正比, 而不是与 p^2 成正比.

由式 (13.3) 的平方根可求出位移 x. 将 v 写成 $\mathrm{d}x/\mathrm{d}t$, 得

$$\mathrm{d}x=\frac{(q\mathscr{E}/Mc)t}{\sqrt{1+(q^2\mathscr{E}^2t^2/M^2c^2)}}c\mathrm{d}t. \tag{13.4}$$

从 0 到 t 积分后, 得到的位移为

$$x=\frac{Mc^2}{q\mathscr{E}}\left\{\left[1+\left(\frac{q\mathscr{E}t}{Mc}\right)^2\right]^{\frac{1}{2}}-1\right\} \tag{13.5}$$

这里我们已经假定在 $t=0$ 时, $x=0$, $v=0$. 值得注意的是, 如果 $q\mathscr{E}t/Mc\gg 1$, 则 $x\approx ct$；反之, 如果 $q\mathscr{E}t/Mc\ll 1$, 则 $x\approx\frac{1}{2}(q\mathscr{E}/M)t^2$. 这是非相对论的情况.

13.2　横向电场作用下的加速

我们考虑一个带电粒子, 它以很高的动量 p_0 沿 x 轴运动, 并进入一长度为 L、横向电场为 $\mathscr{E}\hat{\boldsymbol{y}}$ 的区域. 我们来求在电场作用下粒子的偏转角 (见图 13.2).

运动方程为

$$\frac{\mathrm{d}p_x}{\mathrm{d}t}=0,\ \frac{\mathrm{d}p_y}{\mathrm{d}t}=q\mathscr{E},$$

由此得出

$$p_x=p_0,\ p_y=q\mathscr{E}t.$$

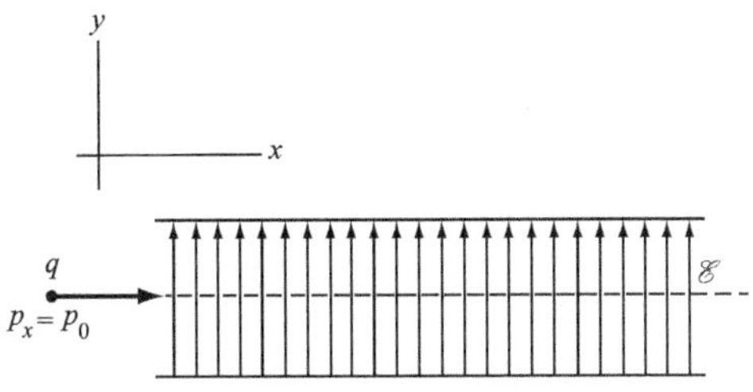

图 13.2　假定有一个具有初始动量 p_x 的电荷 q 进入横向电场 $\mathscr{E}$

如图 13.3 所示. 我们要求出速度 $\boldsymbol{v}$. 如果我们能求出能量 E, 则利用从式 (12.18) 导出的关系 $\boldsymbol{v}=\boldsymbol{p}c^2/E$ 就可以从动量求出速度.

能量 E 由下式给出：

$$E^2 = M^2c^4 + p^2c^2 = M^2c^4 + p_0^2c^2 + (q\mathscr{E}tc)^2 = E_0^2 + (q\mathscr{E}tc)^2. \tag{13.6}$$

式中，E_0 是初始能量．因此，由式（13.6）及速度-动量关系可得出

$$v_x = \frac{p_0c^2}{[E_0^2 + (q\mathscr{E}tc)^2]^{\frac{1}{2}}}, \tag{13.7}$$

$$v_y = \frac{q\mathscr{E}tc^2}{[E_0^2 + (q\mathscr{E}tc)^2]^{\frac{1}{2}}}. \tag{13.8}$$

注意，当 t 增加时，v_x 减小（见图 13.4）．我们还看到，v_y 总是小于非相对论性的数值 $q\mathscr{E}t/M$．在时刻 t，轨道与 x 轴之间的夹角由下式给出：

$$\tan\theta(t) = \frac{v_y}{v_x} = \frac{q\mathscr{E}tc^2}{p_0c^2} = \frac{q\mathscr{E}t}{p_0}.$$

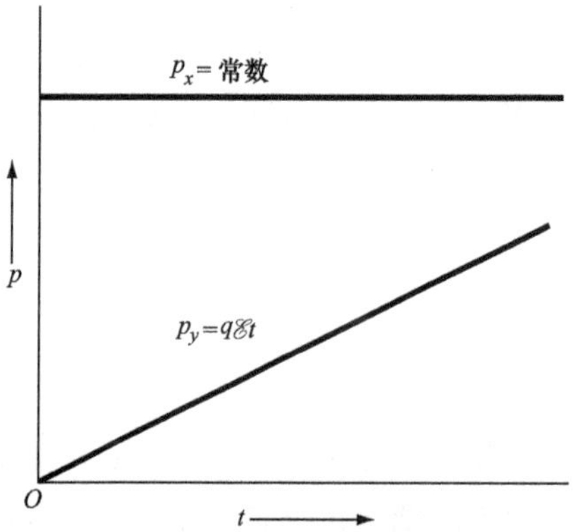

图 13.3　y 方向的力是 $q\mathscr{E}$，所以 $p_y = q\mathscr{E}t$，而 p_x 保持不变．能量 $E = c\sqrt{(p_x^2 + p_y^2) + M^2c^2}$ 在增加

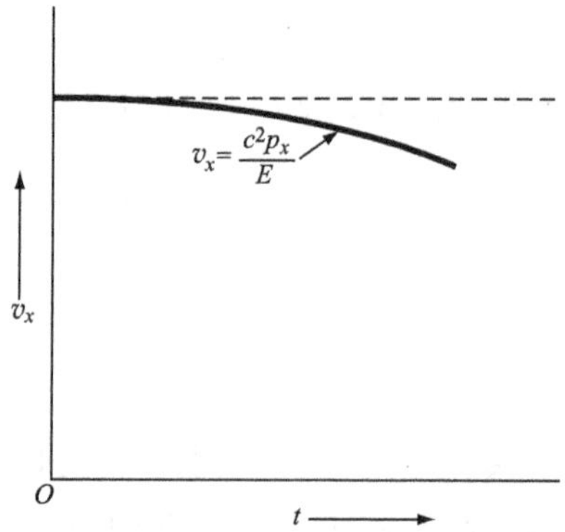

图 13.4　由于 $v_x = c^2p_x/E$，当粒子在 y 方向上加速时，v_x 实际上是在减小．当然，非相对论性力学将预言 v_x = 常数

对式（13.7）求积分，可以求出通过距离 L 所需的时间 t_L：

$$\int_0^L \mathrm{d}x = p_0c^2\int_0^{t_L} \frac{\mathrm{d}t}{[E_0^2 + (q\mathscr{E}tc)^2]^{\frac{1}{2}}},$$

由积分表查出

$$L = \frac{p_0c}{q\mathscr{E}}\operatorname{arsinh}\frac{q\mathscr{E}t_Lc}{E_0},$$

从而

$$t_L = \frac{E_0}{q\mathscr{E}c}\sinh\frac{q\mathscr{E}L}{p_0c}$$ [⊖]

⊖ $\sinh\theta = (e^\theta - e^{-\theta})/2$，因此，对于很小的 θ 值，$\sinh\theta \approx \theta$；而对于大的 θ 值，$\sinh\theta \approx \frac{e^\theta}{2}$.

13.3　磁场中的带电粒子

下面再考虑一个重要的实际问题：电荷为 q 的粒子在均匀恒定磁场 $\boldsymbol{B}$ 中的运动. 参照式（3.23），运动方程为

$$\frac{\mathrm{d}\boldsymbol{p}}{\mathrm{d}t} = q\boldsymbol{v} \times \boldsymbol{B}. \tag{13.9}$$

就像在非相对论性问题中一样（第 3 章式（3.18）），我们有 $\frac{\mathrm{d}(p^2)}{\mathrm{d}t} = 0$，这是因为

$$\frac{\mathrm{d}}{\mathrm{d}t}(p^2) = 2\boldsymbol{p} \cdot \frac{\mathrm{d}\boldsymbol{p}}{\mathrm{d}t} = 2q\boldsymbol{p} \cdot \boldsymbol{v} \times \boldsymbol{B},$$

而 $\boldsymbol{p}$ 总是平行于 $\boldsymbol{v}$，所以这个三重积为零. 因此，粒子动量的数值，以及粒子速度的数值，都不会被一个恒定磁场改变. 但是，如果磁场只是改变粒子运动的方向，那么，在 $\boldsymbol{p}$ 的定义中出现的因子

$$\frac{M}{(1 - v^2/c^2)^{\frac{1}{2}}} \tag{13.10}$$

应为常量.

现在，可将运动方程式（13.9）写成

$$\frac{\mathrm{d}\boldsymbol{p}}{\mathrm{d}t} = \frac{M}{(1 - v^2/c^2)^{\frac{1}{2}}} \frac{\mathrm{d}\boldsymbol{v}}{\mathrm{d}t} = q\boldsymbol{v} \times \boldsymbol{B}. \tag{13.11}$$

由于式（13.10）的不变性，这个方程的解为粒子在垂直于 $\boldsymbol{B}$ 的平面上做圆周运动（参看第 3 章）. 令 ρ 代表这个圆的半径，ω_c 代表当 $\boldsymbol{v}$ 垂直于 $\boldsymbol{B}$ 时运动的角频率（见图 13.5）. 在式（13.11）中用向心加速度 $\omega_c^2\rho$ 代替 $\frac{\mathrm{d}\boldsymbol{v}}{\mathrm{d}t}$，并用 $\omega_c\rho$ 代替 v，得

$$\frac{M}{(1 - v^2/c^2)^{\frac{1}{2}}}\omega_c^2\rho = q\omega_c\rho B,$$

从而

$$\boxed{\omega_c = \frac{qB(1 - v^2/c^2)^{\frac{1}{2}}}{M}.} \tag{13.12}$$

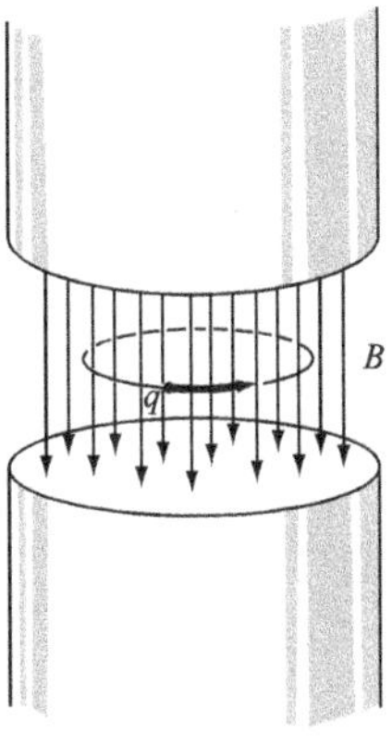

图 13.5　一个其速度 $\boldsymbol{v}$ 与均匀磁场 $\boldsymbol{B}$ 垂直的电荷 q 做圆周运动，圆的半径是

$$\rho = \frac{p}{qB}$$

我们看到，快速粒子运动的频率比慢速粒子的低. 因此，在粒子的能量不断增长时，只要回旋加速器的射频加速场的频率（或磁场强度）调制得能保持式（13.12）所要求的同步，回旋加速器就可用来使粒子加速到相对论性能量. 这个关系式绘在图 13.6 上，对于非相对论性粒子，如在第 3 章中所看到的那样，频率随速度的变化可忽略不计.

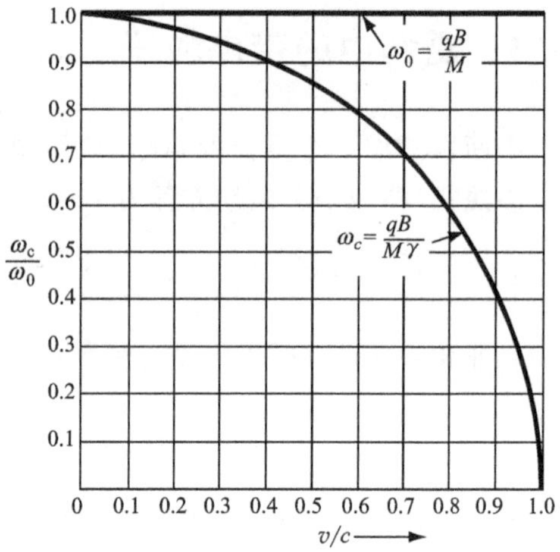

图 13.6　一个静止质量为 M 的电荷 q 在垂直于均匀磁场 $\boldsymbol{B}$ 的平面内作圆周运动，图中画出它的回旋频率 ω_c 对速度比 v/c 的曲线. 非相对论性回旋频率 ω_0 是一条水平线

式（13.12）所预计的 ω_c 值，已在高能加速器的运转中为实验所证实. 对于在同步加速器中被加速的电子，这个关系式曾经得到证实，在那里把电子加速到了 $1/(1-\beta^2)^{\frac{1}{2}}\approx 12\ 000$，即粒子的表观质量达到其静止质量的 12 000 倍. 现在来看一看这时 $c-v$ 的值，即光速超过粒子速率多少，是有意思的. 我们有

$$\begin{aligned}(1-\beta^2)&=(1+\beta)(1-\beta)\\&\approx 2(1-\beta)\approx(12\ 000)^{-2}\\&\approx 7.0\times10^{-9}.\end{aligned}\qquad(13.13)$$

注意，这里我们取了 $(1+\beta)\approx 2$ 这个近似. 从式（13.13）得出

$$1-\beta=\frac{c-v}{c}\approx 3.5\times10^{-9},$$

$$c-v\approx 1\text{m/s}.$$

在前苏联的一个质子加速器中，质子以 100MeV 的能量注入磁场中的圆轨道，然后再加速到约 80 000MeV. 这相当于 β 由 0.43 变为 $1-6.8\times10^{-5}$.

利用式（13.12），得到一个相对论性粒子在磁场中的回旋半径 ρ 为

$$\rho=\frac{v}{\omega_c}=\frac{Mv}{qB(1-\beta^2)^{\frac{1}{2}}},$$

但上式右边含有动量 p，故有

$$\boxed{B_\rho=\frac{p}{q}}$$

因此，一个带电粒子在磁场中所描的圆半径 ρ 是相对论性动量的直接量度，这个关系式是测定相对论性带电粒子动量的一个最重要的方法.

13.4　质心系和阈能

能量守恒对两个粒子碰撞时所能发生的核反应或事件加上了一个普遍的限制. 例如，一个高能光子（γ 射线），只有当它的能量超过与电子和正电子的静止质量之和相当的能量时，才能由下列反应产生一个电子-正电子对：

$$\gamma\longrightarrow e^-+e^+.$$

因此，对于电子-正电子对的产生，由能量守恒单独规定的阈能或最小能量为

$$E_\gamma = 2mc^2 \approx 1.02 \times 10^6 \mathrm{eV}.$$

在第 9 章提到过，正电子的静止质量等于电子的静止质量.

然而，这个反应在自由空间中对于任何能量都是不可能的，因为动量不可能守恒，在第 12 章中，我们曾看到，光子的动量是 $p_\gamma = E_\gamma / c$. 我们选电子-正电子对的质心在其中为静止的参考系来观察这个反应，在这个参考系中，电子动量与正电子动量之和为零：

$$\boldsymbol{p}_{\mathrm{e}^-} + \boldsymbol{p}_{\mathrm{e}^+} = 0.$$

但在这个参考系中，入射光子的动量并不为零，因为不存在这样一个参考系，在其中能使光子的动量变为零㊀. 因此，在质心系中，

$$\boldsymbol{p}_\gamma \neq \boldsymbol{p}_{\mathrm{e}^-} + \boldsymbol{p}_{\mathrm{e}^+} = 0.$$

由于动量不守恒，反应 $\gamma \longrightarrow \mathrm{e}^+ + \mathrm{e}^-$ 是不可能发生的，如果这个反应在某个参考系中不可能发生，那么，它在任何参考系中都不可能发生.

这个反应能在另一粒子——例如一个原子核——的附近进行，因为这时原子核可以吸收动量的改变. 原子核通过它的库仑场对带电粒子的推和拉，吸收了动量的改变，于是，可能有

$$\boldsymbol{p}_\gamma + \boldsymbol{p}_{\text{核}} = \boldsymbol{p}'_{\text{核}} + \boldsymbol{p}_{\mathrm{e}^-} + \boldsymbol{p}_{\mathrm{e}^+}.$$

原子核的动量由于反应而改变了，但在其他方面，原子核实际上没有变化，因而它只是起了一种简单的催化剂作用. 原子核的初始动量可以是零.

一个重粒子或原子核是吸收多余动量而不吸收很多能量的良好媒介物. 这一点可以从非相对论性动能的表达式中看出：

$$K = \frac{1}{2} M v^2 = \frac{p^2}{2M}.$$

也就是，质量 M 越大，则与给定动量相关联的动能就越小.

【例】

光生 π^0 介子的阈能　π^0 介子的质量是 135MeV. 试问在实验室中能引起

$$\gamma + \mathrm{p} \longrightarrow \pi^0 + \mathrm{p}$$

反应的 γ 射线的最小能量是多少？设原来质子处于静止.

我们从两种不同的观点，即从实验室的观点和从质心系的观点来考虑这个问题.

(1) 在实验室中（见图 13.7），一个高能 γ 射线光子撞击一个静止的质子，在阈能情况下，结果是一个质子与一个 π^0 介子一起以速率 βc 飞行，它们的动量与原来 γ 射线的动量相同. 我们写出能量守恒和动量守恒的方程：（注意，在下面方程中的斜体 γ 是 $\gamma = (1-\beta^2)^{1/2}$，而不是上面刚刚讨论过的 γ 射线光子的符号.）

㊀ 我们可以通过改变参考系来改变光子的频率；但我们既不能由此而使它失踪，也不能由此而使它静止.

能量：

$$h\nu_{实}+M_{p}c^{2}=\frac{(M_{p}+M_{\pi})c^{2}}{\sqrt{1-\beta^{2}}}=\gamma(M_{p}+M_{\pi})c^{2}, \tag{13.14}$$

动量：

$$\frac{h\nu_{实}}{c}=\frac{(M_{p}+M_{\pi})\beta c}{\sqrt{1-\beta^{2}}}=\gamma(M_{p}+M_{\pi})\beta c.$$

从上面两方程中消去 $h\nu_{实}$，解出 β 和 γ 如下：

$$h\nu_{实}=\gamma(M_{p}+M_{\pi})\beta c^{2},$$

$$\gamma(M_{p}+M_{\pi})\beta c^{2}+M_{p}c^{2}=\gamma(M_{p}+M_{\pi})c^{2}.$$

令 $M_{\pi}/M_{p}=\alpha$，得

$$1+\gamma\beta(1+\alpha)=\gamma(1+\alpha),$$

或

$$\sqrt{1-\beta^{2}}=(1+\alpha)(1-\beta).$$

由此得

$$\beta=\frac{\alpha(2+\alpha)}{2+2\alpha+\alpha^{2}}, \tag{13.15}$$

和

$$\gamma=\frac{2+2\alpha+\alpha^{2}}{2(1+\alpha)}.$$

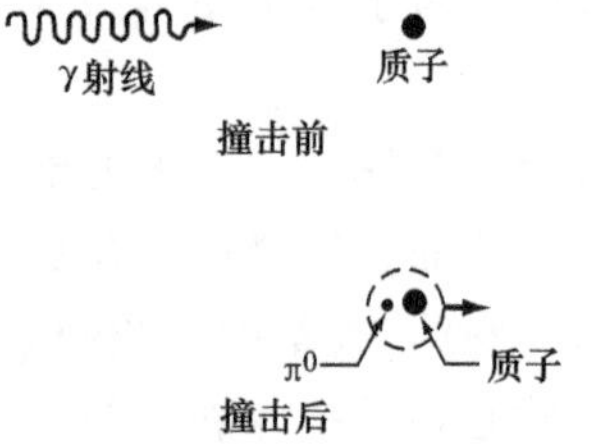

图 13.7　在实验室中，γ 射线撞击一个静止的质子而产生一个质子和一个 π^0 介子．它们应一起在 γ 射线方向飞行，以保持在阈能情况下的动量守恒

现在求解 $h\nu_{实}$：

$$h\nu_{实}=\frac{M_{p}c^{2}\alpha(1+\alpha)(2+\alpha)}{2(1+\alpha)}=\frac{M\pi c^{2}}{2}(2+\alpha), \tag{13.16}$$

即 $h\nu_{实}=144.7\mathrm{MeV}$．这里我们已用到

$$\alpha=\frac{135}{938}=0.144.$$

（2）在质心系中（见图 13.8），我们写出：

能量：

$$h\nu_{质心}+\gamma M_{p}c^{2}=(M_{p}+M_{\pi})c^{2},$$

动量：

$$\frac{h\nu_{质心}}{c}=\gamma M_{p}\beta c;$$

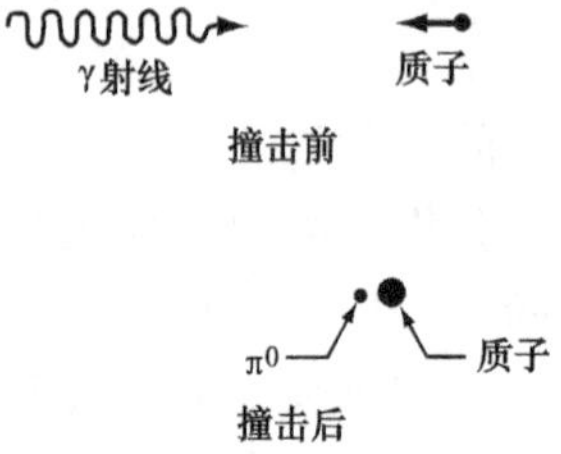

图 13.8　质心系．γ 射线和质子以相等的动量彼此相向飞行．如果事件发生在阈上，则在相互作用之后，质子和 π^0 介子是静止的

这里的 β 和 γ，现在是与质心系中质子的初始运动相应

的量. 利用上面同样的符号，并消去 $h\nu_{质心}$，得

$$\gamma(\beta+1)=1+\alpha,$$

$$\frac{\beta+1}{\alpha+1}=\sqrt{1-\beta^2},$$

从而

$$\beta=\frac{\alpha(2+\alpha)}{2+2\alpha+\alpha^2}.$$

这与式 (13.15) 所得到的 β 一样，这是必然的；因为在质心系中质子和 π^0 介子在终态是静止的. 我们接着可以求出

$$h\nu_{质心}=M_\pi c^2\frac{2+\alpha}{2(1+\alpha)} \tag{13.17}$$

$$=126.5\text{MeV}.$$

用多普勒效应公式 [式 (12.18)]，从 $h\nu_{实}$ 也可以求出 $h\nu_{质心}$：

$$h\nu_{质心}=h\nu_{实}\sqrt{\frac{1-\beta}{1+\beta}}$$

$$=\frac{M_\pi c^2}{2}(2+\alpha)\frac{1}{(1+\alpha)},$$

它与式 (13.17) 中的数值相符.

求解这个问题还有一个更简单的方法，这就是记住 $E^2-p^2c^2$ 是一个不变量. 我们在实验室参考系对反应前和反应后的情况写出这个不变量，得

$$(h\nu_{实}+M_pc^2)^2-\left(\frac{h\nu_{实}\,c}{c}\right)^2$$

$$=[\gamma(M_p+M_\pi)c^2]^2-[\beta\gamma(M_p+M_\pi)c^2]^2, \tag{13.18}$$

从而得

$$2h\nu_{实}\,M_pc^2+M_p^2c^4=(M_p+M_\pi)^2c^4.$$

这里我们已用到

$$\gamma^2-\beta^2\gamma^2=1.$$

于是得到

$$h\nu_{实}=\frac{M_\pi^2c^2}{2M_p}+\frac{M_\pi M_pc^2}{M_p}=M_\pi c^2\left(1+\frac{\alpha}{2}\right),$$

它与上述式 (13.16) 的结果相符.

在有新粒子产生的碰撞事件中，由于动量守恒的要求，通常不可能把实验室参考系中的全部初始动能都转化为在碰撞中所形成的新粒子的静止质量. 如果碰撞前在初态中有一净动量，那么，碰撞后在终态中就必有一相等的动量，因此，碰撞后留下来的粒子不会是静止的，一部分初始动能转化为终态时粒子的动能.

只有当初态的动量为零时，才会出现初始动能全部对反应有用的情形. 选一个合适的参考系来看碰撞，总可以使动量看起来为零. 这个参考系就是质心参考系.

【例】

运动粒子的资用能　一个运动质子与一个静止质子碰撞时，资用能是多少呢？

首先，假定入射质子的动能远小于 M_pc^2，因此对这个碰撞可以做非相对论性的讨论．如果在实验室参考系中，入射质子的速度是 v，则它的动能为

$$K_{实} = \frac{1}{2}M_pv^2. \tag{13.19}$$

在质心参考系中，一个质子的速度是$\frac{1}{2}v$，另一个质子的速度是 $-\frac{1}{2}v$．在质心参考系中，全部动能都可用于产生新粒子．这个动能是

$$K_{质心} = \frac{1}{2}M_p\left(\frac{1}{2}v\right)^2 + \frac{1}{2}M_p\left(\frac{1}{2}v\right)^2 = \frac{1}{4}M_pv^2. \tag{13.20}$$

由式（13.19）和式（13.20），我们得出非相对论性的结果是

$$\frac{K_{质心}}{K_{实}} = \frac{1}{2}.$$

因此，在实验室参考系中，能量的二分之一是可用的，如果我们将质子加速到50MeV，则在与另一个静止质子的碰撞中，只有25MeV的能量可用于产生其他粒子.

在相对论范围内，效率更低，这可以直接算出.

对两个质子的系统，利用不变性的性质［式（12.11），上面的式（13.18）也已用过］，我们可以把实验室系中的总相对论性能量与质心系中的总相对论性能量联系起来：

$$\underbrace{(E_1+E_2)^2-(\boldsymbol{p}_1+\boldsymbol{p}_2)^2c^2}_{实验室系} = \underbrace{(E_1+E_2)^2-(\boldsymbol{p}_1+\boldsymbol{p}_2)^2c^2}_{质心系}. \tag{13.21}$$

按质心系的定义，有 $(\boldsymbol{p}_1+\boldsymbol{p}_2)_{质心}=0$．如果质子2静止于实验室系中，则 $E_{2实}=M_pc^2$，而 $\boldsymbol{p}_{2实}=0$．利用

$$E_{1实}^2 - p_{1实}^2c^2 = M_p^2c^4,$$

式（13.21）化为

$$2E_{1实}M_pc^2 + 2M_p^2c^4 = E_{总,质心}^2; \tag{13.22}$$

式中，$E_{总,质心}$表示质心系中的和数 E_1+E_2．如果令 $E_{总,实}$代表实验室系中的总能量 $E_{i实}+M_pc^2$，则由式（13.22）可得

$$2E_{总,实}M_pc^2 = E_{总,质心}^2,$$

或

$$\boxed{\frac{E_{总,质心}}{E_{总,实}} = \frac{2M_pc^2}{E_{总,质心}}.} \tag{13.23}$$

这是“效率”的一种量度．对于 $M_pc^2\approx 1\text{GeV}$ 的质子，为了要在质心系中得到

20GeV 的总能量，必须有

$$E_{总,实}=\frac{E^2_{总,质心}}{2M_{p}c^2}\approx\frac{400}{2}\text{GeV}\approx 200\text{GeV}.$$

在这种情形下，实验室系中 200GeV 的质子，大约有 20GeV 的动能可用于产生新粒子，因为在一个相对论性粒子与一个静止粒子碰撞的情况下效率很低，所以建造了两束电子以大小相等而方向相反的动量相碰撞的电子对撞机．在欧洲原子核研究委员会（CERN）㊀，还为 28GeV 的质子加速器建成了一个新的贮存环，这样就可以做质子对撞实验了．

【例】

反质子阈　伯克利的高能质子同步稳相加速器的能量，是按可能使高能质子轰击静止质子而产生反质子（用 $\bar{p}$ 表示）设计的，这个反应式可以写成

$$p+p\longrightarrow p+p+(p+\bar{p}),$$

即产生质子-反质子对．在这个反应中，电荷守恒，因为反质子所带电荷为 $-e$．试问，这个反应的阈能为多大呢？

一个质子-反质子对的静止能量是 $2M_{p}c^2$，因为反质子的静止质量等于质子的静止质量．因此，在质心系中动能至少必须是 $2M_{p}c^2$，即初，始时两个质子的动能各为 $M_{p}c^2$．此外，还要加上初始时两个质子的静止能量 $2M_{p}c^2$，所以在质心系中的总能量最少应为

$$E_{总,质心}=4M_{p}c^2.$$

由式（13.23），在实验室系中，相应的能量是

$$E_{总,实}=\frac{E^2_{总,质心}}{2M_{p}c^2}=\frac{16}{2}M_{p}c^2;$$

式中，$2M_{p}c^2$ 是两个质子的静止能量．$6M_{p}c^2$ 是动能，因此，阈能是

$$\begin{aligned}6M_{p}c^2&=6\times 0.938\text{GeV}\\&\approx 5.63\text{GeV}\end{aligned}$$

如果入射质子与束缚在原子核内的质子相碰撞，那么阈能会低一些，因为作为靶的质子是束缚着的．你能看出这是为什么吗？当质子与原子核碰撞时，观测到产生反质子的阈能约为 4.4MeV，它比对于静止的作为靶的自由质子所计算的值低 1.2GeV，这个阈能是为使反应得以进行所需的（在实验室参考系中看）入射质子的最小动能．

【例】

康普顿效应　康普顿效应是电磁波的粒子性的最具有说服力的表现之一．我们假定读者都熟悉光的波动性，例如从干涉效应可以测定波长这样的事实．康普顿于

㊀ 欧洲原子核研究委员会（Conseil Européen pour la Recherche Nucléaire，即 CERN）是位于瑞士日内瓦的一个研究所，由欧洲一些国家联合运作．

1922 年指出（参看量子物理学卷，那里透彻地讨论了康普顿效应），在 X 射线波长范围内（$\sim 10^{-10}$m）的电磁波与自由电子相互作用时，它们的行为类似于粒子间的弹性碰撞．我们已经看到，与频率为 ν 的电磁波相关联的特征能量即量子能量是 $h\nu$，相应的动量是 $h\nu/c$．图 13.9 表示的是 X 射线与一个电子碰撞时的动量变化关系，其中 X 射线的约化频率为 ν'，散射角为 θ．

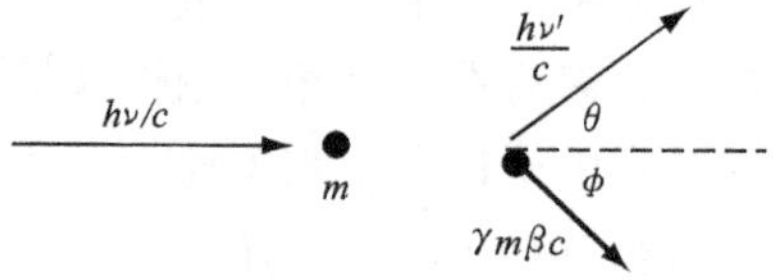

图 13.9　康普顿效应，相互作用前后的动量

纵向动量：

$$\frac{h\nu}{c} = \frac{h\nu'}{c}\cos\theta + \gamma m\beta c\cos\phi,$$

横向动量：

$$\frac{h\nu'}{c}\sin\theta = \gamma m\beta c\sin\phi,$$

能量：

$$mc^2 + h\nu = h\nu' + \gamma mc^2.$$

让我们消去 β 和 ϕ，求出用 θ 表示的 ν．令

$$\frac{h\nu}{mc^2} = \alpha,\ \frac{h\nu}{mc^2} = \alpha',$$

则

$$\alpha = \alpha'\cos\theta + \gamma\beta\cos\phi,$$

$$\alpha'\sin\theta = \gamma\beta\sin\phi.$$

经过稍微有些复杂的代数运算后，我们得到

$$\alpha - \alpha' = \alpha\alpha'(1 - \cos\theta),$$

$$\frac{h\nu}{mc^2} - \frac{h\nu'}{mc^2} = \frac{h^2\nu\nu'}{m^2c^4}(1 - \cos\theta),$$

$$\frac{1}{\nu'} - \frac{1}{\nu} = \frac{h}{mc^2}(1 - \cos\theta),$$

$$\lambda' - \lambda = \frac{h}{mc}(1 - \cos\theta).$$

人们可以在质心系中求解这个问题，然后再变换到实验室系，这样也可得到相同的结果；不过这需要更多的计算．

涉及康普顿效应的一个最新发展，是利用高能电子加速器和激光器通过倒康普顿效应去产生高能 γ 射线．我们看一看如图 13.10 所示的这类碰撞．为计算 γ 射线的能量，我们做一个变换，把参考系变为前面已做过计算的、电子在其中为静止的参考系．

有多普勒位移的激光光子具有能量

$$h\nu c = h\nu\sqrt{(1+\beta)/(1-\beta)},$$

[式（12.28）]（联系图 13.10 中的 C，我们用 νc 这个符号）或

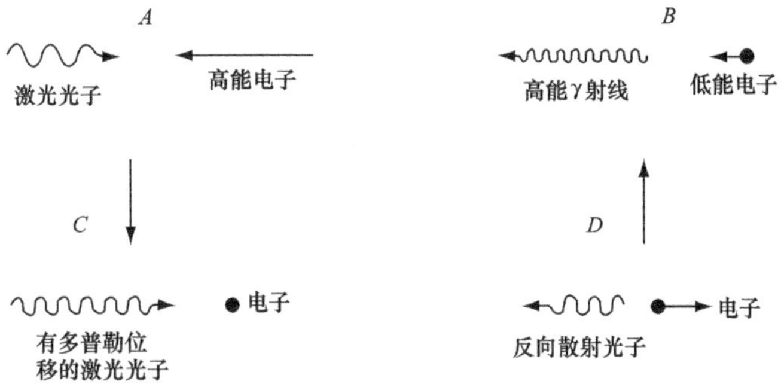

图 13.10　逆康普顿效应．A 和 B 表示实验室状态．正文中的变换是由 A 到 C．C→D 是康普顿效应（$\theta=\pi$），并且把 D 变回到 B

$$\lambda_C=\lambda\sqrt{\frac{1-\beta}{1+\beta}}$$

式中，β 是电子的 v/c，它约为 1．现在我们考虑多普勒位移光子的反向散射，则

$$\lambda'-\lambda_C=\frac{h}{mc}(1-\cos\pi)=\frac{2h}{mc}.$$

如果 $\beta\approx1$，从而

$$\lambda_C \ll \frac{h}{mc}{}^{㊀},$$

于是

$$\lambda'\approx\frac{2h}{mc}.$$

现在，变回到实验室参考系，λ' 将再次发生多普勒位移．因此

$$\lambda_{实}\approx\lambda'\sqrt{\frac{1-\beta}{1+\beta}}\approx\frac{2h}{mc}\frac{\sqrt{1-\beta}}{\sqrt{2}}.$$

但是，如果电子的初始能量是

$$E_{实}\approx\gamma mc^2=\frac{mc^2}{\sqrt{1-\beta^2}}\approx\frac{mc^2}{\sqrt{2}\sqrt{1-\beta}},$$

$$\lambda_{实}\approx\frac{2h}{mc}\frac{1}{\sqrt{2}}\frac{mc^2}{\sqrt{2}E_{实}}\approx\frac{h}{mc}\frac{mc^2}{E_{实}},$$

则在这个近似下有

$$\frac{c}{\lambda_{实}}\approx\frac{mc^2}{h}\frac{E_{实}}{mc^2}\approx\nu_{实}$$

和

$$h\nu_{实}\approx E_{实}.$$

式中，$E_{实}$ 是电子能量，几乎全部动能都转入光子．这种倒康普顿效应在天体物理

㊀ 在本章末的习题 13 中，要求做精确解．

学的研究中是十分重要的（见习题12和习题13）.

习　题

1. 磁场中的质子. 试计算总相对论性能量为30GeV的一个质子在1.5T磁场中的回旋半径和回旋频率.（答：$\omega_c = 4.5\times10^6$ rad/s.）

2. 反冲原子核. 一个质量为10^{-26}kg的原子核在发射能量为1MeV的γ射线之后，它的反冲能量是多少焦耳和多少电子伏特？（参看第12章的高级课题）.（答：1.4×10^{-17}J，90eV.）

3. 电子-质子碰撞. 一个能量为10GeV的电子与一个静止质子碰撞.

（a）质心系的速度是多少？

（b）可用于产生新粒子的能量是多少？（用M_pc^2为单位来表示.）

4. 高能回旋频率. 在高能时，正被加速的粒子的回旋频率依赖于它的速率. 为了保持旋转中的粒子与加速它的交变电场同步，设计者必须要求所加的角频率或磁场（或两者）在加速过程中受到调制. 试证明$\omega\propto B/E$；其中ω是角频率；B是磁场强度；E是粒子的总能量.

5. 非相对论性和相对论性的回旋频率. 伯克利的4.6m回旋加速器是在约2.3T的固定磁场下工作的.

（a）试计算在这磁场中质子的非相对论性回旋频率.（答：2.2×10^8 rad/s.）

（b）试计算适合于使最终动能达到720MeV的频率.

6. 守恒定律.

（a）试证明，在真空中以速度$\boldsymbol{v}$运动的自由电子不可能发射单个光量子. 这也就是要证明这样的发射过程必然违反守恒定律.

（b）处于受激电子态的氢原子可以发射一个光量子. 试证明这样的过程能够满足守恒定律.（a）与（b）两者的结果不同的道理是什么？

7. 高能质子. 试计算在下列情况下，一个$\beta\equiv v/c=0.99$的质子的动量、总能量和动能（$M_pc^2=0.94$GeV）.

（a）在实验室参考系中.（答：6.60GeV/c，6.66GeV，5.72GeV.）

（b）在随着粒子运动的参考系中.

（c）在这个质子和另一个不动的氦核的质心参考系中.（$M_{He}\approx4M_p$）

（d）在这个质子和另一个静止质子的质心系中，

8. 宇宙射线粒子. 求出一个电荷为e、能量为10^{19}eV的粒子在10^{-10}T磁场中的轨道半径.（在我们的银河系内，10^{-10}T的磁场并非不合理.）试拿它与我们的银河系的直径比较一下.（引起有这样巨大能量的“事件”的粒子曾在宇宙射线中探测到，这种粒子能引起电子、正电子、γ射线和介子的所谓广延空气簇射.）

9. 正电场和磁场中的曲率.

(a) 试计算一个动能为 1GeV 的质子在 2T 的横向磁场中所走的路径的曲率半径. (答: 2.83m.)

(b) 为了产生大约同样的曲率半径, 需要多大的横向电场? 一条已知曲线 $y(x)$ 的曲率半径的公式是 $\rho=\left[1+\left(\frac{\mathrm{d}y}{\mathrm{d}x}\right)^2\right]^{3/2}\Big/\frac{\mathrm{d}^2y}{\mathrm{d}x^2}$, 再计算质子进入电场处的 ρ, 在该处 $\mathrm{d}y/\mathrm{d}x=0$, 而 $\mathrm{d}^2y/\mathrm{d}x^2$ 可从 $\mathrm{d}^2y/\mathrm{d}t^2$ 和 $x=vt$ 算出. (答: 5.25×10^8V/m.)

(c) 考虑到 (b) 中电场的大小, 试评论一下利用电场使相对论性粒子偏转的实际可能性.

10. 氘核蜕变. 考虑下述核反应: 一动能为 K_{p} 的入射质子打在一个不动的氘核上, 并按

$$\mathrm{p}+\mathrm{d}\longrightarrow\mathrm{p}+\mathrm{p}+\mathrm{n}$$

使其分裂. 在阈附近, 两个质子与一个中子以差不多同样的速度作为一个没有结合在一起的团运动. 写下动量和动能的非相对论性表达式, 并证明入射质子的阈动能 K_{p}^0 为

$$K_{\mathrm{p}}^0=\frac{3}{2}E_{\mathrm{B}}.$$

式中, E_{B} (≈2MeV) 是氘核相对于自由中子和质子的结合能.

11. 非相对论性 π^0 阈. 试应用质子和 π^0 介子的动能与动量的非相对论性表达式, 计算光生 π^0 阈能 [与式 (13.14) 比较一下], 计算出的阈能与式 (13.16) 有什么不同? 在阈上质子加上 π^0 介子的动能的正确值是多少? 在阈上非相对论性的动能是多少? (答: $h\nu_{阈}=M_{\mathrm{p}}c^2[1+\alpha-(1-\alpha^2)^{1/2}]$.)

12. 电子-质子弹性碰撞. 一个电子被能量为 10 000eV 的光子散射时, 如果电子的能量不增也不减, 试问电子的动能应是多少? (提示: 与质心系中的弹性散射做比较.) (答: 98eV.)

13. 逆康普顿效应. 波长为 λ 的光子被一个速度为 βc 的电子直接反向散射时, 试算出散射光子波长的精确公式.

当入射光子具有能量 $h\nu=3.0$eV 而电子的总能量是 1.02MeV ($\gamma=2$) 时, 求散射光子的能量. (答: 41eV)

历 史 注 记

同步加速器　除了像斯坦福那样的电子直线加速器以外, 在超过 1GeV 的范围, 所有高能加速器都采用了同步加速器原理. 同步加速器是把粒子加速到高能的装置, 它基本上是一个回旋加速器, 但其中的磁场或所施加的射频在加速过程中是发生变化的, 从而使粒子相对于射频电场的相位自动调节到使粒子加速所需的恰当数值. 这种调制频率或场的概念在当时并不是新的, 新的一点只是证明了在调制过

程中粒子的轨道可以是稳定的. 同步加速器原理是威克斯勒尔（V. Veksler）在莫斯科和麦克米伦（E. M. McMillan）在伯克利各自独立发现的. 威克斯勒尔工作的全部报导发表在 *Journal of Physics*（*USSR*）**9**, 153-158（1945）上. 麦克米伦的报告发表在 *Physical Review*, **68**, 143（1945）上（该文章全文见后）. 图 13.11 显示的是在麦克米伦领导下建成的第一个同步加速器，图 13.12 是它的 X 射线束的第一张曝光记录.

图 13.11　第一台电子同步加速器（Lawrence Berkeley 实验室供图）

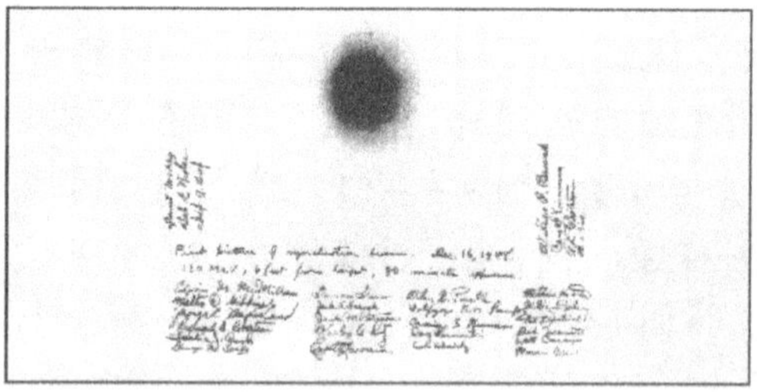

图 13.12　同步加速器束的第一张照片（Lawrence Berkeley 实验室供图）

附：麦克米伦的文章

同步加速器——一种推荐的高能粒子加速器方案

埃德温 M. 麦克米伦

加州大学伯克利分校，加利福尼亚

1945 年 9 月 5 日

加速带电粒子最成功的方法应该包含有可反复利用的振荡电场，像回旋加速器一样. 如果需要进行很多次的独立加速，有可能很难确保粒子与电场的步调一致. 比如在回旋加速器中，当粒子的相对论性能量发生明显改变时，它的回旋频率也会发生变化，从而导致与加速电场不同步.

这里推荐的加速器利用了回旋加速器特定轨道上的“相位稳定性”. 考虑一个

回旋频率恰好和电场频率匹配的粒子，我们把它的能量称为“平衡能量”. 进一步假设这个粒子穿过加速间隙的时刻电场强度为零，而一个更早到达的粒子会被加速. 这个“平衡粒子”的轨道显然是稳定的. 为了说明这一点，我们假设某个粒子的纵向相位有一个偏移量，导致它提前到达加速间隙，此时它是被加速的. 加速导致质量增加，回旋运动周期增大，于是下一次到达加速间隙的时间会相对延迟，从而被减速. 通过类似的分析会发现，对于能量偏离平衡量的粒子，它会倾向于进行自我修正. 能量偏移对应轨道的偏移，这些偏移量包括相位都会围绕平衡态进行振荡.

为了加速粒子，现在需要改变平衡能量，这可以通过改变磁场或者改变加速电场频率来实现. 当平衡能量改变时，运动相位向前移动，这就提供了必要的加速力. 这种机制类似于同步电动机，因此被命名为同步加速器.

我们已经推导了描述相位和能量变化的方程，其中考虑了如下效应：磁场和频率随时间的变化，电磁感应加速，加速中能量随轨道半径的变化，以及电离或者辐射的能量损失. 假设相位振荡周期比圆周轨道运动周期长，电荷量是一个单位电荷. 方程（1）定义了平衡能量；方程（2）给出瞬时能量和平衡能量、相位变化的关系；方程（3）描述相位的运动方程（equation of motion）；方程（4）决定了轨道半径.

$$E_0 = (300cH)/(2\pi f) \tag{1}$$

$$E = E_0[1 - \mathrm{d}\phi/\mathrm{d}\theta] \tag{2}$$

$$2\pi \frac{\mathrm{d}}{\mathrm{d}\theta}\left(E_0 \frac{\mathrm{d}\phi}{\mathrm{d}\theta} + V\sin\phi\right) = \left(\frac{1}{f}\frac{\mathrm{d}E_0}{\mathrm{d}t} - \frac{300}{c}\frac{\mathrm{d}F_0}{\mathrm{d}t} + L\right) + \left(\frac{E_0}{f^2}\frac{\mathrm{d}f}{\mathrm{d}t}\right)\frac{\mathrm{d}\phi}{\mathrm{d}\theta} \tag{3}$$

$$R = (E^2 - E_r^2)^{\frac{1}{2}}/300H \tag{4}$$

符号的物理意义如下.

E：粒子总能量（动能加静止能量）；

E_0：能量 E 的平衡值；

E_r：静止能量；

V：在最匹配的加速相位下，每圈从电场获得的能量；

L：每圈由于电离和辐射损失的能量；

H：轨道处的磁场；

F_0：平衡轨道的磁通量；

ϕ：粒子的相位（电场强度为零时，粒子位置和加速间隙的夹角）；

θ：粒子的角位移；

f：电场频率；

c：光速；

R：轨道半径.

[能量单位为电子伏特（eV），磁场用电磁单位制（EMu），角度单位为弧度，其他量用 CGS 单位制.]

方程（3）看起来和单摆自由振动的运动方程一样，等号右边的项表示常数扭矩和阻尼力. 只要振幅不太大，相位就是振荡变化的，当等号右边第一个括号为零时，振幅最大为 ±π；当这个括号等于 V 时，振动消失. 因为方程第一项中的 E_0 对应一个缓慢变化的质量，因此根据绝热定理，振幅按照 $E_0^{-1/4}$ 衰减；如果频率减小，等号右边最后一项提供了额外的阻尼.

这个方法的应用依赖于被加速粒子的种类. 因为初始能量总是接近静止能量. 对于电子来说，加速过程中，E_0 的变化会很大. 目前来看，在如此大的范围内改变频率并不现实，因此需要改变磁场 H，这将会带来额外的好处，也就是说轨道半径几乎可以保持不变. 对于重粒子，E_0 的变化因子要小得多. 比如加速质子到 300MeV，E_0 变化 30%. 因此对重粒子加速器来说，通过调节频率实现加速是可行的.

一个 300MeV 电子加速器的设计如下：

峰值磁场（H）=1T

最终轨道半径 =1m

频率 =48MHz

注入能量 =300kV

初始轨道半径 =0.78m

由于加速过程中半径增加 22cm，磁场仅需要覆盖这一宽度的环带，所以实际磁场的宽度要更大才能保证其合理分布. 磁场需要沿半径方向稍微减小，这样可以提供轨道径向和轴向的稳定性. 在加速到同样能量的情况下，同步加速器需要的磁通量是感应加速器磁通的 1/5.

加速电极的电压依赖于磁场的变化率，如果磁铁在 60 个周期内完成上升激励，$(1/f)\ (\mathrm{d}E_0/\mathrm{d}t)$ 的峰值应为 2300V.（含有 $\mathrm{d}F_0/\mathrm{d}t$ 感应项取值，约为如上数值的 1/5，因此可以被忽略.）如果 $V=10000\mathrm{V}$，最大相位偏移将达到 13°. 加速过程中，一个相位振荡的周期内，粒子运动圈数将从 22 增加到 440. 粒子注入时，单个相位振荡的周期内，E_0 的相对变化是 6.3%，随着粒子不断加速，变化率会不断减小. 因此，在推导方程时，E_0 缓慢变化的假设是合理的. 可以论证在上述情况中，辐射导致的能量损失并不严重，这一点将会在后续的文章中加以讨论.

关于对重粒子的加速，这里不准备做细节讨论，但可能最好的办法还是改变频率. 既然此时频率的变化不需要很快，那么可以采用相对成熟的电动机驱动的机械调谐装置.

同步加速器提供了一个可能的方法，我们可以把电子或者重粒子加速到数十亿伏特. 对电子来说，与感应加速器相比可以节省材料和能量. 对重粒子来说，可以突破回旋加速器的相对论能量限制.

目前人们正计划在加州大学伯克利分校辐射实验室建造一个 300MeV 的电子同步加速器.

拓展读物

C. Kacser, "Introduction to the Special Theory of Relativity," chap. 7, Co-Op Paperback, Prentice-Hall, Inc., Englewood Cliffs, N. J., 1967.

A. P. French, "Special Relativity," chap. 6, W. W. Norton and Company, Inc., New York, 1968.

Lawrence Radiation Laboratory, "Introduction to the Detection of Nuclear Particles in a Bubble Chamber," Ealing Press, Cambridge, Mass., 1964. 这部书中收集了各种粒子在气泡室中径迹的美妙图片（完全由立体观察仪拍摄）.

第14章　等效原理

第 14 章　等效原理

在本章中，我们将讨论相对论的一些更深入的方面，其中有些课题把广义相对论和第 11 章至第 13 章中讨论的狭义相对论结合了起来.

14.1　惯性质量和引力质量

把同一个力作用在不同物体上，并测出各自的加速度，这样就可以用牛顿第二定律确定物体的质量. 由此有

$$M_1 a_1 = F = M_2 a_2,$$

$$\frac{M_2}{M_1} = \frac{a_1}{a_2}.$$

如果我们让 $M_1 = 1$，M_2 就唯一确定了. 用这种方法确定的质量称为**惯性质量**，用 M_i 表示. 我们也可通过测量物体受到另一个物体（如地球）对它的引力来确定它的质量：

$$\frac{GM_g M_E}{R_E^2} = F,\ M_g = \frac{FR_E^2}{GM_E}. \tag{14.1}$$

用这种方法确定的质量称为**引力质量**，用 M_g 表示. 式（14.1）中 M_E 是地球的质量；R_E 是地球的半径.

值得注意的是，在实验的准确度内，所有物体的惯性质量与引力质量都成正比.（我们可以认为常数 G 已由卡文迪许实验定出，其中用到了力的定义，因而反映了惯性质量.）检验这一点的最简单的实验，是看所有物体是否都以同样的加速度下落. 对地面附近的一个落体，我们有

$$M_{i1} a_1 = \frac{GM_E M_{g1}}{R_E^2}, \tag{14.2}$$

对于第二个落体有

$$M_{i2} a_2 = \frac{GM_E M_{g2}}{R_E^2}. \tag{14.3}$$

以式（14.3）除式（14.2），得

$$\frac{M_{i1} a_1}{M_{i2} a_2} = \frac{M_{g1}}{M_{g2}},\ \frac{M_{i1}}{M_{g1}} = \frac{M_{i2}}{M_{g2}} \frac{a_2}{a_1}.$$

而观察表明，真空中的落体总以同样快慢下落，所以在实验准确度内有 $a_2 = a_1$，因而惯性质量与引力质量之比满足

$$\frac{M_{i1}}{M_{g1}}=\frac{M_{i2}}{M_{g2}}. \tag{14.4}$$

只要这个质量比是常数，我们总可以适当调整 G 的数值，使式（14.4）中的比值等于1. 这就是说，我们要像卡文迪许实验中那样，去测定两个质量 M_{i1} 与 M_{i2} 之间的作用力 F（在惯性系中测量）以及它们之间的距离 r，并令

$$G=\frac{Fr^2}{M_{i1}M_{i2}}.$$

实验的任务是确定比值 M_i/M_g 对于不同的粒子、材料和物体是否有变化.

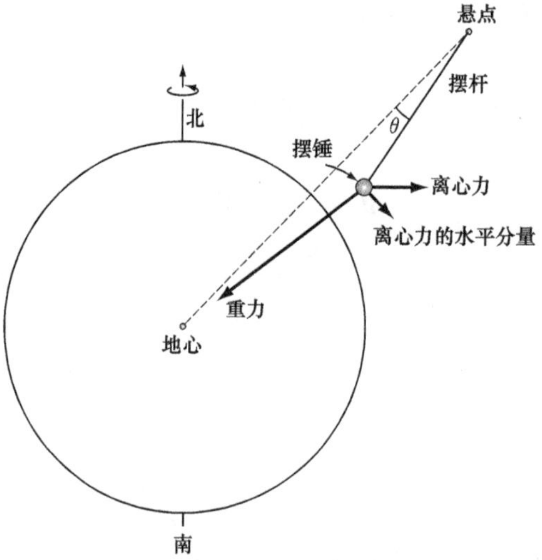

图 14.1　此图说明一个摆是怎样在地球自转离心力的影响下与竖直方向偏离一个小角度 θ 的. 图中的 θ 角、摆锤离地面的距离和离心力都夸大了

经典性的测定是牛顿做的，用的是本章末习题1中摆的方法. 其他著名的测定，包括厄阜（R. Eötvös）大约从1890年开始差不多持续了25年的那些工作. 他的方法十分精巧，可以用悬挂在地球表面纬度45°处的一个摆来加以说明（图14.1）. 这个摆受到一个指向地心的引力 $M_g g$. 它还受到一个离心力[㊀] $M_i\omega^2 R_E/\sqrt{2}$ 的作用，其中 $R_E/\sqrt{2}$ 是地球转动所引起的摆锤做圆运动的半径. 离心力的方向垂直于转轴，它的水平分量由它乘 $\cos45°=1/\sqrt{2}$ 得出. 两个力的合力与指向地心的方向所成夹角为

$$\theta\approx\frac{M_i\omega^2 R_E/2}{M_g g-\frac{1}{2}M_i\omega^2 R_E}\approx\frac{M_i\omega^2 R_E}{2M_g g}.$$

这里我们利用了比值 $M_i\omega^2 R_E/M_g g$ 很小的事实，从而取 $\tan\theta=\theta$. 利用第4章开始

㊀ 我们置身于随地球转动的参考系中.

时给的数据，我们看到这个比值约为 0.003.

现在假定有一个如图 14.2 所示的测扭悬丝，其中的两个小球用不同材料做成，但引力质量相等，即 $M_{g1}=M_{g2}$. 如果 M_{i1} 等于 M_{i2}，则不会有使悬丝扭转的力矩（图 14.3）. 但是，如果 M_{i1} 大于 M_{i2}，则 M_1 所受的离心力的水平分量将比 M_2 所受的大，因此有一净力矩使悬丝扭转（图 14.4）. 把仪器转 180°重做测量，这样有助于确定扭秤的零位置. 这个实验是衡消实验的一个很好的例子：只有 $M_{i1}\neq M_{i2}$，才会观察到效应. 厄阜以铂（Pt）为标准，比较了八种不同的材料. 他发现，在小于 $1/10^{18}$ 的范围内有

$$\frac{M_{i1}}{M_{g1}}=\frac{M_{iPt}}{M_{gPt}}.$$

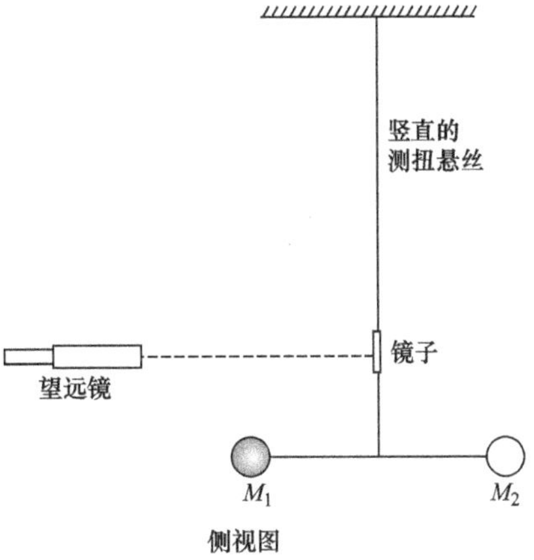

图 14.2 这是一个厄阜用于确定惯性质量与引力质量之比的类似装置的侧视图. M_1 和 M_2 是引力质量相等的两个不同物体

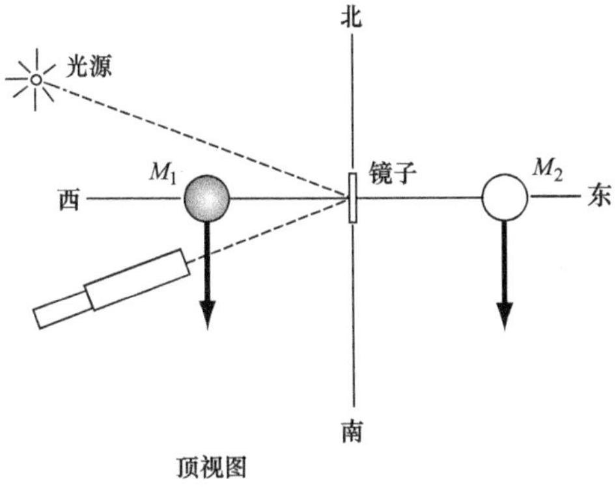

图 14.3 如果 M_1 和 M_2 的惯性质量相等，则离心力的水平分量（两箭头所示）相等，悬丝不受扭力

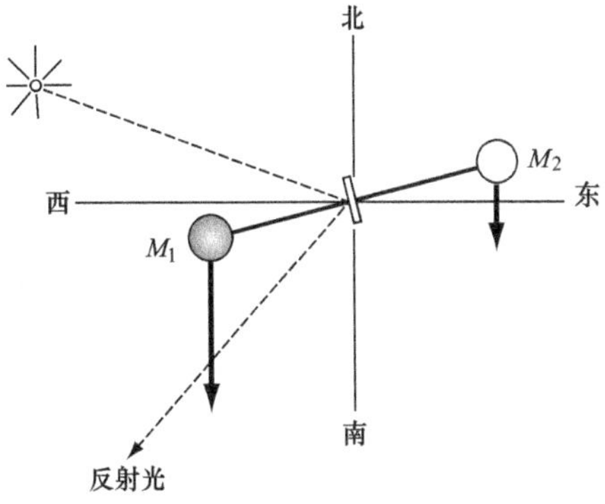

图 14.4 如果 M_1 的惯性质量大于 M_2 的惯性质量，则悬丝将有扭转，镜子会转动（顶视图）

迪克（Dicke）等人[㊀]曾改进了这个实验，但在大的方面没有改变. 他们的结果是在 $1/3\times10^{10}$ 的范围内这个比值等于 1.

目前的实验状况可概括如下.

如果用 Q 表示比值 M_g/M_i，那么：

（1）一个电子加一个质子的 Q 值与一个中子的 Q 值相等，准确到 $1/10^7$.（这

㊀ P. G. Roll, R. Krotkov, R. H. Dicke, *Ann. Phys.* (N. Y.), **26**, 442 (1964).

个比较是直接把周期表中的轻元素和重元素相比而得出的，重元素里中子所占的比例比轻元素高.）

（2）核质量中与核结合能有关的那一部分质量的 Q 值等于 1，准确到 $1/10^5$.

（3）原子质量中与轨道电子结合能有关的那一部分质量的 Q 值等于 1，准确到 1/200.

（4）铝相对于金的 Q 值等于 $1 \pm 3 \times 10^{-11}$.

14.2　光子的引力质量

我们在第 12 章中看到，能量为 $h\nu$ 的光子一定具有惯性质量 $h\nu/c^2$，其中 ν 是频率. 光子是否也具有引力质量呢？实验事实有力地表明它的确是有的，而且引力质量在数值上等于惯性质量.（静止质量当然是零.）

考虑一个光子，它处在地面以上高度为 L 处时，具有频率 ν 和能量 $h\nu$. 它在下降距离 L 后，失去的势能为 $mgL = (h\nu/c^2)gL$，而自身增加这么多能量，以致光子的能量成了 $h\nu'$. 假定光子下降过程中质量 $h\nu/c^2$ 不变（理由是 ν' 与 ν 差不了多少），那么

$$h\nu' \approx h\nu + \frac{h\nu}{c^2}gL. \tag{14.5}$$

由式（14.5），下落后测到的光子频率 ν' 为

$$\nu' \approx \nu\left(1 + \frac{gL}{c^2}\right). \tag{14.6}$$

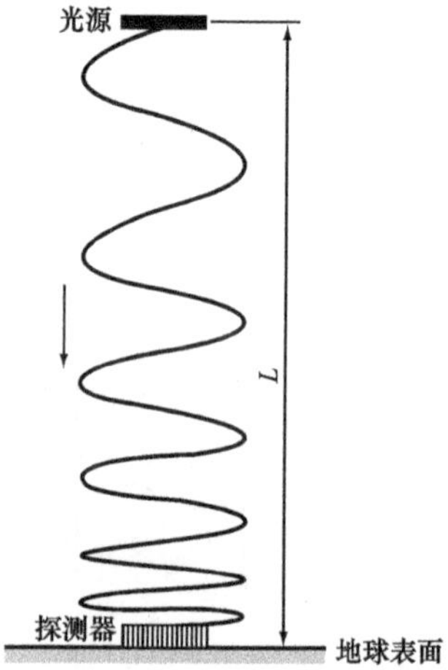

图 14.5　引力红移实验的示意图. 光源朝着地心发射的光子在落下距离 L 后失去"势能" $\Delta U = \left(\frac{h\nu}{c^2}\right)gL$，从而获得等量的"动能". 在探测器处光子的频率为 $\nu' = \nu(1 + gL/c^2)$，在光源处光子的频率为 ν（照这里的描述，是蓝移，如果光子向上运动就是红移.）

图 14.5 说明了这个效应. 如果 $L = 20\text{m}$，相对的频率位移为

$$\frac{\Delta\nu}{\nu} = \frac{gL}{c^2} \approx \frac{10 \times 20}{(3 \times 10^8)^2} \approx 2 \times 10^{-15}. \tag{14.7}$$

庞德（Pound）和雷勃卡（Rebka）[1]用一个 γ 射线源，的确已观测到这个小得出奇的效应（见图 14.6）. 令 $\Delta\nu = \nu' - \nu$，他们得出

$$\frac{(\Delta\nu)_{实验}}{(\Delta\nu)_{计算}} = 1.05 \pm 0.10.$$

其中计算值是用式（14.6）得出的.

从离地球无穷远处发射的一个频率为 ν 的光子，

[1] R. V. Pound, G. A. Rebka, *Jr. Phys. Rev. Letters*, **4**, 337 (1960); R. V. Pound, J. L. Snider, *Phys. Rev.*, **140**, B788 (1965).

在到达地面时频率为ν'，由推广式（14.5）和式（14.6），得

$$\nu' \approx \nu\left(1 + \frac{GM_E}{R_E c^2}\right). \tag{14.8}$$

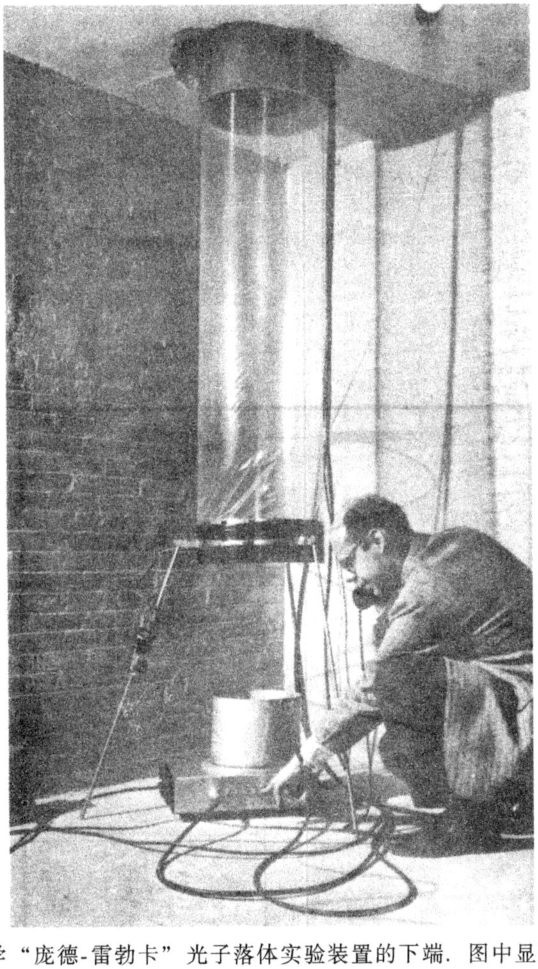

图 14.6　哈佛大学“庞德-雷勃卡”光子落体实验装置的下端．图中显示雷勃卡（Rebka）正在按控制中心的指令调节光电倍增管．后面的实验中又加入了控制光子辐射源和接收器温度的手段．测量到的总的引力红移量仅为光子谱线宽度的 1/500，对这么小偏移量的精确测量需要一些技巧的辅助．（承蒙庞德提供本照片）

注意，频率位移中涉及地球的引力长度㊀GM_E/c^2与地球半径R_E之比．这个比值为6×10^{-10}．这个较大的效应与式（14.6）中考虑的效应是同类型的，不过现在光源离地球无穷远．

㊀ 它的含义与电子半径的定义类似（第 9 章，9.3 节中的“电子的半径”）：

$$M_e c^2 = \frac{GM_e^2}{R},\ R = \frac{GM_e}{c^2}.$$

引力红移 如图14.7所示，频率为ν的一个光子离开一个恒星逃逸至无穷远，在无穷远处观察到它的频率为

$$\nu' \approx \nu\left(1-\frac{GM_s}{R_s c^2}\right). \tag{14.9}$$

式中，M_s是恒星的质量；R_s是它的半径. 这是修改式（14.8）后得出的；这个光子在逸出恒星的引力场时损失了能量. 在可见光谱的蓝色区中，光子的频率将移向光谱的红端，这个效应因此称作引力红移. 一定不要把引力红移与远处恒星的退行红移相混淆，退行红移被认为是由恒星离开地球的表观径向运动造成的，它已在第10章中讨论过.

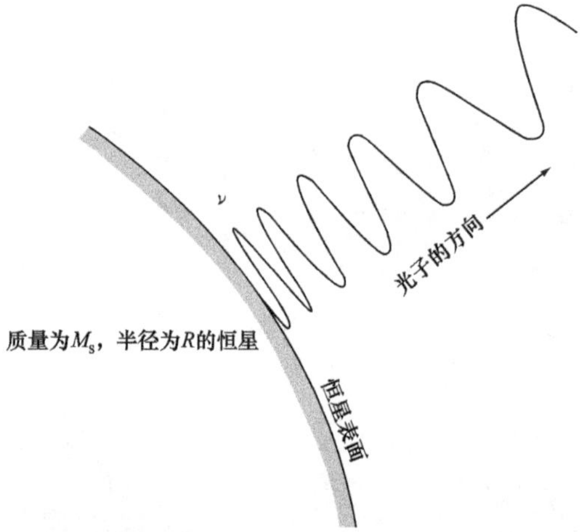

图14.7 一个从恒星表面逃逸到无穷远处的光子获得"势能"，失去等量的"动能". 如果在表面时光子的频率ν，则在无穷远处光子的频率为$\nu'=\nu'(1-GM_s/R_s c^2)$

白矮星的M_s/R_s值很大，因此引力红移的值也相应较大. 对天狼星B算出的相对频移为

$$\frac{\Delta\nu}{\nu}\approx -5.9\times10^{-5},$$

而观测值为-6.6×10^{-5}，这个差异在M_s和R_s的不准确度之内.

如果

$$\frac{GM_s}{R_s c^2}>1,$$

式（14.9）中的频率将是负值，这当然不可能，然而，$GM_s/R_s c^2\approx1$的情形是一个需要由广义相对论解决的更复杂的问题. 结论是这样，如果

$$\frac{2GM_s}{R_s c^2}\geqslant 1, \tag{14.10}$$

则光子或任何别的物体都不可能逃离这个恒星. 这种恒星被称为黑洞，它引起了天

体物理学家们很大的兴趣[1]（参看习题 5）.

太阳引起的光线偏转　一束光或光子在经过太阳边缘后角度偏转了多少？

这个问题涉及在引力场中以光速运动的光子，只有用广义相对论或把等效原理与狭义相对论结合起来做仔细的计算[2]，才能得出正确的答案．不过，用一种粗略的计算，我们也能得出正确答案的数量级.

假定光子的质量为 M_L，由于在计算偏转的过程中 M_L 将被消去，所以我们不必知道它多大．设光束经过太阳时最接近的距离为 r_0，r_0 从太阳中心量起，如图 14.8 所示．我们假定结果偏转很小，因而 r_0 实质上同光束不受偏转时一样．光子在位置（r_0，y）时所受到的横向力 F_x 为

$$F_x = -GM_sM_L\frac{r_0}{(r_0^2+y^2)^{3/2}},$$

式中，y 从图上的 P 点量起.

光子的横向速度分量的终值由下式给出：

$$M_Lv_x = \int F_x\mathrm{d}t = \int F_x\frac{\mathrm{d}y}{v_y} \approx \frac{1}{c}\int F_x\mathrm{d}y,$$

因而

$$v_x \approx -\frac{GM_sr_0}{c}\int_{-\infty}^{\infty}\frac{\mathrm{d}y}{(r_0^2+y^2)^{3/2}}$$

$$\approx -\frac{2GM_sr_0}{c}\int_0^{\infty}\frac{\mathrm{d}y}{(r_0^2+y^2)^{3/2}} \approx -\frac{2GM_s}{cr_0}.$$

当 r_0 等于太阳的半径 R_s 时，由此导出的角度偏转为（参看图 14.7）

$$\tan\phi \approx \phi \approx \frac{|v_x|}{c} \approx \frac{2GM_s}{R_sc^2}(\mathrm{rad}).$$

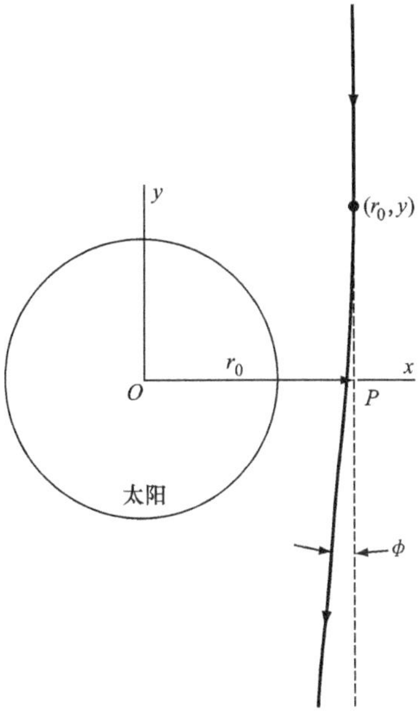

图 14.8　太阳的引力场引起光子偏转

通过计算，我们得出 $\phi = 0.87''$．通过仔细分析所得的预计值是我们这里结果的两倍，即 $1.75''$．这个数值已为观测所证实，准至 20%．（仍有人对这个数据感到不满，可是做这种实验是很困难的.）图 1.9 是一张恒星食时的恒星照片，很多这样的测量都是在恒星食时做的.

当我们把粒子的轨迹当成直线，然后通过计算粒子所受的力来解决碰撞问题时，我们就是采取了所谓**冲量近似**．$\int F_x\mathrm{d}t$ 与动量改变量的 x 分量的关系在第 5 章中讨论过，只要实际轨迹与没有相互作用时粒子要走的直线偏离不太大，冲量近似常常是很有用的.

---

[1] 例如参看，Kip S. Thorne，*Scientific American*，**217**，5，88（1967）；R. Ruffini and J. A. Wheeler，*Physics Today*，**24**，30（1971）.

[2] L. I. Schiff，*Am. J. phys.*，**28**，340（1961）.

夏皮洛（Shapiro）[1]观测到爱因斯坦的广义相对论所预言的另一个效应．当雷达信号从一个行星例如金星反射回来时，如果信号出发至金星和返回途中曾靠近太阳，那么它所用的时间较光线远离太阳时长．观测与理论是相符的．

14.3　水星近日点的进动

广义相对论的三个经典性的检验包括：引力红移、光在太阳引力场中的偏转和水星近日点的进动．上面提到的雷达信号的延迟被称为广义相对论的**第四个检验**．

即使学习到现在这个阶段，我们仍只能对水星近日点的进动做一个数量级的估计．根据第 9 章的计算，太阳和处于最近位置的水星间的连线应在空间中保持不变[2]．实际的轨道非常夸大地画在图 14.9 中．这个效应是由于 v/c 不为零，或者更恰当些说是由于 v^2/c^2 不为零造成的，什么量会与 v^2/c^2 成正比呢？一种合理的可能性是水星每转一圈超前的角度，或超前的角度被 2π 除．我们可以从表 9.2 来估计 v/c．假定轨道是以半长轴为半径的圆，那么利用周期我们得出

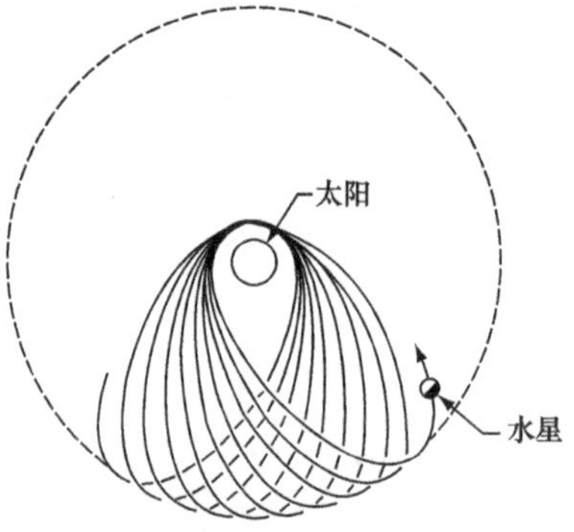

图 14.9　广义相对论解释的水星轨道的进动．轨道平面在纸面上，为清楚起见，轨道偏心率夸大了很多．没有进动时的图像是一个不动的椭圆

$$v=\frac{2\pi}{\text{周期}}=\frac{2\pi\times0.39\times1.5}{7.6\times10^{6}}\times10^{11}\,\text{m/s}$$

$$\approx4.8\times10^{4}\,\text{m/s}$$

$$\frac{v}{c}\approx1.6\times10^{-4},$$

$$\frac{v^2}{c^2}\approx2.6\times10^{-8}\,\text{m}^2/\text{s}^2=\frac{\delta\theta}{2\pi},$$

$$\delta\theta(\text{度})\approx360\times2.6\times10^{-8}\approx9\times10^{-6},$$

$$\delta\theta\approx3\times10^{-2}\text{弧秒/圈}.$$

常用的数字是每世纪的秒数．既然周期为 0.24 年，那么可以料想这效应的数量级为

$$\delta\theta(\text{每世纪})=\frac{100}{0.24}\times3\times10^{-2}\approx13''$$

实验值为 42.9″，广义相对论的预言是 43.0″，两者在实验误差之内是符合的[3]．

[1] I. I. Shapiro，*Scientific American*，**219**，1，28（1968）．

[2] 由其他行星所引起的摄动可以算出来并与实验加以比较．观测到的这条线在空间的运动，与这些摄动的计算结果每世纪相差 43″．

[3] L. Witten 所著“Gravitation：An Introdnction to Current Reseach”（1962）的第一章，对这些经典的实验有细致的讨论．

14.4　等效性

人们从未探测到过物体的惯性质量与引力质量之间有什么差别，这一实验结果使人想到，引力在某种意义上可能和加速度等效. 考察一个在升降机中的观察者，这升降机以加速度 g 自由下落.

等效原理说：对于在自由下落的升降机中的一个观察者，物理定律与在狭义相对论的惯性系中相同（至少在升降机中心的紧邻区域内是如此）. 由加速运动产生的效果和由引力产生的效果严格抵消. 如果一个坐在封闭的升降机里的观察者在观察表观引力，他无法说出这些引力中哪一部分与加速度相对应，哪一部分与真正的引力相对应. 除非有其他力（即引力之外的力）作用在升降机上，否则他将完全察觉不出力来. 特别要指出的是，所假设的等效原理要求惯性质量和引力质量之比满足 $M_i/M_g \equiv 1$. 卫星中的人在轨道上的“失重”，就是等效原理的一个后果.

从等效原理出发做数学研究，导致了广义相对论.

14.5　引力波

就像振荡的电荷发出电磁波一样，广义相对论预言，振荡的引力质量——如双星——会发出引力波，由于 G 的值极小，引力波是很难探测到的，近来韦伯（Weber）[㊀] 报告过，他得到的一些结果表明接收到了来自外层空间的引力波. 图 14.10 所示为一个引力波探测器.

图 14.10　引力波探测器. 一个直径为 0.96m 的铝制圆柱体. 它的长度为 1.5m，它的响应中心在 1661Hz. 它具有质量四极的指向性（图片承蒙 Weber 教授惠允）

㊀ J. Weber, *Phys. Rev. Letters*, **24**, 276 (1970); *Scientific American*, **224**, 5, 22 (1971).

习　　题

1. 摆和引力质量及惯性质量的关系. 证明长度为 L 的摆的频率为

$$\nu=\frac{\omega}{2\pi}=\frac{1}{2\pi}\left(\frac{M_g g}{M_i L}\right)^{1/2},$$

式中，M_g，M_i 分别为引力质量和惯性质量. [早先贝塞耳（Bessel）对摆做过细心的观察，并证明在 6×10^4 分之一的范围内 M_g 等于 M_i.]

2. 引力红移. 不用 $\Delta\nu/\nu\ll1$ 的假定，试求出引力红移的表达式.（略去任何与空间弯曲有关的效应）. 从 $h\Delta\nu=-\left(\frac{h\nu}{c^2}\right)(M_S G/r^2)\ \Delta r$ 出发，对 dr 从 R_S 至无穷求积分，对 dν 从 ν 至 ν' 求积分.（答：$\nu'=\nu e^{-GM_S/R_S c^2}$.）

3. 银河系引起的红移. 试估计在银河系外的远处去观测从银河系中心发出的光的引力红移.（把质量分布当作在半径为 10000 秒差距的球内是均匀的来处理，银河系的质量约为 8×10^{41} kg.）（答：$\Delta\nu/\nu=-3\times10^{-6}$.）

4. 射电星系. 1962 年，人们证认出地球外的一个很强的射电辐射源就是光学类星体，其角半径约为 $\frac{1}{2}$ 弧秒. 起先，人们曾以为它是我们银河系中的一个正在发出射电波的恒星，但是，随后人们获得了它的光谱，发现它的谱线有很可观的红移. 例如，一条正常波长 λ 为 3.727×10^{-7} m 的氧原子谱线，在 $\lambda=5.097\times10^{-7}$ m 处被证认出来. 有一种解释认为它是一颗极重的恒星，它的光谱是由于引力而产生红移的. 如果这个假说中的射电恒星处在我们的银河系中，则它与地球的距离一定小于 10^{20} m㊀.

(a) 假定距离为 10^{20} m，试从角直径和红移去计算在这个假说下恒星的质量和平均密度. 对这个星体做这种解释是否合理呢？

[答：质量为 1.0×10^{41} kg，平均密度为 1.7×10^{-3} kg/m^3. 因为这个质量已占银河系总质量的十分之一，看来并不合理（利用第 3 题的结果）.]

(b) 另一种看法认为，它可能是一个殊特的"射电星系"，它的红移满足第 10 章中给出的通常的退行红移关系. 试根据这第二个假说计算它的距离.［答：6×10^9 光年（5.6×10^{25} m）.］

(c) 射电星系假说和这个预期值一致吗？（答：是的；它的半径约为 10^{20} m，这是在通常的星系半径的范围.）

5. 黑洞. 要是太阳成为一个黑洞，它的半径应有多大［参看式（14.10）］？试将它那时应具有的密度与核的密度做一比较.（答：约为 3×10^3 m.）

㊀ 更详细的情况可参看 J. L. Greenstein, Quasi-stellar Radio, Sources, *Scientific American*, **209**, 54 (December 1963).

历 史 注 记

牛顿的摆　我们从牛顿的《原理》一书中摘引出一段他的叙述，这是关于用摆的实验来研究引力质量和惯性质量之比的可能有的变化.

……但是，很久以前已有其他人观察到，（扣除空气的微小阻力）一切物体在相同的时间内落下相同的距离；而且，借助于摆，时间的相同能辨别得十分准确.

我试过了金、银、铅、玻璃、沙、食盐、木料、水和麦子等东西. 我做了两个一样的木匣，一个装满木料，而在另一个木匣的摆动中心处挂上等重的金（尽可能地准确）. 两个匣子用 3.3m 的同样的线挂起来成为一对摆，它们的重量和形状完全一样，并同样地受到空气的阻力. 把两者挨着放，使我能观察到它们. 长久地以同样的频率一起来回摆动. 因此（根据电磁学卷的定理XXⅣ，系理Ⅰ和Ⅵ）金里面的物质的量与木料里物质的量之比同作用在全部金上的力与作用在全部木料上的力之比是相同的，也就是，同前者的重量与后者的重量之比是相同的.

两个等重物体中的物质即使只有不到整体千分之一的差异，用这些实验也是能发现的.

拓 展 读 物

C. Kacser, "Introduction to the Special Theory of Relativity," chap. 8, Co-Op Paperback, Prentice-Hall, Inc., Englewood Cliffs, N. J., 1967.

附　　录

下列关于力学的书籍大略上与本教程的程度相当。你可能会发现它们在你学习力学的过程中，对学习和解惑都是很有帮助的。建议先浏览一下其中一部分书籍，然后再决定是否要购买某一本或是在某一本上花费大量的时间。

H. D. Young, "Fundamentals of Mechanic sand Heat," McGraw-Hill Book Company, New York, 1964. 好的教科书：程度上略显浅显；狭义相对论的处理简明扼要.

R. Resnick and D. Halliday, "Physics for Students of Science and Engineering," John Wiley & Sons, Inc., New York, 1966. Vol. Ⅰ, 2d ed., or vols. Ⅰ and Ⅱ combined. 许多例题，是很好的传统教材.

R. Resnick and D. Halliday, "Fundamentals of Physics," John Wiley & Sons, Inc., New York, 1970. 原教材的缩写本.

A. P. French, "Newtonian Mechanics," W. W. Norton and Company, Inc., New York, 1971. MIT 系列教材之一；优秀而广博的著作.

M. Alonso and E. J. Finn, "Fundamental University Physics," Vol. Ⅰ, "Mechanics," Addison-Wesley Publishing Company, Inc., Reading, Mass., 1967. 很好的短小精悍的教程，但程度上可能有些浅显.

R. T. Weidner and R. L, Sells, "Elementary Classical Physics," Vol. Ⅰ, Allyn and Bacon, Inc., Boston, 1965. 不像其他教科书那么高深.

R. P. Feynman, R. B. Leighton, and M. Sands, "The Feynman Lectures on Physics," V01. Ⅰ, Addison-Wesley Publishing Company, Inc., Reading, Mass., 1963. 引人注目的系列讲座：对力学的许多方面展现了作者敏锐的洞察力；不像是一部教材。

近些年来，一些习题书也相继问世. 尽管对于大多数同学，上述书籍包括本教程中的习题已经足够，但某些同学还是希望能接触更多.

J. A. Taylor, "Programmed Study Aid for Introductory Physics," part Ⅰ, "Mechanics," Addison-Wesley Publishing Company, Inc., Reading, Mass., 1970. 很好的习题书，有很多较为基础的题目.

R. B. Leighton and E. Vogt, "Exercises in Introductory Physics," Addison-Wesley Publishing Company, Inc., Reading, Mass., 1969. 为配合《费曼物理学讲义》（卷一）而作，其中有极其优秀的题目.

D. Schaum, "Theory and Problems of College Physics," Schaum Publishing Co., New York, 1961. 很多题目，其中一半的题目附有解答。

教学影片列表

针对力学中的一些课题，有大量优秀的教学影片．资源快报 BSPF-1 [Physics Films by W. R. Riley, Am. J. Phys., 36: 475 (1968)] 提供了一份极好的 16mm 影片的列表，并附有简况、出处等信息，下面列举的许多影片的评价摘自于这篇快报。

近年来很多教学电影被拍摄出来，它们对教学帮助很大，特别是因为它们可以轻而易举地被展示出来并应用于各种个性化教学．大学物理委员会出版了一份影片概览 ["Short Films for Physics Teaching," available from AIP, Division of Education and Manpower, Information Pool, State University of New York, Stony Brook, N. Y. 11790]。

读者会发现后面列举的许多影片是 PSSC 教学影片，所以相较于本教程其程度更为基本．但这些影片是被精心设计并拍摄出来的，因此即使对于再次观看影片的同学来说，它们也是很有帮助的。

最近，一个名为"物理实物示教影片"的国家协会宣告成立 [George Appleton, James Strickland, Am. J. Phys., 38: 1945 (1970)]，其中 Strickland 的邮址为 Education Development Center, Newton, Mass, 02160。

下列影片被分章列举，这样显得和影片主题更贴切些．影片的出处附于最后。

第 1 章

The Evolution of Physical Ideas (49min)。P. A. M. Dirac; SUNY. 狄拉克做理论物理研究的个人心得：建议物理学家们试着从数学优美的角度来发展现有的理论．

Measuring Large Distances (29min)。F, Watson; PSSC MLA 0103. 展示了如何利用三角法和视差法测量月亮乃至于 500 光年外的恒星与我们的距离．

Change of Scale (23min)。R. W, Williams; PSSC MLA 0106. 估测和定标的思想方向．展示了几个关于尺度应力及依赖于速度标度的定标（如轮船上）的好例子．

第 2 章

Measurement (21min)。William Siebert; MLA. 来福枪子弹速度的测量，强调了提出适合测量的问题与测量精确度之间的关系．

Symmetry (10min). P. Stapp, J. Bregman, R. Davisson, A. Holden; BTL. 对反射、转动及平移对称性的现代且有趣的演示．

Uniform Circular Motion (8min); MGH. 展示了速度矢量的变化，解释了为何即使速率不变，运动也可以存在加速度．动画演示了向心力．

Vector Kinematics（16min）。Francis Friedman；PSSC MLA 0109. 用计算机在阴极射线管中展示速度和加速度矢量在不同质点运动形式中的变化轨迹，包括圆周运动、简谐振动和自由落体．

Straight Line Kinematics（34min）。E. M. Hafner；PSSC MLA. 用安装于小汽车中的特殊装备测量其移动距离、速率以及加速度对时间的依赖曲线；这些曲线之间的关系被仔细加以分析．

The Relation of Mathematics to Physics（57min）。Richard Feynman；EDC. 强调了没有对数学深刻的理解而试图真实地解释自然法则的优美性是不可能的．

第3章

Force, Mass and Motion（10min）。F. W. Sinden；Bell and EDC. 计算机动画展现了有质量物体在重力及其他力的作用下的运动．追踪了运动轨道，展示了动量守恒．

Forces（23min）。Jerrold Zacharias；PSSC MLA 0301. 讨论了自然界中已经被发现的各种属性的力及其实验验证．展示了卡文迪什实验的图片，并且也实际操作厂一个八分钟长短的卡文迪什实验．

Electrons in a Uniform Magnetic Field（11min）。Dorothy Montgomery；PSSC MLA 0412. 展示了莱宝（Leybold）荷质比测量管中的电子．

Coulomb's Law（30min）。Eric Rogers；PSSC MLA 0403. 展示了静电力对电荷和距离的依赖关系．

Coulomb Force Constant（34min）。Eric Rogers；PSSC MLA 0405. 用来测定静电力常量的大型密立根（Millikan）装置．

Mass of the Electron（18min）。Eric Rogers；PSSC MLA 0413. 展示了对电子运动的观测如何导致了对其质量的测量．

The Law of Gravitation, an Example of Physical Law（55min）。Richard Feynman；EDC. 精妙地揭示了物理定律的发现及其推论．

Inertia（26min）。E. M. Purcell；PSSC MLA 0302. 恒定质量的干冰球在存在或不存在外力条件下的运动．

Inertial Mass（19min）。E. M. Purcell；PSSC MLA 0303. 用干冰球来观测在恒力作用下不同质量物体的运动情况．

Free Fall and Projectile Motion（27min）。Nathaniel Frank；PSSC MLA 0304. 对自由落体运动及因惯性和引力质量所引发的抛体运动的研究．

第4章

Frames of Reference（28min）。Patterson Hume and Donald lvey；PSSC MLA 0307. 对相对惯性系和非惯性系的运动的极好展示．在EDC中也有一段关于直线加速参考系的6分钟长的版本和一段关于转动参考系的7分钟长的版本．

Inertial Forces—Centripetal Acceleration（$3\frac{1}{4}$min）。Franklin Miller, Jr.; OSU 16-mm loop. 展示了对游乐场中旋转器的掌控.

Inertial Forces—Translational Acceleration（2min）。Franklin Miller, Jr.; OSU 16-mm loop. 展示了在恒定速度运动和加速运动情况下的受力.

第 5 章

Energy and Work（28min），Dorothy Montgomery; PSSC MLA 0311. 讨论了恒力做功和变力做功，并演示了以上做功情况下所产生的能量.

Elastic Collisions and Stored Energy（28min）。James Strickland; PSSC MLA 0318. 定量地演示了弹性碰撞过程中动能和势能间的转化.

The Great Conservation Principles（56min）。Richard Feynman; EDC. 关于一些守恒原理及其与物理学关系的非常有趣的讨论.

第 6 章

Vorticity（44min）。Ascher H. Shapiro; EBEC. 关于角动量的有趣的影片（也可参见第 8 章）。

第 7 章

Periodic Motion（33min）。Patterson Hume and Donald lvey; PSSC MLA 0306. 用连接在弹簧间的摩擦可忽略的冰球来展示简谐振动的极好的影片.

Simple Harmonic Motion（10min）。MGH. 水平弹簧振子所展示的简谐振动.

Tacoma Narrows Bridge Collapse（4min, 40sec）。OSU. 风激共振导致大桥被摧毁的壮观场面.

The Wilberforce Pendulum（5min）。Franklin Miller, Jr; OSU. 弹簧扭转振动和拉伸振动间的有趣的共振现象.

第 8 章

Angular Momentum, a Vector Quantity（27min）。Aaron Lemonick; ESI MLA 0451. 展示了角动量叠加的矢量性，以及外力矩施加在一个原本有自转角动量的系统上时如何引发进动.

Moving with the Center of Mass（26min）。Herman Branson; PSSC MLA 0320. 在两个不同的参考系中演示了几个磁性球之间相互作用时能量和动量守恒的成立.

第 9 章

Elliptic Orbits（19min）。Albert Baez; PSSC MLA 0310. 几何上演示了开普勒第一定

律和第二定律以及平方反比律.

Measurement of "*G*"—Cavendish Experiment（4min，25sec）. Franklin Miller, Jr.；OSU. 关于卡文迪什扭摆的短片.

Universal Gravitation（31min）. Patterson Hume and Donald Ivey；PSS C MLA 0309. 从对一颗行星及其卫星运动的观测得到的"X"行星的引力作用规律.

第10章

Measurement of the Speed of Light（8min）. MGH. 非常好地解释了几种在地面上测量光速的方法，包括菲佐、傅科及迈克耳孙曾经采用过的方法.

Doppler Effect（8min）. MGH. 清晰地展示了波源运动及观察者运动等情形下的多普勒效应.

Doppler Effect and Shock Waves（8min）. James Strickland；MLA 0464. 在一个波动箱中拍摄的系列影片之一. 展示了周期性波源相对介质以不同大小速度运动时所带来的效应.

The Ultimate Speed, an Exploration with High-energy Electrons（38min）. William Bertozzi；ESI MLA 0452. 电子速率和动能之间的关系；测量中采用了飞行时间法（time-of-flight，TOF）和测温计等技术. 结果显示电子的极限速度为真空光速 c，这和狭义相对论是一致的.

Speed of Light（21min）. William Siebert；PSSC MLA. 通过测量光脉冲的飞行时间或是采用旋转棱镜法来测定光速，

第11章

The Large World of Albert Einstein（60min）. Edward Teller；SUNY. 将经验中的时间-距离关系延伸到相对论领域. 详细讨论了狭义相对论对物理学的影响.

Time Dilation, an Experiment with Mu-Mesons（36min）. David Frisch and James Smith；ESI MLA 0453. 在 Mt. Washington，N. H. 的1600m高空和 Cambridge，Mass. 的地面之间，通过对宇宙射线中 μ 子辐射衰变的测量来展示时间膨胀效应. 该实验的详细报告可参见 Am，J. Phys. 31：342（1963）.

BELL（Bell System）：可联系 Bell Telephone Company（BTL）business office 或者 Bell Telephone Laboratories（BTL），Film Library，Murray Hill，N. J. 17971.

BTL：参见 BELL

EBEC：Encyclopedia Britannica Educational Corporation，425 North Michigan Avenue，Chicago，I11. 60611.

EDC：Education Development Center（formerly Educational Services，Inc.），Film Librarian，Education.

Development Center，39 Chapel Street，Newton，Mass. 02160.

ESI MLA：ESI College Physics Films produced by Educational Services，Inc. Available from Modern Learning Aids，1212 Avenue of the Americas，N. Y. 10036. 接受购买、租用或订阅.

MGH：McGraw-Hill Book Company，Text-Film Division，327 West 41st Street，N. Y. 10036. 仅可购买.

MLA：参见 ESI MLA.

OSU：Ohio State University，Film Distribution Supervisor，Motion Picture Division，1885 Neil Avenue，Columbus，Ohio 43210. 16-mm，loop.

PSSC MLA：Physical Sciences Study Committee-Modern Learning Aids. 租用事宜由 Modern Talking Picture Service，Inc. 负责. 欲购买可联系 the MLA division of Ward's Natural Science Establishment，Inc.，P. O. Box 302，Rochester，N. Y. 14603.

SUNY：The State University of New York，Educational Communications Office，Room 2332，60 East 42nd Street，N. Y. 10017.

数 值 表

项目	数值与单位	符号或缩写	数值的导出
一般			
1 弧度	$\equiv 57.3°(57°18')$	rad	$180°/\pi$
1 弧度	$\equiv 3.44\times10^{3}{}'$	rad	
1 弧度	$\equiv 2.06\times10^{5}{}''$	rad	
1 度	$\equiv 1.75\times10^{-2}$rad	(°)	$\pi/180°$
1(弧)分	$\equiv 2.91\times10^{-4}$rad	(′)	
1(弧)秒	$\equiv 4.85\times10^{-6}$rad	(″)	
1 英里	$\equiv 1.609\times10^{3}$m		
1 埃	$\equiv 10^{-10}$m	Å	
1 微米	$\equiv 10^{-6}$m	μm	
1 静电伏特	$=2.998\times10^{2}$V		$10^{-8}c$
真空中的光速	2.99725×10^{8}m/s	c	
地球表面的重力加速度	≈ 9.80m/s^2	g	GM_E/R_E^2
引力常量	6.671×10^{-8}dyn · cm^2/g^2	G	
引力常量	6.671×10^{-11}N · m^2/kg^2	G	
1 克 · 厘米/秒^2	$\equiv$1dyn	dyn	
1 千克 · 米/秒^2	$\equiv$1N	N	
天文学			
1 秒差距	$=3.084\times10^{16}$m		
1 光年	$=9.464\times10^{15}$m		$c\times$每年的秒数
1 天文单位(≡地球的轨道半径)	$=1.49\times10^{11}$m	AU	
核子数	$\approx 10^{80}$	已知的宇宙	
半径	$\approx 10^{26}$m	已知的宇宙	
星系数	$\approx 10^{11}$	已知的宇宙	
星云退行速率	$\approx 1.6\times10^{-18}$m/s	已知的宇宙	
恒星数	$\approx 1.6\times10^{11}$	银河系	
直径	$\approx 10^{21}$m	银河系	
质量	$\approx 8\times10^{41}$kg	银河系	
半径	6.96×10^{8}m	太阳	
自转周期	2.14×10^{6}s	太阳	
质量	1.99×10^{30}kg	太阳	

项目	数值与单位	符号或缩写	数值的导出
轨道半径	1.49×10^{11}m	地球	
平均半径	6.37×10^{6}m	地球	
质量	5.98×10^{24}kg	地球	
平均密度	5.52×10^{3}kg/m^3	地球	
1年(公转周期)	$=3.156\times10^{7}$s	地球	
24小时(自转周期)	$=8.64\times10^{4}$s	地球	
轨道半径	3.84×10^{8}m	月球	
半径	1.74×10^{6}m	月球	
质量	7.34×10^{22}kg	月球	
公转周期	2.36×10^{6}s	月球	
气体			
标准温度与标准压强下的摩尔分子体积	22.4×10^{-3}m^3/mol	V_0	
洛喜密脱数	2.69×10^{25}m^{-3}	n_0	N_0/V_0
阿伏伽德罗常量	6.0222×10^{23}mol^{-1}	N_A	
摩尔气体常数	8.314J/(mol·K)	R	
玻耳兹曼常数	1.381×10^{-23}J/K	k	R/N
大气压强	1.01×10^{5}N/m^2		
标准温度与标准压强下的平均自由程	$\approx10^{-7}$m		
标准温度与标准压强下空气中的声速	332m/s		
原子			
普朗克常量	6.6262×10^{-34}J/s	h	
普朗克常量/2π	1.0546×10^{-34}J/s	$\hbar$	$h/2\pi$
1里德伯相应的能量	13.6eV	Ry	
1电子伏特相应的能量	1.6022×10^{-19}J	eV	
1电子伏特相应的波长	1.2398×10^{-6}m		hc^2/e
1电子伏特相应的频率	2.4180×10^{14}s^{-1}		
氢基态的玻尔轨道	0.5292×10^{-10}m	a_0	$\hbar^2/(me^2\cdot4\pi\varepsilon_0)$
原子半径	$\approx10^{-10}$m		
玻尔磁子	0.9274×10^{-23}J/T	μ_B	$e\hbar/2m$
精细结构常数的倒数	137.036	α^{-1}	$2\varepsilon_0\cdot\hbar c/e^2$
粒子			
质子静止质量	1.67265×10^{-27}kg	M_p	
中子静止质量	1.67496×10^{-27}kg	M_n	

项目	数值与单位	符号或缩写	数值的导出
1 原子质量单位（u ≡ $\frac{1}{12}C^{12}$ 的质量）	1.66057×10^{-27}kg	u	
电子静止质量	0.910954×10^{-30}kg	m	
与质子静止质量等价的能量	0.93828×10^{9}eV	E_p	M_pc^2
与电子静止质量等价的能量	0.511004×10^{6}eV		mc^2
与 1 原子质量单位等价的能量	0.93150×10^{9}eV		
质子质量/电子质量	1836		M_p/m
电子的经典半径	2.818×10^{-15}m	r_0	e^2/mc^2
质子电荷	4.80325×10^{-10}静电单位	e	
质子电荷	1.60219×10^{-19}C	e	
电子的康普顿波长	2.423×10^{-12}m	λ_C	h/mc

索　　引

A

B

C

D

E

F

G

H

J

K

L

M

N

O

P

Q

R

S

T

W

X

Y

Z

图书在版编目（CIP）数据

伯克利物理学教程：SI版．第1卷，力学：翻译版：原书第2版/（美）基特尔（Kittel，C.）等著；陈秉乾等译．—北京：机械工业出版社，2015.11（2024.10重印）

书名原文：Mechanics（Berkeley Physics Course，Vol.1）

“十三五”国家重点出版物出版规划项目

ISBN 978-7-111-51362-9

Ⅰ.①伯…　Ⅱ.①基…②陈…　Ⅲ.①力学-教材　Ⅳ.①O4

中国版本图书馆CIP数据核字（2015）第202790号

机械工业出版社（北京市百万庄大街22号　邮政编码100037）

策划编辑：张金奎　责任编辑：张金奎　熊海丽　任正一

版式设计：霍永明　责任校对：陈延翔

封面设计：张　静　责任印制：单爱军

北京虎彩文化传播有限公司印刷

2024年10月第1版第9次印刷

169mm×239mm·28印张·2插页·547千字

标准书号：ISBN 978-7-111-51362-9

定价：108.00元

电话服务　　网络服务

客服电话：010-88361066　　机工官网：www.cmpbook.com

010-88379833　　机工官博：weibo.com/cmp1952

010-68326294　　金书网：www.golden-book.com

封底无防伪标均为盗版　　机工教育服务网：www.cmpedu.com